JN080916

大森徹の最強講義126講

生物

［生物基礎・生物］

大森徹 著

文英堂

はじめに

「基礎的な内容でも丁寧に」,「高度な内容でもわかりやすく」, その両方を兼ね備え, 知りたいことはすべて載っている, まさに最強の参考書を書きたい。その長年の夢の結晶がこの『大森徹の最強講義』です。すべての教科書を徹底的に研究し, 最新の生物学の内容もチェックし, 日常学習から難関大学の入試レベルまで, 高校の生物に必要な内容はすべて網羅されています。

この本には, 次のような特徴があります。

1 1回60分程度の大森徹の生授業を体験できる。

この本は, 皆さんを目の前に講義をしているつもりで書きました。第1講から第126講まで, 順番に, できれば1回で1講という形で, 1つ1つ丁寧に読んで, 考えながら学習してほしいと思います。あせっていい加減に次々と知識を詰め込むのではなく, じっくりと1つ1つ着実に進んでください。

2 1つの単元ごとにまとめの「最強ポイント」がある。

1つの単元の最後に「最強ポイント」として, そこまでの部分のまとめがあります。その単元の中での最重要ポイントの究極のまとめです。その単元を振り返って, 頭の中を整理してください。

3 発展的な内容は「+αパワーアップ」で文字通りパワーアップ！

教科書には載っていなくても知っておいて欲しい内容, 丸暗記する必要はなくても知っているだけで実験考察問題で役立つ内容, 大学での生物への橋渡し的な高度な内容まで, ページが許す限り詳しく, でもわかりやすく説明してあります。

典型的な計算・論述問題対策もバッチリ！

入試でよく問われる計算問題については何に注意してどのように解くのかを丁寧に解説し，定番の論述問題についても書くべきポイント，ミスしやすい点なども明示しているので，試験の得点に直結します。

生物を好きになってもらいたい，生命の奥深さと素晴らしさを実感して欲しい，そんな気持ちで，まさに全身全霊を込めて書きました。こうして2009年に本書の初版(『大森徹の最強講義117講生物Ⅰ・Ⅱ』)が誕生し，数多くの読者の方々に使っていただきました。そして学習指導要領の改訂に伴い，何度も改訂を重ねてきました。この度の新課程への対応では，再度すべての教科書をつぶさに研究し，単元の配列からすべてを見直し，さらには日々進歩する生物学への対応のため多くの加筆を行い，最強講義126講としてパワーアップしました。

今までの参考書に物足りなさを感じていた人，これから生物に本気で真剣に取り組んでいこうと思っている人は，ぜひこの『最強講義』で，最強の実力を養ってほしいと思います。

最後に，この本の執筆の機会を与えてくださり，あらゆる我が儘を聞いてくださった文英堂編集部の方々，そしていつも信じて応援してくれる愛妻(幸子)，その頑張る姿にいつも励まされる愛娘(香奈)，心なごまましてくれる愛犬(来夢・香音)，愛猫(美毛・美来・夢音・琴音)に心より感謝し，お礼申し上げます。

大森　徹

大森徹オフィシャルサイト
http://www.toorugoukaku.com

もくじ

生物の特徴と細胞

第1講 生物の共通性と多様性

地球上に数多くいる生物にはどんな共通点があるのでしょうか？

1 生物の多様性

1 地球上には実に多くの種の生物がいますね。ヒト，イヌ，カラス，ヘビ，カエル，マグロ，バッタ，ミミズ，アサガオ，イネ，コンブ，ゾウリムシ，大腸菌……。いったい何種類くらいの生物がいるのでしょう。

2 我々人間が確認し，ちゃんと名前(学名)が付けられている生物だけで**約190万種**の生物がいるといわれます。でもまだ発見されていない生物もたくさんいるはずで，ひょっとすると数千万種あるいは数億種が本当はいるかもしれません。我々が知っているのは地球上の生物のほんの一部なのかもしれませんね。

3 「種」の定義や**学名**については後ほど(第56講で)学習しますが，名前が付けられている190万種の生物の内訳を示したのが次の円グラフです。

4 すべての数値を覚えないといけないわけではありませんが，全部で190万種であることと最も種類数が多いのが**昆虫類**で**約100万種**であることは覚えておきましょう。

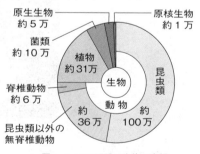

▲ 図1-1 190万種の生物の内訳

5 図1-1のグラフに登場する**原核生物**は第5講で学習しますが，大腸菌や乳酸菌のような**細菌**の仲間とメタン生成菌，超好熱菌などの**アーキア**(古細菌)という仲間が属します。

6 **原生生物**には，アメーバやゾウリムシ，コンブやワカメなどが属します。**菌類**は細菌とは全く異なる生物で，具体的にはカビやキノコの仲間です。

7　昆虫類以外の無脊椎動物には，エビやカニなどの甲殻類，ミミズやゴカイなどの環形動物，イカやタコ，貝の仲間である軟体動物などなどいろいろな種類の動物が含まれます。

8　これらのいろいろな生物については，順にいろいろな単元で学習していきましょう。

2　生物の共通性

1　このように実に多くの種類の生物がいるわけですが，それらには共通性が見られます。ヒトにもミミズにもアサガオにも大腸菌にも共通する特徴があるのです。

2　まず1つ目は，すべての生物は**細胞**からなり，**細胞膜**によって外界と隔てられていることです。たった1つの細胞からなるアメーバやゾウリムシのような単細胞生物もいれば，多くの細胞からなる多細胞生物もいますが，すべて細胞からなります。細胞については後の第4講〜第5講でくわしく学習します。

3　2つ目は，遺伝情報として**DNA**をもち，そのDNAを子孫に伝えることです。遺伝情報とは，その生物がどのような生物なのかを記した設計図のようなものですが，すべての生物はその遺伝情報としてDNAという物質を用います。そしていろいろな生殖方法がありますが，そのDNAを子孫に伝えています。DNAについては第13講で学習しましょう。

4　また，遺伝情報であるDNAからタンパク質を合成するしくみや**遺伝暗号**も共通します。これらについては第19講でくわしく勉強します。

5　3つ目は，エネルギーを用いて活動し，そのエネルギーを受け渡しする物質として**ATP**を用いていることです。ATPについては第65講で学習します。

6　もう少しくわしく言うと，外界からエネルギーを取り込み，これをATPに変換し，それをもとにしてさまざまな生命活動を行います。たとえば筋肉運動や細胞分裂や物質合成などなどです。エネルギーの出し入れには，さまざまな化学反応が伴いますが，細胞内で行われる合成や分解などの化学反応をまとめて**代謝**といいます。代謝については第65講でしっかり学習しましょう。

7 大きな共通点はこの3つですが，それ以外に，外界の刺激に応じて対応し，生体内を一定の範囲内に維持する働きをもつ，という共通性も見られます。

8 たとえば，まぶしい光が当たると，眼を閉じますね。これはまさしく外界の刺激に応じて反応していることになります。また植物だって光が当たるとそちらのほうに向いて成長したりします。これも外界の刺激に応じて反応しているのです。これらについても後ほどたっぷりと学習しましょう。

9 夏になって外界の気温が40℃くらいになっても，また冬になって外界の気温がマイナスになっても我々の体温は36℃前後でそれほど大きくは変わりません。このように外界が大きく変動しても生体内は一定の範囲内に維持されていますね。このような働きを**恒常性**といいます。この内容に関しては第30講～第31講で学習します。

■**考えてみよう！** 地球上のすべての生物に，このような共通性が見られるのはなぜでしょうか？

10 それは，地球上のすべての生物は**同じ共通の祖先から生じた**からです。

もし，ある生物は火星から，別の生物は土星からやってきたとかいうのであれば，そういった共通性も見られないはずです。すべてが同じ共通の祖先から生じたからこそ，このような共通性があるのだと考えられます。

■**考えてみよう！** では，なぜ地球上に多くの種類の生物がいるのでしょうか？

11 それは，長い長い年月をかけて，地球上のさまざまな異なる環境に生物が**適応して進化**してきたからです。水中生活に適応した生物，寒冷な土地に適応した生物，植物を食べるように適応した生物，などなど，異なる環境に適応しながら，長い年月をかけて進化した結果，多くの種類の生物が存在しているのだと考えられます。進化については，第53講～第54講で学習しましょう。

■**考えてみよう！** ウイルスは生物とは呼べないと考えられています。なぜでしょうか？

12 生物には，先ほど見てきたような共通性があるのですが，ウイルスはそのうちのいくつかの特徴があてはまりません。実はウイルスは，細胞でできているのではないので生物とは呼べないのです。さらにATPももたず，これを

もとにした生命活動を行いません。

13　一方，遺伝情報としてDNAをもつウイルスと，DNAではなくRNAという物質をもつウイルスがいます。そしていずれにしてもこの遺伝情報を子孫に伝えます。このあたりは少し生物の特徴ももっているといえます。

14　このようなことから，ウイルスは生物と無生物の中間的な存在と考えられています。ウイルスについては第18講で学習します。

3　系統と系統樹

1　それぞれの生物が，長い年月をかけてたどってきた進化の道筋を**系統**といい，そのようすを，樹木の枝のようにして描いた図を**系統樹**といいます。

2　図1-2は，系統樹の一例です。細かいことはこれからじっくり学習しますので，いまは「ふ～ん」と眺めておくだけで十分です。

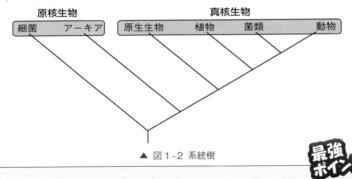

▲ 図1-2 系統樹

① 地球上に生息し確認されている生物の種類は約**190万種**
　（最も種類が多いのは昆虫類で約**100万種**）
② 生物の共通性
　(1)　細胞からなること
　(2)　**DNA**をもち，子孫に伝えること
　(3)　エネルギーの受け渡し物質として**ATP**を利用すること
③ **系統**…それぞれの生物がたどってきた進化の道筋
　系統樹…系統のようすを樹木の枝のように描いた図

第2講 顕微鏡の使い方と長さの単位

重要度
★★

細胞の観察などに欠かせない顕微鏡について見ておきましょう。

1 顕微鏡の各部の名称と使い方の手順

1 通常使われる顕微鏡（光学顕微鏡）の各部分の名称をまず確認しておきましょう。

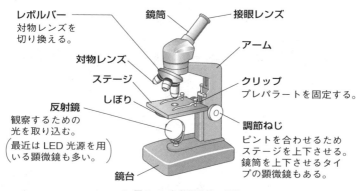

レボルバー
対物レンズを
切り換える。

鏡筒

接眼レンズ

アーム

対物レンズ

ステージ

しぼり

クリップ
プレパラートを固定する。

反射鏡
観察するための
光を取り込む。
（最近は LED 光源を用いる顕微鏡も多い。）

調節ねじ
ピントを合わせるため
ステージを上下させる。
鏡筒を上下させるタイプの顕微鏡もある。

鏡台

▲ 図2-1 光学顕微鏡の構造

2 **接眼レンズと対物レンズ**を用いますが，それぞれは次図のような形をしています。

接眼レンズは筒が短いほうが倍率が大きく，対物レンズは長さが長いほうが倍率が大きいレンズですね。

接眼レンズ

対物レンズ

×5　×10　×15
低倍率のレンズほど長い

×4　×10　×40
高倍率のレンズほど長い

▲ 図2-2 接眼レンズと対物レンズ

3　普通，顕微鏡の観察は次のような手順で行います。

　　1　接眼レンズ，対物レンズの順に装着する。

　　2　しぼりや反射鏡を合わせて視野を明るくする。

　　3　プレパラートをステージにセットする。

　　4　対物レンズとプレパラートを接近させておく。

　　5　接眼レンズをのぞきながら，調節ねじで，プレパラートを対物レンズから少しずつ遠ざけながらピントを合わせる。

　　6　観察したいものが見えたら，観察したいものを視野の中央に移動した後，レボルバーを回して対物レンズを高倍率に換えてくわしく観察する。

■**考えてみよう！**　なぜ，レンズを装着するとき，先に接眼レンズ，次に対物レンズの順とするのでしょうか？

4　先に対物レンズをセットしてしまうと，上からほこりなどが入ってきてしまうので，まず接眼レンズを先にセットするのです。

■**考えてみよう！**　高倍率に換えると，視野の明るさはどうなるでしょうか？

5　高倍率に換えると視野は暗くなります。そこで，しぼりを開いて視野を明るくする必要があります。

■**考えてみよう！**　高倍率に換えると，ピントの合う範囲はどうなるでしょうか？

6　ピントの合う奥行きの幅を**焦点深度**といいます。高倍率になると，ピントが合いにくくなりますね。それはピントの合う幅が狭くなるからです。これを「**焦点深度が浅くなる**」と表現します。

■**考えてみよう！**　視野で右上に見えている像を中央にもってくるにはプレパラートをどちらに移動させればよいでしょうか？

7　顕微鏡で見ている像は**左右上下が逆**になっています。すなわち視野で右上に見えている像というのは，実際には左下のほうにあるのです。

8　したがって，視野で右上に見えている像を中央にもってくるためには，プレパラートを右上に動かしてやればよい，ということになります。

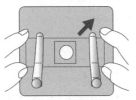
プレパラートを動かす向き

像が移動する向き

▲ 図2-3 プレパラートの動かし方

① 高倍率にすると，視野は暗くなり，焦点深度は浅くなる。
② 右上に見えている像を中央に移動させるには，プレパラートを
　右上に動かす。

2 大きさの単位

1 これからの学習で用いられる長さの単位をマスターしましょう。

2 $1\,\mathrm{m}$（メートル）の $\dfrac{1}{1000}$（$=10^{-3}$）が $1\,\mathrm{mm}$（ミリメートル）ですね。

ミリは $\dfrac{1}{1000}$ を意味します。たとえば $1\,\mathrm{g}$ の $\dfrac{1}{1000}$ は $1\,\mathrm{mg}$，1秒の $\dfrac{1}{1000}$ は1

ミリ秒です。

3 $1\,\mathrm{mm}$ の $\dfrac{1}{1000}$（$=10^{-3}$）が **$1\,\mu\mathrm{m}$（マイクロメートル）**です。

μ（マイクロ）は百万分の1（$=10^{-6}$）を意味します。

すなわち $1\,\mathrm{m}$ の $\dfrac{1}{1000} \times \dfrac{1}{1000}$，すなわち $10^{-6}\,\mathrm{m}$ が $1\,\mu\mathrm{m}$ です。

4 $1\,\mu\mathrm{m}$ の $\dfrac{1}{1000}$ を **$1\,\mathrm{nm}$（ナノメートル）**といいます。

n（ナノ）は十億分の1（$=10^{-9}$）を意味します。

$1\,\mathrm{m}$ の $\dfrac{1}{1000} \times \dfrac{1}{1000} \times \dfrac{1}{1000} = 10^{-9}\,\mathrm{m}$ が $1\,\mathrm{nm}$ になります。

5 $1\,\mathrm{nm}$ の $\dfrac{1}{10}$ を **$1\,\mathrm{\mathring{A}}$（オングストローム）**といいます。$10^{-10}\,\mathrm{m}$ が $1\,\mathrm{\mathring{A}}$ です。

最強ポイント

$$1\,\text{m} \xrightarrow{\times \frac{1}{1000}} 1\,\text{mm} \xrightarrow{\times \frac{1}{1000}} 1\,\mu\text{m} \xrightarrow{\times \frac{1}{1000}} 1\,\text{nm} \xrightarrow{\times \frac{1}{10}} 1\,\text{Å}$$

3　分解能といろいろな細胞の大きさ

1　2つの点をどんどん接近させていって，2つの点と識別できなくなる限界の距離を**分解能**といいます。

2　ヒトの肉眼の分解能は約**0.1mm**，光学顕微鏡の分解能は**0.2 μm**，電子顕微鏡の分解能は**0.2nm**です。

3　次図は，いろいろな細胞あるいは細胞小器官などのおおよその大きさを示したものです。

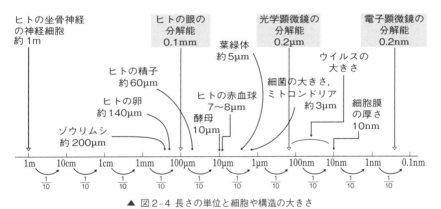

▲ 図2-4　長さの単位と細胞や構造の大きさ

4　登場する数値をすべて丸暗記しないといけないわけではありませんが，ふつうの細胞は数十 μm，多くの細菌や細胞小器官は数 μmといったあたりをまず押さえておきましょう。ふつう，細胞というと肉眼では見えない大きさですが，長さが1mもあるヒトの坐骨神経の神経細胞のように，すごく長い細胞もあるということがわかりますね。

15

5 また，ヒトの卵は **140 μm** なので，かろうじて肉眼で見える大きさで，精子は60 μmなので，光学顕微鏡でないと観察することはできません。だいたいふつうの体細胞は数十 μm程度の大きさなので，卵は大きめの細胞だとわかります。逆にヒトの赤血球は **7 ～ 8 μm** なので，小さめの細胞であることがわかります。

6 ゾウリムシの大きさが約 **200 μm**（十分肉眼で見えます！）であることや，ヒトの卵が140 μm，ヒトの赤血球が7 ～ 8 μmであることなどはよく問われるので覚えておきましょう。

最強ポイント

① $1\,mm = 10^{-3}\,m$ $1\,\mu m = 10^{-3}\,mm$ $1\,nm = 10^{-3}\,\mu m$

② **分解能**　ヒトの肉眼…0.1mm

　　　　　　光学顕微鏡…0.2 μm

　　　　　　電子顕微鏡…0.2nm

③ ゾウリムシ…200 μm

　ヒトの卵…140 μm

　ヒトの赤血球…7 ～ 8 μm

ミクロメーターを用いた測定

第**3**講

重要度
★ ★

細胞の大きさなどを測定する物差しがミクロメーターです。

1 ミクロメーターの使い方

1 大きさを測定するために用いるのが**接眼ミクロメーター**と**対物ミクロメーター**の2種類の目盛りです。

2 対物ミクロメーターは1mmを100等分した目盛りが刻んであります。すなわち1目盛りは**10 μm**です。

3 接眼ミクロメーターは接眼レンズの中に，対物ミクロメーターは対物レンズの中ではなくステージの上にセットします。

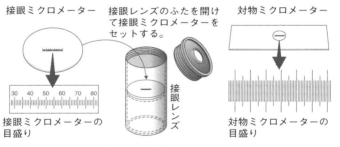

▲ 図3-1 2種類のミクロメーター

4 両方のミクロメーターをセットして接眼レンズから覗いたとき，2種類の目盛りが右図のように見えたとします。

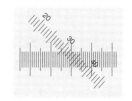

■**考えてみよう！** 両方の目盛りが平行になるようにするにはどうしたらよいでしょうか？

5 　接眼ミクロメーターは接眼レンズの中に入っているので，接眼レンズを回すと接眼ミクロメーターの目盛りも回転し，両方の目盛りを平行にすることができます！

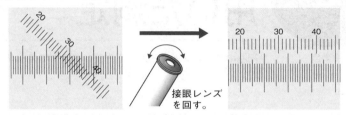

▲ 図3-2 ミクロメーターの使い方

6 　次に両方の目盛りが一致している場所を2か所探します。右図では↓の部分で両方の目盛りが一致しています。

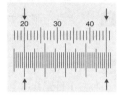

7 　次に一致している↓から↓までの長さを調べます。

対物ミクロメーター1目盛りは10 μmなので，この場合は対物ミクロメーターにおける↓から↓までの長さは**10 μm × 40目盛り**と表せます。

8 　接眼ミクロメーター1目盛りの大きさをx μmとすると，接眼ミクロメーターにおける↓から↓までの長さは**x μm × 25目盛り**と表せます。

9 　この2つの長さが一致しているのですから，

10 μm × 40目盛り ＝ x μm × 25目盛り　ということになります。

よって，$x = \dfrac{10\ \mu m \times 40}{25} = 16\ (\mu m)$ と求めることができます！

10 　接眼ミクロメーターA目盛りと対物ミクロメーターB目盛りが一致していたとすると，次のような式が成り立つのです。これで接眼ミクロメーター1目盛りが示す大きさ（x μm）を簡単に求めることができますね。

　　接眼ミクロメーター　　対物ミクロメーター
x μm × A目盛り ＝ 10 μm × B目盛り

11 　接眼ミクロメーター1目盛りの大きさがわかったら，対物ミクロメーターを外して，代わりに試料（たとえばゾウリムシ）を載せたプレパラートをステージの上にセットします。次の図3-3が観察できたとしましょう。

▲ 図3-3 ゾウリムシの長さの測定①

■ **考えてみよう！** 上の図で，観察しているゾウリムシの長さは何μmでしょうか？

12 接眼ミクロメーター1目盛りが16μmだったので，16μm×15目盛り＝240μmとわかりますね。確かに，ゾウリムシは約200μmだと学習しました。

■ **考えてみよう！** 対物レンズの倍率を変えると，接眼ミクロメーター **1** 目盛りが示す大きさはどうなるでしょうか？

13 たとえば対物レンズが10倍で，長さが32μmのある物体を観察したとします。同じ物体を，対物レンズを20倍に換えて観察すると次のように見えるはずです。

対物レンズが10倍のとき　　　対物レンズが20倍のとき

▲ 図3-4 対物レンズが10倍のときと20倍のときのある物体の長さの観察

14 物体の大きさそのものは同じなので，接眼ミクロメーター1目盛りが示す大きさは8μmで，さきほどの $\frac{1}{2}$ になってしまったことがわかります。このように，対物レンズの倍率を上げると，接眼ミクロメーター1目盛りが示す大きさは小さくなります。ただし，正確に測定する場合は，倍率を上げた場合も再度，両ミクロメーターを用いて計算し直す必要があります。

15 このように両ミクロメーターを用いて，まず接眼ミクロメーター1目盛りの大きさを求め，最終的には接眼ミクロメーターの目盛りを用いて観察対象の長さを測定します。

■ **考えてみよう！** なぜ，対物ミクロメーターの目盛りをそのまま用いて測定しないのでしょうか？

16 理由は大きく2つあります。まず，対物ミクロメーターに試料(たとえばゾウリムシ)を載せて観察すると右のようになったとします。

17 このままではゾウリムシの長さを測定することができません。でも接眼ミクロメーターを用いて測定していれば，右のようになっても接眼ミクロメーターを回せばゾウリムシの長さを測定することができますね。

接眼レンズを回して接眼ミクロメーターの向きを合わせる。

▲ 図3-5 試料と接眼ミクロメーターの合わせ方

18 また，試料にピントを合わせると対物ミクロメーターの目盛りにはピントが合わず，逆に対物ミクロメーターの目盛りにピントを合わせると試料のほうにきちんとピントを合わせることが難しいので，やっぱり対物ミクロメーターに試料を載せて計測するのはよくないのです。

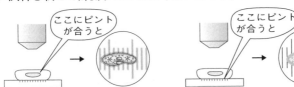
ここにピントが合うと　　　　　　ここにピントが合うと

▲ 図3-6 対物ミクロメーターに試料を載せる

最強ポイント

【ミクロメーターを用いた測定】
① まず，接眼ミクロメーター1目盛りの大きさ(x μm)を次の式で計算する。

　　接眼ミクロメーター　　対物ミクロメーター
　　x μm × A目盛り　＝　10 μm × B目盛り

② 観察対象の測定に用いるのは**接眼ミクロメーター**。

第4講 細胞の構造①
(核・ミトコンドリア・葉緑体)

重要度
★★★

地球上のすべての生物は，細胞が基本単位となっています。まずは，その細胞の構造から見ていきましょう。

1 生物の大雑把な分類

1 これから生物を勉強するために，細かいことは後で勉強することにして(⇨第5章「生物の系統」)，まず，生物を大雑把（おおざっぱ）に分類しておきましょう。

2 生物を細胞の構造によって分けると，**原核生物**（げんかく）か**真核生物**（しんかく）かに分類されます。そして，真核生物は，**動物・植物・菌類・原生生物**の4つに分けられます(第1講の3.系統と系統樹 参照)。

3 大腸菌や乳酸菌などの細菌および超好熱菌やメタン生成菌などのアーキアは原核生物です。ヒトやイモリやバッタ・タコ・ウニなどはもちろん**動物**，イネ・サクラ・シダ・コケなどは**植物**，酵母やアカパンカビなどは**菌類**になります。そのいずれにも属さないもの，たとえば，アメーバ・ゾウリムシ・ミドリムシなどが原生生物です。細かい生物名は後で学習しましょう。

原核生物 ｛ 細菌 (大腸菌, 乳酸菌…)
　　　　｛ アーキア (超好熱菌, メタン生成菌…)

真核生物 ｛ 動物 (ヒト・イモリ・ウニ…)
　　　　｛ 植物 (サクラ・シダ・コケ…)
　　　　｛ 菌類 (酵母・アカパンカビ…)
　　　　｛ 原生生物 (アメーバ・ゾウリムシ…)

それでは，まず真核生物の動物や植物の細胞について学習します。

2 真核生物の細胞

1 真核生物を構成する細胞を**真核細胞**といいます。動物や植物，菌類，原生生物の体を構成する細胞はもちろん真核細胞です。

動物や植物の細胞を光学顕微鏡で観察すると，次のようになります。

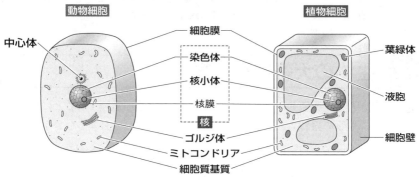

▲ 図4-1 動物細胞と植物細胞の光学顕微鏡像

2 光学顕微鏡では見えない，あるいは観察しにくい構造もたくさんあります。そのような構造は，電子顕微鏡を使うことで細かい部分まで観察することができます。

電子顕微鏡で観察した細胞の構造は次の通りです。

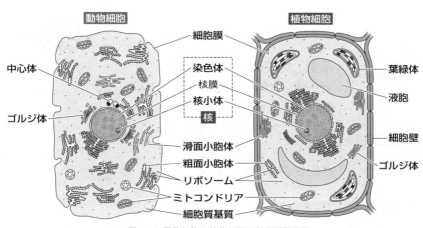

▲ 図4-2 動物細胞と植物細胞の電子顕微鏡像

3 核

1　図4-1や図4-2で見たように，動物細胞にも植物細胞にも，<u>1個の細胞には1個の核</u>があります。じつは，動物や植物の細胞に限らず，**すべての真核細胞には核が存在します。**

> 1個の細胞に多数の核をもつような例外的な細胞(脊椎動物の骨格筋の細胞)や，哺乳類の赤血球のように核を失った(⇨p.149)細胞もある。

　細胞のうち核以外の部分を**細胞質**といいます。

2　核は，二重になった**核膜**に包まれた球形の構造をしており，内部には，**染色体**や**核小体**があります。

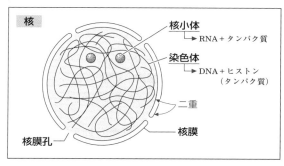

▲ 図4-3 核の構造

3　この核膜には，ところどころに**核膜孔**という孔があり，核と細胞質の間での**物質移動の通路**になります。

> 核でつくられたRNAも核膜孔を通って細胞質に出ていく(⇨p.123)。

4　**核膜**は，後で登場する小胞体の膜とつながっていたりします。

5　**染色体**は，**DNA**と**ヒストン**というタンパク質からなる糸状の構造で(⇨p.103)，通常の状態では，電子顕微鏡でも見えません。しかし，細胞分裂のときには凝縮して太く短縮し，光学顕微鏡でも見えるようになります。

　DNAは，後でくわしく勉強しますが，**遺伝子の本体として働く物質**で，その細胞の設計図のようなものです。**染色体は，酢酸カーミンや酢酸オルセインなどの塩基性色素によく染まります。**

6　**核小体**は，**RNA**(⇨p.50)とタンパク質からなる粒状の構造で，核内に1〜数個あります。ここでは，リボソーム(⇨p.28)を**構成する物質(rRNA)の合成**

が行われます。メチルグリーン・ピロニン液で核を染色すると，DNAのある部分はメチルグリーンにより青緑色に，RNAのある部分すなわち核小体の部分は赤桃色に染め分けられます。

最強ポイント

$$
核
\begin{cases}
核膜…二重膜からなる。核膜孔あり。\\
染色体…DNAとタンパク質（ヒストン）からなる。\\
核小体…RNAとタンパク質からなる。
\end{cases}
$$

4 ミトコンドリア

1 細胞質には，さまざまな構造体（**細胞小器官**）があります。
まずは，**ミトコンドリア**を見ていきましょう。

2 ミトコンドリアは，外膜と内膜の二重の膜に囲まれた構造をしています。

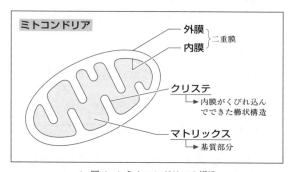

▲ 図4-4 ミトコンドリアの構造

3 さらに内膜は，ところどころくびれ込んで，櫛の歯のような構造をつくっています。このようなくびれ込んだ内膜の構造を**クリステ**といいます。また，内膜のさらに内側の隙間の部分（基質）は**マトリックス**といいます。

4 ミトコンドリアでは，**呼吸**（⇨p.439）のクエン酸回路や電子伝達系の反応が行われ，多量の**ATP**（⇨p.411）がつくられます。簡単に言えば，**エネルギーをつくり出す発電所**のような場所です。

5 基質である**マトリックス**の部分で**クエン酸回路**が行われ，**内膜の部分**で(もちろんくびれ込んだクリステの部分でも)**電子伝達系**が行われます。

6 このミトコンドリアには，核とは別の独自のDNAやリボソーム(⇨p.28)があり，**半自律的に分裂して増殖する**ことができます。

> 細胞から取り出して勝手に分裂するわけではないが，核とは別に分裂増殖できるので，半自律的という。

7 ミトコンドリアは，ヤヌスグリーンという染色液によって青緑色に染色されます。

5 葉 緑 体

1 **葉緑体**は，次のような構造をしています。

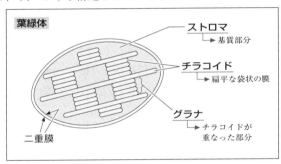

葉緑体

ストロマ
→ 基質部分

チラコイド
→ 扁平な袋状の膜

グラナ
→ チラコイドが重なった部分

二重膜

▲ 図4-5 葉緑体の構造

2 葉緑体も，外側と内側の2枚の二重膜に囲まれた構造をしており，**光合成**(⇨p.458)を行います。

3 内部には扁平な袋状の膜があり，これを**チラコイド**といいます。チラコイドには**クロロフィル**や**カロテノイド**などの光合成色素があり，**光エネルギーを吸収**します。

チラコイドが重なった構造を**グラナ**といいます。

4 葉緑体内部の隙間(基質)の部分を**ストロマ**といい，ここでは吸収した二酸化炭素から炭水化物などの有機物をつくる反応(**カルビン回路**)が行われます。

5　葉緑体のように光合成は行いませんが，似た仲間の構造体として，**有色体**，<ruby>有色体<rt>ゆうしょくたい</rt></ruby>，**白色体**，**アミロプラスト**などがあり，これらと葉緑体をまとめて**色素体**といいます。

6　**有色体**はカロテノイドなどの色素をもち，根や果実などの細胞にあります。

> ニンジンの根やトマト・ミカンの果実の色は，この有色体の色素の色。

7　色素体だが色素をもたないものを**白色体**といい，根や斑入り（白い斑点）の葉の細胞などにあります。白色体のなかには，光が当たることによって葉緑体に変わるものもあります。

　また，白色体のなかで，特に大形で，内部にデンプン粒をつくるものを**アミロプラスト**といい，根の重力屈性（⇨p.679）に関与します。

8　これら色素体には，**核とは別の独自のDNA**やリボソームがあり，**半自律的に分裂して増殖**できます。

9　オオカナダモの葉の細胞を観察すると，葉緑体が動いているのが観察されます。これは**細胞質流動（原形質流動）**という現象によるもので，生きている細胞でのみ観察されます。これには細胞骨格（⇨p.404）の一種であるアクチンフィラメントとモータータンパク質（⇨p.404）の一種であるミオシンが関与しています。

　細胞質流動（原形質流動）は，ムラサキツユクサのおしべの毛やシャジクモの節間細胞（⇨p.357）などでもよく観察されます。

6　共生説

1　好気性細菌が他の細胞に入り込み共生してミトコンドリアに，シアノバクテリアという細菌の一種が他の細胞に入り込み共生して葉緑体になったのではないかという考え方があり，これを**共生説（細胞内共生説）**といいます。

> 酸素発生型の光合成を行う細菌の一群（ユレモ，ネンジュモ，イシクラゲなどを含む）。

> 宿主となった細胞が真核細胞だったか原核細胞だったかはまだ解明されていない。

2　このような説のおもな根拠は，ミトコンドリアと葉緑体には，核以外の独自の**DNA**やリボソームがあり，半自律的に増殖することです。このような共生説は，**マーグリス**らによって提唱されています。

■**考えてみよう！**　好気性細菌の共生とシアノバクテリアの共生はどちらのほうが先だったと考えられるでしょうか？

3　真核生物はすべてミトコンドリアをもちますが，葉緑体をもつのは植物や藻類（コンブやワカメなど）といった真核生物の一部だけです。このことから，まず好気性細菌が共生してミトコンドリアをもつ生物が進化し，その後でその一部の生物の細胞にシアノバクテリアが共生し，ここから植物など葉緑体をもつ生物が進化したと考えられます。なので，好気性細菌の共生のほうが先だったと考えられます。

 ミトコンドリアや葉緑体は，好気性細菌やシアノバクテリアが他の細胞に侵入して共生し，ミトコンドリアや葉緑体になったという考え方がある。その根拠を30字以内で述べよ。

ポイント　「独自のDNA」，「半自律的に増殖」の2つがキーワード。このように字数が少ない場合は「リボソーム」には触れなくても大丈夫です。

模範解答例　いずれも独自のDNAをもち，半自律的に増殖できる。（25字）

【ミトコンドリアと葉緑体の共生説】
① 好気性細菌　→　ミトコンドリア
　　シアノバクテリア　→　葉緑体
② 根拠：ミトコンドリアと葉緑体は，いずれも独自の**DNA**やリボソームをもち，半自律的に分裂して増殖することができるから。

第5講 細胞の構造②
（その他の細胞小器官）

重要度
★ ★ ★

細胞にはさまざまな構造体があります。なかには，膜をもたない構造体や一重膜でできた構造体もあります。

1 膜構造をもたない構造体（リボソーム，中心体）

1 **タンパク質を合成する場**として働くのが**リボソーム**です。リボソームは非常に小さな顆粒状の構造で，RNAとタンパク質からできており，電子顕微鏡を使わないと観察できません。

→「rRNA（リボソームRNA）」という。

2 動物細胞や一部の植物細胞には**中心体**があります。

一般に植物細胞には中心体は存在しないが，シダ・コケなどの精子を形成する細胞にだけは存在する。

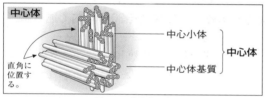

中心体

中心小体
中心体基質 ┤中心体

直角に位置する。

▲ 図5-1 中心体の構造

3 中心体は，**細胞分裂のときに紡錘体**（⇨p.100）**の起点**になったり，**鞭毛形成**などに関与したりします。

4 中心体は，2つの**中心小体（中心粒）**からなりますが，中心小体は微小な管が集まって形成されています。この微小な管を**微小管**といい，**チューブリン**と呼ばれるタンパク質からなります（⇨p.405）。微小管が3本で1セットになり，これが9セット集まって中心小体を形作っています。

最強ポイント

【膜構造をもたない構造体】
- **リボソーム**…タンパク質合成の場。
- **中心体**…紡錘体の起点，鞭毛形成に関与。

2 一重膜の構造体(小胞体,ゴルジ体,リソソーム,液胞)

1 リボソームで合成された**タンパク質などの輸送路**として働くのが**小胞体**です。小胞体は,1枚の膜からなる扁平な袋状の構造が網目状に広がった形をしています。表面にリボソームが付着した小胞体(**粗面小胞体**)と,リボソームが付着していない小胞体(**滑面小胞体**)があります。

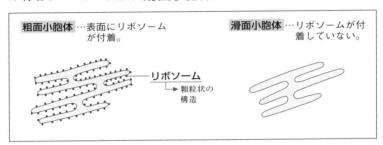

▲ 図5-2 小胞体の構造

2 小胞体に付着したリボソームでは,おもに,**分泌するタンパク質や膜の成分となるタンパク質**が合成され,そのまま小胞体内を運ばれ,**ゴルジ体**に移動します。小胞体に付着していないリボソームでは,おもに**細胞質基質(サイトゾル)で働くタンパク質や核,ミトコンドリア,葉緑体およびペルオキシソーム**(⇨p.32)**内で働くタンパク質**が合成されます。

3 滑面小胞体は,脂質合成や解毒作用に働いたり(肝臓細胞),Ca^{2+} を貯蔵し細胞質中の Ca^{2+} 濃度を調節したり(筋細胞)します。

> 特に,筋細胞の滑面小胞体を「筋小胞体」という。

4 **ゴルジ体**は,湾曲した扁平な袋が重なった構造です。小胞体から送られた**タンパク質に糖を付け加えたり,濃縮して貯蔵したり,細胞外に分泌したり**する働きがあります。

5 ゴルジ体からの物質の分泌は,右のように行われます。まずゴルジ体から細胞外に分泌する物質が含まれた小胞(**分泌小胞**といいます)が生じます。この分泌小胞が細胞膜と融合することで,分泌小胞内の物質が細胞外に分泌されます(図5-3)。

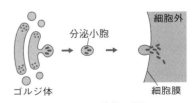

▲ 図5-3 物質の分泌

6 このようにして小胞の内容物が細胞外へ放出される作用を**エキソサイトーシス**（exocytosis；開口分泌）といいます。

　ホルモンや消化酵素の分泌，神経伝達物質（⇨p.598）の放出などは，このエキソサイトーシスによって起こります。

7 また，細胞膜に埋め込まれている膜タンパク質は，ゴルジ体から生じた小胞の膜に埋め込まれた形で細胞膜まで運ばれます（図5-4）。

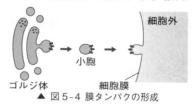

▲ 図5-4 膜タンパクの形成

8 一方，ゴルジ体から生じた小胞内に，細胞内で働く加水分解酵素が含まれている場合は**リソソーム**と呼ばれます。

9 リソソームには，種々の物質を分解する加水分解酵素が含まれており，種々の物質を取り込んで，細胞内で分解する働きがあります。このような働きを**細胞内消化**といいます。

10 細胞外から取り込まれた物質は，次のようなしくみで分解されます。

　まず細胞膜の一部がくぼんで小胞をつくることで細胞外の物質を取り込みます。このような取り込みを**エンドサイトーシス**（endocytosis；飲食作用）といいます。

11 生じた小胞は**ファゴソーム**と呼ばれます。このファゴソームとリソソームが融合することで，ファゴソーム内の物質が分解されます（図5-5）。

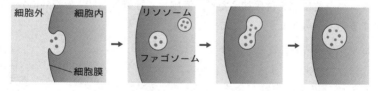

▲ 図5-5 ファゴソームとリソソームの融合

12 リソソームは細胞外から取り込んだ物質だけでなく，古くなった細胞小器官や細胞内で生じた不要な物質の分解にも働きます。これは次のようにして行われます。

13　まず，**隔離膜**と呼ばれる膜が形成され，古くなった細胞小器官や細胞内で生じた不要な物質を取り囲みます。生じた袋状の構造を**オートファゴソーム**といいます。

14　このオートファゴソームがリソソームと融合します。融合したものを**オートリソソーム**といいます。このオートリソソーム内でオートファゴソームの内膜と不要な物質の分解が行われます（図5-6）。

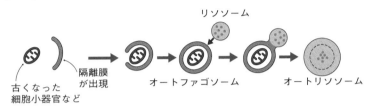

リソソーム

古くなった
細胞小器官など

隔離膜
が出現

オートファゴソーム

オートリソソーム

▲ 図5-6 オートファゴソームの内膜と不要な物質の分解

15　このようにして細胞内に生じた不要な物質や古くなった細胞小器官などを分解する現象を**オートファジー**（autophagy；**自食作用**）といいます。

> 2016年大隅良典は，「オートファジーのしくみの解明」によりノーベル生理学・医学賞を受賞。大隅が用いたのは酵母で，酵母では液胞がリソソームと同様の役割を果たしている。

16　オートファジーは飢餓状態になると活発になることから，単に不要なものの分解だけでなく，タンパク質の分解で生じたアミノ酸を再利用する役割もあると考えられています。まさにリサイクル工場のような感じですね。

> ヒトでは，1日に約200gのタンパク質がアミノ酸から合成されるといわれる。しかし食事によって摂取したタンパク質に由来するアミノ酸は70g程度なので，残りはオートファジーなどで生じたアミノ酸を再利用していることになる。

ユビキチン・プロテアソーム系による選択的分解

　オートファジーとは異なる方法で，**特定のタンパク質だけを選択的に分解する方法**がある。これには**ユビキチン**と呼ばれる76個のアミノ酸からなる小さなタンパク質が関与する。分解の対象となるタンパク質にこのユビキチンが複数個付加される。するとこれが目印となって，**プロテアソーム**という酵素複合体により分解されていく。このようなシステムを「**ユビキチン・プロテアソーム系**」と呼び，このしくみの解明によりチェハノバ，ヘルシュコ，ローズが2004年にノーベル化学賞を受賞している。

17 液胞は，有機酸・糖・無機塩類などを含む袋で，特に，成長した植物細胞で大きく発達します。

動物細胞にも液胞は存在する。ただ，非常に小さく目立たない。

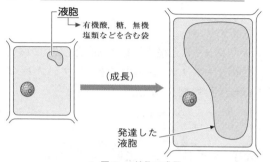

液胞 → 有機酸，糖，無機塩類などを含む袋

（成長）

発達した液胞

▲ 図5-7 液胞の成長

18 液胞内に含まれる液を**細胞液**（さいぼうえき）といいます。細胞液は，無機塩類などを多く含むため，**細胞の浸透圧の調節**にも働きます。花弁の細胞などでは，**アントシアン**という色素なども含まれます。これ以外にも，たとえば，タバコではニコチン，イヌサフランではコルヒチンなどが含まれます。

液胞液とは呼ばないので注意しよう！

これらは窒素を含む塩基性の有機物で，総称して「アルカロイド」と呼ばれる。

+α パワーアップ

ペルオキシソームとカタラーゼ

　細胞質には，これ以外にも，**ペルオキシソーム**と呼ばれる小胞もある（構造的にはただの袋）。ペルオキシソームには**カタラーゼ**という酵素が含まれており，細胞内で生じた過酸化水素を水と酸素に分解する働きがある。過酸化水素は活性酸素の一種で，細胞にとっては非常に有害な物質である。これを処理する大切な酵素がカタラーゼなのである。

最強ポイント

【一重膜で囲まれた構造体】

小胞体…物質の輸送路。

ゴルジ体…タンパク質の濃縮，分泌，糖鎖の付加。

リソソーム…加水分解酵素を含み，細胞内消化。

液胞…有機酸・糖・無機塩類の貯蔵，浸透圧の調節。

3 細 胞 壁

1 植物や菌類の細胞膜の外側には，丈夫な**細胞壁**_{へき}があります。植物細胞の細胞壁の主成分は**セルロース**という炭水化物です。

> 菌類の細胞壁の主成分は「キチン」という物質。

2 また，細胞壁と細胞壁の間は，**ペクチン**という物質によって接着されています。セルロースとペクチンからなる部分を**一次細胞壁**といいます。

3 細胞によっては，一次細胞壁に，さらに別の物質が沈着する場合もあります。たとえば，**リグニン**という物質が沈着して細胞壁がより厚く堅くなる場合があり，このような現象を**木化**といいます。木化している部分は，フロログルシン水溶液と濃塩酸によって赤色(赤紫色)に染まるので，簡単に検出されます。

> 道管・仮道管・厚壁組織(⇨p.83)で見られる。木化することで「材」ができる。

4 また，**クチン**という物質が沈着することを**クチクラ化**といいます。これにより，水が通りにくくなります。

> 葉の表皮細胞などで見られる。

さらに，**スベリン**というロウのような物質が沈着すると，水や空気を通しにくくなり，中に空気が含まれた状態になります。これを**コルク化**といいます。

このようにして一次細胞壁の内側にできる層を**二次細胞壁**といいます。

> 樹木の茎などで見られ，内部を保護する。コルク材はコルクガシ(⇨p.757)から樹皮をはがして加工したもの。

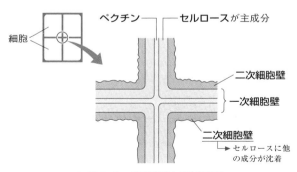

▲ 図5-8 一次細胞壁と二次細胞壁

4　原核生物の細胞

1　核膜に囲まれた核をもたない細胞を**原核細胞**といい，原核細胞からなる生物を**原核生物**といいます。

2　原核生物には，<u>細菌</u>（大腸菌や乳酸菌，シアノバクテリア）と**アーキア**（メタン生成菌，超好熱菌）の2種類が属します。

> 「バクテリア」ともいう。

> 以前は「古細菌」と呼ばれていた。

3　原核細胞には，核膜以外にも，ミトコンドリアや葉緑体，小胞体，ゴルジ体，中心体など，ほとんどの細胞小器官がありません。
　　原核細胞にも存在するのは，**細胞膜**，**リボソーム**と**細胞壁**くらいです。

> 真核生物のものよりもやや小形。

> 細菌の細胞壁の主成分はセルロースやキチンではなく，「ペプチドグリカン」という物質。アーキアではタンパク質。

■ 考えてみよう！　ミトコンドリアがないのなら，原核生物は呼吸ができないのでしょうか？

4　いえいえ，原核生物でも呼吸が行えるものはたくさんいます。それは，ミトコンドリアという構造がなくても，呼吸に関係する酵素をもっているからです。この場合，**細胞質基質で解糖系とクエン酸回路**が，**細胞膜で電子伝達系**が行われます。

> 大腸菌もシアノバクテリアも呼吸を行う。

5　同様に，<u>葉緑体がなくても光合成を行える原核生物も</u><u>たくさんいます</u>（シアノバクテリアなどは光合成を行います）。やはり，葉緑体という構造はなくても，光合成に関係する色素や酵素をもっているからです。この場合，**チラコイドのような膜は存在し**，そこにクロロフィルなどの色素をもっています。カルビン回路の反応は細胞質基質（サイトゾル）で行われます。

> 紅色硫黄細菌や緑色硫黄細菌も光合成が行える。

【原核細胞の特徴】

① 核膜に囲まれた核をもたない。

② ミトコンドリア，葉緑体，ゴルジ体などももたない。
　（細胞膜，細胞壁，リボソームはある）

第6講 細胞の研究史と細胞分画法

重要度
★

ここでは，細胞研究の歴史と細胞分画法について見てみましょう。

1 細胞の発見

1 細胞は，イギリスの**フック**によって発見されました。フックは，自作の顕微鏡を使ってコルクの切片を観察し，その結果，小さな部屋がたくさんあることを発見しました。そこで，これらの部屋を**細胞**(cell)と名付けました。でも，実際に観察したのは，細胞壁の部分だけでした。

> ロバート・フック(1635 ～ 1703年)…ばねの伸びに関する「フックの法則」を発見したことでも有名。

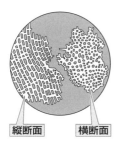
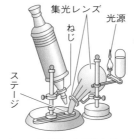

集光レンズ
光源
ねじ
ステージ
縦断面
横断面

> **フック**が用いた顕微鏡は，現在のような透過光ではなく反射光で観察するものだったので，左図のように，細胞(**細胞壁**)の部分だけが白く，他は黒く見えた。

▲ 図6-1 フックが描いた細胞と用いた顕微鏡

フックは，この観察結果を『ミクログラフィア』(顕微鏡図譜)に記載しました(1665年)。

2 オランダの**レーウェンフック**(1632 ～ 1723年)も自作の顕微鏡でいろいろな物を観察し，細菌や赤血球，動物の精子などを発見しました。

3 イギリスの**ブラウン**(1773 ～ 1858年)は，細胞には**核**があることを発見しました(1831年)。

> 花粉の研究からブラウン運動を発見したり(1827年)，細胞質流動を観察したりもしている。

2 細胞説

1 ドイツの植物学者**シュライデン**(1804〜1881年)は,「植物のからだは,細胞を基本単位とする」という**植物の細胞説**を提唱しました(1838年)。

翌年,ドイツの動物学者**シュワン**(1810〜1882年)は,「動物のからだの基本単位も細胞である」という**動物の細胞説**を提唱しました(1839年)。

神経鞘の細胞の「シュワン細胞」にその名前が残っている。胃液の消化酵素「ペプシン」の命名者でもある。

2 ドイツの**フィルヒョー**(ウィルヒョー)は,自然発生説を否定し,「**すべての細胞は細胞から生じる**」と唱えました(1858年)。

生物が無生物から生じるという考え方。パスツールによって実験的に否定された(⇨p.243)。

【細胞研究史と研究者】
① 細胞の発見…**フック**
② 微生物の発見…**レーウェンフック**
③ 核の発見…**ブラウン**
④ 植物の細胞説…**シュライデン**
⑤ 動物の細胞説…**シュワン**
⑥ 「すべての細胞は細胞から生じる」と唱える…**フィルヒョー**

定番論述対策 2 細胞説とはどのような説か。50字以内で説明せよ。

ポイント 細胞が,構造のうえからも働き(機能)のうえからも基本単位であることを書く。字数に余裕があれば,シュライデンやシュワンについても書く。

模範解答例 細胞が生物の構造や機能上の単位であるという考え方で,シュライデンおよびシュワンによって提唱された。(49字)

3 細胞分画法

1 細胞構造体(細胞小器官)を，その大きさや密度の違いによって，細胞外に分けて取り出す方法が**細胞分画法**です。次の手順で行います。

〔細胞分画法の手順〕

① まず，氷で冷やしながら，細胞と等張かやや高張(⇨p.64)のスクロース溶液中でホモジェナイザーという器具を使って細胞を破砕します。生じた細胞破砕液を**ホモジェネート**といいます。

② 次に，冷却遠心分離機にかけ，低温(4℃以下)で$500 \sim 1000g$で10分間遠心します。すると，まず**核**や植物細胞であれば**細胞壁**の断片などが沈殿します。

> 「g」は重力加速度のこと。$500g$であれば，重力の500倍を示す。

③ ②の上澄み液を$3000g$で10分間遠心すると，**葉緑体**が沈殿します。

④ さらに，この③の上澄み液を$8000 \sim 1$万gで20分間遠心すると，**ミトコンドリア**が沈殿します。

⑤ ④の上澄み液を10万gで1時間遠心すると，**小胞体やリボソーム**などが沈殿します。この最後に沈殿する分画を**ミクロソーム分画**といいます。

⑥ 10万gでも沈殿しなかった上澄み液には，**細胞質基質**が含まれます。

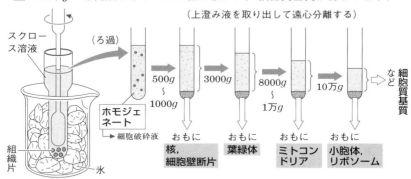

▲ 図6-2 細胞分画法による分離

2 これら一連の操作は**必ず低温で行います**。細胞を破砕したり遠心分離したりする過程で，一重膜でできた細胞小器官は壊れてしまうことが多く，リソソームなども壊れてしまいます。リソソームが壊れると，中から加水分解酵素が出てきてしまい，せっかく集めたミトコンドリアなどを分解してしまいます。そこで，このような**酵素による細胞小器官の分解を防ぐために**，低温

で操作しないといけないのです。もう1つは、破砕による発熱によりタンパク質が変性するのを防ぐという意味もあります。

3 また、等張液あるいはやや高張液を用いるのは、**低張液では、細胞小器官が吸水して膨張・破裂してしまう危険がある**からです。

4 分離する細胞構造体の大きさがあまり変わらない場合は**密度勾配遠心法**（みつ　ど　こうばいえんしんほう）（⇨p.97）が用いられます。これは、たとえばスクロースや塩化セシウムなどを用いた異なる密度の溶液を層状に重ねておき、そこへ試料を置いて遠心分離すると、それぞれの密度に見合った位置に分離します。

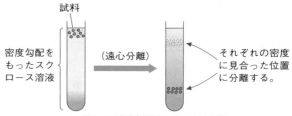

試料

密度勾配を
もったスク
ロース溶液

（遠心分離）

それぞれの密度
に見合った位置
に分離する。

▲ 図6-3 密度勾配遠心法による分離

**定番論述
対策 ③**
細胞分画法の実験は、必ず4℃以下の低温で行う。その理由を30字以内で述べよ。

ポイント 　酵素による分解を防ぐことを書く。ただし、「細胞の分解を防ぐ」と書いてはダメ！「細胞構造体（細胞小器官）の分解を防ぐ」と書くベシ！

模範解答例 　酵素作用を抑え、<u>酵素による細胞小器官の分解を防ぐ</u>ため。
（27字）

**定番論述
対策 ④**
細胞分画法の実験で、等張液あるいはやや高張液を用いるのはなぜか。その理由を30字以内で述べよ。

ポイント 　吸水による膨張・破裂を防ぐことを書く。これも「細胞の破裂を防ぐ」ではダメ！「細胞小器官の破裂を防ぐ」と書くベシ！

模範解答例 　<u>吸水による、細胞小器官の膨張・破裂を防ぐ</u>ため。（23字）

第**7**講 **生体物質①**
（水・タンパク質）

重要度
★ ★ ★

細胞には水やタンパク質や炭水化物など種々の物質が含まれています。それらの特徴や役割を見てみましょう。

1 水の特徴と役割

1 次の図は，細胞に含まれる物質の割合を示したものです。

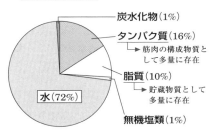

植物細胞（トウモロコシ）

┌─炭水化物 など（18%）
└─▶ 細胞壁のセルロースや貯蔵物質として多量に存在

タンパク質（2%）

脂質（1%）

水（78%）

無機塩類（1%）

動物細胞（ヒト）

炭水化物（1%）

タンパク質（16%）
▶ 筋肉の構成物質として多量に存在

脂質（10%）
▶ 貯蔵物質として多量に存在

水（72%）

無機塩類（1%）

▲ 図 7-1 細胞に含まれる物質の割合

2 このように，動物細胞でも植物細胞でも，最も多く含まれているのは**水**です。植物細胞では，**炭水化物**の占める割合が動物細胞よりも多いですが，これは，**セルロースを主成分とした細胞壁**があるためです。

3 水（H_2O）のOはHよりも電子を引き付ける力（電気陰性度）が大きいのでわずかに負の電荷，Hはわずかに正の電荷を帯びています。このように，**特定の方向に沿って異なった性質をもつことを極性**といいます。この場合は，分子内で正と負の電荷に偏りがあることを意味します。極性をもつ分子を**極性分子**といいます。

4 電気陰性度の高い原子（この場合はO）と結合しているHと，近くにある電気的に陰性の原子（OやNなど）との間で

水素結合

▲ 図 7-2 H_2Oの水素結合

行われる結合を**水素結合**といいます（図7‐2）。

5 この水素結合により水分子どうしがゆるやかに結合しているため，水は，非常に**比熱**が大きい物質です。そのため，このような水がたくさん含まれていることによって，**細胞内の急激な温度変化をやわらげる**ことができます。

6 また，水は種々の物質の溶媒となります。化学反応は一般に水に溶けた状態で起こるので，**化学反応の場**となることができます。

物質を水に溶かして運んだりして，**物質の運搬**を容易にしたりもします。

7 水は地球上に普遍的に存在し，有機物を構成する元素であるHとOからなるので，種々の反応，たとえば**光合成**などの材料となります。

 疎水結合（そすい）とタンパク質の立体構造

分子には親水性や疎水性のものがあり，周囲に水があることで，疎水性の性質をもつ部分が内側にもぐり込むことになる。たとえば，タンパク質を構成するアミノ酸のうち，疎水性のアミノ酸どうしが内側にもぐり込みながら結合する。これを**疎水結合**という。それによって，**高分子物質の立体構造を安定化させる**ことに役立つ。

逆に，タンパク質を有機溶媒に浸すと，このような疎水結合ができなくなるため，立体構造が不安定になり変性してしまう。

【水の特徴と役割】
① 極性分子で，**水素結合**により水分子どうしが結合している。
② 比熱が大きく，**温度変化をやわらげる**。
③ **化学反応の場**となる。
④ **物質運搬**を容易にする。
⑤ 種々の**反応の材料**となる。
⑥ **高分子物質の立体構造を安定化**させる。

2 タンパク質

1 タンパク質の最小単位は**アミノ酸**です。

アミノ酸は，一般に右図のように，炭素原子を中心に，−COOH（**カルボキシ基**），−NH₂（**アミノ基**），水素原子をもちます。**R**の部分はアミノ酸の種類によって異なり，**側鎖**といいます。この側鎖の違いによって，アミノ酸の性質も異なります。

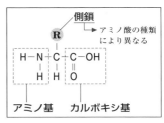

▲ 図7-3 アミノ酸の構造

2 タンパク質を構成するアミノ酸の種類は**20種類**あります。

グリシン (Gly)	アラニン (Ala)	バリン★ (Val)	セリン (Ser)	トレオニン★ (Thr)
H NH₂−CH−COOH	CH₃ NH₂−CH−COOH	CH₃ CH−CH₃ NH₂−CH−COOH	OH CH₂ NH₂−CH−COOH	CH₃ CH−OH NH₂−CH−COOH
ロイシン★ (Leu)	イソロイシン★ (Ile)	プロリン (Pro)	アスパラギン酸 (Asp)	アスパラギン (Asn)
CH₃ CH−CH₃ CH₂ NH₂−CH−COOH	CH₃ CH₂ CH−CH₃ NH₂−CH−COOH	CH₂ CH₂ CH₂ NH−CH−COOH	COOH CH₂ NH₂−CH−COOH	NH₂ C=O CH₂ NH₂−CH−COOH
グルタミン酸 (Glu)	グルタミン (Gln)	ヒスチジン★ (His)	システイン (Cys)	メチオニン★ (Met)
COOH CH₂ CH₂ NH₂−CH−COOH	NH₂ C=O CH₂ CH₂ NH₂−CH−COOH	CH HN N C=CH CH₂ NH₂−CH−COOH	SH CH₂ NH₂−CH−COOH	CH₃ S CH₂ CH₂ NH₂−CH−COOH
リシン★ (Lys)	アルギニン☆ (Arg)	フェニルアラニン (Phe) ★	チロシン (Tyr)	トリプトファン (Trp) ★
NH₂ CH₂ CH₂ CH₂ CH₂ NH₂−CH−COOH	NH₂ NH C NH CH₂ CH₂ CH₂ NH₂−CH−COOH	H H C C H H C C H C CH₂ NH₂−CH−COOH	OH H C C H H C C H C CH₂ NH₂−CH−COOH	H C C H−C C−H C=C NH CH CH₂ NH₂−CH−COOH

▨ は疎水性，▨ は親水性／★はヒトの必須アミノ酸，☆はヒトの成長期に追加される必須アミノ酸

▲ 表7-1 タンパク質を構成するアミノ酸

3 どのアミノ酸もC・H・O・Nの4元素を含みますが，**システインとメチオニン**はS(硫黄)を含んでいます。したがって，システインやメチオニンを1つでももっていれば，タンパク質全体としてはC・H・O・N・Sの5元素からなることになります。

4 システインのもつ-SHからHがとれてSどうしが結合します。これをS-S結合(ジスルフィド結合)といいます。

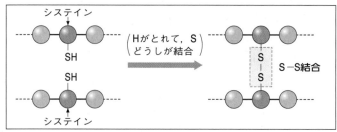

▲ 図7-4 S-S結合(ジスルフィド結合)

ヒトの必須アミノ酸

　タンパク質を構成するアミノ酸のうち，**トレオニン，バリン，ロイシン，イソロイシン，ヒスチジン，メチオニン，リシン，トリプトファン，フェニルアラニン**の9種類(成長期では**アルギニン**も加えた10種類)は，ヒトでは体内で合成することができず，食べ物として摂取しなければいけないアミノ酸で，**必須アミノ酸**という。他のアミノ酸は，これら必須アミノ酸をもとに，体内で生合成できる。

タンパク質を構成しないアミノ酸

　アミノ酸のなかには，タンパク質を構成しないアミノ酸もある。たとえば，**オルニチン**や**シトルリン**は尿素回路に関係するアミノ酸だが，タンパク質は構成しない。**チロキシン**は甲状腺から分泌されるホルモンで，ヨウ素(I)を含むアミノ酸の一種だが，タンパク質は構成しない。

5 隣り合ったアミノ酸の一方のカルボキシ基の−OHと他方のアミノ基の−H がとれてH₂Oとなり，CとNの間で結合が行われます。これを**ペプチド結合**といいます。

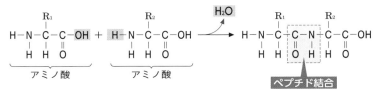

▲ 図7-5 ペプチド結合

6 アミノ酸どうしが多数ペプチド結合すると，長い鎖が生じます。これを**ポリペプチド**といいます。ポリペプチド鎖の一端にはアミノ基があり，これを**N末端（アミノ末端）**とよび，他方にはカルボキシ基があり，これを**C末端（カルボキシ末端）**とよびます。

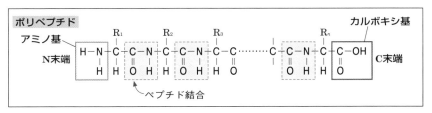

▲ 図7-6 N末端（アミノ末端）とC末端（カルボキシ末端）

7 ポリペプチド鎖が折りたたまれ，一定の立体構造をもったものがタンパク質です。

アミノ酸どうしの結合

　20種類のアミノ酸のうち，**アラニン，バリン，ロイシン，イソロイシン，プロリン，フェニルアラニン，メチオニン，トリプトファン**は側鎖が疎水性の性質をもつ。このため，これらのアミノ酸は，脂質や疎水性アミノ酸どうしで結合（**疎水結合**）し，タンパク質の立体構造の安定に関与する。

　上記以外のアミノ酸は側鎖が親水性のアミノ酸で，電離して正の電荷をもつ**塩基性アミノ酸**（リシン，アルギニン，ヒスチジン），電離して負の電荷をもつ**酸性アミノ酸**（アスパラギン酸，グルタミン酸），電離しない非電荷型の**中性アミノ酸**（アスパラギン，グルタミン，セリン，トレオニン，グリシン，システイン，チロシン）に分けられる。アミノ酸間の正の電荷の側鎖と負の電荷の側鎖の間では，**イオン結合**で結合する。

8　タンパク質の構造は，次の４段階に分けて考えます。

〔タンパク質の構造〕

1　**一次構造**…アミノ酸の種類と配列順序のこと。

　　例　<u>グルカゴンの一次構造</u>　　　　　　　　→　血糖濃度を上昇させる働きのあるホルモン。

N末端　1　　　　　　　　10　　　　　　　　20　　　　　　　　29　C末端

ヒスチジン／セリン／グルタミン／グリシン／トレオニン／フェニルアラニン／トレオニン／セリン／アスパラギン酸／チロシン／セリン／リシン／チロシン／ロイシン／アスパラギン酸／セリン／アルギニン／アルギニン／アラニン／グルタミン／アスパラギン酸／フェニルアラニン／バリン／グルタミン／トリプトファン／ロイシン／メチオニン／アスパラギン／トレオニン

▲ 図7-7　グルカゴンの構造（一次構造）

2　**二次構造**…<u>水素結合によって生じるらせんやジグザグの部分的な立体構造</u>のこと。アミノ酸のN-H基とC＝O基の間で水素結合が行われ，**らせん状の構造（αヘリックス）やジグザグの構造（βシート）をとる。**

電気陰性度（電子を引き付ける力）が大きいOやNがH原子をはさんで生じる結合。
－N－H…N－H－
－N－H…O＝C－
－O－H…O－

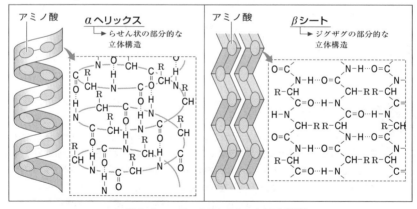

▲ 図7-8　αヘリックスとβシート（二次構造）

③ **三次構造**…側鎖間の疎水結合やS－S結合などによって形作られるポリペプチド全体の立体構造のこと。

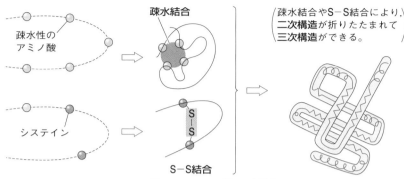

疎水性の
アミノ酸

疎水結合

S
|
S

システイン

S－S結合

疎水結合やS－S結合により，
二次構造が折りたたまれて
三次構造ができる。

▲ 図7-9 タンパク質の三次構造

④ **四次構造**…三次構造をもつポリペプチド（**サブユニット**）が**複数結合して生じた構造**のこと。タンパク質の種類によって，三次構造までしかもたないもの（ミオグロビンなど）や四次構造までもつもの（ヘモグロビンなど）がある。ヘモグロビンは，三次構造をもつα鎖2本とβ鎖2本が集まってできた巨大なタンパク質である（図7-10参照）。

ミオグロビン…三次構造。　　　**ヘモグロビン**…四次構造をもつ。

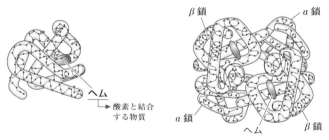

ヘム
→酸素と結合
する物質

β鎖　　　α鎖

α鎖

ヘム

β鎖

▲ 図7-10 ミオグロビンとヘモグロビンの構造（四次構造）

9 一般に，タンパク質は60℃以上の高温では，その立体構造が壊れてしまいます。これを<u>タンパク質の**変性**</u>といいます。タ
ンパク質が変性すると，その働きが失われてしまいます。これを**失活**といいます。高温以外でも，**強酸**や**強アルカリ**によってもタンパク質の変性が起こります。

> 正常な立体構造が失われるだけで，アミノ酸配列が変わるわけではない。

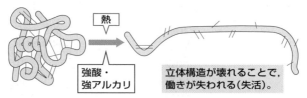

〔正常なタンパク質〕　　　　　　　〔変性したタンパク質〕

熱

強酸・
強アルカリ

立体構造が壊れることで、
働きが失われる（失活）。

▲ 図7-11 タンパク質の変性

 環境とタンパク質の性質

　温泉などの高温中で生活する細菌がもつタンパク質は，70℃以上の高温でも変性しないものもある。また，タンパク質の種類によっては，強酸性でも働きが失われないもの（ペプシンなど）もある。いずれの場合も，その生物やタンパク質が存在する環境下で働くことができるようになっているのである。

　また，ポリペプチド鎖を折りたたんで正常な立体構造をもつようにサポートするさまざまなタンパク質があり，これらを**シャペロン**という。

10 おもなタンパク質の役割と種類についてまとめると，以下のようになります。

〔タンパク質の役割と種類〕

1 **酵素**（⇨p.421）**の本体**として働くタンパク質

　例 アミラーゼ，ペプシン，カタラーゼ

2 **抗体**（⇨p.221）**の本体**として働くタンパク質…免疫グロブリン

3 **ホルモン**（⇨p.178）**の成分**として働くタンパク質

　例 インスリン，成長ホルモン

4 **種々の構造体を構成**するタンパク質

　例 アクチン，ミオシン（筋原繊維を構成⇨p.634），コラーゲン（腱_{けん}，軟骨などの結合組織に含まれる⇨p.78），ケラチン（皮膚や爪_{つめ}に含まれる），ヒストン（染色体のヌクレオソームを構成⇨p.103），チューブリン（微小管を構成⇨p.28），クリスタリン（水晶体を構成）

5 **物質運搬**などに働くタンパク質

　例 アルブミン（血しょう中に存在し，脂肪を運搬），ヘモグロビン（赤血球中に存在し，酸素を運搬⇨p.160），ミオグロビン（筋肉中に存在し，酸素の貯蔵に働く），ダイニン，キネシン（モータータンパク質）

6 **光の受容**に働くタンパク質

　例 フィトクロム（植物の花芽形成や光発芽に関与⇨p.676），フォトトロピ

ン(光屈性⇨p.682や気孔開口⇨p.702に関与)，クリプトクロム(胚軸の伸長抑制⇨p.689)，ロドプシン(視細胞の桿体細胞中に存在⇨p.611)

7　**血液凝固**(⇨p.151)に関与するタンパク質

例　フィブリノーゲン

① タンパク質を構成するアミノ酸は**20種類**。

② タンパク質を構成する元素はC・H・O・N・S。

③ アミノ酸の一般構造式は右図。

④ アミノ酸どうしは**ペプチド結合**で結合。

⑤ 水素結合によってα**ヘリックス**やβ**シート**が生じる。

⑥ システインのSどうしの結合(S−S結合)や**疎水結合**によってポリペプチド全体の立体構造(三次構造)が生じる。

⑦ **高温**や**強酸**，**強アルカリ**によってタンパク質の立体構造が壊れる(**変性**)。⇨その結果，タンパク質の働きが失われる(**失活**)。

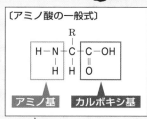

〔アミノ酸の一般式〕

H−N−C−C−OH

アミノ基　カルボキシ基

←かけるように!

第8講 生体物質②
（核酸・脂質・炭水化物・無機塩類）

重要度
★★★

水，タンパク質以外の生体物質について，どのような種類があり，どんな役割があるのか見てみましょう。

1 核酸の種類と働き

1 **糖**と**塩基**と**リン酸**が1分子ずつ結合したものを**ヌクレオチド**といい，ヌクレオチドが多数結合した物質を**核酸**といいます。

核酸に含まれる糖には**デオキシリボース**と**リボース**の2種類が，塩基には**アデニン，グアニン，シトシン，チミン，ウラシル**の5種類があります。

> 塩基は略号で，アデニン…**A**，グアニン…**G**，シトシン…**C**，チミン…**T**，ウラシル…**U**とする。

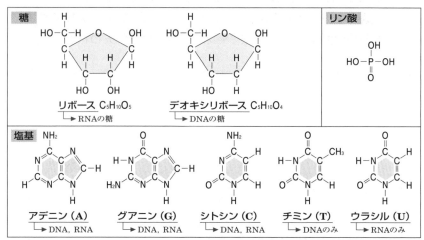

▲ 図8-1 核酸の構成成分の化学構造

核酸を構成する糖・塩基の種類とその違い

リボース（ribose）もデオキシリボース（deoxyribose）も炭素を5つもつ五炭糖である。リボースとデオキシリボースの違いは，2位（図8-1の構造式で酸素原子から

　　時計回りに2番目のC)の位置に−OHがあるか−Hがあるかの違いである。す

なわち，**リボースから酸素原子が1つ少ないのがデオキシリボース**なのである。

「デ(de)」は「取る」という意味で，リボースから<u>oxygen</u>（酸素）を取った形だから，

デオキシリボースという。

　　また，塩基のうち，アデニンとグアニンは**プリン系の塩基**，シトシン・チミン・

ウラシルは**ピリミジン系の塩基**という。

2　核酸を構成する元素は，C・H・O・N・Pの
5種類です。

> 窒素は塩基に含まれている。

3　糖と塩基が1分子ずつ結合したものを**ヌクレオシド**といいます。

- **糖** ＋ アデニン ＝ アデノシン
- **糖** ＋ グアニン ＝ グアノシン
- **糖** ＋ チミン　 ＝ チミジン
- **糖** ＋ シトシン ＝ シチジン
- **糖** ＋ ウラシル ＝ ウリジン

＋α パワーアップ　ヌクレオシドの厳密な名称

　　厳密には，デオキシリボースとアデニンが結合したヌクレオシドは**デオキシア**
デノシン，リボースとアデニンが結合したヌクレオシドは単に**アデノシン**と呼ん
で区別する。同様に，デオキシリボース＋グアニンはデオキシグアノシン，デオ
キシリボース＋シトシンはデオキシシチジン。

　　チミンの場合の糖は必ずデオキシリボースなので，あえてデオキシを付けず，
チミジンという。

4　核酸には，**DNA**と**RNA**の2種類があります。

□1　**DNA**

　　DNA(Deoxyribonucleic Acid)は**デオキシリボ核酸**の略で，**遺伝子の**
本体として働く物質です。DNAは，糖として**デオキシリボース**，塩基
として**アデニン(A)**，**グアニン(G)**，**シトシン(C)**，**チミン(T)**を含みます。

　　DNAは，ヌクレオチド鎖が2本，向かい合わせの塩基どうしが水素結合
で結合し，らせん形に巻きついた**二重らせん構造**をしています(⇨次ペー
ジの図8-2)。このとき，塩基の**アデニンとはチミン**が，**グアニンとはシ**
トシンが対をなします。このような性質を**相補性**といいます。

　　また，この**塩基の並び方(塩基配列)が遺伝情報**となります。

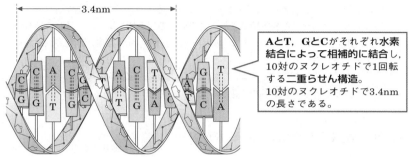

AとT，GとCがそれぞれ**水素結合**によって相補的に結合し，10対のヌクレオチドで1回転する**二重らせん構造**。10対のヌクレオチドで3.4nmの長さである。

▲ 図8-2 DNAの構造（二重らせん構造）

塩基間の水素結合

塩基どうしの水素結合は，次の図のように行われる。

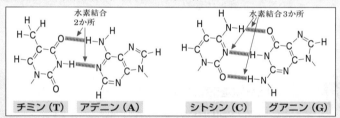

▲ 図8-3 塩基どうしの水素結合のようす

　アデニンとチミンは2か所，グアニンとシトシンは3か所で，水素結合により結合することになる。すなわち，**DNA中にグアニンとシトシンが含まれる割合が多いほうがDNAの2本鎖の結合が強い**ことになる。

2　RNA

　RNA（Ribonucleic Acid）は**リボ核酸**の略で，おもに**mRNA（伝令RNA，メッセンジャーRNA）**，**tRNA（転移RNA，トランスファーRNA）**，**rRNA（リボソームRNA）**の3種類があり，いずれも**タンパク質合成**に関与します。RNAは糖として**リボース**，塩基として**アデニン(A)**，**グアニン(G)**，**シトシン(C)**，**ウラシル**(U)を含みます。構造は基本的には1本のヌクレオチド鎖からなります。

> **mRNA（伝令RNA）**…DNAの遺伝情報を写し取りリボソームへ伝える。
>
> **tRNA（転移RNA）**…mRNAの遺伝暗号に従って，アミノ酸をリボソームに運ぶ。
>
> **rRNA（リボソームRNA）**…タンパク質と結合してリボソームを構成する。

① 糖＋塩基＋リン酸＝**ヌクレオチド**

② 糖＋塩基　　　　　＝**ヌクレオシド**

③ **DNAとRNAの違い**

	名　称	糖	塩　基
DNA	デオキシリボ核酸	デオキシリボース	A・G・C・T
RNA	リボ核酸	リボース	A・G・C・U

④ **DNAの構造**…**2**本のヌクレオチド鎖が向かい合わせの塩基どうしの水素結合で結合した**二重らせん構造**(AとT，GとCが対をなす⇨相補性)。

2 脂　質

1 **脂質**は，水には溶けないが有機溶媒(エーテルなど)には溶ける物質です。加水分解されて脂肪酸とモノグリセリドに分解される**脂肪**のような**単純脂質**以外に，加水分解の結果，脂肪酸とモノグリセリド以外にリン酸などを生じる**複合脂質**，ステロイド骨格とよばれる構造をもつ**ステロイド**などがあります。

グリセリンに脂肪酸が1つ結合したもの。

2 おもな脂質は，次の3つです。

① **脂肪**…脂肪酸3分子とグリセリンが結合した単純脂質です。貯蔵エネルギー源となり，動物では皮下脂肪，植物では種子などに貯蔵されます。

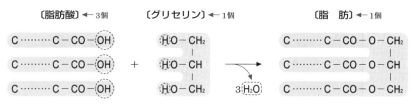

▲ 図8-4 脂肪の構造

2　**リン脂質**…グリセリンに脂肪酸が2分子とリン酸化合物が結合した複合脂質の一種です。**生体膜**(⇨p.57)**の基本成分**となります。

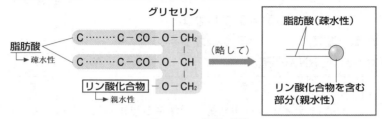

▲ 図8-5 リン脂質の構造

3　**ステロイド**…右の図のような構造(**ステロイド骨格**)をもつ化合物の総称で,最も代表的なものは**コレステロール**です。

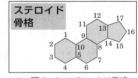

▲ 図8-6 ステロイド骨格

コレステロールは,脂肪を乳化する働きをもつ胆汁酸(胆液酸)や副腎皮質から分泌されるホルモン(糖質コルチコイドや鉱質コルチコイド),生殖腺から分泌される性ホルモン(テストステロン,エストラジオール,プロゲステロンなど)の材料となります。

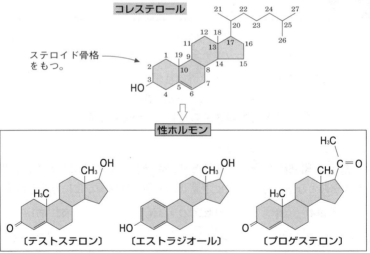

▲ 図8-7 コレステロールと性ホルモンの構造

① **脂肪＝脂肪酸3分子＋グリセリン**
② **リン脂質**…生体膜の成分
③ **コレステロール**…胆汁酸や性ホルモンの材料

3 炭水化物

1　C・H・Oからなり，$C_n(H_2O)_m$のように，炭素と水を含む分子式で表される物質を**炭水化物**といいます。

2　炭水化物は，最小単位の**単糖類**，単糖類が2つ結合した**二糖類**，単糖類が多数結合した**多糖類**などに分けられます。

3　単糖類には，炭素6つからなる**六炭糖**や，炭素5つからなる**五炭糖**などがあります。六炭糖には，**グルコース**(ブドウ糖)，**フルクトース**(果糖)，**ガラクトース**などがあります。

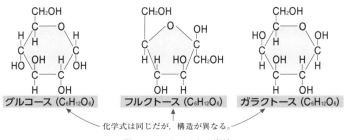

化学式は同じだが，構造が異なる。

▲ 図8-8　いろいろな六炭糖

五炭糖には，デオキシリボース，リボースなどがあります。これらは核酸を構成する成分でしたね(⇨p.48)。

4　二糖類(単糖類が2つ結合)には，フルクトースとグルコースが結合した**スクロース(ショ糖)**，グルコースとグルコースが結合した**マルトース(麦芽糖)**，ガラクトースとグルコースが結合した**ラクトース(乳糖)**などがあります(⇨図8-9参照)。

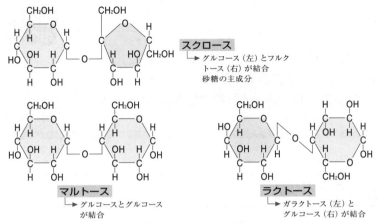

スクロース
→ グルコース（左）とフルクトース（右）が結合 砂糖の主成分

マルトース
→ グルコースとグルコースが結合

ラクトース
→ ガラクトース（左）とグルコース（右）が結合

▲ 図8-9 いろいろな二糖類

5 多糖類（単糖類が多数結合）には，**デンプン**（植物の貯蔵物質），**グリコーゲン**（動物の貯蔵物質），**セルロース**（植物の細胞壁の主成分）などがあります。これらは，いずれも**グルコースが多数結合**した多糖類です。

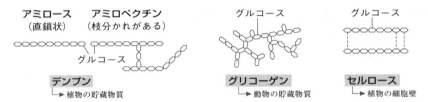

アミロース（直鎖状）　アミロペクチン（枝分かれがある）　　　グルコース　　　　　グルコース

グルコース

デンプン
→ 植物の貯蔵物質

グリコーゲン
→ 動物の貯蔵物質

セルロース
→ 植物の細胞壁

▲ 図8-10 いろいろな多糖類

最強ポイント

① **単糖類**…グルコース，フルクトース，ガラクトースなど
② **二糖類**…
　　フルクトース＋グルコース＝スクロース
　　グルコース　＋　グルコース＝マルトース
　　ガラクトース＋グルコース＝ラクトース
③ **多糖類**…デンプン，グリコーゲン，セルロースなど

4 生体を構成する元素

1 たとえば，<u>ヒトを構成する元素の割合(生重量)</u>を調べると，酸素Oが66%，炭素Cが17%，水素Hが9.5%，窒素Nが4.5%で，これで全体の97%を占めます。残りは，Ca・S・P・Na・Cl・K・Mg・Feなどです。

> 乾燥重量で測定すると，C；49%，O；24%，N；13%，H；6.6%となる。

2 C・H・O・Nは，タンパク質，核酸，脂質，炭水化物を構成する元素として重要であることは既に説明しました。こんどは，他の元素について見てみましょう。

3 Ca(カルシウム)は**骨の成分**として存在するほか，**血液凝固**(⇨p.151)や**筋収縮**(⇨p.636)，**興奮の伝達**(⇨p.598)，**受精膜の形成**(⇨p.497)，**細胞接着**(⇨p.407)などに関与します。

S(硫黄)はアミノ酸のメチオニンやシステインに含まれ，**タンパク質を構成する元素**となります。

P(リン)は**核酸**や**リン脂質**に含まれます。

Na(ナトリウム)は体液中(血しょう中)に最も多く存在し，**体液の浸透圧や活動電位の発生**(⇨p.589)に関与します。

Cl(塩素)も体液中に多く存在し，**体液の浸透圧**に関与します。

K(カリウム)は細胞内に多く存在し，**細胞内浸透圧**や**膜電位の発生**に関与します。

Mg(マグネシウム)は酵素の活性化や情報伝達などに働きます。

Fe(鉄)は**ヘモグロビン**や**シトクロム**(⇨p.444)の**構成元素**として重要です。

4 その他の微量元素として，酵素の補欠分子族(⇨p.421)の成分となるCu(銅)，Zn(亜鉛)，チロキシン(⇨p.181)の構成元素となるI(ヨウ素)などもあります。

5 植物を水耕栽培する際に，正常な生育に必要となる元素が10個あります。これを**植物の生育に必要な10大元素**といいます。

C・H・O・N・Mg・K・Ca・S・P・Fe

C・H・Oは，CO_2やH_2Oとして容易に取り込むことができますが，N・K・Pは，多量に必要とする割には比較的土壌中では不足しがちな元素です。そこで，これをおもに肥料として与えればよいのです。このN・K・Pを**三大肥料**といいます。

Mgは，植物では**クロロフィルの構成元素**として重要です。

　Feは，クロロフィルを合成するときに必要となる元素です。

　われわれ動物とは異なり，Naが含まれていませんね。われわれ動物では，この10元素以外に，NaやCl，Caが必要となります。

地殻をつくる元素と生体をつくる元素

　地殻に含まれる元素を調べてみると，O（46%），Si（28%），Al（8%），Fe（6%），Ca（4%）などがおもなものである。すなわち，ケイ素SiやアルミニウムAlなどは地殻には多く含まれているが，生体にはほとんど見られない。逆に，地殻にはほとんど含まれていないCが生体を構成する重要な元素となっている。

　このことから，生命が誕生したとき，単純に地殻にある元素を使って生体が構成されたのではなく，それらのなかから選択して生体を構成する元素が使われたのだと考えられる。

① 生体を構成するおもな元素…C・H・O・N

② これ以外で重要な元素…Ca・S・P・Na・Cl・K・Mg・Fe

③ 植物の生育に必要な**10大元素**

　　…C・H・O・N・Mg・K・Ca・S・P・Fe

　　　チ ョ ン　　 マゲ　　 書 か す　　 プフェー

第9講 細胞膜の構造と性質

重要度
★ ★ ★

細胞膜は細胞内と細胞外の単なる仕切りではありません。
細胞膜の構造と性質について見てみましょう。

1 細胞膜の構造

1 細胞膜だけでなく，核膜，葉緑体の膜，ミトコンドリアの膜，ゴルジ体の膜，液胞の膜など，細胞小器官を構成する膜は，すべて基本的には同じような構造をしており，これらを**生体膜**といいます。

2 **生体膜の主成分はリン脂質**です。リン脂質は，模式的には右の図のような構造をしています。◯で示した部分は親水性，｜で示した部分は疎水性の性質を示します。

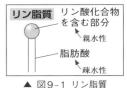

▲ 図9-1 リン脂質

3 生体膜は，次のような構造をしています。

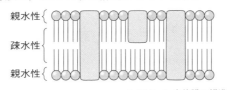

▲ 図9-2 生体膜の構造

すなわち，リン脂質が親水性部分を外側に向けて2層並び，ところどころにタンパク質が挟まり込んで点在しています。しかも，これらの分子は固定されたものではなく，自由に動き回れると考えられています。これを**流動モザイクモデル**といいます。

> シンガーとニコルソンによって提唱（1972年）。

4 細胞膜では，外側に糖鎖やタンパク質が結合しており，これによって細胞どうしが接着したり，細胞どうしを識別したり，種々の物質を受容したりします。

カドヘリンと細胞選別

細胞膜に存在し，細胞どうしの接着（⇨p.407）に関与する物質の1つに，**カドヘリン**というタンパク質がある。カドヘリンにも複数の種類（脊椎動物では約120種類）があるのだが，同種のカドヘリンどうしが結合するという性質がある。したがって，同じ種類のカドヘリンをもつ細胞どうしは接着し，種類の異なるカドヘリンをもっている細胞どうしは接着しないことになる。

たとえば，表皮細胞にはE型カドヘリンが，神経細胞にはN型カドヘリンが存在する。そのため，表皮細胞と神経細胞をいったん解離して混合しても，**表皮細胞どうし，神経細胞どうしがそれぞれ接着する**ので，両者が別々に集まることになる。このように，細胞どうしが識別し合い，同種の細胞どうしが集合する現象を**細胞選別**という。

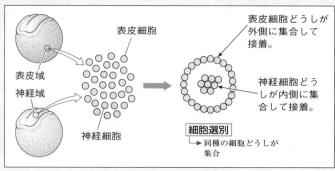

▲ 図9-3 細胞選別

また，カドヘリンが働くためにはCa^{2+}が必要なので，Ca^{2+}が存在しない培養液中では細胞どうしの接着が弱まる。

① **生体膜**…細胞膜，ミトコンドリアやゴルジ体の膜などの総称。
② 生体膜の主成分…**リン脂質**と**タンパク質**。⇨リン脂質が2層並び，ところどころにタンパク質が点在する（**流動モザイクモデル**）。
③ 細胞膜表面に存在する糖鎖やタンパク質が**細胞どうしの接着，識別**に関与する。

2 細胞膜の性質と輸送タンパク質

1 膜の透過性には，大きく3種類あります。溶質も溶媒も自由に通す性質を**全透性**，溶質も溶媒も通さない性質を**不透性**，溶質は通さないが溶媒は通す性質を**半透性**といいます。

2 細胞壁は全透性の性質をもちますが，細胞膜は半透性に近い性質をもちます。実際には，細胞膜は完全な半透性ではなく，溶質の種類によっては通しやすいものと通しにくいものがあります。低分子のもの(たとえば酸素や尿素など)は，膜を通りやすいです。これはリン脂質分子の隙間を通れるからです。また，脂溶性の高いもの(メタノールなど)は通りやすいです。これは膜の主成分であるリン脂質に溶け込んで通過することができるからです。このように，物質によって透過性が異なる性質を**選択的透過性**といいます。

3 物質の濃度の差を**濃度勾配**といい，一般に物質は濃度の高いほうから低いほうへ，濃度勾配に従って拡散します。膜を通して物質が輸送される場合も，ふつうは濃度勾配に従った方向に行われ，これを**受動輸送**といいます。チャネルを通した物質の輸送はすべて受動輸送です。

4 物質を濃度勾配に逆らった方向に輸送するためにはエネルギーが必要になります。ふつうはATP(⇨p.411)がもつ化学エネルギーが用いられます。エネルギーを用いて濃度勾配に逆らった方向に物質を輸送することを**能動輸送**といいます。

> ATPを用いない能動輸送もある。呼吸や光合成における電子伝達系では電子(e⁻)の移動で生じたエネルギーを用いた能動輸送が行われる。

5 選択的透過性には細胞膜に埋め込まれたタンパク質が関与します。一般に**親水性**の物質，**極性分子**，**イオン**などはリン脂質の部分を透過しにくいので，これらの物質の透過には膜タンパク質が関与します。

6 物質の輸送に関わる膜タンパク質には大きく2種類があります。1つは**チャネル**(channel)，もう1つは**輸送体**(transporter；担体)です。

> チャネルは，もともとは船舶が航行する水路のこと。

7 チャネルは，ちょうどタンパク質が管のようになっていて，ここを特定の物質が通過します。Na⁺のみを通すチャネルは**ナトリウムチャネル**，K⁺のみを通

> チャネルには，ゲート(門)のような構造がありこれが開閉するチャネルと，常に開いているチャネルがある。

すチャネルは**カリウムチャネル**といいます。

8 水は極性分子なので，リン脂質の部分をあまり透過できません(全く透過できないわけではありませんが)。おもに水は水分子のみを通すチャネルによって膜を透過します。この水分子のみを通すチャネルを**アクアポリン**といいます。

たとえば腎臓の集合管の上皮細胞にはアクアポリンがあり，バソプレシンによってその数が増加し，水の透過性が増大して水の再吸収が促進される(⇨p.206)。アクアポリンは1992年，ピーター・アグレによって発見され，アグレはこの功績により2003年にノーベル化学賞を受賞している。

9 チャネルによる物質の輸送はすべて**受動輸送**になります。

10 特定の物質といったん結合し，構造変化することでその物質を輸送するタンパク質を**輸送体**といい，輸送体には次の3種類があります。

　　① エネルギーを用いない受動輸送を行うもの

　　② 直接エネルギーを用いて濃度勾配に逆らって輸送するもの

　　③ 間接的にエネルギーを用いて濃度勾配に逆らって輸送するもの

11 ①の例として，多くの細胞の膜にある**グルコース輸送体**(GLUT：glucose transporter)があります。グルコースは細胞内で呼吸基質として消費されるため，通常細胞内のグルコース濃度が低くなります。そのためグルコース輸送体によって細胞外のグルコースが濃度勾配に従って細胞内に輸送されます(図9-4)。

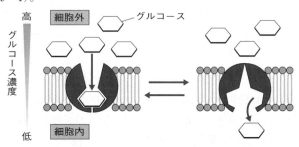

▲ 図9-4 グルコース輸送体

12 ②のような輸送体は特に**ポンプ**と呼ばれます。ポンプの最も代表的な例が**ナトリウムポンプ**です。ナトリウムポンプの働きは，**ナトリウム-カリウムATPアーゼ**という酵素の働きによるもので，この酵素により**細胞内のATP**が分解され，そのとき生じたエネルギーを用いてNa^+は**細胞外へ**，K^+は**細胞内に輸送**します。その結果，細胞内のNa^+濃度は低く，K^+濃度は高く保たれています(図9-5)。

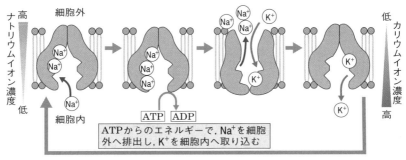

▲ 図9-5 ナトリウム-カリウムATPアーゼ

13　③は，他の物質が濃度勾配に従って輸送される際に別の物質を濃度勾配に逆らってでも輸送させるというもので，このような輸送を**共輸送**(symport)といいます。例として小腸上皮細胞にある**Na⁺/グルコース共輸送体**(SGLT：sodium / glucose cotransporter)があります(図9-6)。

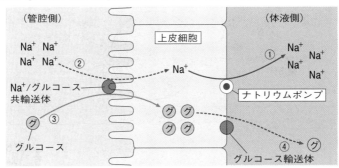

▲ 図9-6 上皮細胞でのグルコースの輸送体

14　まず小腸上皮細胞の体液側の膜(図の右側)にはナトリウムポンプがあり，細胞外(体液側)にNa⁺を輸送しています(図中①)。そのため，細胞内のNa⁺濃度は低くなっています。

15　管腔側の膜にはNa⁺/グルコース共輸送体があります。この共輸送体を介してNa⁺は濃度勾配に従って細胞内に輸送されます(図中②)。このとき共輸送体はNa⁺だけでなくグルコースとも結合し，グルコースも細胞内に輸送します(図中③)。その結果，グルコースは濃度勾配に逆らってでも細胞内に輸送することができるのです。

16　このときのグルコースの取り込み自体はエネルギーを使っているわけではありませんが，Na⁺の濃度勾配を生じさせるためにはATPのエネルギーが必

要なので，このグルコースの取り込みも間接的にはエネルギーを用いていることになります。

17 　細胞内に取り込まれたグルコースは体液側にあるふつうの**グルコース輸送体**（**GLUT**）によって濃度勾配に従って細胞外（体液側）に輸送されます（図中④）。

18 　Na^+／グルコース共輸送体による共輸送は，Na^+とグルコースが同じ方向に（どちらも細胞内へ）輸送しましたが，逆方向に輸送する場合もあり，これは**対向輸送**（antiport）といいます。たとえばNa^+／H^+対向輸送体では，細胞外から細胞内へNa^+が濃度勾配に従って流入する際に，H^+を細胞外に濃度勾配に逆らってでも輸送することができます。これにより細胞内の酸性化を防ぐ役割があります。この場合もNa^+の濃度勾配を形成するためにはATPのエネルギーを使ったナトリウムポンプが必要になります（図9-7）。

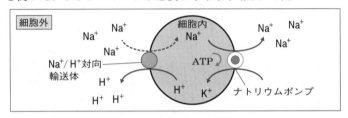

▲ 図9-7　Na^+／H^+の対向輸送

【輸送タンパク質】
① **チャネル** 　例ナトリウムチャネル，カリウムチャネル　すべて受動輸送

② **輸送体**
- グルコース輸送体　　　　　受動輸送
- ナトリウムポンプ　　　　　能動輸送
- Na^+／グルコース共輸送体　　間接的な能動輸送

3 浸 透 圧

1 次の図のような装置の間を膜で仕切って，一方にはスクロース溶液，他方には蒸留水を入れたとします。間の膜が**全透性**であれば，水分子もスクロース分子も拡散し，やがて，溶液は均一の濃度になるはずですね。

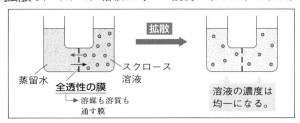

▲ 図9-8 全透性の膜と拡散

2 このとき，間を仕切っている膜が**半透性**であれば，スクロースは膜を通れません。でも，水分子は膜を通れるので，結果的に**蒸留水のほうからスクロース溶液のほうへ水分子が移動**します。このように，半透性の膜を通して水分子が移動する現象を**浸透**といい，浸透しようとする力を**浸透圧**といいます。浸透圧の大きさは，次のようにして測定することができます。

蒸留水のほうからスクロース溶液のほうへ水分子が移動すると，スクロース溶液の液面が上がりますね。逆に，スクロース溶液に力をかけてやると液面が上がらないようになります。**このときかけた力の大きさが浸透圧の大きさに相当**します。

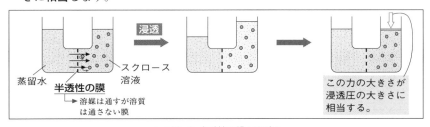

▲ 図9-9 半透性の膜と浸透圧

3 測定はこのようにして行えばいいわけですが，もともと浸透圧は，その溶液のほうへ水分子が移動しようとする力です。したがって，**スクロース溶液の浸透圧はスクロース溶液のほうへ水分子が移動しようとする力**になります。

4 　浸透圧の大きさは，次のような式で求 ← 　浸透圧を気圧ではなくパスカル(Pa)で
めることができます。 　表す場合は，気体定数として$8.31×10^3$
　を用いる。1気圧＝$1.0×10^5$Pa

> 浸透圧〔気圧〕＝気体定数(0.082)×溶液のモル濃度
> 　　　　　　×絶対温度(273＋ t ℃)

5 　すなわち，浸透圧の大きさはその溶液のモル濃度に比例するのです。簡単
に考えれば，**浸透圧の高い溶液＝濃い溶液，浸透圧の低い溶液＝薄い溶液**と
いうことになりますね。

■ **考えてみよう！** 　先ほどの容器の一方に浸透圧3気圧のスクロース溶液を，
他方に浸透圧5気圧のスクロース溶液を入れ，間を半透性の膜で仕切るとど
うなるでしょうか？

6 　浸透圧3気圧のスクロース溶液のほうへ3気圧の力で水分子が移動しよう
とし，浸透圧5気圧のスクロース溶液のほうへは5気圧の力で水分子が移動
しようとします。その結果，差し引き2気圧の力で5気圧のスクロース溶液
のほうへ水分子が移動することになります。

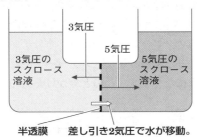

半透膜　　差し引き2気圧で水が移動。

7 　浸透圧の高い溶液を**高張液**（こうちょう），浸透圧の低い溶液を**低張液**（ていちょう）といい，浸透圧
が等しい溶液は**等張液**（とうちょう）といいます。

最強
ポイント

① **浸透**…半透性の膜を通して水分子が移動する現象。
② **浸透圧**…その溶液のほうへ水分子が移動しようとする力。
③ 浸透圧の大きさは，その溶液の**モル濃度**に**比例**する。

第10講 細胞と浸透現象

重要度
★ ★

浸透圧が, 実際の細胞ではどのように働き, どのような現象が起こるのかを見てみましょう。

1 動物細胞と浸透現象

1 動物細胞(たとえば赤血球;動物細胞には細胞壁がない)を種々の濃度のスクロース溶液および蒸留水につけたとき, 動物細胞がどのように変化するかを見てみましょう。

2 ある動物細胞(細胞内浸透圧を仮に7気圧とします)を, 細胞内より**高張**の10気圧のスクロース溶液に浸したとしましょう。

細胞内浸透圧が7気圧なので, 7気圧の力で細胞内へ水を入れようとします。でも, 外液の浸透圧が10気圧なので, 10気圧の力で細胞外へ水を出そうとします。その結果, **差し引き3気圧で, 水が細胞外へ出る**ことになります。

3 水が細胞外へ出ると, 細胞の体積は小さくなり, 細胞内液の濃度は高くなるので, 細胞内浸透圧は上がります。やがて, **外液浸透圧と細胞内浸透圧が等しくなったところで平衡状態となります**(細胞外は厳密には細胞から水が出てきたぶんだけ薄くなっているはずですが, ほとんど無視できる程度の変化なので, 外液浸透圧は10気圧のままと考えられます)。

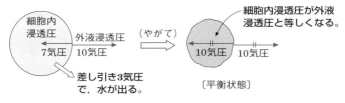

▲ 図10-1 動物細胞を高張液につけたときの変化

4 次に，細胞内浸透圧が7気圧の動物細胞を少しだけ**低張**である6気圧のスクロース溶液に浸したとしましょう。

　細胞内浸透圧が7気圧なので，7気圧の力で細胞内に水を入れようとしますが，外液浸透圧が6気圧なので6気圧の力で細胞外へ水を出そうとします。結果的に，差し引き1気圧で，細胞内に水が入ります。水が入ると細胞は膨張し，細胞内は薄まり浸透圧は低下します。最終的に細胞内浸透圧は外液浸透圧と同じ6気圧になったところで平衡状態になります。

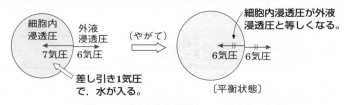

▲ 図10-2 動物細胞を低張液につけたときの変化

5 こんどは，細胞内浸透圧が7気圧の動物細胞を蒸留水(浸透圧0気圧)に浸したとしましょう。

　差し引き7気圧で，細胞内に水が入ってきます。今までは細胞内外の浸透圧が等しくなるまで水が出入りし，最終的に細胞内外の浸透圧が等しくなって平衡状態になりましたね。でも，こんどは，どれだけ細胞内に水が入ってきて細胞内が薄まっても，細胞内が蒸留水になってしまうことはありえません。また，**ある程度水が入ってきて膨張すると，すぐに細胞膜は破れてしまいます。**

▲ 図10-3 動物細胞を蒸留水につけたときの変化

6 このように，動物細胞を低張液に浸して，動物細胞が吸水して膨張し，細胞膜が破れて細胞質が細胞外へ出てしまう現象を**原形質吐出**といいます。もし，このような現象が赤血球で起こると，赤血球の内容物であるヘモグロビンが出てきてしまいます。赤血球が原形質吐出した場合，特に**溶血**といいます。

7　通常，赤血球が浸かっている血しょうと等しい浸透圧をもつ食塩水を**生理(的)食塩水**といい，**ヒトなど哺乳類では約0.9%**，**カエルなど両生類**では**約0.65%**の食塩水が生理食塩水になります。

生理的栄養塩類溶液とリンガー液

　　細胞や組織などを短時間観察するだけであれば生理食塩水で十分だが，長時間保存するような場合は浸透圧が等しいだけではなく，塩類組成も血しょうと類似した組成の溶液を用いる。これを**生理的栄養塩類溶液**という。初めて生理的栄養塩類溶液を作成したのは**リンガー**で，1882年，リンガーが作成した生理的栄養塩類溶液を**リンガー液**という。近年では，さらにこれを改良して，リンガー液にグルコースを加えた溶液などが用いられる。

① **溶血**…赤血球を低張液に浸すと吸水して膨張し，破裂する現象。
② **生理(的)食塩水**…血しょうと浸透圧の等しい食塩水。
　⇨哺乳類では**約0.9%**，両生類では**約0.65%**
③ **生理的栄養塩類溶液**…浸透圧だけでなく，塩類組成も血しょうに類似した溶液。例 リンガー液

2　植物細胞と浸透現象

1　こんどは，植物細胞(これも仮に細胞内浸透圧が7気圧とします)を種々の濃度のスクロース溶液および蒸留水に浸した場合を見てみましょう。

　まずは，細胞内より高張の10気圧のスクロース溶液に浸したとします。最初は差し引き3気圧で，水が細胞外へ出ます。その結果，細胞膜に囲まれた部分の体積は減少します。しかし，細胞壁に囲まれた部分の体積は減少しないので，細胞膜と細胞壁の間に隙間が生じます。このような現象を**原形質分離**といいます。やがて，細胞内浸透圧が外液と同じ10気圧になるまで水が出て，平衡状態になります(⇨次ページの図10-4参照)。

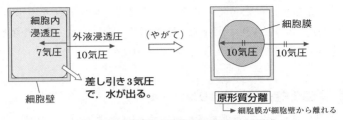

▲ 図10-4 植物細胞を高張液につけたときの変化

■**考えてみよう！** このときの細胞膜と細胞壁の間の隙間には何があるので しょうか？ヒントは細胞壁の透過性です。

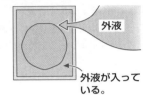

▲ 図10-5 原形質分離と外液

2 ……そうですね。細胞壁は全透性の性質をも ちます。したがって，細胞膜と細胞壁の間に隙 間ができれば，外液（この場合は10気圧のスク ロース溶液）が流れ込んできます。すなわち， 隙間には外液が入っていることになります。

▲ 図10-6 限界原形質分離

3 いっぽう，7気圧のスクロース溶液に浸して いると，右図のように，角っこだけが少し細胞 壁から離れ，他は細胞壁と細胞膜がぴったり くっついている状態になります。このような状 態を**限界原形質分離の状態**といいます。実 際には，**多数の細胞について観察し，約半数が 原形質分離を起こしているときを限界原形質分離の状態**とします。

4 次に，7気圧の細胞内浸透圧をもつ植物細胞を低張液の（たとえば3気圧） スクロース溶液に浸したとしましょう。

　最初は差し引き4気圧で，細胞内に水が入ってきますね。その結果，細胞 体積は増加します。最終的には細胞内浸透圧が外液と同じ3気圧になって平 衡状態…と考えたくなりますが，そうはなりません。細胞が膨張すると，外 側にある細胞壁を押し広げようとします。**細胞壁は堅いので，押し広げられ たぶんだけもとへ戻ろうとして押し返します。**細胞壁が押し返すと，水を押 し出す方向に力がかかりますね。この力を**膨圧**といいます。もし，膨圧が2 気圧生じたとすると，結果的に細胞外へ水を出す方向の力が2気圧と3気圧 で合計5気圧です。したがって，細胞内浸透圧も5気圧になったところで平 衡状態となります（⇨次ページの図10-7参照）。

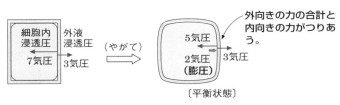

▲ 図 10-7 植物細胞を低張液につけたときの変化

5 このように，植物細胞の場合は膨張
すると膨圧が生じるので，細胞内浸透
圧と外液浸透圧は等しくない状態で平
衡状態になります。細胞内浸透圧が細
胞内へ水を入れようとし，膨圧が水を
押し返そうとするので，結果的に**細胞
内に水を入れる方向の力は細胞内浸透
圧から膨圧を差し引いた値**となります。

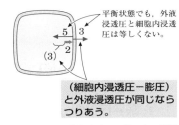

▲ 図 10-8 外液浸透圧と他の力の関係

　すなわち，**（細胞内浸透圧－膨圧）と外液浸透圧が同じであれば平衡状態を
保てる**ことになります。

6 では，7気圧の細胞内浸透圧をもつ植物細胞を蒸留水（浸透圧0）に浸すと
どうなるでしょう。

　最初は差し引き7気圧で，細胞内に水が入ります。その結果，細胞が膨張
して膨圧を生じます。最終的には細胞内浸透圧から膨圧を引いた値が外液浸
透圧と同じになって平衡状態になるんでしたね。この場合は外液は蒸留水な
ので浸透圧は0気圧です。したがって，細胞内浸透圧から膨圧を引いた値が
0気圧になったとき，すなわち，細胞内浸透圧と膨圧が同じ値になったとこ
ろで平衡状態になります。たとえば，膨圧が4気圧になったとすると，細胞
内浸透圧も4気圧になったところで平衡状態になるわけです。

　差し引き，細胞が水を吸う力を**吸水力**といいます。最終的には，吸水力＝
0となって，平衡状態になります。

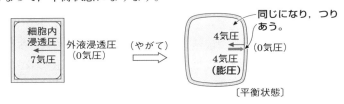

▲ 図 10-9 蒸留水に浸した場合の変化

膨圧と壁圧

　細胞が膨張すると，細胞膜が細胞壁を押し広げようとする。これが**膨圧**である。また，この反作用として，細胞壁が細胞膜を押し戻そうとする。これを**壁圧**という。実際には，この壁圧が水を押し返すことになるが，膨圧と壁圧は作用と反作用の関係にあるので同じ大きさである。よって，厳密には膨圧と同じ大きさの壁圧が水を押し返すわけだが，「膨圧」を「水を押し返す力」と表現している。

① **原形質分離**…植物細胞を高張液に浸したときに生じる現象。
　　⇨最終的には，**細胞内浸透圧＝外液浸透圧**。
② **限界原形質分離の状態**…植物細胞を等張液に浸したときの状態。
③ **膨圧**…植物細胞を**低張液**に浸したときに水を押し返す方向に働く力。
④ **吸水力**…実際に細胞が水を吸う力。
　　吸水力＝細胞内浸透圧－膨圧－外液浸透圧
⑤ （**細胞内浸透圧－膨圧**）が**外液浸透圧**と等しくなれば平衡状態。

3 細胞の体積と細胞内浸透圧の関係

1 　細胞の体積と細胞内浸透圧は，ほぼ**反比例の関係**にあります。

　あるときの細胞内浸透圧をP，そのときの細胞体積をV，別のときの細胞内浸透圧をP'，そのときの細胞体積をV'とすると，次のような関係式が成り立ちます。

　　$P \times V = P' \times V'$

2 　先ほどの植物細胞で考えてみましょう。

　① 　細胞内浸透圧が7気圧で限界原形質分離の状態のときの細胞体積を1.0倍とし，これを基準に考えることにします。すると，10気圧のスクロース溶液に浸して細胞内浸透圧が10気圧になったときの細胞体積比（V_1）は次の式で求められます。

$$7\,気圧 \times 1.0 = 10\,気圧 \times V_1$$

$$\therefore \quad V_1 = 0.7$$

② 3気圧のスクロース溶液に浸して細胞内浸透圧が5気圧になったときの細胞体積比(V_2)は,

$$7\,気圧 \times 1.0 = 5\,気圧 \times V_2$$

$$\therefore \quad V_2 = 1.4$$

③ 蒸留水に浸して細胞内浸透圧が4気圧になったときの細胞体積比(V_3)は,

$$7\,気圧 \times 1.0 = 4\,気圧 \times V_3$$

$$\therefore \quad V_3 = 1.75$$

3 以上の結果をグラフにしてみましょう。縦軸に細胞内浸透圧および膨圧,横軸に細胞体積比をとります。

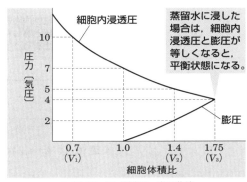

▲ 図 10-10　浸透圧－膨圧曲線

最強ポイント

① 細胞内浸透圧と細胞体積は,ほぼ反比例の関係にある。

$$PV = P'V'$$

② 植物細胞の細胞内浸透圧,膨圧と細胞体積比の関係を示したグラフ(※蒸留水に浸した場合の吸水力)

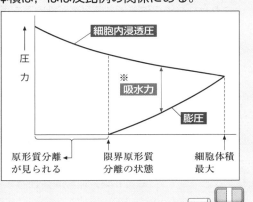

4 原形質復帰

1 7気圧の細胞内浸透圧をもつ植物細胞を10気圧の**スクロース溶液**に浸すと，原形質分離を起こしましたね。この間の細胞体積(細胞膜に囲まれた部分の体積)を，横軸に時間をとって表すと，図10-11のようになります。

すなわち，最初は外液のほうが浸透圧が高いので水が出て細胞体積も小さくなりますが，やがて，**細胞内浸透圧が外液浸透圧と等しくなって平衡状態となり**，細胞体積も変化しなくなります。

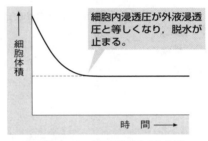

細胞内浸透圧が外液浸透圧と等しくなり，脱水が止まる。

▲ 図10-11 原形質分離と細胞体積

2 では，7気圧の細胞内浸透圧をもつ植物細胞を10気圧の**尿素液**に浸すとどうなるでしょうか。

最初は細胞から水が出て細胞体積は小さくなり，原形質分離が起こります。しかし，しばらく時間がたつと，再び細胞体積は回復してきます。

これは，**外液の溶質である尿素が細胞膜を通れる**からなのです。

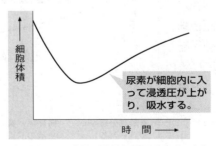

尿素が細胞内に入って浸透圧が上がり，吸水する。

▲ 図10-12 高張の尿素液に浸けたときの変化

3 この場合，水のほうが透過速度が大きいので，まずは細胞外へ水が移動し，外液とほぼ等張になります。外液の溶質が細胞膜を通れない場合は，そこで平衡状態となり，細胞体積の変化も止まります。しかし，**尿素は細胞膜を通れるので，しだいに細胞内に拡散してくる**のです。

4 等張になっているのに，なぜ物質が移動するのか？ という疑問がわくかもしれませんね。

じつは，**それぞれの物質はそれぞれの濃度勾配に従って拡散しようとする**のです。つまり，全体の浸透圧がたとえ等しくても，尿素だけの濃度を見ると細胞外のほうが濃度が高いので，尿素は，尿素の濃度の高いほう（外液）から尿素の濃度の低いほう（細胞内）へ拡散するのです。

5 水が出て，ほぼ等張になっているところにさらに尿素が入ってくるわけですから，細胞内の浸透圧が外液よりも高張になってしまいます。すると，水が細胞内に浸透することになります。また，尿素が細胞内に拡散し，その結果さらに水が浸透し……ということが繰り返されて，細胞体積が回復していくのです。

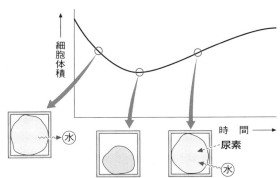

▲ 図10–13 原形質分離と細胞体積

6 このように，いったん原形質分離を起こしていた細胞が再び原形質分離を起こしていない状態に戻る現象を**原形質復帰**といいます。

原形質分離を起こしていた細胞を低張液に浸けかえたりしても原形質復帰は見られますが，外液の溶質が細胞膜を透過できる場合にも原形質復帰が見られます。

7 外液の溶質がより透過速度の大きい物質であれば，より早く原形質復帰が見られることになります。

　同じ植物細胞を，浸透圧の等しいA液，B液，C液にそれぞれ浸し，時間経過とともに細胞体積の変化を調べて，次のグラフを得たとしましょう。このグラフでは，A液のほうがB液よりも原形質復帰が早いことから，B液よりもA液の溶質のほうが細胞膜を透過する速度が大きい物質であることがわかります。一方，C液では原形質復帰が起こらないことから，C液の溶質は細胞膜を透過できない物質だということになります。

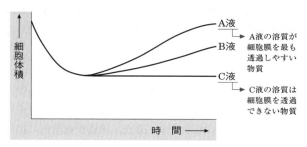

▲ 図10-14 外液の溶質と原形質復帰

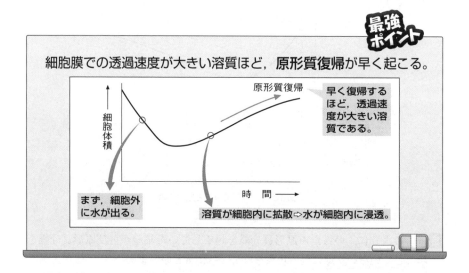

第11講 動物の組織

重要度
★

生物には単細胞生物もいれば多細胞生物もおり，中間的なものもいます。動物のからだの構成を見てみましょう。

1 単細胞生物

1 単一の細胞で1個の個体となっている生物を**単細胞生物**といいます。アメーバ，ゾウリムシ，ミドリムシなどは単細胞生物です。

2 単細胞生物，特にゾウリムシでは，細胞内に種々の細胞小器官が発達しています（⇨p.76の図11-1）。食物を取り込む部分を**細胞口**，取り込んだものを消化する袋状の構造を**食胞**といい，最終的に不消化排出物は**細胞肛門**から排泄します。**細胞内に浸透した水を排出して浸透圧調節に働くのが収縮胞**です。さらに**毛胞**という構造を発射して，他の生物を攻撃することもできます。また，**繊毛**を使って運動します。

3 ゾウリムシのもう1つの特徴は**核が2つある**ことです。1つは**大核**あるいは**栄養核**と呼ばれ，通常の生活は，この大核の遺伝情報を使って行われます。もう1つは**小核**あるいは**生殖核**と呼ばれる核で，文字通り生殖のときに使われます。われわれ多細胞生物も，体細胞と生殖細胞とを分化させていますが，ゾウリムシは単細胞なので，細胞ではなく核を分業させているといえます。

4 ミドリムシは葉緑体をもち光合成を行いますが，**鞭毛**によって運動し，**細胞壁はありません**。**眼点**および**感光点**によって光の方向を判断し，明るいほうへ移動する性質があります。

> 1～数本で長いものは鞭毛，数が多くて短いものは繊毛と呼ぶ。

5 アメーバには鞭毛も繊毛もありませんが，原形質の一部が伸び出して運動します。これを**仮足**といいます。

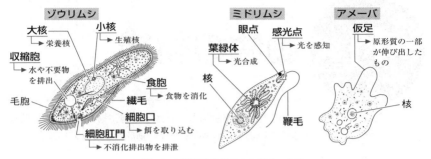

▲ 図 11−1 単細胞生物のからだのつくり

【ゾウリムシのおもな細胞小器官】
收縮胞…水の排出（浸透圧調節）
食　胞…食物の消化
【単細胞生物の運動器官】
ゾウリムシ**(繊毛)**，ミドリムシ**(鞭毛)**，アメーバ**(仮足)**

2　細胞群体

1　生物が何個体か集まって生活する場合，これを**群体**といいます。特に，単細胞生物がいくつか集まって生活している場合は**細胞群体**といいます。

2　クラミドモナスという緑藻は，通常は単細胞で生活しますが，環境が悪くなると何個かのクラミドモナスが集まって細胞群体をつくります。

3　パンドリナやユードリナも細胞群体をつくりますが，クラミドモナスと異なり，常に細胞群体を形成しています。パンドリナで8個ないし16個，ユードリナで16個ないし32個の個体が集まって細胞群体を形成します。

4　ボルボックス（オオヒゲマワリともいう）も細胞群体をつくりますが，数百〜数万個もの個体が集まって細胞群体を形成します。パンドリナやユードリナでは，各個体を離して独立させても生活できますが，ボルボックスでは細胞間に連絡があり，独立させては生活できず，さらに，**生殖細胞を形成する細胞と光合成を行う細胞**といった**分化**も見られます。

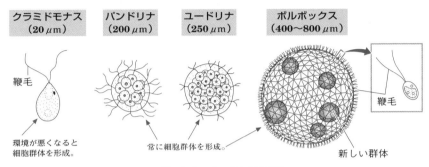

▲ 図11-2　いろいろな細胞群体

5　このような種々の細胞群体が存在することから，もともと単細胞の生物が，環境が悪くなったときだけ集まって生活するようになり，やがてつねに集まって生活するようになって，さらに集まる数がふえ，**細胞どうしが分化し，連絡も取り合うようになり，多細胞生物に進化**していったと推測されます。

6　一方，もともと多細胞生物がさらに集まって生活している場合もあります。これは単に**群体**といい，**サンゴ・ホヤ・カツオノエボシ**などで見られます。

クラゲの一種（刺胞動物⇨p.372）。強い毒をもつ。

① **群体**…複数の個体が集まって生活しているもの。
② **細胞群体**…単細胞生物の群体。
　　例 パンドリナ・ユードリナ・ボルボックス
③ 単細胞生物から**細胞群体**を経て多細胞生物へと進化。
④ 多細胞生物の群体の例…**サンゴ・ホヤ**

3 動物の組織

1 多細胞生物において，同じような働きと形態をもつ細胞が集まった集団を**組織**といいます。

2 動物の組織は，**上皮組織・結合組織・筋組織・神経組織**という 4 つに分けられます。

3 からだの外表面および消化管などの内表面を覆うのが**上皮組織**です。いずれも**細胞どうしが密着している**のが特徴で，保護や栄養分の吸収，種々の物質の分泌，外界からの刺激の感知などに働きます。それぞれの働きに応じて，**保護上皮，吸収上皮，腺上皮，感覚上皮**などと呼ばれます。具体的には，皮膚の表皮の細胞，消化管の内壁を覆う細胞，汗腺・消化液の分泌腺などの細胞，網膜の視細胞などの感覚細胞は，いずれも上皮組織に属します。

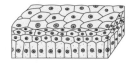

保護上皮
└─▶ 皮膚の表皮など

吸収上皮
└─▶ 消化管の内表面など

腺上皮
└─▶ 汗腺・胃腺など

▲ 図 11-3 いろいろな上皮組織

4 組織や器官の間にあって，それらを結び付けたり，からだを支えたりという役割をもつ組織が**結合組織**です。結合組織は，**細胞どうしが密着せず，細胞と細胞の間が種々の物質で満たされている**のが特徴です。結合組織を構成する細胞を**基本細胞**，その隙間を満たしている物質を**細胞間物質**といい，この物質の種類によってさまざまな特徴をもった結合組織が存在します。

5 結合組織には，**繊維性結合組織，骨組織（硬骨組織），軟骨組織，血液**などがあります。繊維性結合組織は繊維芽細胞という細胞が基本細胞で，細胞間物質には膠原繊維など多くの繊維が含まれます。腱や真皮などに存在します。 ────▶ 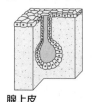 主成分はコラーゲン。

骨組織は基本細胞が骨細胞で，細胞間は膠原繊維とリン酸カルシウムなどからなる硬い骨質で満たされています。鼻や耳，関節などにある軟骨組織は，基本細胞である軟骨細胞と軟骨質という細胞間物質からなります。**軟骨質は，骨質にくらべるとカルシウムが少なく弾力に富んでいる**のが特徴です。

血液は，基本細胞が赤血球や白血球などの血球で，細胞間物質にあたるのは血しょうです。

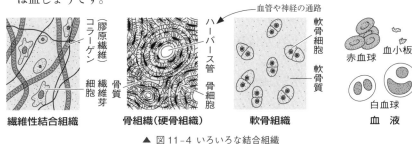

▲ 図 11-4 いろいろな結合組織

6 筋肉を構成するのが**筋組織**です。筋肉を構成する最小単位の細胞を**筋繊維**といい，収縮性のタンパク質を多く含みます。

→ アクチンやミオシン。

筋肉は，縞模様のある**横紋筋**と縞模様のない**平滑筋**に大別されます。また，筋肉には，骨格に付着する**骨格筋**，心臓を構成する**心筋**，心臓以外の内臓を構成する**内臓筋**があります。**骨格筋と心筋は横紋筋，内臓筋は平滑筋でできています。心筋や内臓筋の筋繊維は単核の細胞ですが，骨格筋の筋繊維は多核の細胞なのが特徴です。**なお，骨格筋は意志で収縮させられる**随意筋**ですが，心筋と内臓筋は意思で収縮させられない**不随意筋**です。

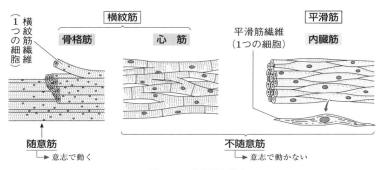

▲ 図 11-5 筋組織と筋肉

+α パワーアップ 骨格筋の筋繊維が多核である理由

骨格筋の筋繊維のもととなる筋芽細胞は，他の細胞と同様に単核である。しかし，これらの筋芽細胞どうしが多数融合して筋繊維となる。骨格筋の筋繊維が多核なのは，このように**細胞どうしが融合して生じる**からなのである。

7 神経を構成する組織が**神経組織**です。神経組織は，**神経細胞（ニューロンという）**を中心とする組織ですが，ニューロンの周囲にある**シュワン細胞**なども神経組織に属します。

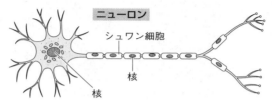

▲ 図11-6 神経細胞（ニューロン）のつくり

 グリア細胞

　運動神経や感覚神経などの末梢神経には**シュワン細胞**があるが，中枢神経には**オリゴデンドロサイト**（髄鞘（⇨p.586）を形成する）や**アストロサイト**（神経細胞に栄養分を供給したり，脳を有害物質から守る血液脳関門を形成する），**ミクログリア**（変性した神経細胞を食作用で処理する）などの細胞が存在している。シュワン細胞やこれらの細胞を合わせて**グリア細胞（神経膠細胞）**という。

① **上皮組織**…細胞どうしが密着。
　　例 皮膚の表皮，消化管の内表面，網膜の視細胞
② **結合組織**…**基本細胞**と**細胞間物質**からなる。細胞どうしが密着しない。
　　例 骨，軟骨，真皮，腱，血液
③ **筋組織**…筋組織を構成する筋細胞を筋繊維という。
　　横紋筋 { **骨格筋**…多核…随意筋
　　　　　　 心　筋 } 単核…不随意筋
　　平滑筋…**内臓筋**
④ **神経組織**…**神経細胞（ニューロン）**と**シュワン細胞**などからなる。

4 動物の器官と器官系

1 いろいろな組織が組み合わさって，胃，腎臓，心臓，眼などの**器官**が形成されます。

2 たとえば，皮膚や消化管は次のように種々の組織からなります。

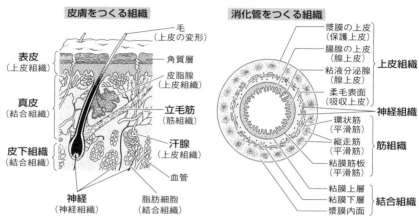

▲ 図 11-7 皮膚と消化管をつくるいろいろな組織

3 さらに，類似した働きをもつ器官をまとめて**器官系**といいます。たとえば，食道や胃，小腸，大腸，肝臓，すい臓などはいずれも食物の消化吸収に関与するのでまとめて**消化系**といいます。同様に，心臓，血管，リンパ管などをまとめて**循環系**，腎臓やぼうこう，輸尿管を合わせて**排出系**といいます。

【動物のからだの構成】
細胞 → 組織 → 器官 → 器官系 → 個体

第12講 植物の組織と器官

動物と同じように植物にもいろいろな組織があり，器官があります。今度は植物の組織や器官を見てみましょう。

1 植物の組織

1 植物には細胞分裂を専門に行う組織があり，それを**分裂組織**といいます。

2 縦方向，すなわち茎や根を伸ばす方向の成長を**伸長成長**，横方向すなわち太らせる方向の成長を**肥大成長**といいます。

茎や根の先端にあって伸長成長に働くのが**頂端分裂組織**，茎や根の内部にあって肥大成長に働くのが**形成層**という分裂組織です。**形成層は被子植物の双子葉類，裸子植物にのみ存在します。**

3 頂端分裂組織には，茎の先端にある**茎頂分裂組織**と，根の先端にある**根端分裂組織**があります。

4 分裂組織以外を<u>永久組織</u>といいます。永久組織はさらに**表皮組織，柔組織，機械組織，通道組織**の4種類に大別されます。

> 永久組織の細胞も条件によっては再び分裂を行うこともあり，永久に分裂しないままというわけではないので，永久組織という名称はあまり使われなくなってきている。

5 外表面を覆っているのが表皮組織です。表皮組織を構成する細胞を表皮細胞といいます。表皮組織は一層の表皮細胞からなります。一般には**表皮細胞には葉緑体がありません**。また，表皮細胞の外表面には**クチクラ層**が発達しています。

6 **根毛**や，気孔を取り囲む**孔辺細胞**も表皮組織の一種です。**孔辺細胞は表皮組織なのに，例外的に葉緑体をもちます。**

> 根毛は根の表皮細胞の突起で，表面積を増大させ，水や無機塩類を吸収する。気孔は外界とのガス交換や水の蒸発（蒸散）を行う隙間。

7 柔組織を構成する柔細胞は，**細胞壁があまり厚くない**のが特徴です。光合成を行う**同化組織**，栄養分を貯蔵する**貯蔵組織**など，いろいろな生活活動を行う組織です。

8 機械組織を構成する細胞は**細胞壁が厚く**，**植物体を支持し強固にする役割**があります。細胞壁が一様に木化して厚くなった細胞からなる**厚壁組織**，細胞壁の隅が特に厚くなった細胞からなる**厚角組織**，木化した細長い細胞からなる**繊維組織**などがあります。

> 厚壁組織，繊維組織の細胞は死細胞，厚角組織の細胞は生細胞からなる。

9 水や養分などを運ぶ通路として働くのが**通道組織**です。**根で吸収した水や無機塩類が上昇する通路が道管や仮道管，葉で生成した同化産物が上昇あるいは下降する通路となるのが師管**です。通道組織は，種子植物（被子植物と裸子植物）およびシダ植物にだけ存在します。

10 道管および仮道管はいずれも細胞壁が木化し，**原形質が消失した死細胞**からなります。

道管では**上下の細胞壁が消失**していて，ちょうど1本の長いホースのような形になっています。また，細胞壁の肥厚のしかたによって，らせん状や階段状の模様が見られます。**道管は，被子植物にのみ存在します。**

仮道管は，1つ1つの細胞が先のとがった紡錘形で，**上下の細胞壁が残っている**ところが道管と大きく異なります。また，側面に多数の孔が見られます。仮道管は，被子植物，裸子植物，シダ植物に存在します。

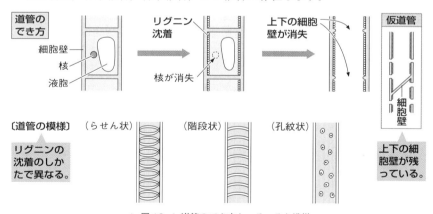

▲ 図12-1 道管のでき方といろいろな模様

11 師管を構成する細胞は木化せず，**原形質も存在する生細胞**です。上下の細胞壁も残っていますが，**小さな孔が開いている**のが特徴で，このような細胞壁を**師板**といいます。また被子植物では，師管に隣接して**伴細胞**と呼ばれる細胞が存在します。

→ 核は消失している。

→ 伴細胞は柔組織に属し，師管細胞への栄養分の補給をすると考えられているが，くわしい働きは不明である。

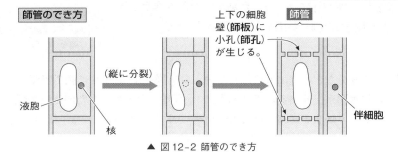

▲ 図12-2 師管のでき方

分裂組織 ┏ 頂端分裂組織 ┏ 茎頂分裂組織
　　　　　┃　　　　　　　┗ 根端分裂組織
　　　　　┗ 形成層（双子葉類と裸子植物のみ）

（永久組織）┏ **表皮組織**…一般には葉緑体なし（孔辺細胞には葉緑体あり）
　　　　　　┃ **柔組織**…同化組織，貯蔵組織など
　　　　　　┃ **機械組織**…厚壁組織，厚角組織，繊維組織など
　　　　　　┗ **通道組織**…道管（被子植物のみ），仮道管，師管

2 組織系

1　動物ではいくつかの組織が集まると器官が形成されますが，植物では関連のある永久組織が集まって**組織系**を構成します。組織系は，**表皮系**，**維管束系**，**基本組織系**の3つに分けられます。

2　**表皮系**は，表皮組織と同じです。

3　道管や仮道管を中心に，木部柔細胞，木部繊維などをまとめて**木部**，師管や伴細胞，師部柔細胞，師部繊維などをまとめて**師部**といいます。この木部と師部を合わせたものを**維管束**といい，維管束からなる組織系を**維管束系**といいます。道管・仮道管・師管は通道組織，木部柔細胞や師部柔細胞・伴細胞は柔組織，木部繊維や師部繊維は繊維組織です。このように関連のある組織が集まった集団が組織系なのです。維管束は，**種子植物(裸子植物と被子植物)とシダ植物にのみ存在**します。また，双子葉類や裸子植物のように分裂組織である**形成層**をもつ植物では，維管束に形成層も含まれます。

4　表皮系，維管束系を除いた残りが**基本組織系**です。柔組織を中心に同化や貯蔵など植物の基本的な働きを担うのが基本組織系ですが，機械組織も含まれています。

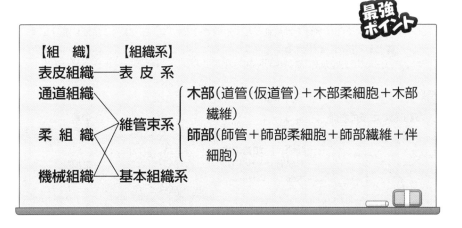

【組　織】　【組織系】
表皮組織 ── 表 皮 系
通道組織
　　　　　　　　　木部(道管(仮道管)＋木部柔細胞＋木部
柔 組 織 ── 維管束系　　　繊維)
　　　　　　　　　師部(師管＋師部柔細胞＋師部繊維＋伴
　　　　　　　　　　細胞)
機械組織 ── 基本組織系

3 植物の器官

1 植物の器官には，**栄養器官**と**生殖器官**があります。栄養器官には，葉・茎・根があります。生殖器官は花です。それぞれについて，くわしく見ていきましょう。

2 まずは，**葉**です。

葉の表側に近いほうにあるのが柵状組織，裏側に近いほうにあるのが海綿状組織です。いずれも葉緑体を多く含む同化組織です。**海綿状組織のほうが細胞の形や大きさが不ぞろいで，細胞間隙が多い**のが特徴です。

維管束系の師部は裏側に近いほう，木部は表側に近いほうに存在します。

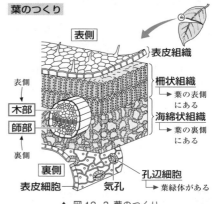

葉のつくり

表側 — 表皮組織
柵状組織 →葉の表側にある
海綿状組織 →葉の裏側にある
木部
師部
裏側
孔辺細胞 →葉緑体がある
表皮細胞　気孔

▲ 図12-3 葉のつくり

＋α パワーアップ 水孔

気孔とよく似たものに**水孔**がある。どちらも孔辺細胞に囲まれている点では同じだが，気孔は水分を水蒸気として蒸散させるのに対し，**水孔は余分な水分を液体として排出(排水)する**点で異なる。また，気孔は開閉するが，水孔には開閉能力はない。水孔は，葉の先端や縁に存在する。

3 次は**茎**です。まず，双子葉類の茎を見てみましょう。

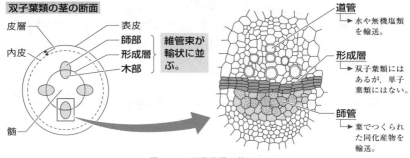

双子葉類の茎の断面

皮層
内皮
髄
表皮
師部
形成層
木部

維管束が輪状に並ぶ。

道管 →水や無機塩類を輸送。
形成層 →双子葉類にはあるが，単子葉類にはない。
師管 →葉でつくられた同化産物を輸送。

▲ 図12-4 双子葉類の茎のつくり

表皮より内側に一層の細胞層があり，これを<ruby>内<rt>ない</rt></ruby><ruby>皮<rt>ひ</rt></ruby>といいます。表皮と内皮の間を<ruby>皮層<rt>ひそう</rt></ruby>といいます。若い茎では，皮層の細胞に葉緑体があります。

> 内皮は，茎ではあまり明瞭に観察されない。内皮より内側を「中心柱」という。

師部と木部の間には，**分裂組織である形成層があります**。裸子植物の茎でも，ほぼ同様の構造が観察されます(もちろん裸子植物では道管は存在しません)。

4 双子葉類の場合，形成層で体細胞分裂が行われ，外側(表皮側)に師部，内側(髄側)に木部の細胞が分化していきます。

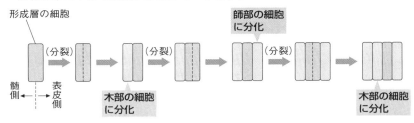

▲ 図12-5 形成層による師部・木部の形成

5 同じ被子植物でも，双子葉類との違いがわかるように，単子葉類の維管束の配列を模式的に示すと，図12-6のようになります。

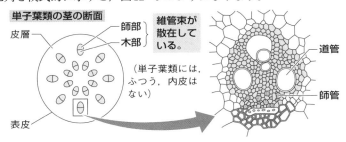

▲ 図12-6 単子葉類の茎のつくり

双子葉類では維管束が輪状に配列していますが，単子葉類では維管束が散在しています。また，**単子葉類では形成層がありません**。でも，維管束の中では外側に師部，内側に木部が存在するのは共通しています。

6 最後に**根**を見てみましょう(図12-7)。茎とは違い，**根では木部と師部が独立して交互に存在**しています。また，根端分裂組織のさらに先端には**根冠**<ruby>　<rt>こんかん</rt></ruby>という柔組織があり，根端分裂組織を保護しています。根冠の細胞にはデンプン粒をもつ細胞小器官(アミロプラスト)が含まれていて，これにより重力を感知し，根の重力屈性にも関与します(⇨p.692)。

単子葉類の根もほぼ同様ですが，単子葉類では形成層はありません。

双子葉類の根の断面

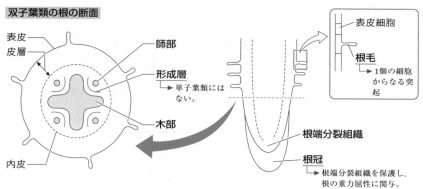

▲ 図12-7 双子葉類の根のつくり

維管束の配列のしかたと中心柱

輪状の維管束をもつ中心柱を**真正中心柱**，散在した維管束をもつ中心柱を**不整中心柱**，木部と師部が別々に交互に並ぶ中心柱を**放射中心柱**という。被子植物の双子葉類と裸子植物の茎は真正中心柱，被子植物の単子葉類の茎は不整中心柱である。また，すべての根は放射中心柱をもつ。

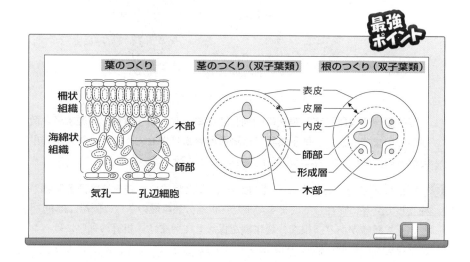

遺伝子とその発現

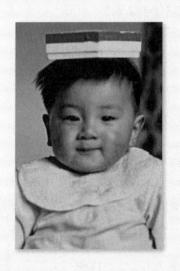

第13講 DNAの構造

重要度
★★★

遺伝子の本体といわれるDNAは，どのような構造をしているのでしょうか。少しくわしく見てみましょう。

1 核酸の単位

1 核酸については第8講で学習しましたが，もう少しくわしく学習しておきましょう。

2 核酸を構成する糖は炭素を5つもつ五炭糖で，**デオキシリボース**と**リボース**という2種類がありました。

　デオキシリボースは，リボースからO原子が1つだけはずれた構造をしています（次の図13-1のように，O原子から時計まわりに，Cに1′〜5′という番号をつけておきます。すると，2′のCの下の部分がリボースではOH，デオキシリボースではHになっていますね）。

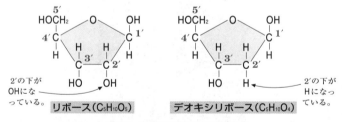

▲ 図13-1 核酸を構成する糖の構造

3 糖と塩基が結合したものを**ヌクレオシド**といいましたね。厳密には，右の図13-2のように，糖の1′の位置の炭素に塩基が結合してヌクレオシドとなります。

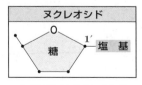

▲ 図13-2 ヌクレオシド

4　このような**ヌクレオシド**にリン酸が**1**つ
結合したものがヌクレオチドです。厳密
には，右の図13-3のように，糖の5′の位
置にリン酸が結合してヌクレオチドとなり
ます。

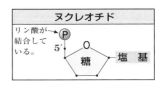

▲ 図13-3 ヌクレオチド

5　ヌクレオチドどうしは，糖と次のヌク
レオチドのリン酸との間で結合しますが，
厳密には，糖の3′の位置に次のヌクレオ
チドのリン酸が結合していき，ヌクレオ
チド鎖ができあがります。

5′の位置の炭素がある側を**5′末端**（まったん），
3′の位置の炭素がある側を**3′末端**と呼
びます。

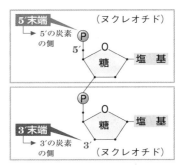

▲ 図13-4 ヌクレオチドの結合

6　RNAではこのようなヌクレオチド鎖が1本でできていますが，DNAでは
このようなヌクレオチド鎖が2本向かい合わせに並び，さらに向かい合わせ
の塩基どうしが結合しています。

7　**シャルガフ**は，いろいろな生物のDNAの塩基の割合を調べ，どの生物で
も**アデニン(A)とチミン(T)の割合がほぼ等しい**，また，**グアニン(G)とシト
シン(C)の割合がほぼ等しい**ことをつきとめました(1949年)。これを**シャル
ガフの規則**といいます(表13-1)。

生　物　名	A	T	C	G
ヒ　　　ト(肝臓)	30.3	30.3	19.9	19.5
ウ　　　シ(肝臓)	28.8	29.0	21.1	21.0
ニワトリ(赤血球)	28.8	29.2	21.5	20.5
サ　　　ケ(精子)	29.7	29.1	20.4	20.8

▲ 表13-1 DNAの塩基組成〔モル％〕

8　DNAの2本の鎖は互いに逆方向を向いて結合します。すなわち，一方のヌ
クレオチド鎖の5′末端側には，他方のヌクレオチド鎖の3′末端が対応します。

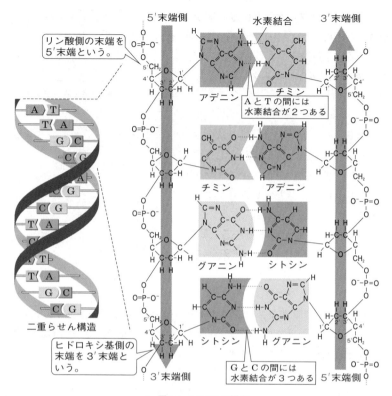

▲ 図13-5 DNAの構造

9 この**二重らせん構造**は，シャルガフによる塩基組成の分析結果や，**フラ ンクリン**と**ウィルキンス**の<u>X線回折</u>の結果などをもとに，1953年に**ワトソン**と**クリック**によって提唱されました。

> X線を照射して，得られる像から物質の立体構造を調べる方法。

① 糖の**1'**に塩基，**5'**にリン酸が結合し，**3'**に次のリン酸が結合する。
② ヌクレオチド鎖には**方向性**がある。
（リン酸側が**5'**末端，糖のヒドロキシ基側が**3'**末端）
③ **DNA**は**2本**のヌクレオチド鎖が互いに**逆向き**に結合している。

第14講 DNAの複製

重要度
★★★

DNAは，細胞周期の間期のS期で複製されます（第15講）。そのしくみを見てみましょう。

1 DNAの複製のしくみ

1 DNAの複製に際しては，まず，DNAの塩基どうしの水素結合が切れ，二重らせん構造がほどけます。二重らせん構造をほどいて1本鎖にする酵素を**DNAヘリカーゼ**といいます。

2 そして，それぞれの鎖を鋳型（いがた）にして，各塩基に相補的な塩基をもったヌクレオチドが結合していきます。

さらに，隣り合ったヌクレオチドどうしが結合して新しい鎖が合成されます。このとき，ヌクレオチドどうしの結合に働く酵素は，**DNAポリメラーゼ**といいます。

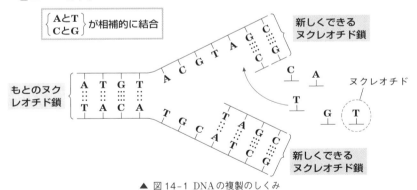

▲ 図14-1 DNAの複製のしくみ

3 このようにして生じた新しい2本鎖DNAのうち，**1本は鋳型となったもとの鎖**で，**1本だけが新しく合成された鎖**です。このような複製を**半保存的複製**（はんほぞんてき ふくせい）といいます。

4 DNAの複製に関与するDNAポリメラーゼは，次のような特徴をもちます。

　① 複製を開始するために，短いヌクレオチド鎖（**プライマー**という）を必要とする。 → RNA プライマー

　② 必ず3′末端側に次のヌクレオチドを結合させる。

5 したがって，鎖は必ず**5′から3′の方向へ合成される**ことになります。そのため，3′→5′の方向の鎖を鋳型にして合成される新しい鎖は5′→3′へと順にヌクレオチドが結合して伸びていきますが，5′→3′の方向の鎖を鋳型にして合成される新しい鎖は次のようにして伸長していくことになります。

　① まず，ある程度二重らせんがほどけたところにプライマーが結合する。

　② そこを起点にして，5′から3′に向かってヌクレオチドが結合して，短い鎖をつくる。（厳密には，まず**ヌクレオシド三リン酸**が鋳型鎖の塩基部分で結合し，そこから2つのリン酸が取れて3′末端側に結合する）

　③ ある程度ほどけたところにまた別のプライマーが結合して，5′→3′へと短い鎖をつくる。最終的にこの短い鎖どうしを結合させて新しい鎖が完成する。 → RNAプライマーは分解され，DNAに置き換わる。⇨p.95参照。

6 このように，DNAの複製は，2本鎖のうちの1本鎖ではほどける方向と同じ方向に連続的に，もう1本の鎖ではほどける方向とは逆方向に不連続的に行われます。連続的に伸長する鎖を**リーディング鎖**，不連続的に伸長する鎖を**ラギング鎖**といいます。 → leading（先行） → lagging（遅延）

7 ラギング鎖で合成される短いDNA鎖を**岡崎フラグメント**といい，この短鎖どうしの結合には**DNAリガーゼ**という酵素が関与します。

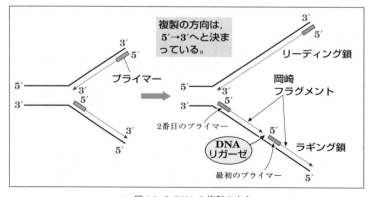

▲ 図14-2 DNAの複製の方向

① **DNAの複製＝半保存的複製**

② 鋳型鎖をもとに新しいヌクレオチド鎖を合成する酵素…**DNA ポリメラーゼ**

③ ラギング鎖において，岡崎フラグメントどうしを連結させる酵素…**DNAリガーゼ**

④ 新生鎖はプライマーから**5′→3′**の方向に**(3′末端が)**伸長する。

テロメア

　細胞内で，DNA複製の際に最初に合成されるのは**RNAプライマー**で，これは**DNAプライマーゼ**という酵素によって合成される。このRNAプライマーは最終的には分解されてDNAに置き換えられる。しかし，5′末端側の一番端のプライマーだけはDNAに置き換えることができず(5′末端には新しいヌクレオチドが結合できないから)，その分だけ鋳型鎖よりも短くなってしまう。

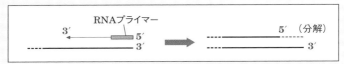

▲ 図14-3 RNAプライマー

　もともとDNAの末端には哺乳類ではTTAGGG，センチュウではTTAGGC，ナズナではTTTAGGGのような特定の塩基配列の繰り返し部分があり，これを**テロメア**(telomere)という。上に示した現象によってこのテロメアの部分が複製のたびに少しずつ短くなっていき，一定以下の長さになると細胞分裂が停止する。このことから，このような現象が細胞の老化や寿命に関係しているのではないかと考えられている。

　この短くなったテロメアを伸長させる**テロメラーゼ**(telomerase)という酵素がある。通常の体細胞ではこの酵素はほとんど発現していないが，生殖細胞ではこの酵素によりテロメアの長さが維持されている。また，がん細胞でもテロメラーゼが発現しており，これが無制限に分裂を続けるがん細胞の不死化に関連していると考えられている。

　原核生物やミトコンドリア，葉緑体のDNAは環状なので，複製によってDNAが短くなることはなく，テロメアも存在しない。

複製起点

DNAの複製は決まった場所から始まり，この場所を**複製起点**といい，複製起点とその周辺の領域を**レプリケーター**という。原核生物がもつ環状DNAでは複製起点は1か所だけで，複製起点から両方向に複製が進行する。

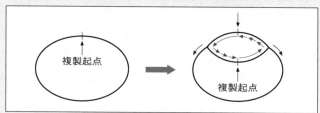

▲ 図14-4 原核生物のDNA複製

真核生物のDNAには，1染色体あたり複製起点が数十～数百か所あり，それぞれの複製起点から両側に複製が進行する。1つの複製起点から複製される範囲を**レプリコン**(replicon)という。多くの複製起点をもち，同時に多くのレプリコンで複製が進行することで，非常に長いDNAでも速やかに複製を完了させることができる。

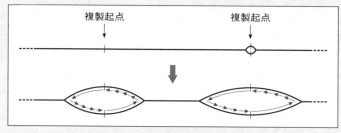

▲ 図14-5 真核生物のDNA複製

2 DNAの半保存的複製の証明

1 DNAの複製が半保存的複製であることを実験で証明したのは**メセルソン**と**スタール**です。彼らは，次のような実験を行いました。

【手順1】 大腸菌を，^{15}Nを含む塩化アンモニウムを窒素源とした培地で何代も培養する。**➡大腸菌のDNAの塩基の窒素が^{15}Nに置き換わる。**

【手順2】 この大腸菌を，^{15}Nを含まないふつうの培地に移す。**➡移し替えてから新しくつくったDNAには^{14}Nが含まれることになる。**

【手順3】移し替えてから一定時間ごとにDNAを
取り出して，**塩化セシウムを使った密度勾配遠
心法により分離させる。**➡ ^{15}Nをもつか^{14}Nをも
つかによって，DNAが分画される。

> 塩化セシウム溶液に強い遠心
> を行うと，塩化セシウムの密
> 度勾配ができる。ここにDNA
> を入れて遠心すると同じ密度
> の部分にDNAがとどまる。

2　半保存的複製をすれば，新しくつくられるDNA鎖は必ず^{14}Nを含むことに
なるので，DNAは次の図14-6のように複製されるはずです（赤色が^{15}Nを含
むヌクレオチド，黒色は^{14}Nを含むヌクレオチドを表します）。

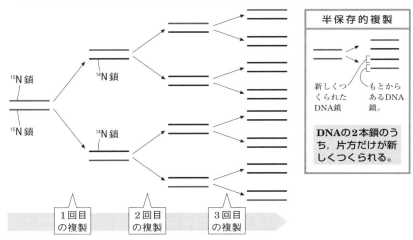

▲ 図14-6　半保存的複製によるDNAの複製のモデル

3　つまり，1回複製すれば^{15}Nのみと^{14}NのみのDNAの中間の密度のDNAだ
けが生じます。2回複製すれば中間の密度のDNAと^{14}NのみのDNAが1：1
の割合で生じ，3回複製すれば中間の密度のDNAと^{14}NのみのDNAが1：3
の割合で生じるはずです。

4　実際に行われた結果を図示したものが次の図14-7です。半保存的複製とし
て予想した通りの結果になっています。

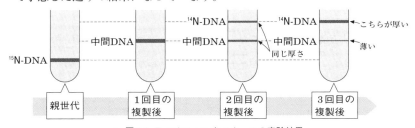

▲ 図14-7　メセルソンとスタールの実験結果

5 半保存的複製以外に，保存的複製や分散的複製という可能性も考えられていました。保存的複製とは，DNAの2本鎖がそのまま保存され，新しいDNAをゼロからつくっていくというものです。

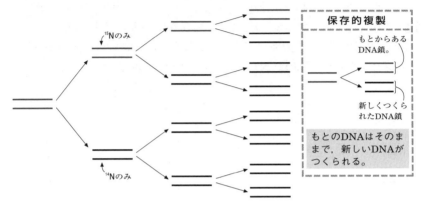

▲ 図14-8 保存的複製によるDNAの複製のモデル

もし保存的複製をすれば，1回目の複製で^{14}NのみのDNAと^{15}NのみのDNAが1：1に分離し，2回目で^{14}NのみのDNAと^{15}NのみのDNAが3：1に，3回目では^{14}NのみのDNAと^{15}NのみのDNAが7：1に分離するはずです。

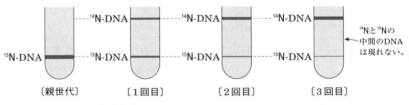

▲ 図14-9 保存的複製をしたときに予想される実験結果

6 分散的複製とは，DNAが細かな断片となり，もとの部分と新しい部分が組み合わさって2本鎖DNAを合成するという複製のしかたです。

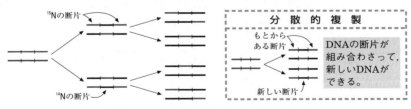

▲ 図14-10 分散的複製によるDNAの複製のモデル

もし分散的複製をすれば，1回目では中間の密度のDNAの位置に分画され，2回目では中間と^{14}Nのみの部分のさらにその間の位置に，3回目では^{14}Nのみの部分と2回目の位置のさらにその間の位置にいくらかのばらつきをもって分離するはずです。

〔親世代〕　　〔1回目〕　　〔2回目〕　　〔3回目〕

←^{14}N-DNAの位置
←中間の位置
←^{15}N-DNAの位置

▲ 図14-11 分散的複製をしたときに予想される実験結果

■**考えてみよう！**　保存的複製および分散的複製は，メセルソンとスタールの実験において何回目の複製結果で否定できたでしょうか？

7　保存的複製であれば1回目の複製で^{14}Nのみと^{15}Nのみの2か所に分離するはずが，実際には中間の位置に分離したので，1回目の複製結果から誤りだとわかります。

8　分散的複製であっても1回目は中間の位置に分離するので，まだ誤りだとはわかりません。でも2回目の結果も分散的複製であれば^{14}Nと中間の位置とのさらにその間の位置になるはずですが，実際には^{14}Nと中間の位置に分離したので，2回目で分散的複製が誤りだと判断できます。

【DNAの半保存的複製の証明】
① **メセルソン**と**スタール**が実験的に証明。
② 使った材料…**大腸菌**
③ 塩化セシウムを使った**密度勾配遠心法**を用いて，**DNA**を密度の違いにより分離して調べた。

第**15**講 体細胞分裂と
ゲノム

重要度
★★

細胞分裂には，体細胞分裂と減数分裂の２種類があります。
まずは，体細胞分裂から見ていきましょう。

1 体細胞分裂の過程

1 まず核分裂が起こり，続いて細胞質分裂が起こります。この核分裂が終了してから次の核分裂が開始するまでを**間期**といいます。核分裂が行われる時期を**分裂期**（**M期**）といい，さらに分裂期は，染色体の状態から，**前期，中期，後期，終期**の４段階に分けられます。

> 染色体や紡錘糸などの形成が見られる分裂を「有糸分裂」という。また，染色体や紡錘糸が形成されずに起こる分裂は「無糸分裂」（二分裂⇒p.271）という。

2 〔**間期**〕 顕微鏡下では何の変化も観察されませんが，分裂のための準備を行っているのが**間期**で，次の３段階に分けられます。

> G_1**期**…DNA合成の準備を行う期間で，**DNA合成準備期**という。 → Gap の略
>
> **S期**…DNAを合成している期間で，**DNA合成期**という。 → Synthesis の略
>
> G_2**期**…DNA合成を完了してから分裂が始まるまでの期間で，**分裂準備期**という。

3 〔**分裂期（M期）**〕 → Mitosis の略

① **前期** **核膜や核小体が消失**し，中心体が両極に分離して，中心体の周囲に**星状体**が形成されます。

> 核膜や核小体は小さな断片になって分散するため，見えなくなる。

また，紡錘糸が生じ，**紡錘体**が形成され始めます（中心体をもたない被子植物では，星状体は形成されません。ただし，被子植物でも紡錘糸は生じ，紡錘体は形成されます）。

> 中心体から赤道面の反対側に伸長した微小管の集まりを星状体という。動物細胞では形成されるが被子植物の細胞では形成されない。

さらに，間期では観察されなかった**染色体が短く太く凝縮**します。現れてきた染色体はS期の間に合成（複製）された2本の染色体が動原体の部分で結合した状態になっています。

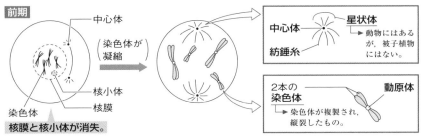

▲ 図15-1　体細胞分裂前期のようす

2　**中期**　紡錘糸が染色体の動原体に付着し，**紡錘体が完成**します。**染色体の動原体の部分が紡錘体の中央部に並びます。**

→「赤道面」という。

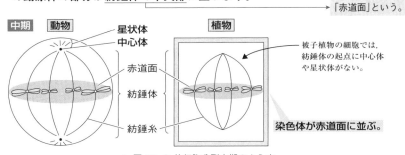

▲ 図15-2　体細胞分裂中期のようす

3　**後期**　染色体が**縦裂面で分離**し，紡錘糸に引っ張られるように**両極に移動**します。このとき動原体は紡錘糸（微小管）の先端を分解して紡錘糸を短くし，染色体を極のほうへたぐり寄せる働きをします。

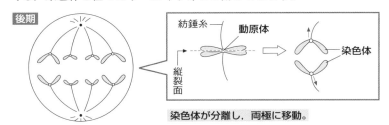

染色体が分離し，両極に移動。

▲ 図15-3　体細胞分裂後期のようす

4 **終期** 染色体が両極に移動し終わると，染色体は再び細くなって見えなくなっていきます。そして，消失していた**核膜や核小体が現れ**，新しい核（娘核）ができあがります。さらに，細胞質も分裂し，新しい細胞（**娘細胞**）が生じます。このとき，**動物細胞では外側から細胞膜がくびれますが**，植物細胞では中央から**細胞板**が形成されて細胞質を分裂させます。

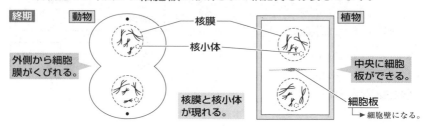

終期 動物 核膜 核小体 植物

外側から細胞膜がくびれる。

核膜と核小体が現れる。

中央に細胞板ができる。

細胞板

→ 細胞壁になる。

▲ 図15-4 体細胞分裂終期のようす

動物細胞・植物細胞での細胞質分裂のしくみ

細胞質分裂における動物細胞の細胞膜のくびれ込みは，アクチンフィラメントの環状構造が収縮することで起こる。一方，植物細胞の細胞板は，紡錘体の赤道面付近の微小管に沿ってゴルジ体由来の小胞が集まって融合することで形成される。細胞板の主成分は**ペクチン**で，これに両面から**セルロース**が沈着して細胞壁が形成される。

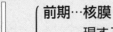

最強ポイント

間期…G_1期→S期→G_2期

⇓

分裂期 {
前期…核膜・核小体が消失。染色体が太く凝縮して出現する。

中期…染色体が赤道面に並ぶ。

後期…染色体が縦裂面から分離する。

終期…核膜・核小体が出現。染色体が細くなって消失。
}

＊動物細胞では中心体の分離，星状体の形成がある。細胞膜が外側からくびれて細胞質分裂。

＊被子植物の細胞では中心体がなく，星状体も形成されない。細胞板を形成して細胞質分裂。

2 染色体

1 染色体は，**DNA**と，**ヒストン**という**タンパク質**からなります。

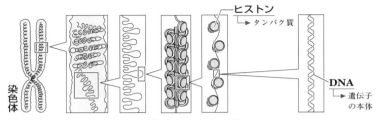

▲ 図15-5 染色体の構造

2 種によって，どのような形の染色体を何本もつかは決まっています。このような染色体の形，大きさ，数などの特徴を**核型**といいます。**核型は，分裂期の中期に観察します。**

3 同じ大きさで同じ形の対になった染色体を**相同染色体**といいます。図15-6は，ソラマメの根端分裂組織の細胞分裂の中期の細胞を極側から見た模式図です。この図では，同じアルファベットをつけた染色体どうし（たとえばAとa）が相同染色体です。

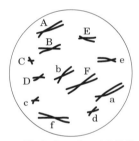

▲ 図15-6 ソラマメの根端分裂組織の細胞（分裂中期）

4 ソラマメでは，染色体の種類は6種類で，それぞれ2本ずつ相同染色体があります。つまり，6種類の染色体を2本ずつもつわけで，全部で$6 \times 2 = 12$本の染色体があります。

　この染色体の種類を一般に「n」とおくことにします。すると，この場合は$n \times 2 = 2n$となりますね。つまり，n種類の染色体を2本ずつもてば**$2n$**，n種類の染色体を3本ずつもてば**$3n$**，n種類の染色体を1本ずつしかもたなければ**n**と表すことができます。このように記した染色体の数の状態を**核相**といいます。

　また，核相が$2n$のものは**複相**，核相がnのものは**単相**といいます。

5 体細胞分裂では，次のページの図15-7のように，母細胞の核相が$2n$であれば，娘細胞の核相も$2n$で変化しません。

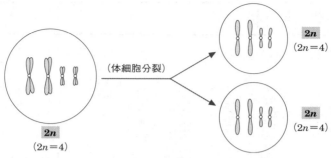

▲ 図15-7 体細胞分裂前後での核相のようす（2nの場合）

また，母細胞の核相が n であれば，娘細胞の核相も n となります。

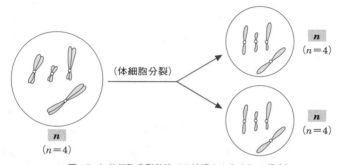

▲ 図15-8 体細胞分裂前後での核相のようす（nの場合）

6 おもな生物の染色体数は，次の通りです。

ウマノカイチュウ…$2n=2$ 　　キイロショウジョウバエ…$2n=8$

ヒト…$2n=46$ 　　ソラマメ…$2n=12$

エンドウ…$2n=14$ 　　タマネギ…$2n=16$

① **相同染色体**…同形同大の対になった染色体。

② **核型**…その生物の染色体の形，大きさ，数などの特徴。

③ **核相**…染色体数の状態⇨n，$2n$，$3n$などと表す。

＊体細胞分裂では，母細胞の核相と娘細胞の核相は同じ。

3 ゲノム

1 もともと**ゲノム**とは，その**個体の形成や生命活動を営むのに必要な最小限度の染色体**のことを意味していました。

2 相同染色体にはそれぞれ特定の位置に対応する対立遺伝子（⇨p.287）があります。したがって相同染色体それぞれの組から1本ずつ集めたものが，個体の形成や生命活動を営むのに必要な最小限度の染色体ということになります。つまり，n本の染色体がゲノムにあたります。

> ヒトの場合，染色体数は$2n$＝46なので，23本の染色体がゲノムに相当する。

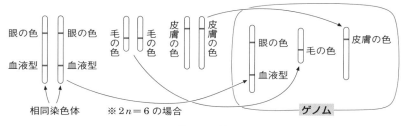

眼の色　眼の色　毛の色　毛の色　皮膚の色　皮膚の色　　眼の色　毛の色　皮膚の色

血液型　血液型　　　　　　　　　　　　　　　血液型

相同染色体　　※$2n＝6$の場合　　　　　　　　　ゲノム

▲ 図15-9 ゲノム

3 しかし近年では，この**n本（単相）の染色体に含まれる全遺伝情報**をゲノムと呼ぶようになってきました。いずれにしても，$2n$本の染色体をもつ生物はゲノムを2セットもつわけです。

> 核酸の塩基配列（⇨p.49）。

4 ゲノムに含まれる遺伝情報がすべて遺伝子として働くわけではありません。たとえばヒトでは1ゲノムに**約30億塩基対**の塩基配列がありますが，実際に遺伝子として働いているのはその約1.4〜1.5%で，約2万個の遺伝子があると考えられています。

> DNAの塩基配列のうち転写され，機能をもったRNAやタンパク質をコードしている領域。

ゲノム…個体の形成や生命活動を営むのに必要な**DNA**の遺伝情報の**1セット**（**n本の染色体**に含まれる分に相当）。
ヒトでは**約30億塩基対**。

4 体細胞分裂に伴うDNA量の変化

1 体細胞分裂における染色体の動きだけを，もう一度再現してみましょう。(仮に $2n=2$ の細胞とします)

まず，間期では染色体は細くて観察されませんが，もし観察されたとすると，次のようになっています。G_1期で1本だった染色体がS期で複製され，G_2期では2本の染色体になっています。

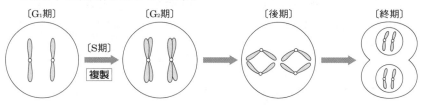

▲ 図15-10 体細胞分裂における染色体の動き

2 ここで，G_1期の細胞がもつ各相同染色体の1本に含まれるDNAを1Cとおくことにします。すると，G_1期の細胞は2本の染色体をもつので，細胞がもつDNA量は2Cですね。

細胞1個あたりの各時期のDNA量は，次のように表すことができます。

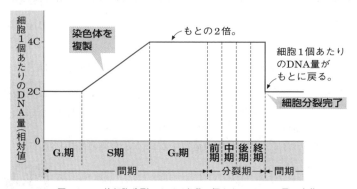

▲ 図15-11 体細胞分裂における細胞1個あたりのDNA量の変化

第16講 体細胞分裂に関する実験

重要度
★★

体細胞分裂の観察の方法、さらに、体細胞分裂の各時期の長さの測定方法などについて学習しましょう。

1 体細胞分裂の観察

1 体細胞分裂は、文字通り体細胞を形成するときに行われる分裂で、高等植物では**根端分裂組織、茎頂分裂組織、形成層**などの分裂組織で、動物では**皮膚や骨髄**などで盛んに行われています。

> 骨髄では、赤血球や白血球などの血球が生成される。

2 体細胞分裂の観察によく用いられるのは、**タマネギ**などの根端分裂組織や**ムラサキツユクサ**の若いおしべの毛などです。

> 茎頂分裂組織や形成層は植物体から取り出すのが容易ではないので、実験では使いにくい。

3 根端分裂組織の観察手順

〔手順1〕 根端を約1cm切り取り、これを5〜10℃の45%**酢酸**に5〜10分間浸す。➡この操作を<u>固定</u>といい、**細胞を殺すが、生きていた状態に近いまま保存することができる。**

> タンパク質を変性・凝固させ、酵素による細胞内の構造・物質の分解を防ぐ。

〔手順2〕 60℃の3%**塩酸**に浸す(材料により数十秒〜10分)。➡この操作を**解離**という。解離により、**細胞壁間の接着をゆるめ、細胞どうしを離れやすくすることができる。**

〔手順3〕 水洗いし、根端をスライドガラスの上にのせ、先端から2mmほどだけを残す。これに1%<u>酢酸オルセイン</u>溶液を1滴たらす。➡この操作を**染色**といい、**染色体を染色し(赤色に染まる)、観察しやすくすることができる。**

> 酢酸カーミンを用いることもある。いずれも、オルセインあるいはカーミンという色素を酢酸に溶かしたもの。色素そのものは塩基性(核酸と結びつきやすい)なので、塩基性色素という。

〔**手順4**〕 カバーガラスをかけ，それをろ紙ではさんで，上から**親指で軽く押しつぶす**。➡これにより，**細胞どうしの重なりをなくすことができる**（細胞が重なっていると観察しにくい）。

4 酢酸オルセイン（酢酸カーミン）は，染色と同時に固定の働きもありますが，実験を丁寧に確実に行う場合は，前述のように行います。

5 このように，細胞どうしを離して最後に押しつぶして広げ，細胞どうしの重なりをなくす方法を**押しつぶし法**といいます。

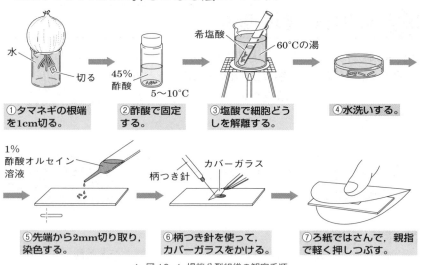

①タマネギの根端を1cm切る。

②酢酸で固定する。

③塩酸で細胞どうしを解離する。

④水洗いする。

⑤先端から2mm切り取り，染色する。

⑥柄つき針を使って，カバーガラスをかける。

⑦ろ紙ではさんで，親指で軽く押しつぶす。

▲ 図16-1 根端分裂組織の観察手順

6 押しつぶし法を行うのは，もともと細胞が何重にも重なっている組織を用いるからです。でも，ムラサキツユクサのおしべの毛は細胞が1列に並んで1本の毛を構成しているので，押しつぶし法を用いなくても簡単に観察することができます（固定や染色は行います；図16-1の①〜⑥）。

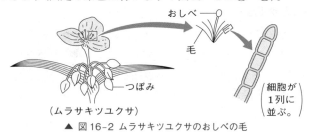

▲ 図16-2 ムラサキツユクサのおしべの毛

2 体細胞分裂の各時期の測定

1　一般に，体細胞分裂は，各細胞が同調せずに行われます。したがって，ある瞬間で多数の細胞を観察すると，いろいろな時期の細胞がランダムに観察されます。

> 卵割の場合は，同調して分裂する。

2　このとき，たとえば間期が終了するのに長い時間を必要としたとすると，間期の細胞が多数観察されるはずです。逆に，間期の細胞が多数観察されれば，間期にかかる時間は長いと判断することができます。

　したがって，多数の細胞を観察し，ある時期の細胞の割合を調べれば，その時期に要する時間を推定することができます。

3　G_1期の始まりから次のG_1期の始まりまでの1サイクルを**細胞周期**といいますが，いまこれが仮に，20時間だったとします。たとえば，100個の細胞を観察して80個が間期だったとすると，間期に要する時間は，

$$20時間 \times \frac{80}{100} = 16時間 \quad と推定されます。$$

4　もちろん，このように推定できるのは，次の条件が成り立っている場合です。

（条件1）　各細胞が同調せずに分裂していること。

（条件2）　各細胞が同じ長さの細胞周期で分裂を行っていること。

5　では，細胞周期の長さはどうやって測定すればよいのでしょう。

　体細胞分裂を行っている多数の細胞を培養し，時間を追ってその細胞数を測定します。そして，**細胞数が2倍になるのに要する時間**を求めれば，それが細胞周期の長さです。

■ **考えてみよう！**　右のグラフのような増殖を行う細胞の場合，細胞周期の長さは何時間でしょうか？

6　グラフより，細胞数が2倍になるのに30時間かかっているので，細胞周期の長さは30時間ということになります。

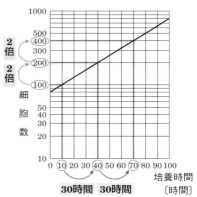

▶ 図 16-3 細胞数の変化と細胞周期

> ① 各時期に要する時間は，その時期の細胞数の割合に比例する。
> ある時期に要する時間＝細胞周期の長さ×その時期の細胞数の割合
> ② 細胞数が **2倍**になるのに要する時間が細胞周期の長さ。

3 DNA量と細胞数のグラフ

1 ある細胞集団で，G_1期の細胞が100個，S期の細胞が50個，G_2期の細胞が40個，分裂期の細胞が10個あったとします。体細胞分裂における各時期のDNA量（細胞1個あたり）は，次のグラフで表すことができます。

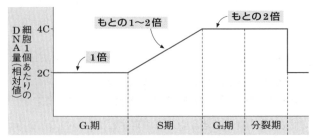

▲ 図16-4 体細胞分裂におけるDNA量の変化

2 したがって，細胞1個あたりのDNA量が1倍の細胞（G_1期の細胞）は100個，DNA量が2倍の細胞（G_2期と分裂期の細胞）は40＋10＝50個，S期の細胞はDNA量が1.25倍のもの，1.5倍のもの，1.75倍のものなどさまざまですが，合計50個です。それをグラフにすると，次のようになります。

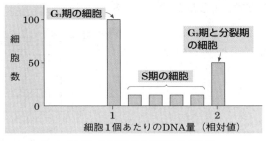

▲ 図16-5 DNA量と細胞数のグラフ

第17講 DNAの抽出実験と チミジンを用いた実験

重要度
★★

DNAおよび体細胞分裂に関係する重要な実験を見てみましょう。

1 DNAの抽出実験

1 細胞からDNAを抽出する実験について見てみましょう。

■**考えてみよう！** 次の中から**DNAを抽出する実験材料として不適なもの**はどれでしょうか？

ア ブロッコリー　　イ ニワトリの卵白

ウ 魚の精巣　　エ ブタの肝臓

2 細胞の核には必ずDNAがあるので，細胞からなるものであればすべて材料として用いることができ，核の数が多いものがよいといえます。

3 ニワトリの卵黄（黄身）は卵細胞からなりますが，卵白（白身）はおもにタンパク質（アルブミンなど）と水分からなり，細胞でできているわけではないので，DNA抽出実験の材料としては不適です。

> 実際には1つの細胞だけではなく，卵黄の表面にある大きさ数mmの色のうすいかたまりが胚（胚盤）である（⇨p.565）。

それ以外はすべてDNA抽出実験の材料としてよく用いられるものばかりです。

4 次のような手順で行います（ここではブロッコリーを用いたとします）。

〔手順1〕まず試料を**中性洗剤**（界面活性剤），**トリプシン**を加えてよくすりつぶす。

〔手順2〕さらに**食塩水**を加えてかき混ぜる。

〔手順3〕100℃で湯煎する。

〔手順4〕ガーゼなどでろ過する。

〔手順5〕ろ液を冷やし，冷却した**エタノール**を加える。

〔手順6〕ガラス棒で静かにかき混ぜ，ガラス棒に巻き付いたものを集める。

■ **考えてみよう！** 手順1で，中性洗剤やトリプシンを加えるのはなぜでしょうか？

5 中性洗剤は脂質を溶かします。細胞膜や核膜はリン脂質からなるので，中性洗剤でこれらの膜を溶かし，DNAを取り出しやすくします。

6 トリプシンはタンパク質分解酵素です。DNAと結合しているタンパク質(ヒストン)を分解し，DNAだけを取り出しやすくします。

■ **考えてみよう！** 手順2で，食塩水を加えるのはなぜでしょうか？

7 DNAは食塩水によく溶けます。食塩水を加えていったんDNAを溶かしてしまいます。

■ **考えてみよう！** 手順3で，100℃で湯煎するのはなぜでしょうか？

8 トリプシンによってタンパク質を分解させたのですが，さらに，100℃で湯煎することで残っているタンパク質を変性させてDNAから外れるようにします(手順3は省略することもあります)。

■ **考えてみよう！** 手順5でエタノールを加えるのはなぜでしょうか？

9 いったん食塩水に溶けていたDNAはエタノールには溶けないので，エタノールを加えることでDNAを析出させることができます。

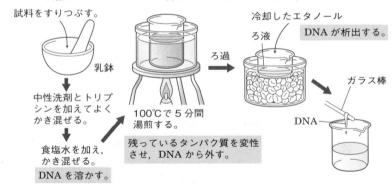

試料をすりつぶす。

乳鉢

中性洗剤とトリプシンを加えてよくかき混ぜる。

食塩水を加え，かき混ぜる。
DNAを溶かす。

100℃で5分間湯煎する。

残っているタンパク質を変性させ，DNAから外す。

ろ過

冷却したエタノール
ろ液
DNAが析出する。

ガラス棒

DNA

▲ 図17-1 DNAの抽出実験

最強ポイント

※**DNAの抽出実験で用いる薬品とその順番**
中性洗剤・トリプシン→食塩水→エタノール
(昼食に　鳥，　　　塩を　　得た)

2 チミジンを用いた実験

1 **チミジン**はp.49で学習しましたね。塩基としてチミン，糖としてデオキシリボースの2つが結合した**ヌクレオシド**がチミジンです。

2 このチミジンがもつHを放射性同位体の^{3}Hに置き換えた^{3}Hチミジンを用意し，盛んに分裂を行っている分裂組織に^{3}Hチミジンを与えて培養します。

■ **考えてみよう！** ^{3}Hチミジンは細胞周期のどの時期の細胞に取り込まれるでしょうか？

3 チミジンはDNA複製の材料となるので，ちょうどDNAを複製している細胞，すなわちS期の細胞に取り込まれ，他の細胞と区別できるようになります(**標識**されるといいます)。

■ **考えてみよう！** 細胞周期の長さが**10時間**の細胞集団で，^{3}Hチミジンを短時間与えると**100個の細胞中30個の細胞**が^{3}Hチミジンを取り込んだとします。S期の長さは何時間になるでしょうか？

4 ^{3}Hチミジンを取り込んだ30個がS期の細胞です。**細胞数の割合が時間に比例する**ので(⇨p.109)，S期の長さは次のようにして求めることができます。

$$10時間 \times \frac{30個}{100個} = 3時間$$

5 短時間だけ^{3}Hチミジンを与え，すぐに^{3}Hチミジンを含まない培地で培養を続けます。すると^{3}Hチミジンを取り込んだS期の細胞がやがてG$_2$期を経てM期(分裂期)にやってくるのでM期の細胞が標識されることになります。

■ **考えてみよう！** 短時間だけ^{3}Hチミジンを含む培地で培養した後，^{3}Hチミジンを含まない培地に入れてから**4時間後**にM期の細胞に放射線が検出されるようになったとすると，この**4時間**は何期の時間でしょうか？

6 図解すると次のようになります。

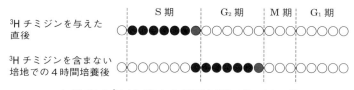

▲ 図17-2 ^{3}Hチミジンによる標識と細胞の移り変わり①

113

7 すなわちS期の一番最後にあった細胞（前のページの図17-2の●）がM期の初めに来るのに4時間かかったということなので，この4時間はG$_2$期の長さに相当するといえます。

8 さらに培養を続けるとM期の細胞すべてが標識されるようになります。これが^{3}Hチミジンを含まない培地に移してから5時間後だったとします。

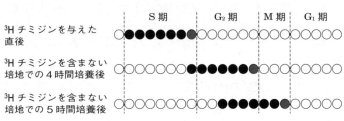

▲ 図17-3 ^{3}Hチミジンによる標識と細胞の移り変わり②

■**考えてみよう！** この実験からM期の長さは何時間と考えられるでしょうか？

9 上図よりM期の長さは，5時間−4時間＝1時間と換算できますね。

10 さらに培養を続けていくとやがてM期の細胞はいずれも標識されなくなります。これが8時間後だったとします。

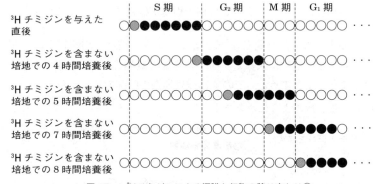

▲ 図17-4 ^{3}Hチミジンによる標識と細胞の移り変わり③

■ **考えてみよう！**　この**8時間**は何期の長さに相当するでしょうか？

11　S期の一番最後(図の●)がM期を終了するまでの時間が8時間ということになります。よって，S期 + G₂期 + M期に相当しますね。

12　S期は3時間，G₂期が4時間，M期が1時間だったので，確かに合計8時間になります。

■ **考えてみよう！**　**G₁期**の長さは何時間でしょうか？

13　G₁期の長さは細胞周期10時間から引けば求めることができますね。

10時間 − (3時間 + 4時間 + 1時間) = 2時間

14　以上の実験で，M期の細胞の中で，標識された細胞の割合をグラフにすると次のようになります。

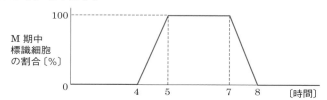

▲ 図17-5　M期の細胞の中で標識された細胞の割合の変化

15　グラフの形を覚えるのではなく，どのような実験をして描かれたグラフなのかを理解しておきましょう。

① **チミジン＝チミン＋デオキシリボース**
② **³Hチミジンを短時間与えるとS期の細胞が標識される。**

遺伝子の本体を調べた実験

重要度
★

遺伝子の本体がDNAだということは今でこそ常識かもしれ
ません が，どのような実験で調べられたのでしょうか。

----

1 形質転換

1 肺炎双球菌(肺炎球菌)という細菌は，文字ど
おり，動物に肺炎を起こさせる細菌です。この
肺炎双球菌には，多糖類の鞘があり，寒天培地
で培養したときに周囲がなめらかな**コロニー**
を形成する**S型菌**と，鞘がなくふちがなめらか
でないコロニーを形成する**R型菌**とがあります。

> 細菌などが分裂増殖して生
> じた集団を「コロニー」とい
> う。1つのコロニーは，1
> 個体の細菌の増殖によって
> 形成される。

> Smoothの「S」。

> Roughの「R」。

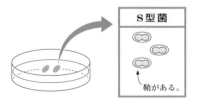

▲ 図18-1 肺炎双球菌の種類

■ **考えてみよう！** 鞘の有無はどんな影響があるのでしょうか。

2 S型菌は，その鞘のおかげで動物体内でも白血球の食作用から免れること
ができるので，動物体内で増殖できます。そのため，S型菌を接種されると，
その動物は肺炎にかかって死亡します。一方，R型菌には鞘がないため，動
物体内では白血球の食作用によってすぐに処理され，増殖できません。その
ため，R型菌を接種されても発病しません。

3 グリフィス(Griffith，英)は，肺炎双球菌とネズミを使って，次の図18-2
のような実験をしました(1928年)。

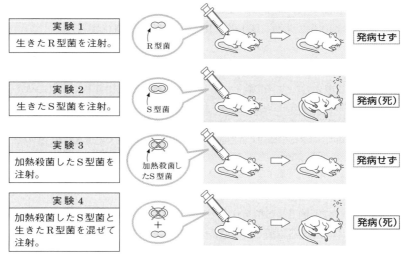

▲ 図18-2 グリフィスの実験

〔この実験からわかること〕

1 実験1より，R型菌には病原性がないこと，実験3より，加熱殺菌したS型菌にも病原性がないことがわかります。

2 ところが，実験4では，その病原性がないR型菌と加熱殺菌したS型菌を混合して注射すると，ネズミは発病したのです。しかも，死んだネズミの体内からは生きているS型菌が多数発見されました。

➡グリフィスは，**加熱殺菌したS型菌の何らかの作用によって，R型菌がS型菌に変化したのだろうと考えました。**

4 **エイブリー**(Avery，米)は，肺炎双球菌を寒天培地で培養する次のような実験を行いました(1944年)。

			(生じたコロニー)	
（寒天培地にまいたもの）			**S型**	**R型**
実験 1：R型菌10^6個		→	0	10^6
実験 2：加熱殺菌したS型菌10^6個		→	0	0
実験 3：R型菌10^6個＋加熱殺菌したS型菌10^6個		→	10^4	10^6

〔この実験からわかること〕

実験3で，グリフィスの実験と同じようにS型菌が出現しました。でも，決してR型菌がすべてS型菌に変化するのではありません。上の実験では10^6個のR型のうち10^4個だけがR型からS型に変化したのです。残りの$10^6 - 10^4$

個はR型のままです。つまり，変化したのはほんの一部です。10^6から10^4を引いてもほぼ10^6個ですね（$1000000 - 10000 = 990000 ÷ 1000000$）。

死んだネズミの体内からR型菌が検出されない理由

図18-2のグリフィスの実験4でも，一部のR型菌だけがS型菌に変化し，大多数はR型菌のままだったはずである。ところが，死んだネズミの体内からはS型菌しか検出されなかった。これはなぜだろうか。

R型菌は，ネズミの体内では白血球の食作用によってすぐ処理される。そのため，S型に変化しなかったR型菌は処理されてしまい，S型に変化したものだけがネズミの体内で増殖することができるからである。

5 エイブリーの実験3でS型を生じさせた原因がどのような物質なのかを突き止めるために，加熱殺菌したS型菌の抽出物から主にDNAが含まれている部分（DNA分画という）を取り出し，これとR型菌の混合物を寒天培地で培養すると，R型菌以外にS型菌が出現しました。このことから，R型をS型に変化させる原因物質はDNAだと推測されます。

6 ところが，DNA分画といってもDNAだけがあるのではなく，少量ですがタンパク質なども混ざっています。その少量混ざっているタンパク質がR型をS型に変化させる原因物質であるという可能性も残ります。

そこで，DNA分画に混ざっている**タンパク質をタンパク質分解酵素によって分解したもの，あるいはDNA分解酵素でDNAを分解したもの**を使って，R型菌と混合して寒天培地で培養しました。その結果，タンパク質分解酵素を加えたものを使ってもS型菌は出現しましたが，**DNA分解酵素を加えたものを使った場合はS型菌は出現しませんでした。**

7 これらの実験によって，R型をS型に変化させる原因物質が**DNA**であることがわかりました。このように，他系統のDNAの働きで形質が変化する現象を**形質転換**といいます。

形質転換…他系統の**DNA**を取り込み，自らの**DNA**と組換えることで，**形質が変化する**現象。

2 ファージの増殖

1 ファージは，ウイルスの一種です。ウイルスは，単独では代謝など生命活動を行わないので生物ではありません。ところが，生物体に感染すると自己増殖が行えます。自己増殖が行えるというのは，生物の最も重要な特徴です。つまり，ウイルスは生物と無生物の中間的な存在なのです。

2 細菌に感染し，その細菌を破壊して増殖するウイルスを特に**バクテリオファージ**といいます。T₂ファージは大腸菌に感染するウイルスの一種で，右の図18-3のような構造をしています。

> Bacteriophage は，bacteria（細菌）＋phagein（食べる）からつけられた名前。

3 T₂ファージは次のようにして増殖します。

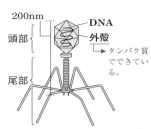

▲ 図18-3 バクテリオファージ（T₂ファージ）の構造

　1　まず，ファージが大腸菌表面に付着し，頭部にある**DNAを大腸菌内に注入**します。

　2　ファージのDNAは，大腸菌のヌクレオチドを使って**自らのDNAを複製**させます。

　3　また，ファージのDNAは，大腸菌のアミノ酸を使って**自らのタンパク質を合成**させます。

　4　新しいDNAとタンパク質によって新しい子ファージができると，大腸菌を破壊して（これを溶菌という）外に出てきます。

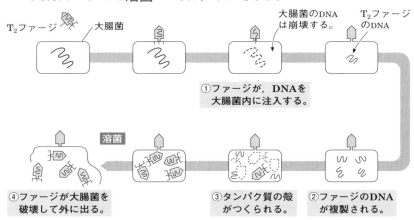

①ファージが，DNAを大腸菌内に注入する。

②ファージのDNAが複製される。

③タンパク質の殻がつくられる。

④ファージが大腸菌を破壊して外に出る。

▲ 図18-4 T₂ファージの増殖

4 バクテリオファージは，DNAとタンパク質だけでできているので，そのどちらかが遺伝子の本体のはずです。

DNAを構成する元素は**C・H・O・N・P**の5元素，**タンパク質**を構成する元素は**C・H・O・N・S**の5元素なので，両者で異なる**P**および**S**に印をつけて，そのどちらが大腸菌内に入り，新しい子ファージを

> メチオニンとシステインはSを含むアミノ酸なので，これらのアミノ酸が含まれると，タンパク質にもSが含まれることになる。

形成するかを調べれば，遺伝子の本体がDNAとタンパク質のどちらなのかをはっきりさせることができます。

5 そこで，**ハーシー**(Hershey)と**チェイス**(Chase)(ともにアメリカ)は次のような実験を行って，遺伝子の本体がDNAであることをつきとめました(1952年)。

【手順1】　硫黄の放射性同位体(^{35}S)を含む培地で大腸菌を培養する。
　➡大腸菌は^{35}Sを取り込み，^{35}Sで標識されます。その大腸菌にファージ(T_2ファージ)を感染させると，感染したファージは大腸菌がもつ^{35}Sを使ってファージのタンパク質を合成させるので，**生じた子ファージのタンパク質は^{35}Sで標識されていることになります**。

【手順2】　リンの放射性同位体(^{32}P)を含む培地で培養した大腸菌にファージを感染させる。
　➡実験1の場合と同様に，まず大腸菌が^{32}Pを取り込み，^{32}Pで標識されます。そして，その大腸菌にファージを感染させると，**新しい子ファージのDNAは^{32}Pで標識されていることになります**。

【手順3】　これらのファージを，それぞれ，放射性物質を含まない培地で培養した大腸菌に感染させる。
　➡^{35}Sを含む培地で培養したファージからは標識されていないDNAが大腸菌内に入り，^{32}Pを含む培地で培養したファージからは^{32}Pで標識されたDNAが大腸菌内に入ります。

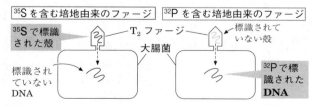

【手順4】 培養液を激しく攪拌する。

➡これは，大腸菌表面に付着したファージの殻を振り落とすためです。

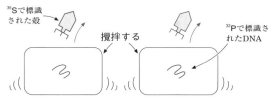

【手順5】 遠心分離する。

➡大腸菌は沈殿し，ファージの殻は上澄みに分離します。

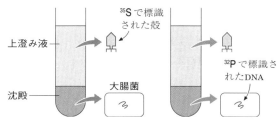

〔**結果**〕 ^{35}Sで標識されたファージを使った場合は**上澄み**に多くの放射性物質が検出され，^{32}Pで標識されたファージを使った場合は**沈殿**に多くの放射性物質が検出される。さらに，それぞれの条件での培養を続けると，^{32}Pで標識されたファージを使った場合のみ，生じた子ファージの一部に放射性物質が検出される。

〔**この実験からわかること**〕 ファージは感染すると**DNA**を大腸菌内に注入し，そのDNAをもとにして子ファージが生じると考えられます。すなわち，遺伝子の本体は**DNA**であると証明されました。

【ハーシーとチェイスの実験】
$\left\{\begin{array}{l}\text{タンパク質を }^{35}\text{Sで} \\ \textbf{DNA}\text{を }\qquad ^{32}\text{Pで}\end{array}\right\}$ 標識したファージを大腸菌に感染させる。

⇨^{32}Pを含む**DNA**が大腸菌内に注入され，新しい子ファージが誕生する。

第**2**章 遺伝子とその発現

第**19**講 タンパク質合成のしくみ

重要度
★★★

遺伝子(DNA)からタンパク質が形成されるまでのしくみについて，くわしく見てみましょう。

1 タンパク質合成のあらすじ

1 DNAの遺伝情報をもとに，タンパク質が合成されることを**遺伝子の発現**といい，大きく2つの段階に分けることができます。

〔第1段階-転写〕

2 2本鎖DNAの一部がほどけ，**2本鎖のうちの一方の鎖が鋳型(いがた)になって**，これに相補的な塩基をもったRNAのヌクレオチドが結合し，遺伝情報を写し取ったRNAが合成されます。このRNAを<u>**mRNA(メッセンジャー RNA；伝令RNA)**</u>といいます。このとき，鋳型になったほうの鎖を**アンチセンス鎖(鋳型鎖)**，鋳型にならなかったほうの鎖を<u>**センス鎖(非鋳型鎖)**</u>といいます。

> 真核生物では転写によって mRNA前駆体が合成されてスプライシング(⇨p.126)を経た後にmRNAが生じる。

3 この過程を**転写**といい，**RNAポリメラーゼ**という酵素が関与します。また，このときのDNAのアンチセンス鎖の塩基とmRNAの塩基の対応関係は右の通りです。

つまり，**DNAのA(アデニン)に対して，mRNAはU(ウラシル)が対応します。**それ以外は，DNAの2本鎖のときと同じです。

(真核生物ではこの後スプライシングが行われます⇨p.126)

> センス鎖に相補的な塩基配列をもつアンチセンス鎖が転写されmRNAが生じるのでmRNAの塩基配列はセンス鎖と同じ(TとUが異なるだけ)になる。

(DNA)		(mRNA)
A	→	U
T	→	A
G	→	C
C	→	G

> tRNAやrRNAも転写によって生じる。

〔第2段階-翻訳〕

4 　真核生物では，生じたmRNAは核膜孔を通って細胞質に出て，**リボソーム
に付着します。** 細胞質中には特定のアミノ酸と結合する別のRNAがあり，
これを**tRNA（トランスファー RNA；転移RNA）** といいます。

5 　mRNAの塩基配列に相補的な塩基をもったtRNAが，mRNAのところまで
アミノ酸を運んできます。

6 　mRNAの隣り合う**3つの塩基が遺伝暗号**となり，**1つのアミノ酸に対応し
ます。** このような，3つで1組の塩基（三つ組塩基）を**トリプレット**といい，
特にmRNAのトリプレットを**コドン**といいます。また，このコドンに相補
的な塩基をもったtRNAのトリプレットを**アンチコドン**といいます。

7 　運ばれてきたアミノ酸どうしは，順次**ペプチド結合**してペプチド鎖とな
ります。このように，mRNAの塩基配列にもとづいてアミノ酸が配列してタ
ンパク質のペプチド鎖が合成される過程を**翻訳**といいます。

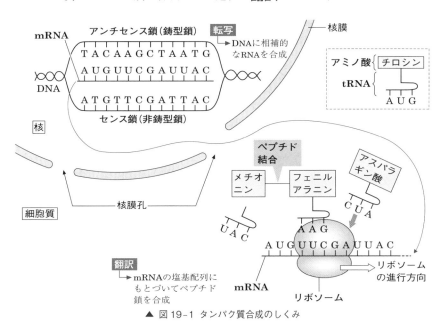

▲ 図 19-1 タンパク質合成のしくみ

tRNAの構造

tRNAは右の図のような構造をしており，アミノ酸との結合部位の反対側にmRNAのコドンと対応するアンチコドンをもつ。アミノ酸とtRNAを結合させるには，**アミノアシルtRNA合成酵素（アミノ酸活性化酵素）**という酵素とATPのエネルギーが必要である。20種類のアミノ酸に対応するように，この酵素も20種類あり，それぞれ決まったアミノ酸やtRNAとのみ反応して，それぞれのtRNAに特定のアミノ酸を結合させる。

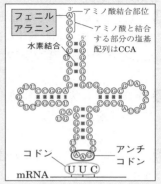

▲ 図19-2 tRNAの基本構造

RNAの方向性

DNAの2本鎖には方向性があったが，mRNAやtRNAにも方向性がある。mRNA合成の際には，DNAのアンチセンス鎖（鋳型鎖）の**3′末端**側から転写され，生じるmRNAは**5′末端**側から合成される。

また，mRNAからタンパク質への翻訳の際には，mRNAのコドンの**5′末端**側にtRNAのアンチコドンの**3′末端**側が対応する。そして，mRNAの5′末端側にペプチド鎖の**N末端**（アミノ末端）が対応する。

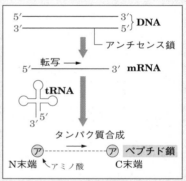

▲ 図19-3 転写・翻訳時のRNAの方向性

8 「**DNAが自己複製し，転写によってRNAが生じ，RNAをもとに翻訳が行われてタンパク質が合成される**」というように，遺伝情報の一方向への流れを**クリック**は，**セントラルドグマ**とよびました。

DNAの二重らせん構造を解明した（⇨p.92）

これは原核生物にも真核生物にもあてはまりますが，ウイルスの一部では，RNAからDNAへの**逆転写**も行われます。

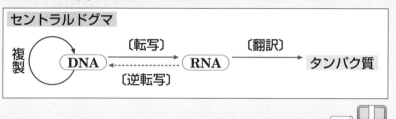

転写…DNAの2本鎖のうちの一方のアンチセンス鎖（鋳型鎖）を
もとにmRNAが合成される過程。

翻訳…mRNAの塩基配列をもとにtRNAがアミノ酸を運搬し，
タンパク質が合成される過程。

セントラルドグマ

第**2**章　遺伝子とその発現

2　真核生物と原核生物の転写・翻訳の違い

1　真核生物では，転写は核内で起こり，転写が完了してから生じたmRNAが細胞質中に移動して，**細胞質中のリボソームで翻訳**が行われます。つまり，転写と翻訳は行われる場所も違うし，時間的にも同時ではありません。

2　ところが細菌などの**原核生物**では，もともと核膜がなく，核と細胞質の違いもないので，**転写されている途中のmRNAにリボソームが付着して翻訳が行われ**，転写と翻訳は同時に同じ場所で行われます。

3　次の図は，原核生物の転写・翻訳のようすを模式的に描いたものです。

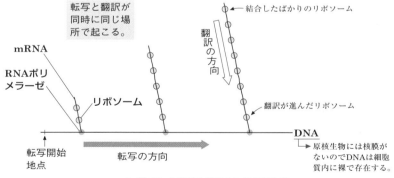

▲ 図19-4 原核生物のタンパク質合成

4 真核生物の遺伝子には，最終的に**翻訳される部分**（**エキソン**という）と，**転写はされるが翻訳されない部分**（**イントロン**という）とがあります。 → exon

→ intron

イントロンの部分はいったん転写されますが，その後除去されます。この過程を**スプライシング**といいます。細菌などの原核生物にはイントロンの部分はないので，スプライシングも行われません。 → splicing

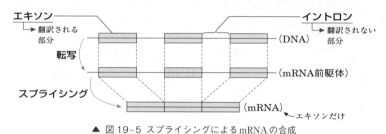

▲ 図19-5 スプライシングによるmRNAの合成

 イントロン

イントロンの両端にはちょうど目印となるような共通の塩基配列がある（下図）。

	イントロン		
mRNA前駆体	エキソン	GU······AG	エキソン

ふつう，イントロンは取り除かれるので，イントロン領域に変異が生じても最終的に合成されるタンパク質には影響がない場合が多い。しかし，エキソンとイントロンの境界付近に変異が生じると，正常にイントロンが取り除かれなかったり，逆に必要なエキソンが取り除かれてしまうような変異が生じる場合がある。

 アーキアの転写・翻訳

同じ原核生物でも**アーキア**（⇨p.344）のなかには，イントロンをもち，スプライシングが行われるものもいる。そのようなことからも真核生物は細菌（バクテリア）とアーキアとでは，アーキアに近いといえる。

5　さらにエキソンすべてがmRNAに残るとは限らず，同じmRNA前駆体から残るエキソンの組み合わせを変えることで，複数種類のmRNAが生じる場合があります。このようなスプライシングのしかたを**選択的スプライシング**といいます。

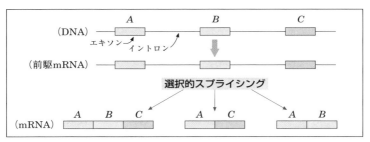

▲ 図19-6 選択的スプライシングによるmRNAの合成

■ **考えてみよう！**　次のように**A ～ E**の**5つのエキソン**と**4つのイントロン**をもつ**遺伝子から生じるmRNAは何種類**になるでしょうか？　ただし**A**と**E**のエキソンは必ず残るものとします。

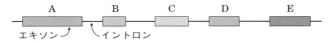

6　Bについては残るか残らないかの2通り，C，Dについても同様なので，2 × 2 × 2 = 8通りとなりますね。

7　このようにして選択的スプライシングが行われると，1つの遺伝子からでも複数種類のmRNAが生じるので，複数種類のタンパク質を合成することができるようになります。

8　たとえば，ヒトゲノムに含まれる遺伝子数は約**2万個**ですが，生じるタンパク質の種類は**10万種類**もあります。これは，ヒト遺伝子の多くで(約95%)選択的スプライシングが行われるからです。

定番論述対策⑤ 選択的スプライシングが行われる意義について80字以内で述べよ。

ポイント 「意義」や「利点」について書くときは次のように書くとうまく書ける。

まずどのような特徴があるかを考えて，そのような特徴があると可能になる内容について書く。したがって「○○ので，□□できる。」というような形式で答えるとよい（○○の部分に特徴を書く）。この場合は，1つの遺伝子から複数種類の（複数のではない！）mRNAが生じ，それによって複数種類（複数ではない！）のタンパク質が合成されるという特徴があり，それによって少数の遺伝子からでも生じるタンパク質の多様性を増大させることが可能となるという内容になる。

模範解答例 **1つの遺伝子から複数種類のmRNAが生じ，複数種類のタンパク質が合成されるので，少ない遺伝子からでも生じるタンパク質の多様性を増大させることができる。**(75字)

 キャップとポリAテール

これら以外の違いとして，真核生物の場合は転写で生じたRNA（mRNA前駆体）にヌクレオチドが付加される現象が起こる。

mRNA前駆体の5′末端に，メチル化されたグアノシン（グアニン＋リボース）と3つのリン酸からなる構造が付加される。このような構造を**キャップ**という。また，3′末端にはアデノシン一リン酸（AMP）が70〜250個結合する。この構造を**ポリAテール**（ポリA尾部）という。これらは，mRNAの保護や翻訳の開始などに関与すると考えられている。（⇨p.141）

```
5′ G-P-P-P ━━━━━ A-A-A-A ┈┈ A 3′
   └─キャップ─┘   RNA   └─ポリAテール─┘
```

	転写	翻訳	イントロン
細菌	同時に同じ場所で		存在しない
真核生物	核内	細胞質中	転写後**スプライシング**で除去

3 遺伝暗号

1　mRNAの塩基3つが遺伝暗号となって1つのアミノ酸を指定します。

■ **考えてみよう！**　なぜアミノ酸を指定する遺伝暗号が**1**つや**2**つの塩基ではないのでしょうか？

2　タンパク質を構成するアミノ酸は20種類あります。もしも，mRNAの塩基が1つでアミノ酸に対応する遺伝暗号となるのであれば，塩基はA，U，G，Cの4種類しかないので，暗号も4種類で，たった4種類のアミノ酸しか指定できないことになります。また，2つの塩基の並びで1つのアミノ酸を指定する遺伝暗号だとしても4^2=16種類のアミノ酸しか指定できません。

　しかし，3つの塩基の並びで1つのアミノ酸を指定する暗号であれば4^3=64種類の暗号が可能で，20種類のアミノ酸を十分指定できることになります。

　このようなことから，**ガモフ**(Gamow，米/ロシア出身)は3つの塩基で1つの暗号となっているという**トリプレット説**を提唱しました(1954年)。

3　**オチョア**(Ochoa，米/スペイン出身)は，RNAの人工合成に初めて成功しました(1955年)。この人工RNAを用いて，**ニーレンバーグ**や**コラーナ**は，試験管内でポリペプチドを合成させる実験を行い，遺伝暗号を解明しました。

4　**ニーレンバーグ**(Nirenberg，米)は，大腸菌をすりつぶして得られたリボソームやアミノ酸，tRNA，酵素など，タンパク質合成に必要な構造体や物質を含む液を試験管に入れ，これに塩基としてウラシルのみをもつ人工のmRNA(UUUUU…)を加えました。すると，フェニルアラニンというアミノ酸のみからなるペプチドが合成されることを発見しました(1961年)。このことから，UUUは，フェニルアラニンを指定するコドンであることがわかりました。

5 コラナ(Khorana, 米/インド出身)は, アデニンとシトシンの繰り返しの塩基配列をもつ人工のmRNA(ACACA…)を用いて, ニーレンバーグと同様にタンパク質合成を行わせました。その結果, トレオニンとヒスチジンが繰り返されるペプチドが合成されました。この場合, ACACACAC…から考えられるコドンはACAとCACの2種類なので, ACAあるいはCACのいずれかが, トレオニンあるいはヒスチジンの暗号であることがわかります。

6 コラナは次に, CAAの繰り返しの塩基配列をもつ人工のmRNA(CAACAACAA…)を用いて実験しました。その結果, トレオニンのみからなるペプチド, アスパラギンのみからなるペプチド, グルタミンのみからなるペプチドの3種類が生じました。この場合, CAACAACAA…から考えられるコドンはCAA, AAC, ACAの3種類です。

つまり, CAA, AAC, ACAのいずれかがトレオニン, アスパラギン, グルタミンの暗号であることがわかります。

> 人工のmRNAの場合は, どこから読み始めるかによって, 次の3通りの読み枠が生じる。
>
> |CAA|CAA|CAA|
>
> 実際のmRNAには開始コドンがあるので, 読み枠は1つに決まる。

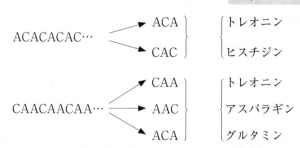

7 これらの2つの実験から, 共通する暗号であるACAが共通しているアミノ酸であるトレオニンの暗号だと判断されます。同時に, 最初の実験のもう1つの暗号であるCACがヒスチジンの暗号であることもわかります(1963年)。

8 このような実験を積み重ね, 64種類の暗号がすべて解明されました(1966年)。

9 次のページの表は**mRNAのコドンとアミノ酸**の対応を示したもので, **遺伝暗号表**といいます。左横の縦にコドンの1文字目, 上の横に2文字目, 右横の縦に3文字目が書いてあります。

それでは, 遺伝暗号表の読み方を練習しましょう。

1番目の塩基	2番目の塩基				3番目の塩基
	U	**C**	**A**	**G**	
U	UUU フェニルアラニン UUC フェニルアラニン UUA ロイシン UUG ロイシン	UCU セリン UCC セリン UCA セリン UCG セリン	UAU チロシン UAC チロシン UAA (終止) UAG (終止)	UGU システイン UGC システイン UGA (終止) UGGトリプトファン	**U** **C** **A** **G**
C	CUU ロイシン CUC ロイシン CUA ロイシン CUG ロイシン	CCU プロリン CCC プロリン CCA プロリン CCG プロリン	CAU ヒスチジン CAC ヒスチジン CAA グルタミン CAG グルタミン	CGU アルギニン CGC アルギニン CGA アルギニン CGG アルギニン	**U** **C** **A** **G**
A	AUU イソロイシン AUC イソロイシン AUA イソロイシン AUG メチオニン(開始)	ACU トレオニン ACC トレオニン ACA トレオニン ACG トレオニン	AAU アスパラギン AAC アスパラギン AAA リシン AAG リシン	AGU セリン AGC セリン AGA アルギニン AGG アルギニン	**U** **C** **A** **G**
G	GUU バリン GUC バリン GUA バリン GUG バリン	GCU アラニン GCC アラニン GCA アラニン GCG アラニン	GAU アスパラギン酸 GAC アスパラギン酸 GAA グルタミン酸 GAG グルタミン酸	GGU グリシン GGC グリシン GGA グリシン GGG グリシン	**U** **C** **A** **G**

▲ 表19-1 mRNAの遺伝暗号表

第**2**章 遺伝子とその発現

遺伝暗号の練習1

上の遺伝暗号表を見て，mRNAのコドンがGAUに対応するアミノ酸は何か？

解説 1番目の塩基がGである一番下の欄を右に見ていき，2番目の塩基がAである左から3番目の欄で止まり，3番目の塩基がUである一番上のアスパラギン酸が対応するアミノ酸となる。

答 アスパラギン酸

遺伝暗号の練習2

DNAのセンス鎖の塩基配列TATから生じたmRNAのコドンに対応するアミノ酸は何か？

解説 センス鎖がTATなので，鋳型鎖であるアンチセンス鎖はATA。ATAを転写するとUAU，これを遺伝暗号表から読むとチロシンとなる。

答 チロシン

> **遺伝暗号の練習3**
>
> トリプトファンと結合しているtRNAのアンチコドンの塩基配列は何か?

解説　　トリプトファンを遺伝暗号表から探すと，mRNAのコドンはUGG
とわかる。tRNAは，このUGGに相補的な塩基をもつので，ACC(5′側
から続むと CCA)がアンチコドンの塩基配列となる。　　**答** ACC

10　遺伝暗号は64種類ありますが，アミノ酸は20種類しかないので，複数のコ
ドンが同じ種類のアミノ酸を指定していることがわかります。たとえば，
CCU，CCC，CCA，CCGはいずれもプロリンを指定するコドンです。
　このように，コドンの3文字目は比較的融通がきくようで，3文字目が他
の塩基に置き換わっても同じ種類のアミノ酸を指定する場合が多いようです。

> **遺伝暗号の練習4**
>
> ロイシンを指定するコドンは何通りあるか?

解説　　ロイシンを指定するコドンには，遺伝暗号表の1番目の塩基がUと
Cのものがある。

答 6通り(UUA，UUG，CUU，CUC，CUA，CUG)

> **遺伝暗号の練習5**
>
> フェニルアラニン・イソロイシン・セリンというペプチドを指定するmRNAの
> 塩基配列は何通りあるか?

解説　　フェニルアラニンはUUU，UUCの2通り，イソロイシンはAUU，
AUC，AUAの3通り，セリンはUCU，UCC，UCA，UCG，AGU，
AGCの6通りあるので，全部で2×3×6=36通りとなる。**答** 36通り

11　**UAA，UAG，UGA**の3種類は<u>**終止コドン**</u>と呼ばれる
もので，mRNAにこのコドンがあると，その部分には
tRNAではなく終結因子(RF:Release Factor)というタ
ンパク質が結合し，リボソームが**mRNAから離れてしまう**
ので，翻訳は終止コドンの手前で終わってしまいます。

ウアー(UAA)，
ウアガ(UAG)，
ウガー(UGA)
と叫ぶと止ま
る?!

12 AUGはメチオニンを指定するコドンであると同時に，翻訳の開始を意味する**開始コドン**でもあります。mRNAのなかで**最初に登場するAUGの部分から翻訳が始まります**。2回目以降に登場したAUGはメチオニンを指定するだけのコドンとして働きます。

遺伝暗号の練習 6

次のようなmRNAに対応するアミノ酸は何個か？

　　　ACCAUGUAUAUGAAGGGUUGAAACGAAGGU

解説　　最初に登場したAUG（メチオニン）から順に，UAU（チロシン）・AUG（メチオニン）・AAG（リシン）・GGU（グリシン）となるが，次のコドンがUGAで終止コドンなので，そこから後ろは翻訳されない。よって，対応するアミノ酸は5個である。　　**答** 5個

 開始コドンとタンパク質

　　AUGが開始コドンなので，タンパク質合成は必ずメチオニンから始まるが，このメチオニンはタンパク質合成が完了すると切り離されてしまう。したがって，完成したタンパク質の1番目のアミノ酸が常にメチオニンということはない。

① 遺伝暗号の解明に関与した学者…**オチョア，ニーレンバーグ，コラナ**
② **遺伝暗号表**…**mRNAのコドンとアミノ酸**の対応を示した表。
③ 同じ種類のアミノ酸を**複数のコドン**が指定する場合も多い。（特に**3文字目**が異なっても同じアミノ酸を指定する場合が多い）
④ 翻訳の終わりを意味する**終止コドンが3種類**（UAA，UAG，UGA）ある。
⑤ **AUGは開始コドン**であると同時に，**メチオニンを指定するコドン**でもある。

第20講 原核生物の遺伝子の発現調節

重要度
★★★

遺伝子の発現はどのようにして調節されているのでしょうか。まずは細菌などの原核生物の遺伝子の発現調節のしくみを見てみましょう。

1 ラクトースオペロン

1 大腸菌は，通常の培地（グルコースは含まれるがラクトースは含まれない培地）で生育しているときは，ラクトース分解酵素（β-ガラクトシダーゼ）を合成したりはしません（ラクトースがないので当然といえば当然ですが）。ところが，グルコースなし，ラクトースありの培地に変えると，ラクトース分解酵素を合成し始めます。つまり，ラクトース分解酵素の合成を支配する遺伝子が発現し始めるのです。そのしくみは，次のように考えることができます。

2 酵素などのタンパク質を支配する遺伝子を**構造遺伝子**といいます。原核生物では，関連する機能をもつ複数の構造遺伝子が隣り合って存在していて，それらが1本のmRNAとして転写されます。このように同時に転写調節を受けるような構造遺伝子群を**オペロン**（Operon）といいます。構造遺伝子群の直前には**リプレッサー**というタンパク質と結合する部位（領域）があり，これを**オペレーター**といいます。さらに，その近くにはRNAポリメラーゼと結合する部位があり，これを**プロモーター**といいます。プロモーターの部位に**RNAポリメラーゼが結合して初めて構造遺伝子群の転写**が開始されます。

さらに，少し離れた場所に**調節遺伝子**という遺伝子があり，この遺伝子の働きで，リプレッサーというタンパク質が合成されます。

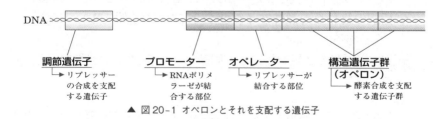

▲ 図20-1 オペロンとそれを支配する遺伝子

3　通常の培地（グルコースあり・ラクトースなし）で生育している大腸菌では，**調節遺伝子でつくられたリプレッサーがオペレーターの部位に結合していま**す。オペレーターとリプレッサーが結合していると，RNAポリメラーゼはプロモーターの部位に結合することができず，その結果，構造遺伝子群は転写されず，ラクトース分解酵素などは合成されません。

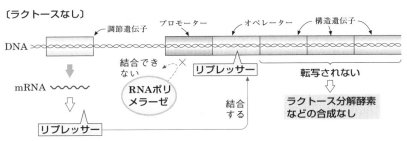

▲ 図 20-2 ラクトースがない場合のラクトース分解酵素の合成

4　大腸菌を，通常の培地からグルコースなし・ラクトースありの培地に移すと，**ラクトースから生じた代謝産物がリプレッサーと結合し，リプレッサーを不活性化してオペレーターの部位から離します。**その結果，RNAポリメラーゼがプロモーターの部位に結合し，構造遺伝子群の転写が行われ，ラクトース分解酵素などが合成されることになります。

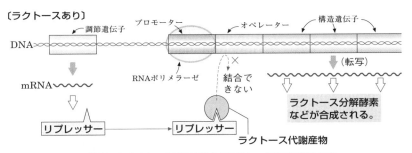

▲ 図 20-3 ラクトースがある場合のラクトース分解酵素の合成

5　このようなしくみで遺伝子の発現が調節されるという考え方を**オペロン説**といい，フランスの**ジャコブ**（Jacob）と**モノー**（Monod）によって提唱されました（1961年）。

第**2**章　遺伝子とその発現

ラクトースオペロンは，グルコースの有無によっても影響される

ラクトースオペロンのプロモーターの手前(上流という)には**CAP結合部位**という領域がある。ここは**CAP**(catabolite activator protein)というタンパク質(cAMPと結合するのでCRP(cAMP receptor protein)とも呼ばれる)と**cAMP**(環状AMP)が結合した複合体が結合する領域で，ここにCAPとcAMPの複合体が結合していないと，RNAポリメラーゼがプロモーターに結合することができない。

① 培地中にグルコースが豊富にあるときはcAMPが生産されず，CAPとcAMPの複合体が形成できない。結果的にRNAポリメラーゼはプロモーターに結合できず，ラクトースオペロンの発現は抑制されている。したがって，グルコースとラクトースの両方が培地に含まれていても，ラクトース分解酵素は合成されず，ラクトースは利用されない(グルコースのほうを利用する)。

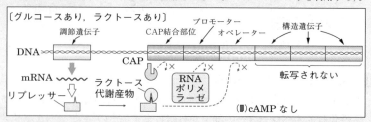

▲ 図20-4 グルコースが豊富にあるときのラクトース分解酵素の合成調節

② 培地中にグルコースが少なくなるとcAMPが生産されるようになり，CAPとcAMPの複合体がCAP結合部位に結合する。その結果，RNAポリメラーゼがプロモーターに結合できるようになる。そのため，グルコースがなくラクトースがある条件ではラクトース分解酵素がつくられるようになる。

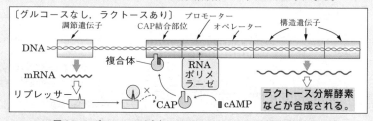

▲ 図20-5 グルコースが減少したときのラクトース分解酵素の合成調節

グルコースとラクトースの両方を含む培地で大腸菌を培養すると，まずグルコースを利用して増殖するが，やがてグルコースが消費されてしまうとラクトースオペロンが発現してラクトースを利用して増殖するようになる。増殖のようすをグラフにすると右のような2段階のグラフになる。

2 トリプトファンオペロン

1 大腸菌は，トリプトファンが含まれない通常の培地ではトリプトファンを合成する酵素を生成し，自らトリプトファンを合成して生育します。

　ところが，培地にトリプトファンを添加すると，トリプトファンを合成する酵素を生成しなくなります。つまり，トリプトファン合成酵素を支配する遺伝子が発現しなくなるのです。

2 このしくみは，次のように考えることができます。

　トリプトファン合成に関して，調節遺伝子でつくられたリプレッサーは不活性型（**アポリプレッサー**）で，トリプトファンを含まない培地では，オペレーターの部位と結合できません。そのため，RNAポリメラーゼがプロモーターと結合して構造遺伝子群を転写させ，トリプトファン合成酵素がつくられ，トリプトファンが合成されています。

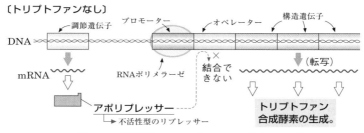

▲ 図20-6 通常培地でのトリプトファン合成酵素の生成

3 ところが，培地にトリプトファンを添加すると，**アポリプレッサーがトリプトファンと結合して活性型のリプレッサーになり，オペレーターと結合する**ようになります。そのため，RNAポリメラーゼはプロモーターと結合できなくなり，構造遺伝子群の転写が行われなくなります。

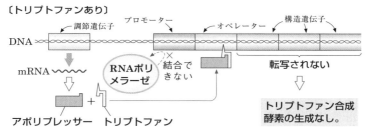

▲ 図20-7 トリプトファンがある場合のトリプトファン合成酵素の生成

活性化因子による転写調節

ラクトースオペロンもトリプトファンオペロンも，リプレッサーという抑制タンパク質が関与していた。リプレッサーのような**抑制因子による転写の調節**を，**負の調節**という。それに対して特定のタンパク質が結合することでプロモーターにRNAポリメラーゼが結合できるようになり，転写が促進される場合もある。このようなタンパク質を活性化因子といい，**活性化因子による転写の調節を正の調節**という。

正の調節の例として**アラビノースオペロン**がある。この場合の活性化因子は2量体（2つのサブユニットからなるタンパク質）で，領域I_1とI_2に活性化因子が結合することでアラビノース分解酵素遺伝子の転写が促進される。アラビノースがないときは下図左のように2量体の1つが別の領域と結合していて転写が促進されないが，アラビノースが存在すると，アラビノースがこの活性化因子と結合し，活性化因子がI_1とI_2の位置に結合して転写が活性化されるようになる（下図右）。

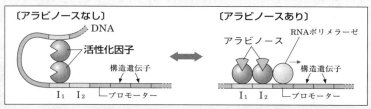

▲ 図20-8 アラビノースオペロンの転写調節

【原核生物の遺伝子発現に関わる遺伝子および部位】
調節遺伝子…リプレッサーの合成を支配する遺伝子。
プロモーター…**RNAポリメラーゼ**が結合する部位。
オペレーター…リプレッサーが結合する部位。
構造遺伝子…酵素合成を支配する遺伝子。

第21講 真核生物の遺伝子の発現調節

重要度
★★★

今度は真核生物の場合の遺伝子の発現調節のしくみを見ていきましょう。

1 転写段階での調節

1 真核生物のDNAは，**ヒストン**というタンパク質と結合して**ヌクレオソーム**を形成し，折りたたまれて**クロマチン繊維**となり，さらに何重にも折りたたまれた状態になっています。このような状態では，RNAポリメラーゼと結合できず，転写も行われません。真核生物の転写の際には，**DNAの一部がほどけた状態になり，この部位に含まれる遺伝子だけが転写されます**。

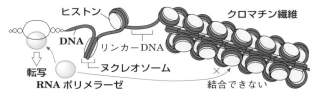

▲ 図21-1 真核生物でのDNAの転写

2 真核生物では，RNAポリメラーゼは**基本転写因子**というタンパク質と複合体をつくってプロモーターに結合します。この基本転写因子がないとRNAポリメラーゼはプロモーターと結合できません。

3 さらに，プロモーター以外にも**転写調節領域**（転写調節配列）があり，ここに結合する調節タンパク質を**転写調節因子**といいます。転写調節因子が転写調節領域に結合することで，転写の促進や抑制，あるいは転写量などの調節が行われます。

4 このとき，転写を促進する働きをもつ転写調節因子を**アクチベーター**（活性化因子），転写を抑制する働きをもつ転写調節因子を**リプレッサー**（抑制因子）といいます。

5 　基本転写因子や転写調節因子などのタンパク質をまとめて**調節タンパク質**といい，調節タンパク質の合成を支配する遺伝子を**調節遺伝子**といいます。

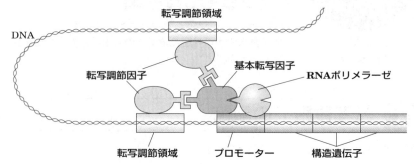

▲ 図21-2 真核生物の遺伝子発現に関わる因子や遺伝子

ヒストンのメチル化，アセチル化

ヒストンタンパク質には，ヌクレオソームからちょうどしっぽのように突き出した部分があり，これを**ヒストンテール**という。

この部分にはリシンなどの正(+)の電荷をもつ塩基性のアミノ酸が多く含まれている。DNAはリン酸がH⁺を放出して負(-)に帯電しており，正の電荷をもつヒストンと結合しやすい。

▲ 図21-3 ヌクレオソーム

このヒストンテールのリシンにアセチル基が結合する(**アセチル化**という)と，リシンの正(+)の電荷が中和されDNAから離れやすく(その結果RNAポリメラーゼが接近しやすく)なり，**転写が活性化される**。また，ヒストンタンパク質にメチル基が結合する(**メチル化**という)場合もあるが，この場合は結合する部位によって**クロマチン繊維を凝縮させて転写を不活性化させる場合**と，**クロマチン繊維をほどいて転写を活性化させる場合**がある。

また，**DNAの塩基(シトシン)にメチル基が結合する**現象も知られており，この場合は，ヒストンタンパク質のアセチル化を抑制・不活性型のメチル化を促進し，**遺伝子発現を抑制する**。シトシンのメチル化は，一部の遺伝子が父親由来あるいは母親由来の一方しか働かないように遺伝子に修飾を施す**ゲノムインプリンティング(遺伝子刷込み⇨p.276)**において中心的な役割を果たしている。ゲノムインプリンティングされた遺伝子は，細胞分裂が起こっても変化しないが，配偶子形成の際には初期化され，新たな修飾パターンに書き換えられる。

2 転写以降の段階での調節

1　遺伝子発現の調節は，以上見てきたように転写の段階で調節されることが多いのですが，転写以降の段階で調節されることもあります。

2　p.127で見た**選択的スプライシング**も，転写後に行われる調節の1つだといえます。

3　一般にmRNAは**RNA分解酵素**によって比較的速やかに分解されてしまうので，寿命が短いことが多いのですが，生じたmRNAが長く残る場合もあります。mRNAがどのくらい残っているかによって生じるタンパク質の量も変わってきます。

4　mRNA前駆体の5′末端にはメチル化したグアノシンが結合する**キャップ**構造が，3′末端にはAMP（アデノシン一リン酸）が70～250個結合した**ポリAテール**（ポリA尾部）が付加されることは学習しましたね（⇨p.128）。実はこれらによってRNA分解酵素による分解から守ることができるのです。これも転写後の調節の1つです。

5　やがて**脱アデニル化酵素**の作用を受けてポリAテールが少しずつ分解されていくのですが，ある程度の長さにまで短くなると，5′末端のキャップが除去され，RNA分解酵素によって急速に分解されるようになります。mRNAが分解されてしまうと翻訳も行われなくなります。

6　また，mRNAからの翻訳を阻害する**RNA干渉**（かんしょう）（RNAi：RNA interference）があります。

> 1998年にファイアーとメローによって，センチュウを用いた研究によって発見。彼らはこの功績により2006年にノーベル生理学・医学賞を受賞。

7　RNA干渉に関与するRNAは，おもにイントロン領域から転写されたRNAで，その分子内でヘアピンのような構造をとるようになります。これが細胞質に移動すると，**ダイサー**というRNA分解酵素によって切断され，短い2本鎖RNAが生じます。さらに**アルゴノート**と呼ばれるタンパク質と結合すると片方の鎖を捨てて1本鎖になります。このようにして生じた複合体を**RISC**（RNA induced silencing complex）といいます。

8 この複合体が，相補的な塩基配列をもつmRNAに結合すると，そのmRNAを分解したり，そのmRNAからの翻訳を停止させたりします。

9 ウイルス由来の2本鎖RNAが侵入すると，まず**ダイサー**によって切断されます。生じた短鎖のRNAが**アルゴノート**と結合して**RISC**を形成すると1本鎖になり，これに相補的な塩基配列をもつ外来RNAを分解します。このような方法でウイルスに対する防御を行うことができます。

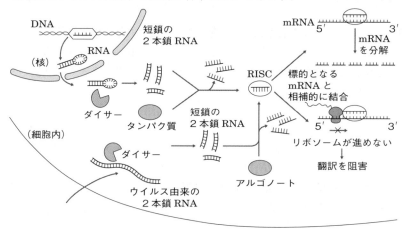

▲ 図21-4 RNA干渉のしくみ

10 またRNA干渉を利用して，人工的に合成した2本鎖RNAを導入することによって，標的とする遺伝子の発現量を低下させることができます。このような操作を**遺伝子ノックダウン**といいます。これを使って遺伝子の働きを調べたり，病気の発症を抑制したりする医療への応用が期待されています。

ノンコーディングRNA

　DNAから生じるRNAのなかでmRNAだけはタンパク質に翻訳される遺伝情報をもつが，それ以外の**tRNA**，**rRNA**などはタンパク質に翻訳されることなく機能するRNAである。これらのRNAを**ノンコーディングRNA**という。RNA干渉に関与するRNA（**miRNA**（micro RNA）や**siRNA**（small interfering RNA）という）もノンコーディングRNAである。

第22講 一遺伝子一酵素説

重要度
★

遺伝子が発現すると，どのようにして表現型が現れるのでしょうか。1つの遺伝子と形質の関係について見てみましょう。

1 一遺伝子一酵素説

1 野生型のアカパンカビは，糖・無機塩類・ビオチン（ビタミンの一種）という単純な栄養分だけで生育できます。これらの栄養分だけしか含まない培地を**最少培地**といいます。それに対して，すべての栄養分を含んだ培地を**完全培地**といいます。

> 子のう菌というカビの仲間。酵母の多くや馬鹿苗病菌も子のう菌の仲間である。

野生型のアカパンカビは，最少培地に含まれている糖から，次のような反応によって，生育に必要なアルギニンというアミノ酸を合成することができます。

$$糖 \longrightarrow オルニチン \longrightarrow シトルリン \longrightarrow アルギニン$$

2 アカパンカビの胞子にX線を照射すると，完全培地では生育できるが最少培地では生育できない株が現れます。このような突然変異株を**栄養要求性突然変異株**といいます。ビードルとテータムは，栄養要求性突然変異株のうち，アルギニンを添加すると生育できるもの（これを**アルギニン要求株**という）について，最少培地にオルニチン，シトルリン，アルギニンをそれぞれ添加して生育を調べ，次のような結果を得ました（1941年）。

	無添加	オルニチン	シトルリン	アルギニン
Ⅰ 型	−	＋	＋	＋
Ⅱ 型	−	−	＋	＋
Ⅲ 型	−	−	−	＋

＋：生育できる　　−：生育できない

▲ 表22-1 最少培地に添加した物質とアルギニン要求株の生育の関係

3 アルギニン要求株にはⅠ～Ⅲの3つの型があります(前ページの表22-1)。

■ **考えてみよう！** Ⅰ～Ⅲ型の突然変異株は，それぞれアルギニン合成過程の**どこが欠けてしまったのでしょうか**(突然変異は1か所のみに起こったと仮定します)？

□ **Ⅰ型**は，**オルニチン**または**シトルリン**を添加すれば生育できます。オルニチンからアルギニンを生成することができるということは，オルニチン以降の反応には欠陥がないことがわかります。しかし，最少培地では生育できないので，糖とオルニチンの間に欠陥があると判断できます。

(Ⅰ型)　糖 ─✕━▶ オルニチン ──→ シトルリン ──→ アルギニン
　　　　　　　⇧
　　　　　 (欠陥)

□ **Ⅱ型**は，**シトルリン**を添加すれば生育できるので，シトルリン以降には欠陥がありません。でも，オルニチンを添加しても生育できないので，オルニチンとシトルリンの間の反応に欠陥があることが判断できます。このような生育実験では，糖とオルニチンの間がどうなっているのかはわかりませんが，突然変異が生じたのが1か所のみであるとすれば，糖とオルニチンの間は正常と判断されます。

(Ⅱ型)　糖 ──→ オルニチン ─✕━▶ シトルリン ──→ アルギニン
　　　　　　　　　　　　　⇧
　　　　　　　　　　　 (欠陥)

□ **Ⅲ型**は，オルニチンやシトルリンを添加して生育できないので，シトルリンとアルギニンの間の反応に欠陥があると判断できます。突然変異が1か所のみとすればそれ以外は正常だと判断されます。

(Ⅲ型)　糖 ──→ オルニチン ──→ シトルリン ─✕━▶ アルギニン
　　　　　　　　　　　　　　　　　　　⇧
　　　　　　　　　　　　　　　　　 (欠陥)

4 このような実験で，X線照射によって変異を起こすのは遺伝子ですが，遺伝子に変異が生じたことで正常な酵素合成が行われなくなり，その結果特定の反応が行われなくなって変異形質が発現したと考えられます。

つまり，**1つの遺伝子は1つの酵素合成を支配し，その酵素の働きにより特定の反応が促進されて特定の形質が発現する**と考えられます。このような

考え方を**一遺伝子一酵素説**といい，**ビードル**(Beadle)と**テータム**(Tatum)(ともに米)によって提唱されました(1945年)。

5　ヒトの遺伝病であるフェニルケトン尿症やアルカプトン尿症，アルビノなどは，一遺伝子一酵素説で説明できます。

　体内でフェニルアラニンやチロシンなどのアミノ酸は，次の図のように変換されます。

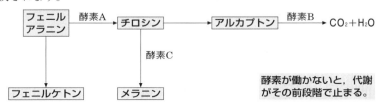

フェニルアラニン → 酵素A → チロシン → アルカプトン → 酵素B → CO_2+H_2O

酵素C

フェニルケトン　　メラニン

酵素が働かないと，代謝がその前段階で止まる。

▲ 図22-1　フェニルケトン尿症・アルカプトン尿症・アルビノに関するアミノ酸の代謝経路

6　フェニルアラニンをチロシンに変える酵素Aを支配する遺伝子に変異が生じるとフェニルアラニンが蓄積し，これがフェニルケトンとなって尿中に排出されるようになります。これが**フェニルケトン尿症**です。

7　アルカプトンをCO_2とH_2Oに分解する酵素Bに変異が生じると，アルカプトンが尿中に排出されるようになります。これが**アルカプトン尿症**です。

8　チロシンをメラニンに変える酵素Cを支配する遺伝子に変異が生じると，メラニンが生成されず，毛や皮膚が白くなります。これが**アルビノ(白子症)**です。

9　実際には，必ずしも遺伝子が酵素形成を支配するとは限りません。眼の水晶体を構成する**クリスタリン**というタンパク質や微小管を構成する**チューブリン**というタンパク質も筋原繊維を構成する**アクチン**というタンパク質も，その合成は遺伝子によって支配されていますが，酵素ではありません。遺伝子が酵素ではないタンパク質の合成を支配することもたくさんあります。

10　また，複数のポリペプチドが組み合わさってタンパク質となるような，四次構造をもつタンパク質の場合は，複数の遺伝子によって1つのタンパク質合成が支配されます。

　たとえば，赤血球に含まれるヘモグロビンは，2種類のポリペプチドからなります。1つの遺伝子が1種類のポリペプチドの合成を支配するので，ヘ

モグロビンは2種類の遺伝子に支配されることになります。このような場合でも，1つの遺伝子が1つのポリペプチド合成を支配しているとはいえます。これを**一遺伝子一ポリペプチド説**といいます（図22-2）。

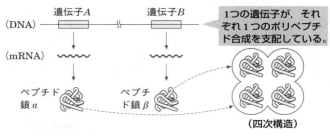

▲ 図22-2 一遺伝子一ポリペプチド説

11 実際にはポリペプチド合成を支配しない遺伝子もあります。たとえばrRNAやtRNAなどノンコーディングRNA（⇨p.142）を支配する遺伝子はポリペプチド合成を支配しません。

12 このように見ていくと遺伝子とは何か？に対する答えも難しいですね。現在では「DNAあるいはRNA分子中の，一定の機能を発現する待定の領域」と考えられています。

第**3**章

体内環境の維持

第23講 体液の組成

重要度
★★★

動物体内に存在する体液には，どのような種類があって，どのような働きがあるのでしょうか。

1 体液の組成

1 体液は，存在する場所によって，**血液，リンパ液，組織液**の3種類に大別されます。血管を流れるのが**血液**，リンパ管を流れるのが**リンパ液**，組織や細胞間にあるのが**組織液**です。

まずは，血液からくわしく見てみましょう。

2 血液は，有形成分の**血球**と液体成分の**血しょう**からなります。血液体積の約45％が血球で，血球はさらに，**赤血球，白血球，血小板**の3種類からなります。血液体積の約55％を占めるのが血しょうです。

> ヒトの血液の重さは，体重の約 $\frac{1}{13}$。

3 血しょうの90％は水で，7～8％をタンパク質が占めます。血しょう中のおもなタンパク質としては，**アルブミン**や**グロブリン，フィブリノーゲン**などがあります。また，Na^+などの無機塩類が約0.9％，グルコースが約0.1％含まれています。

> 水によく溶け，血液の浸透圧を保ったり，種々の物質と結合してその物質を運搬したりする働きがある。

> これが「血糖」。

4 リンパ液も，有形成分の**リンパ球**と液体成分の**リンパしょう**からなります。リンパ管は最終的には血管と合流するので，リンパ液も血液の一部になってしまいます。

5 血しょうの一部が毛細血管からしみ出たものが**組織液**です。組織液は，細胞と細胞の間や細胞と血管の間の物質交換の仲立ちを行います。組織液は，やがて，大部分は毛細血管内に，一部はリンパ管内に取り込まれます。

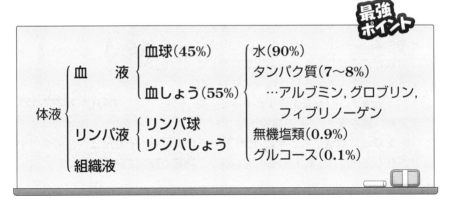

2 血球の生成と特徴

1 血球は，いずれも**骨髄**にある**造血幹細胞**（**血球芽細胞**）から生じます。

> 血球は，胎児の時期には脾臓や肝臓でも生成されるが，成人では骨髄で生成される。

2 造血幹細胞が増殖し，**赤芽球**，**骨髄芽球**，**単芽球**，**リンパ芽球**，**巨核芽球**などに分化します。赤芽球（赤芽細胞）から核が除かれて**赤血球**が生じます。骨髄芽球からは**好中球**，**好酸球**，**好塩基球**の3種類が生じます。単芽球はさらに**単球**となり，**マクロファージ**や**樹状細胞**となります。リンパ芽球からは

> 赤血球に核がないのは哺乳類だけで，哺乳類以外の赤血球には核がある。

> それぞれの染色性（中性色素，酸性色素，塩基性色素）によって名づけられた名称。それぞれの色素によく染まる顆粒をもつので，これら3種類を「顆粒球（顆粒白血球）」という。

T細胞やB細胞やNK細胞といったリンパ球が生じます。また，巨核芽球の仮足がちぎれて，その破片から**血小板**が生じます。

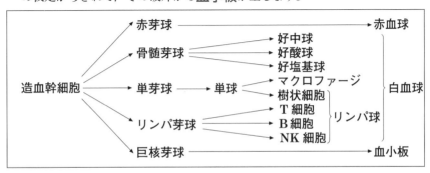

3 赤芽球から核が除かれて成熟した赤血球が生じるので，**赤血球には核がありません。**そのため，右の図23-1のように，中央がくぼんだ直径が7～8μmの円盤形をしています。また，赤血球には**ヘモグロビン**という色素タンパク質が含まれていて，酸素運搬に働きます（⇨第25講参照）。

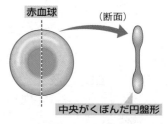

▲ 図23-1 赤血球の形

　赤血球は，血液1mm³中に**400万～500万個**も存在します。骨髄で生成された赤血球は，**約120日**くらい経つと**脾臓や肝臓で破壊されます。**

4 **赤血球と血小板以外をまとめて白血球**といいます（リンパ球も白血球の一種です）。白血球は，血液1mm³中に**6000～9000個**存在します。白血球のなかで最も数が多いのは**好中球**で，**食作用**を盛んに行い，感染部位にいち早く到達し，食作用によって細菌などを処理します。

　好酸球，好塩基球は数が少なく，それほど食作用も盛んではありません。これらの血球は，アレルギー反応に関係しているといわれています。

　好中球も好酸球も好塩基球も，核がくびれたような形をしているのが特徴です。

5 **マクロファージ**は大形の白血球で，食作用を盛んに行います。**樹状細胞**も食作用を行う白血球ですが，マクロファージや樹状細胞については，第35～36講「生体防御①・②」でくわしく学習しましょう。

　リンパ球は小形の白血球で，**リンパ節や脾臓**中に多く存在します。リンパ球は食作用を行いませんが，生体防御に関係します。これは第35～37講の「生体防御①～③」でくわしく学習します。

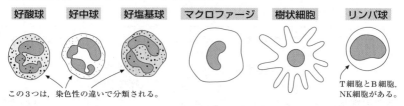

▲ 図23-2 白血球の種類と形

6 **血小板**は巨核芽球という細胞の**断片**なので，核をもたず，小形で不定形です。血小板は，血液1mm³中に**20万～40万個**存在します。出血したときに血液が固まる**血液凝固**の反応に関係します。

① 血球は，すべて骨髄の造血幹細胞（血球芽細胞）に由来する。

② それぞれの血球の特徴

	核	大きさ (直径)	数〔個/mm³〕	破壊	寿 命	働 き
赤血球	なし	7～8 μm	400万～ 500万個	脾臓 肝臓	120日	酸素運搬
白血球	あり	8～20 μm	6000～ 9000個	脾臓	3～20日	食作用 免疫に関与
血小板	なし	2～3 μm	20万～ 40万個	脾臓	7～8日	血液凝固

3 血液凝固のしくみ

1 血管が傷つくと，まずその部分に**血小板**が集まり，ある程度傷口をふさいで出血を防ぎます。しかし，これだけでは不十分なので，さらに次の反応が起こります。

2 血小板から放出された**血液凝固因子**と血しょう中のCa^{2+}の働きにより，血しょう中の**プロトロンビン**が**トロンビン**になります。トロンビンは酵素で，この酵素の働きで血しょう中の**フィブリノーゲン**が繊維状の**フィブリン**に変化します。

> トロンビンによりフィブリノーゲンの末端が切断されてペプチドが遊離し，残った部分が重合してフィブリンが生じる。このとき遊離したペプチドをフィブリノペプチドという。

3 生じたフィブリンは血球をからめて**血ぺい（血餅）**をつくります。この血ぺいが傷口をふさぐことで，出血が止まります。この一連の反応を**血液凝固**といいます。

血液凝固因子

実際には血小板から放出される血液凝固因子以外にも多くの種類の血液凝固因子が関与する。たとえば傷ついた組織から放出されるトロンボプラスチンなども血液凝固因子の一種である。血液凝固因子の中にはその合成や活性化にビタミンKを必要とするものがある。そのためビタミンKが不足すると出血しやすくなる。ビタミンKは納豆やホウレンソウなどに多く含まれる脂溶性ビタミンである。

4 試験管に血液を入れて放置すると，血液は凝固し，血ぺいが沈殿します。このときの上澄み液を**血清**といいます。**血清は，血しょう成分からおもにフィブリノーゲンを除いたものといえます。**

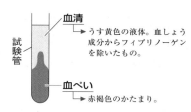

血清
→ うす黄色の液体。血しょう成分からフィブリノーゲンを除いたもの。

血ぺい
→ 赤褐色のかたまり。

▲ 図23-3 試験管中での血液の凝固

5 肝臓で生成される**ヘパリン**やヒルの唾液に含まれる**ヒルジン**という物質は，トロンビンの作用を阻害して血液凝固を阻止する働きがあります。

6 血液にクエン酸ナトリウム水溶液を加えると，血しょう中のCa^{2+}がクエン酸カルシウムとなってしまうため，血液凝固が阻止されます。
低温にすると，酵素反応が低下するため，血液は凝固しにくくなります。また，**血液を棒でかき混ぜ，フィブリンを除いてしまうことでも血液凝固を阻止することができます。**

7 傷ついた血管は止血されている間にやがて修復されます。修復が終わると，血ぺいは溶けて取り除かれます。これはフィブリンが分解されてしまうからで，このような現象を**線溶（フィブリン溶解）**といいます。

> フィブリンはプラスミンという酵素によって分解される。

8 血液凝固と同じ現象が血管内で起こる場合があり，その場合に生じた血液の塊を**血栓**といいます。血栓によって血管が細くなったりすると血流量が減り，その先の組織や器官の細胞が酸素不足により死んでしまうことがあります。これを**梗塞**といいます。

> 心筋梗塞は心臓に血液を送る血管（冠動脈）が詰まることで，脳梗塞は脳の血管が詰まることで起こる。

① 血液凝固のしくみ

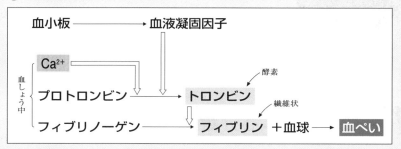

② 血清≒血しょう－フィブリノーゲン

③ 線溶…生じたフィブリンが分解され, 血ぺいが溶ける現象。

第**24**講 <ruby>講<rt></rt></ruby> 循環系

重要度
★

体液を循環させる血管系やリンパ系と，体液の循環のしくみについて見ていきましょう。

1 血管系による分類

1 血管系によって動物を分類すると，大きく3種類に分けられます。

まずは，血管系をもたない動物です。**海綿動物，刺胞動物，扁形動物，輪形動物，線形動物には血管系がありません。**

2 次に，血管系はあり，動脈も静脈もあるのですが，動脈の末端が開口しており，血液は血管から組織中へと流れ，また静脈あるいは直接心臓に戻ってくる，すなわち**動脈と静脈をつなぐ毛細血管がない**という血管系があります。これを**開放血管系**といいます。

開放血管系は，節足動物，<u>軟体動物</u>などに見られます。節足動物の昆虫類では，動脈の末端から出た血液は，心臓の側面にある穴から心臓に戻ります。

> 軟体動物のなかでも，厳密には頭足類（イカやタコの仲間）以外（ハマグリ，アサリなど）が開放血管系。これら以外にも，尾索動物（ホヤ）も開放血管系。

3 **動脈と静脈が毛細血管によって連絡されている**血管系が**閉鎖血管系**です。<u>脊椎動物，環形動物</u>などに見られます。

> 脊椎動物，環形動物以外に，軟体動物の頭足類，頭索動物（ナメクジウオ），ひも形動物（ヒモムシ）なども閉鎖血管系をもつ。

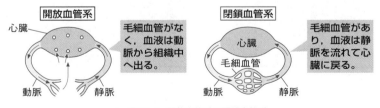

▲ 図24-1 開放血管系と閉鎖血管系

① 血管系なし　　例 海綿動物，刺胞動物，扁形動物，輪形動物，
　　　　　　　　　　　線形動物

② **開放血管系**…毛細血管のない血管系。
　　　　　　　　例 節足動物，軟体動物の頭足類以外

③ **閉鎖血管系**…毛細血管をもつ血管系。
　　　　　　　　例 脊椎動物，環形動物，軟体動物の頭足類

2　ヒトの心臓の構造と自動性

1　　心臓の中で，血液を送り出す部屋を**心室**，血液が心臓に戻ってくる部屋を**心房**といいます。ヒトの心臓には心房，心室がそれぞれ2つずつあるので，全部で4つの部屋からなります。

2　　心室とつながっていて，心臓から送り出す血液が通る血管を**動脈**といいます。逆に，心房とつながっており，心臓へ戻る血液が通る血管を**静脈**といいます。

3　　右の心房，すなわち**右心房**は，**全身からの血液が戻ってくる**部屋です。右心房に戻った血液はそのまま下の**右心室**へ送られます。右心室は**肺へ血液を送り出す**部屋です。

　　肺からの血液が戻ってくる部屋が**左心房**です。左心房から左心室に送られた血液は，**左心室から全身へと送り出されます。**

▶ 図24-2 ヒトの心臓の構造

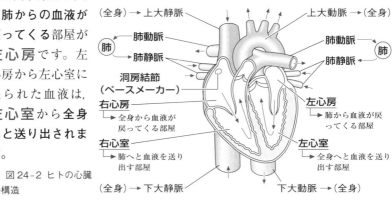

（全身）→ 上大静脈　　　　　上大動脈 →（全身）
肺動脈　　　　　　　　　　肺動脈
（肺）← 肺静脈　　　　　　　肺静脈 →（肺）
洞房結節
（ペースメーカー）
右心房　　　　　　　　　　　左心房
└▶ 全身から血液が　　　　　└▶ 肺から血液が戻
　　戻ってくる部屋　　　　　　　ってくる部屋
右心室　　　　　　　　　　　左心室
└▶ 肺へと血液を送り　　　　└▶ 全身へと血液を送り
　　出す部屋　　　　　　　　　　出す部屋
（全身）→ 下大静脈　　　　　下大動脈 →（全身）

4 心臓の拍動の中枢は**延髄**（えんずい）にあり，自律神経系やホルモンによって調節されます。ですが，心臓自身にも拍動を続ける性質があり，これを**心臓の自動性**といいます。

5 これは，**心臓には自ら興奮し拍動のリズムをつくり出す部分がある**からで，このような場所を**ペースメーカー**といいます。

　ヒトの心臓のペースメーカーは，右心房の上部にある**洞房結節**（とうぼうけっせつ）と呼ばれる部分で，次のように興奮が伝わるしくみ（**刺激伝導系**（しげきでんどうけい））によって規則的に拍動が行われるのです。

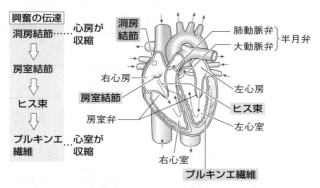

▲ 図24-3 ヒトの心臓の刺激伝導系

心室の圧力と容積の関係

　拍動を繰り返す心臓の心室内部の圧力（心室内圧）と心室容積をグラフにとると，右図のような形になる。aからbにかけては，半月弁（大動脈弁と肺動脈弁）も房室弁も閉じており，心室の収縮によって圧力が上昇する。心室の圧力が動脈の圧力を上回ると半月弁が開き（b），心室から血液が流出し，心室容積が減少する（b→c）。心室の圧力が動脈の圧力を下回ると半月弁が閉じ，さらに心室の圧力が低下して心房の圧力を下回ると房室弁が開き（d），心

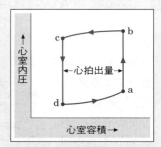

▲ 図24-4 心室の圧力と容積の変化

房から血液が流入して心室容積が増加（d→a）する。心室の圧力が心房の圧力を上回ると房室弁が閉じる（a）。このように心筋（心臓の壁）の収縮と弁の開閉が連動することで，血液の循環がなされている。

6 　洞房結節でつくり出された興奮によって，まず心房が収縮します。また，興奮は**房室結節**から**ヒス束**という部分を通り，**プルキンエ繊維**によって心室全体に伝えられて心室が収縮します（図24-3）。このため，**心房より少し遅れて心室が収縮する**ことになります。これにより，心房から心室へと血液がスムーズに流れることができるのです。

① 心臓には**自動性**がある。
② 右心房にある**洞房結節**がペースメーカーとなる。
③ **刺激伝導系**（**洞房結節→房室結節→ヒス束→プルキンエ繊維**）によって興奮が伝えられる。⇨**心房の収縮に少し遅れて心室が収縮する。**

3 血管系とリンパ系

1 　血液を循環させる器官系が**血管系**です。ヒトの血管系は，**心臓**，**動脈**と**静脈**，そして，それらの間をつなぐ**毛細血管**からなります。

2 　心臓から送り出された血液が流れる**動脈**は，高い圧力に耐えられるように，**筋肉（平滑筋）層が発達**しています。**静脈**にも平滑筋の層はありますが，動脈ほど発達しておらず，血液を送る圧力が非常に低いため，逆流を防ぐための**弁**があります。

> からだの部位や姿勢などによって大きく異なる。また，骨格筋が伸縮する際に太くなったときの圧力も血流を助け，**筋ポンプ**と呼ばれる。

3 　動脈は心臓から出た大動脈から，からだの各部に進むにつれて分岐していき，最終的には赤血球1個が通るか通らないかくらい細い**毛細血管**につながります。毛細血管は一層

> 赤血球は柔軟に変形することで狭い毛細血管も通ることができる。

の**内皮細胞**からなり，もちろん筋肉層はありません。この内皮細胞間の隙間から血しょう成分の一部が漏れ出ることができ（⇨組織液 p.148），全身の組織の細胞と物質のやりとりをします。さらに，感染や損傷により組織の細胞からヒスタミンやプロスタグランジンといった**警報物質**が分泌されると，毛細

第3章　体内環境の維持

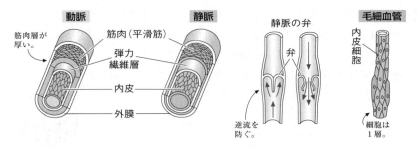

▲ 図 24-5 動脈・静脈・毛細血管の構造

血管の内皮細胞の結合が緩み，漏れ出る水分量が増加して，水ぶくれの状態になります。このような反応を**炎症**(⇨p.215)といいます。

4 酸素を多く含む血液を**動脈血**，酸素が少なく二酸化炭素を多く含む血液を**静脈血**といいます。動脈の中を流れる血液を動脈血というのではありません。

5　したがって，全身から戻る血液が流れる大静脈には静脈血が流れますが，**右心室から肺へ向かう肺動脈にも静脈血が流れている**ことになります。

　肺に二酸化炭素を渡し，**肺から酸素を受け取って戻ってくる肺静脈には動脈血が流れています**。もちろん，左心室から全身へと血液を送り出す大動脈にも動脈血が流れています。

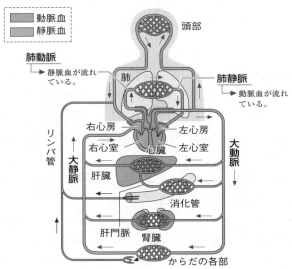

▲ 図 24-6 ヒトの血管系とリンパ系

6 両端に毛細血管があるような血管は門脈といいます。小腸で吸収した栄養分を肝臓へ運ぶ肝門脈などが代表例です。

> 他に, 下垂体門脈(⇨p.179)などもある。

7 リンパ液を循環させる器官系がリンパ系です。リンパ系は毛細リンパ管から出発し, 最終的には血管(左鎖骨下静脈)と合流します。

> リンパ系は, 無脊椎動物にはない。

8 リンパ系にはところどころにリンパ節(リンパ腺)があり, ここに多くのリンパ球が存在し, 白血球による食作用などによって細菌や異物の除去を行います。リンパ節は, 首やわきの下, ももの付け根などに多く存在し, この場所で侵入した細菌を食い止める関所のような働きをします。

9 また, 脾臓や胸腺もリンパ系の器官です。脾臓では, 古くなった血球の破壊や, 異物の除去などが行われます。ちょうど, 血液をクリーニングするような器官です。

> ヒトでは, 胃の近くの左上腹部にあり, 150g程度の器官。

胸腺は, このあと, 免疫で学習しますが, リンパ球の一種であるT細胞の分化に必要な器官です。

① **血管系**…心臓, 動脈, 静脈, 毛細血管からなる。

　心臓から送り出される血液が通る血管…**動脈**
　心臓へ戻る血液が通る血管…**静脈**

大静脈 —→ 右心房 —→ 右心室 —→ 肺動脈

全身　　　—→ 静脈血　—→ 動脈血　　　　肺 ← CO₂ / O₂

大動脈 ←— 左心室 ←— 左心房 ←— 肺静脈

② **リンパ系**…リンパ管, リンパ節, 脾臓, 胸腺からなる。
　⇨毛細リンパ管から始まり, 最終的には血管(静脈)と合流する。

第25講 酸素運搬と二酸化炭素運搬

重要度
★★

血液によって，酸素や二酸化炭素が運搬されます。そのしくみについて，見てみましょう。

1 ヘモグロビン

1 酸素と可逆的に結合し，酸素の運搬や貯蔵に働く色素タンパク質を**呼吸色素**といいます。脊椎動物では，赤血球に**ヘモグロビン**という赤色の呼吸色素が含まれています。

2 ヘモグロビンは，鉄をもつ**ヘム**という色素に，**グロビン**というポリペプチド鎖が結合した三次構造をもつサブユニットが4つ結合した四次構造をもつタンパク質で，下の図25-1のような構造をしています。

> このような構造を「ポルフィリン核」という。シトクロム（⇨p.444）の成分にもなっている。クロロフィルもよく似た構造をもつが，鉄Feの部分がマグネシウムMgに置き換わっている。

> α鎖というポリペプチド2本とβ鎖というポリペプチド2本からなる。

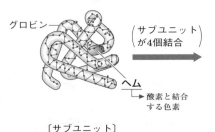

グロビン

（サブユニットが4個結合）

ヘム
→ 酸素と結合
する色素

〔サブユニット〕

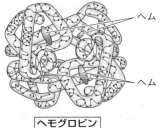

ヘム

ヘム

ヘモグロビン

▲ 図25-1 ヘモグロビンの構造

+α パワーアップ 無脊椎動物の呼吸色素

無脊椎動物である軟体動物や節足動物の甲殻類は，**ヘモシアニン**という呼吸色素をもつ。これは，**銅(Cu)**をもつ色素タンパク質で，**青色**をしており，**赤血球ではなく血しょうに含まれている**（これらの動物の血液には赤血球がない）。した

がって，これらの動物では，**血しょうが酸素を運搬する。**

　また，ユスリカの幼虫やミミズ，ゴカイは**エリトロクルオリン**という呼吸色素
をもつ。これは，ヘモグロビンと同じく鉄を含む色素タンパク質で，赤色をして
いる。これらの動物も赤血球をもたないので，呼吸色素は血しょう中にあり，血
しょうが酸素を運搬する。

3　ヘモグロビン(Hb)は**酸素分圧の高い所では酸素と結合しやすく，酸素分圧
の低い所では酸素を解離しやすい**という性質をもっています。

$$\text{Hb} \quad + \quad \text{O}_2 \quad \rightleftarrows \quad \text{HbO}_2$$
　　ヘモグロビン　　　　　　　　酸素ヘモグロビン
　　（暗紅色）　　　　　　　　　　（鮮紅色）

4　ヘモグロビンと酸素の**親和性**は，酸素分圧以外にも，二酸化炭素分圧，pH,
温度の影響を受けます。**二酸化炭素分圧が高いほど，またpHの値が小さい
ほど，また温度が高いほど，ヘモグロビンは酸素を解離しやすくなります。**

　活発な筋肉運動が行われると，体温は上昇し，呼吸が盛んになるので酸素
分圧は低下し，二酸化炭素分圧は上昇します。また，解糖により乳酸が生成
して酸性になるのでpHの値は小さくなります。このような場所でヘモグロビ
ンが酸素をたくさん解離してくれれば，組織の細胞に，より多くの酸素が供
給されることになります。

① **ヘモグロビン**…鉄を含む色素タンパク質（ヘム＋グロビン）。
　⇨脊椎動物の赤血球に含まれる。

②
$\begin{cases} \text{O}_2\text{分圧が低い} \\ \text{CO}_2\text{分圧が高い} \\ \text{pHが小さい} \\ \text{温度が高い} \end{cases}$
ほどヘモグロビンは酸素を解離しやすくなる。

第3章 体内環境の維持

161

2 酸素解離曲線

1 ヘモグロビンと酸素との結合のようすを表したグラフを**酸素解離曲線**といいます。酸素解離曲線は，右の図25-2のようなS字形のグラフになります。

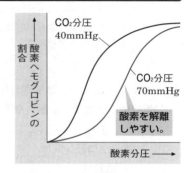

▲ 図25-2 CO_2分圧と酸素解離曲線

2 二酸化炭素分圧が高いほどヘモグロビンは酸素を解離しやすくなるので，二酸化炭素分圧が40mmHgの場合と70mmHgの場合のグラフを比較すると，二酸化炭素分圧が70mmHgのときのグラフが右側のグラフ，40mmHgのときのグラフが左側のグラフです（図25-2）。

3 **pHが小さいほどヘモグロビンは酸素を解離しやすくなる**ので，pHが7.0と6.8のグラフを比較すると，pHが6.8のグラフが右側のグラフです（図25-3Ⓐ）。

また，**温度が高いほどヘモグロビンは酸素を解離しやすい**ので，温度が37℃と43℃のグラフを比較すると，温度が43℃のグラフが右側のグラフだとわかります（図25-3Ⓑ）。

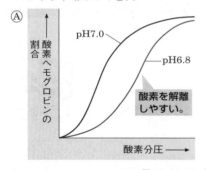

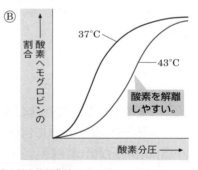

▲ 図25-3 pH，温度と酸素解離曲線

酸素解離曲線

　肺胞の酸素分圧が100mmHg，CO_2分圧が40mmHg，組織の酸素分圧が20mmHg，CO_2分圧が70mmHgとする。次のページのグラフの**a～c**のいずれかがCO_2分圧20mmHg，40mmHg，70mmHgだとして，あとの問いに答えよ。

(1) 肺胞での酸素ヘモグロビンの
　　割合を答えよ。

(2) 組織での酸素ヘモグロビンの
　　割合を答えよ。

(3) 肺胞から組織に血液が流れた
　　とき，酸素ヘモグロビンの何％
　　が組織で解離されたか。小数第1
　　位まで答えよ。

(4) 血液1L中に100gのヘモグロ
　　ビンが存在し，1gのヘモグロビ
　　ンは最大1.5mLの酸素と結合す

ることができるとすると，組織に供給される酸素は血液1Lあたり何mLか。
小数第1位まで答えよ。

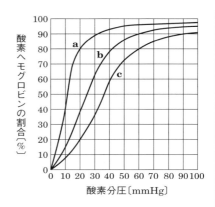

解説　　二酸化炭素分圧が高くなるほど
グラフは右にシフトするので，**a**
がCO_2分圧20mmHg,**b**が40mmHg,
cが70mmHgのグラフです。

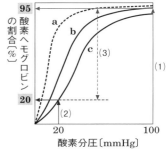

(1) 肺胞の酸素分圧は100mmHg
　　なので,グラフの横軸の100のとこ
　　ろを見ます。肺胞の二酸化炭素
　　分圧は40mmHgなので，**b**のグ
ラフを見てその交点の縦軸の値を読むと95％だとわかります。

(2) 同様に組織の酸素分圧は20mmHgで，二酸化炭素分圧は70mmHg
なので，**c**のグラフで,横軸20のところを見て,その交点の縦軸の値
を読むと20％になります。

(3) 肺胞で95％のヘモグロビンが酸素と結合しており，組織で20％
のヘモグロビンがまだ酸素と結合したままなので，酸素を解離した
ヘモグロビンは95％－20％＝75％になります。これは，すべての
ヘモグロビンのなかでの割合です。**問われているのは「酸素ヘモグ
ロビンの何％か」**です。つまり，肺胞で酸素と結合していた酸素ヘ
モグロビンは95％なので，95％のうちの何％かを聞いているので
す。よって，次のような式で求められます。

$$\frac{95-20}{95} \times 100 = 78.94\cdots ≒ 78.9\%$$

⑷　ヘモグロビンが100％酸素と結合したとすると，そのときの酸素の体積が1.5mLということです。95％であれば1.5mL×0.95，20％であれば1.5mL×0.2です。よって，組織で解離した酸素は，

$$1.5\text{mL} \times (0.95 - 0.2) = 1.125\text{mL}$$

　　ただし，これはヘモグロビン1gについての値で，血液1L中には100gのヘモグロビンが含まれているので，

$$1.125\text{mL} \times 100 = 112.5\text{mL}　となります。$$

 ⑴　95％　　⑵　20％　　⑶　78.9％　　⑷　112.5mL

 酸素解離曲線のS字形がもつ意味

　ヘモグロビンの酸素解離曲線はなぜS字形を描くのだろうか。

　ヘモグロビンはα鎖2本とβ鎖2本からなっているが，それぞれに1分子ずつヘムが結合しており，このヘムの鉄原子と酸素が結合する。1つのヘムと酸素が結合すると，他のグロビンの立体構造が変化し，2つ目のヘムはより酸素と結合しやすくなる。2つ目のヘムと酸素が結合すると，3つ目はさらに酸素と結合しやすくなる。このように，サブユニット間の相互作用が働く結果，S字形のグラフになる。つまり，**複数のサブユニットからなる四次構造をもっているタンパク質の反応の場合にS字形のグラフを描く**のである（⇨p.435「アロステリック酵素」）。

　ミオグロビンは骨格筋の細胞（筋繊維）に含まれる色素タンパク質であるが，この酸素解離曲線は図25-4のように，ヘモグロビンとは異なり，S字形にはならず，**双曲線のグラフ**を描く。ヘモグロビンを構成する1本のポリペプチド鎖とよく似た構造をもつタンパク質がミオグロビンなのである。つまり，**ミオグロビンは三次構造までしかもたないタンパク質で**ある。そのため，S字形を描かない。ヘモグロビンはS字形を描くからこそ，組織での酸素分圧で酸素飽和度が一気に低下し，より多くの酸素を組織に供給することができる。S字形を描かないミオグロビンでは，少々酸素分圧が低下しても酸素飽和度が低下せず，酸素と結合したままである。このようなミオグロビンは酸素の運搬ではなく，**筋肉中で酸素を貯蔵する働きをしてい**る。

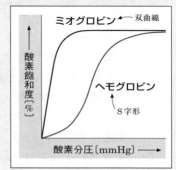

▲ 図25-4 ヘモグロビンとミオグロビンの酸素解離曲線

4 哺乳類の胎児は，下の図25-5のように，母体の血液から胎盤を通して酸素を受け取ります。**胎盤は組織の末端なので，酸素分圧が低くなっています。**ここを母体の血液が流れると，ヘモグロビンは酸素を解離します。母体のヘモグロビンが解離した酸素と，胎児のヘモグロビンは結合しなければいけないので，**胎児のヘモグロビンは母体のヘモグロビンよりも酸素に対する親和性が高い**という特徴をもちます。そのため，母体のヘモグロビンと胎児のヘモグロビンの酸素解離曲線を比較すると，図25-6のようになります。

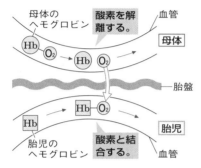

▲ 図25-5　胎盤での酸素の受け渡し

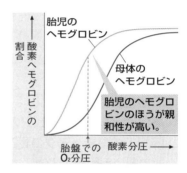

▲ 図25-6　母体と胎児の酸素解離曲線

 胎児が上の図25-6のようなヘモグロビンをもつ利点を述べよ。

ポイント　　「胎児のヘモグロビン」，「酸素に対する親和性が高い」，「酸素分圧の低い胎盤」という内容を必ず入れる。

模範解答例　　胎児のヘモグロビンは母体のヘモグロビンよりも酸素に対する親和性が高いので，酸素分圧の低い胎盤において，母体のヘモグロビンが解離した酸素と結合し，酸素を胎児の各組織に供給することができる。

 成長とヘモグロビンの変化

　　成人のヘモグロビン(HbA)が α 鎖2本と β 鎖2本からできているのに対し，胎児のヘモグロビン(HbF)は α 鎖2本と γ 鎖2本からできている。HbAは誕生時には20%程度しかないが，生後4か月で90%を占めるようになる。

5 高地のアンデス地方に生息するラマという動物のヘモグロビンの酸素解離曲線と，平地に生息する動物のヘモグロビンの酸素解離曲線を比較すると，右の図25-7のようになります。

これも酸素の少ない高地で，より多くの酸素と結合するための適応だと考えることができます。

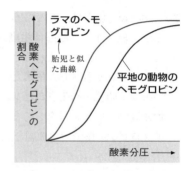

▲ 図25-7 生息地による酸素解離曲線の違い

① **二酸化炭素分圧が高いほど，pHの値が小さいほど，温度が高いほど，ヘモグロビンの酸素解離曲線は右にシフトする。**
② **肺胞での酸素ヘモグロビンの割合−組織での酸素ヘモグロビンの割合＝組織で解離した酸素ヘモグロビンの割合**
③ **胎児のヘモグロビンの酸素解離曲線は，成人よりも左にシフトする。**

3 二酸化炭素の運搬

1 組織で放出された二酸化炭素は，**いったん赤血球に取り込まれます**。赤血球に取り込まれた二酸化炭素の一部はヘモグロビン(Hb)と結合し，そのまま赤血球によって運ばれます。

2 大部分の二酸化炭素は，**赤血球中で水と反応して炭酸(H_2CO_3)となり**，さらに電離して**炭酸水素イオン(HCO_3^-)と水素イオン**になります。二酸化炭素と水から炭酸を生じさせるのは，**炭酸脱水酵素(カーボニックアンヒドラーゼ)**という酵素です。

水素イオンは，ヘモグロビンと結合して赤血球によって運ばれます。

3 一方，炭酸水素イオンは赤血球から血しょう中に放出され，血しょう中に存在するナトリウムイオン(Na^+)と結合して**炭酸水素ナトリウム**($NaHCO_3$)となり，**血しょうによって運ばれます**。

4 これらの血液が肺胞に近づいてくると，今までの逆の方向へ反応が進行します。すなわち，炭酸水素ナトリウムは炭酸水素イオンになり，再び赤血球に取り込まれます。そして，炭酸水素イオンは，ヘモグロビンから離れた水素イオンと反応して炭酸に戻ります。さらに炭酸は，炭酸脱水酵素の働きで水と二酸化炭素になり，二酸化炭素は肺胞へと渡されます。

ヘモグロビンと結合していた二酸化炭素もヘモグロビンと解離し，肺胞に渡されます。

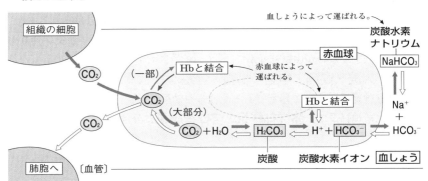

▲ 図25-8 二酸化炭素の運搬

【二酸化炭素の運搬】
① おもに**炭酸水素ナトリウム**の形で血しょうによって運ばれる（一部は赤血球によって運ばれる）。
② 赤血球内に存在する**炭酸脱水酵素**が関与する。

第26講 神経系の構成と脳の働き

重要度
★★

ヒトの神経系にはどのような種類があるのでしょうか。また，脳の働きをくわしく見てみましょう。

1 ヒトの神経系の構成

1 ヒトの神経系は，大きく**中枢神経系**と**末梢神経系**とに分けられます。

ニューロン(神経細胞)が多数集まり，情報をまとめ判断を下す文字通り中枢の役割をするのが中枢神経系で，**脳**と**脊髄**に大別されます。脳のおもな部分は，**大脳・間脳・中脳・小脳・延髄**の５つです。

中枢神経系と末梢の器官である受容器や効果器(筋肉，分泌腺など)を結ぶのが末梢神経系で，**体性神経系**と**自律神経系**に分けられます。

2 体性神経系には，受容器から中枢へ興奮を伝える **感覚神経**と，中枢から骨格筋に興奮を伝える**運動神経**があります。

> 「脳脊髄神経系」と呼ばれることもある。

一方，直接には大脳の支配を受けないのが自律神経系です。自律神経系には**交感神経**と**副交感神経**の２種類があります。

また，受容器から中枢神経系に興奮を伝える方向性を**求心性**，中枢神経系から効果器へ興奮を伝える方向性を**遠心性**といいます。この点からは，感覚神経は求心性神経，運動神経・交感神経・副交感神経はいずれも遠心性神経ということができます。

3 末梢神経系は，働きのうえからは，上で説明したように体性神経系と自律神経系とに分けますが，どの中枢から出ているかについて分けると，脳から出る**脳神経**と脊髄から出る**脊髄神経**とに分けられます。**ヒトの脳神経は12対，脊髄神経は31対**あります(それぞれ左右に出ているので，対で数えます)。

以上の神経系の種類分けをまとめると，次のようになります。

中枢神経系 ┃ 脳（大脳・間脳・中脳・小脳・延髄）
　　　　　 ┃ 脊髄

末梢神経系 ┃ 体性神経系 ┃ 感覚神経
　　　　　 ┃ 　　　　　 ┃ 運動神経
　　　　　 ┃ 自律神経系 ┃ 交感神経
　　　　　 ┃ 　　　　　 ┃ 副交感神経

※末梢神経系 ┃ 脳神経…脳から出る末梢神経（**12 対**）
　　　　　　 ┃ 脊髄神経…脊髄から出る末梢神経（**31 対**）

2 大脳の働き

1　大脳は皮質と髄質からなりますが，髄質は伝導の経路になっているだけで，中枢としての働きはありません。**皮質のほうに細胞体が集中して存在し**，中枢としての働きをもちます。

　このように，細胞体が集中している部分はやや灰色っぽい色をしており，ここを灰白質といいます。逆に神経繊維が多く白っぽい色をしている部分を白質といいます。**大脳では，皮質が灰白質，髄質が白質となっています。**

2　大脳皮質はさらに**新皮質・古皮質・原皮質**に分けられます。古皮質と原皮質を合わせて辺縁皮質といいます。辺縁皮質の古皮質には嗅覚をつかさどる嗅球，原皮質には，記憶の形成に関わる海馬という部位が含まれています。海馬は**タツノオトシゴ**に似ている（図26−1）ところからつけられた名前です。

> 以前は，古皮質は旧皮質，原皮質は古皮質と呼ばれていた（ややこしい！）。魚類では大脳皮質は古皮質しかなく，両生類で原皮質が，爬虫類以上で新皮質が付け加わる。

> タツノオトシゴは別名ウミウマ（海馬）という。魚に見えない姿をしているがれっきとした魚類（硬骨魚）。雄に育児嚢という袋があり，雌が産んだ卵を稚魚になるまで雄が育児嚢で保護し，最終的に雄が稚魚を産出する（素晴らしいイクメン！）。

海馬　　　タツノオトシゴ

▲ 図26-1 海馬とタツノオトシゴ

3 この辺縁皮質と扁桃体や帯状回などを含めたものを**大脳辺縁系**といいます。

大脳辺縁系の各部位を結びつける役割をもつ。

> 扁桃とはアーモンドのことで，文字通りアーモンドのような形をしているので扁桃体という。情動や感情(不快・快楽)の処理や不安や恐怖，ストレスへの反応などに関与する。

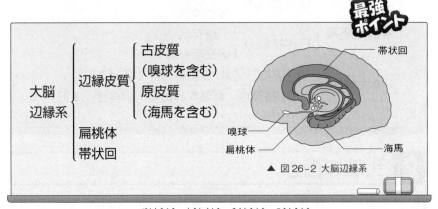

▲ 図26-2 大脳辺縁系

大脳辺縁系
{
辺縁皮質
{
古皮質
(嗅球を含む)
原皮質
(海馬を含む)
}
扁桃体
帯状回
}

帯状回
嗅球
扁桃体
海馬

4 新皮質は，場所から**前頭葉・頭頂葉・側頭葉・後頭葉**の4つに分けられます。また，働きから視覚や聴覚のような感覚を生じる**感覚野**，随意運動の指令を出す**運動野**，思考・判断・記憶・理解・推理といった高度な精神活動を行う**連合野**に分けられます。

感覚野のなかで，視覚を生じる視覚野は後頭葉に，聴覚を生じる聴覚野は側頭葉に，皮膚感覚を生じる体性感覚野は頭頂葉にあります。また，随意運動の運動野は前頭葉に，記憶の連合野は側頭葉に，思考・判断・推理の連合野や言語の連合野は前頭葉にあります(図26-3)。

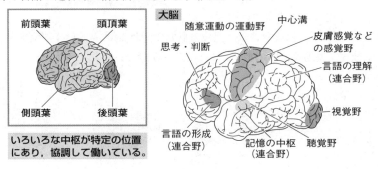

前頭葉　頭頂葉
側頭葉　後頭葉

いろいろな中枢が特定の位置にあり，協調して働いている。

大脳
随意運動の運動野　中心溝
思考・判断
皮膚感覚などの感覚野
言語の理解
(連合野)
視覚野
言語の形成
(連合野)
記憶の中枢
(連合野)
聴覚野

▲ 図26-3 大脳新皮質上の各中枢の位置

170

大脳皮質
（灰白質）
　新皮質｛
　　感覚野…感覚を生じる
　　運動野…随意運動の指令
　　連合野…思考・判断・推理など高度な精神活動
　古皮質＋原皮質＝辺縁皮質

大脳髄質（白質）…興奮の伝導路

3 大脳以外の中枢の働き

1 　間脳は，視床と視床下部とに分けられます。視床は受容器から大脳に伝わる**興奮の中継を行う部分**です。視床下部は，**自律神経系の最高中枢**で，体温や血糖濃度，浸透圧などの中枢として働きます。

2 　中脳は，**眼球運動や瞳孔反射の中枢，姿勢保持の反射の中枢**です。

3 　小脳は，**随意運動の調節やからだの平衡を保持する中枢**です。

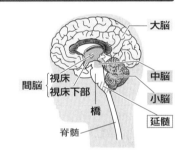

▲ 図26-4 ヒトの脳の構造

　随意運動の指令は大脳ですね。小脳が担う随意運動の調節とはどこが違うのでしょう。たとえば，「消しゴムで字を消せ！」と命令を下すのは大脳です。でも，消しゴムをもつために指をどういう角度にすればよいのか，どの程度力を入れるのかなども調節しないといけないですね。これが随意運動の調節で，小脳が行っています。

4 　延髄は，**心臓の拍動や呼吸運動の調節，消化液分泌などの中枢**です。心臓，呼吸，消化液…ということは，生命維持に直接関係する非常に重要な働きをしているといえますね。

5 　延髄も生命維持に重要ですが，この延髄以外に**間脳，中脳**も生命維持に関係する部位で，これら3つを合わせて**脳幹**といいます。

> 厳密にはこれら3つに橋を含めた部分を脳幹という。橋は中脳や大脳と延髄の間の連絡路となる。

6 　脳幹を含めたすべての脳の機能が停止し，自力での呼吸(自発呼吸といいます)が行えず，脳の機能の回復の見込みがない状態を<u>脳死</u>といいます。一方，脳幹は機能していても大脳の機能が停止した状態を**植物状態**(正式には**遷延性意識障害**)といいます。脳幹が機能していれば，自発呼吸が行え，心臓の拍動も維持できます。

> 脳死の状態になってもしばらくは，人工呼吸器などの生命維持装置を用いることで他の臓器の機能は正常に維持されることが多い。そのため脳死した人の心臓や肝臓などの移植(脳死臓器移植)が行われている。移植には，脳死患者本人による脳死判定以前の意思表示あるいは，その家族の承諾が必要となる。

7 　通常の死の判定は，自発呼吸の停止，心臓の拍動の停止，瞳孔が開いたままになる，という3つの兆候が認められることが基準となります。

8 　脊髄は，**脊髄皮質**と**脊髄髄質**に分けられます。
　脊髄皮質は神経繊維が多く白質，**脊髄髄質には細胞体が多いので灰白質**です。大脳の場合と逆であることに注意しましょう。脊髄髄質は，**膝蓋腱反射や屈筋反射の中枢**です。

間脳	視床　…………感覚の情報の中継点
	視床下部　……自律神経系の最高中枢
中脳	…………………眼球運動，瞳孔反射，姿勢保持の中枢
小脳	…………………随意運動の調節，平衡を保つ中枢
延髄	…………………心臓拍動，呼吸運動，消化液分泌の中枢
脊髄	皮質(白質)　……感覚神経，運動神経の伝導経路
	髄質(灰白質)　…膝蓋腱反射，屈筋反射の中枢
脳幹	…間脳＋中脳＋延髄

第27講 自律神経系とその働き

重要度
★ ★ ★

末梢神経系のうち，自律神経系（交感神経と副交感神経）は
どのように連絡し，どのような働きがあるのでしょうか。

1 自律神経系

1 　自律神経系には**交感神経**と**副交感神経**がありますが，一般に，**交感神経はエネルギーを消費し，緊張状態・闘争的な状態をつくり出します**。具体的には，心臓の拍動を促進し，血糖濃度を上昇させ，消化液の分泌は抑制し，瞳孔（どうこう）を散大させ，血管を収縮して血圧を上昇させ，立毛筋（りつもうきん）を収縮して毛を逆立てるといった感じです。

　反対に，**副交感神経は栄養分を吸収し，エネルギーを蓄え，休息的なリラックスした状態をつくり出します**。

2 　多くの場合，同じ器官や組織に交感神経と副交感神経の両方が分布し，互いに拮抗的（きっこうてき）に働きますが，なかには交感神経しか分布していない場合もあります。

　たとえば，体表の血管には交感神経しか分布していません。交感神経が働くと体表の血管は収縮し，交感神経が働かないときは自動的に体表の血管は弛緩します。同様に，立毛筋（しかん）にも交感神経しか分布していないので，交感神経によって立毛筋は収縮し，交感神経が働かないと自動的に弛緩します。

> 心臓の拍動に対して「促進」的に働く場合と「抑制」的に働く場合のように，正反対に働くことを「拮抗作用」という。

> 顔面や陰部以外の体表の血管には副交感神経は分布していないが，体内部の動脈には副交感神経も分布しており，その場合は副交感神経によって血管が弛緩する。

3 　各器官や組織に対する自律神経系の働きをまとめると，次のページの表のようになります。

	交感神経	副交感神経
心臓の拍動	促　進	抑　制
消化管の運動	抑　制	促　進
消化液の分泌	抑　制	促　進
瞳　孔	散　大	縮　小
汗腺からの発汗	促　進	——
立毛筋	収　縮	——
呼吸運動	浅く・速く	深く・遅く
気管支	拡　張	収　縮
すい臓からのホルモン	グルカゴン分泌促進	インスリン分泌促進
副腎髄質からのホルモン	アドレナリン分泌促進	——
ぼうこう	弛　緩	収　縮
ぼうこう括約筋	収縮（排尿抑制）	弛緩（排尿促進）
肛門括約筋	収縮（排便抑制）	弛緩（排便促進）

唾液の分泌に関しては，交感神経によって粘性の高い唾液の分泌が促進され，副交感神経によって粘性が低く酵素を多く含む唾液の分泌が促進される。

4 次に，自律神経系のつながり方を見てみましょう。

　交感神経も副交感神経も，中枢神経系から出てくると，いったん次の自律神経系に連接します。神経どうしが連接してシナプスを形成している場所は細胞体が集まってこぶ状になっているので，ここを神経節といいます。

　また，神経節で連接する前の神経を節前神経，連接したあとの神経を節後神経と呼びます。交感神経の場合は中枢神経系の近くに神経節があるので，節前神経のほうが節後神経よりも短いのが特徴です。一方，副交感神経の場合は，標的器官の近くに神経節があるので，節前神経のほうが節後神経よりも長いのが特徴です。

> 交感神経の場合は，交感神経節，腹腔神経節，上腸間膜神経節，下腸間膜神経節と呼ばれる神経節がある。

▲ 図27-1 交感神経と副交感神経の連接のしかた

5　交感神経も副交感神経も**最高中枢は間脳視床下部**です。でも，交感神経は最終的には脊髄から出てきて，各器官に分布します。一方，副交感神経の中で，**動眼神経**と呼ばれるものは中脳から，**顔面神経・舌咽神経・迷走神経**と呼ばれる副交感神経は延髄から，また，**仙椎神経**と呼ばれるものは脊髄から出ます。

> 脊髄は，首のあたりの頸髄，胸のあたりの胸髄，腰のあたりの腰髄，おしり近くの仙髄や尾髄に分けられる。仙椎神経は脊髄の仙髄の部分から出る。

6　これらをまとめて図示したものが下図です。

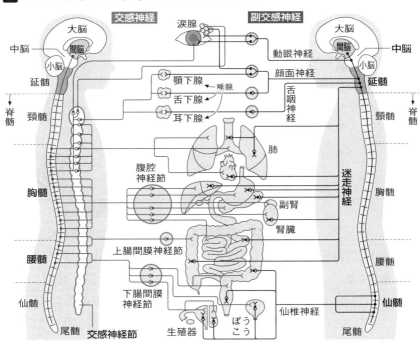

▲　図27-2　自律神経系の分布のようす

7　一般に，**交感神経**の末端から放出される神経伝達物質は**ノルアドレナリン**，**副交感神経**の場合は**アセチルコリン**です。

> 同じ交感神経でも，一般に，節後神経ではノルアドレナリンが，節前神経ではアセチルコリンが放出される。また，汗腺に分布している交感神経の場合は節前神経も節後神経もアセチルコリンが放出される。

8 神経の末端から化学物質が放出されることを確かめたのは**レーウィ**です（1921年）。2匹のカエルからそれぞれ心臓を摘出し、次の図27−3のようにチューブで連結してリンガー液を流します。

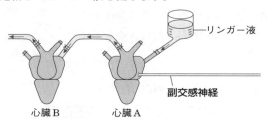

リンガー液

副交感神経

心臓B　　　　心臓A

▲ 図27-3 レーウィの実験

9 一方の心臓Aにつながっている副交感神経を刺激すると、まずAの心臓の拍動が抑制されます。そして、少し遅れて副交感神経とつながっていない心臓Bの拍動も抑制されるようになります。これは、副交感神経の末端から放出されたアセチルコリンが、リンガー液とともに心臓Bに流れ込み、心臓Bに作用したためです。

最強ポイント

	交感神経	副交感神経
働 き	闘争的な状態をつくる	休息的な状態をつくる
神経伝達物質	ノルアドレナリン	アセチルコリン
出る中枢	すべて脊髄	中脳，延髄，脊髄
神経節の位置	中枢近く （節前神経が短い）	標的器官の近く （節後神経が短い）

第28講 内分泌

重要度
★★★

ホルモンを分泌する「内分泌」とその調節，ホルモンの種類と働きについて，見てみましょう。

1 内分泌と外分泌

1 ホルモンを分泌することを**内分泌**といいます。

内分泌があれば外分泌もあります。消化液や汗，涙の分泌のように，細胞で合成した物質を**排出管(導管)を通して消化管内や体外に分泌**することを**外分泌**といい，外分泌を行う分泌腺を**外分泌腺**といいます。

2 それに対して，ホルモンの分泌のように，**排出管によらず，直接体液中(血液中)に分泌**することを**内分泌**といい，内分泌を行う分泌腺を**内分泌腺**といいます。

3 間脳視床下部には，ホルモンを分泌する神経細胞(ニューロン)があり，このような神経細胞を**神経分泌細胞**といいます。そして，神経分泌細胞が分泌するホルモンを**神経分泌物質**といいます。

神経分泌物質は，神経分泌細胞の細胞体で合成され，これが軸索を通って運ばれて最終的には血液中に分泌されます。やはり，これも内分泌といえます。

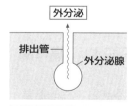
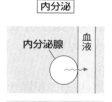
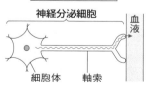

▲ 図28-1 分泌の種類

4 ホルモンは，特定の内分泌腺から直接血液中に分泌されて全身に運ばれますが，働きかける器官は決まっています。たとえば，甲状腺刺激ホルモンは，名前の通り，甲状腺にだけ作用します。このように，ホルモンが働きかける器官を**標的器官**といいます。

これは，標的器官に存在する細胞（標的細胞）にのみ，それぞれのホルモンと結合する**受容体（レセプター）**があり，その受容体と結合することではじめて，ホルモンの作用が現れるからです。

5 この受容体やホルモンの作用が現れるしくみについては，次の第29講で学習しましょう。

 ホルモンが特定の細胞（標的細胞）にのみ作用するしくみを60字以内で説明せよ。

ポイント
(1) ホルモンは受容体に結合して作用を現すこと
(2) その受容体が標的細胞にのみ存在すること
この2点について書く。「受容体」は必ず書かないといけないキーワード！

模範解答例 ホルモンはそれぞれの受容体と特異的に結合してはじめて作用を現すが，その受容体が標的細胞にしか存在しないから。(54字)

①
- **外分泌**…汗や涙，消化液の分泌のように，**排出管**によって運ばれ，**体外や消化管内に分泌**されること。
- **内分泌**…ホルモンの分泌のように，排出管によらず**直接体液中に分泌**されること。

② **標的器官**…それぞれのホルモンが働きかける器官。標的器官に存在する標的細胞にのみ，そのホルモンの**受容体**が存在する。

2 脳下垂体（下垂体）

1 脳下垂体（下垂体）は名前の通り，脳（間脳）の下に垂れ下がった内分泌腺で，前葉，後葉に分けられます。

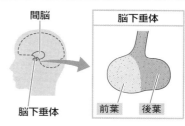

間脳

脳下垂体

脳下垂体

前葉　後葉

▲ 図28-2 脳下垂体の構造

2 **脳下垂体前葉**からは，**甲状腺刺激ホルモン・副腎皮質刺激ホルモン**といった刺激ホルモンが分泌され，それぞれの内分泌腺からのホルモン分泌を促進します。

また，脳下垂体前葉からは，成長を促進する**成長ホルモン**，乳腺の発達や乳汁分泌を促進する**プロラクチン**なども分泌されます。

> このホルモンの分泌が過多の場合，巨人症や末端肥大症になり，ホルモンが不足した場合，小人症になる。

3 脳下垂体前葉からのホルモン分泌は，**間脳視床下部**からの神経分泌物質によって調節されます。たとえば，甲状腺刺激ホルモンの分泌を促す神経分泌物質は**甲状腺刺激ホルモン放出ホルモン（放出因子）**と呼ばれます。

神経分泌物質がすべて分泌促進に働く放出ホルモンというわけではありません。たとえばプロラクチンの分泌にはプロラクチン放出ホルモンとプロラクチン放出抑制ホルモンの両方が関与します。

4 間脳視床下部の神経分泌細胞で合成された神経分泌物質（たとえば甲状腺刺激ホルモン放出ホルモン）は血液中に分泌され，**下垂体門脈**という血管を通って運ばれます。これが脳下垂体前葉の分泌細胞に作用し，脳下垂体前葉からのホルモン（たとえば甲状腺刺激ホルモン）の分泌を促します。

5 **脳下垂体後葉**からは，腎臓の**集合管**（⇨p.203）での**水の再吸収**を促す**バソプレシン**や，子宮筋を収縮させる**オキシトシン**が分泌されます。

> 「抗利尿ホルモン」とも呼ばれる。また血管を収縮させ，血圧を上昇させる働きもあるので，「血圧上昇ホルモン」とも呼ばれる。バソプレシンが不足すると，水の再吸収量が減少するため，尿量が極端に増加するという「尿崩症」になる。

6 この脳下垂体後葉から分泌されるホルモンは，実は**脳下垂体後葉でつくられたホルモンではありません！** これらは間脳視床下部の**神経分泌細胞**で合成され，神経分泌細胞の軸索を通って脳下垂体後葉にまで運ばれ，最終的には脳下垂体後葉から血液中に分泌されているのです。

7　すなわち，バソプレシンやオキシトシンは**神経分泌物質**の一種で，これらを合成しているのは**間脳視床下部**であり，分泌しているのは**脳下垂体後葉**なのです（ややこしい！　でも重要！！）。

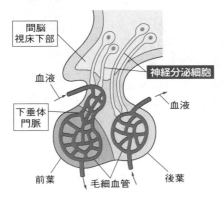

▲ 図 28-3　視床下部から脳下垂体へのホルモンの経路

+α パワーアップ　黒色素粒と体色暗化の調節

　ヒトでは退化しているが，脳下垂体の前葉と後葉の間に**中葉**という内分泌腺があり，ここからはインテルメジンというホルモンが分泌される。

　インテルメジンは，体色変化を行う動物の皮膚にある黒色素胞（色素細胞）に働いて，**黒色素粒（メラニン顆粒）を拡散させ，体色を暗化させる**働きがある。

　眼からの光刺激があると，間脳視床下部はインテルメジン放出抑制ホルモンを分泌し，中葉からのインテルメジンの分泌を抑制する。その結果，黒色素粒は凝集し，体色は明化する。一方，眼からの光刺激がないと，インテルメジン放出抑制ホルモンが分泌されず，中葉からインテルメジンが分泌され，体色が暗化する。

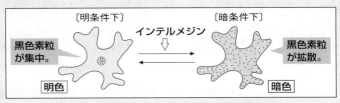

▲ 図 28-4　黒色素粒による体色の調節

内 分 泌 腺	ホ ル モ ン	働　　　き
脳下垂体前葉	甲状腺刺激ホルモン 副腎皮質刺激ホルモン 成長ホルモン プロラクチン	甲状腺からのチロキシン分泌促進 副腎皮質からの糖質コルチコイド の分泌促進 成長促進 乳腺発達，乳汁分泌促進
脳下垂体後葉	バソプレシン オキシトシン	腎臓の集合管での水の再吸収促進 子宮筋収縮促進

第**3**章　体内環境の維持

3 脳下垂体以外の内分泌腺

1　**甲状腺**は，のどの気管の前方に位置する内分泌腺です。甲状腺からは**代謝を促進**する**チロキシン**が分泌されます。チロキシンは，**両生類では変態促進**，**鳥類では換羽促進**に働きます。<u>チロキシンはヨウ素を含むアミノ酸</u>で，甲状腺刺激ホルモンによって分泌が促進されます。

> 厳密には，アミノ酸の一種であるチロシンの誘導体である。口から摂取しても，消化されずそのまま吸収されて効果を発揮することができる。チロキシン分泌が過多の場合はバセドー病，不足の場合はクレチン症と呼ばれる病気になる。

2　甲状腺には図28-5のようなろ胞があり，甲状腺刺激ホルモンによって刺激され，チロキシンを活発に分泌しているときは左図のように，チロキシン分泌が低下しているときは右図のようになります。

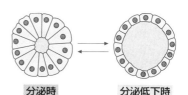

分泌時　　　　　分泌低下時

▲ 図28-5　甲状腺のろ胞の変化

3　甲状腺の裏側に存在するのが<u>副甲状腺</u>（ふく）です。副甲状腺からは，骨からのカルシウムイオン溶出を促進し，血液中のカルシウムイオンを増加させる働きのある<u>パラトルモン</u>が分泌されます。

> 「上皮小体」とも呼ばれる。

> パラトルモン不足による病気を「テタニー症」という。

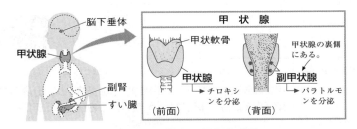

▲ 図28-6 甲状腺と副甲状腺の構造

4 　**副腎**は腎臓の上部に位置し，外側の**皮質**と内側の**髄質**に区別されます。

　皮質からは，タンパク質の糖化を促進する**糖質コルチコイド**と，腎臓の細尿管でのNa⁺再吸収を促進する<u>**鉱質コルチコイド**</u>が分泌されます。どちらも，ステロイド系のホルモンです。

> 炎症やアレルギーを抑制したり，ストレスに対応する作用もある。

> 糖質コルチコイドは，副腎皮質刺激ホルモンによって分泌が促進されるが，鉱質コルチコイドの分泌は，血液中のNa⁺不足や血圧の低下によって腎臓から分泌される物質により調節される（⇨p.188）。鉱質コルチコイド不足による病気を「アジソン病」という。

5 　副腎の髄質からは，<u>**アドレナリン**</u>が分泌されます。アドレナリンは，肝臓でのグリコーゲン分解を促進して，血糖濃度を上昇させるホルモンです。

> アミン（炭化水素の水素原子がアミノ基に置換した有機物）の一種。

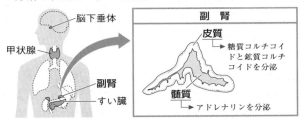

▲ 図28-7 副腎の構造

6 　すい臓には，すい液を分泌する外分泌腺とホルモンを分泌する内分泌腺の両方が存在します。すい臓の内部を顕微鏡で観察すると，ちょうど丸い島のように見えるのが内分泌腺で，これを<u>**ランゲルハンス島**</u>といいます。ランゲルハンス島には**A細胞**と**B細胞**があり，A細胞からは**グルカゴン**，B細胞からは**インスリン**が分泌されます。

> ドイツの医学者であったランゲルハンスが発見した（1869年）。

グルカゴンは，肝臓でのグリコーゲン分解を促進し，血糖濃度を上昇させるホルモンです。先ほど登場したアドレナリンと同じ働きですね。一方，インスリンは，グルカゴンやアドレナリンとは逆で，血糖濃度を低下させるホルモンです。

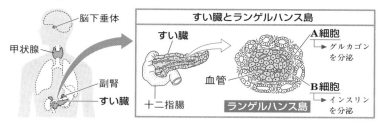

▲ 図28-8 すい臓とランゲルハンス島の構造

7 消化管からもホルモンは分泌されます。十二指腸からは**セクレチン**が分泌され，すい臓からのすい液の分泌を促進します。また，胃からは**ガストリン**が分泌され，胃からの胃液の分泌を促進します。

最強ポイント

内分泌腺		ホルモン	働　き
甲状腺		チロキシン	代謝を促進
副甲状腺		パラトルモン	血液中のCa²⁺の増加を促進
副腎皮質		糖質コルチコイド	タンパク質の糖化を促進
		鉱質コルチコイド	腎臓の細尿管でのNa⁺再吸収を促進
副腎髄質		アドレナリン	肝臓でのグリコーゲン分解を促進
ランゲルハンス島 すい臓	A細胞	グルカゴン	肝臓でのグリコーゲン分解を促進
	B細胞	インスリン	細胞内へのグルコース吸収 細胞内での酸化分解 肝臓でのグリコーゲン合成 を促進
十二指腸		セクレチン	すい液の分泌を促進
胃		ガストリン	胃液の分泌を促進

4 ホルモンの成分と性質

1 ホルモンの成分は大きく次の3種類に分けられます。

① アミノ酸あるいはアミノ酸の誘導体

② 脂質(**ステロイド**) ⇨ p.52

③ アミノ酸が多数結合したペプチド(タンパク質)

2 **チロキシンとアドレナリン**は，**1**のアミノ酸あるいはアミノ酸の誘導体のホルモンになります。

3 副腎皮質から分泌されるホルモン(**糖質コルチコイドと鉱質コルチコイド**)や生殖腺から分泌される性ホルモン(テストステロン，エストラジオール，プロゲステロン)は**2**のステロイド系のホルモンです。

4 これら以外はすべて**3**のペプチド(タンパク質)系のホルモンということになります。成長ホルモンも甲状腺刺激ホルモンもバソプレシンもグルカゴンもインスリンもすべてペプチド(タンパク質)からなるホルモンです。

5 性質という点で分類すると，**チロキシンとステロイド系**のホルモンはいずれも**脂溶性(疎水性)**のホルモン，**アドレナリンとペプチド系**のホルモンはいずれも**水溶性(親水性)**のホルモンです。

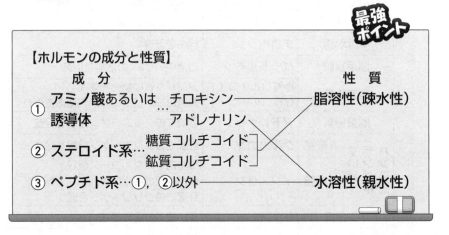

【ホルモンの成分と性質】

| 成分 | 性質 |

① アミノ酸あるいは 誘導体 … チロキシン ── 脂溶性(疎水性)
アドレナリン

② ステロイド系 … 糖質コルチコイド 鉱質コルチコイド

③ ペプチド系 … ①，②以外 ── 水溶性(親水性)

最強ポイント

第29講 ホルモン分泌の調節と作用のしかた

重要度
★★★

ホルモンの分泌はどのようにして調節されるのか，ホルモンがどのようにして作用を現すのかを学習します。

1 ホルモン分泌の調節

1 甲状腺から分泌されるチロキシンは，脳下垂体前葉から分泌される甲状腺刺激ホルモンによって，その分泌が促進されます。甲状腺刺激ホルモンは，間脳視床下部から分泌される甲状腺刺激ホルモン放出ホルモンによって分泌が促進されます。

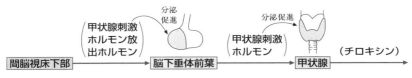

▲ 図29-1 チロキシン分泌の促進

2 血液中のチロキシンの量が増加すると，間脳視床下部や脳下垂体前葉が感知し，甲状腺刺激ホルモン放出ホルモンや甲状腺刺激ホルモンの分泌量が減少します。その結果，甲状腺からのチロキシン分泌も抑制されます。

逆に，血液中のチロキシンの量が減少すると，甲状腺刺激ホルモン放出ホルモンおよび甲状腺刺激ホルモンの分泌量が増加し，チロキシン分泌は促進されます。

▲ 図29-2 チロキシン分泌の調節

3 このように，結果が原因に戻って行う調節を**フィードバック調節**といいます。ふつうは，多い場合は減らすように，少ない場合は増やすようにフィー

ドバックしますが，いずれも**負**のフィードバックといいます。減少させることを「負」というのではなく，現状の逆に働くことを「負」といいます。

> **フィードバック調節**…結果が原因に戻って行う調節。⇨ふつうは「負」の調節（多い場合は減少させ，少ない場合は増加させる）。

4 チロキシンや糖質コルチコイドは，脳下垂体前葉から分泌される刺激ホルモンによって調節されますが，すべてのホルモンが刺激ホルモンによって調節されるわけではありません。

5 **自律神経系**によって分泌が調節されるホルモンもあります。**グルカゴン**や**アドレナリンは交感神経**によって分泌が促進されます。**インスリン**は副交感神経によって分泌が促進されます。

6 一方，**内分泌腺が直接感知**してホルモン分泌が調節される場合もあります。**副甲状腺**から分泌される**パラトルモン**は，副甲状腺刺激ホルモン（そんなホルモンは存在しません！）や自律神経系によって分泌が調節されるのではありません。血液中のCa^{2+}**濃度**が低下すると，これが直接副甲状腺を刺激し，パラトルモン分泌が促されるのです。

7 グルカゴンやインスリンも，自律神経系によっても分泌が促されますが，血糖濃度の変化を直接すい臓ランゲルハンス島が感知し，グルカゴンやインスリン分泌が促されたりもします。

> **ホルモンの分泌調節3パターン**
> ① 刺激ホルモンによって分泌が促進されるホルモン
>   **チロキシン，糖質コルチコイド**
> ② 自律神経系によって分泌が促進されるホルモン
>   **グルカゴン，アドレナリン，インスリン**
> ③ それ以外（直接内分泌腺が変化を感知する場合など）もある。
>   **パラトルモン**など

血液中のCa²⁺濃度の調節

　甲状腺からはチロキシン以外に**カルシトニン**というホルモンも分泌される。カルシトニンは骨からのCa^{2+}溶出を抑制することで血液中のCa^{2+}濃度を低下させるホルモンである。一方，副甲状腺から分泌される**パラトルモン**は，骨からのCa^{2+}溶出や腎臓の細尿管でのCa^{2+}再吸収および腸でのCa^{2+}吸収などを促すことで血液中のCa^{2+}濃度を上昇させるホルモンである。いずれの内分泌腺も血液中のCa^{2+}濃度を直接感知して，それぞれのホルモン分泌を調節している。すなわち，血液中のCa^{2+}濃度が上昇するとカルシトニンの分泌が促され，血液中のCa^{2+}濃度が低下するとパラトルモンの分泌が促される（下図）。

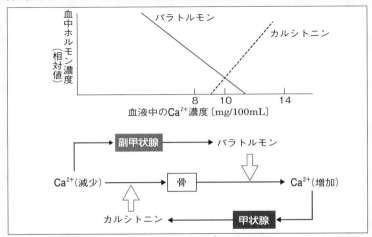

▲ 図29-3 血液中のCa^{2+}濃度の調節

　骨は骨芽細胞により形成され，破骨細胞によって分解され，常につくり替えられている。

　パラトルモンは破骨細胞による骨の破壊を促進し，カルシトニンは破骨細胞の作用を抑制している。

鉱質コルチコイド分泌の調節と作用

副腎皮質から分泌される**糖質コルチコイド**は，副腎皮質刺激ホルモンによって分泌が促進される。しかし，同じ副腎皮質から分泌される**鉱質コルチコイド**は次のようなしくみで分泌が促される。

①　血圧が低下したり血液量が減少すると，腎臓の糸球体の近くにある**傍糸球体装置**がこれを感知し，**レニン**というホルモンを分泌する。

②　レニンは血しょう中の**アンギオテンシノーゲンをアンギオテンシンⅠ**に変換する。

③　アンギオテンシンⅠは，おもに血管内皮に存在するアンギオテンシン転換酵素により**アンギオテンシンⅡ**になる。

④　アンギオテンシンⅡが副腎皮質に作用して鉱質コルチコイド分泌を促す。

⑤　鉱質コルチコイドは腎臓の細尿管に作用して，Na^+の再吸収を促進する。

⑥　Na^+が再吸収された結果，水の再吸収も盛んになり，血液量が増加し，血圧も上昇する。

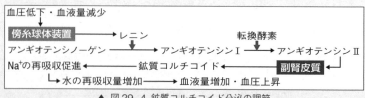

▲ 図29-4 鉱質コルチコイド分泌の調節

2 ホルモンの受容体

■1　ホルモンの受容体のある場所は，大きく2種類あります。1つは細胞内にある場合，もう1つは細胞膜表面にある場合です。

■**考えてみよう！**　受容体のある場所が違うのはなぜでしょうか？

■2　受容体が細胞内にある場合は，そのホルモンが細胞膜を通って細胞内に入る必要がありますね。すなわち細胞膜を通りやすいホルモンの場合のみ，細胞内に受容体があるのです。

■3　具体的には**脂溶性（疎水性）のホルモン（ステロイド系のホルモンとチロキシン）**は細胞膜を通りやすいので，これらのホルモンの受容体は**細胞内**（細胞質あるいは核内）にあります。

■4　逆に**水溶性（親水性）のホルモン（ペプチド系のホルモンとアドレナリン）**は細胞膜を通ることができないので，これらのホルモンの受容体は**細胞膜表面**にあります。

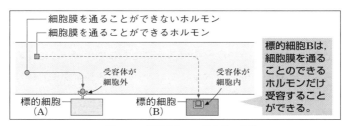

▲ 図29-5 標的細胞での受容体の位置

ホルモンの受容体の場所

① **脂溶性(疎水性)ホルモン**(糖質コルチコイド, 鉱質コルチコイド, チロキシン)の受容体は細胞内にある。

② **水溶性(親水性)ホルモン**(①以外のホルモン)の受容体は細胞膜表面にある。

3 ホルモンの作用のしかた

1 ホルモンの作用のしかたには大きく3タイプがあります。

2 まず1つ目は遺伝子発現を調節するタイプです。脂溶性のホルモンの場合は, 細胞膜を通過し, 細胞内(細胞質あるいは核内)にある受容体と結合します。ホルモンと受容体が結合した複合体は, **転写調節因子**として働き, ホルモン応答遺伝子の転写調節領域に結合します。それにより遺伝子発現を調節し, ホルモンの作用が現れます。

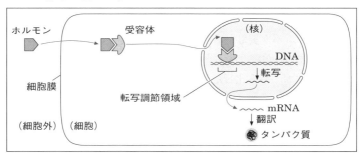

▲ 図29-6 細胞内に受容体があるホルモンの作用のしくみ

第3章 体内環境の維持

3 次は遺伝子発現を伴わない場合ですが，これはさらに2つのタイプがあります。1つは，受容体自身に酵素活性がある場合です。たとえば水溶性のホルモンであるインスリンの受容体は細胞膜にありますが，この受容体にはチロシンキナーゼという酵素が含まれており，インスリンが受容体に結合すると，この酵素が活性化します。

4 この酵素の働きで，特定のタンパク質が活性化(リン酸化)され，活性化したタンパク質がさらに次のタンパク質を活性化していきます。

5 インスリンの場合は最終的には，グルコース輸送体(GLUT)の細胞膜への組み込みを促すことにより細胞内へのグルコースの取り込みを促進したり，解糖系の酵素やグリコーゲンを合成する酵素を活性化することで，血糖濃度を低下させます。

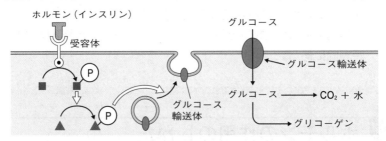

▲ 図29-7 受容体自身に酵素活性がある場合のホルモンの作用のしくみ

6 インスリン以外にも成長ホルモン，プロラクチンなどの受容体は自身に酵素活性があります。

7 もう1つは**Gタンパク質**が関与するものです。

GTP(グアノシン三リン酸)や**GDP**(グアノシン二リン酸)によって活性が調節されるタンパク質をGタンパク質といいます。たとえば水溶性のホルモンである**グルカゴン**の作用にはこのGタンパク質が関与します。

8 細胞膜にある受容体にホルモンが結合する前はGタンパク質にはGDPが結合していてGタンパク質は不活性型になっています。受容体にホルモン(この場合はグルカゴン)が結合すると，GDPが離れてGTPが結合し，Gタンパク質が活性化します。活性化したGタンパク質の働きで特定の酵素(この場合は**アデニル酸シクラーゼ**)が活性化します。この酵素の働きでATPから**cAMP**(環状(cyclic)アデノシン一リン酸)という物質が生成されます。cAMPの働きで特定の酵素(この場合はグリコーゲン分解酵素)が活性化し，ホルモンの作用が現れます(この場合は血糖濃度が上昇します)。

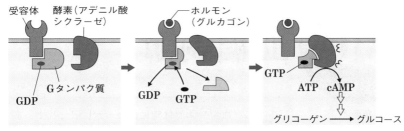

▲ 図29−8 cAMP を介したホルモンの作用のしくみ

9 cAMPは,文字通り AMP（アデノシン一リン酸）が環状になったものです（下図）。cAMPのように，細胞外の情報を間接的に伝え，細胞内で情報伝達を行う物質を**セカンドメッセンジャー**といいます。

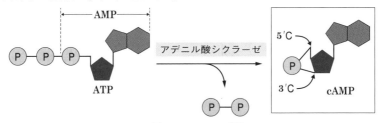

▲ 図 29−9 cAMP の構造

10 グルカゴン以外にも**アドレナリン**やバソプレシン，パラトルモン，脳下垂体前葉から分泌される刺激ホルモンなどもGタンパク質が関与します。

【ホルモンの作用のしかた　3タイプ】

① **受容体とホルモンの複合体**が，**転写調節因子**として働き，遺伝子発現を調節する。

　　例 糖質コルチコイド，鉱質コルチコイド，チロキシン

② 受容体自身に**酵素活性**があり，タンパク質を活性化する。

　　例 インスリン

③ **Gタンパク質**が活性化し，**cAMP**を生成し，**cAMP**が酵素を活性化する。

　　例 グルカゴン，アドレナリン

第**3**章 体内環境の維持

第30講 血糖調節

重要度
★★★

ヒトでは，血糖や体温は常にほぼ一定に保たれています。
そのしくみについて見てみましょう。

1 恒常性

1 からだの外部の環境(**体外環境**)に対して，細胞を取りまく体液を**体内環境**(**内部環境**)といいます。

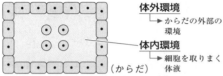

▲ 図30-1 体外環境と体内環境

> これは，ベルナール(仏)によって提唱された(1859年)。ベルナールは，肝臓でのグリコーゲン合成の研究や内分泌説の提唱，『実験医学序説』(1865年)の著者としても有名である。

2 体内環境(体液の浸透圧・pH・塩分組成など)は，常にほぼ一定の範囲内に保たれており，これを**恒常性**(**ホメオスタシス**)といいます。

> これは，キャノン(米)によって提唱された(1932年)。

① **体内環境**…細胞を取りまく体液。
② **恒常性**…体内環境をほぼ一定の範囲内に保つしくみ。

2 血糖調節

1 血しょう中のグルコースを**血糖**といいます。血糖は，からだ中の細胞の呼吸基質として利用される重要な物質です。血糖濃度は，血しょう**100mL中にほぼ100mg**という値に調節されています。

> 血液1mLは約1gなので，100mg/100mL ≒ 0.1g/100gとなり，血糖濃度は約0.1%といえる。

2 食事をすれば，一時的には血糖濃度が上昇しますが，すぐに食事前の値に戻ります。このしくみについて見てみましょう。

まず，血糖濃度の変化を感知するのは**間脳視床下部**です。間脳視床下部が血糖濃度上昇を感知すると，**副交感神経**によってすい臓ランゲルハンス島**B細胞**が刺激され，B細胞からの**インスリン**の分泌が促されます。また，B細胞は直接血糖濃度上昇を感知してインスリンを分泌することもできます。

インスリンは，組織細胞へのグルコースの取り込み，さらに細胞内でのグルコースの酸化分解を促進します。また，肝臓ではグルコースからグリコーゲンへの合成を促進します。このような方法によって，血糖濃度は低下します。

3 逆に，血糖濃度が低下してくると，これを感知した**間脳視床下部**が**交感神経**によって**副腎髄質**およびすい臓ランゲルハンス島**A細胞**を刺激します。そして，副腎髄質からは**アドレナリン**，ランゲルハンス島A細胞からは**グルカゴン**が分泌されます。これらのホルモンは，いずれも肝臓でのグリコーゲンからグルコースへの分解を促進するので血糖濃度は上昇します。

また，間脳視床下部は**副腎皮質刺激ホルモン放出ホルモン**を分泌して，脳下垂体前葉からの**副腎皮質刺激ホルモン**の分泌を促します。副腎皮質刺激ホルモンは副腎皮質を刺激して**糖質コルチコイド**の分泌を促します。糖質コルチコイドは，タンパク質の糖化を促進し，血糖濃度を上昇させます。

> タンパク質を分解して生じたアミノ酸から脱アミノ反応によって有機酸を生じ，有機酸から糖を新生する反応。

これ以外にも，**成長ホルモン**もグリコーゲン分解を促進するので，血糖濃度を上昇させる働きがあります。

4 次のグラフは，食事前後の血糖濃度と，すい臓から分泌される2種類のホルモン（インスリンとグルカゴン）の血中濃度の変化を示したものです。

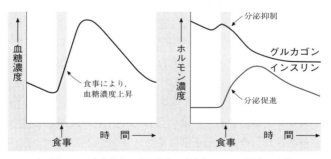

▶ 図 30-2 食事前後の血糖濃度の変化とホルモン濃度の変化

食後，一時的に血糖濃度が上昇しますが，インスリン分泌が促進され，グルカゴン分泌が抑制されて，しばらくすると血糖濃度が食事前の値に戻ります。

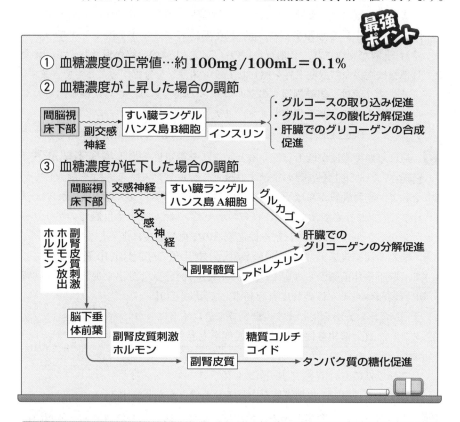

① 血糖濃度の正常値…約$100mg/100mL = 0.1\%$

② 血糖濃度が上昇した場合の調節

③ 血糖濃度が低下した場合の調節

3 糖 尿 病

1 　慢性的に血糖濃度が高いままで，正常値に下げることができなくなる病気が**糖尿病**です。血糖濃度が高いままだと，腎臓でろ過されるグルコース量が多くなりすぎて細尿管で再吸収しきれなくなり，その結果尿中にグルコースが含まれるようになります。

2 　糖尿病にはⅠ型とⅡ型があります。Ⅰ型は自己免疫疾患(⇨第37講)の一種で，インスリンを分泌するすい臓の**ランゲルハンス島B細胞**が自己免疫によって破壊され，その結果正常にインスリンが分泌されなくなってしまうため，高血糖となります。

3　Ⅱ型糖尿病は，加齢や生活習慣など，Ⅰ型以外の理由でインスリン分泌量が減少したり，標的細胞のインスリンに対する反応性が低下することによって高血糖となります。

4　Ⅱ型糖尿病は，喫煙や肥満，運動不足などが引き金になることも多く，日本の糖尿病患者の95%はⅡ型糖尿病だといわれます。

5　Ⅰ型糖尿病の場合は，インスリン注射により血糖濃度を低下させることができます。一方，インスリン注射によっても血糖濃度の低下が見られない場合は，標的細胞の反応性が低下していると判断でき，Ⅱ型糖尿病だとわかります。

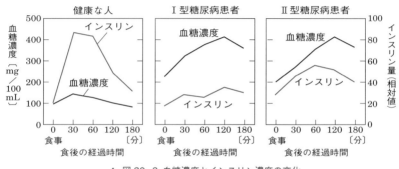

▲ 図30-3 血糖濃度とインスリン濃度の変化

■ **考えてみよう！**　Ⅰ型糖尿病の人は，定期的にインスリン注射をします。インスリンを口から飲む，という方法はなぜだめなのでしょうか？

6　インスリンはペプチド系(タンパク質)のホルモンでしたね。なので，インスリンを口から飲むと，消化酵素によってアミノ酸にまで分解されてしまいます。そのため口から飲むのではなく，直接注射する必要があるのです。

第**3**章　体内環境の維持

糖尿病と合併症

　糖尿病の場合，血液中のグルコース濃度は高くなっているが，正常に細胞内にグルコースを取り込めないため，**細胞内のグルコースは少なくなっている。**グルコースは重要な呼吸基質なので，細胞内のグルコースが不足すると，脂肪を呼吸基質に使うようになり，その結果血液中のケトン体(脂肪の分解で生じる中間代謝産物)が増え，血液が酸性に傾いてしまう。このような変化は血管の内皮細胞を傷つけ，動脈硬化を引き起こす。血流が悪くなると**糖尿病網膜症**や**糖尿病腎症**，**糖尿病神経障害**などを引き起こす。またグルコースとともに多量の水も尿として排出するようになるため，脱水状態になる。このように糖尿病は，単に尿中にグルコースが排出されてしまうだけではなく，さまざまな合併症を引き起こしてしまう。

経口血糖降下薬

　血糖濃度を低下させる薬にもさまざまな種類があるが，その1つが**ダパグリフロジン**という SGLT 阻害剤である。SGLT は p.61 で学習した **Na⁺/グルコース共輸送体**であるが，同様の輸送体が腎臓の細尿管にも存在し，これによりグルコースの再吸収が行われている。ダパグリフロジンは，この SGLT に競争的に結合することでグルコースの再吸収を阻害する。その結果，グルコースがより多く尿中に排出されるようになり，血糖濃度を低下させることができる。

【糖尿病の2タイプ】
I 型糖尿病…自己免疫によりランゲルハンス島B細胞が破壊され，
　　　　　　インスリンが分泌されない。
II 型糖尿病… I 型以外の理由でインスリン分泌量の減少あるいは
　　　　　　標的細胞のインスリン反応性が低下。

体温調節

重要度
★ ★

夏でも冬でもヒトの体温はほぼ37℃前後に保たれています。
そのしくみについて学びます。

1 体温調節

1 恒温動物では，体温は常にほぼ一定範囲に保たれています。

たとえば，気温が下がったことは皮膚の**冷点**（れいてん）が受容します。この情報が感覚神経によって**間脳視床下部**に伝えられます。このような外界の刺激以外にも，温度が下がった血液が間脳視床下部に流れると，間脳視床下部の体温中枢が刺激されます。

すると，**交感神経**によって，**皮膚の血管や立毛筋が収縮します**。そして，血管の収縮により，体表から奪われる熱が減少します。また，立毛筋の収縮により毛が立つと，毛と毛の間の空気によって，やはり体表から奪われる熱が減少します。

2 また，交感神経によって**副腎髄質**（ずいしつ）が刺激され，**アドレナリン**分泌が促されます。さらに，放出ホルモンによって**刺激ホルモン**が分泌され，**甲状腺**からの**チロキシン**，副腎皮質からの**糖質コルチコイド**の分泌が促されます。アドレナリン，チロキシン，糖質コルチコイドはいずれも代謝を促進するので熱が発生し，体温を上昇させるように働きます。

さらに，交感神経によって**心臓の拍動が促進され**，運動神経によって**骨格筋のふるえが起こります**。これらも，熱発生により体温を上昇させるように働きます。

3 **体温が上昇した場合**は，先ほどの逆で，アドレナリン，チロキシン，糖質コルチコイドの分泌は抑制され，体表の血管や立毛筋への交感神経による刺激がなくなり，血管や立毛筋が弛緩（しかん）します。

さらに，汗腺に分布する交感神経の刺激により，発汗が促進されます。

> この交感神経は，神経伝達物質として，ノルアドレナリンではなくアセチルコリンを放出する。

いずれも放熱量を増加させて，体温を下げる方向に働きます。

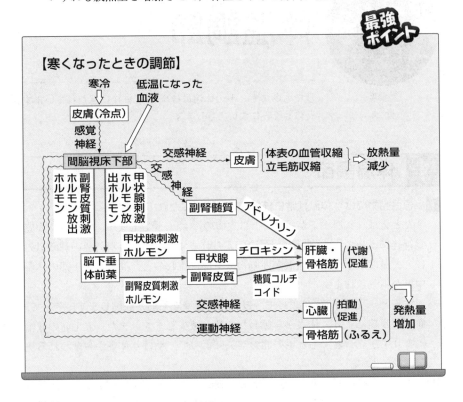

【寒くなったときの調節】

2 恒温動物の温度適応

1 近縁種で比較すると，寒地に生息する恒温動物ほど，耳などの突出部が小さいという傾向にあり，これを**アレンの規則**といいます。

〔フェネック〕　〔ホンドギツネ〕　〔ホッキョクギツネ〕

（暖地）大　　突出部（耳）の大きさ　　小（寒地）

▲ 図31-1 アレンの規則とキツネの耳の大きさ

2　また，近縁種で比較すると，**寒地に生息する恒温動物ほど，からだの大きさが大きい**という傾向にあり，これを**ベルクマンの規則**といいます。

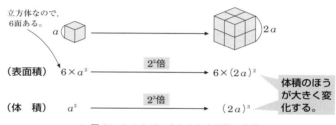

〔マレーグマ〕　〔ツキノワグマ〕　　　〔ヒグマ〕　　　　　〔ホッキョクグマ〕

（暖地）小　　　　　　　　からだの大きさ　　　　　　　大　（寒地）

▲ 図31-2 ベルクマンの規則とクマのからだの大きさ

3　これを，単純に立方体で考えてみましょう。1辺 a の立方体と1辺が $2a$ の立方体をくらべると，次の図31-3のようになります。つまり，からだが大きくなると表面積も体積も増加しますが，表面積は2乗に比例して増加するのに対し，体積は3乗に比例して増加します。

立方体なので，
6面ある。

a → $2a$

（表面積）　$6 \times a^2$ —— 2^2倍 —— $6 \times (2a)^2$

体積のほうが大きく変化する。

（体　積）　a^3 —— 2^3倍 —— $(2a)^3$

▲ 図31-3 からだの大きさと表面積・体積

4　表面積が増加すれば放熱量が増加してしまいますが，体積が増加すれば発熱量が増加することになります。したがって，からだが大きくなると表面積が増加する以上に体積が増加し，$\dfrac{表面積}{体積}$ すなわち $\dfrac{放熱量}{発熱量}$ の割合が小さくなるので，寒地に適応できることになります。

5　気温と酸素消費量の関係をグラフにすると，右のようになります。Aは寒地に生息する動物，Bは熱帯に生息する動物です。

▶ 図31-4 気温と酸素消費量の関係

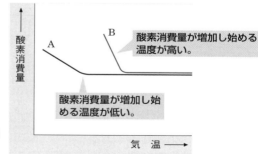

酸素消費量

A

B

酸素消費量が増加し始める温度が高い。

酸素消費量が増加し始める温度が低い。

気　温

6 気温が下がり，体温が低下し始めると，呼吸が盛んになり，代謝が促進されて熱生産が促されます。そのため，酸素消費量も増加します。

7 熱帯に生息する動物（B）にくらべると，寒地に生息する動物（A）のほうが，酸素消費量が増加し始める温度が低く，傾きが緩やかであるのが特徴です。これは，寒冷地の動物のほうがからだが大きく，突出部が小さく，また皮下脂肪や体毛を発達させて，熱放散を抑制するしくみが発達しているためです。

① **アレンの規則**…寒地の動物ほど，耳などの**突出部が小さい**傾向にある。
② **ベルクマンの規則**…寒地の動物ほど**大形**である傾向にある。
③ 気温と酸素消費量の関係…寒地の動物のほうが，気温の低下に対する酸素消費量の増加割合が小さい。

第**32**講 肝　臓

重要度
★

重要なことを肝腎（または肝心）なこと，といいますね。そのとても大切な肝臓の働きを見てみましょう。

1 肝　臓

1 肝臓は，人体最大の臓器で，体重の約$\frac{1}{50}$（成人男子で約1.2kg）の重さがあります。非常に再生能力が強く，$\frac{3}{4}$を切除しても，約4か月で再生するといわれます。

2 肝臓は，直径約1mmの六角柱状の肝小葉（かんしょうよう）と呼ばれる基本単位からなります。1つの肝小葉に，40万〜50万個の肝細胞があります。

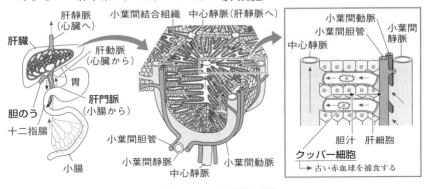

▲ 図 32-1 ヒトの肝臓の構造

3 肝臓にはさまざまな働きがあります。まず，**古くなった赤血球を破壊する**働きがあります。肝臓

> 胎児期には，新しい赤血球を生成する働きもある。

内には**クッパー細胞**と呼ばれるマクロファージの一種が存在し，古くなった赤血球はクッパー細胞の食作用（しょく）によって処理されます。

また，**有害物質を無毒化する**働きがあり，これを**解毒作用**（げどく）といいます。くわしくはp.394の排出のところで学習しますが，尿素回路によってアンモニアから尿素を生成するのも解毒作用の一種といえます。

4 血しょうタンパク質である**アルブミン**や**フィブリノーゲン**，**プロトロンビ**ンおよび血液凝固を阻止する**ヘパリン**を生成するのも肝臓です。

グルコースからグリコーゲンを合成して貯蔵したり，逆にグリコーゲンを**グルコースに分解**したりするのも，脂肪を乳化する働きのある<u>胆汁(胆液)</u>を生成するのも肝臓です。

→ 肝臓で生成し，いったん胆のうに蓄えられ，最終的には胆のうから十二指腸に出される。

このように，肝臓は非常に代謝が盛んな臓器なので，それに伴って**多量の熱**も発生します。恒温動物ではこの熱が体温の維持に役立ちます。

→ 最も発熱量が多いのは骨格筋。2番目に発熱量が多いのが肝臓。

5 また，脂溶性ビタミン(ビタミンAやD，E)を貯蔵したり，血液を一時貯蔵し，循環する血液量を調節するといった働きもあります。

胆汁の成分

胆汁は，**胆汁酸**と**胆汁色素**からなる。胆汁酸はコレステロールから生成される物質で，これが脂肪の乳化に働く。胆汁色素はヘモグロビンの分解産物である**ビリルビン**からなる。これが消化管内で不消化排出物と合わさり，大便の色になる。

解毒作用の方法

解毒作用にもいろいろあるが，たとえば，エタノールはアルコール脱水素酵素によって**アセトアルデヒド**に，アセトアルデヒドは，さらにアセトアルデヒド脱水素酵素によって**酢酸**になる。酢酸はクエン酸回路に入り，最終的には二酸化炭素と水に分解される。これ以外にも，シトクロムP450と呼ばれる酵素群によって有害物質を酸化する方法や，硫酸やグルクロン酸という物質と結合させる(**抱合**という)という方法もある。

【肝臓のおもな働き】
① 古くなった**赤血球の破壊**　② **解毒作用・尿素の生成**
③ **アルブミン**，**フィブリノーゲン**，**ヘパリン**の生成
④ **グリコーゲンの合成・貯蔵・分解**
⑤ **胆汁の生成**　⑥ **熱発生**により体温の維持
⑦ **脂溶性ビタミンの貯蔵**　⑧ **血液の貯蔵**，循環血液量の調節

第33講 腎臓と尿生成

重要度
★★

ヒトの排出器官は腎臓で，尿をつくって排出しています。
腎臓のつくりと尿生成のしくみを見てみましょう。

1 腎臓の構造

1 腎臓は，ヒトでは腰のあたりに1対(2個)あります。内部は，**皮質**と**髄質**，そして**腎う**からなり，次の図のような構造をしています。

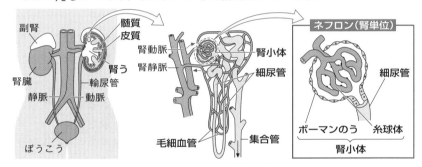

▲ 図33-1 ヒトの腎臓の構造

2 上の図の**糸球体**と**ボーマンのう**を合わせて**腎小体**といいます。また，**糸球体**とボーマンのうと細尿管(腎細管)を合わせて**ネフロン(腎単位)**といいます。　　　　　　　　→「マルピーギ小体」ともいう。

ヒトでは，**1つの腎臓に約100万個のネフロン**があります。

① 糸球体＋ボーマンのう＝**腎小体**
② 糸球体＋ボーマンのう＋細尿管＝**ネフロン(腎単位)**
③ **1つの腎臓にネフロンは100万個。**

2 尿の生成

1 　腎動脈によって腎臓に入った血液は，細く曲がりくねった**糸球体**(しきゅうたい)という血管を通ります。ここでは，血圧が非常に高くなるため，糸球体の血管壁を通して様々な血しょう成分がこし出されます。この現象を**ろ過**といいます。**血液の有形成分(赤血球，白血球，血小板)はろ過されません**し，血しょう成分の中でも**高分子のタンパク質はろ過されません**。それ以外の，水，無機塩類，グルコース，尿素などは，糸球体から**ボーマンのう**へとろ過されます。ろ過された液を**原尿**(げんにょう)といいます。

2 　原尿は，ボーマンのうから細尿管(さいにょうかん)へと運ばれますが，この**細尿管を通過する間に，水や無機塩類，グルコースなどが細尿管の周りを取りまく毛細血管へと戻ります**。この現象を**再吸収**(さいきゅうしゅう)といいます。また，水は，集合管からも再吸収されます。

3 　このとき，正常であれば**グルコースは100%再吸収されます**が，無機塩類や水の再吸収量は，そのときの体液の状態に応じて調節されます。

4 　細尿管からの無機塩類(特にNa^+)の再吸収は，副腎皮質から分泌されるホルモンの1つである**鉱質コルチコイド**(こうしつ)によって促進されます。血液中の塩分濃度が低下したときや血流量が減少したり血圧が低下したときには，鉱質コルチコイドが分泌されてNa^+の再吸収が促進され，結果的に水も再吸収されて血流量が増加し，血圧も上昇します。

5 　水は細尿管からも集合管からも再吸収されますが，このうち集合管からの水の再吸収を促進するのが，脳下垂体後葉(こうよう)から分泌される**バソプレシン**というホルモンです。**バソプレシンは，集合管の水の透過性を高めて水の再吸収を促進します**。つまり，体液の浸透圧が上昇したときには，バソプレシンが分泌されて水の再吸収が促進されるので，体液の浸透圧が低下します。

6 　また，**クレアチニン**などの老廃物が，毛細血管から細尿管へと分泌されます。これを**追加排出**(ついかはいしゅつ)といいます。

> クレアチニンは，クレアチン(⇨p.640)の分解で生じる物質。これ以外にも，血しょう量を求めるのに使われるパラアミノ馬尿酸という物質も追加排出される。

7 　このようにして，細尿管で再吸収されず，分泌(追加排出)された成分が含まれる液体が**尿**となり，**腎う**に集まります。さらに，**尿は，輸尿管を通って腎臓からぼうこうへ運ばれ**，そこでいったん

ためられて，最終的には尿道を通って体外に排出されます。

 定番論述対策8　多量の塩分を摂取すると，尿量が減少する。そのしくみを100字以内で説明せよ。

ポイント　変化（浸透圧上昇），感知（間脳視床下部），方法（バソプレシン分泌），作用（集合管での水の再吸収促進）の4点を書く。

模範解答例　体液浸透圧の上昇を間脳視床下部が感知すると，脳下垂体後葉からのバソプレシン分泌が促進される。バソプレシンは，腎臓の集合管での水分の再吸収を促進するので，尿量が減少する。
（84字）

【尿生成のしくみ】
① 糸球体→ボーマンのう…**血球，タンパク質以外がろ過**
② 細尿管→毛細血管…水，無機塩類，**グルコースが再吸収**（水は**集合管**からも再吸収）される
⇨ { 水の再吸収は**バソプレシン**が促進。
　　Na⁺の再吸収は**鉱質コルチコイド**が促進。
③ 毛細血管→細尿管…**クレアチニン**などが分泌（追加排出）。

3　ヒトの水分量調節

1　多量の汗をかいたり塩分を摂取したりして体液の水分量が減少したり塩類濃度が上昇したりすると，**間脳視床下部**がこれを感知してバソプレシン合成が促され，**脳下垂体後葉**からの**バソプレシン**分泌が増加します。

バソプレシンは，**腎臓の集合管での水の再吸収を促進**し，体液濃度を低下させます。その結果，尿の塩類濃度は上昇し，尿量は減少します。

バソプレシンによる水の再吸収

　バソプレシンによって集合管での水の再吸収が促進されるしくみは次の通りである。

　水を通すチャネルであるアクアポリンが細胞内の小胞に組み込まれており(①)，バソプレシンが受容体に結合すると(②)，Gタンパク質(⇨p.190)の働きにより酵素(アデニル酸シクラーゼ)が活性化してcAMPが生成される。cAMPの働きによって，この小胞の集合管の上皮細胞の細胞膜への融合が促進される(③)。その結果，細胞膜のアクアポリンの数が増加するため，水の再吸収量が増加する。バソプレシンの受容体は集合管の血液側にあり，アクアポリンが増加するのは集合管の管腔側(原尿が通るほう)である。

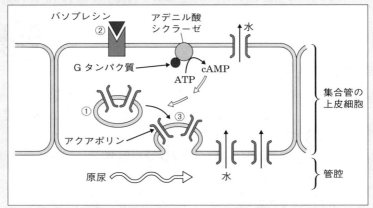

▲ 図33-2 バソプレシンによる水の再吸収

体液の水分量が減少し体液の塩分濃度が上昇した場合

| 間　　脳 | 脳下垂体後葉 | 集合管での水の |
| 視床下部 | バソプレシン | 再吸収を促進 |

※バソプレシンは間脳視床下部で生成され，脳下垂体後葉から分泌される。

第**34**講 尿生成に関する計算とグラフ

重要度
★ ★

尿生成に関する計算とグラフをマスターしましょう。

1 尿生成に関する計算

1 ある物質の尿中での濃度が，血しょう中での濃度の何倍に濃縮されたかを示す値を**濃縮率**といい，次の式で求めることができます。

$$濃縮率 = \frac{尿中での濃度}{血しょう中での濃度}$$

2 濃縮率の値が大きい物質は，細尿管であまり再吸収されずに尿中に排出される物質です。

3 水と同じ割合で再吸収されると，血しょう中での濃度と尿中での濃度が同じ値になるので，濃縮率は1.0になります。

4 糸球体からボーマンのうへろ過された液，すなわち**原尿の量**を求めるために，イヌリンという物質を使って実験します。**イヌリンという物質は，ろ過はされますが細尿管で再吸収も分泌(追加排出)もされない物質**です。

5 再吸収も追加排出もされなければ，原尿中のイヌリンの量と尿中のイヌリンの量は同じはずです。原尿中のイヌリンの量は，**原尿量×原尿中でのイヌリンの濃度**で示すことができます。同様に，尿中のイヌリンの量は，**尿量×尿中でのイヌリンの濃度**で示すことができます。

$$濃度 = \frac{溶質量}{溶液量}$$
$$\therefore \ 溶質量 = 溶液量×濃度$$

207

原尿中のイヌリンの量＝尿中のイヌリンの量

原尿量×原尿中でのイヌリンの濃度＝尿量×尿中でのイヌリンの濃度

よって,

$$原尿量＝\frac{尿量×尿中でのイヌリンの濃度}{原尿中でのイヌリンの濃度}$$

となります。

　一般に, 糸球体からボーマンのうへろ過される物質では, 原尿中での濃度と血しょう中での濃度はほぼ同じ値になります。したがって, 先ほどの式の分母は, 血しょう中でのイヌリンの濃度に置き換えることができます。

　すなわち,

$$原尿量＝\frac{尿量×尿中でのイヌリンの濃度}{血しょう中でのイヌリンの濃度}$$

　ここで, $\dfrac{尿中でのイヌリンの濃度}{血しょう中でのイヌリンの濃度}$ は, イヌリンの濃縮率に相当するので,

原尿量＝尿量×イヌリンの濃縮率

となります。

■ **考えてみよう！**　**1日の尿量が1.5L, イヌリンの血しょう中での濃度が0.1mg/mL, イヌリンの尿中での濃度が12.0mg/mLだとすると, 1日の原尿量は何Lでしょうか？そして, このときの再吸収率は何%でしょうか？**

6　公式にあてはめて, 原尿量は

$$1.5L \times \frac{12.0\,mg/mL}{0.1\,mg/mL} = 180L$$

となります。

7　この場合, 180Lの原尿がいったんろ過され, 180L − 1.5L = 178.5Lが再吸収されたことになります。ですから, 水の再吸収率は, じつに

$$\frac{178.5L}{180L} \times 100 \fallingdotseq 99.2\%$$

となります。

2 尿生成に関するグラフ

1　血しょう中のグルコース（血糖⇨p.192）濃度と，原尿中のグルコース量および尿中のグルコース量の関係を示したものが次のグラフです。

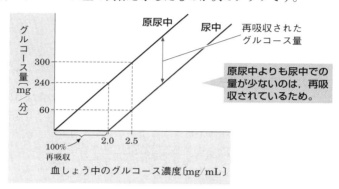

▲ 図34-1 血糖濃度と原尿中・尿中のグルコース濃度

2　このグラフでは血しょう中のグルコース濃度（血糖濃度）が約2mg/mL以下であれば，グルコースは100％再吸収され，尿中のグルコースは0mgです。しかし，グルコースを再吸収する量にも限界があるため，血しょう中のグルコース濃度が高くなりすぎると，再吸収しきれないグルコースが尿中に排出されるようになります。

3　このように，何かの原因で血しょう中のグルコース濃度が高くなりすぎ，尿中にグルコースが排出されるのが**糖尿病**です。

4　上のグラフから原尿量を求める方法について考えましょう。たとえば，血しょう中でのグルコース濃度が2.5mg/mLを見ると，このときの原尿中のグルコースの量は300mgと読めます。グルコースの血しょう中での濃度と原尿中での濃度は等しいので，原尿中でのグルコース濃度が2.5mg/mLのときに，原尿中のグルコースの量が300mgで，

$$\text{1分間での原尿量} = \frac{300\,\text{mg}}{2.5\,\text{mg/mL}} = 120\,\text{mL}$$

となります。1日では，$120\,\text{mL} \times 60 \times 24 = 172800\,\text{mL} = 172.8\,\text{L}$ となります。

濃度 $= \dfrac{\text{溶質量}}{\text{溶液量}}$　∴　溶液量 $= \dfrac{\text{溶質量}}{\text{濃度}}$

ここでは

原尿量 $= \dfrac{\text{原尿中のグルコース量}}{\text{原尿中でのグルコース濃度}}$

となる。

クリアランス

単位時間で尿中に排出された物質が，どれだけの血しょう量に由来するかを示した値を**クリアランス（清掃率）**という。クリアランスをC〔mL〕，血しょう中でのある物質（Xとする）の濃度をP〔mg/mL〕，単位時間での尿量をV〔mL〕，尿中でのXの濃度をU〔mg/mL〕とすると，

$$C〔mL〕 = \frac{V〔mL〕 \times U〔mg/mL〕}{P〔mg/mL〕}$$

で表される。

イヌリンのように，再吸収も分泌（追加排出）もされなければ，クリアランスの値は原尿量と同じ値になる。つまり，**原尿量と同じだけの量の血しょうに含まれていた物質が，尿中に排出された**ことになる。式の上でも次のようになり，確かに原尿量と同じ値になるのがわかる。

$$イヌリンのクリアランス = \frac{尿量 \times 尿中でのイヌリンの濃度}{血しょう中でのイヌリンの濃度}$$

$$= 原尿量$$

イヌリンのクリアランスよりもクリアランスの値が小さい物質は，原尿中に含まれていた量よりも少ない量が尿中に排出されたことになるので，**再吸収された物質**ということになる。イヌリンのクリアランスよりもクリアランスの値が大きい物質は，原尿に含まれていた量以上の量が尿中に排出されたわけだから，**追加排出された物質**だということになる。

公式① 　濃縮率 ＝ $\dfrac{尿中での濃度}{血しょう中での濃度}$

公式② 　原尿量 ＝ 尿量 × イヌリンの濃縮率

定番計算 例題② 原尿量の計算

右の表は，あるヒトの血しょうおよび尿中の尿素やイヌリンの濃度〔mg/mL〕を示したものである。1時間の尿量を100mLとして，次の問いに答えよ。

物 質	血しょう	尿
尿 素	0.3	20
イヌリン	1.0	120

(1) 1時間での原尿量〔L〕を求めよ。

(2) 1時間で再吸収された尿素は，こし出された尿素の何％か。小数第一位まで答えよ。

解 説 (1) 公式②に当てはめるだけ！

原尿量＝尿量×イヌリンの濃縮率

$$= 100\,\text{mL} \times \frac{120\,\text{mg/mL}}{1.0\,\text{mg/mL}} = 12000\,\text{mL} = 12\,\text{L}$$

(2) まず，原尿中の尿素の量を求めます。

「原尿中の尿素の量＝原尿量×原尿中での尿素の濃度」ですが，**原尿中での尿素の濃度は血しょう中での尿素の濃度と等しいので，**

$$12000\,\text{mL} \times 0.3\,\text{mg/mL} = 3600\,\text{mg} = 3.6\,\text{g}$$

「尿中の尿素の量＝尿量×尿中での尿素の濃度」

$$100\,\text{mL} \times 20\,\text{mg/mL} = 2000\,\text{mg} = 2.0\,\text{g}$$

よって，再吸収された尿素の量は，

3.6g − 2.0g = 1.6g です。

問われているのは，「再吸収された尿素(1.6g)が，こし出された尿素＝原尿中の尿素(3.6g)の何％か」なので，

$$\frac{1.6\text{g}}{3.6\text{g}} \times 100 \fallingdotseq 44.4\%$$

となります。

答 (1) 12L (2) 44.4%

第**3**章 体内環境の維持

第**35**講 生体防御①
（自然免疫）

重要度
★★★

ウイルスや細菌などの病原体からからだを守るしくみには，
3段階あります。

1 物理的・化学的防御

1 まずは皮膚や粘膜などの物理的・化学的防御によって，病原体などの異物が体内に侵入するのを防ぐためのしくみがあります。

2 皮膚は右図のように，表面を覆っている**表皮**と深部の**真皮**からなります。

> 表皮は外胚葉由来，真皮は中胚葉の体節由来でしたね。

表皮の最深部には1層の円柱形の細胞からなる**基底層**（きていそう）という部分があります。

ここで盛んに細胞分裂が行われて，分裂で生じた細胞は表層へと押し上げられていきます。この間に**ケラチン**というタンパク質が合成され，やがて最外層に達するとケラチンで充満した細胞からなる**角質層**（かくしつそう）を形成します。

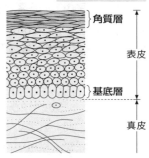

▲ 図35-1 ヒトの皮膚の構造

3 角質層はすでに死んでしまった死細胞からなり，表面の細胞は常に剥（は）がれ落ち，また新たに補充されるということを繰り返しています。

> これが「垢（あか）」。

ウイルスは生きている細胞にしか感染できないので，死細胞からなる角質層によって，ウイルスの侵入を防ぐことができます。

4 角質層の細胞間は脂質で満たされており，水分保持に寄与しています。

> セラミドと呼ばれる脂質。化粧品のCMでよく耳にしませんか？

5　また，皮脂腺や汗腺からの分泌物によって皮膚表面が**弱酸性**(pH4.5～6.5)に保たれています。多くの病原体は酸性では増殖が抑制されるので，これにより病原体の繁殖を抑えることができます。

> 「弱酸性ビ○○」って洗顔・スキンケアの有名なブランドがありますよね。

6　また汗や涙，鼻汁や唾液などには**リゾチーム**という酵素が含まれています。
　リゾチームは細菌の**細胞壁を構成する多糖類を加水分解する酵素**なので，これによって細菌の増殖を防ぐことができます。

> これもTVのCMで「塩化リゾチーム配合の風邪薬」って聞きませんか？

7　皮膚の表面は角質層で覆われていますが，口，消化管，鼻，気管などの内表面は**粘膜**で覆われていて，病原体が付着するのを防いでいます。

8　皮膚には，**ディフェンシン**というタンパク質も含まれています。ディフェンシンは，細菌や菌類の細胞膜に結合して，細胞膜に孔をあけるなどといった方法で抗菌作用を発揮します。

9　気管内壁の細胞には繊毛（せんもう）があり，異物をからめ取った粘液は，この繊毛運動によって口のほうへ送られます。鼻腔や気管に異物が入ったり炎症が起きたりすると，反射によってせきやくしゃみが起こり，異物をからめ取った粘液を痰（たん）として体外に排出します。

10　また，胃には，強酸性の**胃酸**(塩酸)が分泌されていて，食物に含まれる病原体のほとんどはこれにより殺菌されます。
　このように，胃内は，胃酸によって強酸性になっているので，この中で働く酵素には最適pHが2で，強酸性下で高い活性をもつ**ペプシン**が使われているのでしょうね。また，この塩酸は，**ペプシノーゲン**をペプシンに活性化する役割もあります。

分泌細胞が酵素によって分解されないわけ

　ペプシンやトリプシンは，タンパク質を分解する酵素だが，それをつくっている胃腺やすい臓の細胞も主成分はタンパク質である。どうしてそれらの分泌細胞が酵素によって分解されないのだろうか。それは，それらの酵素が，細胞内では，まだ働きのない**ペプシノーゲン**や**トリプシノーゲン**という形で合成されるからである。ペプシノーゲンは，胃腺の細胞から分泌されて胃の中で塩酸によってペプシンへと活性化される。すい液に含まれていたトリプシノーゲンは，十二指腸や小腸内で，腸液に含まれていた**エンテロキナーゼ**という酵素によって活性化される。

表皮でのそれ以外の防御

　皮膚の基底層の細胞間には**メラノサイト**という細胞がある。これは暗褐色の**メラニン色素**を合成し，周囲の細胞に供給する働きがある。このメラニン色素によって分裂中の基底層細胞が紫外線によるDNA障害から免れるようになる。

　また基底層と角質層の間には**ランゲルハンス細胞**という細胞もある。これは樹状細胞(⇨p.150)の一種で，免疫応答に関与する。

　ランゲルハンス細胞は，すい臓のランゲルハンス島(⇨p.182)を発見したランゲルハンスが発見した細胞なので，その名前がついているが，ランゲルハンス島の細胞とはまったく違うので混同しないように。

【体外からの異物侵入に対する防御】
① 物理的防御…角質層(死細胞)，粘膜の粘液
② 化学的防御
- 汗や唾液に含まれる**リゾチーム**による細菌の細胞壁の分解
- 皮膚のディフェンシンによる細菌の細胞膜の破壊
- 胃酸による殺菌

2　自然免疫

1　物理的・化学的防御を突破して体内に侵入してしまった異物に対して働くのが，生まれながらにしてもっている<u>自然免疫</u>です。

> 物理的・化学的防御も自然免疫に含める場合もある。

2　自然免疫では，白血球の一種である**好中球**や，**単球**から分化した**マクロファージ**や**樹状細胞**が働きます。これらの細胞には**食作用**があり，体内に侵入した異物を包み込んで消化・分解することで，異物を排除します。食作用を行う細胞を**食細胞**といいます。

3　白血球の中でも最も数が多いのが**好中球**で，盛んな食作用によって異物を処理します。好中球は，異物を取り込むと，取り込んだ異物とともに死んでしまいます。

> 死んだ好中球の集まりが膿となります。

4　**NK細胞**（ナチュラルキラー細胞，⇨p.220）はウイルスに感染した細胞やがん細胞を直接攻撃し，細胞を死滅させて排除する働きがあります。

5　マクロファージや樹状細胞，好中球の細胞膜表面には**TLR**（Toll-Like Receptor：**トル様受容体**）というタンパク質があり，これが，細菌やウイルスに共通する特徴的なパターンを認識します。TLRと結合したものは外部から侵入した異物（**非自己**）とみなされ，食作用によって処理されます。

TLR（トル様受容体）

TLRには複数の種類（ヒトでは10種類）があり，たとえばTLR2やTLR4は細菌の細胞壁に含まれる**ペプチドグリカン**（⇨p.348）および**リポ多糖類**（糖脂質）を認識し，TLR5は細菌の鞭毛の構成タンパク質（**フラジェリン**）を認識する。

また，細胞膜表面だけではなく細胞内の小胞内に存在するTLRもある。たとえばTLR3は細胞内の小胞内表面にあり，取り込んだウイルスがもつ2本鎖RNAを認識する。

6　異物の侵入が起こると，局所の細胞から**ヒスタミン**や**プロスタグランジン**という警報物質が分泌されます。これらの物質により血管が拡張して血流が増加し，局所が赤くはれたり熱をもつようになります。また，神経が刺激されることで痛みも生じます。このような反応を**炎症**といいます。

7 このとき，毛細血管の内皮細胞の結合が緩み，透過性が高まって血液の水分が漏れ出る量が増えて水ぶくれが生じたり，さらに毛細血管から好中球や単球が血管外に出て（血管を出た単球はマクロファージになる），炎症が起こっている場所に移動します。

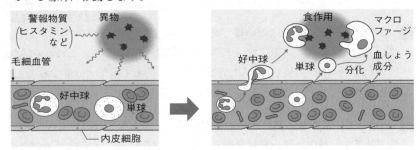

▲ 図 35-2 食作用が起こる過程

8 さらに，マクロファージは，サイトカインの一種の**インターロイキン**（IL-1）（⇨p.220）という物質を分泌し，好中球などの食細胞を増殖させ，さらに間脳視床下部に働きかけて全身の体温を上昇させます。

9 この発熱により食作用がさらに活発になり，組織の修復も促進されるのです。風邪をひいて発熱したときに安易に解熱剤を飲んで熱を下げると，せっかくの自然免疫が抑えられてしまう危険性があります。素人考えでむやみに薬に頼るよりも，暖かくして安静にして寝ているのが一番かも。

【自然免疫】
① 好中球・マクロファージ・樹状細胞が**TLR**で異物を認識し，食作用で排除。
② **NK細胞**がウイルスに感染した細胞やがん細胞を排除。

3 獲得（適応）免疫

1 体内に侵入し，自然免疫をもかいくぐった病原体に対しては，いよいよ免

疫の主役ともいうべき**獲得免疫（適応免疫）**が働きます。自然免疫は特異性も低く，過去に侵入した異物に対して迅速に対応するという働きもありませんが，獲得免疫は**高い特異性があり，免疫記憶が形成される**という特徴があります。

2　獲得免疫は，さらに大きく次の2種類に大別されます。

侵入してきた非自己成分に対してタンパク質からなる**抗体**を産生して行う**体液性免疫**と，抗体の産生が見られない**細胞性免疫**の2種類です。

> 鳥類ではファブリキウスのう（Bursa of Fabricius）で分化することから，この名が付いた。哺乳類では骨髄（Bone Marrow）で分化・成熟することから，これを語源とすることもある。

獲得免疫には，**T細胞**や**B細胞**が関与します。T細胞は胸腺で分化・増殖します。

> Thymus（胸腺）で分化することから，この名が付いた。ヘルパーT細胞やキラーT細胞などがある。

補　体

自然免疫を担う物質として**補体**（complement）という物質もある。補体とは文字通り，抗体の働きを補佐する働きをもった血しょうタンパク質の一群で，C1，C2……など多くの種類があり，おもに肝臓で生成される。抗体には**Fc領域**という部分があり（⇨ p.222），マクロファージや好中球にはこのFc領域と結合する**Fc受容体**がある。抗原と結合した抗体のFc領域とFc受容体が結合することで好中球やマクロファージの食作用が効率よく行えるようになるのだが，補体が細菌に非特異的に結合することにより，食作用がさらに促進されるようになる。これを**オプソニン作用**という。また，補体が細菌に結合すると，補体が次々に活性化し，さらに複数の補体が結合して複合体を形成する。この複合体が細菌の細胞膜にドーナツ状の穴をあけ，細菌を破壊する作用（**溶菌**）もある。

〔 **自然免疫**（特異性低い。免疫記憶の形成なし）
〔 **獲得免疫**（特異性高い。免疫記憶の形成あり）
　　〔 **体液性免疫**…抗体の産生あり
　　〔 **細胞性免疫**…抗体の産生なし

第**36**講 生体防御②
（体液性免疫）

重要度
★★★

獲得免疫のうちの体液性免疫について学習します。

---

1 体液性免疫のしくみ

1 病原体などの非自己成分(**抗原**)が体内に侵入すると，樹状細胞がこれを捕まえて細胞内に取り込み，消化(**食作用**)します。しかし，完全に消化してしまうのではなく，その**一部分の断片を細胞膜の表面に突き出します**。これを**抗原提示**するといいます。抗原提示した樹状細胞は，**リンパ節**へ移動します。

抗原
└─ 非自己成分　樹状細胞　**食作用**　樹状細胞　抗原の断片　**MHC分子**　**TCR**　ヘルパーT細胞　抗原提示

▲ 図36-1 樹状細胞からの抗原提示

2 このとき樹状細胞は，抗原の断片を細胞膜上にある**MHC分子**(**MHC抗原**⇨p.219)という膜タンパク質に結合して提示します。MHC分子は**主要組織適合遺伝子複合体**(MHC：Major Histocompatibility Complex)と呼ばれる遺伝子によってつくられ，個体ごとに固有のアミノ酸配列をもちます。

3 一方，白血球のうちリンパ球に属する**T細胞**には**T細胞受容体**(T Cell Receptor：**TCR**)という膜タンパク質があり，ヘルパーT細胞は，このTCRで樹状細胞のMHC分子と特異的に反応し，抗原提示を受けます。MHC分子が自己のタンパク質断片などと結合している場合にはTCRは反応しません。TCRは図36-2のような構造をしています。

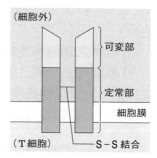

(細胞外)

可変部

定常部

細胞膜

(T細胞)　S-S結合

▲ 図36-2 T細胞レセプター

218

MHC分子（MHC抗原）

　MHC分子（抗原）には2つタイプがあり，それを**MHC分子クラスⅠ**，**MHC分子クラスⅡ**という。MHC分子クラスⅠは，赤血球を除くほとんどの細胞に発現しており，細胞内で生成された物質を提示する際に用いられる。通常は，細胞内で生成された物質は自己成分で，これをMHC分子クラスⅠによって提示することで「この細胞は自己だ」と認識される。しかし，ウイルスに感染すると，ウイルス由来の物質も細胞内で生成され，これもMHC分子クラスⅠによって提示される。それによって「この細胞はウイルスに感染している」と認識される。また，がん化した細胞も，正常細胞とは異なるがん特有の物質を細胞内で生成し，これをMHC分子クラスⅠによって提示する。すると，「この細胞はがん化している」と認識される。このようなMHC分子クラスⅠとそこに提示された物質の複合体を認識するのがキラーT細胞（⇨p.227）である。また個体ごとにMHC分子クラスⅠのアミノ酸配列も異なるので，MHC分子クラスⅠそのものによって自己の細胞か非自己の細胞かが認識されることになる。

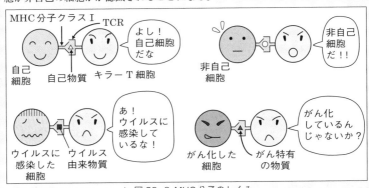

▲ 図36-3 MHC分子のしくみ

　一方，抗原提示を行う細胞（樹状細胞，マクロファージ，B細胞）が，細胞外から取り込んだ物質を提示するときに用いるのがMHC分子クラスⅡである。MHC分子クラスⅡとそこに提示された物質の複合体は，ヘルパーT細胞によって認識される。

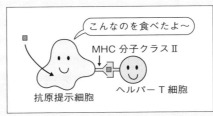

▲ 図36-4 抗原提示を行う細胞

219

NK細胞(ナチュラルキラー細胞)

　NK細胞は，リンパ球の一種だが，B細胞やT細胞のような抗原受容体(BCRやTCR⇨p.218)をもたず，MHC分子の関与なしでウイルスに感染した細胞やがん細胞を殺す作用をもつ(自然免疫)。

4　ヘルパー T細胞と反応した樹状細胞は**サイトカイン**の一種である**インターロイキン**という物質を分泌して，ヘルパー T細胞の増殖を促します。

　樹状細胞からの抗原提示を受けたヘルパー T細胞は，増殖するとともに，インターロイキンを分泌して**B細胞**に刺激を与えます。

インターロイキン

　細胞が分泌して，他の細胞に働きかけるような物質を総称して**サイトカイン**という(サイトカイニンではないっ！　サイトカイニンは植物ホルモン⇨p.696)。

　このうち，特に白血球が分泌するサイトカインを**インターロイキン**という。免疫で働く白血球(leukocyte)の細胞間(inter)で作用するので，インターロイキン(interleukin：IL)という。インターロイキンにもいろいろな種類があり，マクロファージや樹状細胞が分泌し，ヘルパー T細胞を活性化するインターロイキン-1(IL-1)，ヘルパー T細胞が分泌し，キラー T細胞を活性化するインターロイキン-2(IL-2)，同じくヘルパー T細胞が分泌し，B細胞の増殖を促すインターロイキン-4(IL-4)などがある。

5　B細胞の細胞膜にも**B細胞受容体**(B　Cell　Receptor：**BCR**)というタンパク質があり，このレセプターと結合した非自己成分を取り込み，MHC分子と結合させて提示します。

6　この非自己成分と結合したMHC分子を提示しているB細胞にヘルパー T細胞のTCRが反応すると，ヘルパー T細胞がインターロイキンを分泌してB細胞の増殖・分化を促します。

7　刺激を受けたB細胞は，分裂・増殖し，さらに**抗体産生細胞(形質細胞)**に分化します。抗体産生細胞は，細胞内で**抗体**を産生し，血しょう中に分泌します。

8　抗体は**免疫グロブリン**と呼ばれるタンパク質で，図36-5のような構造をしています。つまり，**H鎖**（Heavy「重い」の略）と呼ばれる長いペプチド鎖2本と**L鎖**（Light「軽い」の略）と呼ばれる短いペプチド鎖2本の計4本が，S-S結合によって結びついた構造をしています。

> アミノ酸の一種であるシステインがもつ硫黄（S）どうしで行われる結合（⇨p.42）。

9　H鎖の先端部およびL鎖の先端部は，抗体の種類によってアミノ酸配列が異なり，立体構造も異なる部分で，ここを**可変部**（か へん ぶ）といいます。それ以外は同じアミノ酸配列で，ここを**定常部**（不変部）（ていじょう ぶ ふ へん ぶ）といいます。

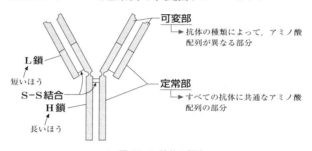

可変部
┗▶ 抗体の種類によって，アミノ酸配列が異なる部分

L鎖　短いほう

S-S結合

H鎖　長いほう

定常部
┗▶ すべての抗体に共通なアミノ酸配列の部分

▲ 図36-5　抗体の構造

10　分泌された抗体は，**可変部の部分で抗原と特異的に結合**し，抗原の働きを不活性化します。このような抗原と抗体による反応を**抗原抗体反応**といいます。抗原抗体反応で生じた抗原と抗体の複合体は，**マクロファージ**によって処理されます。

11　以上をまとめて図解すると，次のようになります。

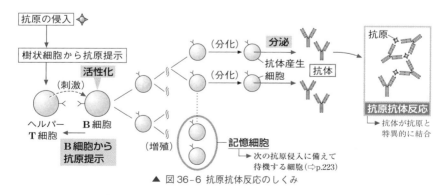

抗原の侵入

樹状細胞から抗原提示

活性化

（刺激）

ヘルパーT細胞

B細胞

B細胞から抗原提示

（増殖）

（分化）

（分化）

分泌

抗体産生細胞

抗体

記憶細胞
┗▶ 次の抗原侵入に備えて待機する細胞（⇨p.223）

抗原

抗原抗体反応
┗▶ 抗体が抗原と特異的に結合

▲ 図36-6　抗原抗体反応のしくみ

定常部の違いによる免疫グロブリンの種類

　定常部には**Fc領域**という部分があり，抗原抗体反応で生じた複合体は，定常部のFc領域でマクロファージや好中球と結合する。これによりマクロファージの食作用が効率よく行えるようになる。

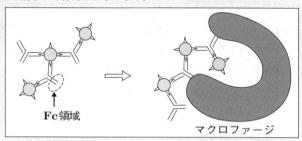

Fc領域

マクロファージ

▲ 図36-7 免疫グロブリンのFc領域

　また，定常部の構造などによって，**免疫グロブリン**(Immunoglobulin)は**IgG**，**IgM**，**IgE**，**IgA**，**IgD**の5種類に大別される。B細胞の細胞膜にあり受容体として機能する**IgD**，感染初期に産生される**IgM**，おもに粘膜で発現して粘膜からの病原体の侵入を防いだり，母乳に含まれていて新生児を感染から守る役割もある**IgA**，寄生虫に対する応答やアレルギーに関与する**IgE**，最も量が多く，抗原抗体反応にメインとなって働く**IgG**である。感染初期には**IgM**を産生しているが，ヘルパーT細胞からの刺激の種類などに応じて，可変部は変えずに定常部だけを変化させて，IgGなど他の免疫グロブリンを産生するようになる。このような現象を**クラススイッチ**という。これにより，同じ可変部をもち同じ抗原に対して反応する抗体を，さまざまな場所で異なる機能をもつ抗体として機能させることができる。

① **体液性免疫のあらすじ**
　抗原侵入→樹状細胞が捕捉（ほそく）→リンパ節においてヘルパーT細胞に抗原提示→**B細胞を刺激**→B細胞が増殖し，**抗体産生細胞に分化**→抗体分泌→抗原抗体反応
② 抗体…**免疫グロブリン**というタンパク質。
　⇨{ H鎖2本とL鎖2本からなる。
　　 可変部で抗原と特異的に結合する。

2 免疫記憶

1 　1回目の抗原侵入で増殖したB細胞の一部は抗体産生細胞に分化しますが,
抗体産生細胞に分化してしまった細胞の寿命は短く,すぐに死んでしまいます。

2 　ところが,増殖したB細胞の一部は,抗体産生細胞に分化せず,次の抗原
侵入に備えて待機してくれます。このような細胞を**記憶B細胞**といいます。
　また,増殖したヘルパーT細胞も一部が**記憶ヘルパーT細胞**として残ります。

3 　2回目,同じ抗原が侵入すると,この増殖した記憶細胞から反応が始まる
ので,**1回目(一次応答)**よりも非常に速く,しかも大量に抗体を産生するこ
とができます(二次応答)。このようすをグラフにすると,次のようになります。
このような現象を**免疫記憶が形成されている**といいます。

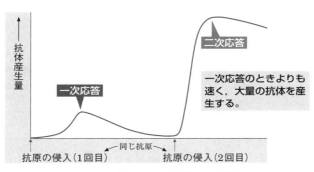

▲ 図36-8 一次応答と二次応答

免疫記憶…抗原の侵入で増殖した**B細胞やヘルパーT細胞**が**記憶
B細胞や記憶ヘルパーT細胞**となって残る。同じ抗原の**2**度
目の侵入に対して**1**度目の抗原に対する反応(一次応答)より**非
常に速く大量に抗体を産生する(二次応答)**。

3 沈降線

1 抗原抗体反応の結果，抗原と抗体の結合した複合体（抗原－抗体複合体）が形成されますが，抗原と抗体がある濃度比のときに，多数の抗原と抗体が結合して大きな複合体が形成されます（図36-9の②）。

2 また，抗体にくらべて抗原の量が少ない場合は，図36-9の①のような複合体が数多く生じます。逆に，抗体にくらべて抗原の量が多い場合は，③のような複合体が多く生じます。

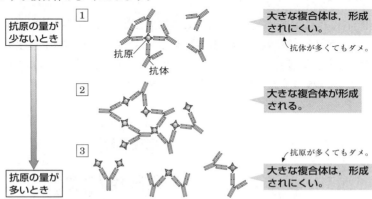

▲ 図36-9 抗原の濃度と抗原－抗体複合体の形成

3 寒天上で抗原と抗体を反応させたとき，図36-9の②のような大きな複合体が生じると，目で見えるような**沈降線**が生じます。

　シャーレに寒天を入れ，そこに３か所穴を開け，抗原Aおよび抗原Aと結合する抗体aを下の図36-10のように入れます。すると，**抗原Aと抗体aが一定の濃度比で出会った部分に大きな抗原－抗体複合体が生じ，沈降線が形成されます。**

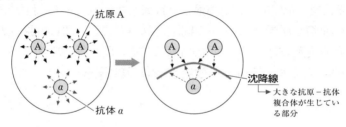

▲ 図36-10 抗原抗体反応と沈降線の形成

4 では，抗原A・抗体 α 以外に，抗原Bおよび抗原Bと反応する抗体 β を下の図36-11のように入れておくとどうなるでしょう。この場合，下図右のような沈降線が形成されます。

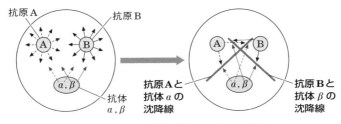

▲ 図36-11　2種類の抗原抗体反応と沈降線

エピトープ

　タンパク質のような大きい分子の場合，その一部を抗原として認識するため，1つのタンパク質に複数の抗原認識部位が存在する。そのため1つのタンパク質に複数の種類の抗体が結合することになる。1つの抗体が結合する部位，すなわち抗原として認識する部位を**エピトープ**（epitope：抗原決定基）という。BCR（B細胞受容体）で6～10個のアミノ酸配列，TCR（T細胞受容体）で9～15個のアミノ酸配列をエピトープとして認識する。

▲ 図36-12　エピトープ

抗原と抗体が一定の濃度比で出会った部分で**大きな抗原－抗体複合体**が形成され，**沈降線**が生じる。

4 抗体の多様性

1 抗体はその可変部の部分で特異的に抗原と結合します。ということは，抗原がもし1万種類あれば，抗体の可変部も1万通り必要になります。そのような抗体の多様性は，どのようなしくみで生じるのでしょう。

2 抗体の可変部のアミノ酸配列を決定する遺伝子は，いくつかの断片に分断されていて，その断片の中から１つずつを選び，**遺伝子を再編成**します。

3 具体的には，H鎖の可変部を決定する遺伝子はVとDとJという３つの断片に分断されていて，V領域には40，D領域には25，J領域には６つの遺伝子群があります。そして，B細胞が成熟する過程で，それぞれの領域から１つずつを選んで再編成が行われます。すると，H鎖の可変部を決定する遺伝子は，$40 \times 25 \times 6 = 6000$通りが可能になります。

4 L鎖の可変部を決定する遺伝子はH鎖とは異なるVとJの２つの断片からなります。V領域には40，J領域には５つの遺伝子群があるとした場合，L鎖の可変部を決定する遺伝子は，$40 \times 5 = 200$通りです。

5 抗体は，H鎖とL鎖からなるので，抗体の可変部は全部で，$6000 \times 200 = 1200000$種類にもなります。

> 実際にはL鎖でさらに複雑なしくみが働き，これより多い種類ができる。

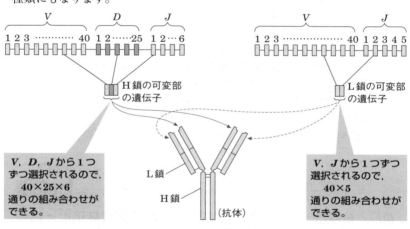

▲ 図36-13 抗体の多様性と遺伝子

6 このような抗体の多様性について研究・解明し，ノーベル生理学・医学賞を受賞したのが，<ruby>利根川進<rt>とねがわすすむ</rt></ruby>です（1987年）。

最強ポイント

【抗体の多様性のしくみ】
可変部のアミノ酸配列を支配する**遺伝子の再編成**による。
⇨利根川進により解明。

第37講 生体防御③
（細胞性免疫）

重要度
★★★

抗体の関与しない免疫（細胞性免疫）と，免疫寛容について見てみましょう。

---

1 細胞性免疫

1 獲得免疫のなかで，抗体が関与しない免疫が**細胞性免疫**です。細胞性免疫のしくみは次の通りです。

2 侵入したウイルスなどの抗原を，まず**樹状細胞が食作用で取り込み，リンパ節に移行してヘルパーT細胞およびキラーT細胞に抗原提示を行います。**

3 抗原提示を受けたヘルパーT細胞は，<u>キラーT細胞</u>を刺激します。刺激を受けたキラーT細胞は増殖し，

> 「細胞障害性T細胞」ともいう。

さらに活性化します。活性化した**キラーT細胞は直接ウイルスに感染した細胞（非自己細胞）を攻撃して死滅させます。**

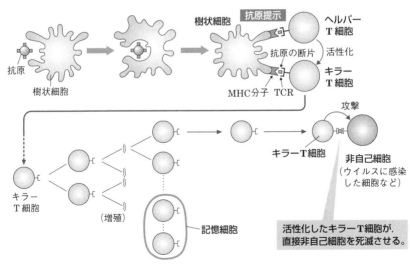

▲ 図37-1 細胞性免疫のしくみ

227

キラーT細胞の作用

「キラーT細胞が直接非自己細胞を攻撃して死滅させる」という部分をもう少しくわしく説明すると次のようになる。

キラーT細胞の細胞質中には**パーフォリン**(perforin)というタンパク質が含まれている。キラーT細胞がTCRによって非自己細胞と結合すると，このパーフォリンを放出し，非自己細胞の細胞膜に孔をあける。次にこの孔から**グランザイム**(granzyme)という酵素を細胞内に注入する。グランザイムは一連の酵素を活性化して**アポトーシス**(⇨p.554)を誘導することで，非自己細胞を殺してしまう。

NK細胞の作用もキラーT細胞と同様である。

クロスプレゼンテーション

通常，樹状細胞が細胞外から取り込んだ物質を提示するのは**MHC分子クラスII**で，クラスIIはヘルパーT細胞によって認識される(＋αパワーアップp.219参照)。ところが図37-1に登場した樹状細胞は，ヘルパーT細胞にもキラーT細胞にも抗原提示している。この場合の樹状細胞は，取り込んだ物質を，MHC分子クラスIIだけではなくクラスIにも乗せて提示することができる(これを**クロスプレゼンテーション**という)。その結果，クラスIIによりヘルパーT細胞に，クラスIによりキラーT細胞に，それぞれ抗原提示することができる。

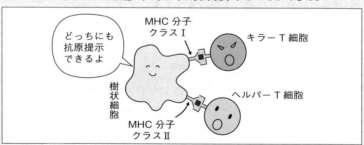

▲ 図37-2 クロスプレゼンテーションのようす

4 増殖したキラーT細胞の一部は活性化せず，**記憶細胞(記憶キラーT細胞)**として残ります。また増殖したヘルパーT細胞の一部も記憶ヘルパーT細胞として残ります。つまり，細胞性免疫であっても，免疫記憶は形成されます。

5 結核菌に対する免疫，皮膚や臓器移植に伴う拒絶反応，ウイルスに感染した細胞やがん細胞に対する免疫などは，細胞性免疫です。

6 結核菌に対する予防注射が**BCG**（Bacille de Calmette et Guérin；カルメットとゲランの菌）の予防注射です。

　この結核菌に対する免疫記憶が形成されているかどうかをチェックするのが**ツベルクリン**の注射です。ツベルクリンは，結核菌の培養液を薄めたものですが，この中に結核菌の細胞壁断片なども含まれているため，**結核菌に対する免疫記憶が形成されていれば，ツベルクリンに対して二次応答が起こり**，注射した周囲が赤く反応します。

　この反応も，結果的には結核菌に対する免疫反応なので，細胞性免疫ということになります。

HLAとその種類

　ヒトのMHC分子は**HLA**（Human Leukocyte Antigen；ヒト白血球型抗原）と呼ばれ，その遺伝子は第6染色体上に6対存在する。これらの6対はいずれも近接して存在しているので，ほとんど組換えは起こらず，完全連鎖（⇨p.304）している。この6対の遺伝子はいずれも多くの複対立遺伝子（⇨p.292）がある。A, C, B遺伝子はクラスI，DR, DQ, DPはクラスIIの遺伝子である。図37-3にあるように対立遺伝子の数が非常に多いので他人とHLAが一致する確率は非常に低いのだが，完全連鎖であるため，兄弟，姉妹間では，父親から$\frac{1}{2}$，母親から$\frac{1}{2}$で同じ遺伝子を兄弟，姉妹が受け継ぐことになり，兄弟，姉妹でHLAが一致する確率は$\frac{1}{4}$になる。

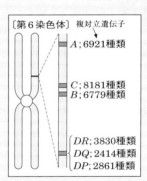

〔第6染色体〕　複対立遺伝子

A；6921種類

C；8181種類
B；6779種類

DR；3830種類
DQ；2414種類
DP；2861種類

▲ 図37-3 ヒトのHLA遺伝子

① 細胞性免疫のあらすじ
抗原侵入→樹状細胞が食作用で取り込む→リンパ節においてヘルパーT細胞に抗原提示→**キラーT細胞を刺激**→**キラーT細胞が増殖し，さらに活性化**→**活性化したキラーT細胞が非自己細胞などを攻撃**
② 細胞性免疫の例　ベスト4!!
結核菌に対する免疫，皮膚・臓器移植に伴う拒絶反応，ウイルスに感染した細胞やがん細胞に対する免疫，ツベルクリン反応とBCG

2 免疫寛容

1　非自己の成分や細胞に対しては免疫反応が起こるのに，なぜ自己の成分や細胞に対しては免疫反応が起こらないのでしょうか。そもそも，どうやって自己と非自己とを区別しているのでしょうか。

2　じつは，免疫系が未熟な時期に体内に存在する物質や細胞を自己と認識するようなしくみがあるのです。もちろん，自己の成分や細胞は，免疫系が未熟な時期から体内に存在するので，これらに対しては免疫反応が起こらないようになるのです。自己に対して免疫反応を行わなくなる現象を**免疫寛容**（かんよう）といいます。 「トレランス」ともいう。

3　もう少しくわしく見ると，リンパ球が成熟する段階で，いったんあらゆる種類のリンパ球が生じます（第36講で学習した遺伝子の再編成（⇨p.226）が，B細胞が成熟するときにもT細胞が成熟するときにも起こります）。その結果，自己の成分と反応してしまうようなリンパ球もつくられてしまいます。ところが，**自己の成分と強く反応した**リンパ球は死んでしまい，**除去される**のです。 これもアポトーシス（⇨p.554）

4　こうして，免疫系が成熟したころには，自己の成分と反応するリンパ球は残っておらず，逆にいうと，この段階で残っているのは非自己の成分と反応

するリンパ球のみだということになります。これらの残ったリンパ球が非自己の成分と反応すると増殖し，B細胞であれば，さらに抗体産生細胞に分化します。

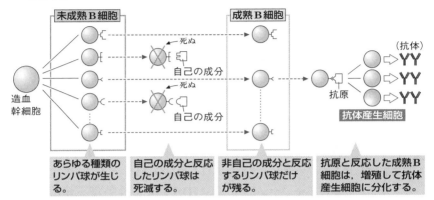

▲ 図37-4　免疫寛容とリンパ球

5 この免疫寛容がうまくいかないと，自己の成分や細胞に対して抗原抗体反応や拒絶反応が起こってしまいます。このような病気を**自己免疫疾患**といいます。関節リウマチやバセドー病，重症筋無力症，Ⅰ型糖尿病（⇨p.194）などは，自己免疫疾患によると考えられています。

> 関節内の組織に対して自己免疫が起こり，関節痛などの症状を引き起こすのが関節リウマチ，甲状腺にある甲状腺刺激ホルモンの受容体に対する抗体が生じ，抗体が受容体と結合してチロキシンの分泌を促進してしまうのがバセドー病，アセチルコリン受容体に対する抗体がつくられ，アセチルコリンによる筋肉への伝達が正常に行われなくなり，筋力が低下するのが重症筋無力症。

6 自己の成分と反応するリンパ球は除かれるはずですが，一部が残ってしまう場合があります。このような自己反応性リンパ球には**制御性T細胞**（Treg細胞）が働いて作用を低下させます。これを末梢性免疫寛容といいます。

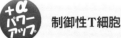

制御性T細胞

制御性T細胞（Treg細胞：Regulatory T cell）は，大阪大学坂口志文教授によって発見されたT細胞の一種。制御性T細胞は，樹状細胞にヘルパーT細胞やキラーT細胞が結合するのを邪魔したり，抑制性のサイトカインであるIL-10やTGF-βを分泌して，樹状細胞やヘルパーT細胞の活性化を抑制することで，自己免疫を抑制している。

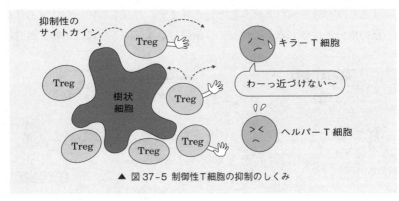

▲ 図37-5 制御性T細胞の抑制のしくみ

7 　自己免疫疾患は本来免疫反応すべきでない自己の成分に対して免疫反応を起こしてしまう病気ですが，逆に，非自己の成分に対して免疫反応を起こさなくなるのが**免疫不全**です。**エイズ（AIDS：後天性免疫不全症候群）**はその例で，**HIV**（Human Immunodeficiency Virus：ヒト免疫不全ウイルス）というウイルスによって生じます。HIVはヘルパーT細胞に感染し，ヘルパーT細胞の機能を失わせてしまいます。ヘルパーT細胞は，細胞性免疫にも体液性免疫にも中心的な役割を果たすリンパ球なので，ヘルパーT細胞の機能が低下すると免疫力が低下し，さまざまな**日和見感染**（感染力が弱く，通常であれば感染しないような細菌やウイルスによって発症してしまう病気）などを引き起こします。ヘルパーT細胞の細胞膜には，CD4というタンパク質が存在するのですが，HIVはこのCD4を目印にヘルパーT細胞に感染します。

① **免疫寛容**…自己の成分に対して免疫反応が行われなくなる現象。
　⇨免疫系が未熟な時期に体内に存在するものに対して成立する。
② **自己免疫疾患**…自己の成分や細胞に対して免疫反応が起こり攻撃してしまう疾患。
　例 慢性関節リウマチ，重症筋無力症
③ **エイズ（AIDS）**…**HIV**が**ヘルパーT細胞**に感染し，免疫機能が低下する病気。その結果**日和見感染**などを起こしやすくなる。

第38講 生体防御④ (医療と免疫)

重要度
★★

医療に関する免疫反応について学習します。

1 予防接種と血清療法

1 弱毒化や不活性化した抗原(これを**ワクチン**という)を接種し，**免疫記憶を形成させ，病気の予防に役立てる**のが**予防接種**です。結核菌に対するBCGや日本脳炎やインフルエンザに対する予防注射などは，この予防接種です。

2 従来の予防接種は，弱毒化あるいは不活性化した病原体やウイルスをワクチンとして接種していましたが，抗原の遺伝情報をもつDNAやRNAなどの核酸を接種して免疫記憶を成立させる**核酸ワクチン**も開発されています。

3 他の動物につくらせた抗体を含む血清を注射して病気の治療に役立てるのが**血清療法**です。即効性はありますが，自ら抗体をつくるわけではないので，**免疫記憶は形成されません**。予防ではなく治療のために行うのが血清療法です。ジフテリアや破傷風菌，ヘビ毒に対する血清療法があります。

ワクチン接種とジェンナー

ワクチン接種を初めて行ったのは**ジェンナー**(英)だといわれている。ジェンナーは，牛の天然痘である牛痘にかかったことのあるヒトは，その後天然痘にかからないという事実をもとに，ある8歳の少年に牛痘を接種した(1796年)。少年は牛痘にかかったが，回復し，その後ジェンナーが少年に天然痘を接種したにもかかわらず，その少年は天然痘にはかからなかった(ジェンナーが自分の息子に牛痘を接種したというのは誤り)。1980年，天然痘は地球上から根絶された。

核酸ワクチン

　新型コロナウイルス(SARS-CoV-2)に対する予防接種では，ウイルスが宿主細胞に感染するのに必要なスパイクタンパク質をコードするmRNAを人工的に合成し，これをワクチンとして用いた。mRNAのウリジンを別のシュードウリジンという物質に置き換えることでmRNA投与における炎症を抑制することができることを発見し，新型コロナウイルスワクチンの開発に貢献したワイスマンとカリコは，2023年ノーベル生理学・医学賞を受賞した。

血清療法と北里柴三郎

　血清療法を確立したのは，**北里柴三郎**と**ベーリング**である。北里柴三郎は，1889年に世界で初めて破傷風菌の純粋培養に成功し，さらに，その菌体を少量ずつ動物に注射しながら血清中に抗体を生み出すという画期的な手法を開発した。そして，その手法をジフテリアに応用し，ジフテリア菌の培養に成功していたベーリングとともに「動物におけるジフテリア免疫と破傷風免疫の成立について」という論文を発表した(1890年)。ベーリングは，この業績によってノーベル生理学・医学賞を受賞したが，北里は受賞できなかった。

4　血清療法では，ウマなど他の動物に抗体を形成させ，その抗体を含む血清を人体に注射します。ところが，ウマの抗体はヒトにとっては非自己のタンパク質なので，この抗体が抗原になってしまい，ウマの抗体に対する免疫記憶が形成されてしまいます。そのため，**一度血清療法を受けたヒトが，同じ血清療法を再び行うと，激しい二次応答が起こってしまいます。**

キメラ抗体

　他の動物につくらせた抗体をヒトに接種すると，抗体が抗原と認識され排除されてしまう。厳密には，抗体の定常部のアミノ酸配列が，ヒトの抗体とは異なるため，この部分を抗原と認識してしまう。そこで，遺伝子組換えの技術を応用し，他の動物の抗体の可変部とヒト抗体の定常部をつなぎ合わせた抗体(これを**キメラ抗体**という)をつくり，これを接種するという方法が開発されている。

	接種するもの	免疫記憶	目　的
予防接種	弱毒化した**抗原（ワクチン）**	形成される	予　防
血清療法	抗体を含む**血清**	形成されない	治　療

2 アレルギー

1　免疫反応が過敏に起こることで生じる，生体に不都合な反応を**アレルギー**といい，アレルギーを引き起こす物質（抗原）を**アレルゲン**といいます。

　　アレルギーには，アレルゲンの刺激を受けると直ちに症状が現れる**即時型アレルギー**と，1〜2日経って症状が現れる**遅延型アレルギー**があります。

2　即時型アレルギーは**体液性免疫**によるもので，花粉症や喘息は即時型アレルギーです。即時型アレルギーでは，アレルゲンに対して産生された抗体（IgE）が**肥満細胞（マスト細胞：mast cell）**という白血球や**好塩基球**に結合し，これらの細胞からの**ヒスタミン**放出を促します。

これによって，花粉症では鼻汁（はなみず），鼻づまり，喘息では息苦しくなる症状を引き起こしたりします。

> ヒスタミンは血管の拡張や血管の透過性を高めたり，気管支の平滑筋を収縮させる作用がある。

3　即時型アレルギーのなかで，2回目のアレルゲンに対して特に激しい症状を現す場合を**アナフィラキシー**といいます。症状が全身に及び，急激な血圧低下や呼吸困難，意識低下などが生じることを**アナフィラキシーショック**といい，これは同じ種類のハチに2回刺された場合などに見られます。

4　一方，遅延型アレルギーは**細胞性免疫**によるもので，**ツベルクリン反応**や**アトピー性皮膚炎**は遅延型アレルギーです。

アレルギー…過敏な免疫反応による不都合な症状。
① 即時型アレルギー…**花粉症**，喘息，アナフィラキシー
② 遅延型アレルギー…**ツベルクリン反応**，アトピー性皮膚炎

免疫反応を利用したがん治療

　自己に対する免疫応答を抑制したり，過剰な免疫応答を抑制するための免疫
チェックポイントシステムがある。

　その1つに，正常細胞の表面には**PD−L1**という分子，キラーＴ細胞の表面
には**PD−1**という分子が出現し，これらが反応することで，キラーＴ細胞の働
きを抑制するというしくみがある。

　がん化した細胞はこのしくみを逆手にとって，正常細胞と同じようにPD−L1
を出現させてキラーＴ細胞の働きを抑制してしまう。これによりがん細胞は排
除されず増殖してしまう。

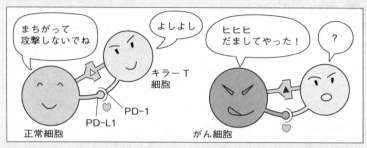

　近年，PD−L1やPD−1の抗体を用いることで，キラーＴ細胞のPD−1とが
ん細胞のPD−L1との反応を抑制し，キラーＴ細胞によるがん化した細胞への
攻撃を活性化するという方法が開発された。本庶佑はこの業績により2018年
ノーベル生理学・医学賞を受賞した。このような，免疫反応を利用したがん治
療が注目されている。

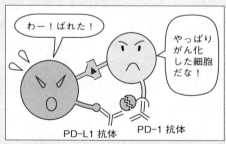

第**39**講 **血液型**

重要度
★

免疫反応を利用して分けたのが血液型です。代表的な血液型であるABO式とRh式について学習します。

第**3**章　体内環境の維持

1 ABO式血液型

1 赤血球表面にある凝集原と血しょう中の凝集素の組み合わせによって分けた血液型がABO式の血液型です。

> 1900年，ラントシュタイナーによって発見された。ラントシュタイナーは，後にRh式血液型も発見している。

2 抗原に相当する物質が凝集原で，AとBの2種類があります。抗体に相当する物質が凝集素でαとβの2種類があります。凝集原A（A抗原）と凝集素α，凝集原B（B抗原）と凝集素βが出会うと抗原抗体反応が起こり，その結果，赤血球どうしが集まってしまう凝集反応が起こります。

3 凝集原AをもつヒトをA型，凝集原BをもつヒトをB型といい，凝集原AとBの両方をもつヒトがAB型，凝集原をもたないヒトがO型です。各血液型の凝集原と凝集素の組み合わせをまとめると，次のようになります。

	存在場所	A型	B型	AB型	O型
凝集原	赤血球の表面	A	B	AとB	なし
凝集素	血清中	β	α	なし	αとβ

凝集素が存在するわけ

　ABO式血液型の場合，なぜ最初から抗体に相当する凝集素が存在するのだろうか。これは，凝集原AやBに似た物質をもつ細菌が存在し，出生間もない時期に自然にこういった細菌に感染し，その結果抗体が産生されるのである。抗体（ここでは凝集素）を産生するとき，A型のヒトはもともと凝集原Aをもっているので，免疫系が成熟する過程で凝集素αを産生するリンパ球は除かれてしまい，凝

237

集原Aに対して免疫寛容が成立し, 凝集素βだけがつくられるようになる。O型のヒトは, 凝集原をもたないので, 細菌の感染によって, 凝集素αも凝集素βもつくられるようになるのである。

4 血液型を判定するために, **A型血清**や**B型血清**を用います。

A型血清はA型のヒトの血清, すなわち**凝集素βを含む血清**のことで, 凝集原Bと反応するので**抗B血清**とも呼ばれます。

一方, B型血清はB型のヒトの血清, すなわち**凝集素αを含む血清**のことで, 凝集原Aと反応するので**抗A血清**とも呼ばれます。

 血液の凝集反応と血液型の決定

> 100人の集団で調べると, A型血清で凝集反応を示すヒトが30人, 抗A血清で凝集反応を示すヒトが50人, いずれの血清でも凝集反応を示さないヒトが30人であった。各血液型の人数を求めよ。

解説　**A型血清は凝集素βを含む血清**です。凝集素βで反応するのは凝集原Bをもつヒトなので, B型とAB型。

抗A血清は凝集原Aと反応する血清で, 凝集素αを含む血清です。抗A血清で反応するのは凝集原Aをもつヒトなので, A型とAB型。

いずれの血清でも凝集反応を示さないのは, 凝集原をもたないO型。

よって, B+AB=30　A+AB=50　O=30　A+B+AB+O=100

これを解けばよいことになります。

答 **A型**…40人, **B型**…20人, **AB型**…10人, **O型**…30人

 凝集原の実体とでき方

凝集原AやBの実体は**糖鎖**で, 第9染色体上に存在する複対立遺伝子が支配する。4つの糖(ガラクトース；N-アセチルグルコサミン；ガラクトース；グルコースと並ぶ)からなる鎖が前駆体で, そのガラクトースにフコースという糖を結合させるのが第19染色体上に存在するH遺伝子であり, これにより**H抗原**という物質がつくられる。じつは, O型のヒトはこのH抗原だけをもつ。第9染色体上にあるA遺伝子から生じた酵素によってH抗原にN-アセチルガラクトースアミンが付加されると**凝集原A**になり, B遺伝子から生じた酵素によってH抗原にガラクトースが付加されると**凝集原B**になる。

また，H抗原がつくられない場合もあり，これは**ボンベイ型**という。

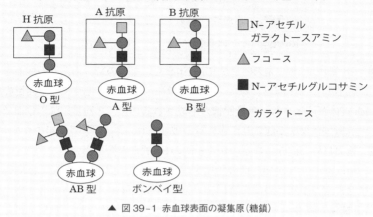

▲ 図 39-1 赤血球表面の凝集原(糖鎖)

① **ABO式血液型**

	存在場所	A型	B型	AB型	O型
凝集原	赤血球の表面	A	B	AとB	なし
凝集素	血清中	β	α	なし	αとβ

② $\begin{cases} 凝集原A＋凝集素\alpha ➡ 凝集反応 \\ 凝集原B＋凝集素\beta ➡ 凝集反応 \end{cases}$

③ $\begin{cases} A型血清＝抗B血清＝凝集素\beta を含む血清 \\ B型血清＝抗A血清＝凝集素\alpha を含む血清 \end{cases}$

2 Rh式血液型

1 アカゲザル(Rhesus monkey)の血球をウサギに注射し，生じた抗体とヒトの血液を混ぜ，そのときの反応の有無によって分けた血液型が**Rh式の血液型**です。この反応を示すヒトは，アカゲザルと共通の因子(これを**Rh因子**という)をもっているヒトです。また，ABO式と異なり，Rh式血液型では，Rh抗体は先天的には誰ももっていません。

	存在場所	Rh$^+$型	Rh$^-$型
Rh因子	赤血球の表面	あり	なし
Rh抗体	血清中	なし	なし

2 Rh$^-$型のヒトも先天的にはRh抗体をもたないので，Rh$^+$型の血液をRh$^-$型に輸血しても1回目には大きな問題は生じません。しかし，**1回目の輸血でRh抗体が産生され，免疫記憶が形成される**ので，2回目以降の輸血では激しい抗原抗体反応が起こり，赤血球が破壊される<ruby>溶血反応<rt>ようけつ</rt></ruby>が起こります。

3 輸血以外で問題になるのが**母子間のRh式血液型不適合**です。

Rh$^-$型の女性がRh$^+$型の胎児を宿した場合，1回目の妊娠では問題は生じませんが，1回目の出産時にRh$^+$型の血液が母体に混ざってしまい，**母体にRh抗体が産生される**場合があります。この女性が2回目以降の妊娠でRh$^+$型の胎児を宿すと，**母体のRh抗体が胎盤を通して胎児に移行し**，胎児の赤血球を破壊してしまいます。そのため，胎児の造血作用が盛んになり，未熟な赤血球（<ruby>赤芽球<rt>せきがきゅう</rt></ruby>）が増え，胎児が重度の貧血症状を現すようになります（これを**新生児溶血症**あるいは**<ruby>赤芽細胞症<rt>せきが</rt></ruby>**といいます）。

4 現在では，第1子出産直後（72時間以内）に，Rh抗体をRh$^-$型の母親に注射し，母体に侵入したRh因子を除去します。これによってRh抗体が産生されないようになり，第2子が新生児溶血症になるのを防ぐことができます。

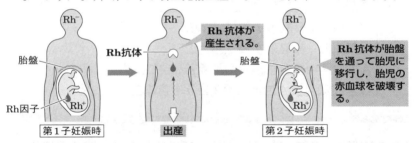

胎盤
Rh抗体
Rh因子
Rh$^+$
Rh抗体が産生される。
第1子妊娠時
出産
Rh抗体が胎盤を通って胎児に移行し，胎児の赤血球を破壊する。
胎盤
Rh$^+$
第2子妊娠時

▲ 図39-2 Rh式血液型不適合と新生児溶血症

① **Rh式血液型**…アカゲザルと共通する**Rh因子**の有無で分ける。
② **Rh$^+$型の子を出産したことのあるRh$^-$型の女性がRh$^+$型の胎児を宿した場合に，Rh式血液型不適合が起こることがある。**

生物の進化

第40講 生命の起源

現在，無生物から生物が生じるという説は否定されていますが，では，地球上の最初の生物は，いつどのようにして生じたのでしょう。その謎に迫ります。

1 自然発生説の否定

1 古代ギリシャの**アリストテレス**は，「無生物に霊魂が宿ることで生物が生まれる」と説き，その証拠として，干上がった池に雨が降って水がたまると，泥の中からウナギが生まれたと述べています。このように，無生物から自然に生物が生じるという考え方を**自然発生説**といいます。

2 17世紀，オランダの**ヘルモント**は，「汚れたシャツとコムギを置いておくと，21日目にネズミが生じた」と報告しています。今から考えると，あまりにもお粗末な実験ですね。

3 1668年，イタリアの**レディ**は，肉片をビンに入れて放置しておくとウジ（ハエの幼虫）が生じるが，肉片を入れたビンの口をガーゼで覆っておくとウジが生じないことを確かめ，「肉片からウジが生じるのではない」ことを証明しました。

これは，ガーゼで覆うか覆わないか以外は同じ条件の実験，すなわち**対照実験を行っている**という点で，優れた実験ですね。

4 このころ，**レーウェンフック**によって微生物が発見されると，「ハエのような目に見える生物は自然発生しないものの，目に見えないような微生物は自然発生する」と考えられるようになりました。

5 1745年，イギリスの**ニーダム**は，肉汁を煮沸していったん微生物を殺し，コルクの栓をしておいたのに肉汁に微生物が生じていたと報告し，「微生物は自然発生することが証明された」と主張しました。

6　これに対し，1765年，イタリアの**スパランツァーニ**は，コルクの栓では微生物が混入した可能性があるとし，肉汁をより完全に煮沸し，フラスコの口を炎で溶かして密閉すると，微生物が生じなかったと報告し，「微生物も自然発生しない」と主張しました。

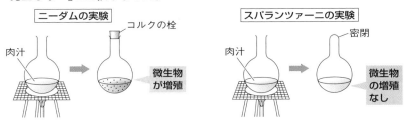

▲ 図40-1　ニーダムとスパランツァーニの実験

7　しかしニーダムは，自然発生には新鮮な空気が必要で，スパランツァーニの実験は，煮沸のし過ぎで肉汁が駄目になったこと，密閉によって空気が新鮮でなくなったことが原因で自然発生しなかったのだと反論しました。

8　この論争に決着をつけたのが，1861年のフランスの**パスツール**の実験です。

　パスツールは，フラスコの首を細長く伸ばして**S字状**に曲げた器具（**白鳥の首のフラスコ**という）を考案して，これを使って実験し，

> 1822〜1895年，自然発生説の否定以外にも，アルコール発酵の研究から滅菌技術の確立，狂犬病のワクチン創製など，多くの業績を残している近代微生物学，免疫学の創始者。

新鮮な空気は通っているのに肉汁からは微生物が生じないことを確かめ，自然発生説を完全に否定しました。

　このとき肉汁に微生物が混入しなかったのは，細長くS字状に曲げた部分にある水滴で空気中の微生物が引っかかってしまい，**フラスコ内まで微生物が進入できなかった**ためです。その証拠に，フラスコの細長い部分を切り落とすと，まもなく肉汁には微生物が増殖するようになります。つまり，煮沸し過ぎて肉汁が駄目になったという反論も否定できました。

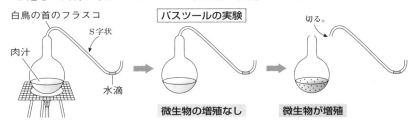

▲ 図40-2　パスツールの実験

243

自然発生説…無生物から自然に生物が生じるという考え方。
⇨レディの実験により，目に見える生物は自然発生しないと証明。
⇨パスツールの白鳥の首のフラスコを使った実験により，微
生物も自然発生しないと証明。

2 生命の起源

1 確かに，自然発生説は誤りです。生物は生物からしか生じません。しかし，それでは，生物が存在していなかった原始地球上で，最初に現れた生物は，どのようにして生じたのでしょう。

2 生物が誕生する前に，まずは，生物のからだの材料となる有機物が必要となります。無機物から有機物が生じ，生命体が生じるまでの過程を**化学進化**といいます。

3 1953年，**ミラー**は，生物によらずに無機物から有機物が生成されることを実験で証明しようとしました。

　原始大気の成分と考えた**アンモニア・メタン・水素・水蒸気**を図40-3のようなガラス容器に入れ，放電，冷却，加熱を繰り返したところ，アラニンやグリシンのようなアミノ酸が生じたのです。

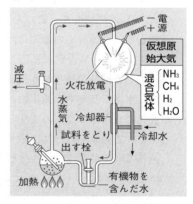

▲ 図40-3 ミラーの実験

4 すなわち，原始地球でも雷や紫外線などのエネルギーによってアミノ酸が自然に生成される可能性を示したのです。ただ現在では，原始地球の大気は，ミラーが想定したような大気ではなく，**二酸化炭素・一酸化炭素・窒素・水蒸気**のような大気であったと考えられています。その後，これらを使ってもアミノ酸が生成されることが他の学者によって確かめられています。

5　また，近年注目されているのが，海底にある**熱水噴出孔**（⇨p.488）から熱水とともに噴出する**メタン・硫化水素・水素・アンモニア**などが反応して有機物が蓄積されたとする考えです。

6　これ以外にも，隕石の中にアミノ酸や塩基が含まれていることから，有機物は隕石によってもたらされたという説もあります。

7　どの説が正しいのかはまだまだわかっていませんが，いずれにしても，原始地球に有機物が蓄積していったのは確かです。そして，それらを材料に生物が誕生したのです。

　原始生命体が誕生するには，**外界と仕切られたまとまりが形成されること，その中で代謝が行われ，自己複製が行われるようになること**が必要です。

8　現在の生物の細胞膜は，**リン脂質**の二重層とタンパク質からなることを学習しました。実は，水中にリン脂質があるとリン脂質の二重層からなる小胞（**リポソーム**といいます。リボソームではありません！）が形成されます。このようなリン脂質の二重層からなる小胞に，核酸やタンパク質が包み込まれて，外界から隔離された細胞様構造が生じ，その中で秩序だった代謝が行われるようになり，さらに，これらの物質や構造を複製することができるようなれば，生命が誕生したとみなすことができます。

9　現在の生物は，DNAが遺伝子の本体です。この遺伝情報をもつDNAを複製したりDNAからタンパク質を合成したりするためには酵素が必要ですが，その酵素もDNAから転写・翻訳されて生じたものです。でも，そのDNAを生じるには酵素が必要で…と，ちょうど卵が先かニワトリが先かというのと同じ問題が最初の生命体の誕生には付きまといます。

　近年，この謎を解決する発見がなされました。RNAの中に酵素のような触媒作用をもつものが発見されたのです。つまり，**遺伝情報と酵素の働きを併せもったRNAが存在する**のです。

> 1981年，チェック（アメリカ）らが発見した。触媒作用をもつRNAを「リボザイム」と命名。（⇨p.419）

10　おそらくは，最初の生命体は，遺伝子の本体としてDNAではなくRNAをもち，そのRNAの触媒作用によってRNAを複製していたのだと考えられます。

　やがて進化の過程で，RNAから，より多様な触媒作用をもつタンパク質が形成されるようになり，RNAよりも安定なDNAを遺伝子の本体とするようになったと考えられます。

生物の基本的な活動がRNAだけによって行われていた時代を**RNAワールド**といいます。現在のようにDNAが支配する時代は**DNAワールド**といいます。

11 現在，遺伝子の本体としてRNAを使用しているのは，一部のウイルス（**レトロウイルス**）だけです。

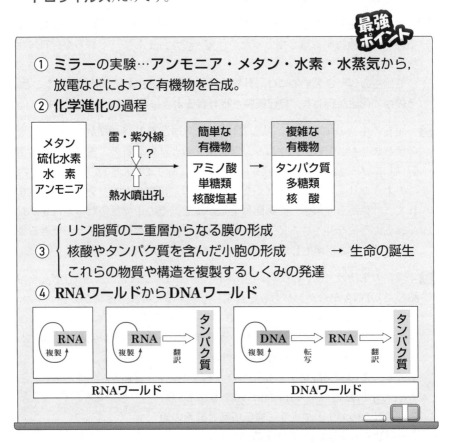

① **ミラーの実験**…**アンモニア・メタン・水素・水蒸気**から，放電などによって有機物を合成。

② **化学進化の過程**

| メタン
硫化水素
水　素
アンモニア | 雷・紫外線
⇩ ？
熱水噴出孔 | → | 簡単な
有機物
──────
アミノ酸
単糖類
核酸塩基 | → | 複雑な
有機物
──────
タンパク質
多糖類
核　酸 |

③ { リン脂質の二重層からなる膜の形成
核酸やタンパク質を含んだ小胞の形成　→ 生命の誕生
これらの物質や構造を複製するしくみの発達 }

④ **RNAワールドからDNAワールド**

RNAワールド / DNAワールド

第**41**講 生物界の変遷①
（先カンブリア時代〜古生代）

重要度
★★

日本史や世界史と同じように，生命にも歴史があります。
その歴史をその時代とともに見ていきましょう。

1　先カンブリア時代

1　地球が誕生したのは，今から**約46億年前**だと考えられています。

　最古の岩石が形成されてから現在までを**地質時代**といい，**先カンブリア時代，古生代，中生代，新生代**に区分されます。

　地球が誕生してから**約5億4200万年前**までが先カンブリア時代です。まずは，先カンブリア時代から見ていきましょう。

2　化学進化の過程を経て生命が誕生したのが今から**約40億年前**だと考えられています。

　最初の生物は，核膜や種々の細胞小器官をもたない**原核生物**で，原始海洋に多量に溶け込んでいた有機物を**発酵**によって分解していたのでしょう。すなわち，**嫌気性の従属栄養生物**です。

3　それに対し，**化学合成**（⇨p.487）を行い，無機物から有機物を合成する**独立栄養生物**が先に出現したという説もあり，従属栄養生物と独立栄養生物のいずれが最初に出現したかについては，残念ながらまだよくわかっていません。

■**考えてみよう！**　もし，従属栄養生物のほうが先に出現したとすると，その当時の地球の環境はどのようになっていたと考えられるでしょうか？

4　化学進化により大量に有機物が蓄積していなければ，独立栄養生物が出現する前に従属栄養生物が出現することはできなかったと考えられますね。

5　独立栄養生物としては，化学合成を行う原核生物に次いで，光合成を行う細菌（光合成細菌）が出現したと考えられています。これらの生物は水を用い

ずに光合成を行っていたので，光合成を行っても酸素は発生しませんでした。現存する**紅色硫黄細菌**や**緑色硫黄細菌**が行う光合成でも酸素の発生は見られません（⇨p.485）。

6 その後，**シアノバクテリア**が出現しました。

シアノバクテリアが海中の泥などの粒子を吸着して層状になったものを**ストロマトライト**といいます。27億年前に形成されたと見られるストロマトライトの化石（石灰岩状）が大量に見つかっているので，遅くとも27億年前までにはシアノバクテリアは出現していたはずだと考えられます。

7 シアノバクテリアの光合成では，水を分解して酸素を発生します。それまで分子状の酸素が存在しなかった地球上に，いよいよ**分子状の酸素（O_2）**が生じることになります。

8 最初は，生じた酸素の多くは水中に溶けていた鉄の酸化に使われて酸化鉄をつくるのに消費されてしまいましたが，やがて，水中や空気中にも酸素が蓄積し始めます。すると，この酸素を利用して有機物を分解する生物，つまり，**呼吸**を行う生物が出現しました。

27億年前以降の地層から発掘される大規模な鉄鉱層は，このときに形成された酸化鉄が堆積してできたものである。

9 約21億年前に**真核生物**が誕生したと推定されています。

細胞膜が陥入して核膜となり，**好気性細菌が共生してミトコンドリアが生じた**と考えられています。核膜の形成が先か，ミトコンドリアの形成が先かは明らかになっていません。このようにして，**従属栄養の真核生物**が誕生し，さらに，**シアノバクテリアの一種が共生して葉緑体となり，独立栄養の真核生物**も誕生することになります（⇨p.26「共生説」）。

10 **多細胞生物**が出現したのは，約10億年前と考えられています。

オーストラリアの約6億年前の地層から，さまざまな海産の多細胞生物の化石が見つかっています。これらは，その発掘された地名から**エディアカラ生物群**と呼ばれています。現在のクラゲの仲間のような生物もいたようです。これらの生物の多くは，硬い殻をもっておらず，動物食性の動物は存在していなかったのではないかとも考えられています。

スノーボール・アースとエディアカラ生物群の進化

　7億3000万年前～6億3500万年前にかけて，極端に寒い氷河期があったことがわかっている。なんと，地球全体が氷に覆われていたという（**スノーボール・アース（全球凍結）**）。氷の大地が広がると太陽光を反射してしまうためますます寒くなり，平均気温がマイナス50℃，海面は厚さ1kmもの氷に覆われていたと考えられている。

　この厳しい氷河期をも耐え抜いた一部の生物が，氷河期が終わって，エディアカラ生物群の生物たちへといっきに進化したのだろう。

第**4**章　生物の進化

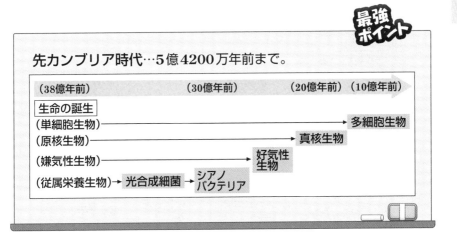

最強ポイント

先カンブリア時代…5億4200万年前まで。

（38億年前）　　　　　（30億年前）　　　　　（20億年前）（10億年前）

生命の誕生
（単細胞生物）　　　　　　　　　　　　　　　　　　　　多細胞生物
（原核生物）　　　　　　　　　　　　　　　　真核生物
（嫌気性生物）　　　　　　　　　　　好気性生物
（従属栄養生物）→光合成細菌→シアノバクテリア

2 古 生 代

1　約5億4200万年前から2億5200万年前までが**古生代**です。古生代は，さらに6つの時代（紀）に分けられます。

2　**カンブリア紀**（約5.42億年前～4.88億年前）には，動物の種類が爆発的に増加しました。このことはカナダのロッキー山脈にあるバージェス山の頁岩（けつがん）に含まれる化石からわかってきたので，この時代の動物を**バージェス動物群**と呼び，この時代の多様な生物の出現を**カンブリア大爆発**といいます。

> イギリスのウェールズ州の旧名から付けられた名称。

> 頁岩はシェールとも呼ばれる堆積岩（泥岩）の一種で，本のページのように薄く層状に割れやすいという性質をもつ。

3 バージェス動物群には，節足動物の**三葉虫**をはじめとする多種多様な生物が存在し，現在の動物のほとんどのグループ(門)がすでにこの時代に出現していました。カンブリア紀には脊椎動物の魚類の祖先も出現しますが，まだ顎をもたない無顎類で，鰭もなかったと考えられています。

バージェス動物群の動物たち

バージェス動物群では多様な生物が知られているが，突出した大形の動物食性動物で，食物連鎖の頂点にいたと考えられているのが**アノマロカリス**である。

これ以外にも，ハルキゲニア・ウィワクシア・オパビニアなど，不思議な形態の生物が存在していたようである。また，**ピカイア**は，現在のナメクジウオに似た生物である。同様の化石は中国雲南省の澄江からも発見され，この中には脊椎動物の化石(ミロクンミンギア，ハイコウイクチス)も含まれる。

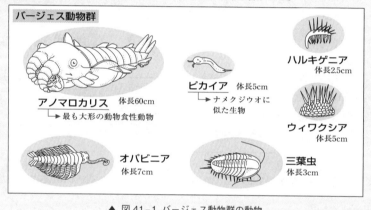

バージェス動物群

アノマロカリス　体長60cm
→最も大形の動物食性動物

ピカイア　体長5cm
→ナメクジウオに似た生物

ハルキゲニア　体長2.5cm

ウィワクシア　体長5cm

オパビニア　体長7cm

三葉虫　体長3cm

▲ 図41-1 バージェス動物群の動物

4 **オルドビス紀**(約4.88億年前〜4.44億年前)には，大気中の酸素濃度の増加に伴い，上空に**オゾン層**が形成され始めました。そして，**オゾン層が生物に有害な紫外線を吸収**したため，地表面に到達する紫外線の量が減少してきました。このことが，後に陸上へ生物が進出する環境条件をつくっていくことになります。

> イギリスのウェールズ州に住んでいた古い人種の名前から付けられた名称。

オルドビス期末になると海水面の低下により海岸付近に湿地帯が広がりました。この湿地帯で，**接合藻の仲間から原始的なコケ植物が出現した**と考えられます。すなわち，いよいよ生物が陸上へ進出したのです。

5　シルル紀（約4.44億年前〜4.16億年前）には，もともと鰓を支える骨格（鰓弓）の1番目の鰓弓が変化して顎の骨となり，顎をもった魚類（顎口類）が登場します。やがてサメなどの**軟骨魚**や現在の多くの魚類が属する**硬骨魚**が出現しました。陸上では，いよいよ**シダ植物**が出現します。

> イギリスのウェールズ地方に住んでいた民族名から付けられた名称。

　最初の陸上植物としての最古の化石は，約4.1億年前の地層から発見された**クックソニア**という植物の化石です。これは，10cm程度の大きさで，葉も根も維管束ももたず，2つに枝分かれした茎の先端に胞子のうをもっており，コケ植物とシダ植物の共通の祖先だと考えられます。

　その後，維管束を備えた**リニア**のような**シダ植物**に進化していきました。

＋α パワーアップ　プシロフィトン

　リニアなどを含めた仲間を**プシロフィトン**という。この仲間は，現生の**マツバラン**に近い植物だと考えられている。マツバランは原始的なシダ植物で，2またに枝分かれを繰り返した茎をもつ。

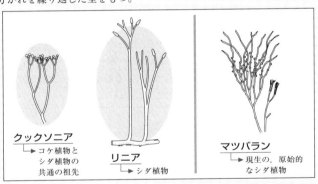

クックソニア
→コケ植物とシダ植物の共通の祖先

リニア
→シダ植物

マツバラン
→現生の，原始的なシダ植物

▲ 図41-2 プシロフィトン

6　デボン紀（約4.16億年前〜3.59億年前）になると，シダ植物から**シダ種子植物**（ソテツシダ類）が出現します。これは，シダ植物のような葉をもちながら，その先端に種子をつけており，**シダ植物と種子植物（裸子植物）の中間的な特徴をもつ種子植物**です。

> イギリスのデボン州での地層が研究されたことから付けられた名称。

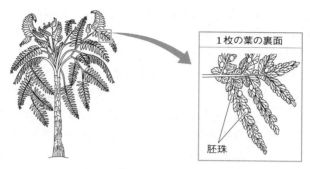

1枚の葉の裏面

胚珠

▲ 図41-3 ソテツシダ

魚類の進化と両生類

　カンブリア紀で出現した無顎類(むがくるい)の仲間は，現在のヤツメウナギなどである。

　シルル紀で出現した原始的な有顎類から**軟骨魚類**(サメなどの仲間)と**硬骨魚類**が進化する。

　硬骨魚類からは**総鰭類**(そうきるい)(ふさひれ類)と**条鰭類**(じょうきるい)が出現する。条鰭類は，現生の硬骨魚類で，総鰭類は現生では**シーラカンス**の仲間だけである。

　湿地の浅瀬を這い回っていた**ユーステノプテロン**という総鰭類の一種から原始的な両生類である**イクチオステガ**が進化したと考えられている。消化管の一部が膨らみ，これがやがて肺へと発達した。一方，両生類へと進化しなかった硬骨魚類では，この消化管の膨らみがうきぶくろとして発達した。現生のハイギョ(肺魚)は，乾季になるとうきぶくろを使って空気呼吸を行う。

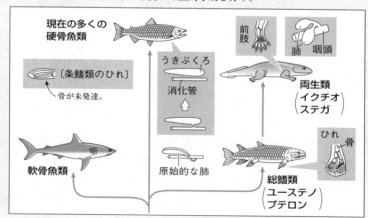

現在の多くの
硬骨魚類

〔条鰭類のひれ〕

骨が未発達。

うきぶくろ

消化管

前肢

肺　咽頭

両生類
(イクチオ
ステガ)

軟骨魚類

原始的な肺

総鰭類
(ユーステノ
プテロン)

ひれ　骨

▲ 図41-4 魚類・両生類の進化のようす

7 　脊椎動物では，有顎類のなかから**軟骨魚類**と**硬骨魚類**が進化し，さらに硬骨魚類の一部から，発達したひれを使って浅瀬を這い回ったり，消化管の一部が変化して生じた肺で呼吸するものなどが現れ，原始的な**両生類**へと進化します。

　また，デボン紀にはサソリやムカデの仲間などの**節足動物**も陸上に進出し，**昆虫類**へと進化します。最初の昆虫は，翅をもたないトビムシのような仲間だったと考えられています。

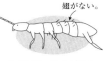

翅がない。

▲ 図41-5 トビムシ

> 最も原始的な昆虫。体長は3mm以下で，複眼も翅もない。

8 　デボン紀の次は**石炭紀**です。石炭紀(約3.59億年前〜2.99億年前)は温暖湿潤な気候で，**リンボク・ロボク・フウインボク**といった大形のシダ類が栄え，**木生シダの大森林**が形成されるようになります。

> ヨーロッパでは，この時代の地層に石炭が多く発掘されることから付けられた名称。

高さ数十mになる巨木

幹から枝が落ちた跡が鱗のように残っている。

枝の落ちた跡が幹にまるで封印のように残っている。

リンボク　　　ロボク　　　フウインボク

▲ 図41-6 石炭紀に栄えた大形のシダ類

9 　また，デボン紀で出現した両生類が繁栄し，石炭紀には**大形の昆虫類**なども栄えました。さらに，両生類の仲間から**爬虫類**が出現します。**爬虫類は胚膜**(⇨p.563)**をもち，胚を乾燥や衝撃から防ぐことができ，陸上での発生が可能になった**ので，陸上での生活により適応していきます。

　節足動物では，**翅をもった昆虫類**が出現します。まだ鳥類は出現していないので，最初に空中に進出したのは昆虫類ということになります。昆虫類は，急速に種類を増やし，大形化していきます。9cmのゴキブリ，70cmもの大きさのトンボなどの化石が発見されています。

第**4**章　生物の進化

10 古生代の最後は<u>**ペルム紀(二畳紀)**</u>(約2.99億 | 旧ソ連のペルミ地方から付けられた名称。
年前〜2.51億年前)です。このペルム紀の終わりには非常に大きな環境変化があり，それまで栄えていた多くの生物が絶滅します。**三葉虫も絶滅し，木生シダも衰退**します。

地球温暖化と生物の大絶滅

　古生代の終わりには，とてつもなく激しい火山活動が起こった。激しい火山活動がなんと60万年も続き，そのため，大気中の二酸化炭素濃度が上昇し，温暖化が進んだ。すると，海底に閉じ込められていたメタンCH_4がメタンガスとして放出された。そして，メタンによりさらに温暖化が進み，極域の氷も溶け，温められた海水は底へ沈まないため循環せず，また酸素も溶けにくくなり，海は酸欠状態になったようである。また，陸上でも巨大噴火で巻き上げられた火山灰によって太陽光がさえぎられてしまい，これらのことが原因で，陸でも海でも多くの生物が絶滅していったと考えられる。

　このころ，地球上の全生物種の70%，海生の無脊椎動物の85%(96%という説もある！)が絶滅したといわれる。地球の歴史の中で最大の大絶滅であり，その原因が**地球温暖化**にあったのである。「たかが温暖化…」と思っても，それにより大きく地球環境を変えてしまうこともある。今も温暖化が進んでいる。しかも，今回はかつてないほど短期間での急激な温暖化で，人為的な原因により温暖化が進んでいるわけであるから，この時代に生きるわれわれとしては，温暖化の進行を食い止めるあらゆる方法を実践しなければならない。

【古生代の生物の変遷】

```
　カンブリア紀…バージェス動物群出現
　オルドビス紀…植物の陸上進出 ◄──────        オゾン層形成
　シルル紀………魚類出現，シダ植物出現　　地表の紫外線量減少
　デボン紀………両生類出現，裸子植物出現
　石 炭 紀………爬虫類出現，木生シダの大森林
　ペルム紀………三葉虫絶滅，木生シダ衰退
```

第42講 生物界の変遷② （中生代〜新生代）

重要度
★

海で誕生した生命が陸上に進出後の歴史，中生代と新生代を見ていきましょう。

1 中生代

1 古生代末の大絶滅の時代が終わり，中生代となります。**約2億5100万年前から6600万年前までが中生代**です。

2 中生代の最初は**三畳紀**（約2.51億年前 〜 2.00億年前）です。

> この時代の地層が3種類からなることから付けられた名称。トリアス紀ともいう。

動物では，古生代の石炭紀で出現した**爬虫類**が繁栄していきます。爬虫類は，**胚膜を発達させたため，陸上での発生が可能**となりました。また，窒素排出物を**水に不溶性の尿酸**にし，角質化した鱗で覆われた体表を発達させ，乾燥した陸上での生活に適応していきました。爬虫類は陸上だけでなく，肢と胴の間に翼をもち空を滑空する翼竜や海に生息する魚竜なども出現し，分布を広げました。

さらに，三畳紀には**哺乳類**が出現します。最初の哺乳類は10cm程度の大きさで，夜行性で昆虫を食べていたと考えられています。そして，まだ**卵生**だったようです。現在でも，カモノハシなどは卵生の哺乳類です。

3 次が**ジュラ紀**（約2.00億年前〜1.45億年前）です。ジュラ紀には，古生代のデボン紀で出現した**裸子植物**が，それまで栄えていた木生シダに取って代わって繁栄していきます。爬虫類，中でも**恐竜類が最も全盛を極めた時期**です。

> アルプス北部のジュラ山脈から付けられた名称。

また，**鳥類**が出現したのもこの時期で，**シソチョウ（始祖鳥）**の化石がこの時代の地層から発掘されています。

> 鳥類は恐竜類の一種から進化したといわれる。羽毛をもった恐竜の化石も発見されている。中生代の終わりに恐竜類は絶滅したが，恐竜類は鳥類に姿を変えて現在でも繁栄しているともいえる。

4 植物プランクトンの遺体が海底に降り積もり，分解される前に土砂に埋もれ，熱と圧力を受けて変性したものが**石油**になりました。現在確認されている油田の6割は，非常に温暖であったジュラ紀と白亜紀の前半に繁殖した植物プランクトンに由来します。

5 中生代の最後は**白亜紀**（約1.45億年前〜0.66億年前）です。

> イギリス南部の石灰質岩石からなる地層から付けられた名称。

植物では，いよいよ**被子植物**が出現します。被子植物は花を咲かせ，昆虫に蜜を提供する代わりに花粉を運んでもらうことで受粉を確実にすることができます。さらに，胚珠が子房で包まれることで胚を乾燥から守ることができます。また，子房を発達させ果実を形成し，これを鳥類や哺乳類などに食べさせ，種子を運んでもらうということもできます。

6 異なる種の生物どうしが，影響しあいながら進化することを**共進化**といいます。

花とその蜜を吸う昆虫の間には共進化によって成立した関係が見られます。たとえばある種のランは，距と呼ばれる細長い管の奥に蜜をため，その蜜を吸うスズメガの口器は長くなっています。スズメガは蜜を吸うために口器を長くするように進化し，ランは距を長くすることで蜜を吸われるときにスズメガに花粉を多く付着させ，同種の他の花に運ばせることができるように進化しています。

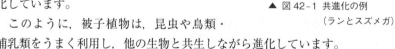

▲ 図42-1 共進化の例
（ランとスズメガ）

このように，被子植物は，昆虫や鳥類・哺乳類をうまく利用し，他の生物と共生しながら進化しています。

7 哺乳類では，胎盤を発達させた**真獣類（有胎盤類）**が出現します。

白亜紀になっても恐竜類は栄えていましたが，**白亜紀の終わりに絶滅**します。また，中生代全般にわたって海中で繁栄していた**アンモナイトも絶滅**します。

恐竜の絶滅と隕石

　白亜紀末の地層から大量の**イリジウム**が発見されている。イリジウムは地球の地殻にはほとんど含まれていない微量元素なので，この時代に巨大隕石が落下したことを裏付けている。実際，直径約10kmの巨大隕石がメキシコ湾からユカタン半島にかけて衝突したようである。これにより，地球全体に大きな環境変化が起こり，大量絶滅が起こったと考えられる。ただ，隕石衝突以前から恐竜の絶滅は始まっていた。それは，寒冷化が進んでいたことによるものである。寒冷化によって勢力が衰えてきたところへ，巨大隕石の落下があり，とどめを刺されたのかもしれない。

第
4
章

生物の進化

【中生代の生物の変遷】

三畳紀……**哺乳類**(卵生哺乳類)出現

ジュラ紀…**シソチョウ**出現，**恐竜繁栄**，**裸子植物**繁栄

白亜紀……**被子植物**出現，**真獣類**出現，**恐竜絶滅**，
　　　　　アンモナイト絶滅

2 新 生 代

1 約**6600万年前**から現在までが**新生代**です。

　新生代の最初は**古第三紀**(約0.66億年前〜2300万年前)です。

　古第三紀には，中生代の終わりから始まった寒冷化がさらに進みましたが，鳥類と哺乳類は体温を一定に保つしくみを発達させ，寒冷化にも適応できました。また，クジラやペンギンの仲間のように，海に進出した哺乳類や鳥類も出現します。このように，それまで爬虫類が占めていた生態的地位(ニッチ⇨p.779)の多くを鳥類と哺乳類が占めるようになり，**様々な環境に適応して繁栄**するようになったのです。

> 以前は，先カンブリア時代，古生代，中生代を第一紀，第二紀に分け，それに続く時代なので第三紀，第四紀と呼ばれていた名残り。

2 被子植物は花を咲かせ，蜜（みつ）や果実をつくり，動物を誘引して，蜜や果実を提供する代わりに花粉を運んでもらったり種子を散布してもらったりします。そのため，たとえば，昆虫の口（吻（ふん））がそれぞれの花の蜜を吸いやすいように進化し，植物のほうも，より花粉を運んでもらえるような花の構造へと進化します。このような共進化（⇨p.256）が，被子植物の多様化に大きな役割を果たしたと考えられます。

 南極大陸の分離と寒冷化

　　南極大陸は，もともとはオーストラリア大陸とつながっていたが，約5300万年前からオーストラリア大陸は北上を始め，約3500万年前には完全に分離してしまう。この結果，南極大陸の周囲には冷たい海流が取り囲むように流れ，暖かい海流が流れ込まなくなり，南極大陸は氷に覆われた大陸へと変化した。地表が氷に覆われると太陽光を反射するため，ますます寒冷化が進む。そして，寒冷化した南極大陸が周囲の海を冷やし，それが世界中に流れて地球全体を冷やすことになっていったと考えられている。

3 次が**新第三紀**（約2300万年前〜260万年前）です。新第三紀には，寒冷化と乾燥化が進み，熱帯多雨林のような森林が減少し，草原が広がってきました。そして，森林を追われたサルの仲間がやがて**ヒトへと進化**することになります。

　　約700万年前には，人類の祖先である**サヘラントロプス**が出現します。また，約200万年前には**原人（ホモ属）**も出現します。

 ヒマラヤ山脈の形成と寒冷化

　　約2億年前には赤道よりも南にあった大陸の一部であったインドが分離し，5000万年前頃にユーラシア大陸に衝突した。これにより，両者の間にあった海がもち上げられ，ついには山脈となった。これが**ヒマラヤ山脈**である。

　　約500万年前にはヒマラヤ山脈は標高2000 mを越える高さになり，約70万年前には現在とほぼ同じ高さになったようである。標高が高くなると，降った雪は溶けずに氷となり，**氷河**ができる。南極大陸が氷に覆われるようになって寒冷化がさらに進んだように，ヒマラヤ山脈に氷河が形成されたことで，さらに寒冷化が進む。逆に，氷河が小さくなると太陽光を反射しにくくなるので温暖化が進むのである。

　　また，自転軸のふらつきなどが原因で日射量が周期的に変化し，約9万年間で寒冷化し（**氷期**），約1万年かけて温暖化する（**間氷期**）ということが繰り返されていると考えられている。

4　約260万年前からが**第四紀**で，現在も第四紀です。第四紀には，寒冷化と乾燥化がさらに進みますが，約70万年前あたりから寒い時期(氷期)と比較的温かい時期(間氷期)が周期的に繰り返されるようになります。

5　現生人類の祖先が出現したのはアフリカで，約20万年前と考えられています。出現した直後からしばらくは氷期だったため，温暖なアフリカを出ることはなかったようですが，約10万年前(5〜7万年前という説もある)の間氷期にアフリカを出て，中東，ヨーロッパ，アジア，オーストラリアへと分布を広げていきます。そして，約3万年前の氷期では南極や北極の氷床が拡大して海水面が下がり，ユーラシア大陸とアメリカ大陸が地続きとなり，アメリカ大陸へも進出します。

　現生人類に近い**旧人(ホモ・ネアンデルターレンシス)**はおもにヨーロッパに分布していましたが，約3万年前に絶滅してしまいます。この氷期をも耐え抜いたのが我々現生人類の**新人(ホモ・サピエンス)**なのです。

6　約1万年前には，マンモスなどの大形哺乳類が絶滅します。この原因としては，気候変動によるものという説と，人類活動が影響しているのではないかという説があります。

　現在は，最終氷期を終えたほんのつかの間の間氷期の時期にあたります。

7　この長い46億年の歴史を，1年間にたとえてみましょう。

　地球の誕生(約46億年前)を1月1日0時，現在を12月31日24時とします。

　生命の誕生が約40億年前(地球誕生から約6億年後)なので，1月1日の48日後の2月17日頃になります。

　真核生物の出現が約20億年前(約26億年後)なので約206日後，7月26日頃です。

　多細胞生物が出現した約10億年前はもう10月13日頃，古生代が始まるのが約5.42億年前なので12月31日の約43日前で，11月18日頃です。先カンブリア時代がとても長いことがわかります。アノマロカリスなどが繁栄していたのもつい最近という感じですね。

　生物が陸上に進出したのを約4億年前とすると約32日前で，11月29日頃になります。11月の末になってようやく陸上に進出したのです。

　中生代が始まるのが約2.51億年前なので12月31日の約20日前の12月11日頃，新生代が始まるのが約0.66億年前なので，12月31日の約5日前の12月26日頃になります。クリスマスあたりで恐竜の絶滅などが起こったのですね。

猿人が出現する700万年前は，年が明ける13時間前，12月31日の午前11時前頃です。新生代第四紀が始まる約260万年前は，年が明ける約5時間前で，12月31日の19時頃，現生人類の祖先が出現した約20万年前は12月31日の23時37分，ネアンデルタール人が絶滅した約3万年前は年が明ける3分26秒前，マンモスが絶滅した約1万年前は年が明ける約1分9秒前！です。日本史で学習する約2000年の歴史は，年が明ける前の約13.7秒間ということになります。

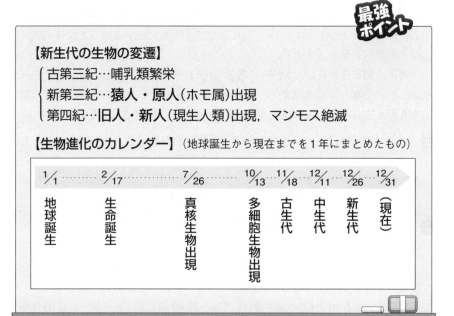

最強ポイント

【新生代の生物の変遷】
｛ 古第三紀…哺乳類繁栄
　 新第三紀…**猿人・原人**（ホモ属）**出現**
　 第四紀…**旧人・新人**（現生人類）**出現，マンモス絶滅**

【生物進化のカレンダー】（地球誕生から現在までを1年にまとめたもの）

1/1	2/17	7/26	10/13	11/18	12/11	12/26	12/31
地球誕生	生命誕生	真核生物出現	多細胞生物出現	古生代	中生代	新生代	（現在）

第43講 進化の証拠

過去に長い年月をかけて起こった進化の現象は目の前で見ることはできません。では，どのような証拠から進化が起こったといえるのでしょう。

1 古生物学上の証拠

1 大昔の生物のようすは，化石から知ることができます。

たとえば，**三葉虫**は，古生代の最初(カンブリア紀)に出現し，古生代の最後(ペルム紀)に絶滅しています。ということは，もしある地層で三葉虫の化石が発掘されたら，その地層は古生代のものだということができますね。

このように，**時代を決める手がかりになる化石**を**示準化石(標準化石)**といいます。

示準化石になるには，その生物が**特定の時代にのみ生息していたこと**，**化石が数多く産出されること**，化石が**世界各地のいろいろな場所から発掘される**ことが必要となります。

2 **フズリナは古生代石炭紀～ペルム紀の，フデイシ(筆石)はカンブリア紀～石炭紀の**示準化石です。

原生生物，有孔虫綱の一種。「紡錘虫」ともいう。石灰質の殻をもっていたので，石灰岩中の化石として多く発見される。

半索動物(原索動物に近い仲間)の一種。群体をつくり，その形が羽ペンに似ているところから付けられた名前。

フズリナ
→ 古生代石炭紀
～ペルム紀

フデイシ
→ 古生代カンブリア紀
～石炭紀

▲ 図43-1 古生代の示準化石

軟体動物門，頭足綱の一種。現在のオウムガイと共通の祖先から分岐したと考えられている。

アンモナイトは中生代の示準化石です。
また，**カヘイセキ(貨幣石)は新生代古第**

原生生物，有孔虫綱の一種。「ヌムムリテス」ともいう。形が貨幣に似ているのでこの名前が付けられた。

三紀，ビカリアは新生代新第三紀の示準化
石，マンモスは新生代第四紀の示準化石で
す。

軟体動物門，腹足綱で，巻貝の一種。
ビカイア（バージェス動物群で登場
した原索動物（⇨ p.250））ではない！

アンモナイト	カヘイセキ	ビカリア
▶ 中生代	▶ 新生代古第三紀	▶ 新生代新第三紀

▲ 図43-2 中生代・新生代の示準化石

3 サンゴは古生代カンブリア紀に出現しましたが，今現在でも存在します。
したがって，サンゴの化石が発掘されてもその時代は特定できません。

しかし，**サンゴは暖かい浅い海でしか生息できない**ため，今現在が寒冷な
場所であっても，**その当時は暖かかった**のだと推定できます。このように，
その当時の環境を知る手がかりになる化石を示相化石といいます。

4 示準化石を，年代を追って並べることができれば，進化の過程を知ること
ができます。

たとえば，約5500万年前に出現したウマの祖先であるヒラコテリウムは体
高30cm程度でした。それがメソヒップス，メリキップス，プリオヒップスと
進化するにつれて大形化し，新生代第四紀に出現したエクウス（現在のウマ）
では150cmほどになりました。

また，ヒラコテリウムの前肢の指は4本ですが，やがて3本指，そして両
端の指が退化して1本指（中指のみ）に変化していることがわかります。

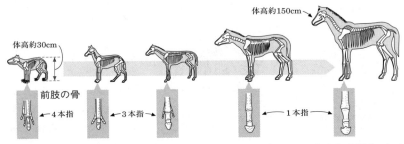

▲ 図43-3 化石から見るウマの進化

　このように，**進化の過程を調べることができる化石を系列化石**といいます。ウマ以外では，アンモナイトも優れた系列化石として知られています。

5　ウマのように，段階を追って化石が発見されることはまれです。しかし，現在の生物の中間的な特徴をもった生物の化石が発掘されれば，そのような中間型生物を経て現在の生物が進化したのだろうと考えることができます。その代表例が**シソチョウ**です。

　シソチョウには，**羽毛をもった翼**があり，鳥の特徴をもちますが，**くちばしには歯があり，翼の先には爪をもった指があり，尾には先端まで骨（尾骨）があります**。現在の鳥のくちばしには歯はありませんし，翼に爪をもった指も生えていません。また，羽毛で覆われた尾はありますが，内部に骨はありません。さらに，現在の鳥には翼の筋肉を支える竜骨が発達していますが，シソチョウにはありません。これらの違いは，シソチョウにはまだ爬虫類の特徴が残っているということです。

　このような<u>シソチョウが存在したということは，爬虫類から鳥類が進化した</u>という証拠になります。

> シソチョウ（始祖鳥）は，その名前の通り，現在の鳥類の祖先と考えられていたが，その後の研究から，現在の鳥類の直接の祖先ではないと考えられるようになった。

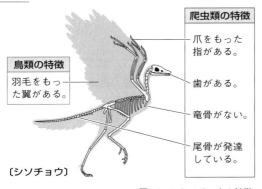

鳥類の特徴

羽毛をもった翼がある。

爬虫類の特徴

爪をもった指がある。

歯がある。

竜骨がない。

尾骨が発達している。

〔シソチョウ〕

歯がない。

尾骨が短い。

竜骨が発達している。

（現在の鳥類）

▲ 図 43-4　シソチョウの特徴

6　古生代デボン紀に出現した**ソテツシダ類**（⇨p.251）の化石も中間型生物の化石です。ソテツシダ類は，シダ植物そっくりの形態をした葉をもちますが，葉の先端に胚珠があり，種子を形成します。つまり，**シダ植物の名残を残した種子植物**なのです。このような生物が存在したということは，シダ植物から種子植物が進化したという証拠になります。

① 示準化石と示相化石

　示準化石…その地層の時代を知る手がかりになる化石。

　　　　　例 三葉虫(古生代)，アンモナイト(中生代)

　示相化石…その当時の環境を知る手がかりになる化石。

　　　　　例 サンゴ(暖かい浅い海)

② 古生物学上の進化の証拠

　系列化石…進化の過程を調べることができる化石。

　　　例 ウマの肢の指の数の減少，ウマのからだの大形化

　中間型生物の化石…中間型生物を経て，現生の生物に進化。

　　　例 シソチョウ，ソテツシダ類

2　形態学上の証拠

1　現生生物のからだを調べることでも，進化をうかがい知ることができます。

2　ヒトの手と鳥の翼は，外形は大きく異なりますし，働きも違います。しかし，内部の骨の構造や発生起源は共通する部分が多く，基本的には同じ器官，つまり前肢とみなすことができます。

　このように，たとえ形態や働きが異なっていたとしても，**発生起源や内部構造が共通する器官**を**相同器官**といいます。

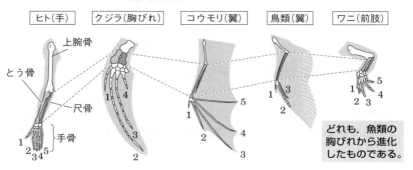

▲ 図43-5 相同器官の例(脊椎動物の前肢と翼)

3　エンドウの巻きひげとサボテンのトゲも形態は大きく異なりますが，いずれも葉が変形したものです。これらも相同器官です。

　　また，ブドウの巻きひげやジャガイモのイモはいずれも茎が変形したもので，やはり相同器官です。

4　では，なぜ，発生起源や内部構造が同じでも働きや形態が異なるようになったのかというと，祖先がもっていた共通の器官がそれぞれの生物の**生活環境に適応して別の方向に進化した結果**と考えられます。

　　このように，同一系統の生物が異なった環境にそれぞれ適応して種分化する現象を**適応放散**といいます。

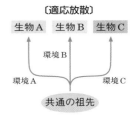

〔適応放散〕

▲ 図43-6 適応放散

5　オーストラリア大陸には同じ有袋類でありながら，カンガルー・コアラをはじめ，フクロモモンガ・フクロアリクイ・フクロモグラなど，さまざまな形態や習性の動物が生息しています。これらも，同じ有袋類の祖先から適応放散の結果生じたと考えられています。

6　逆に，鳥の翼と昆虫の翅は，どちらも空を飛ぶという働きは同じで形態も似ています。しかし，鳥の翼は前肢の変化したもので内部には骨がありますが，昆虫の翅は表皮が変化したもので，もちろん内部に骨などありません。

　　このように，**形態や働きは似ていても，発生起源や内部構造は異なる器官**を**相似器官**といいます。

7　同様に，エンドウの巻きひげとブドウの巻きひげも，形態も働きも似ていますが，エンドウの巻きひげは葉が変形したもので，ブドウの巻きひげは茎の変形したものだから，相似器官です。また，ジャガイモのイモは茎が変形したもので，サツマイモのイモは根が変形したものなので，やはり相似器官です。

8　こういった相似器官は，異なる起源のものが**似た環境に適応した結果，類似の形態をもつように進化した**と考えることができます。

　　このように，系統が異なる異種の生物が似た環境に適応して，類似の形態や機能をもつように進化する現象を**収束進化（収れん）**といいます。

〔収束進化〕

▲ 図43-7 収束進化

第**4**章　生物の進化

265

9 有袋類のフクロモグラと有胎盤類(真獣類)のモグラは異なる系統の動物ですが，形態や習性は似ています。これは，収束進化の結果と考えられます。

10 クジラの後肢は，外形的には見えず機能もしていませんが，からだの中には後肢の骨が残っています。これは，かつてはクジラにも後肢が生えていて四足だったことを物語っています。

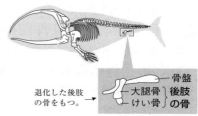

▲ 図43-8 クジラの後肢の痕跡器官

退化した後肢の骨をもつ。→　大腿骨　けい骨｝後肢の骨　骨盤

このように，近縁の種では発達していて機能しているのに，現在は退化してしまっている器官を**痕跡器官**(こんせき きかん)といいます。

11 ヒトには，虫垂(ちゅうすい)・瞬膜(しゅんまく)・動耳筋(どうじきん)・尾骨(びこつ)など，多くの痕跡器官があります。これらも，かつては機能していたのが進化の過程で使われなくなり，退化したものと考えられます。

> 虫垂…植物食性動物では消化に重要な機能をもっている盲腸であるが，ヒトでは盲腸の半分はミミズのような突起にまで退化している。この突起部分を「虫垂」という。俗に「盲腸炎」というのは，虫垂の炎症のこと。
> 瞬膜…眼球前面を被う膜で，普段はまぶたの裏側に納められて眼球を保護する働きがあるが，ヒトでは目頭の部分に半月状のひだとなって残っているだけで機能しない。
> 動耳筋…文字通り耳(耳殻)を動かす筋肉。
> 尾骨…尾の骨(尾椎)の名残り。「尾てい骨」ともいう。

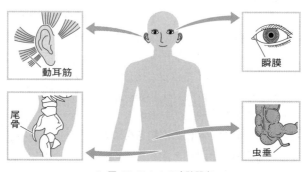

動耳筋

瞬膜

尾骨

虫垂

▲ 図43-9 ヒトの痕跡器官

① **相同器官**…形態や機能が異なっていても，発生起源や内部構造が同じ器官。例 鳥の翼とヒトの手

② **相似器官**…形態や機能は似ているが，発生起源や内部構造が異なる器官。例 鳥の翼と昆虫の翅

③ **痕跡器官**…近縁種では機能しているが，退化して機能していない器官。例 クジラの後肢，ヒトの虫垂・瞬膜・動耳筋・尾骨

第**4**章　生物の進化

3　生きている化石

1 　大昔の化石生物に近い特徴を保ったまま現存している生物を**生きている化石(遺存種)**といいます。生きている化石は，**進化途上の中間型の特徴を示すことが多く**，やはり進化の証拠となります。

2 　たとえば，**カモノハシ**は，乳腺があり母乳で子を育てる，全身が毛で覆われているなど哺乳類の特徴をもちますが，卵生で，総排出口をもつなど爬虫類や両生

> 哺乳類では不消化排出物(大便)を排出する孔(肛門)と窒素排出物(小便)を排出する孔(尿道口)は別にあるが，爬虫類もカモノハシも同じ孔から排出する。この開口部を「総排出口」という。

類に見られる特徴ももちます。これは，大昔の特徴が残っているもので，哺乳類の進化の証拠になります。

　また，**カブトガニ**は古生代に栄えていた生物ですが，その当時からあまり変化せず現存しています。特に，幼生が三葉虫に似ているといわれます。

3 　**オウムガイ**は，中生代に栄えていたアンモナイトと共通の祖先から分岐した生物です。

　また，**シーラカンス**は，内部に骨のあるひれをもち，魚類から両生類への進化途上の生物と考えられます。古生代に出現したユーステノプテロンを彷彿とさせますね。

オウムガイ
┗▶アンモナイトと共通の祖先
から分岐した生物。

シーラカンス
┗▶魚類から両生類への進化
の途上の生物。

中生代に
栄えた。

（アンモナイト）

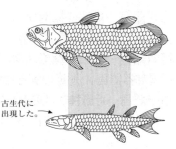

古生代に
出現した。

（ユーステノプテロン）

▲ 図43-10 生きている化石の例

4 イチョウやソテツは裸子植物でありながら，雄性配偶子は精子であり，シ
ダ植物の名残を残す生きている化石です。

生きている化石…大昔の化石生物に近い特徴を保ったまま現存し
ている生物。

例 **カモノハシ**（中間型生物）

⇨ { **卵生，総排出口**をもつ…爬虫類や両生類の特徴
母乳で子を育てる，**体毛**をもつ…哺乳類の特徴

第44講 有性生殖と無性生殖

重要度
★★

生殖の方法にもさまざまな種類があります。それぞれの例と特徴を見ていきましょう。

1 生殖細胞

1 生物の最も基本的な特徴は，自己複製を行う，すなわち，子孫を残すことです。これを**生殖**といいます。そして，生殖のためにつくられた細胞を**生殖細胞**といいます。これに対して，からだを構成する細胞は**体細胞**です。

生殖細胞には，大きく**配偶子**と**胞子**の2種類があります。

2 原則として，**細胞どうしが合体することで次の個体になれる**ような生殖細胞を**配偶子**といいます。逆に，**合体せず，単独で次の個体になれる**ような生殖細胞を**胞子**といいます。

3 配偶子には，同じ大きさで同じ形の**同形配偶子**，大きさが異なる**異形配偶子**などがあります。

4 異形配偶子のうち，大きいほうは**大配偶子**，小さいほうは**小配偶子**といいます。異形配偶子のなかでも，特に極端に大きさが異なり，大きさだけでなく形も異なる場合が**卵**と**精子**です。**卵には運動性がなく，精子は鞭毛などをもち運動性があります**。しかし，卵や精子に分化しない異形配偶子（大配偶子・小配偶子）には鞭毛があり，運動性があります。

大配偶子や卵を形成するほうが雌，小配偶子や精子を形成するほうが雄ということになります。なお，同形配偶子にも鞭毛があり，運動性があります。

5 配偶子どうしの合体を**接合**といい，接合によって生じた細胞を**接合子**といいます。

同形配偶子どうしの接合を**同形配偶子接合**，異形配偶子どうしの接合を**異形配偶子接合**といいます。卵と精子の接合は特に**受精**と呼ばれ，卵と精子の受精によって生じた接合子を特に**受精卵**といいます。

6 同形配偶子接合を行う生物としては，**クラミドモナス・アオミドロ・ゾウリムシ**などが挙げられます。

> クラミドモナスは緑藻類，アオミドロは接合藻類，ゾウリムシは原生動物の繊毛虫類。

7 異形配偶子接合を行う生物としては，**ミル・アオサ・アオノリ**などが挙げられます。

> ミル・アオサ・アオノリは，いずれも緑藻類。

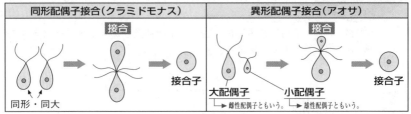

▲ 図44-1 配偶子の接合と接合子

 アオミドロの接合

アオミドロの接合は，次のようにして行われる。

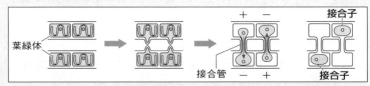

▲ 図44-2 アオミドロの接合

つまり，**アオミドロの本体を構成する体細胞がそのまま生殖細胞(配偶子)として接合を行う。**接合管を通って出て行く側を＋(雄性)，受け入れる側を－(雌性)とするが，個体としての性の分化はなく，ある部分では＋，別の部分では－になる場合もある。できた接合子は減数分裂してから発芽し，新個体を形成する。

 ゾウリムシの接合

ゾウリムシの接合は，次のようにして行われる。

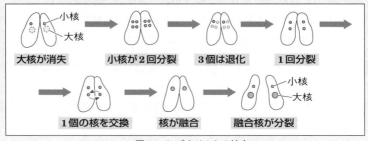

▲ 図44-3 ゾウリムシの接合

　　ゾウリムシには，**大核(栄養核)**と**小核(生殖核)**の2つの核があるが，接合する
ときには大核が消失する。また，小核が2回の核分裂を行って4個の核になり，
そのうちの3個は退化消失する。残った1個の核が再び核分裂を行って2核にな
り，このうちの1個ずつをもう一方のゾウリムシとの間で交換する。交換した核
ともともともっていた核とが融合すると，2つのゾウリムシは離れる。ゾウリム
シの接合では，2個のゾウリムシから再び2個のゾウリムシが生じるので，数は
まったく増えない。ただ，**核を交換することで親個体とは異なる遺伝子の組み合
わせを生じることができる。**

① **生殖細胞** $\begin{cases} \textbf{配偶子}…\textbf{合体}によって次の個体になれる生殖細胞。 \\ \textbf{胞子}…合体せず\textbf{単独}で次の個体になれる生殖細胞。 \end{cases}$

② **接合**…配偶子どうしの合体(卵と精子の接合は特に**受精**と呼ぶ)。
　$\begin{cases} \boxed{同形配偶子接合} \quad 例 クラミドモナス・アオミドロ・ゾウリムシ \\ \boxed{異形配偶子接合} \quad 例 ミル・アオサ・アオノリ \end{cases}$

2 生殖方法

1 配偶子を介して行われる生殖方法を**有性生殖**といいます。
　　それに対して，配偶子を介さずに行われる生殖方法を**無性生殖**といいます。

2 無性生殖には，**分裂**や**出芽**，**胞子生殖**，**栄養生殖**などがあります。

3 　からだが分かれて増える生殖方法を**分裂**といい，そのうち**1個体が2個体
に分かれて増える**場合を**二分裂**といいます。アメーバ・ゾウリムシ・ミドリ
ムシや細菌のような単細胞生物に見られますが，多細
胞生物でも**イソギンチャク・プラナリア**などで見られ
ます。

> イソギンチャクは刺胞
> 動物，プラナリアは扁
> 形動物。

　　また，**1個体から多数の個体が生じる**
場合は**多分裂(複分裂)**といい，マラ

> まず，核分裂だけが繰り返され，一度
> に細胞質分裂が起こるので，同時に多
> 数の細胞が生じる。

リア病原虫（⇨p.351）やトリパノ
ソーマ・ミズクラゲなどで見られ
ます。

（⇨p.351）

マラリア病原虫・トリパノソーマは原生動物，
ミズクラゲは刺胞動物。マラリア病原虫は文字
通り伝染病のマラリアの原因となる生物。トリ
パノソーマは眠り病の原因となる生物。

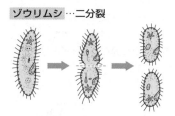

ゾウリムシ…二分裂

プラナリア…二分裂

マラリア病原虫…多分裂（複分裂）

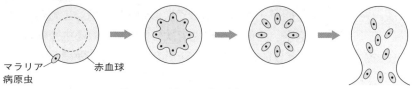

マラリア
病原虫　　　　赤血球

▲ 図44-4 分裂による増え方（二分裂と多分裂）

4 親のからだの一部から芽が出るようにふくらみ
ができ，それが大きくなって，やがて親から離れ
て増える生殖方法を**出芽**といいます。酵母やヒ
ドラ・サンゴ・ホヤなどで見られます。

酵母は子のう菌類，ヒドラ・
サンゴは刺胞動物，ホヤは
原索動物。

酵母　　　　　　　　　　　　　　**ヒドラ**

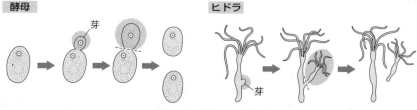

芽

芽

▲ 図44-5 出芽による増え方

5 胞子から次の個体を生じる生殖方法が**胞子生殖**です。胞子には，減数分
裂で生じる**真正胞子**（シダやコケがつくる）と，体細胞分裂によって生じる
分生子（**分生胞子，栄養胞子**）があります。菌類（アオカビやコウジカビな
ど）では，真正胞子と分生子の両方がつくられます。狭義では，胞子生殖は分
生子による生殖だけを指します。

また，藻類(コンブなど)がつくる胞子(真正胞子)には鞭毛があり，運動性があることが多く，このような胞子を**遊走子**といいます。

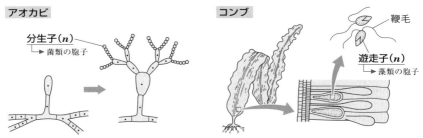

アオカビ

分生子(*n*)
└→ 菌類の胞子

コンブ

鞭毛

遊走子(*n*)
└→ 藻類の胞子

▲ 図44-6 胞子生殖による増え方(分生子と遊走子)

6 花のような生殖器官ではなく，**根・茎・葉といった栄養器官から次の個体を生じる生殖方法を栄養生殖**(栄養体生殖)といいます。

　ジャガイモのイモは**地下茎**が肥大したもので**塊茎**といいますが，この塊茎から新個体が生じます。サツマイモのイモは**根**が肥大したもので**塊根**といいますが，この塊根から新個体が生じます。タマネギの食用部分は，地下茎の基部を多肉化した**鱗片葉**が取り囲んだもので**鱗茎**といいますが，この鱗茎から新個体が生じます。チューリップ，ユリなどの**球根**と呼ばれるものもこの鱗茎にあたります。

　地面を這うように伸びる長い茎を**走出枝**(ほふく茎，**ストロン**)といいますが，オランダイチゴ・ユキノシタなどでは，この走出枝に新しい芽が生じて新個体ができます。

　葉の付け根に生じる芽(側芽，腋芽)が養分を貯蔵して球状になったものを**むかご**(零余子)といいます。ヤマノイモやオニユリでは，地上に落ちたむかごから発芽して新個体が生じます。

> ヤマノイモのむかごは「肉芽」，オニユリのむかごは「鱗芽」ということがある。

　挿し木や接ぎ木などは，人工的な栄養生殖といえます。

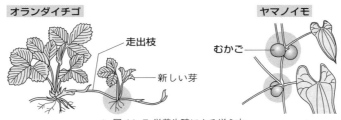

オランダイチゴ

走出枝

新しい芽

ヤマノイモ

むかご

▲ 図44-7 栄養生殖による増え方

7 有性生殖では，配偶子どうしの合体によって**親とは異なる遺伝子の組み合わせが生じ，遺伝的多様性を増すことができます**。それによって，環境が変化しても**新しい環境に適応できる個体が生き残る可能性も増大**します。

一方，無性生殖では，新しい遺伝子の組み合わせが生じないため，環境が変化した場合には適応できない可能性があります。しかし，無性生殖では，細胞どうしを合体させるといった手間を必要としないので，**容易に新個体をつくって増殖する**ことができます。この点では，無性生殖のほうが優れています。

水陸両用！

8 多くの生物では，有性生殖と無性生殖の両方を行います。

たとえば，ゾウリムシは分裂で増殖して数を増やしますが，やがて，分裂能力が低下してくると接合を行い，これによって再び分裂能力を獲得します。

酵母は出芽で増えますが，接合も行います。ヒドラも出芽で増えますが，ちゃんと受精も行います。菌類は胞子生殖を行いますが，接合も行います。

高等動物は受精しか行いません。つまり，有性生殖だけしか行いません。

+α パワーアップ **単為生殖と生活環**

ふつうは，卵は精子と合体してから分裂を始めて次個体になる。ところが，卵が合体しないで分裂を始めて，次個体になってしまう場合もある。このような発生を**単為発生**といい，単為発生によって次個体を生じる生殖方法を**単為生殖（処女生殖）**という。多様な遺伝子構成をもつ配偶子を生じるという点では有性生殖の一種と考えることもできるが，受精を伴わないという点では無性生殖の一種と考えることもできる。

単為発生は，ミツバチの雄を生じるときやアリマキなどで見られる。

① **ミツバチの生活環**

女王バチ（もちろん雌，$2n$）が減数分裂を行って卵（n）を生じ，通常はこれと精子（n）が受精して次個体が生じるが，受精卵から生じた個体はすべて雌で働きバチ（$2n$）となる。ところが，一部の卵は受精せずに分裂を始めて次世代の個体になる（**単為発生**）。こうして生じた個体は，すべて雄バチとなる。したがって，生

274

じた雄バチの核相は n ということになる。この雄バチ(n)は，減数分裂ではない細胞分裂で精子(n)をつくる。

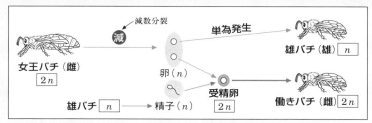

▲ 図44-8　ミツバチの生殖

② アリマキ（アブラムシ）の生活環

　春にうまれたアリマキの個体は，すべて翅をもたない個体で，すべて雌($2n$)。この雌から減数分裂をしないで生じた核相$2n$の卵が**単為発生**し，再び翅のない雌が生じる。このようなことを春から夏まで何度も繰り返すが，秋になると$2n$の卵以外に，1本染色体を放出して$2n-1$の卵を生じる。$2n$の卵からは翅をもった雌，$2n-1$の卵からは翅をもった雄が生じる。この雌が今度は減数分裂を行ってnの卵をつくり，雄も減数分裂を行ってnの精子（$n-1$の細胞は消失）をつくる。この精子と卵が受精して受精卵をつくり，この受精卵で冬を越す。再び春になると雌が生じ，単為発生で増殖する。

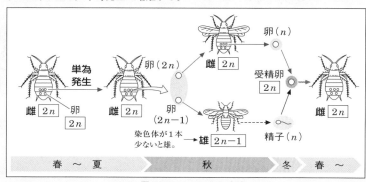

▲ 図44-9　アリマキの生殖

※単為発生には，ミツバチの雄を生じるときのように単相(n)の卵が単為発生する場合と，アリマキのように複相($2n$)の卵が単為発生する場合とがある。複相の卵が単為発生する例には，アリマキ（節足動物・昆虫類）以外に，ワムシ（輪形動物）やミジンコ（節足動物・甲殻類），植物でもドクダミ・ヒメジョオン・シロバナタンポポ・セイヨウタンポポなどがある。

　卵からの単為発生の例は知られているが，精子からの単為発生（童貞生殖？）は自然では存在しないようである。やはり，発生には栄養分が必要だからだろう。

人為単為発生

　人工的に単為発生させることを**人為単為発生**という。1899年に**ロイブ**がウニを使った実験で人為単為発生に成功した。ウニの未受精卵を酪酸と高張な海水に浸すことで，未受精卵に発生を開始させ，正常な幼生にまで発生させることに成功したのである。

　カエルの卵では血液をつけた針で刺すことで，カイコガの卵ではブラシでこするといった操作で，人為単為発生を行わせることができる。

　このように，種々の生物で単為発生が行われるが，哺乳類では単為発生は行われない。これは，哺乳類では雄由来でないと発現しない遺伝子と雌由来でないと発現しない遺伝子があるからで，このように雌雄いずれかの遺伝子の発現が抑制される（塩基をメチル化することで抑制される）現象を，両親のどちらから受け継いだかがその遺伝子に刷り込まれているということから**ゲノムインプリンティング**という（⇨p.140）。

　このような理由から哺乳類では単為発生は不可能だと思われていたが，2004年，卵と精子ではなく卵と卵からマウスを誕生させることに成功した（東京農業大学の河野友宏教授による）。これは，この遺伝子発現の抑制を解除し，一方の卵に精子の役割をもたせることに成功したからである。こうして誕生したマウスは，「Kaguya（かぐや）」と名付けられた。

① **有性生殖**…配偶子を介して行われる生殖方法。**遺伝的多様性**を生じるのには有利。

② **無性生殖**…配偶子を介さないで行われる生殖方法。**容易に増殖**するのには有利。

　　　分裂（アメーバ・ゾウリムシなど）
　　　出芽（酵母・ヒドラなど）
　　　胞子生殖（アオカビ・コウジカビなど）
　　　栄養生殖（ジャガイモ；塊茎，サツマイモ；塊根，
　　　　　　ヤマノイモ・オニユリ；むかご，オラ
　　　　　　ンダイチゴ・ユキノシタ；走出枝）

第**45**講 **減数分裂**

重要度
★★★

細胞分裂のもう1種類の様式が減数分裂です。体細胞分裂との違いを学習しましょう。

1 減数分裂の過程とDNA量の変化

1 減数分裂は連続する2回の分裂からなります。まずは，第一分裂について見てみましょう。

2 第一分裂の前にはちゃんと**間期があって，DNAの複製**も行われます。

① **第一分裂前期** 核膜や核小体の消失，染色体の凝縮，紡錘糸や星状体の形成など，ほとんどは体細胞分裂と同じです。ただ，出現してきた**相同染色体どうしが向かい合わせに並ぶ**(これを**対合**という)という現象が起こります。相同染色体どうしが対合したものを，**二価染色体**といいます。

　各染色体は複製して2本になったため，合計4本の染色体が合わさったものが1本の二価染色体ということになります。

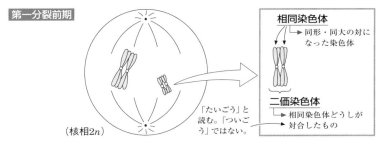

▲ 図45-1 減数分裂第一分裂前期における相同染色体の対合

② **第一分裂中期** 体細胞分裂の場合と同じく，紡錘体が完成し，染色体が赤道面に並びます。このとき，n本の二価染色体が赤道面に並ぶということになります($4n$本の染色体が含まれていますが，複製された相同染色体どうしは，染色体構成を考える上では同じものとみなすので，染色体数は$2n$本となります)。

③ **第一分裂後期** 体細胞分裂では染色体が縦裂面から分離しましたが，**減数分裂第一分裂では対合していた相同染色体どうしが離れ離れになって両極に移動します。これを「対合面から分離する」**と表現します。

④ **第一分裂終期** 核膜・核小体が出現したり，染色体が細くなるなど，体細胞分裂の場合と同じです。さらに細胞質分裂が起こり，新しい娘細胞が生じます。この時点で，**核相は n になっています。**

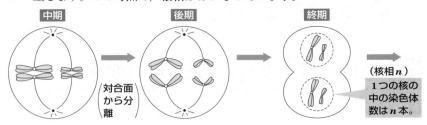

▲ 図 45-2 減数分裂第一分裂中期〜終期のようす

3 体細胞分裂では分裂期が終わると，次の分裂が始まる前に必ずDNAが複製されますが，**減数分裂の第二分裂の前にはDNAが複製されません。**

① **第二分裂前期** DNAの複製がないまま第二分裂が始まります。このときの現象は，核膜・核小体の消失，染色体の凝縮など，体細胞分裂の場合とまったく同じです。ただし，現れてきた染色体は n 本しかありませんね。

② **第二分裂中期** 紡錘体が完成し，染色体が紡錘体の赤道面に並びます。これも体細胞分裂と同じです。

③ **第二分裂後期** 染色体が縦裂面から分離して両極に移動します。これも体細胞分裂の場合と同じです。しかし，減数分裂の**第一分裂後期では対合面から分離，第二分裂後期では縦裂面から分離**することになります。

④ **第二分裂終期** ここでも体細胞分裂と同様，核膜・核小体が出現し，染色体が細くなります。さらに，細胞質分裂が行われ，娘細胞が生じます。**生じた娘細胞の核相は n です。**

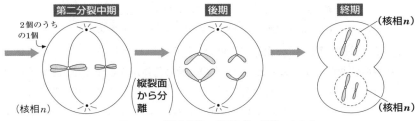

▲ 図 45-3 減数分裂第二分裂中期〜終期のようす

4　体細胞分裂の場合と同様に，まず，核1個あたりのDNA量の変化について見てみましょう。G_1期の細胞の核に含まれるDNA量を1とすることにします（終期の終わりで娘核が生じると考えます）。

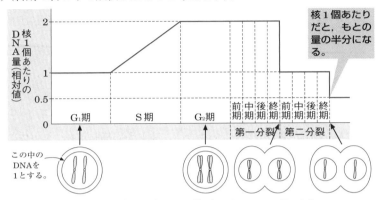

▲ 図45-4　減数分裂における核1個あたりのDNA量の変化

【減数分裂の特徴】

① 2回の分裂が**連続して起こる**。

（第二分裂の前には**DNA複製が行われない**）

② 相同染色体どうしが対合して**二価染色体**を形成する。

（対合するのは第一分裂前期。第一分裂後期には対合面から分離）

③ 染色体数が**半減**する。

（第一分裂で$2n \rightarrow n$になる。第二分裂では$n \rightarrow n$）

2　減数分裂が行われる意義

1　2本の相同染色体のうちの一方は父親から，他方は母親からもらったものですね。父親と母親がまったく同じ遺伝子をもっているわけではないので，2本の相同染色体は形や大きさは同じでも，そこに含まれる遺伝子の中身は異なります（1本は眼を二重まぶたにする遺伝子，他方は一重まぶたにする遺伝子をもっていたりするわけです）。

2 それに対し，細胞分裂の中期に見られる**動原体で結合している染色体に含まれる2本の染色体どうしは同じ遺伝子をもつ**はずです。なぜなら，もともと1本だった染色体がコピーされて2本の染色体になったからです。

▲ 図45-5 染色体の遺伝子

3 $2n=2$ の細胞が減数分裂を行ったとき，生じた娘細胞がもつ染色体の組み合わせが何通りあるかを考えてみましょう。

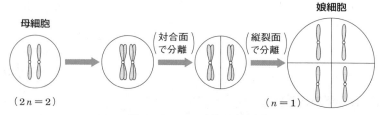

▲ 図45-6 $2n=2$の細胞の減数分裂

このように，$2n=2$ の細胞から生じた娘細胞の染色体は⚬をもつか，⚬をもつかの2通りです。

4 では，$2n=4$ の細胞ではどうでしょう。

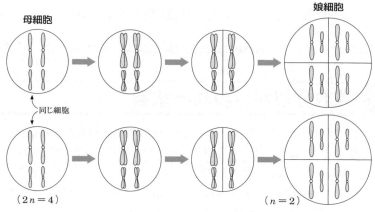

▲ 図45-7 $2n=4$の細胞の減数分裂

　1つの母細胞から生じた娘細胞の染色体は⚬══⚬　══⚬か⚬══⚬　══か，あるいは⚬══⚬　══か　══⚬　══⚬かの2通りです。

　でも，母細胞が多数あり，娘細胞も多数生じたとすると，全体では2通り×2通り＝4通りになります。

5　では，2n＝6の細胞ではどうでしょう。

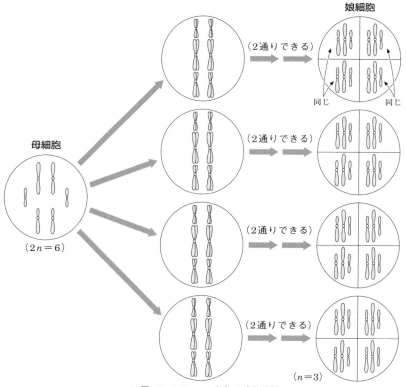

▲ 図45-8 2n＝6の細胞の減数分裂

　やはり，1つの母細胞からは2通りの娘細胞しか生じません。でも，多数の母細胞から多数の娘細胞が生じたとすれば，それぞれの相同染色体について2通りなので，全体では，2通り×2通り×2通り＝8通りとなります。

6　つまり，$2n＝2$（nが1➡1対の相同染色体）の母細胞からは2通り，$2n＝4$（nが2➡2対の相同染色体）の母細胞からは$2×2＝2^2$通り，$2n＝6$（nが3➡3対の相同染色体）の母細胞からは$2×2×2＝2^3$通りの娘細胞が生じます。

では，$2n=8$ の母細胞からは？

……そうです。2^4 通りの娘細胞が生じます。一般に，**$2n$ の染色体をもつ母細胞からは 2^n 通りの娘細胞が生じます。**

7 実際には，相同染色体どうしが対合したときに染色体がねじれて，一部が入れ替わる現象が起こります（これを**乗換え**といいます）。これによって，生じる娘細胞の種類はもっと多くなります。このときの染色体の交差点を**キアズマ**といいます。

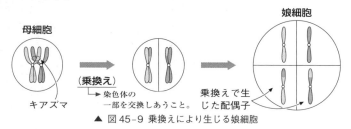

▲ 図45-9 乗換えにより生じる娘細胞

このように，減数分裂が行われると，**生じる娘細胞のもつ染色体の組み合わせ，ひいては遺伝子の組み合わせが多様化します**（多様性が増すという）。これが減数分裂が行われる大きな意義です。

8 もうひとつの意義は，やはり**染色体数が半減すること**です。減数分裂で生じた娘細胞（動物であれば，減数分裂の結果生じる精子や卵）どうしはやがて合体します。合体すると，染色体数が倍になってしまうので，あらかじめ染色体数を半減しておく必要があるのです。それにより，**生じる子の染色体数を親と同じ染色体数に保つことができます。**

最強ポイント

【減数分裂の意義】

① 相同染色体の分離および乗換えにより，娘細胞の**遺伝子の組み合わせの多様性が増す**（乗換えがなくても 2^n 通りが生じる）。

② 合体によって倍加する染色体数をあらかじめ半減することで，**染色体数を一定に保つことができる。**

染色体を接着するタンパク質 ── コヒーシンとシュゴシン

　体細胞分裂では前期で縦裂した染色体が現れ，中期で赤道面に並び，後期になると縦裂面から分離する。この後期になるまでは，縦裂面から分離しないようにする必要がある。これに関係するタンパク質が**コヒーシン**と**シュゴシン**である。コヒーシンは，複製によって生じた2本の染色体(DNA)どうしを結合させるリング状のタンパク質複合体である。やがて前期になると染色体の動原体以外にあるコヒーシンは**セパラーゼ**というタンパク質分解酵素によって分解される。しかし動原体部分のコヒーシンの分解は**シュゴシン**(名前の由来は日本語の「守護神」)によって阻害されている。後期になるとシュゴシンがなくなり，動原体部分のコヒーシンも分解されて，染色体は縦裂面から分離して両極に移動できるようになる。

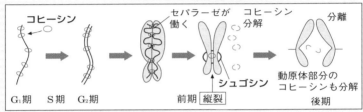

▲ 図45-10 体細胞分裂におけるコヒーシンとシュゴシン

　減数分裂の場合，第一分裂では後期になってもシュゴシンが残っているため縦裂面からは分離せず対合面でのみ分離し，第二分裂後期になるとシュゴシンがなくなり縦裂面から分離するようになる。

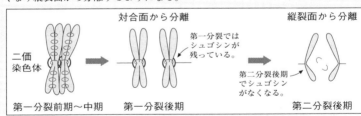

▲ 図45-11 減数分裂におけるコヒーシンとシュゴシン

　相同染色体どうしを対合させるのはコヒーシンやシュゴシンとは異なるしくみによる。これにはタンパク質をコードしないRNAが関与している。また相同染色体間での乗換えが起こることも，前期で対合した状態を後期になるまで保つために重要となる。

▲ 図45-12 乗換え

メンデルの法則

重要度
★ ★

親から子へと，さまざまな特徴が遺伝します。その遺伝現象について法則性を発見したのはメンデルです。

1 メンデルの研究

1 親のさまざまな特徴(形質)が子に伝わる現象が**遺伝**です。メンデルが研究をしていたころは，一般に特徴を示す「何か」が両親から混合して子に伝わり，一度混合したものは二度と元の状態には戻らない，というように考えられていました。これを**遺伝の混合説**といいます。たとえば，コーヒーと牛乳を混ぜるとコーヒー牛乳ができ，もうただの牛乳には戻らないといった感じで考えられていたのです。

たしかに，うまれてきた子は，全体的に見ると両親の両方の特徴を受け継いでおり，父親あるいは母親とまったく同じ子などはうまれません。

2 しかし，**メンデル**は，全体的に見るのではなく，1つ1つの形質について分析し，それぞれの特徴を伝えるのは粒子状の因子(**遺伝要素**；これがのちに**遺伝子**と呼ばれるようになる)だと考えました。また，多数のデータを集め，記号化・数式化を行い，統計的に処理するなど，当時としては画期的な発想で研究を行いました。

> 種子の形，花の色など生物がもつさまざまな特徴を「形質」という。特に，遺伝する形質を「遺伝形質」という。

> メンデルは element(要素)という語を用いたが，ヨハンセンが gene(遺伝子)という語を用いるようになり，今日にいたっている。

3 また，メンデルは**エンドウ**を使って実験をしましたが，エンドウは遺伝の実験材料としては都合のよい次のような特徴をもっています。

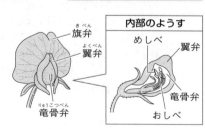

▲ 図 46-1 エンドウの花のつくり

1　まず，竜骨弁と呼ばれる花弁がおしべとめしべを包み込む構造をしているため，昆虫が入り込むことができず，**自然の状態では自家受粉のみが行われます**。その結果，**純系が維持されやすい**です。一方，人工受粉を行えば**容易に雑種をつくる**こともできます。

2　また，**栽培が容易で，1世代が短く**，**容易に多数の子孫を得ることができ，識別しやすい形質**を多くもちます。

4　メンデルは，いろいろな形質をもつエンドウを多数用意し，16年間にもわたって交雑実験を行い，1865年に「植物雑種に関する実験」として発表しました。しかし，その当時の学者からは認められませんでした。

　メンデルの発表から35年後，メンデルの死後16年たった1900年に，**ド・フリース，コレンス，チェルマク**がそれぞれ別々にメンデルの業績を再発見し，ようやく認められるようになったのです。

第**4**章 生物の進化

【メンデルの研究の成功の秘訣】
① 全体的に見るのではなく，**1つ1つの形質**について注目したこと。
② **粒子状の遺伝要素**を想定したこと。
③ 多数のデータを**統計的に処理**したこと。
④ 実験材料として**エンドウ**を選んだこと。

【実験材料として優れたエンドウの特徴】
① 自然の状態では**自家受粉のみ**が行われること。
② 人工的に**容易に雑種**がつくれること。
③ 栽培しやすく，**1世代が短い**こと。
④ 識別しやすい**多くの形質**があること。

【メンデルの業績の再発見】
ド・フリース，コレンス，チェルマクが別々に再発見。

1 メンデルが注目した形質は7種類です。

その1つ，たとえば，種子の形という形質については「丸」（しわがない）か「しわ」かの2つの場合があります。このように，同時に現れることのない（丸でなおかつしわという種子はありえない）形質を**対立形質**といいます。

（形　質）	（対立形質）	
種子の形………	丸	しわ
子葉の色………	黄色	緑色
種皮の色………	灰色	無色
草丈…………	高い	低い
さやの形………	ふくれ	くびれ
さやの色………	緑色	黄色
花のつき方……	腋生	頂生

> 花が葉のつけねにつく場合を「腋生」，茎の先端につく場合を「頂生」という。

2 丸の種子のみをつける純系としわの種子のみをつける純系を両親（P）として**交雑**すると，**雑種第一代**（F_1）には丸種子のみが生じます。

> 親の代を「P」で示す。Pは，ラテン語のparens（親）の略。

F_1は両親から丸の遺伝子としわの遺伝子の両方をもらっているはずなのに，丸種子しか生じないのです。すなわち，「丸」か「しわ」かという対立形質を現す遺伝子（これを**対立遺伝子（アレル）**という）が両方ある場合は，その**一方**（この場合は丸の遺伝子）の働きだけが**現れる**のです。これをメンデルの**顕性の法則**といい，F_1に現れたほうの形質（この場合は丸）を**顕性形質**，現れなかっ

> 2個体間で受精させて次世代を生じさせることを「交配」といい，特に遺伝的に異なる2個体間の交配を「交雑」という。

> 子の代を「F」で示す。Fはラテン語のfilius（子）の略。純系どうしの交雑で生じた雑種を特に「雑種第一代」という。

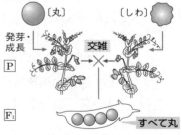

▲ 図46-2 エンドウの種子の形の遺伝

たほうの形質（この場合はしわ）を**潜性形質**といいます。また，顕性形質を現す遺伝子を**顕性遺伝子**，潜性形質を現す遺伝子を**潜性遺伝子**といいます。

3 対立遺伝子は，次の図のように，相同染色体の対応する位置(遺伝子座)に
1つずつ存在します。

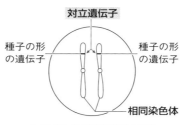

▲ 図46-3 対立遺伝子の位置

4 ふつう，**顕性遺伝子をアルファベット
の大文字で，潜性遺伝子を同じアルファ
ベットの小文字で表します。**

　いま，丸種子の遺伝子をR，しわ種子
の遺伝子をrとすると，丸種子の純系は
RR，しわ種子の純系はrrとなります。
RRが減数分裂を行って生じる配偶子は
R，rrが減数分裂を行って生じる配偶子
はrです。

　これらの配偶子どうしが受精してF_1
が生じるので，F_1はRrとなります。こ
のとき，顕性遺伝子であるRの働きのみ
が現れるため，F_1は丸種子となるのです。

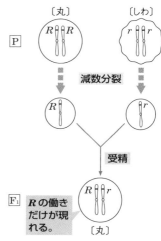

▲ 図46-4 遺伝のしくみ

 エンドウの種子の形がしわになるしくみ

　　丸かしわかはどうやって決まるのだろうか。じつは，R遺伝子が働くと子葉中
にデンプンが合成される。つまり，デンプンを合成する酵素が生成される。
R遺伝子がなければ，そのような酵素が生成されず，糖のままでデンプンは合成
されない。デンプンは水に溶けないが，糖は水に溶ける。そのため，**糖が多いと
浸透圧が高くなり，種子を形成する過程で吸水によって多くの水を含んでしまう。**
やがて種子が完成し，成長する段階になると，乾燥してほとんど水を含まない状
態になる。このとき，もともと水分含量が多かった種子は失われる水分量も多い
ため収縮してしまい，しわが生じるのである。

5 F_1の種子から生育したエンドウを自家受精して**雑種第二代（F_2）**をつくります。F_1はRrだったので，これが減数分裂すると，生じる配偶子はRとrの2種類で，これらが1：1の割合で生じます。

雑種第一代（F_1）どうしの交配で生じた子を「雑種第二代」という。親から見れば，孫の代にあたる。

　このように，**減数分裂によって，対立遺伝子はそれぞれ離れ離れになって娘細胞に分配されます。**これをメンデルの**分離の法則**といいます。

6 減数分裂において相同染色体どうしが離れ離れになるので，相同染色体上にある対立遺伝子も離れ離れになるのは当然なのですが，メンデルの時代には減数分裂のしくみなどがまだわかっておらず，それでこのような分離の法則を見いだしたのはすごいことですね。

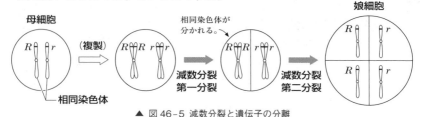

▲ 図46-5 減数分裂と遺伝子の分離

7 Rrから生じた配偶子どうしを受精させると，右のようになります。その結果，F_2（雑種第二代）はRR：Rr：rr＝1：2：1となります。RRもRrも丸種子で，rrのみしわ種子なので，まとめると，丸：しわ＝3：1となります。

Rr	×	Rr
	R	r
R	RR	Rr
r	Rr	rr

9 メンデルは，まず，このように1対の遺伝子に注目して雑種をつくり（これを**一遺伝子雑種**という），**顕性の法則**，**分離の法則**を発見しました。さらに，2対の遺伝子に注目して雑種をつくり（これを**二遺伝子雑種**という），**独立の法則**も発見しています（⇨p.296）。

最強ポイント

① **2つの対立遺伝子が共存するときは，一方の遺伝子の働きのみが現れる。**⇨**顕性の法則**
② **対立遺伝子は，減数分裂によってそれぞれ離れ離れになって娘細胞に分配される。**⇨**分離の法則**

3　遺伝の基礎用語

1　これから使う遺伝の基礎用語を確認しましょう。

2　遺伝子を示す記号を**遺伝子記号**といい，アルファベットで表します。

➡遺伝子の構成を遺伝子記号を用いて表したものを**遺伝子型**といいます。

➡RR，Rr，R，rなどが遺伝子型です。

3　遺伝子の働きによって現れてくる特徴や性質を**表現型**といいます。

➡「赤花」，「丸種子」などが表現型です。原則的には日本語で書きますが，便宜的に記号を使う場合もあります。その場合は，たとえばR遺伝子によって現された表現型であれば，〔R〕というように〔　〕をつけて表します。

4　注目する対立遺伝子について同じ遺伝子をもつ状態を**ホモ接合**といい，そのような個体を<u>ホモ接合体</u>といいます。

➡RRやrr，$AABB$，$AAbb$などはホモ接合体です。　→「同型接合体」ともいう。

5　注目する対立遺伝子について異なる遺伝子をもつ状態を**ヘテロ接合**といい，そのような個体を**ヘテロ接合体**といいます。

➡RrやAa，$AaBb$などはヘテロ接合体です。　→「異型接合体」ともいう。

6　共通の祖先をもち，遺伝子型が同じ個体群を**系統**といいます。また，同一系統の個体間で何代交配を重ねても同じ形質を示す系統を**純系**といいます。つまり，すべての対立遺伝子がホモ接合になっている個体群が純系です。**実際には系統も純系も同じような意味で用いられることが多く**，いずれにしても**ホモ接合体**だと考えればいいです。

また，すべての対立遺伝子についてホモ接合でなくても，注目している対立遺伝子についてのみホモ接合であっても純系，系統と呼ぶ場合も多くあります。

遺伝の練習1 ┃ **一遺伝子雑種の遺伝**

エンドウの子葉の色には，黄色と緑色がある。黄色の子葉をもつ種子から生じた純系個体と，緑色の子葉をもつ種子から生じた純系個体を交配すると，生じたF_1はすべて黄色であった。このF_1と緑色の子葉をもつ種子から生じた個体を交配すると，どのような種子が生じるか。表現型とその分離比を答えよ。

解説 異なる純系どうしを交配してF_1に現れたほうが顕性形質なので，この場合は黄色が顕性とわかります。黄色の遺伝子をY，緑色の遺伝子をyとすることにします。

黄色の純系の遺伝子型はYY，緑色の純系の遺伝子型はyyなので，生じるF_1の遺伝子型はYyとなります。このF_1に緑色の子葉をもつ種子から生じた個体(yy)を交配するので，$Yy \times yy$の交雑になります。よって，右表のように

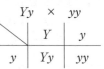

$$YY \quad \times \quad yy$$
$$（黄色） | （緑色）$$
$$Yy$$
$$（黄色）$$

Yy	$\times$	yy
	Y	y
y	Yy	yy

なり，生じる子は$Yy : yy = 1 : 1$。問われているのは表現型なので，黄色：緑色 = 1 : 1 となります。

答 黄色：緑色 = 1 : 1

最強ポイント

【遺伝の基礎用語】
- **遺伝**…親の形質が子に伝わる現象。
- **形質**…生物がもつ特徴。例 種子の形，花の色など
- **対立形質**…同時には現れない対になった形質。
  例 丸種子としわ種子，赤花と白花など
- **対立遺伝子**（アレル）…対立形質を現す遺伝子。
- **顕性形質**…異なる純系どうしの交雑でF_1に現れたほうの形質(ヘテロ接合体で現れるほうの形質)。
- **潜性形質**…異なる純系どうしの交雑でF_1に現れないほうの形質(ヘテロ接合体で現れないほうの形質)。
- **顕性遺伝子**…顕性形質を現す遺伝子。アルファベットの大文字で記す。
- **潜性遺伝子**…潜性形質を現す遺伝子。顕性遺伝子と同じアルファベットの小文字で記す。

第47講 いろいろな一遺伝子雑種

重要度
★

メンデルの法則に従わないように見える遺伝も，少し条件を加えれば，メンデルの法則に従っていることがわかります。

1 不完全顕性

1 マルバアサガオの赤色花(遺伝子型を RR とします)と白色花(遺伝子型を rr とします)を交雑します。このとき，生じる F_1 の遺伝子型は Rr なので，顕性の法則に従えば，すべて赤色花になるはずです。ところが，F_1 はすべて**桃色花**になります。

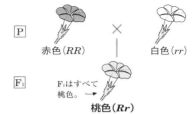

P　赤色(RR)　×　白色(rr)

F_1　F_1はすべて桃色。　桃色(Rr)

▲ 図47-1 マルバアサガオの花色の遺伝

2 これは，顕性の法則に従わない例外で，**赤色花の遺伝子と白色花の遺伝子に顕性，潜性の関係がなく**，そのため，両方の中間的な桃色花になったのです。

3 このような遺伝子の関係を**不完全顕性**といい，その結果生じた桃色花のような F_1 を**中間雑種**といいます。

遺伝の練習2 ｜ 不完全顕性

上で生じた F_1 を自家受精したとき，生じる F_2 の表現型とその分離比を答えよ。

解説 　$Rr \times Rr$ の交配なので，右図のようになり，F_2 の遺伝子型とその比は $RR : Rr : rr = 1 : 2 : 1$ となります。RR は赤色花，rr は白色花となり，**Rr は不完全顕性のため桃色花**となります。

答 赤色花：桃色花：白色花 = 1 : 2 : 1

Rr	×	Rr
	R	r
R	RR	Rr
r	Rr	rr

4 不完全顕性で生じる中間雑種の例として，マルバアサガオの花の色以外に，オシロイバナの花の色(桃色花)，ヒトのABO式血液型のAB型などがあります。

中間雑種が桃色花になる理由

　赤色花と白色花を交配しても，F₁がすべて赤色花になる植物もある。顕性の法則に従う場合と，従わず中間雑種になる場合は何が違うだろうか。

　赤色花になるのは，細胞内で**赤色の色素**が合成されるためである。つまり，赤色花の遺伝子を R，白色花の遺伝子を r とすると，RR であれば両方の R 遺伝子から酵素が生成され，この酵素の働きで赤色の色素が合成されるため赤色花になる。一方，rr であればいずれの遺伝子からも正常な働きをもった酵素が生成されず，赤色の色素も合成されない。そのため，白色花となる。Rr であれば RR にくらべて，生成される酵素は半分の量になる。Rr であっても赤色花になる場合は，半分の量の酵素によっても赤色花となるだけの十分の色素が合成されるからなのである。そのため，RR でも Rr でも同じ赤色花という表現型になる。

　ところが，**不完全顕性の場合は，半分の量の酵素からでは生成される色素の量が少なく，**その結果，うすい赤色の桃色花になってしまうのである。

不完全顕性…対立遺伝子に**顕性，潜性の関係がない**ため，ヘテロ接合体では，**両遺伝子の働きの中間的な表現型**になる。⇨メンデルの顕性の法則に当てはまらない例外。

2　複対立遺伝子

1　多くの場合，1つの形質に関しては2つの対立遺伝子が関与します。ところが，1つの形質に関して3つあるいは3つ以上の対立遺伝子が関与する場合があります。このような遺伝子を**複対立遺伝子**といいます。

2　たとえば，ヒトのABO式血液型には，**A**遺伝子，**B**遺伝子，**O**遺伝子の3つの複対立遺伝子が関与しています。

3　**A遺伝子とB遺伝子の間は不完全顕性の関係**ですが，**O遺伝子はA遺伝子およびB遺伝子に対して潜性**です。そのため，遺伝子型が**AA**も**AO**もA型に，遺伝子型が**BB**も**BO**もB型になります。そして，遺伝子型が**OO**の場合にO型となり，遺伝子型が**AB**の場合はAB型になります。

遺伝の練習3 | 複対立遺伝子 ①

AB型とO型の両親からA型の子がうまれる確率を求めよ。

解説　　血液型がAB型になるのは遺伝子型がABの
場合のみ，血液型がO型になるのは遺伝子型
がOOの場合のみです。したがって，$AB \times OO$
の交雑なので，右表のようになります。つまり，
$AO : BO = 1 : 1$となり，A型がうまれる確率は$\dfrac{1}{2}$となります。**答** $\dfrac{1}{2}$

AB	$\times$	OO
	A	B
O	AO	BO

遺伝の練習4 | 複対立遺伝子 ②

A型とB型の両親からO型の長男がうまれた。次男がAB型になる確率を求めよ。

解説　　血液型がA型になるのは，遺伝子型がAAの場合とAOの場合の2
通りがあります。同様に，B型になるのは，BBの場合とBOの場合
の2通りです。しかし，**O型（遺伝子型OO）の子がうまれるためには，
両親がともにO遺伝子をもっている必要があります。**

　　以上より，両親の遺伝子型はAOとBOだった
とわかります。$AO \times BO$の交雑なので，右表の
ようになり，うまれる可能性がある子の比率は
$AB : AO : BO : OO = 1 : 1 : 1 : 1$となります。
よって，AB型がうまれる確率は$\dfrac{1}{4}$となります。

AO	$\times$	BO
	A	O
B	AB	BO
O	AO	OO

　　このとき，長男がO型だったから残りはABかAOかBOの3通
りしかない…などと考えてはいけませんよ。**子をうむとき，毎回4
通りのいずれかがうまれる**わけで，長男がO型で，次男もO型で三
男もO型の可能性だってあるのです。　　　　　　　　　**答** $\dfrac{1}{4}$

ABO式血液型を決めるもの

　　ABO式血液型は，**赤血球表面の物質（糖鎖）**の違いによる分け方である。A遺
伝子によりA型物質（N-アセチルガラクトースアミン）を糖鎖に付着させる酵素
が生成される。同様に，B遺伝子によってB型物質（ガラクトース）を糖鎖に付
着させる酵素が生成される。一方，O遺伝子からはどちらの酵素も生成されず，
A型物質もB型物質も付着しない。また，AB型では両方の遺伝子が働き，両方
の酵素が生成されるため，A型物質とB型物質の両方が付着する。

4 これ以外に，アサガオの葉の形にも複対立遺伝子が関与します。アサガオの葉の形には，並葉にする遺伝子，立田葉にする遺伝子，柳葉にする遺伝子の3つの遺伝子が関与します。並葉の遺伝子が他

並葉(AA) 立田葉($A'A'$) 柳葉(aa)
↳AA', Aaも。 ↳$A'a$も。

▲ 図47-2 アサガオの葉の形

の遺伝子よりも最も顕性で，立田葉の遺伝子は柳葉の遺伝子よりも顕性です。並葉の遺伝子をA，立田葉の遺伝子をA'，柳葉の遺伝子をaとすると，$A>A'>a$という関係になります。

遺伝の練習 5 | 複対立遺伝子 ③

並葉の純系と立田葉の純系を交雑して生じたF_1に柳葉の純系を交雑すると，どのような葉をもつアサガオがどのような比で生じるか。

解説 並葉の純系はAA，立田葉の純系は$A'A'$。よって，生じるF_1はAA'となります。これに柳葉の純系(aa)を交雑するので右表のようになり，$Aa:A'a = 1:1$が生じます。Aaは並葉，$A'a$は立田葉となるので，並葉：立田葉 = 1：1となります。

AA' × aa

	A	A'
a	Aa	$A'a$

答 並葉：立田葉 = 1：1

最強ポイント

1つの形質に**3つ以上の対立遺伝子**が関与する場合，これらの遺伝子を**複対立遺伝子**という。
例 **ABO**式血液型，アサガオの葉の形

---

3 致死遺伝子

1 ハツカネズミの体毛には黄色と黒色があり，黄色が顕性です(黄色遺伝子をY，黒色遺伝子をyとします)。ところが，**黄色遺伝子をホモにもつ(YY)と**，

その個体は胎児の段階で死んでしまい，うまれてきません。したがって，黄色の体毛をもつ個体は Yy しか存在しないのです。このような遺伝子を<u>致死遺伝子</u>といいます。

> ハツカネズミの例は，個体が死に至るという現象だが，なかには，細胞が生存できないという致死遺伝子もある。そのような現象が配偶子の段階で起これば，特定の遺伝子をもった配偶子は存在しないことになる。

2　Y という遺伝子は体毛に関しては顕性の黄色を発現する遺伝子ですが，同時に死に至らせるという働きもあるのです。**死に至らせるという働きに関しては，ホモのときにだけ現れるのですから潜性ということになります。**

3　実際には，殺す遺伝子というよりは，生存に必要な物質を合成できない遺伝子といえます。ハツカネズミの場合，Yy や yy であれば生存に必要な物質が合成され，YY の場合だけはその物質が合成されないため生存できないということです。そして，その物質合成に関しては y が1つでもあれば行えるので，y が顕性，Y が潜性ということになります（Y のほうに大文字を使っているのは，体毛に関して顕性だから）。

4　したがって，このような致死遺伝子は**潜性致死遺伝子**と呼ばれます（顕性致死遺伝子であれば，Y を1つでももてば生存できなくなるので，黄色の体毛のハツカネズミが存在しないことになってしまいます）。

遺伝の練習6　**致死遺伝子**

　体毛が黄色のハツカネズミどうしを交雑すると，生じるハツカネズミの体毛とその分離比はどうなるか。

解説　黄色のハツカネズミは Yy しか存在しないので，$Yy×Yy$ の交雑になり，その結果，YY：Yy：$yy＝1：2：1$ となりますが，**YY は死んでしまうので，うまれてきません。** よって，生じる子は $Yy：yy＝2：1$ で，黄色：黒色＝2：1となります。

Yy	×	Yy
	Y	y
Y	YY	Yy
y	Yy	yy

答 黄色：黒色＝2：1

個体や細胞を死に至らせる遺伝子を**致死遺伝子**という。

第48講 二遺伝子雑種

重要度
★★★

これまでは1対の対立遺伝子を見てきましたが，今度は同時に働く2対の対立遺伝子について見ていきます。

1 独立の法則

1 メンデルは，2対の対立形質に注目した交雑実験も行いました。

エンドウについて種子の形が丸で子葉の色が黄色の純系と，種子の形がしわで子葉の色が緑色の純系を交雑すると，**F_1はすべて丸で黄色**が生じます。すなわち，種子の形については丸が顕性，子葉の色については黄色が顕性です。そこで，種子の形について丸の遺伝子をR，しわの遺伝子をr，子葉の色について黄色の遺伝子をY，緑色の遺伝子をyとして考えてみましょう。

2 丸で黄色の純系の遺伝子型は$RRYY$，しわで緑色の純系の遺伝子型は$rryy$で，$RRYY$から生じる配偶子はRY，$rryy$から生じる配偶子はryです。したがって，F_1は$RrYy$となります。

3 F_1を自家受精すると，F_2は，丸で黄色：丸で緑色：しわで黄色：しわで緑色＝9：3：3：1となりました。これは，次のように考えると説明できます。

F_1から生じる配偶子が$RY：Ry：rY：ry＝1：1：1：1$であるとすると，F_1どうしの交雑は次表のようになり，生じるF_2は確かに9：3：3：1となります。

$$RrYy \quad \times \quad RrYy$$

	RY	Ry	rY	ry
RY	$RRYY$	$RRYy$	$RrYY$	$RrYy$
Ry	$RRYy$	$RRyy$	$RrYy$	$Rryy$
rY	$RrYY$	$RrYy$	$rrYY$	$rrYy$
ry	$RrYy$	$Rryy$	$rrYy$	$rryy$

$RRYY : RRYy : RrYY : RrYy : RRyy : Rryy : rrYY : rrYy \quad : \quad rryy$

$= \underbrace{1 \quad : \quad 2 \quad : \quad 2 \quad : \quad 4}_{\text{丸・黄色}} : \underbrace{1 \quad : \quad 2}_{\text{丸・緑色}} : \underbrace{1 \quad : \quad 2}_{\text{しわ・黄色}} : \quad \underbrace{1}_{\text{しわ・緑色}}$

$\qquad\qquad\qquad 9 \qquad\qquad\qquad 3 \qquad\qquad 3 \qquad\qquad 1$

4 じつは，このように，$RrYy$ から生じる配偶子が $RY : Ry : rY : ry = 1 : 1 : 1 : 1$ となるのは，$R(r)$ と $Y(y)$ が別々の染色体上にあるからです。

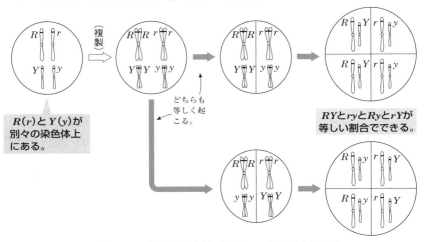

▲ 図48–1 2対の対立遺伝子の配偶子への分配（独立の場合）

5 つまり，$R(r)$ と $Y(y)$ は互いに影響されず，それぞれ独立して自由に組み合わさって配偶子に分配されます。これをメンデルの**独立の法則**といいます。ただし，これは，注目している遺伝子が別々の染色体上にある（**独立の関係にある**）場合にだけ成り立つ法則です（同一染色体上にある場合は ⇨ 第49講）。

第4章 生物の進化

遺伝の練習7 **二遺伝子雑種の遺伝**

　エンドウの種子の形が丸で草丈が低い純系と，種子の形がしわで草丈が高い純系を交雑すると，F_1 の種子はすべて丸で草丈が高い個体が生じた。ただし，これらの形質は独立の法則に従って遺伝するものとし，種子の形に関して R, r, 草丈に関して H, h の遺伝子記号を使って答えよ。

(1)　F_1 から生じる配偶子の遺伝子型とその比を答えよ。

(2)　この F_1 に，親のしわで草丈が高い個体を交雑すると，次代の表現型とその分離比はどうなるか。

解説 F_1が「丸・高い」になったので，種子の形については丸が顕性，草丈については高いほうが顕性とわかります。したがって，遺伝子記号は丸がRで，しわがr，草丈が高いがHで，低いがhです。よって，親の丸で低い純系の遺伝子型は$RRhh$，しわで高い純系の遺伝子型は$rrHH$，F_1の遺伝子型は$RrHh$となります。

(1) 問題文にあるように，独立の法則に従うので，$RrHh$から生じる配偶子は$RH：Rh：rH：rh＝1：1：1：1$となります。

(2) $RrHh$に親のしわ・高い（$rrHH$）を交雑します。

このように，生じた子と親を交雑することを「戻し交配」という。

$$RrHh \quad × \quad rrHH$$

	RH	Rh	rH	rh
rH	$RrHH$	$RrHh$	$rrHH$	$rrHh$

よって，$RrHH：RrHh：rrHH：rrHh＝1：1：1：1$となり，表現型は，丸・高い：しわ・高い＝$2：2＝1：1$　となります。

答 (1) $RH：Rh：rH：rh＝1：1：1：1$
(2) 丸・高い：しわ・高い＝$1：1$

メンデルの**独立の法則**…注目する遺伝子が**別々の染色体上にある**場合，それぞれの遺伝子は**独立して配偶子に入る**。⇨その結果，形質は，他の形質に影響されずそれぞれ独立に遺伝する。

2 検定交雑（検定交配）

1 エンドウの種子が「丸で黄色」の場合，遺伝子型としては$RRYY$，$RRYy$，$RrYY$，$RrYy$の4通りの可能性がありますね。遺伝子型がどれなのかはどのようにすると調べることができるでしょう。

2 この丸・黄色にしわ・緑色（$rryy$）を交雑してみます。もし，この丸・黄色

の遺伝子型が$RrYY$であったとすると，次のような結果になります。

$$RrYY \quad \times \quad rryy$$

	RY	rY
ry	$RrYy$	$rrYy$

よって，丸・黄色：しわ・黄色＝1：1　で生じます。

3　このように，潜性ホモ接合体を交雑すると，RYの配偶子からは丸・黄色が，rYの配偶子からはしわ・黄色が生じることになります。

逆にいうと，潜性ホモ接合体を交雑して丸・黄色が生じればRYの配偶子があったはず，しわ・黄色が生じればrYの配偶子があったはずと判断できますね。

すなわち，**丸・黄色：しわ・黄色＝1：1と生じたのだから，配偶子は$RY：rY＝1：1$だったとわかります。さらに，配偶子としてRYやrYをつくったということは，遺伝子型が$RrYY$だったということもわかります。**

4　このように，ある個体（Xとします）に潜性ホモ接合体を交雑して子をつくってみると，Xがつくる配偶子やX自身の遺伝子型などを調べることができます。そこで，潜性ホモ接合体を交雑することを**検定交雑（検定交配）**といいます。

遺伝の練習8　**検定交雑①**

丸・黄色を検定交雑した結果，丸・黄色：丸・緑色＝1：1になったとすると，この場合の丸・黄色から生じた配偶子の遺伝子型とその比を求めよ。また，この場合の丸・黄色の遺伝子型を答えよ。ただし，丸をR，しわをr，黄色をY，緑色をyとする。

解説　**検定交雑の結果が丸・黄色：丸・緑色＝1：1だったので，丸・黄色から生じていた配偶子は$RY：Ry＝1：1$とわかります。**配偶子にRYやRyを生じたということは，丸・黄色の遺伝子型は$RRYy$だったと判断できます。念のために，$RRYy$を検定交雑してみましょう。

$$RRYy \quad \times \quad rryy$$

	RY	Ry
ry	$RrYy$	$Rryy$

確かに，丸・黄色：丸・緑色 = 1：1 となりますね。

答 （配偶子）　$RY : Ry = 1 : 1$

（丸・黄色の遺伝子型）　$RRYy$

遺伝の練習9 | **検定交雑②**

　丸・黄色を検定交雑した結果，丸・黄色：丸・緑色：しわ・黄色：しわ・緑色 = 1：1：1：1 になったとすると，この場合の丸・黄色から生じた配偶子の遺伝子型とその比を求めよ。また，この場合の丸・黄色の遺伝子型を答えよ。ただし，丸を R，しわを r，黄色を Y，緑色を y とする。

解説　検定交雑の結果が丸・黄色：丸・緑色：しわ・黄色：しわ・緑色 = 1：1：1：1 だったので，**丸・黄色から生じていた配偶子は RY：Ry：rY：ry = 1：1：1：1** とわかります。配偶子に RY, Ry, rY, ry の4種類を生じたということは，丸・黄色の遺伝子型は $RrYy$ だったと判断できます。念のために，$RrYy$ を検定交雑してみましょう。

$$RrYy \quad \times \quad rryy$$

	RY	Ry	rY	ry
ry	$RrYy$	$Rryy$	$rrYy$	$rryy$

　確かに，丸・黄色：丸・緑色：しわ・黄色：しわ・緑色 = 1：1：1：1 となりますね。

答 （配偶子）　$RY : Ry : rY : ry = 1 : 1 : 1 : 1$

（丸・黄色の遺伝子型）　$RrYy$

検定交雑（検定交配）…注目する形質に関して**潜性ホモ接合体**と交雑すること。⇨検定交雑で生じた**子の表現型とその比**から，検定個体がつくった**配偶子の遺伝子型とその比**がわかる。

第49講 連 鎖

重要度
★★★

ここからは，同一染色体上に遺伝子がある場合の遺伝について見ていきましょう。

1 ベーツソン・パネットの実験

1 　**ベーツソンとパネット**は，スイートピーの紫花で長花粉の純系と，赤花で丸花粉の純系を交雑しました(1905年)。すると，F_1 はすべて紫花・長花粉となりました。つまり，紫花が赤花に対して顕性，長花粉が丸花粉に対して顕性です。紫花の遺伝子を B，赤花の遺伝子を b，長花粉の遺伝子を L，丸花粉の遺伝子を l とすることにします。

2 　最初の交雑に用いた紫花・長花粉の純系は $BBLL$，赤花・丸花粉の純系は $bbll$ で，F_1 は $BbLl$ となります。この F_1 を自家受精すると，**F_2 では紫花・長花粉：紫花・丸花粉：赤花・長花粉：赤花・丸花粉が9：3：3：1とはならず，おおよそ226：17：17：64となりました**。メンデルの独立の法則に従えば，9：3：3：1という比率になるはずなので，この場合は**独立の法則に従っていない**ことになります。

3 　独立の法則が成り立つのは，注目している対立遺伝子が別々の染色体上にある場合(⇨ p.297)だけなので，**この場合の $B(b)$ と $L(l)$ の遺伝子は，別々の染色体上にあるのではなく，同一染色体上にあった**ことになります。

4 　独立の法則に従い，互いに独立して娘細胞に分配されるのであれば，$BbLl$ から生じる配偶子は $BL：Bl：bL：bl = 1：1：1：1$ となるはずですが，この場合は B と L（b と l）が同一染色体上にあり，その結果 BL や bl という配偶子が Bl や bL よりもたくさん生じたのです。

5 　このように，**同一染色体上に存在する遺伝子は互いに一緒に行動します**。このような現象を**連鎖**といいます。

6 先ほどのF₂の比率は，*BbLl*から生じる配偶子が*BL*：*Bl*：*bL*：*bl* = 8：1：1：8であったと考えるとつじつまがあいます。

	8*BL*	*Bl*	*bL*	8*bl*
8*BL*	64◎	8◎	8◎	64◎
Bl	8◎	1◎	1◎	8◯
bL	8◎	1◎	1△	8△
8*bl*	64◎	8◯	8△	64▼

◎は紫花・長花粉
◯は紫花・丸花粉
△は赤花・長花粉
▼は赤花・丸花粉

∴ 紫花・長花粉：紫花・丸花粉：赤花・長花粉：赤花・丸花粉 = 226：17：17：64

連鎖…同一染色体上にある遺伝子が一緒に行動する現象。
⇨連鎖している遺伝子は，メンデルの独立の法則に**従わない**。

2 連鎖している場合の配偶子

1 *A*と*B*（*a*と*b*）が同一染色体上にあり，連鎖（れんさ）している場合，どのような配偶子が生じるかを考えてみましょう。

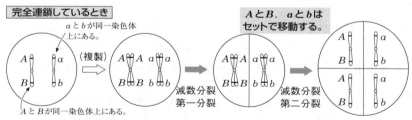

▲ 図49-1 連鎖（完全連鎖）している場合の配偶子の生じ方

2 図49-1のように，*A*と*B*（*a*と*b*）が同一染色体上にあると，*AB*と*ab*の2種類の配偶子しか生じないはずです。ところが，減数分裂第一分裂前期で相同染色体どうしが対合したときに，2本の染色体の間で部分的に入れ替わることがあります。このような現象を**乗換え**（のりか）といいましたね（⇨ p.282）。

<ruby>乗<rt>のり</rt></ruby><ruby>換<rt>か</rt></ruby>えが起こると，一部の遺伝子が入れ替わり，その結果新しい連鎖が生じることがあります。これを<ruby>組換<rt>くみか</rt></ruby>えといいます。この場合は，組換えの結果，AbやaBという配偶子が少数生じます。

組換えが起こるとき

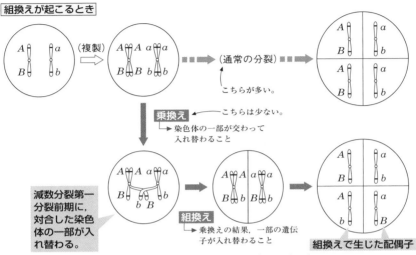

▲ 図49-2 組換えが起こる場合の配偶子の生じ方

3 組換えの結果生じた配偶子の割合を<ruby>組換<rt>くみか</rt></ruby>え<ruby>価<rt>か</rt></ruby>といい，次の式で求めることができます。

$$組換え価〔\%〕 = \frac{組換えの結果生じた配偶子の数}{全配偶子の数} \times 100$$

遺伝の練習 10　組換え価の計算

　$AaBb$から生じた配偶子が$AB : Ab : aB : ab = 9 : 1 : 1 : 9$であった場合，組換え価を求めよ。

解説　多く生じた**配偶子は，もともと連鎖していたから生じた**ものです。この場合，AとB（aとb）が連鎖していたことになります。組換えがなければ，AbやaBは生じません。つまり，**組換えの結果生じたのが少数のAbやaB**です。よって，組換え価は次の式で求められます。

$$\frac{1+1}{9+1+1+9} \times 100 = 10\%$$

答 10%

第4章 生物の進化

4 逆に，組換え価から配偶子の比を求めることができます。

A と B（a と b）が連鎖し，組換え価が20％の場合，$AaBb$ から生じる配偶子の遺伝子型とその比を考えてみましょう。

5 A と B（a と b）が連鎖しているので，組換えがなくても AB や ab は生じます。そして，組換えの結果，Ab や aB が少数生じます。

組換え価が20％なので，Ab や aB が全体の20％生じ，AB と ab が80％生じたことになります。また，AB と ab は同数生じるので40％ずつ生じ，Ab と aB も同数生じるので10％ずつ生じます。

よって，$AB : Ab : aB : ab = 40\% : 10\% : 10\% : 40\% = 4 : 1 : 1 : 4$ となります。

6 一般に，次のように考えることができます。

A と B（a と b）が連鎖していて，組換え価が x％の場合，$AaBb$ から生じる配偶子は，

$$AB : Ab : aB : ab = \frac{100-x}{2} : \frac{x}{2} : \frac{x}{2} : \frac{100-x}{2}$$

遺伝の練習 11 　**組換え価からの配偶子の比率の求め方 ①**

A と B（a と b）が連鎖しており，組換え価が30％の場合，$AaBb$ から生じる配偶子の遺伝子型とその比を求めよ。

解説 　組換えの結果生じる Ab と aB の合計が30％なので，Ab は15％，aB も15％です。組換えが起こらなくても生じる AB と ab の合計が70％なので，AB は35％，ab も35％生じます。

よって，$AB : Ab : aB : ab = 35\% : 15\% : 15\% : 35\% = 7 : 3 : 3 : 7$

答 　$AB : Ab : aB : ab = 7 : 3 : 3 : 7$

7 また，組換えが生じない場合，すなわち，**組換え価が 0％の場合**を**完全連鎖**（組換えが生じる場合を**不完全連鎖**）といいます。

8 では，A と b（a と B）が連鎖している場合はどうでしょう。今度は，組換えがなくても Ab や aB がたくさん生じ，組換えの結果生じる AB や ab が少数生じることになります。

遺伝の練習 12　組換え価からの配偶子の比の求め方 ②

A と b（a と B）が連鎖していて，組換え価が次の(1)，(2)の場合に，$AaBb$ から生じる配偶子の遺伝子型とその比を求めよ。

(1)　組換え価が10%の場合

(2)　組換え価が0%の場合

解説　(1)　組換えの結果生じる AB と ab の合計が10%，組換えが起こらなくても生じる Ab と aB の合計が90%になります。よって，

$$AB : Ab : aB : ab = \frac{10}{2} : \frac{100-10}{2} : \frac{100-10}{2} : \frac{10}{2} = 1 : 9 : 9 : 1$$

(2)　**組換え価が0%＝完全連鎖**の場合は，組換えの結果生じるはずの AB と ab が生じないので，Ab と aB の2種類が同じ割合で生じます。あえて式にすると，次のようになります。

$$AB : Ab : aB : ab = \frac{0}{2} : \frac{100-0}{2} : \frac{100-0}{2} : \frac{0}{2} = 0 : 1 : 1 : 0$$

答　(1)　$AB : Ab : aB : ab = 1 : 9 : 9 : 1$

(2)　$Ab : aB = 1 : 1$

【$AaBb$ から生じる配偶子のまとめ】

① A（a）と B（b）が独立している場合

$AB : Ab : aB : ab = 1 : 1 : 1 : 1$

② A と B（a と b）が連鎖している場合

$AB : Ab : aB : ab = m : n : n : m$　（$m > n$，$m \neq n$）

　※完全連鎖の場合は $n = 0$

③ A と b（a と B）が連鎖している場合

$AB : Ab : aB : ab = m : n : n : m$　（$m < n$，$m \neq n$）

　※完全連鎖の場合は $m = 0$

第50講 染色体地図

重要度
★

「遺伝子がどこにどのように存在するのか」について，どのような研究がなされたのでしょうか。

1 染色体説

1 メンデルが仮定した遺伝要素（遺伝子）は，通常は対になっていて，分離の法則に従って娘細胞に分配され，受精によって再び対になります。染色体も対になった相同染色体があり，減数分裂によって娘細胞に分配され，受精によって対に戻ります。このように，**遺伝子のふるまいと染色体のふるまいが一致する**ことから，**サットン**は，1903年，「**遺伝子は染色体に存在する**」という**染色体説**を提唱しました。

2 さらに，サットンは，生物がもつ遺伝形質は染色体数よりもずっと多いことから，**1本の染色体には複数の遺伝子が存在する**と予想しました。

3 このように，遺伝子が染色体にあると考えると，連鎖や独立の関係をうまく説明できること，伴性遺伝を性染色体で説明できる（⇨第51講参照）こと，さらに，唾腺染色体の横縞と染色体地図がうまく対応すること（⇨p.312），などにより，染色体説は確かなものとなっていきました。

4 同一染色体にあって互いに連鎖している遺伝子群を**連鎖群**といいます。たとえば，下の図50-1のようになっている場合，「眼の色の遺伝子と毛の長さの遺伝子と肢の長さの遺伝子は同じ連鎖群に属する」，「毛の色の遺伝子と翅の長さの遺伝子は同じ連鎖群に属する」，「体色の遺伝子と触角の長さの遺伝子は同じ連鎖群に属する」といいます。

したがって，この図の場合は，**連鎖群の数は3つ**ということになります。

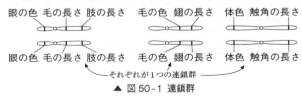

▲ 図50-1 連鎖群

5　一般に，連鎖群の数は染色体の種類の数，すなわちnの数に等しくなります。たとえば，エンドウは$2n = 14$なので連鎖群は7つ，キイロショウジョウバエは$2n = 8$なので連鎖群は4つとなります。

① **染色体説**…サットンが提唱。遺伝子は**染色体**にあるという説。
② **連鎖群**…連鎖している遺伝子群。連鎖群の数は**nの数**。

第**4**章　生物の進化

2 染色体地図

1　**モーガン**は，キイロショウジョウバエを用いて，連鎖と組換えの現象を研究しました。研究を進めるなかで，**遺伝子間の距離が大きければ，その間で組換えが起こる確率も高くなる**と考え，組換え価をもとに，各遺伝子の配列順序や相対的な距離を1本の線上に表そうと考えました。

2　たとえば，遺伝子a-b間の組換え価が10％，b-c間の組換え価が2％，a-c間の組換え価が8％だとすると，最も離れているのはaとbで，最も近接しているのはbとcなので，次のように表すことができます。このような図を**染色体地図**といいます。

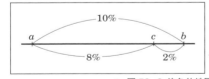

▲ 図50-2 染色体地図

3　染色体地図を作成するために，同一連鎖群に属する3種類の遺伝子を対象にして各遺伝子間の組換え価を求め，遺伝子の相対的な位置関係を調べる方法を**三点交雑法**といいます。

4　上の例では，b-c間が2％，a-c間が8％で，ちょうどa-b間がその合計の10％になっていましたが，実際には次のような場合もあります。

下の例の組換え価は，$d-e$間が22％，$d-f$間が8％，$f-e$間が16％です。この場合も，もちろん最も離れているのは$d-e$間で，最も近接しているのは$d-f$間なので，染色体地図は次のようになります。

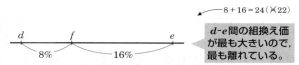

8+16=24（≠22）

$d-e$間の組換え価が最も大きいので，最も離れている。

5 $d-f$間の組換え価と$f-e$間の組換え価の合計よりも$d-e$間の組換え価の値が小さくなるのは，次のような現象が起こっているからです。

つまり，$d-f$間で染色体が乗換え，さらに$f-e$間でも乗換えが起こっているのです。このような現象を**二重乗換え**といいます。

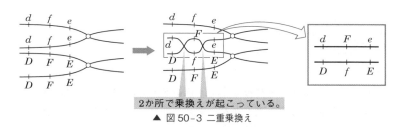

2か所で乗換えが起こっている。

▲ 図50-3 二重乗換え

上の図50-3のように，$d-f$間で染色体が乗換え，さらに$f-e$間でも乗換えが起こると，$d-e$間では組換えは起こっていないことになります。つまり，$d-f$間では組換え，$f-e$間でも組換えしているのに，$d-e$間では見かけ上組換えしていないのです。そのために，$d-f$間の組換え価と$f-e$間の組換え価の合計よりも$d-e$間の組換え価の値が小さくなってしまうのです。

6 では，$d-e$間の距離は22％分しか離れていないのでしょうか。

それは違います。$d-f$間で8％，$f-e$間で16％の組換えが起こるくらい距離が離れているので，本当は$d-e$間はその合計の24％の組換えをするくらいの距離があるはずなのです。ただ，二重乗換えが起こった結果，実際には22％だけしか組換えをしなかったのです。したがって，$d-e$間の距離は24％分離れていると考えます。

7 すなわち，**遺伝子間の距離は，結果的に遺伝子が組換えしなくても，その遺伝子と遺伝子の間でどれだけ乗換えが起こるか，に比例している**といえます。ただ，途中で乗換えがどれだけ起こっているのかは調べられないので，

結果的に組換え価をもとに距離を求めるわけです。そして，先ほどの例のように，$d-e$間の組換え価は22％だったけど，他の遺伝子の組換え価から，距離は24％分離れていると修正していくのです。

⑧ 1926年，モーガンはこのような方法を用いて，キイロショウジョウバエの各染色体における遺伝子の位置を調べ，その配列順序を示した染色体地図を作成しました。これにより，モーガンは，**遺伝子は染色体上に一定の順序で配列している**という考えを提唱しました。

> このような考え方を「遺伝子説」とすることもある。

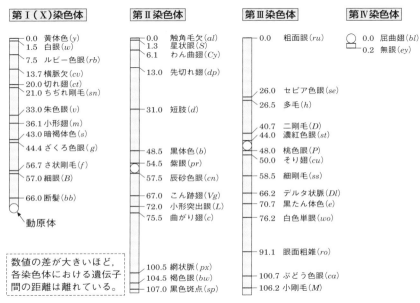

> 数値の差が大きいほど，各染色体における遺伝子間の距離は離れている。

▲ 図50-4 キイロショウジョウバエの染色体地図

⑨ 染色体地図に示した数値は，組換えが１％起こる距離を1.0としたもので，**モーガン単位**といい，染色体の一番端からの相対的な距離を示してあります。実際の組換え価は50％を超えることはありませんが，先ほど説明したように，乗換えが２回以上起こる場合があるので，各遺伝子間の組換え価を合計して修正した結果，モーガン単位は50.0以上の数値にもなります。

⑩ 比較的近い２つの遺伝子の間の距離は組換え価をほぼ正しく表します。たとえば，図50-4の第Ⅰ染色体にある白眼（w）とルビー色眼（rb）の遺伝子間の距離は，7.5－1.5＝6で，組換え価は約６％と考えることができます。

第**4**章 生物の進化

11 しかし，離れている2つの遺伝子間の場合は違います。たとえば，図50-4の第Ⅱ染色体にある星状眼(S)の遺伝子と網状脈(px)の遺伝子間の距離は，$100.5-1.3=99.2$ですが，組換え価が99.2%なんてことはありません！　組換え価は50%を超えることはありません。

　このくらい距離が離れていると，同一染色体上にあっても組換え価は限りなく50%に近くなってしまい，独立の場合と区別するのが困難になります。したがって，このような場合は，組換えが起こっているのかどうか，他の遺伝子との関係から判断することになります。

12 一方，遺伝子間がきわめて近接している場合は，ほとんど組換えが起こりません。つまり，組換え価が0%となり，完全連鎖ということになります。

メンデルの実験とエンドウの染色体地図

　下の図50-5は，エンドウの染色体地図である（エンドウは$2n=14$なので本当は7種類の染色体があるが，下図はそのうちの4種類のみを描いている）。

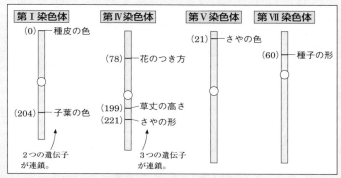

▲ 図50-5 エンドウの染色体地図

　何か意外な感じがしないだろうか。メンデルが調べた7種類の形質に関する遺伝子はすべて独立の法則が成り立っている，すなわち，別々の染色体上にあるはずなのに，種皮の色と子葉の色の遺伝子，花のつき方と草丈・さやの形の遺伝子は，それぞれ明らかに連鎖している。種皮の色と子葉の色の遺伝子は同一染色体上にあっても非常に離れているため，組換え価も大きく配偶子が$1:1:1:1$に近い値になったのかもしれない。一方，草丈の遺伝子とさやの形の遺伝子はかなり近接しているので，独立の場合とはかなり違った数値になったはずである。しかし，メンデルは，すべての形質に関して独立の法則が成り立ったと報告している。さて，これは単なる実験誤差？　それとも捏造？

① **染色体地図**…遺伝子の**配列順序**と相対的な距離を**1本の線上**に図示したもの。⇨**モーガン**が，キイロショウジョウバエを材料に，**三点交雑**を行って作成した。

② **組換え価**が大きい⇨遺伝子間の**距離が大きい**。

③ **二重乗換え**が起こると，乗換えの割合よりも**組換え価の値が小さくなる**。

第**4**章 生物の進化

3 唾腺染色体(唾液腺染色体)

1 双翅目の昆虫(ハエやカの仲間)の幼虫の唾腺の細胞には，ふつうの染色体の100～150倍という大きさの巨大染色体があり，これを**唾腺染色体**といいます。

> 昆虫は4枚翅をもつが，後翅が退化して前翅の2枚しかもたない仲間を「双翅目」という。

> 1881年に，フランスのバルビアーニがユスリカの幼虫で発見した。

2 唾腺染色体は**DNAの複製が繰り返し起こっても染色体が分離しないために生じたもの**で，**間期でも観察される**という特徴があります。また，相同染色体どうしが対合しているので，キイロショウジョウバエは $2n = 8$ ですが，唾腺染色体は4本にしか見えません。

> そのため，「多糸染色体」とも呼ばれる。

唾腺染色体のでき方

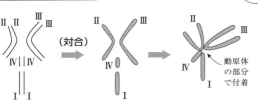

横縞の部分に遺伝子が存在。

(対合)

動原体の部分で付着

相同染色体どうしが対合しているので，4本しかないように見える(実際は $2n = 8$)。

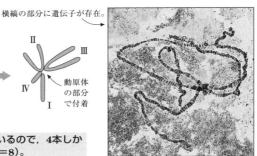

▲ 図50-6 キイロショウジョウバエの唾腺染色体のでき方

311

3 唾腺染色体には，**酢酸カーミンや酢酸オルセイン**によく染まる横縞が多数見られ，この**横縞の部分が遺伝子の存在する場所**と考えられています。

4 唾腺染色体の横縞をもとに，実際の染色体での遺伝子の位置を示した染色体地図を**細胞学的地図**といいます。これは，唾腺染色体の横縞が欠損した突然変異体の研究から調べられたものです。

→ ペインターが作成した。

それに対して，組換え価をもとに作成した染色体地図を**遺伝学的地図**，**遺伝地図**あるいは**連鎖地図**といいます。

5 細胞学的地図と遺伝学的地図を対応させてみると，次のようになります。

キイロショウジョウバエの染色体地図

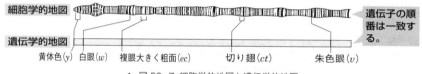

細胞学的地図

遺伝学的地図

遺伝子の順番は一致する。

黄体色(y) 白眼(w) 複眼大きく粗面(ec) 切り翅(ct) 朱色眼(v)

▲ 図50-7 細胞学的地図と遺伝学的地図

このように，細胞学的地図と遺伝学的地図の**遺伝子の順序は一致します**が，**距離は必ずしも一致しません**。これは，染色体の場所によって，遺伝子の組換えが起こりやすい場所と起こりにくい場所があるからだと考えられています。上の図50-7の例では，黄体色(y)と白眼(w)の遺伝子間では，実際の距離よりも組換えが起こりにくいことを示しています。

最強ポイント

【唾腺染色体】
① 双翅目の昆虫の**幼虫の唾腺の細胞**などで観察される。
② ふつうの染色体の**100〜150倍**の大きさである。
③ DNAの複製のみが繰り返されて生じた**多糸染色体**。
④ 相同染色体どうしが対合している。⇨ **n 本**しか観察されない。
⑤ 多数の横縞が観察される。
【染色体地図】
① **細胞学的地図**…実際の染色体上の遺伝子の位置を示したもの。
② **遺伝学的地図**…組換え価をもとに作成したもの。

第51講 性決定様式と伴性遺伝

重要度
★★

雄になるか雌になるかはどのように決まるのでしょう。性に伴う遺伝の特徴と見抜き方をマスターしましょう。

1 性染色体と常染色体

1 雄と雌とで，組み合わせの異なる染色体をもっている場合があります。そのような染色体を**性染色体**，これ以外の染色体を**常染色体**といいます。

2 図51-1は，キイロショウジョウバエの染色体です。A(A′)〜C(C′)の染色体は雌雄に関係なく対になっていますが，D(D′)とEは雌雄で組み合わせが異なります。このD(D′)とEが性染色体，A(A′)〜C(C′)が常染色体です。

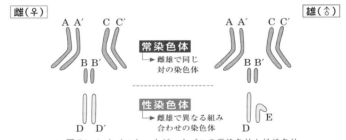

▲ 図51-1 キイロショウジョウバエの常染色体と性染色体

3 図51-1の性染色体のうち，D(D′)は**雌雄に共通**しています。この性染色体を**X染色体**といいます。雌はX染色体を2本もちます。一方，Eは**雄にしかない性染色体**で**Y染色体**といいます。雄はX染色体とY染色体をもちます。

4 このように，**性染色体が対になっているほうが雌**で，**性染色体がそろっていないほうが雄**になるような性決定様式を**XY型**といいます。

5 常染色体の1組をAとすると(たとえば，キイロショウジョウバエでは3本の常染色体をAとします)，雌の染色体構成は**2A＋XX**，雄の染色体構成は**2A＋XY**と表すことができます。雌から生じる卵の染色体構成は**A＋X**，雄から生じる精子の染色体構成は**A＋X**と**A＋Y**の2種類です。

A＋Xの卵とA＋Xの精子が受精すれば2A＋XXとなり雌が，A＋Xの卵とA＋Yの精子が受精すれば2A＋XYとなり雄が生じることになります。

6 キイロショウジョウバエと同じくXY型の性決定を行う生物に，**ヒトやマウスなど大部分の哺乳類**，**メダカ**などがあります。次の図51-2は，ヒトの染色体を模式的に示したものです。ヒトは，22対（44本）の常染色体と，XYあるいはXXという性染色体をもちます。

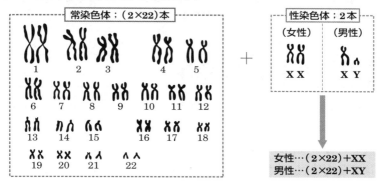

▲ 図51-2 ヒトの染色体

7 XY型と同様，雌はX染色体を2本もつが，**雄は性染色体として1本のX染色体のみでY染色体をもたない**という生物もいます。このような性決定様式を**XO型**という。「O」はゼロ，すなわち「なし」という意味で，O染色体があるのではない。
エックスオー型といいます。すなわち，雌は**2A＋XX**，雄は**2A＋X**となります。このように，XO型では雌の染色体数は偶数ですが，雄は1本染色体が少ないため奇数になります。そして，XO型では雌から生じる卵は**A＋X**ですが，雄から生じる精子は**A＋X**と**Aのみ**という2種類となります。

ヘリカメムシ，バッタなどはXO型です。

8 XY型もXO型も，**性染色体がそろっていないほうが雄になる**という点では共通しており，これらを**雄ヘテロ型**といいます。

9 逆に，**性染色体がそろっていないほうが雌になる**場合は**雌ヘテロ型**といいます。雌ヘテロ型の場合は，雌雄に共通する性染色体を**Z染色体**，雌だけがもつ性染色体を**W染色体**といいます。

10 **雌の性染色体がZWで，雄はZZの場合**の性決定様式は**ZW型**といいます。**ニワトリなどの鳥類，カイコガ**はZW型です。

11 **雌の性染色体がZのみで，雄はZZの場合**の性決定様式は**ZO型**です。ミノガなどはZO型です。この場合は雌の染色体数が奇数になります。

＊性決定様式をまとめると，次のポイントのようになります。

性決定様式		体細胞の染色体構成	配偶子	代表例
雄ヘテロ型	XY型	2A＋XX（♀）	A＋X	ショウジョウバエ ヒト，マウス メダカ
		2A＋XY（♂）	A＋X A＋Y	
	XO型	2A＋XX（♀）	A＋X	バッタ ヘリカメムシ
		2A＋X（♂）	A＋X A	
雌ヘテロ型	ZW型	2A＋ZW（♀）	A＋Z A＋W	カイコガ ニワトリ
		2A＋ZZ（♂）	A＋Z	
	ZO型	2A＋Z（♀）	A＋Z A	ミノガ
		2A＋ZZ（♂）	A＋Z	

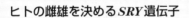

ヒトの雌雄を決める*SRY*遺伝子

　ヒトではXYが雄，XXが雌になるが，XXY（**クラインフェルター症**）だとか，Xを1本しかもたない（**ターナー症**）といった染色体異常がある。この場合，性決定はどうなるのだろうか。

　XXYは雄に，X1本の場合は雌になる。すなわち，ヒトではY染色体があれば雄に，Y染色体がない場合は雌になるのである。これは，Y染色体上に精巣を分化させる働きのある***SRY***（Sex-determining Region of Y chromosome）と名づけられた（1990年）遺伝子があるからである。Y染色体があると*SRY*遺伝子の働きで生殖腺原基が精巣に分化し雄となるが，Y染色体がなければ生殖腺原基は自動的に卵巣に分化し，雌となる。

キイロショウジョウバエの雌雄の決まり方

　ヒトもキイロショウジョウバエも同じXY型の性決定である。ヒトではY染色体さえあれば雄になるが，キイロショウジョウバエでは少し異なる。

　キイロショウジョウバエでは，**常染色体の組の数とX染色体の数の比率**が関係

する。正常な場合，常染色体が2組でX染色体が2本，すなわち，常染色体の組数：X染色体数＝1：1で雌になる。常染色体が3組あってX染色体が3本ある場合も常染色体の組数：X染色体数＝1：1なので，雌になる。これに対して，常染色体が2組でX染色体が1本，すなわち，常染色体の組数：X染色体数＝2：1で雄になる。常染色体が4組でX染色体が2本あっても常染色体の組数：X染色体数＝2：1なので雄になる。

このように，キイロショウジョウバエでは，Y染色体の有無は雌雄の決定に関与しない。

孵卵時の温度で性が決定する生物

すべての生物が性染色体によって性を決定させているわけではない。たとえば，ワニやカメでは，**孵卵するときの温度**によって性が決定する。ミシシッピーワニでは，温度が高いと雄，低いと雌が生じる。一方，アカウミガメでは温度が高いと雌，低いと雄になる。また，カミツキガメでは温度が高くても低くても雌，中間の温度（約26℃前後）で雄が生じる。

2 伴性遺伝

1 　雌雄に共通する性染色体（雄ヘテロ型であればX染色体，雌ヘテロ型であればZ染色体）上にある遺伝子による遺伝を**伴性遺伝**といいます。

2 　ヒトの赤緑色覚異常の遺伝子（a）は正常遺伝子（A）に対して潜性で，X染色体上に存在します。いま，X染色体上にあるA遺伝子をX^A，a遺伝子をX^aと表すことにすると，女性では$X^A X^A$，$X^A X^a$，$X^a X^a$の3通りがあり，$X^A X^A$と$X^A X^a$は，いずれも表現型は正常になります。また，$X^a X^a$の表現型は赤緑色覚異常となります。

3 　A（a）はY染色体上には存在しないので，男性では$X^A Y$と$X^a Y$の2通りです。$X^A Y$は正常，$X^a Y$は赤緑色覚異常となります。

| 遺伝の練習 13 | 伴性遺伝（ヒトの赤緑色覚異常の遺伝） |

　赤緑色覚異常の女性と正常な男性を両親としてうまれた女性と正常な男性からうまれる男の子が赤緑色覚異常になる確率は何％か。

解説　　赤緑色覚異常の女性は$X^a X^a$，正常な男性は$X^A Y$です。したがって，

この両親からうまれた女性はX^AX^aです。この女性と正常な男性(X^AY)から生じる子は，右のようになります。

X^AX^a	$\times$	X^AY
	X^A	Y
X^A	X^AX^A	X^AY
X^a	X^AX^a	X^aY

女の子は$X^AX^A:X^AX^a=1:1$で，すべて正常。男の子は$X^AY:X^aY=1:1$で，正常：赤緑色覚異常$=1:1$です。問われているのは，「うまれる男の子が赤緑色覚異常になる確率」なので，$\dfrac{1}{2}$となります。 **答** 50%

① **伴性遺伝**…雌雄に共通する**性染色体**（**X染色体**や**Z染色体**）上にある遺伝子による遺伝。
② 生じた子の雌雄で**表現型が異なれば伴性遺伝**と判断できる。

3 X染色体の不活性化

1 雄ヘテロ型の性決定を行う哺乳類の場合，雌は性染色体としてXを2本もち，雄はXを1本しかもちません。ふつうにX染色体上の遺伝子が発現すると，雌ではX染色体上の遺伝子については雄の2倍の量の遺伝子が発現することになってしまいます。そこで，**雌がもつ2本のX染色体のうちのいずれか一方しか遺伝子が発現しないよう，もう一方のX染色体は不活性化される**という現象が起こります。このような現象を<u>ライオニゼーション</u>といいます。

 Mary Lyonによって発見された現象。

2 ヒトやネコでは，このX染色体の不活性化が，各細胞でランダムに起こります。たとえば，X^AX^aという遺伝子型の女性について見てみると，ある細胞ではX^Aのほうが発現し，〔A〕の表現型を示しますが，別の細胞ではX^aのほうが発現し，〔a〕の表現型を示すのです。

3 ネコに見られる三毛猫(茶毛と黒毛と白毛からなる)は，このような現象によって生じます。常染色体上にあるS遺伝子が働くと白斑が生じます。X染色体上にあるD遺伝子が働くと茶色，d遺伝子が働くと黒色になります。

たとえば，SSX^DX^Dであれば茶色に白斑が入ったネコになります。SSX^DX^dではどうでしょう? X染色体の一方が不活性化されるので，X^Dが働いている部分では茶色，X^dが働いている部分では黒色の毛になります。さらに，Sが働くので白斑が生じ，ネコ全体で見ると茶色，黒色，白色の3色の毛をもつ三毛猫になるのです。

4 このように，X染色体が2本あり，どちらかが不活性化されるから三毛になるわけです。ですから，三毛猫はふつうは**雌にしか生じません**。雄で三毛猫になるためには，雄でありながらX染色体を2本もつ**XXY**という染色体異常でなければなりません。そのため，雄の三毛猫は非常にまれにしか生じないのです。

X染色体を不活性化する遺伝子

X染色体には$Xist$(X-inactive specific transcript)という翻訳されないRNAをコードする遺伝子がある。この$Xist$から生じたRNAがX染色体を覆うように結合し，X染色体を不活性化する。不活性化されたX染色体をバー小体(Barr body)という。

ライオニゼーション…雄ヘテロ型の哺乳類において，2本のX染色体のうちの**1本が不活性化される**(どちらのX染色体が不活性化されるかはランダム)。

第52講 変異

重要度
★ ★ ★

同種の個体どうしの間で見られる違いを変異といいます。
どのような種類の変異があるのか見てみましょう。

1 環境変異

1 遺伝子の違いではなく，**生育した環境の違い**などで生じた，**遺伝しない変異**を**環境変異**といいます。環境変異については，デンマークの**ヨハンセン**が次のようにして調べました。

2 ヨハンセンは，市場で買ってきたインゲンマメの種子の重さを測定し，重さごとの分布を調べ，右の図52-1の図1のような曲線（**変異曲線**）を得ました。

このなかから重い種子を選び，それを育てて自家受精させて次代の変異曲線を調べると，右の図2のようになりました。

さらに，重い種子を選択して自家受精すると右の図3のようになりました。つまり，この場合，選択の効果があったといえます。

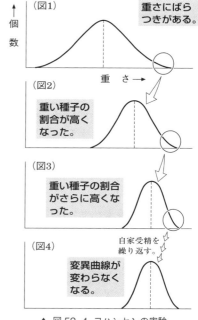

▲ 図52-1 ヨハンセンの実験

3 ところが，重い種子を選択して**自家受精するということを繰り返す**と，重い種子を選んでも，次代の変異曲線が前の代の変異曲線と変わらなくなりました（図4）。つまり，選択の効果がなくなってしまったのです。

4 最初の集団には遺伝的にもばらつきがあったはずですが，代々自家受精を

繰り返すと純系が得られます。**選択の効果がなくなったのは純系になったか**
らです。純系になっても種子の重さには変異が見られますが，これは**遺伝し**
ない変異で，**環境変異**であると考えられます。

5 ヨハンセンは，この実験から，**純系になると選択の効果はなくなり，この**
ときに見られる変異は環境変異だけだという純系説を提唱しました(1903年)。

> **純系説**…ヨハンセンが提唱。純系になると重い種子を選んでも
> 変異曲線は**前の代と変わらない。**⇨**選択の効果がなくなる。**
> ⇨**このときに見られる変異は環境変異である。**

2 染色体突然変異

1 遺伝する変異を**遺伝的変異**といいます。これは**突然変異**によって生じ
ます。突然変異はオランダの**ド・フリース**によって発見されました。ド・
フリースは，オオマツヨイグサを代々栽培していると，葉や花弁に親とは異
なる形質が生じることに気が付き，これが遺伝する変異であることを確かめ
ました(1901年)。

2 このような突然変異は自然状態でもある一定の頻度で起こりますが，この
突然変異を人為的に行わせるのに成功したのは**マラー**です(1927年)。マラー
は，キイロショウジョウバエにX線を照射し，自然状態の150倍の頻度で突
然変異を誘発させました。
　X線以外にも γ 線，紫外線や種々の化学物質(マスタードガス，亜硝酸，ブ
ロモウラシル，アクリジン色素など)によっても突然変異が誘発されます。

3 突然変異には，**染色体の構造や数が変化する染色体突然変異**と，**DNA**
の塩基配列が変化する遺伝子突然変異があります。ここでは，まず染色体
突然変異から見ていきましょう。

4 染色体の構造の変異には，染色体の一部がなくなる**欠失**，一部が繰り返さ
れる**重複**，一部が逆方向になる**逆位**，他の染色体の一部が結合した**転座**な
どがあります(図52-2)。

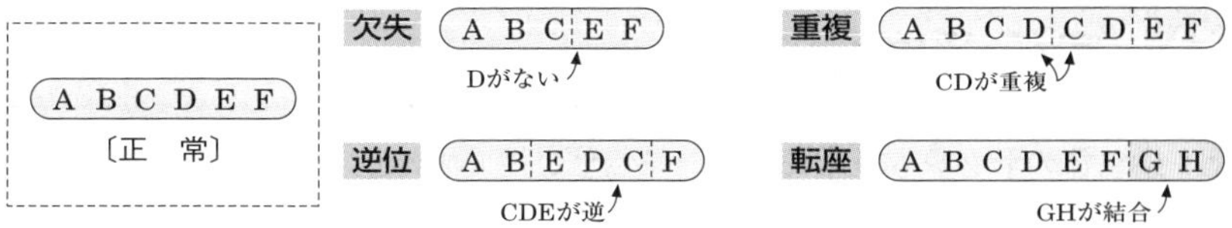

A B C D E F
〔正　常〕
欠失
A B C E F
Dがない
重複
A B C D C D E F
CDが重複
逆位
A B E D C F
CDEが逆
転座
A B C D E F G H
GHが結合

▲ 図 52-2 染色体突然変異の種類

5 染色体数は通常は $2n$ 本で，n 本を基本数とすると**二倍体**ですが，基本数の3倍になる**三倍体**(染色体数が $3n$ 本)，4倍になる**四倍体**($4n$ 本)，1倍になる**一倍体**(**半数体**；n 本)などに変異する場合があります。染色体数がこのようになることを**倍数性**(ばいすうせい)といい，そのような個体を**倍数体**(ばいすうたい)といいます。

+α パワーアップ

種なしスイカのつくり方

種なしスイカは倍数体を利用してつくる。まず，通常の二倍体の幼植物の芽を**コルヒチン処理**し，四倍体をつくる。その個体のめしべに，通常の二倍体から生じた花粉を受粉させ，三倍体の植物体を得る。この植物体のめしべに二倍体から生じた花粉を受粉させると，受粉が刺激となって子房壁が発達し果肉が形成されるが，**三倍体では正常な減数分裂が行われず，正常な卵細胞も生じない。**そのため，種子は形成されず，種なしスイカになるのである。

6 染色体数が $2n$ 本より1～数本多くなったり少なくなったりすることを，**異数性**(いすうせい)といい，そのような個体を**異数体**(いすうたい)といいます。

たとえば，ヒトの第21番目の常染色体が1本多く，染色体数が47本ある異数体があります。これは**ダウン症**と呼ばれます。

また，男性で，X染色体が1本余分にあり，性染色体構成がXXYという異数体があります。これは**クラインフェルター症**と呼ばれます。

逆に，女性で，X染色体が1本少なく，性染色体構成がXという異数体もあります。これは**ターナー症**と呼ばれます。

これらの異数体は，男性あるいは女性の配偶子が形成されるときに，染色体が正常に分配されない**染色体不分離**を起こすことが原因で生じます。

最強ポイント

染色体突然変異 { **構造の変異…欠失，重複，逆位，転座**
　　　　　　　　 数の変異…倍数体，異数体

3 遺伝子突然変異

1 染色体の形も数も正常ですが，染色体を構成するDNAの塩基配列に変化が生じたものが**遺伝子突然変異**です。

2 遺伝子突然変異には，塩基が他の塩基に置き換わる**置換**，塩基が１つなくなる**欠失**，塩基が１つ付け加わる**挿入**などがあります。

3 置換の場合は，その部分のアミノ酸が他のアミノ酸に変わるだけの変異ですみます。このような遺伝子突然変異を**点突然変異**といいます。

4 たとえば，正常なヘモグロビン β 鎖の６番目のアミノ酸を指定するDNAの塩基配列はCTCですが，**鎌状赤血球貧血症**では，真ん中のTがAに置換し，CACとなっています。このため，生じるmRNAのコドンがGAGからGUGに変わり，その部分のアミノ酸がグルタミン酸からバリンに置き換わってしまっています（図52-3）。

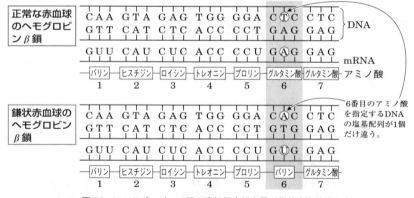

▲ 図52-3 ヘモグロビン β 鎖の遺伝子突然変異と鎌状赤血球貧血症

5 このように，たった１つの塩基が置換しているだけですが，アミノ酸の種類も変わり，ヘモグロビンの立体構造にも影響が及ぼされ，酸素分圧の低い静脈血では赤血球の形が鎌状に変形してしまい，毛細血管の部分で詰まったり，赤血球が壊れやすくなったりして，重度の貧血症状を引き起こしてしまいます。

鎌状赤血球貧血症とマラリア

　鎌状赤血球貧血症の遺伝子をホモにもつヒトは，前ページで述べたような症状が激しく，その多くは成人に達するまでに死亡してしまう。一方，このような遺伝子をヘテロにもつ人は，赤血球中に正常なヘモグロビンと異常なヘモグロビンの両方をもつが，症状は軽かったり無症状であったりする。

　マラリアという病気は**マラリア病原虫**という原生動物が赤血球に寄生して起こる致死率の高い伝染病である。鎌状赤血球貧血症の遺伝子をヘテロにもつ赤血球はマラリア病原虫が寄生しにくく，また，寄生された赤血球は脾臓(ひぞう)で病原虫とともにすみやかに処理されてしまうため，マラリアに対して抵抗性がある。正常な遺伝子をホモにもち，正常ヘモグロビンのみをもつ場合は，マラリアに対して抵抗性がなく，マラリアに感染すると死亡してしまう割合が高くなる。

　その結果，マラリアが流行している地域(東アフリカなど)では，鎌状赤血球貧血症の遺伝子をヘテロにもつヒトが生存に有利で，その遺伝子頻度も高くなる。

6　遺伝子突然変異のなかでも，欠失や挿入の場合は，それ以降の3つ組塩基の**読み枠**(よみわく)がすべてずれてしまうので，アミノ酸配列が大きく変わってしまいます。このように，欠失や挿入によって読み枠がずれてしまうような遺伝子突然変異を**フレームシフト突然変異**といいます。フレームシフトにより，途中に終止コドンが出現したりする場合や逆に本来の位置の終止コドンがアミノ酸を指定するコドンに代わってしまう場合もあります。

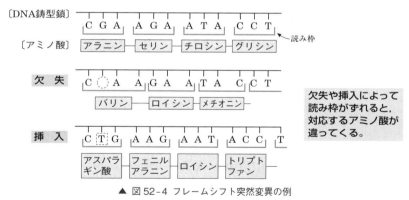

▲ 図52-4 フレームシフト突然変異の例

7　このように塩基が1つ変化しただけで大きな変異が生じる場合もありますが，塩基が1つ変化しても影響しない場合も多くあります。

8　アミノ酸を指定するコドンは複数あるので，塩基が1つ別の塩基に置き換

323

わっても同じアミノ酸を指定している場合(同義置換といいます)は，まったく正常と同じタンパク質が生成されることになります。

⑨　塩基が別の塩基に置き換わって，指定するアミノ酸が変化しても，その部分がそのタンパク質の機能にそれほど重要でない場合は，正常なタンパク質の機能がほとんど損なわれないということもあります。

⑩　そして，もともとDNAの中にはタンパク質を支配している部分(タンパク質をコードしている領域)とコードしていない領域があります。タンパク質をコードしていない領域(たとえばイントロン)の部分に変異が生じても合成されるタンパク質には影響がありません。

⑪　このため，同種で，遺伝子が発現する形質上は違いがなくても，少しずつ塩基配列が異なる個体が多数存在していることになります。ヒトでは，1300塩基対に１つくらいの割合で個人によって異なる塩基対をもつ場合があるといわれます。

⑫　このような，同種の個体間で見られる１塩基単位での塩基配列の違いを一塩基多型(single-nucleotide polymorphism；SNP)といいます。このようなわずかな違いが，体質の違いなどに関係し，同じ薬を飲んでも効きやすいヒトとそうでないヒトといったことに影響するのではないかと考えられています。さらに研究が進めば，患者の遺伝情報を調べ，その患者に合った薬の投与，患者に合わせた治療法といった，個人に合った医療(これを**オーダーメイド医療**または**個別化医療**といいます)を行うことが可能になるかもしれません。

遺伝子突然変異 { 塩基の置換⇨**点突然変異**
　　　　　　　　　塩基の欠失・挿入
　　　　　　　　⇨**フレームシフト突然変異**
一塩基多型(SNP)…同種の個体間の１塩基単位の塩基配列の違い
　⇨ヒトでは約**1300塩基に１か所**

第53講 進化論

重要度
★

進化のしくみはまだ完全には解明されていません。さまざまな進化論がありますが，代表的な2つの進化論を学習しましょう。

1 進化論〜用不用説〜

1 生物はすべて神様がつくったものという「創造説」が長い間信じられていました。そのため，生物が少しずつ姿を変えてきたということはなかなか理解されませんでした。

2 1809年，フランスの**ラマルク**は，著書『**動物哲学**』の中で，次のように進化について説明しました。これを**用不用説**といいます。

> 正式な名前は，「ジャン・バティスト・ピエール・アントワーヌ・ド・モネ・シュヴァリェ・ド・ラマルク」という。

〔用不用説〕
　よく使用した器官は発達し，使用しなかった器官は退化する。このようにして得た形質（これを獲得形質という）が子孫に伝わって進化する。

3 創造説によれば，キリンは高い所の葉を食べられるように神様が長い首にしたということになりますが，ラマルクは，高い所の葉を食べようとして首を伸ばすことで首が長くなり，それが遺伝して今日のような長い首のキリンになったと考えたわけです。

　逆に，モグラは暗い地中で生活し，目をあまり使わなかったので，目が退化したということになります。

4 これに対し，当時の大学者であったフランスの**キュビエ**は，化石となって発掘される生物は過去に何度も起こった天変地異によって絶滅した生物で，その後再び神様が新しい生物をつくったのだという**天変地異説**を提唱しました。

フランスの学会で最も権威を振るっていたキュビエの反対にあい，ラマルクの「生物が進化する」という説は受け入れられませんでした。

5 また，現在の遺伝学では，**獲得形質は遺伝しない**とされています。

① **用不用説**…ラマルク　著書；『動物哲学』
　⇨使う器官は発達し，使わない器官は退化する。この獲得形質
　　が遺伝して進化する。
② 現在では，獲得形質の遺伝は認められていない。

2　進化論～自然選択説～

1 **ダーウィン**は，ビーグル号という調査船に乗船し，22歳だった1831年から5年間南アメリカ，オーストラリア，アフリカなどを巡り，いろいろな生物の観察を行い，進化について考えました。特に，ガラパゴス諸島での調査が大きな影響を与えたようです。

　ガラパゴス諸島に生息するゾウガメやフィンチという鳥の仲間を調査し，ゾウガメの甲羅やフィンチのくちばしが，島によって少しずつ異なることなどを発見しました。ダーウィンは，これを，もともと同じだった生物が，海によって隔てられたさまざまな環境の島に適応していくうちに変化したのではないかと考えました。

	オオガラパゴスフィンチ	コガラパゴスフィンチ	サボテンフィンチ	オオダーウィンフィンチ	ムシクイフィンチ
くちばし	太い 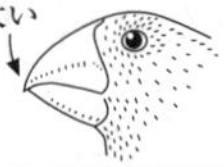	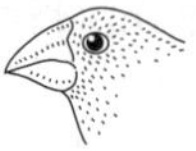	細長い 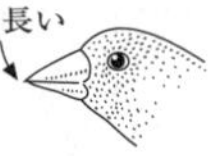		細長い 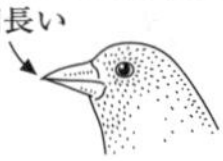
食物	 固い木の実	 小さな種子	 サボテンの蜜	 大きな昆虫	 小さな昆虫

▲ 図53-1 ガラパゴス諸島のフィンチと食物

2 帰国後，ダーウィンは，イエバトの品種改良に注目しました。人為的な選択によって，さまざまな品種のハトがつくり出されることにヒントを得て，自然界でも**選択によって新しい種が生じるのではないか**と考えました。

3 自然界での「選択」はどのようにして起こるのか。その問題にヒントを与えたのは，マルサスという社会学者でした。

マルサスは『人口論』という著書で，「人口は級数的に増えるが，食料は直線的にしか増えない。人口が増えすぎると，必ず食料不足による飢餓が生じる。激しい闘争によって人口が増えすぎないようにコントロールされている」と主張しました。

ダーウィンは，野生生物でも食べ物などをめぐって生存競争が起こり，環境に適応できない個体は生存できなくなる。すなわち，**「環境」が「選択」を行っている**と考えました。

4 そして，いよいよ，1859年『種の起源』という著書を著し，その中で，次のようにして進化が起こると説明しました。これを**自然選択説**といいます。

〔自然選択説〕
①同じ親からうまれた子の間にも多くの変異がある。
②集団内では生きるための競争（生存競争）が起こる。
③この結果，環境に適した形質をもつ個体だけが生き残る（適者生存）。
④生き残った有利な形質が次の世代に伝えられる。
⑤以上のことが繰り返されて進化する。

5 自然選択の結果，ある集団が環境に適応した形質をもつ集団に変化することを**適応進化**といいます。また，自然選択を引き起こす要因を**選択圧**といいます。たとえば，河原に生育する植物に広い葉と細い葉という種内変異があったとします。洪水が起こると，水の抵抗が小さい細い葉のほうが有利に働き，洪水によって細い葉をもつ集団が生じたような場合，洪水が起こるという選択圧が働いたと考えます。

6 自然選択による適応進化の結果生じたと考えられる現象に**擬態**があります。周囲の環境や，捕食者の獲物にならない（毒をもつなどの特徴をもった）他の種類の生物とよく似た色や形になることが擬態です。

擬態

擬態にもいくつかのタイプがある。葉や枝など，周囲の環境に似せて，捕食者からの捕食を免れるような擬態を**隠蔽的擬態**，有毒な他の種に似せて，捕食者からの捕食を免れるような擬態は**標識的擬態**という。**コノハチョウ**が枯れ葉に擬態したり，**ナナフシ**が木の枝に擬態したり，**ヒラメ**が海底の砂に擬態したりするのが隠蔽的擬態である。標識的擬態には**ベイツ型擬態**と**ミュラー型擬態**がある。たとえば**アサギマダラ**というチョウ（蝶）は体内に毒をもっているため，それを食べた鳥は，次にこのチョウを見つけても食べなくなる。このアサギマダラに擬態しているのが**カバシタアゲハ**というチョウである。アサギマダラを食べたことのある鳥は，非常に似ているカバシタアゲハも食べなくなる。このように自らは毒性をもたないが，他の有毒種に擬態するのがベイツ型擬態である。危険なアシナガバチに**トラカミキリ**というカミキリムシが擬態している。これもベイツ型擬態である。自分は強くないが，パンチパーマをかけて眉を剃ってタトゥーをして怖〜い人に見せかけるようなもの。

一方，ミュラー型擬態は，互いに毒のあるものどうしが互いに似た特徴をもつもの。スズメバチにもいろいろな種があるが，それぞれ腹部が黄色と黒の縞模様になっている。これがミュラー型擬態である。他に**攻撃型擬態（ペッカム型擬態）**というのもある。**ハナカマキリ**が花に擬態して待ち伏せし，被食者に近づいて食べてしまうというのがその例。**ニセクロスジギンポ**という魚は**ホンソメワケベラ**（⇨p.789）に擬態し，大形魚に近づいて，大形魚の鱗や皮膚を食べてしまう。これもペッカム型擬態になる。「警察ですよ」「弁護士ですよ」と偽って安心させ，振り込み詐欺を行うようなものである。

このような擬態を見ると，適応進化のすごさを感じることができる。

 進化論を唱えた学者ウォーレス

ダーウィンよりもひと足先に，ダーウィンと同様の考え方に気がついた学者がいた。それがイギリスの**ウォーレス**である。インドネシアなどを探査し，多くの新種を含む膨大な数の標本を集めた彼は，自分の考え方について，ダーウィンに意見を求める手紙を書いた。それを受け取ったダーウィンは，自分の論文とウォーレスの論文を同時に学会に発表し，同時に『種の起源』の執筆を急いだ。学会には同時に発表したものの，書物の出版によって，世の中には「ダーウィンの進化論」として定着したのである。

鳥の雄の立派な羽と進化

　クジャクの雄の羽はなぜあんなに立派できれいに進化したのだろうか。「生存に有利か？」といえば，そうでもない。むしろ，あんなに大きな羽は天敵から逃げたりするのには不利に働くはずである。そこで考えられたのが，**性選択**という考え方である。つまり，雌が立派な羽をもった雄を交尾相手として選んだ結果というのである。いくらけんかが強くても，天敵からの逃げ足が速くても，雌と交尾できなければその形質は子孫に伝えられない。

　これを証明するために，1982年，**アンダーソン**という学者がコクホウジャクという鳥を使って実験をした。この鳥も長い尾羽をもち，これを雌に誇示する。この鳥の尾羽を約半分の長さに切ったグループⅠとその切った尾羽を接着剤で継ぎ足したグループⅡをつくり，雄１羽あたりの配偶雌の数と餌を捕獲した回数を調べると，下の図53-2のようになった。つまり，尾羽が長いと餌を捕獲する回数が減ってしまい生存には不利だが，雌は尾羽が長い雄を選んだのである。実際には，尾羽が長いことによる性選択が採餌率の低下による生存率の低下を下回らない範囲で尾羽が長くなるよう進化するのだろう。

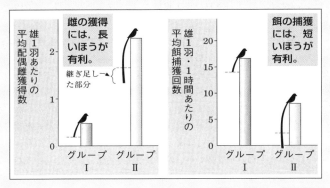

▲ 図53-2　コクホウジャクの雄の尾羽の長さと配偶雌の獲得数・餌捕獲回数

ゲーム理論と行動の進化

　他個体との競争に勝ち残った個体が生き残っていく…とすると，ますます強い個体ばかりが残り，その中での争いはさらに熾烈なものとなっていく…。

　本当にそうなのだろうか。

　ニワトリやキジに見られるつつき合いを観察すると，最後まで徹底的につつき合うのではなく，ある程度つつき合うと，途中で争いをやめて事態を収拾してしまう。また，南米産のマイコドリはつつき合いではなく，ダンスの見せびらかし

で事態を収拾してしまう。

このような行動の進化を，単純化したモデルで説明しようとする考え方（**ゲーム理論；ドーキンス**）がある。それは次のようなものである。

自分が勝つかあるいは重傷を負って負けるまで争いを止めず，徹底的に戦う個体をタカ派個体，争いは避け，威嚇の声や姿勢を示すだけで平和的に争いを収拾する個体をハト派個体とする。そして，これらが対戦した場合に得られる繁殖上の利益に得点をつける。争いに勝てば自分の子孫が残せるので＋50点，負けた場合は0点，争いで重傷を負ってしまうと－100点とする。また，ハト派どうしで威嚇しあうと争いが長引くので，その間の時間浪費として－10点とする。

タカ派どうしが出会うと，勝った個体は＋50点，負けた個体は重傷を負ってしまうので－100点で，平均すると－25点。

ハト派どうしが出会うと，勝った個体は＋50－10＝＋40点，負けた個体は0－10＝－10点，平均すると＋15点となる。

タカ派とハト派が出会うと，タカ派が勝ち＋50点，負けたハト派は0点となる。

ある個体群内におけるハト派の割合をp，タカ派の割合を$1-p$とする。ハト派の個体がハト派と出会う確率はpでそのときの得点の平均は＋15点なので15p，ハト派個体がタカ派と出会う確率は$1-p$でそのときの得点は0点で0，合計すると，＋15p。

一方，タカ派の個体がハト派と出会う確率はpでそのときの得点は＋50点なので50p，タカ派と出会う確率は$1-p$でそのときの得点の平均点は－25点なので$(1-p)\times25$，合計すると，$50p+(1-p)\times25=75p-25$。

ハト派の割合が少なくpの値が小さい場合は，タカ派どうしが出会う確率が高くなりタカ派の平均点は下がり，逆に，ハト派の平均点のほうが高くなるのでハト派が有利になる。ハト派の割合が多くなると，逆にタカ派が有利になる。

つまり，いずれか一方の戦略者だけにはならず，子孫繁栄の利益と危険などによる不利益とのバランスで争いの様式が決まるように進化してきたと考えることができる。

自然選択説…ダーウィン　著書；『種の起源』
⇨多くの変異個体の中で生存競争が起こり，環境に適したものが生き残り，その有利な形質が伝えられて進化する。

第**54**講 進化の要因

重要度
★★★

進化が起こるには1つの要因だけではなく，複数の要因が必要になります。どのような要因が必要なのでしょう。

1 進化と遺伝子頻度

1 ある集団内にあるすべての対立遺伝子を**遺伝子プール**といいます。次のような条件の成り立つ集団においては，遺伝子プール内の対立遺伝子の頻度は，代を重ねても変化しません。これを**ハーディ・ワインベルグの法則**といいます。

> ハーディはイギリスの数学者，ワインベルグはドイツの医者。共同研究ではなく，1908年に別々に発表された。

〔ハーディ・ワインベルグの法則が成り立つ条件〕
① 多数の個体からなる大きな集団であること。
② すべての個体が自由に交配して子孫を残すことができること。
③ 新たな突然変異が生じないこと。
④ 個体によって生存力や繁殖力に差がなく，自然選択が働かないこと。
⑤ 他の集団との間で，個体の移出や移入がないこと。

 ハーディ・ワインベルグの法則と遺伝子頻度

ある集団がもっている1組の対立遺伝子A, aに注目したとする。A, aの遺伝子頻度をp, q（ただし，$p + q = 1$）とする。この集団内で自由な交配が行われると，右のようになり，生じた集団の遺伝子型とその比は$AA : Aa : aa = p^2 : 2pq : q^2$となる。この集団の$A$, aの遺伝子頻度(p', q')を求めると，

	pA	qa
pA	p^2AA	$pqAa$
qa	$pqAa$	q^2aa

$$p' = \frac{2p^2 + 2pq}{2(p^2 + 2pq + q^2)} = \frac{2p(p+q)}{2(p+q)^2} = p$$

$$q' = \frac{2q^2 + 2pq}{2(p^2 + 2pq + q^2)} = \frac{2q(p+q)}{2(p+q)^2} = q$$

$p + q = 1$

となり，確かに最初の遺伝子頻度と同じで，変化していない。

2 このような条件が成り立っていると遺伝子頻度は変化しないので，進化も起こらないことになります。逆にいえば，このような条件が成り立たなくなることで，遺伝子頻度が変わり，進化が起こると考えられます。

3 大規模な自然災害によって一部だけが生き残り小さな集団になってしまったり，移出などによって小さな集団が新たに形成されたりすると，偶然によって遺伝子頻度が変化してしまうことがあります。このように，偶然が原因で遺伝子頻度が変化することを**遺伝的浮動**といいます。これも進化の要因となります。遺伝的浮動は小さな集団になるほうが強く働き，これを**びん首効果**といいます。

4 同種の生物の集団が，山や海などに阻まれてしまうと，自由な交配が妨げられます。このように集団が空間的に隔離されることを**地理的隔離**といいます。隔離された集団と元の集団とで生息環境が異なると，異なった自然選択を受けます。また隔離された集団が小さいと，遺伝的浮動の影響を強く受けることになるので，これも進化の要因となります。

5 突然変異が生じたり，自然選択によって特定の遺伝子をもったものが多くの子孫を残すようになれば，遺伝子頻度は変化するので，進化の要因となります。自然選択の中には，配偶行動における同性間あるいは異性間に見られる選択もあり，これを**性選択**(⇨p.329)といいます。

6 同性間の性選択の例として，ゾウアザラシやトドの雄があげられます。これらの動物ではからだが大きい雄のほうが雌をめぐる闘争に有利に働き，その結果，からだの大きい雄が選択されたと考えられます。

7 異性間の性選択の例としては，クジャクの雄の飾り羽があげられます。長く大きな飾り羽は，天敵に発見されやすく逃走にも不利のはずです。でも雌が大きな飾り羽の雄のほうを配偶相手として選んだため，飾り羽が長く大きくなる方向に進化したと考えられます(⇨p.329+α パワーアップ参照)。

8　地理的隔離によって分断された集団間で，長い年月が経過すると遺伝的差異が大きくなり，障壁がなくなって再び同じ場所に生息するようになっても，交配できないあるいは交配しても生殖能力をもった子孫が残せなくなったりします。これを**生殖的隔離**といいます。

9　同じ種であれば，交配して生殖能力をもつ子孫が残せるはずなので，**生殖的隔離が成立すると，新たな種が生じた**ことになります。これを**種分化**といいます。

10　このように，多くは地理的隔離がきっかけになって生殖的隔離が成立します。これを**異所的種分化**といいます。それに対して，地理的隔離を伴わずに生殖的隔離が成立する場合もあり，これを**同所的種分化**といいます。同所的種分化は，突然変異により形態や生殖行動，繁殖時期などに違いが生じ，同じ場所に生息していても自由な交配が起こらなくなることによって生じます。

11　染色体の倍数化により，新たな種が形成される場合もあります。野生型のコムギと一粒系コムギが交雑して生じた雑種の染色体が倍数化して二粒系コムギが生じ，これがタルホコムギと交雑して生じた雑種がさらに倍数化して，現在栽培されているパンコムギが生じたと考えられています。このように，染色体の倍数化によって短期間に新たな種が形成される場合もあるのです。

> このような進化の過程を経て生じたパンコムギは，複数種のコムギ類のゲノムをもつことになる。これらのゲノムを分析し，パンコムギの起源を明らかにしたのは木原均である。

12　種内の遺伝子頻度の変化や形質の変化のように種の形成に至らない進化を**小進化**，あらたな種が分化するレベル以上の進化を**大進化**といいます。

【進化の要因】
① **地理的隔離**によって元の集団と隔離される。
② **遺伝的浮動**によって遺伝子頻度が変化する。
③ **突然変異**によって生じた新たな形質が新たな環境で自然選択される。
④ **生殖的隔離**が成立し，**種分化**が起こる。

第**4**章　生物の進化

2 遺伝子頻度を求める計算問題

 遺伝子頻度①

> ある植物の花色の遺伝子について調べると，Aは赤色，aは白色で，遺伝子型がAaの場合は桃色になることがわかった。100個体の集団で赤色が30個体，桃色は50個体，白色は20個体であった。この集団におけるA，aの遺伝子頻度を求めよ。ただし，ハーディ・ワインベルグの法則に従っているものとする。

解説　赤色の遺伝子型はAA，桃はAa，白色はaaです。どの個体もAあるいはaについて2個ずつ遺伝子をもつので，この集団の遺伝子の総数は$100 \times 2 = 200$個です。

　Aの遺伝子はAAには2個，Aaには1個あるので，Aの遺伝子の数は$30 \times 2 + 50 \times 1 = 110$個です。したがって，$A$の遺伝子頻度を$p$，$a$の遺伝子頻度を$q$とすると，

$$p = \frac{110}{200} = 0.55 \qquad q = \frac{50 \times 1 + 20 \times 2}{200} = 0.45$$

　このように，一見幼稚なようですが，遺伝子の数を単純に計算すれば，遺伝子頻度が求められます。

答 **Aの遺伝子頻度**…0.55　　**aの遺伝子頻度**…0.45

 遺伝子頻度②

> ある植物の花色に黄（遺伝子Yで発現）と白（y）があり，黄が顕性である。ある100個体からなる集団では64個体が黄花，36個体が白花であった。この集団におけるY，yの遺伝子頻度を求めよ。ただし，ハーディ・ワインベルグの法則に従っているものとする。

解説　黄花にはYYとYyの両方があるので，64個体中何個体がYYなのかわかりません。そこで，Y，yの遺伝子頻度をp，q（ただし，$p + q = 1$）とします。この集団も自由な交配で生じたはずなので，理論的には，
$YY : Yy : yy = p^2 : 2pq : q^2$となります。白花の割合が$\frac{36}{100} = 0.36$なので，
$q^2 = 0.36$　平方根をとって，$q = 0.6$　（qは負ではないので）

また，$p + q = 1$ なので，$p = 1 - 0.6 = 0.4$ と求められます。

答 **Y**の遺伝子頻度…0.4　　**y**の遺伝子頻度…0.6

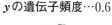

【遺伝子頻度の求め方】2パターン

① 各遺伝子型の比率がわかっている⇨単純に**遺伝子の数を計算**

② わかっていない遺伝子型の比率がある

⇨ $p^2 : 2pq : q^2$ をもとに計算

3 遺伝子重複

1 ある遺伝子の数がゲノム内で増えることを**遺伝子重複**といいます。

2 減数分裂第一分裂前期で相同染色体どうしが対合し，乗換えが起こります
が，このとき相同染色体どうしがきちんと整列せず，乗換えによって染色体
に不均等に分配されることがあります。このような現象を**不等交差**といいます。

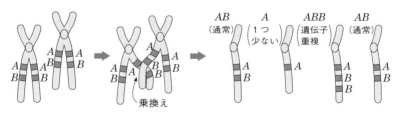

▲ 図54–1 不等交差による遺伝子重複

3 この結果，ある特定の遺伝子が欠失した染色体や同じ遺伝子を2つもつ染
色体が生じることがあります。このようにして同一ゲノム内で同じ遺伝子を
複数もつという遺伝子重複が起こるのです。

4 遺伝子重複が起こると，そのうちの1つに突然変異が生じて本来の機能が
変化したり失われたりしても，もう1つの遺伝子があることで本来の機能を
保つことができます。本来の遺伝子の働きが維持されているので突然変異が
生じた遺伝子も個体の生存に不利に働かず，自然選択によって除かれずに集
団内に広まることができるのです。

第**4**章 生物の進化

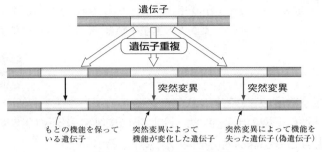

▲ 図54-2 遺伝子重複と突然変異

5 このような遺伝子重複によって生じたと考えられる遺伝子にヘモグロビンを構成する**グロビン遺伝子**があります。ヘモグロビンは**αグロビン（α鎖）**と**βグロビン（β鎖）**が2本ずつ結合したものですが，もともと1つであったグロビン遺伝子に遺伝子重複が起こり，さらに変異が蓄積して α グロビンと β グロビンになったと考えられています。その中には胎児のときに発現する遺伝子と成人で発現する遺伝子が含まれており，これによって成人とは異なる**胎児ヘモグロビン**を生じることができるのです（⇨p.165）。

6 発生と遺伝子発現の関係で学習する***Hox*遺伝子群**（⇨p.549）も遺伝子重複によって生じたと考えられます。

7 ショウジョウバエのホメオティック遺伝子群は同じ染色体上に1列に並んでいるだけですが，多くの脊椎動物では同様の配列が4組存在した*Hox*遺伝子群をもっています。

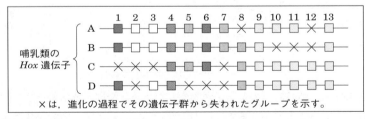

▲ 図54-3 4つの染色体に存在する哺乳類の*Hox*遺伝子群

8 ナメクジウオのような原索動物では*Hox*遺伝子群は1組ですが，進化の過程で遺伝子重複が起こり2組に，そしてさらに遺伝子重複が起こって脊椎動物では4組になったと考えられます。

9 ヒトの色の識別に働く視物質には赤オプシン，緑オプシン，青オプシンの3種類があります。青オプシンの遺伝子は常染色体上にありますが，赤オプ

シンと緑オプシンの遺伝子はX染色体に隣接して存在します。また赤オプシンと緑オプシンはたった15個アミノ酸が違うだけです。

10　ヒトは霊長類（⇨p.395）の仲間ですが，霊長類の祖先は赤オプシン遺伝子と青オプシン遺伝子をもつ2色型でした。このうちの赤オプシン遺伝子が遺伝子重複によって2つになり，そのうちの1つが緑オプシン遺伝子に変化して，ヒトや類人猿では3色型になったと考えられています。

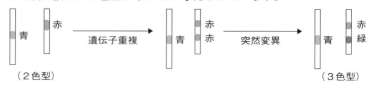

▲ 図54-4　ヒトや類人猿の遺伝子の変異

遺伝子の水平伝播

　遺伝子は，親から子へと受け継がれていくがこれを**遺伝子の垂直伝播**という。それに対し，ウイルスなどの関与により，親子でない個体間や別の種の生物へと遺伝子が移る現象を**遺伝子の水平伝播**という。たとえばウイルスがAの生物に感染し，Aの生物の遺伝子の一部を持ち出し，別のBの生物に感染することで，BにAの遺伝子に一部が移動することがある。特にレトロウイルス（遺伝子としてDNAではなくRNAをもち，逆転写させて生じたDNAを宿主DNAに組み込むウイルス）を介した遺伝子の水平伝播が知られている。

トランスポゾンとレトロトランスポゾン

　ゲノム上のある塩基配列が，他の位置へ移動する（転移する）という現象がある。このように移動する塩基配列を**トランスポゾン**（transposon；転移因子）という。ヒトゲノム中の約45％をトランスポゾンが占めている。トランスポゾンの中には，いったんRNAに転写され，これが逆転写されて生じたDNAが移動する場合もあり，これを**レトロトランスポゾン**という。レトロトランスポゾンの場合は，もとの塩基配列はそのまま残り，転写，逆転写されて同じ塩基配列が形成されて，これが移動するので，結果的に**遺伝子重複**が生じることになる。染色体の不等交差以外に，このような遺伝子重複のしくみもある。このような遺伝子重複を伴い新しい遺伝子が生じたと考えられている遺伝子もある。哺乳類の胎盤形成に関わる*Peg10*と*Peg11*という遺伝子はいずれもレトロトランスポゾンに由来すると考えられている。哺乳類以外の生物および哺乳類の中でも胎盤をもたない**単孔類**にはこれらの遺伝子がなく，不完全な胎盤をもつ**有袋類**には*Peg10*が，そして完全な胎盤を形成する真獣類は*Peg10*に加えて*Peg11*をもつ。

第**55**講 分子進化と分子時計

重要度
★★★

DNAの塩基配列を比較することで進化の道筋を明らかにすることができます。

1 分子進化

1 DNAの塩基配列やタンパク質のアミノ酸配列に起きた変化の蓄積を**分子進化**といいます。

2 分子進化における突然変異の大部分は，生存に有利でも不利でもない中立的なものであるという考えを**中立説**といい，**木村資生**によって提唱されました。

分子レベルでの進化の多くは，中立的な突然変異と遺伝的浮動によって起こっていると考えられます。

3 このような中立的な突然変異が一定時間あたりで生じる割合は，どの生物であってもほぼ一定だと考えられるので，これを一種の時計(**分子時計**といいます)のように利用することで，それぞれの生物が共通の祖先から分岐した後の年数を推定することができます。

4 たとえば，ヘモグロビン α 鎖のアミノ酸配列を調べ，生物間でのアミノ酸の違いの数を調べると，次のようになります。

	ウ シ	イ ヌ	ウサギ
ウ シ		28	25
イ ヌ			28
ウサギ			

▲ 表 55-1 生物間でのヘモグロビン α 鎖のアミノ酸配列の違い

5　共通の祖先のアミノ酸がABCDEだったとします。このうちのAがFに変化した生物（FBCDE）と，CがGに変化した生物（ABGDE）について違いを調べると，2か所に違いがあることになります。でも，共通の祖先から変異したアミノ酸は2個ではなく1個ずつです。つまり，2種間でのアミノ酸の違いの数の$\frac{1}{2}$が，共通の祖先から変異した数と考えることができます。

6　表55-1を見ると，最も違いが少ないのがウシとウサギで，アミノ酸の違いは25です。つまり，ウシとウサギでは共通の祖先からそれぞれ25 ÷ 2 = 12.5個ずつアミノ酸の変異が起こったと考えます。

　ウシとイヌやウサギとイヌの間でのアミノ酸の違いは28なので，この3種のなかではイヌが最も早く共通の祖先から分岐し，その後，ウシとウサギの共通の祖先からそれぞれが分岐したと考えることができます。また，これら3種の共通の祖先から，それぞれ28 ÷ 2 = 14個ずつアミノ酸の変異が生じたと考えます。その結果，右のような系統樹を描くことができます。

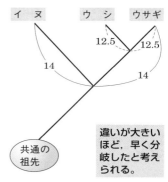

▲ 図55-1 分子時計を使った系統樹の例

2 分子進化の速度

1　同じタンパク質のアミノ酸配列でも，タンパク質の機能に大きく影響する部分とそれほど影響しない部分があります。影響しない部分に変異が生じても，生存には影響しないので，その変異はそのまま蓄積されることになります。

2　しかし，機能に影響する部分に変異が生じると，生存に不利になり淘汰されてしまう可能性が高くなります。すなわち，そのような変異は残りにくいといえます。その結果，機能に重要な部分の変異は少なくなり，見かけ上変異があまり起こっていないように見えてしまいます。これを「分子進化の速度が遅い（小さい）」と表現します。決して突然変異が起こりにくいのではなく，生じた突然変異が残りにくいというだけです。

3 逆に，機能に影響しない部分は「分子進化の速度が速い（大きい）」ということになります。これも決して突然変異が起こりやすいという意味ではないので誤解しないようにしてください。

■**考えてみよう！** コドンの1番目と3番目の置換をくらべると，どちらのほうが分子進化の速度が速いでしょうか？

4 コドンの1番目の塩基が他の塩基に置換すると，指定するアミノ酸が変わることが多いですが，3番目の塩基が他の塩基に置換しても同じアミノ酸を指定する場合が多いので，影響は少ないと考えられます。よって3番目の塩基の置換のほうが分子進化の速度は速くなります。

■**考えてみよう！** イントロンとエキソンで生じた変異をくらべると，どちらのほうが分子進化の速度が速いでしょうか？

5 イントロンは転写後切り取られて除かれてしまう領域なので，イントロンに生じた変異はタンパク質のアミノ酸配列にはあまり影響しません。よってイントロンのほうが分子進化の速度は速いと考えられます。

保存配列

特に重要な遺伝子の塩基配列は，分子進化の速度が非常に遅いため，種間でも類似している場合が多い。このような配列を**保存配列**という。保存配列は，系統が非常に遠く離れている生物間の類縁関係を解析する場合の分子時計として利用される。たとえば細菌とヒトでは系統が非常に離れているので，これらの類縁関係を調べるには，それらに共通して存在し，かつ重要な機能をもつ遺伝子を用いる必要がある。このことから，リボソームRNAの遺伝子の塩基配列を解析した結果，3ドメイン説(⇨p.344)が提唱された。

分子進化…DNAの塩基配列やタンパク質のアミノ酸配列に起きた変化の蓄積。共通の祖先から分岐してからの年数が長い種間ほど違いが多い。
・タンパク質の機能に影響しない箇所の塩基ほど分子進化の速度が速い。

生物の系統

分類の基準と原核生物の2ドメイン

重要度
★★★

現在190万以上の種が命名されていますが，実際には発見されていない生物がその10倍以上いるといわれています。

1 生物の分類と分類基準

1 無毒か有毒か，益虫か害虫かのように，人間の生活の何かの目的のために便宜的に生物を分類する方法を**人為分類**といいます。

それに対し，自然の類縁関係に基づいた分類を**自然分類**といい，特に，その生物がたどってきた進化の道筋（系統）に基づいた分類を**系統分類**といいます。

2 分類の基本的な単位を「**種**」といいます。種は，共通した形態的・生理的な特徴をもち，自然状態で交配して生殖能力をもった子孫が残せるという特徴をもつ集団です。

> 種が異なっても，近縁であれば雑種第一代は生じることがある。たとえば，ヒョウとライオンを交雑させて「レオポン」，ロバとウマを交雑させて「ラバ」という雑種は生まれる。しかし，これらはいずれも不妊である。同じ種と呼ぶためには，「生殖能力をもった子がつくれる」ということが必要。

3 近縁な種をまとめて**属**，近縁な属をまとめて**科**，以下同様に**目**，**綱**，**門**，**界**，**ドメイン**というように，上位の分類段階を設けます。

> それぞれの中間的な単位（目と科の間に「亜目」，さらに亜目と科の間に「上科」など）をおく場合もある。

4 たとえば，ヒトという種は，真核生物ドメイン，動物界，脊索動物門，哺乳綱，霊長目，ヒト科，ヒト属に属します。

また，ヤマザクラという種は，真核生物ドメイン，植物界，種子植物門，双子葉植物綱，バラ目，バラ科，サクラ属に属します。

5 万国共通の生物名を**学名**といい，**属名**と**種小名**をラテン語あるいはラテン語化した言葉で書くという**二名法**を用い，最後に命名者の名前を書きます（⇨表56-1）。これは，**リンネ**によって提唱され（1758年），3世紀後の今も使われ続けています。

> 『自然の体系』を執筆。

学　　　　名			和　　　名
〔属名〕	〔種小名〕	〔命名者〕	
Canis	*familiaris*	Linnaeus	イ　ヌ
Homo	*sapiens*	Linnaeus	ヒ　ト
Nipponia	*nippon*	Temminck	ト　キ
Theligonum	*japonicum*	Okubo et Makino	ヤマトグサ

▲ 表56-1　学名の例

6　界の分け方については，古典的には動物界と植物界の2つに分ける**二界説**でしたが，**ヘッケル**は原生生物界を設けて3つに分ける**三界説**(1875年)を，**コープランド**はモネラ界(後の原核生物界)を新たに設けた**四界説**(1938年)を提唱しました。

7　1969年，**ホイッタカー**は，菌界を独立させて5つの界に分ける**五界説**を提唱しました。さらに，1982年，**マーグリス**は単細胞生物を原生生物界とするホイッタカーの五界説を少し修正した五界説を提唱しました。

　このように，いろいろな考え方がありますが，ここではマーグリスの五界説によって分類します。

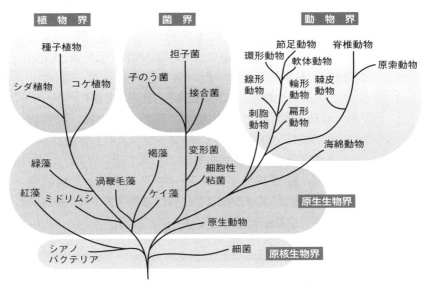

▲ 図56-1　マーグリスの五界説による生物の系統樹

第5章　生物の系統

8 　マーグリスの五界説では，原核生物が属する生物群を**原核生物界**(モネラ界)，独立栄養で発生過程で胚を生じる生物群を**植物界**，従属栄養で体外消化を行い胞子を形成し鞭毛が生じない生物群を**菌界**，従属栄養で体内消化を行う生物群を**動物界**，そのいずれにも属さず，単細胞生物や，組織が発達せず発生過程で胚を生じない多細胞生物などからなる生物群を**原生生物界**とします。

9 　アメリカの**ウーズ**は，rRNAの遺伝子解析に基づき，原核生物を**細菌**(Bacteria)と**アーキア**(Archaea；古細菌)という2つのグループに分け，界のさらに上のグループとして，**ドメイン**(Domain；領域，上界，超界)を設け，生物を**細菌・アーキア・真核生物**(ユーカリア：Eukarya)の3つに分けるという**3ドメイン説**を提唱しました(1990年)。

　細菌には大腸菌・枯草菌などの一般的な細菌とシアノバクテリアが含まれます。アーキアには，メタン生成菌や100℃以上でも生育する超好熱菌，塩田などの高濃度の塩環境で生育する高度好塩菌などが含まれます。進化系統的には，細菌よりもアーキアのほうが真核生物に近いとされています。

最強ポイント

① 生物の分類 ｛人為分類…人間の生活の何かの目的での分類。
　　　　　　　　自然分類…自然の類縁関係に基づいて分類(進化の道筋に基づいた分類は特に系統分類という)。

② 分類の段階…**ドメイン→界→門→綱→目→科→属→種**

③ 学名…万国共通の生物名。⇨二名法(属名と種小名で書く)を用いる。

④ 五界説…**原核生物界，原生生物界，菌界，植物界，動物界**の5つに分ける考え方。⇨マーグリスの五界説とホイッタカーの五界説がある。

⑤ 3ドメイン説…**細菌ドメイン，アーキアドメイン，真核生物ドメイン**の3つに分ける考え方。⇨**rRNAの塩基配列をもとにウーズが提唱。**

2　細菌（バクテリア）ドメイン

1　まず，細菌の仲間から見ていきましょう。

　細菌は，核膜に囲まれた核を
もたず，環状DNAをもちます。
リボソームはありますが，真核
生物のリボソームにくらべると
小形です。また，鞭毛_{べんもう}をもつも

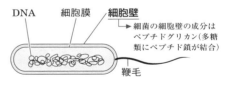

▲ 図56-2 細菌のからだのつくり

のもいますが，真核生物の鞭毛とはまったく異なる構造です。分裂で増殖し
ますが，接合も行います。

2　乳酸発酵（⇨p.437）を行う乳酸菌，光合成細菌（⇨p.485）である紅色硫黄細
菌・緑色硫黄細菌，化学合成（⇨p.487）を行う亜硝酸菌・硝酸菌・硫黄細菌，
窒素固定（⇨p.803）を行う根粒菌_{こんりゅうきん}・アゾトバクター・クロストリジウムなどは
細菌の仲間です。どれも，これからの単元で登場する細菌です。

3　また，原核生物で，唯一，酸素発生型の光合成を行うのがシアノバクテリ
アの仲間です。

　シアノバクテリアには葉緑体は
ありませんが**チラコイド膜**はあ
り，クロロフィル*a*以外に多量の
フィコシアニンと少量の**フィ
コエリトリン**という光合成色素
をもち，**水を分解**して酸素を発生
する光合成を行います。

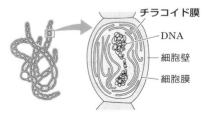

▲ 図56-3 シアノバクテリアのからだのつくり

　また，有性生殖は行わず，鞭毛ももちません。

4　代表的なシアノバクテリアとしては，ユレモとネンジュモ（イシクラゲなど）
があります。他にはアナベナ・ミクロ
キスティス・スイゼンジノリなどもシ
アノバクテリアの一種です。ネンジュ
モやアナベナは窒素固定を行います。

> 富栄養化した淡水で見られる水の華（⇨p.828）の主な原因となる。

> 熊本市の水前寺の池で発見されたので，この名が付けられた。食用になる。

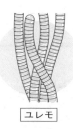
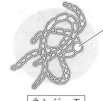

ユレモ　　　　　　ネンジュモ

異質細胞
▶ 窒素固定に関与するニトロ
ゲナーゼという酵素は酸素
によって不活性化してしま
うため，光合成を行って酸
素を生じる細胞とは隔離さ
れた異質細胞(異形細胞)で
窒素固定を行っている。

▲ 図56-4 代表的なシアノバクテリア

5 　これ以外にも，大腸菌・枯草菌・放線菌・結核菌・肺炎双球菌・赤痢菌・コレラ菌・破傷風菌・チフス菌・ペスト菌・腸炎ビブリオ菌・ウェルシュ菌・ボツリヌス菌・レジオネラ菌など，多くの種類の細菌がいます。

> 枯草菌…納豆菌も枯草菌の一種。
> 放線菌…抗生物質の一種であるストレプトマイシンを生成する細菌。

> 食中毒の原因となる細菌。

> 入浴施設などで肺炎の原因となることがある。

6 　一般に，細菌は従属栄養ですが，光合成細菌や化学合成細菌のように独立栄養の細菌もいます。紅色硫黄細菌などの光合成細菌は，葉緑体はもちませんが**チラコイド様の膜**があり，ここに**バクテリオクロロフィル**をもっていて光を吸収し，水の代わりに**硫化水素を分解**して光合成するのでしたね。

7 　乳酸菌やクロストリジウムは嫌気性の細菌で，発酵しかできません。それに対し，大腸菌やアゾトバクター・枯草菌といった細菌は酸素を用いた呼吸を行うことができます。細菌にはミトコンドリアはありませんが，**細胞質基質(サイトゾル)でクエン酸回路**，**細胞膜で電子伝達系**を行います。

8 　一般に，細菌はアンモニアなどの無機窒素化合物を吸収して窒素同化を行います。でも，根粒菌・アゾトバクター・クロストリジウム・ネンジュモなどは空気中の窒素を利用する窒素固定も行います。

細菌(バクテリア)ドメイン…核膜に囲まれた核をもたない細胞からなる。

例 大腸菌・乳酸菌・枯草菌・紅色硫黄細菌・緑色硫黄細菌・亜硝酸菌・硝酸菌・硫黄細菌・アゾトバクター・クロストリジウム・根粒菌・シアノバクテリア(ユレモ・ネンジュモ)

3 アーキア(古細菌)ドメイン

1　細菌(バクテリア)と同じく,核膜をもたない原核細胞からなる生物群で,名称も似ていますが,細菌とはまったく異なる系統に属するのが,**アーキア(古細菌)**というグ

> ギリシャ語のArchae(太古,始原)から名付けられた。

ループです。

2　ふつうの生物が生存できないような極限環境で生育するものも多くいます。死海のような非常に塩分濃度が高い環境に生育する**高度好塩菌**や,90℃に達するような温泉や熱水噴出孔(⇨p.488)などの場所で生育する**超好熱菌**などがいます。

> アラビア半島北西部に位置する塩湖。海水の塩分濃度は約3%だが,死海は約30%もある。魚類などは生息できず,死海と呼ばれるが,このような環境でも高度好塩菌は生存できる。

> PCR法(⇨p.575)で用いる耐熱性のDNAポリメラーゼは,このような好熱菌のものを用いる。

3　穏やかな環境に生育しているアーキアもいます。その1つがエネルギー獲得のために特殊な代謝を行い,最終的にメタンを排出する**メタン生成菌(メタン菌)**です。

> $CO_2 + 4H_2$
> $\longrightarrow CH_4 + 2H_2O$

　メタン生成菌は泥湿地やウシ・シロアリの消化管内という嫌気的環境で生育しています。そのため泥湿地だけでなく,ウシのげっぷとしてメタンが発生し,これが地球温暖化にも影響しているといわれます。

> 水田からの発生も多い。

4　アーキアは,核膜をもたない原核生物という点では細菌に似ていますが,細胞壁の成分,イントロンの有無,DNAのヒストンとの結合の有無などの点で,むしろ真核生物に近いとされています。おそらくは細菌とアーキアとが別々の系統として生じ,その後,アーキアの中から真核生物へと進化したと考えられます。

　ただ,ミトコンドリアや葉緑体は細菌(好気性細菌やシアノバクテリア)が共生して生じたものなので,これらの細胞小器官のDNAは細菌に近い特徴をもちます。

第**5**章　生物の系統

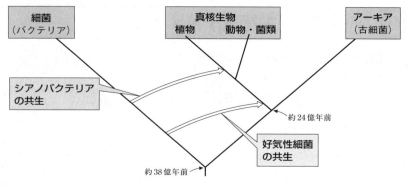

▲ 図56-5 3ドメインの関係——枝分かれだけでなく合流もある

5 まず真核生物の遺伝子には最終的に翻訳されない領域(イントロン)があることを学習しました(⇨p.126)。その結果，スプライシングという現象があるのでしたね。しかし細菌の遺伝子にはイントロンがなく，スプライシングも行われません。一方，**アーキアには，イントロンをもつものがあり**，その場合は**スプライシングも行われます**。また，真核生物では，DNAはヒストンというタンパク質と結合しています(⇨p.139)が，細菌ではDNAはヒストンと結合していません。しかし，**アーキアのなかにはDNAがヒストンと結合しているものもあります**。

6 真核生物の植物や菌類には細胞壁があります。細菌にもアーキアにも細胞壁はありますが，構造に違いがあります。細菌の細胞壁は，炭水化物とタンパク質の複合体からなる**ペプチドグリカン**という成分からなります。しかし真核生物の細胞壁にもアーキアの細胞壁にも，そのようなペプチドグリカンは見られません。

7 核膜をもたない**原核細胞からなる**のは細菌とアーキアに共通しますし，**DNAが環状である**ことも細菌とアーキアに共通します。一方，真核生物のDNAは直鎖状です。また，膜のリン脂質が，細菌や真核生物では脂肪酸とグリセリンの間がエステル結合しており，これを**エステル脂質**といいます。しかしアーキアの膜のリン脂質は，脂肪酸ではなく枝分かれのあるアルコールで，グリセリンとの間の結合がエーテル結合しており，これを**エーテル脂質**といいます。

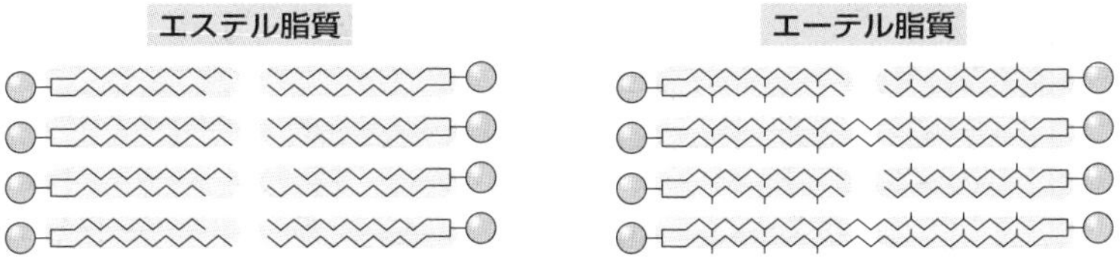

	エステル脂質		エーテル脂質

▲ 図56-6 細菌・真核生物の膜（エステル脂質）とアーキアの膜（エーテル脂質）

8 3つのドメインの特徴について，表でまとめてみましょう。

	細　菌	アーキア	真核生物
核　膜	なし	なし	あり
細胞壁の ペプチドグリカン	あり	なし	なし
膜のリン脂質	エステル脂質	エーテル脂質	エステル脂質
ヒストン	なし	あり	あり
イントロン	なし	あり	あり
DNA	環状	環状	直鎖状

▲ 表56-2 細菌ドメイン，アーキアドメイン，真核生物ドメインの特徴

真核生物の分類

　ドメインについては3ドメイン説を学習するものの，その下位の段階である界については5界説に従った名称で学習する。大学入試レベルではそれでよいのだが，近年の研究では真核生物を8つのグループ（スーパーグループ）に分ける考え方が提唱されており，大学レベルではこちらのほうを学ぶことが多い。

　アーケプラスチダ，SAR（ストラメノパイル，アルベオラータ，リザリア），ハクロビア，エクスカバータ，ユニコンタ（アメーボゾア，オピストコンタ）という8つのグループである。今覚える必要はまったくないが，植物（植物界に分類）および紅藻，緑藻（原生生物界に分類）はアーケプラスチダに分類され，原生生物界（くわしくは第57講で学習）では，このほか，有孔虫はリザリアに，繊毛虫（ゾウリムシなど）や渦鞭毛藻はアルベオラータに，褐藻やケイ藻はストラメノパイルに，ミドリムシはエクスカバータに，アメーバや細胞性粘菌はアメーボゾアに分類される。そして動物（動物界）と菌類（菌界）はオピストコンタに分類される（図56-7）。

　従来，よくわからなかった原生生物の系統関係が明らかになってきたため，原生生物にまとめられていた生物がいろいろなグループに分かれて分類されるようになってきた。そしてこの考え方に従うと，ヒトとカビは同じオピストコンタに属し，類縁関係が意外に近いということになる！

第**5**章　生物の系統

349

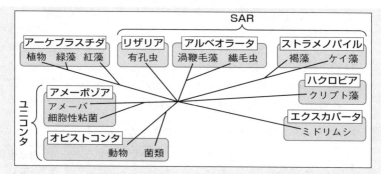

▲ 図56-7 真核生物ドメインを構成する8つのグループ

　この分け方では，同じように葉緑体をもち光合成を行う緑藻・紅藻と褐藻，ミドリムシが異なるグループに属することになる。進化の過程でシアノバクテリアが細胞内共生して葉緑体となり，これをもつ真核生物から緑藻や紅藻が生じ，緑藻の一種から植物が生じた。そして，この葉緑体をもった生物をさらに細胞内共生させるという**二次共生**が起こったことがわかっている。緑藻をさらに細胞内共生させてミドリムシが，紅藻をさらに細胞内共生させて褐藻やケイ藻が生じたと考えられている。葉緑体は二重膜で囲まれていると学習するが，それは緑藻や植物，紅藻の葉緑体で，**二次共生で生じた葉緑体は四重膜をもつことになる**（ミドリムシではそのうちの2枚が融合して三重膜になった葉緑体をもつ）。

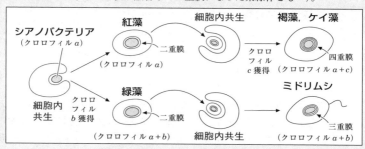

▲ 図56-8 藻類の細胞内共生（二次共生）

アーキア（古細菌）ドメイン…核膜はないが，ヒストンやイントロンをもつ。

例 高度好塩菌，超好熱菌，メタン生成菌

第57講 真核生物ドメイン①（原生生物界）

重要度
★★

真核生物ドメインは，五界説に従って4つの界に分けて学習します。まずは原生生物界。いろいろな生物のよせ集めですが，どんな生物がこの界に属しているのでしょうか。

1 原生生物界（プロチスタ界）

1 真核生物であり，単細胞あるいは発生過程で胚を生じない多細胞生物で，菌界・植物界・動物界のどれにも属さない生物群を**原生生物界**といいます。

原生生物界には，従属栄養の原生動物，変形菌，細胞性粘菌，卵菌と，独立栄養のケイ藻，渦鞭毛藻，ミドリムシ，紅藻，褐藻，緑藻などが属します。

2 従属栄養で単細胞の生物群が**原生動物**です。

原生動物には，仮足で運動するアメーバ・有孔虫・タイヨウチュウなどの**根足虫類（肉質虫類）**，繊毛で運動するゾウリムシやラッパムシ・ツリガネムシ・ミズケムシなどの**繊毛虫類**，鞭毛で運動するえり鞭毛虫（⇨p.371）やトリパノソーマなどの**鞭毛虫類**，他の細胞内に寄生し，胞子を形成するマラリア病原虫のような**胞子虫類**の4つのグループがあります。

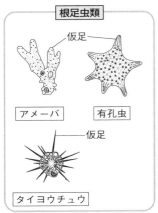
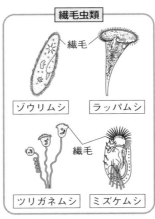

▲ 図57-1 原生動物の4つのグループ

マラリア病原虫の増殖と媒介

　マラリアを発症するマラリア病原虫は，ハマダラカによって媒介される。その
しくみは次の通りである。

　ハマダラカの消化管内で有性生殖を行って増殖したマラリア病原虫は，**スポロ**
ゾイトと呼ばれる胞子が殻の中で分裂して生じたものとして唾腺に集まる。この
カがヒトを吸血する際に，唾液とともに大量のマラリア病原虫がヒトの体内に送
り込まれる。ヒトの体内に入ったマラリア病原虫は，肝臓に入り，肝細胞中で成
熟増殖した後，肝細胞を破壊して赤血球に侵入する。そして，赤血球内で複分裂
（⇨p.271）を行い，48時間あるいは72時間間隔で赤血球を破壊して血液中に出る。
それにより，周期的な発熱が繰り返される。

　そして，別のハマダラカがこのヒトを吸血すると，マラリア病原虫も吸血した
カの体内に入り，このサイクルが繰り返される。

3　従属栄養で，多細胞で固着し細胞壁をもつ時期と，運動性があり細胞壁を
もたない時期があるのが**粘菌類**です。粘菌類は，さらに，
変形菌類と**細胞性粘菌類**とに分類されます。

> 「真正粘菌類」
> とも呼ばれる。

4　変形菌では，**子実体**から生じた**胞子**(n)が発芽し，鞭毛をもった，ある
いはアメーバ状の単細胞(n)となります。これらが接合して**接合子**($2n$)と
なり，細胞質分裂を伴わない核分裂を繰り返して多核の**変形体**($2n$)を形成
します。変形体は細菌などを食べて生活します。やがて，餌が減少したり，
乾燥したりして環境が悪化すると，変形体は子実体となり，減数分裂して再
び胞子(n)を形成します。

　ムラサキホコリやツノホコリなどが代表的な変形菌です。

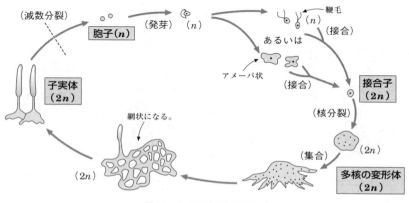

▲ 図57-2　ムラサキホコリの一生

352

5　細胞性粘菌では，子実体から生じた胞子(n)が発芽するところまでは変形菌と同じですが，その後，鞭毛をもたないアメーバ状の単細胞(n)の状態となり，細菌などを食べて生活します。この単細胞は分裂により増殖します。また，これらの細胞どうしが接合して耐久性のある接合子($2n$)となりますが，減数分裂して単相のアメーバ体が生じます。やがてこれらの単細胞が集合し集合体(**偽変形体**：n)を形成しますが，細胞どうしは融合しません。集合体は，移動して子実体(n)を形成します。

　タマホコリカビが代表的な細胞性粘菌です。

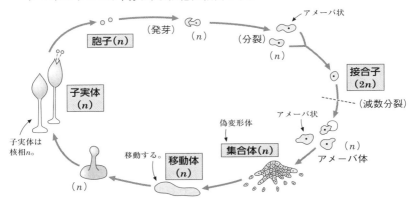

▲ 図 57-3 タマホコリカビの一生

6　従属栄養で，多核である菌糸の先端に鞭毛をもった胞子(遊走子)を生じるのが**卵菌類**です。ミズカビが代表例です。

7　単細胞で光合成を行う藻類には，ケイ藻類，渦鞭毛藻類，ミドリムシ類などがあります。単細胞で，**鞭毛はなく，クロロフィルaとcをもち，珪酸質の殻をもつ生物群がケイ藻類**です。ケイ藻類は，お弁当箱のふたと本体のように組み合わさった殻をもち，分裂で増えるときには新しい殻を内側につくるので，分裂に伴って小さくなります。そのため，ある程度小さくなると減数分裂によって配偶子を形成し，殻から抜け出して接合して**接合子**を形成します。そして，この接合子のまわりに新しい殻を形成して大きさも回復します。この仲間には，ハネケイソウやツノケイソウなど非常に多くの種がいます。最も代表的な光合成を行うプランクトンの一種です。

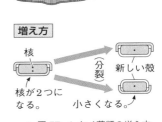

▲ 図 57-4 ケイ藻類の増え方

8 単細胞で，クロロフィル*a*と*c*をもち，2本の鞭毛{べんもう}をもつのが渦鞭毛藻類{うずべんもうそう}
です。渦を巻いて進むのでこの名前が付けられました。分裂で増えます。渦
鞭毛藻類は，海が富栄養化して生じる赤
潮のおもな原因となるプランクトンです。
ツノモ・ムシモや発光するヤコウチュウ，
サンゴと共生する褐虫藻などが渦鞭毛藻
類に属します。　▶ 図57-5 渦鞭毛藻類の代表例

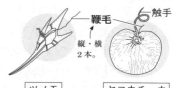

9 単細胞で，クロロフィル*a*と*b*をもち，また，1
本の長い鞭毛をもち，細胞壁をもたないのが**ミド
リムシ類**です。**ユーグレナ**(*Euglena*)ともいいま
す。ミドリムシ類は，眼点(⇨p.647)と感光点をもち，
光のくる方向に移動する正の光走性を示します。分
裂で増えます。

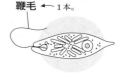

▲ 図57-6 ミドリムシ
類の代表例

10 多細胞の藻類には，紅藻類，褐藻類，緑藻類などがあります。

　クロロフィル*a*と多量のフィコエリトリン，少量のフィコシアニンをもつ
のが**紅藻類{こうそう}**です。一般に，水中生活を行う藻類が形成する胞子には鞭毛があ
り，**遊走子{ゆうそうし}**と呼ばれますが，**紅藻の胞子には鞭毛がありません**。また，配偶
子にも鞭毛がありません。すなわち，**生活環のどの時期にも鞭毛をもつ細胞
が現れない**という特徴をもちます。

テングサ・アサクサノリ・トサカノ
リ・ツノマタ・フノリなどが紅藻類
です。

> テングサ…寒天の原料となる。
> アサクサノリ…食用の海苔の原料。
> トサカノリ…海藻サラダとして食用にする。
> ツノマタ…壁材料の糊の原料。海藻コンニャ
> 　クとして食用にもする。
> フノリ…布地用の糊の原料。

▲ 図57-7 紅藻類の代表例

アサクサノリの増え方

アサクサノリの本体は**配偶体**（**n**）で，これから海苔（のり）をつくる。配偶体に卵細胞
と精子（ただし，鞭毛をもたない不動精子）が生じて受精し，生じた受精卵は分裂
して**果胞子**（**2n**）と呼ばれるものになる。この果胞子が貝殻にもぐりこんで胞子
体に相当する**糸状体**（**2n**）を経て**殻胞子**（**2n**）となり，減数分裂を経てつくられた
単胞子（**n**）が成長して次の配偶体を生じる。

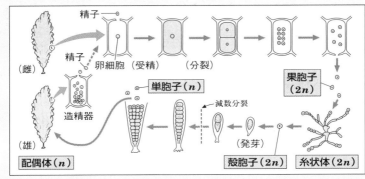

▲ 図57-8 アサクサノリの増え方

11 多細胞で，クロロフィル*a*と*c*をもち，カロテノイドの一種としてフコキ
サンチンという補助色素をもつのが褐藻類（かっそう）です。褐藻類は，ヨード（ヨウ素）
を多く含みます。

コンブやワカメ・ホンダワラ・ヒジキ・モズク・アカモク・ヒバマタなど
が褐藻類です。

| コンブ | ワカメ | ホンダワラ | ヒバマタ |

▲ 図57-9 褐藻類の代表例

第**5**章 生物の系統

コンブの増え方

コンブの本体は胞子体($2n$)である。ここで減数分裂が行われて**遊走子**(n)が生じる。そして，遊走子から雌性配偶体(n)と雄性配偶体(n)が生じ，これらに生じた卵細胞と精子が受精して受精卵となり，これが体細胞分裂を繰り返して胞子体($2n$)に戻る。

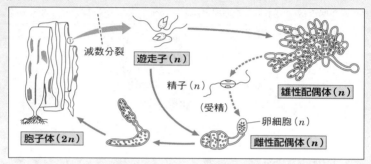

減数分裂

遊走子(n)

精子(n)

雄性配偶体(n)

（受精）

卵細胞(n)

胞子体($2n$)

雌性配偶体(n)

▲ 図57-10 コンブの増え方

12 単細胞や細胞群体あるいは多細胞で，クロロフィルaとbをもつのが**緑藻類**と**車軸藻類**と**接合藻類**です。陸上植物(コケ植物，シダ植物，種子植物)はすべてクロロフィルaとbをもつことや，またDNAの解析から，接合藻類の仲間から進化したと考えられています。

13 緑藻類としては，単細胞のクロレラ・クラミドモナス・カサノリ，細胞群体(⇨p.76)をつくるユードリナ・パンドリナ・ボルボックス，葉状体のアオサ・アオノリ・ミルなどがあります。

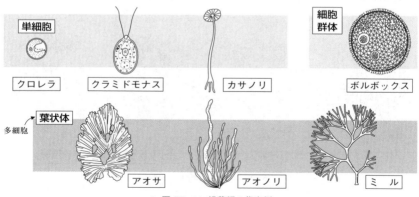

| 単細胞 | | | 細胞群体 |

クロレラ　　クラミドモナス　　カサノリ　　ボルボックス

多細胞　　葉状体

アオサ　　アオノリ　　ミル

▲ 図57-11 緑藻類の代表例

14　車軸藻類には<u>シャジクモやフラスコモ</u>（フラスモ）があります。いずれも**単相生物** ┤大きな節間細胞をもつので，原形質流動の観察などによく用いられる。

（⇨p.358）です。**造卵器，造精器を形成して卵と精子をつくって受精する**という点で，より進化しているといえます。

15　接合藻類にはアオミドロやミカヅキモなどがあります。

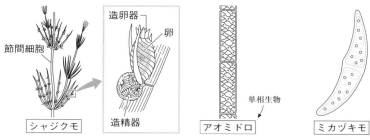

▲ 図57-12 車軸藻類の代表例　　　▲ 図57-13 接合藻類の代表例

鞭毛の数や形と生物の分類

　鞭毛の数や形も分類においては重要である。両方に羽のある**両羽形**，片方にだけ羽をもつ**片羽形**，羽をもたない**尾形**の3種類がある。

　シアノバクテリアや紅藻は鞭毛なし，褐藻やケイ藻の鞭毛は両羽形と尾形，渦鞭毛藻の鞭毛は両羽形と片羽形，ミドリムシ類は片羽形，緑藻や陸上植物，動物の鞭毛は尾形である。

　ミドリムシ類も緑藻もクロロフィル*a*と*b*をもつが，鞭毛の形から，陸上植物はミドリムシ類の仲間から進化したのではないと考えられる。

　また，光合成産物も陸上植物や緑藻類はデンプンだが，ミドリムシ類では**パラミロン**という多糖類である。ちなみに，褐藻やケイ藻，渦鞭毛藻では**ラミナリン**という多糖類がつくられる。

鞭毛なし	両羽形＋尾形	両羽形＋片羽形	片羽形	尾　形
	両羽形　　尾形	片羽形		
シアノバクテリア 紅藻類	褐藻類 ケイ藻類	渦鞭毛藻類	ミドリムシ類	緑藻類 車軸藻類 コケ植物 維管束植物 動物

▲ 図57-14 鞭毛の形と生物

核相と生物

　多細胞生物の生活史のなかで，複相の多細胞のからだと単相の多細胞のからだの両方が現れる生物を**単複相生物**という。それに対して複相の多細胞のからだが生じない生物を**単相生物**，単相の多細胞のからだが生じない生物を**複相生物**という。

　動物は複相生物で，アオミドロやシャジクモは単相の多細胞のからだしか生じないので単相生物である。植物や藻類の大多数は単複相生物であるが，ホンダワラ・アカモク・ヒバマタ(以上褐藻)，ミル(緑藻)は複相生物である。

16　ホイッタカーの五界説では，単細胞の真核生物を原生生物界と考えています。そのため，多細胞である紅藻，褐藻，緑藻，車軸藻は植物界に，卵菌，変形菌，細胞性粘菌は菌界に分類します(単細胞の緑藻は原生生物界に入ります)。

原生生物界…真核生物であり，単細胞あるいは発生過程で胚を生じない多細胞生物で，菌界・植物界・動物界のうちのどれにも属さない生物群。

従属栄養
- **原生動物**(アメーバ・ゾウリムシ・トリパノソーマ・マラリア病原虫)
- **変形菌**(ムラサキホコリ)
- **細胞性粘菌**(タマホコリカビ)
- **卵菌**(ミズカビ)

独立栄養
- **ケイ藻**(ハネケイソウ)：クロロフィルaとc
- **渦鞭毛藻**(ツノモ)：クロロフィルaとc
- **ミドリムシ**(ミドリムシ)：クロロフィルaとb
- **紅藻**(テングサ・アサクサノリ)：クロロフィルa
- **褐藻**(コンブ・ワカメ)：クロロフィルaとc
- **緑藻**(アオサ・アオノリ)：クロロフィルaとb
- **車軸藻**(シャジクモ)：クロロフィルaとb
- **接合藻**(アオミドロ・ミカヅキモ)：クロロフィルaとb

第58講 真核生物ドメイン②
（菌界・植物界）

重要度
★★

カビやキノコの仲間である菌界，そして，植物界の生物について見てみましょう。

1 菌 界

1 真核生物ですが，従属栄養で体外消化を行い，胞子を形成する生物群を**菌界**といいます。接合菌，子のう菌，担子菌，グロムス菌，ツボカビ類の5種類が菌界に属します。

2 隔壁のない多核の菌糸からなるカビが**接合菌類**です。胞子で増えますが，有性生殖も行います。クモノスカビやケカビなどがその代表例です。

> 菌糸が広がる状態がクモの巣のようであることからつけられた名称。紹興酒の醸造に用いられる。

＋α パワーアップ　接合菌類の有性生殖

接合菌類は隔壁のない菌糸(n)からなる多核のからだをもっており，有性生殖を行うときには，2つの菌が接近し，菌糸の一部に隔壁が生じて配偶子のうを形成する。そして，両者の配偶子のうの細胞質が融合して耐乾性の強い**接合胞子のう**を形成する。環境がよくなると接合胞子のうの核どうしが融合して$2n$となり，減数分裂によって胞子(n)を生じる。

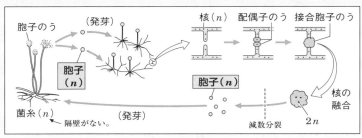

▲ 図58-1 接合菌類の有性生殖

359

3 子のうという袋の中に8個の胞子（子のう胞子）を形成して増えるのが**子のう菌類**です。<u>アカパンカビ・アオカビ・コウジカビ・馬鹿苗病菌</u>などがいます。

> ビードルとテータムが実験に用い、一遺伝子一酵素説を提唱したことで有名。

> アオカビは抗生物質のペニシリンを生産するカビ、コウジカビは日本酒の醸造に使用されるカビ。

> ジベレリン（⇨p.669）の発見につながったカビとして有名。

4 子のう菌および担子菌の中で単細胞生活を行うものを総称して**酵母**といいます。ビールの製造などに用いられる酵母は子のう菌に属するものです。

子のう菌類の増え方

子のう菌は、隔壁のある菌糸(n)からなり、ふだんは、菌糸の先端に体細胞分裂によって**分生子**という胞子を形成し、無性生殖を行う。

また、有性生殖を行うときには、まず、異なった接合型の菌糸が接合し、2つの核をもった菌糸($n+n$)を生じる。そして、1核の菌糸と2核の菌糸がもつれ合ってコップ状の子実体(**子のう果**)を形成する。すると、2核の菌糸の先端に袋状の子のうが生じ、この中で2つの核が融合して接合子($2n$)ができる。その後、接合子が減数分裂して4個の核(n)となり、さらにそれぞれが1回体細胞分裂を行って、8個の胞子(子のう胞子)になる。子のう胞子が発芽して、隔壁のある1核の菌糸となる。

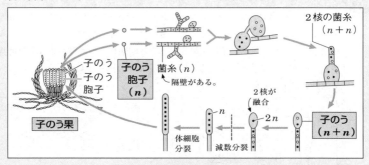

▲ 図58-2 子のう菌類の有性生殖

5 菌糸に隔壁があり、一般に**キノコ**と呼ばれる子実体を形成し、子実体にある**担子器**で4個の胞子(**担子胞子**)を生じるのが**担子菌類**です。マツタケ・シイタケ・エノキダケ・ツキヨタケ・サルノコシカケなどが、その代表例です。

担子胞子のでき方

担子菌類では，接合型の異なる菌糸(n)が接合して生じた2核の菌糸が集まって**子実体**を形成する。そして，子実体のかさの裏側のひだに沿って担子器が形成され，ここで2核が融合して**接合子**となる。接合子は減数分裂して，くびれるようにして4個の**担子胞子**となる。

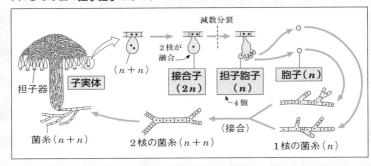

▲ 図58-3 担子菌類の一生

6　菌根菌の一種である**アーバスキュラー菌根菌**(⇨p.789)の仲間を**グロムス菌類**といいます。200種類ほどの小さなグループですが，ほとんどの陸上植物と共生関係にあり，植物が陸上に適応するのに重要な役割を果たしたと考えられています。

7　菌界の中で最も古く分化したと考えられているのが**ツボカビ類**です。他の菌界に属する生物はいずれも鞭毛をもたない胞子を形成しますが，ツボカビ類は，鞭毛をもつ胞子(遊走子)を形成します。

アメリカなどで両生類の減少や絶滅を引き起こしているとして問題になった**カエルツボカビ症**は，カエルの体表に感染するツボカビによるものです。

8　おもに**子のう菌**と**緑藻**あるいは**シアノバクテリア**とが**相利共生**(⇨p.789)した共生体を**地衣類**といいます。地衣類では，子のう菌が水分や無機物を提供し，緑藻やシアノバクテリアは光合成を行って有機物を提供します。

地衣類は，環境に対する抵抗性が強く，遷移の初期に出現し(⇨p.747)，高山，極地などにも分布します。

サルオガセ・ウメノキゴケ・リトマスゴケ・ハナゴケ・イワタケなどは地衣類としての名称です。

→ リトマス試験紙の製造に使われる。
→ 食用にする。

第5章　生物の系統

361

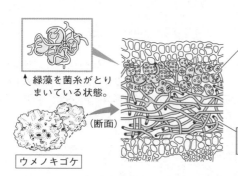

光合成を行って, 有機物を菌類に提供。

〔相利共生〕

単細胞の緑藻類

緑藻を菌糸がとりまいている状態。

(断面)

ウメノキゴケ

菌類 (子のう菌)

水分や無機物を, 緑藻類に提供。

▲ 図58-4 地衣類の構造

菌界…真核生物であり, 従属栄養で体外消化を行い, 胞子を形成する生物群。

- 接合菌(クモノスカビ・ケカビ)
- 子のう菌(アカパンカビ・馬鹿苗病菌)
- 担子菌(マツタケ・サルノコシカケ)
- グロムス菌(アーバスキュラー菌根菌)
- ツボカビ類(カエルツボカビ)

※**地衣類**…子のう菌と緑藻やシアノバクテリアの共生体。
例 サルオガセ・ウメノキゴケ・リトマスゴケ

2 植 物 界

1 真核生物であり，独立栄養で，発生過程で胚を生じる生物群を**植物界**といいます。マーグリスの五界説では，**コケ植物**と**シダ植物**，**種子植物**だけが植物界に属します。いずれも，**クロロフィル*a*と*b***をもちます。

2 維管束をもたないのが**コケ植物**です。

最も代表的なスギゴケの一生は，次の通りです。

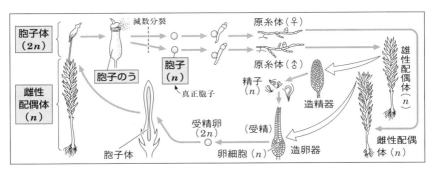

▲ 図58-5 スギゴケ（コケ植物）の一生

一般に，胞子を形成する多細胞のからだを**胞子体**<small>ほうしたい</small>，配偶子を形成する多細胞のからだを**配偶体**<small>はいぐうたい</small>といいます。

3 スギゴケの一生の中で最も発達しているからだ（本体という）は配偶体で，**雄株**<small>おかぶ</small>と**雌株**<small>めかぶ</small>があります。ともに，核相は*n*です。雄株の先端には**造精器**<small>ぞうせいき</small>があり，ここで体細胞分裂によって**精子**(*n*)が生じ，これが泳ぎだし，雌株の先端の**造卵器**<small>ぞうらんき</small>の中にある**卵細胞**(*n*)に到達して受精します。受精卵(2*n*)は，雌株のからだの上で体細胞分裂を繰り返し，胞子体(2*n*)になります。胞子体の先端には胞子を形成する袋状の組織があり，これを**胞子のう**といいます。胞子のうの中で減数分裂が行われて核相*n*の**胞子**(真正胞子)がつくられます。これが体細胞分裂して**原糸体**<small>げんしたい</small>(*n*)と呼ばれる1列の細胞からなる糸状の構造が生じ，さらに発達して雄株，雌株となります。

胞子体の細胞には葉緑体がなく光合成も行えないので，配偶体である雌株が光合成で合成した有機物に依存しています。これを，**胞子体が配偶体に寄生している**と表現します。

4 コケ植物門は，スギゴケ・ミズゴケなどの**蘚類**(蘚綱)とゼニゴケなどの**苔類**(苔綱)，**ツノゴケ類**(ツノゴケ綱)の３つに分けられます。

蘚類の配偶体は雌雄異株で，**茎葉体**(茎や葉のように見えるが維管束がない)と**仮根**(根のように見えるが維管束がない)からなり，茎葉体には**道束**と呼ばれる水分の通路があります(道管や仮道管ではありません)。

苔類の配偶体も雌雄異株で，葉状体(葉のように見えるが維管束がない)と仮根からなります。配偶体上に**杯状体**と呼ばれる杯状のものが生じ，この中に生じる**無性芽**による無性生殖も行われます。

ツノゴケ類の配偶体は雌雄同株です。

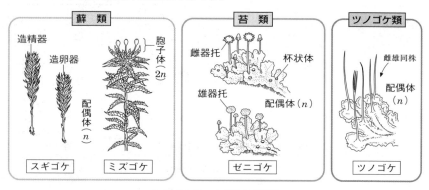

▲ 図58-6 コケ植物の代表例

5 **維管束があり，種子を形成しないのがシダ植物**です。

シダ植物のワラビの一生は次の通りです。

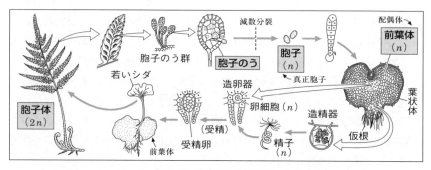

▲ 図58-7 ワラビ(シダ植物)の一生

シダ植物の本体である胞子体($2n$)の葉の裏に**胞子のう**があり，ここで減数分裂が行われて核相nの**胞子**(真正胞子)が形成されます。胞子が体細胞分裂

を繰り返し，ハート形の**前葉体**(n)と呼ばれる配偶体になります。前葉体の裏側には**造卵器**と**造精器**があり，ここに生じた**卵細胞**と**精子**が受精して受精卵となり，これが体細胞分裂を繰り返して胞子体になります。前葉体は1cm以下の大きさで，維管束もなく（胞子体には維管束があります），**葉状体**と**仮根**からなりますが，葉緑体をもち光合成を行うことはできます。すなわち，**本体の胞子体とは独立して生活することができます**。

6 このように，植物では一般に，**減数分裂**によって**胞子（真正胞子）**が生じ，これが**体細胞分裂**すると**配偶体**になり，ここに**配偶子**が生じます。そして，**配偶子**どうしの受精によって生じた**受精卵**が**体細胞分裂**すると**胞子体**になります。

植物界の生活環の一般形は，次のように示すことができます。

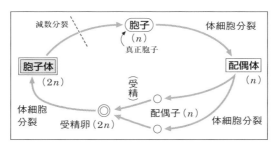

▲ 図58-8 植物の生活環

7 シダ植物はヒカゲノカズラ類（ヒカゲノカズラ，クラマゴケ）とシダ類（ワラビ，ゼンマイ，スギナ，トクサ，マツバラン，サンショウモ，ヘゴ）の2つに分けられます。

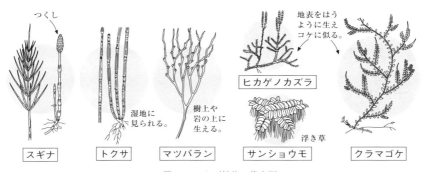

▲ 図58-9 シダ植物の代表例

8 維管束があり，種子を形成するのが**種子植物**で，裸子植物亜門と被子植物亜門に分けられます。

種子植物の一生を模式的に示すと，次のようになります。

> シダ植物と種子植物をあわせて「維管束植物門」とする場合や，被子植物と裸子植物を門とする場合もある。

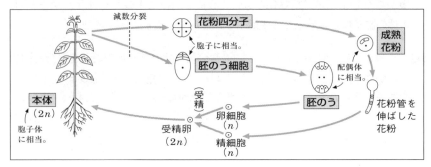

▲ 図 58-10 種子植物の一生

種子植物には胞子と呼ばれるものは生じませんが，植物の生活環の一般形に従うと，減数分裂によって生じた**花粉四分子や胚のう細胞が胞子に相当**し，これらが体細胞分裂して生じた**花粉や胚のうが配偶体に相当**することになります。また，花粉四分子や胚のう細胞を形成する袋状の構造である**葯や胚珠が胞子のう**に，受精卵から生じた**本体は胞子体に相当**します。種子植物の配偶体は単独で生活することはできず，**胞子体に寄生している**と表現されます。

9 胚珠が子房に被われていないのが**裸子植物**で，花弁やがくもありません。マツ・スギ・ヒノキ・モミなどの**球果類**，**針葉樹類**，**マオウ類**，**イチョウ類**，**ソテツ類**の４つがあります。このなかでイチョウ類とソテツ類だけは，雄性配偶子として**精子**を生じます（⇨p.735）。

10 胚珠が子房に被われているのが**被子植物**で，花弁やがくをもち，**重複受精**を行い，木部には道管があります。被子植物は，さらに，**双子葉類**と**単子葉類**に分けられます。

11 双子葉類は，２枚の子葉があり，維管束は輪状で形成層をもちます。また，**葉脈は網状脈**で主根と側根をもちます。サクラ・アブラナ・エンドウ・アサガオ・キク・モウセンゴケなどは双子葉綱です。

12　単子葉類は，子葉に相当する幼葉鞘を**1**枚もち，維管束は散在し，形成層
をもちません。また，葉脈は平行脈でひげ根をもちます。イネ・ムギ・ユリ・
タマネギ・トウモロコシ・ムラサキツユクサ・カナダモなどは単子葉綱です。

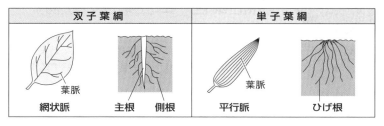

双 子 葉 綱		単 子 葉 綱	
葉脈	主根　側根	葉脈	
網状脈		平行脈	ひげ根

▲ 図58-11 双子葉類と単子葉類の特徴

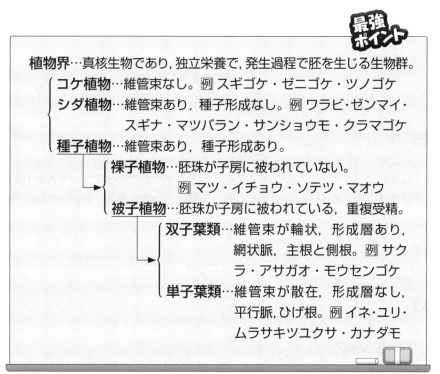

植物界…真核生物であり，独立栄養で，発生過程で胚を生じる生物群。
　コケ植物…維管束なし。例 スギゴケ・ゼニゴケ・ツノゴケ
　シダ植物…維管束あり，種子形成なし。例 ワラビ・ゼンマイ・
　　　　　スギナ・マツバラン・サンショウモ・クラマゴケ
　種子植物…維管束あり，種子形成あり。
　　　　裸子植物…胚珠が子房に被われていない。
　　　　　　　　例 マツ・イチョウ・ソテツ・マオウ
　　　　被子植物…胚珠が子房に被われている，重複受精。
　　　　　　双子葉類…維管束が輪状，形成層あり，
　　　　　　　　網状脈，主根と側根。例 サク
　　　　　　　　ラ・アサガオ・モウセンゴケ
　　　　　　単子葉類…維管束が散在，形成層なし，
　　　　　　　　平行脈，ひげ根。例 イネ・ユリ・
　　　　　　　　ムラサキツユクサ・カナダモ

367

第59講 真核生物ドメイン③
（無胚葉性・二胚葉性の動物）

重要度
★★

190万種類以上の動物が地球上には生息しています。ここからは，その動物界を見ていきましょう。まずはからだの構造が単純なものからです。

1 動物界での分類の基準

1 真核生物であり，細胞壁をもたず従属栄養で，体内消化を行う生物群を**動物界**といいます。

2 動物界の生物は，胚葉の分化の程度によって大きく3つに分けます。

胚葉の分化が見られない**無胚葉性の動物**，外胚葉と内胚葉の2つの胚葉の分化が見られる**二胚葉性の動物**，外胚葉，内胚葉，中胚葉の3つの胚葉が分化する**三胚葉性の動物**の3つです。

3 「発生」（第80～82講）で学習しますが，原腸胚期になると胚葉が分化します。したがって，胚葉が分化しない無胚葉性の動物は，発生段階でいうとまだ原腸胚期に達していない，と考えることができます。そこで，**無胚葉性の動物は胞胚段階の動物**，胚葉が分化した**二胚葉性の動物は原腸胚段階の動物**と考えることができます。

4 三胚葉性の動物は，口のでき方によって，さらに2種類に分類します。

発生過程で生じた**原口がそのまま口になる**動物群を**旧口動物**，原口は肛門側になり，後から新しく口が生じる動物群を**新口動物**といいます。

5 旧口動物に属する動物の多くは，らせん卵割（⇨p.506）を行います。また，新口動物に属する動物は放射卵割（通常の卵割）を行います。

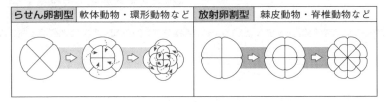

らせん卵割型	軟体動物・環形動物など	放射卵割型	棘皮動物・脊椎動物など

▲ 図59-1 初期発生時の卵割のしかた

6　旧口動物はさらに，外骨格をもち成長過程で脱皮を行う**脱皮動物**と，脱皮を行わず，発生過程で**トロコフォア幼生**あるいはそれに類似する幼生を生じる**冠輪動物**に大別されます。

7　ハマグリなどの貝の仲間は，原腸胚期に続いて**トロコフォア**という幼生を生じ，次にベリジャーという幼生を経て成体に発生します。ゴカイの仲間も同じく**トロコフォア幼生**を生じ，さらに変態して成体になります（⇨図59-2）。

　つまり，どちらも**最初の幼生は共通する**のです。このトロコフォア幼生は，現存の輪形動物のワムシに似ています。このことは，貝の仲間とゴカイの仲間は，いずれもワムシのような共通の祖先から進化して分岐したということを示唆します。

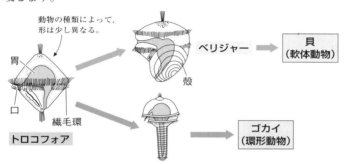

▲ 図 59-2 貝とゴカイの初期発生

8　また，体腔のでき方によっても三胚葉性の動物を3種類に分けることができます。体腔をもたない「**無体腔類**」と，体腔をもつ「**偽体腔類**」，「**真体腔類**」の3種類です。体腔というのは，体壁と消化管の間の隙間のことです。

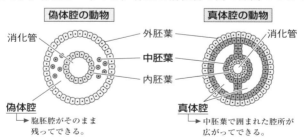

▲ 図 59-3 体腔のでき方

9　発生初期に生じる**胞胚腔からそのまま生じ**，いろいろな胚葉の細胞で囲まれている体腔を**偽体腔**といい，偽体腔をもつ動物群を**偽体腔類**といいます。

369

一方，**中胚葉に囲まれた体腔を真体腔**といい，真体腔をもつ動物群を**真体腔類**といいます。

10 以上のことを考慮して描いたのが，図59-4のような系統樹です。

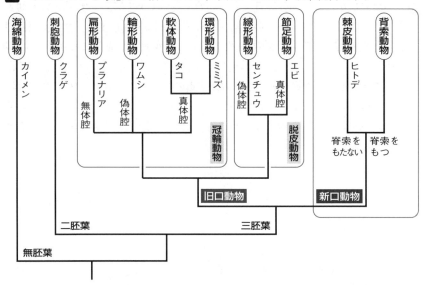

▲ 図 59-4 動物の系統

① 胚葉の分化の程度での分類
  - **無胚葉性**（胞胚段階）
  - **二胚葉性**（原腸胚段階）
  - **三胚葉性**

② 口のでき方での分類
  - **旧口動物**…原口がそのまま口になる動物群。
  - **新口動物**…原口は肛門側になり，後から新しく口が生じる動物群。

③ 脱皮の有無での分類
  - 旧口動物
    - **脱皮動物**…成長過程で脱皮を行う。
    - **冠輪動物**…脱皮を行わない。

2 無胚葉性，二胚葉性の動物

1　海綿動物門は，胚葉が分化しない**無胚葉性の動物**です。そのため進化の早い段階で他の動物群と分かれたと考えられ，**側生動物**と呼ばれます。

　海綿動物は固着生活で，下の図59-5のような構造をしています。**体壁は内外2層からなり**，内部の隙間を**胃腔**といいます。

　胃腔側にある内層には**えり細胞**と呼ばれる細胞が1列に並び，この細胞にある鞭毛の働きで，入水孔から体内へと水の流れができます。そして，水とともに入って来た微生物を捕らえ，外層と内層の間に存在する**変形細胞**がこれを消化します。このえり細胞と類似しているのが原生生物の単細胞生物である**えり鞭毛虫類**で，すべての動物はこのえり鞭毛虫類から進化したと考えられています。

　外層と内層の間には**骨片**もあります。でも，**海綿動物には，神経系も排出系も筋肉などもありません。**

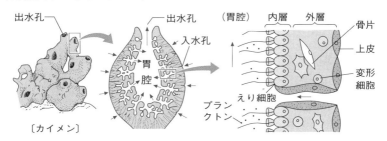

▲ 図59-5 海綿動物のからだのつくり

2　代表的な海綿動物として，イソカイメンやムラサキカイメンなどのほか，カイロウドウケツ・ホッスガイなどもあります。

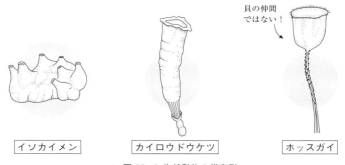

▲ 図59-6 海綿動物の代表例

第**5**章　生物の系統

371

3 　**刺胞動物門**は二胚葉性の動物で，体制は原腸胚に相当し，外胚葉と内胚葉は分化しますが中胚葉は分化しません。

　刺胞動物のからだは放射相称で，口はありますが肛門はありません（口が肛門を兼ねます）。

　原腸に由来する**腔腸**という腔所からなる**胃水管系**と呼ばれる器官系をもちます。神経系はありますが中枢神経のない**散在神経系**（⇨p.389）です。

　また，口の周囲に**触手**があり，触手には**刺胞**というカプセル状の器官をもつ**刺細胞**が並んでいて，接触したものに刺胞を発射して毒液を注入します。

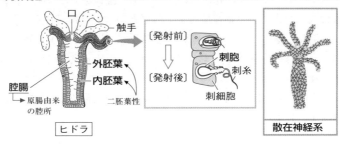

▲ 図59-7 刺胞動物のからだのつくり

4 　代表的な刺胞動物として，ヒドラ（⇨p.272）・カツオノエボシ（⇨p.77）・ミズクラゲ・イソギンチャク・サンゴ・ウミサボテンなどがあります。

▲ 図59-8 刺胞動物の代表例

5 　クシクラゲも刺胞動物と同じような体制をもち，浮遊生活をしますが，刺胞がなく，**くし板**という運動器官をもつので**有櫛動物**といいます。刺胞動物門と有櫛動物門をあわせて**腔腸動物門**とすることもあります。

くし板
→繊毛が癒合してできたもの。8列ある。

▲ 図59-9 クシクラゲ

刺胞動物の分類とミズクラゲの一生

　刺胞動物門には，ヒドラなどの**ヒドロ虫綱**，ミズクラゲなどの仲間である**鉢虫綱（鉢クラゲ綱）**，イソギンチャクやサンゴ・ウミサボテンなどの**花虫綱**などがある。クラゲの仲間は固着生活をする時期（**ポリプ型**という）と浮遊生活をする時期（クラゲ型）とがあるが，イソギンチャク・サンゴなどは浮遊生活は行わず固着生活だけをする。

　ミズクラゲは，次のような生活環をもつ。

　まず，浮遊生活を行う雌雄の成体から生じた配偶子どうしが受精して受精卵ができる。そして，受精卵から発生が進むと遊泳生活を行う**プラヌラ**という幼生が生じる。やがて，これが固着して**スキフラ幼生**となり，多くのくびれが生じて**ストロビラ幼生**となる。さらにくびれが深くなって，1枚ずつ離れて**エフィラ幼生**が生じ，これが成体へと成長する。

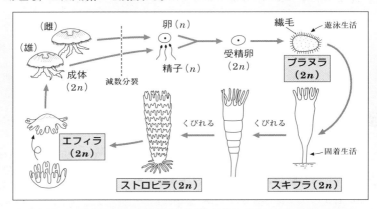

▲ 図59-10　ミズクラゲの一生

海綿動物…**無胚葉性**。**えり細胞**をもつ。
　　　　例 イソカイメン・カイロウドウケツ・ホッスガイ
刺胞動物…**二胚葉性**。散在神経系。**胃水管系**をもつ。刺胞をもつ触手がある。
　　　　例 ヒドラ・ミズクラゲ・イソギンチャク・サンゴ

第**5**章　生物の系統

第60講 真核生物ドメイン④
（旧口動物）

重要度
★★

今度は，三胚葉性の動物のうち，原口がそのまま口になる
旧口動物について学習します。

---

1 冠輪動物～扁形動物，輪形動物

1 刺胞動物や有櫛動物が放射相称であるのに対し，**三胚葉性の動物は一般に左右相称**です。三胚葉性であり，体腔をもたない動物および偽体腔をもつ動物としては**扁形動物**と**輪形動物**があります。いずれも**旧口動物**で，**冠輪動物**です。

> 旧口動物・脱皮動物の線形動物も偽体腔。

扁形動物の場合の体腔は，中胚葉性の細胞で満たされてしまい，空洞でなくなるため，無体腔となります。

2 **扁形動物門**は左右相称で，集中神経系の**かご形神経系**（⇨p.389）をもち，**原腎管**（⇨p.391）という排出器官をもちます。

原腎管には，図60-1のような**ほのお細胞**と呼ばれる細胞があり，このほのお細胞が集めた老廃物が原腎管を通って体外に排出されます。扁形動物には，血管系はありません。

> ほのお細胞に生えている繊毛が動くようすが，炎が揺らめくように見えるので「ほのお細胞」という。

> 「ナミウズムシ」ともいう。再生（⇨p.556）の実験によく用いられる。

3 代表的な扁形動物には，プラナリア・コウガイビル・サナダムシ・ジストマ・カンテツなどがあります。

> 環形動物のヒル（⇨p.377）とは別の生物。

4 プラナリアは，右の図60-1のような構造をしています。眼は杯状眼（⇨p.647），口や消化管はありますが肛門はありません（口が肛門を兼ねます）。

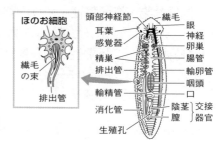

▶ 図60-1 プラナリアのからだのつくり

5　サナダムシ・ジストマ・カンテツは寄生生活を行います。このうち，サナダムシでは栄養分を体表から吸収するため，消化管は退化しています。

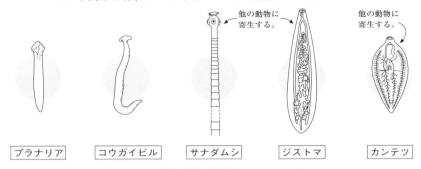

▲ 図60-2 扁形動物の代表例とからだのつくり

扁形動物門の分類

扁形動物門は，プラナリアやコウガイビルなどの仲間である**ウズムシ綱**，ジストマやカンテツなどの**吸虫綱**，サナダムシなどの**条虫綱**などに分けられる。

6　**輪形動物門**は，旧口動物で，偽体腔をもちます。輪形動物には，ワムシなどの仲間が属します。輪形動物の排出器官は，一般には扁形動物と同じく**原腎管**で，ほのお細胞をもちます。神経系も**かご形神経系**をもちます。また，口と肛門をもった消化管もあります。血管系はありません。

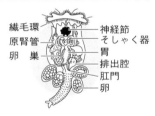

▲ 図60-3 ツボワムシのからだのつくり

ヒモ形動物門

偽体腔類としては，輪形動物門以外に，**ヒモ形動物門**がある。ヒモ形動物には口や肛門をもった消化管があり，排出器官は原腎管で，はしご形神経系，閉鎖血管系をもつ。文字通り紐（ひも）のような形で，代表例としてもヒモムシなどがある。

最近の研究では，ヒモ形動物は偽体腔ではなく真体腔をもち，環形動物に近いという説もある。

▶ 図60-4 ヒモムシのからだのつくり

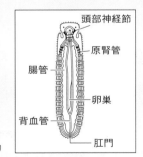

【旧口動物・冠輪動物】
① 扁形動物門…無体腔類, かご形神経系,
　　　　　　原腎管(ほのお細胞をもつ)
　　　　　　例 プラナリア・サナダムシ
② 輪形動物門…偽体腔類, かご形神経系,
　　　　　　原腎管(ほのお細胞をもつ)
　　　　　　例 ツボワムシ

2 冠輪動物(真体腔類)～軟体動物, 環形動物

1 　旧口動物・冠輪動物で真体腔をもつものには, **軟体動物門, 環形動物門**が
あります。1つずつ見ていきましょう。

2 　**軟体動物門**には, 貝の仲間(**腹足綱**, **二枚貝綱(斧足綱)**など)とイカ
やタコの仲間(**頭足綱**)などがあります(図60-5)。生きている化石として知
られるオウムガイや中生代に栄えたアンモナイトも頭足綱です。

　貝の仲間としては, 二枚貝綱にハマグリが属し, 腹足綱にはアサリ・サザエ・
アワビ・タニシ・カタツムリ(マイマイともいう)などの他, ナメクジ・アメ
フラシ・ウミウシなどもいます。

　ナメクジ・アメフラシ・ウミウシには貝殻はありませんが, これらも貝の
仲間です。

3 　一般に, 軟体動物の排出器官は**腎管**で,
神経系ははしご形神経系の一種である**神経
節神経系**(⇨p.389)です。

特に, 二枚貝綱, 頭足綱の排出器官は「ボヤヌス器」, 頭足綱の排出器官は「腎のう」という。

　軟体動物の血管系は一般的には**開放血管系**(⇨p.154)ですが, イカ・タコ
などの**頭足綱**だけは**閉鎖血管系**です。

　また, **外とう膜**という, 内臓を保護する膜をもちます。

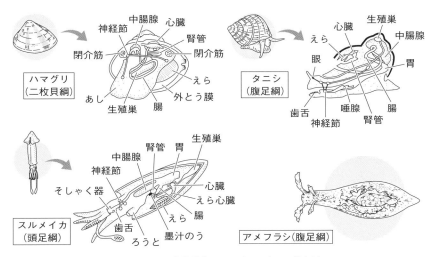

▲ 図60-5 軟体動物のからだのつくりと代表例

4 貝の仲間は，**トロコフォア幼生，ベリジャー幼生**を経て成体になります。

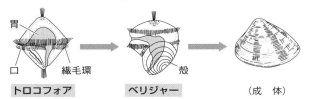

▲ 図60-6 貝の幼生と成体

5 ミミズやゴカイ・ヒルの仲間を**環形動物門**といいます。

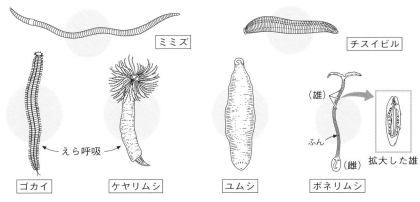

▲ 図60-7 環形動物の代表例

環形動物の神経系は**はしご形神経系**で，排出器官は腎管の一種の**体節器**(⇨p.391)をもち，血管系は**閉鎖血管系**(⇨p.154)です。また，**多数の体節からなる**という特徴があります。

環形動物の多くは**体表呼吸**をしますが，**ゴカイの仲間はえら呼吸**をします。

+α パワーアップ 環形動物の分類

環形動物には，ミミズの仲間の**貧毛綱**と，ゴカイやイソメ・ケヤリなどの**多毛綱**，チスイビルやウマビルなどの**ヒル綱**，ユムシやボネリアなどの**ユムシ綱**などがある。

6 ゴカイの仲間は，**トロコフォア幼生**を経て，成体になります。

胃　貝の仲間と同じ。
口　繊毛環

▶ 図60-8 ゴカイの幼生と成体　　**トロコフォア**　　　　　　　　　（成　体）

7 ゴカイの幼生と貝の仲間の幼生がともにトロコフォア幼生であるということから，これらは**共通の祖先から進化した**と考えられます。

また，ワムシ(輪形動物)がこのトロコフォア幼生とよく似ている(どちらも原腎管をもつ)ことから，ゴカイと貝の共通の祖先は輪形動物のような生物だったのではないかと推測されます。

+α パワーアップ 冠輪動物のその他の動物門

旧口動物の冠輪動物・真体腔類には，軟体動物門・環形動物門以外にも，**箒虫動物門**(ホウキムシ)，**外肛動物門**(コケムシ)，**腕足動物門**(シャミセンガイ)などがある。この3つを合わせて**触手冠動物**とも呼ばれる。

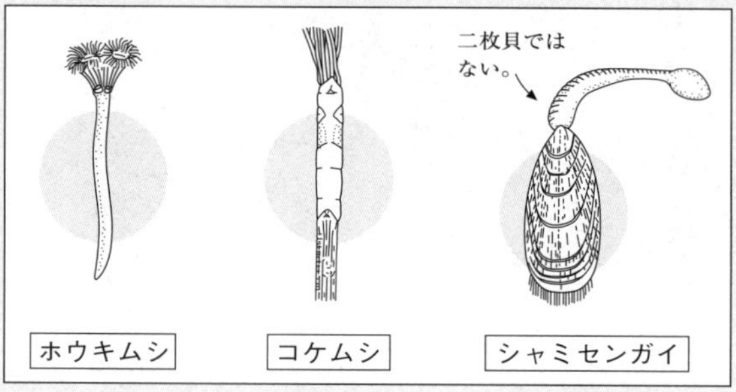

▶ 図60-9
箒虫動物門・
外肛動物門・
腕足動物門の
代表例

二枚貝ではない。

| ホウキムシ | コケムシ | シャミセンガイ |

【旧口動物・冠輪動物・真体腔類の動物】
① **軟体動物門**…**神経節神経系**（はしご形神経系の一種），**ボヤヌス器**（腎管の一種），**開放血管系**（頭足綱は閉鎖血管系），**外とう膜**をもつ。
　　貝の仲間は**トロコフォア幼生**を生じる。
　　例 ハマグリ・カタツムリ・ナメクジ・ウミウシ・イカ・タコ・オウムガイ
② **環形動物門**…**はしご形神経系**，**体節器**（腎管の一種），**閉鎖血管系**，多数の**体節**をもつ。
　　ゴカイの仲間は**トロコフォア幼生**を生じる。
　　例 ミミズ・ゴカイ・ヒル

3 脱皮動物～線形動物，節足動物

1 カイチュウやギョウチュウ，センチュウなどの仲間が**線形動物門**です。文字通り細い線のような形をしています。現在は，地球上に約2万5000種の存在が知られていますが，実際にはもっと多くの種がいるのではないかと考えられています。

2 体腔は偽体腔で，排出器官は**側線管**と呼ばれます。**体節はありません。**

3 カイチュウやギョウチュウは寄生虫で，魚介類を通して感染する寄生虫のアニサキス，イヌやネコに寄生するフィラリアも線形動物です。センチュウのなかには寄生するものもいますが，おもに土壌中に生息し寄生生活をしないものもいます。センチュウの一種（*Caenorhabditis elegans*）は発生の研究材料としてよく用いられています。また，がん患者の尿に特有のにおいをかぎ分けることが知られ，がんの早期発見にセンチュウを用いる研究なども行われています。

ヒトなどの宿主の消化管から体内のさまざまな器官へ動き回ることから「回虫」と呼ばれる。

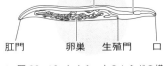

▲ 図60-10 カイチュウのからだの構造

4 地球上で最も多くの種類を誇るのが**節足動物門**です。現在知られているだけでも110万種類以上といわれています。節足動物門には，**甲殻類**，**多足類**，**クモ類**，**昆虫類**があります。

5 節足動物は，いずれも体腔は**真体腔**，神経系は**はしご形神経系**，血管系は**開放血管系**です。排出器官は，**甲殻類では腎管**，それ以外は**マルピーギ管**（⇨p.392）をもちます。

> 特に，「触角腺（緑腺）」という。

　また，甲殻類は水生なので**甲殻類はえら呼吸**，それ以外は**気管呼吸**を行います。特に，**クモ綱は書肺**と呼ばれる呼吸器官をもちます。

> 全身に張りめぐらされた気管でガス交換を行う。

　節足動物は，すべて多数の体節をもちます。

6 甲殻類（甲殻亜門）は，エビ・カニ・ミジンコ・カメノテ・フジツボなどの仲間です。甲殻類の動物は，すべて，**ノープリウス幼生**を生じます。

顕微鏡で観察

爬虫類のカメの手に形が似ているが，カメとは無関係。

| ミジンコ | カメノテ | サクラフジツボ |

▲ 図60-11 甲殻類の例

7 多足類（多足亜門）は，ムカデ・ヤスデ・ゲジなどの仲間です。文字通り，多数の肢があるのが特徴です。

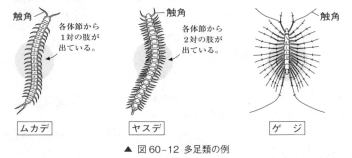

触角

各体節から1対の肢が出ている。

触角

各体節から2対の肢が出ている。

触角

| ムカデ | ヤスデ | ゲ　ジ |

▲ 図60-12 多足類の例

8 クモ類（鋏角亜門）は，ジョロウグモ・サソリ・ダニなどの仲間です。**頭胸部と腹部**からなり，**頭胸部に4対の肢**をもちます。翅はありません。

9　昆虫類(六脚亜門)には，バッタ(直翅目)・チョウ(鱗翅目)・トンボ(トンボ目)・ハチ(膜翅目)・ハエ(双翅目)・シミ(シミ目)・ノミ(ノミ目)など多くの種類が属します。昆虫類だけで，100万種類以上が知られています。

　　昆虫類のからだは**頭部・胸部・腹部**の3つからなり，一般に，胸部に2対の翅と3対の肢をもちます。

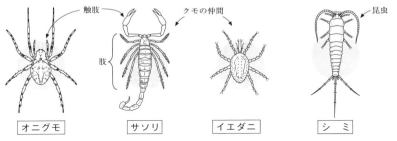

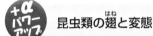

▲ 図60-13 クモ類の例　　　　　　　▲ 図60-14 昆虫類の例

+αパワーアップ　昆虫類の翅と変態

　　昆虫類のなかには，シミ目やノミ目のように翅がないものや，双翅目のように翅を1対しかもたない(もう1対は平均棍という平衡を保つ器官に変形している)ものもいる。

　　また，チョウやハチのように，**幼虫→蛹→成虫**と変態する(これを**完全変態**という)もの，バッタやトンボのように蛹の時期がなく，**幼虫→成虫**と変態する(**不完全変態**という)もの，シミのように変態しないものがある。

+αパワーアップ　脱皮動物のその他の動物門

　　旧口動物の脱皮動物には，線形動物門・節足動物門以外にも，**緩歩動物門**(クマムシ)，**有爪動物門**(カギムシ)，などがある。

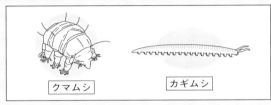

▲ 図60-15 緩歩動物門・有爪動物門の代表例

【旧口動物・脱皮動物】

① 線形動物門…偽体腔，体節なし。

例 カイチュウ・ギョウチュウ・センチュウ

② 節足動物門…真体腔，**はしご形神経系**，**マルピーギ管**（甲殻綱は腎管），**開放血管系**，多数の**体節**をもつ。

例 エビ・カニ・カメノテ・フジツボ・ミジンコ（甲殻類），ムカデ・ヤスデ（多足類），

サソリ・ダニ（クモ類），

バッタ・チョウ・トンボ・ハチ（昆虫類）

第61講 真核生物ドメイン⑤
（新口動物）

重要度
★ ★

ついに最後です。ここでは、ウニやカエルなどのように、原口は肛門側になり、新たに口が生じる新口動物について学習します。

1 新口動物①〜棘皮動物

1 ウニ・ヒトデ・ナマコ・ウミユリなどの仲間が**棘皮動物門**（きょくひ）で、すべて海産です。いずれも5方向に放射相称（ほうしゃそうしょう）という体制をもつのが特徴です。専門の呼吸系や排出系、循環系をもたず、それらの機能をすべて**水管系**（すいかんけい）という特殊な器官系で代用します。

> 水管系の内部には、体液と外界の海水が含まれる。また、ナマコでは呼吸器官として「水肺」と呼ばれる構造が発達している。

また、**管足**（かんそく）と呼ばれる運動器官をもつのも共通点です。

ウニの幼生がプルテウス幼生であるのは、「発生」で学習します。

神経系は、水管系と平行して放射状にとりまいており、**放射状神経系**（⇨p.389）といいます。

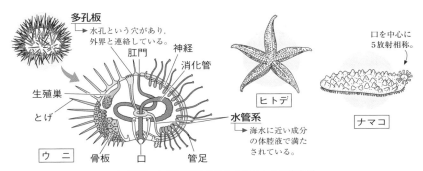

▲ 図61-1 棘皮動物のからだのつくりと代表例

棘皮動物門の分類と変わった名前の仲間たち

棘皮動物門には、ウニの仲間の**ウニ綱**、ヒトデの仲間の**ヒトデ綱**、ナマコの仲

間の**ナマコ綱**，ウミユリの仲間の**ウミユリ綱**などがある。

ウニの仲間には，カシパン・タコノマクラ・ブンブクチャガマなど面白い名前のウニもいる。

ウミユリ綱には，ウミユリやウミシダといった動物もいる。いずれも被子植物やシダ植物ではなく棘皮動物である。

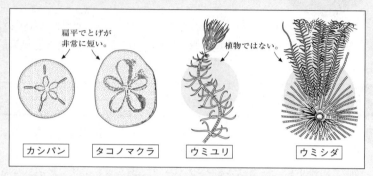

▲ 図61-2 いろいろな棘皮動物

棘皮動物と半索動物の関係

ナマコの幼生は**アウリクラリア**，ヒトデの幼生は**ビピンナリア**という。これらは，ギボシムシという半索動物（⇨p.388）の幼生である**トルナリア**とよく似ている。このことは，棘皮動物と半索動物との類縁関係が近いことを物語っている。

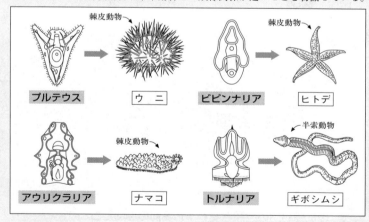

▲ 図61-3 棘皮動物と半索動物の幼生

384

2 新口動物②〜脊索動物（頭索動物，尾索動物）

1 新口動物のなかで，**脊索**を生じる仲間が**脊索動物**（**脊索動物門**）です。脊索動物門のなかには大きく３つの亜門があります。

脊索動物門 { 頭索動物亜門
尾索動物亜門
脊椎動物亜門

このうちの**頭索動物亜門**と**尾索動物亜門**について見ていきます。

2 頭索動物亜門の代表例は**ナメクジウオ**です。神経系は**管状神経系**，血管系は**閉鎖血管系**，排出器官は**腎管**です。また**発生過程で生じた脊索が終生残り**ます。

3 尾索動物亜門の代表例は**ホヤ**です。ホヤの幼生は両生類の幼生（オタマジャクシ）とそっくりで，名前も**オタマジャクシ型幼生**といいます。変態して成体になると，固着生活を行います。ホヤでは幼生のときには脊索があり，管状神経系をもちますが，成体になると**脊索も管状神経系も退化**します。血管系は**開放血管系**，排出器官は**腎管**です。

ホヤ以外に，透明なからだをもち一生浮遊生活を行うサルパやウミタルも尾索動物の仲間です。

4 頭索動物と尾索動物をあわせて**原索動物**と呼ぶ場合もあります。

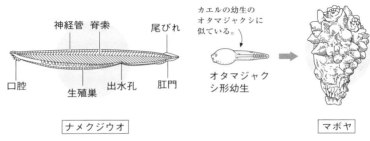

▲ 図 61-4 原索動物のからだのつくりと代表例

3 新口動物③ 〜脊索動物（脊椎動物）

1 いよいよ脊椎動物です。脊椎動物は脊索動物門脊椎動物亜門に属し，脊椎をもち，**無顎綱，軟骨魚綱，硬骨魚綱，両生綱，爬虫綱，鳥綱，哺乳綱**があります。

2 **無顎綱**は，文字通り顎をもたない脊椎動物です。ヤツメウナギやヌタウナギが代表例です。いずれもふつうのウナギとは別の生物です。

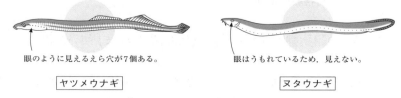

眼のように見えるえら穴が7個ある。

眼はうもれているため，見えない。

| ヤツメウナギ | ヌタウナギ |

▲ 図61-5 脊椎動物門無顎綱の代表例

3 サメやエイの仲間が**軟骨魚綱**で，軟骨からなる骨格をもちます。おもな窒素排出物は**尿素**（⇨ p.393）です。コイ・ウナギ・マグロ・ウツボ・タツノオトシゴなどは**硬骨魚綱**です。硬骨魚綱の動物はえら呼吸で，心臓は**1心房1心室**，窒素排出物は**アンモニア**，体表は鱗で覆われています。

4 イモリやカエル・サンショウウオなどは**両生綱**です。イモリやサンショウウオなどの**有尾目**，カエルなどの**無尾目**，アシナシイモリなどの**無足目**に分けられます。

　両生綱の幼生はオタマジャクシで，水中生活を行い**えら呼吸**，変態して成体になると陸上生活を行い**肺呼吸**をしますが，直接体表でガス交換を行う**体表呼吸**も盛んです。

　窒素排出物は，**オタマジャクシではアンモニア，成体では尿素**です。心臓は**2心房1心室**です。

5 **爬虫綱**は，トカゲ・ヤモリ・ヘビなどの**トカゲ目**（有鱗目），スッポン・ウミガメなどの**カメ目**，ワニの仲間の**ワニ目**などに分けられます。

　爬虫綱の体表は角質の鱗で覆われて脱水を防ぐことができますが，体表呼吸が行えないので**肺呼吸**だけを行います。

　また，陸上に殻のある卵を産み，**胚は羊膜に包まれて発生**します。

　おもな窒素排出物は**尿酸**，心臓は**2心房1心室**ですが，心室に不完全ながら隔壁がある不完全な**2心房2心室**です。

6 　爬虫綱以外にも，鳥綱，哺乳綱にも胚発生の過程で胚膜（⇨p.563）が形成され，胚は羊膜に包まれて発生します。そこで，これらをまとめて**羊膜類**といいます。

7 　**鳥綱**の体表は，羽毛で覆われており，翼をもちます。一般に飛行しますが，ダチョウ・キーウィ・エミュー・ペンギンなど，飛べない鳥もいます。

　　鳥綱は陸上に殻のある卵を産み，羊膜に包まれて発生します。

　　おもな窒素排出物は**尿酸**で，心臓は**2心房2心室**です。また，鳥綱と哺乳綱は体温を一定に保つことのできる**恒温動物**です。

| ダチョウ | キーウィ | エミュー |

▲ 図61-6 飛べない鳥

8 　**哺乳綱**には，カモノハシやハリモグラなどの**単孔目**，カンガルーやコアラなどの**有袋目**そして，**真獣類**（**有胎盤類**）があります。

　　真獣類には，コウモリ（**翼手目**），ジュゴン（**海牛目**），ウシ・ブタ・ヒツジ・カバ・クジラ・イルカ（**クジラ偶蹄目**），ウマ・サイ（**奇蹄目**），イヌ・ネコ（**食肉目**），ネズミ・リス（**齧歯目**），ヒト（**霊長目**）などがあります。

> 以前は，クジラ・イルカをクジラ目，カバやウシなどは偶蹄目としていたが，DNAの塩基配列の比較から，クジラやイルカはカバに近いことがわかり，それらをまとめて「クジラ偶蹄目」とするようになった。

9 　単孔目には**胎盤がなく，卵生**で，乳腺はありますが乳頭はありません。また，**総排出口**（糞・尿・生殖細胞を体外に放出する孔。魚綱，両生綱，爬虫綱，鳥綱，哺乳綱の単孔目で見られる）をもつなど，両生綱・爬虫綱との共通の祖先の名残があります。

　　有袋目の胎盤は不完全で，子は未熟な状態でうまれ，雌の下腹部にある育児のうで育てられます。

第5章　生物の系統

387

10 哺乳綱の動物は，**体毛をもち，乳で子を育てる**という共通点があり，単孔
目以外は胎生で，卵ではなく子をうみます。心臓は**2心房2心室**です。

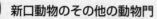 **新口動物のその他の動物門**

新口動物には，棘皮動物門，脊索動物門以外に，**半索動物門**（ギボシムシ），**毛顎動物門**（ヤムシ）がある。ギボシムシは海底の砂の中にすむ，細長くからだのやわらかい動物。ヤムシは多くが海洋で浮遊生活をする数mm〜数cmの動物で，生体量が大きいため海洋の食物網で重要な役割を果たしている。

【新口動物の系統】

棘皮動物門…5方向に放射相称，水管系，管足
　　　　　　例 ウニ，ヒトデ，ナマコ

脊索動物門　頭索動物亜門：終生脊索あり　例 ナメクジウオ
　　　　　　尾索動物亜門：幼生のみ脊索あり　例 ホヤ
　　　　　　脊椎動物亜門：脊椎形成

脊椎動物…脊索を生じる，脊椎をもつ，管状神経系

	無顎綱	硬骨魚綱	軟骨魚綱	両生綱	爬虫綱	鳥　綱	哺乳綱
心　臓	1心房1心室			2心房1心室		2心房2心室	
排出物	アンモニア		尿　素	アンモニア/尿素	尿　酸		尿　素
体　温	変　温					恒　温	
発　生	卵　生						胎　生
羊　膜	な　し				あ　り		
例	ヤツメウナギ	コイ	サメ	イモリ	ヤモリ	ペンギン	コウモリ

第62講 動物の器官系の分類

重要度
★

動物の器官系による分類を見ておきましょう。

1 神経系による分類

1 原生動物や海綿動物には，神経系は存在しません。**ヒドラやイソギンチャクのような刺胞動物**には神経系が存在しますが，中枢神経系がなく，**神経細胞は網目状に散在**しています。これを**散在神経系**といいます。

2 散在神経系に対し，中枢神経系をもつ神経系を**集中神経系**といいます。

3 プラナリアのような**扁形動物**では，頭部に神経節があり，からだの両側を神経が通り，さらに，神経が左右を連絡するため，かご状の神経系を形成しています。そこで，これを**かご形神経系**といいます。

4 ミミズやゴカイのような**環形動物**とバッタやエビなどの**節足動物**では，体節ごとに**1対の神経節**があり，さらに神経節どうしは前後左右に連絡してはしご状をしています。そこで，このような神経系を**はしご形神経系**といいます。特に発達した頭部の神経節は，**脳**と呼ばれます。

5 貝やイカのような**軟体動物**では，**3か所に1対ずつの神経節**があり，それらを神経が連絡しているので，はしご形神経系と発達の程度は同じですが，はしごの形にはなっていないので，特に**神経節神経系**といいます。

6 ウニやヒトデのような**棘皮動物**では，中枢神経が放射状に並ぶので，**放射状神経系**といいます。

7 **脊索動物**では，発生の初期に生じた神経管から中枢神経系が形成されるので，**管状神経系**といいます。

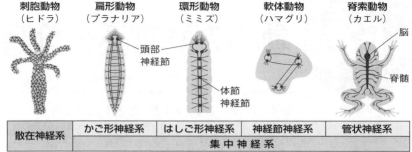

散在神経系	かご形神経系	はしご形神経系	神経節神経系	管状神経系
	集 中 神 経 系			

▲ 図 62-1 いろいろな動物の神経系

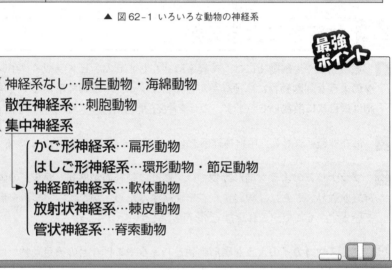

神経系なし…原生動物・海綿動物
散在神経系…刺胞動物
集中神経系
　　かご形神経系…扁形動物
　　はしご形神経系…環形動物・節足動物
　→　神経節神経系…軟体動物
　　放射状神経系…棘皮動物
　　管状神経系…脊索動物

---

2 排出器官による分類

1 脊椎動物の排出器官は腎臓ですが，ここではまず，それ以外の動物の排出器官を見てみましょう。

2 単細胞生物である**ゾウリムシ（原生動物）**などは，**収縮胞**という細胞小器官をもちます。これはおもに**細胞内に浸透した水を排出する器官**です。

3 多細胞動物のなかでも，**海綿動物**や**刺胞動物**は，特別な排出器官をもたず，**排出物は体表から直接排出します。**

→ イソカイメンやカイロウドウケツ，ホッスガイなど。

→ ヒドラ，ミズクラゲ，イソギンチャクなど。

4　プラナリアなどの**扁形動物**とワムシなどの**輪形動物**および，ヒモムシなどのヒモ形動物の排出器官は**原腎管**と呼ばれます。

　これは，下の図62-2の右図のように，先端に**ほのお細胞**と呼ばれる細胞があり，これが体内の老廃物を取り込みます。**老廃物はほのお細胞がもつ繊毛によって管内に放出され**，最終的に体外に排出されます。

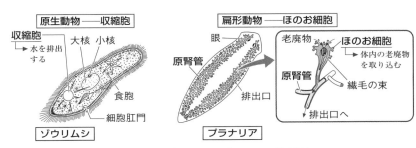

▲ 図62-2　ゾウリムシとプラナリアの排出器官

5　ミミズやゴカイなどの**環形動物**，**軟体動物**，**節足動物の甲殻類**，**頭索動物**などは**腎管**という排出器官をもちます。

6　環形動物には多数の体節がありますが，この**体節ごとに2つずつ腎管があ**り，環形動物の場合は特に**体節器**と呼ばれます。

7　軟体動物の**貝の仲間**がもつ腎管は**ボヤヌス器**と呼ばれます。また，節足動物の**甲殻類**がもつ腎管は触角の根もとにあるので，**触角腺**と呼ばれます。

> 同じ軟体動物でも，イカやタコなどの頭足類の腎管は「腎のう」と呼ばれる。

> 緑色をしているので，「緑腺」とも呼ばれる。

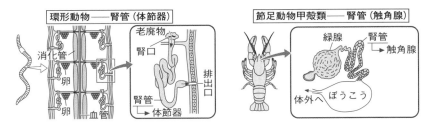

▲ 図62-3　ミミズとザリガニの排出器官

8 　節足動物の**甲殻類以外（昆虫類，多足類，クモ類）**がもつ排出器官は，**マルピーギ管**です。これは，腸の一部である中腸と後腸の境目に開いた細長い盲管（行き止まりとなっている管）で，**マルピーギ管内にこし出された老廃物**は，後腸を通って腸内に排出され，最終的には肛門から体外に排出されます。

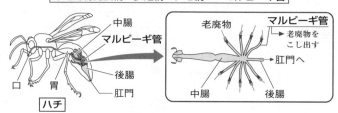

▲ 図62-4 ハチの排出器官

収縮胞		原生動物（ゾウリムシ）
体　表		海綿動物（イソカイメン，カイロウドウケツ）
		刺胞動物（ヒドラ，ミズクラゲ，イソギンチャク）
原腎管		扁形動物（プラナリア）・輪形動物（ワムシ）
腎管	体節器	環形動物（ミミズ，ゴカイ）
	ボヤヌス器	軟体動物（ハマグリ，アサリ）
	触角腺	節足動物の甲殻類（エビ，カニ）
マルピーギ管		節足動物の昆虫類（バッタ，トンボ）・多足類（ムカデ）・クモ類（ジョロウグモ）
腎　臓		脊椎動物

3 排 出 物

1 炭水化物や脂肪が酸化分解されると二酸化炭素と水が生じますが，タンパク質が酸化分解されると，**有害なアンモニア**も生じます。脊椎動物でのアンモニアの排出のしかたは，その種類と生活場所によって違っています。

2 水中生活している無顎綱や硬骨魚綱，両生綱の幼生では，大量の水に溶かしてすみやかにアンモニアを排出できるので，**アンモニア**のまま排出します。

3 陸上生活を行う両生綱の成体や哺乳綱では，排出に伴う水の損失を防ぐため，窒素老廃物をいったん体内に蓄えて濃縮する必要があります。そこで，アンモニアを比較的無害な尿素に変化させて排出します。

4 陸上の卵内で発生するヘビやトカゲなどの爬虫綱や鳥綱では，卵内の**浸透圧上昇を防ぐ**ため，アンモニアを水に不溶性の尿酸に変化させて排出します。また，ふ化後も尿酸で排出することにより，**排出に伴う水の損失をより防ぎ**，水の摂取が困難な環境での生活を可能にしています。

5 軟骨魚綱では，体液の浸透圧を外界の海水とほぼ等張にするため，アンモニアを尿素に変化させて**尿素を血液中に溶かしています**。

 鳥綱や爬虫綱が尿酸で排出する利点について，60字以内で述べよ。

ポイント 「水に不溶性」，「浸透圧上昇」，「排出に伴う水の損失」がカギ。

模範解答例 尿酸は<u>水に不溶性</u>なので，卵内での<u>浸透圧上昇</u>の危険を防ぎ，ふ化後も<u>排出に伴う水の損失</u>を防ぐことができる。(51字)

① 主な窒素排出物が**アンモニア**…無顎綱，硬骨魚綱，両生綱の幼生
② 主な窒素排出物が**尿素**…両生綱の成体，哺乳綱，軟骨魚綱
③ 主な窒素排出物が**尿酸**…爬虫綱，鳥綱

第**5**章 生物の系統

4 尿素の生成

1 尿素は**肝臓**内で，次のような反応によって生成されます。

1 **オルニチン**というアミノ酸1分子に1分子のアンモニアと1分子の二酸化炭素が結合して1分子の水が生じ，**シトルリン**というアミノ酸が生成します。

2 シトルリンに1分子のアンモニアが結合し，1分子の水が生じて**アルギニン**となります。このアルギニンが**アルギナーゼ**という酵素によって加水分解されて**尿素**と**オルニチン**となります。この反応は，<u>尿素回路（オルニチン回路）</u>と呼ばれます。

> 尿素回路を解明したのはクレブス。クレブスはクエン酸回路も解明した。

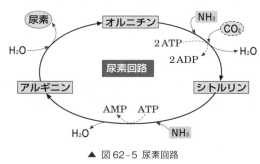

▲ 図62-5 尿素回路

2 この反応を反応式にすると，次のようになります。

$$2\,NH_3 + CO_2 + H_2O \longrightarrow 2\,H_2O + CO(NH_2)_2$$
$$\text{尿素}$$

① 尿素を生成する器官は**肝臓**。
② 尿素を生成する反応は**尿素回路**。

オルニチン ─→ シトルリン ─→ アルギニン ─→ オルニチン
アンモニア ╱　アンモニア ╱　　　　　　　╲ 尿素

第63講 ヒトの系統と進化

重要度
★★★

新生代で出現したヒトとその進化や他の動物とくらべた特徴について，もう少しくわしく見てみましょう。

1 分類上のヒトの位置

1 ヒトは，脊索動物門・脊椎動物亜門・哺乳綱・霊長目に属します。霊長目には，ヒト以外にも，チンパンジーやゴリラ・ニホンザルなども属します。

2 中生代の白亜紀に現れた原始食虫目から進化し，現在のツパイ(右図)に似た動物を経てその中で**樹上生活**に**適応**したものが霊長目の祖先になったと考えられています。

木の枝

現在，生きているもの。

▲ 図63-1 ツパイ

霊長目の分類

霊長目
- 曲鼻亜目……………………ロリス，キツネザル
- 直鼻亜目
  - メガネザル下目……メガネザル
  - 広鼻下目…………オマキザル，リスザル
  - 狭鼻下目
    - オナガザル上科……オナガザル
    - ヒト上科
      - テナガザル科……テナガザル
      - ヒト科

ヒト科
- オランウータン亜科……オランウータン
- ヒト亜科
  - ゴリラ族……ゴリラ
  - ヒト族
    - チンパンジー亜族……チンパンジー，ボノボ
    - ヒト亜族

族は必要に応じて科と属の間に設けられる動物の分類階級。植物の場合は「連」。

1928年に発見され，「ピグミーチンパンジー」ともよばれた。チンパンジーよりも二足歩行が得意で，知能も優れているといわれる。

※ ヒト上科の中のヒト亜族以外(テナガザル，オランウータン，ゴリラ，チンパンジー，ボノボ)をまとめて**類人猿**という。

3 霊長目には，一部を除いていくつかの共通点があります。

まず，親指が他の指と向き合う構造になっています（**拇指対向性**という）。これにより，木の枝などをしっかりと握ることができます。

また，爪が**平爪**となっています。イヌやネコの指の爪は**かぎ爪**といいます。ツパイもかぎ爪をもちます。獲物を捕らえたり軽いからだで木の幹などをよじ登ったりするにはかぎ爪が有利ですが，木の枝をつかんだりするのには平爪のほうが有利です。

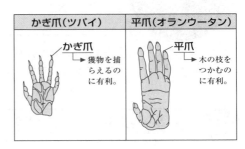

▲ 図63-2 かぎ爪と平爪

肩の可動範囲も他の動物にくらべて非常に広いのが特徴です。これも，枝から枝へ飛び移って（ブラキエーション）生活するには必要な特徴です。

4 自分に近づく敵を早く発見するためには，視野が広いほうが有利です。たとえば，ウサギやウマなどのように，両眼が頭の横にあるほうが視野を広くすることができます。

でも，草原にくらべれば，樹上は安全です。むしろ，枝から枝へ飛び移って生活するには，しっかりとした距離感をつかむ必要があります。霊長目の眼は頭の前面にあり，2つの眼で同じ物体を見る構造になっています。これにより，**立体視の範囲が広くなりました。**

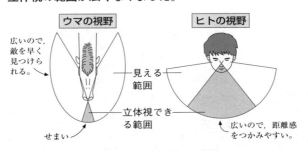

▲ 図63-3 眼のつき方と視野

5 また，生活も夜行性から昼行性へと変わり，色覚も発達しました。

曲鼻猿類にはロリスやアイアイなど夜行性のものもいる。

6　安全であれば子どもの数が少なくても種を存続できますし，むしろ子どもの数が多いと，樹上で赤ちゃんを抱いて育てることはできません。

　　霊長目は，原則的には**1匹ずつ子どもをうみます**。その結果として，乳房の数も1対となったのでしょう（他の動物では乳房は5対ほどあります）。

7　新生代になると，両眼が顔の前面にあり平爪をもったキツネザルのような**曲鼻猿類**（きょく び えん）が進化しました。その後，親指を他の指から独立して動かすことのできるオマキザルの仲間（**広鼻猿**（こう び えん））が進化し，さらに，親指が完全に他の指と向き合うことのできるオナガザル（**狭鼻猿**（きょう び えん））の仲間が進化しました。

　　約3000万年前に，テナガザル・オランウータン・ゴリラ・チンパンジー・ボノボなどの**類人猿**の祖先が現れたと考えられています。

　　類人猿では肩関節に関する骨格がさらに発達し，腕の自由度も増しました。また，尾も失われました。

第**5**章　生物の系統

曲　鼻　猿　類	直　鼻　猿　類		
	広鼻猿類	狭　鼻　猿　類	
		オナガザル科	類人猿
手 親指が他の指と独立していない。〔キツネザル〕	〔オマキザル〕	親指が完全に他の指と独立している。手 〔オナガザル〕	〔チンパンジー〕

〔出現順〕

▲ 図63-4　霊長目の分類

【霊長目の共通点】
① 親指が他の指と向き合う（**拇指対向性**）。
② 両眼が前方を向き，**立体視**ができる範囲が広い。
③ **平爪**をもつ。
④ 肩の関節の可動範囲が広い。
⑤ 1対の乳房をもち，1匹ずつ子どもをうむ。

2 ホモ属の進化と特徴

1 霊長目のなかでも**類人猿**(テナガザル，オランウータン，ゴリラ，チンパンジー，ボノボ)の仲間は，尾がないこと，虫垂があること，直立姿勢の傾向があることなど，ヒトと共通の特徴をもっています。そのような類人猿と共通の祖先からヒトが分岐したのは，いまから約700万年前だと考えられています。

 最古の化石類人猿

　ヒトと類人猿の共通の祖先とされる最古の化石類人猿は，1800万年前の**プロコンスル**だといわれる。プロコンスルにも尾がなく，ヒトと類人猿の共通の特徴をもっている。

　約1500万年前に出現した**ラマピテクス**は，プロコンスルよりもさらに現在の類人猿に近い形態をもっている。

2 いわゆるヒトは厳密にはヒト亜族に属します。ヒト亜族の中には化石人類である**猿人**，**原人**，**旧人**と現生人類(**新人**)が含まれます。さまざまな化石人類が発見されていますが，このうちの原人，旧人は現生人類と同じホモ属に属します。

 ヒト亜族のくわしい分類とおおよその出現時期

ヒト亜族	サヘラントロプス属	（700万年前）	猿人
	オロリン属	（600万年前）	
	アルディピテクス属	（580万年前）	
	アウストラロピテクス属	（420万年前）	
	パラントロプス属	（230万年前）	
	ホモ属(ヒト属) ホモ・ハビリス	（240万年前）	原人
	ホモ・エレクトス	（180万年前）	
	ホモ・フローレシエンシス	（70万年前）	
	ホモ・ハイデルベルゲンシス	（60万年前）	旧人
	ホモ・ネアンデルターレンシス	（30万年前）	
	ホモ・サピエンス(現生人類)	（20万年前）	新人

3 最古の猿人と考えられているのが，アフリカ中央部のチャドで発見された**サヘラントロプス属**のサヘラントロプス・チャデンシスで，**約700万年前**に出現しました。約420万年前に出現したのが**アウストラロピテクス属**に分類されるアウストラロピテクス・アファレンシスやアウストラロピテクス・アフリカヌスです。

4 ヒト亜族の中のホモ属以外をまとめて**猿人**とよんでいます。脳の容積はゴリラなどの類人猿とそう変わりませんが，類人猿ではなくヒトだと考えられています。その一番大きな特徴は**直立二足歩行**をしていたと考えられるからです。単に二本足で歩くのではなく「直立」二足歩行を行うことが類人猿とは異なり，ヒト亜族としての特徴だと考えられています。ゴリラやチンパンジーも二足歩行は行うことができますが，直立ではなく，こぶしを地面につけて歩行します（**ナックルウォーク**という）。

　直立二足歩行をしていた証拠として，頭骨と脊椎のつなぎ目である**大後頭孔が前方によっている**こと（⇨p.401の図63-6），**骨盤（腰骨）の幅が広い**こと，**脊椎がアーチ状ではなくS字状である**ことなどが挙げられます。また，犬歯も退化しており，歯列がU字状ではなく放物線を描くなどといった特徴も類人猿とは異なります。

（⇨p.401の図63-6）

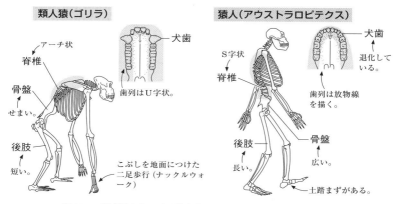

類人猿（ゴリラ）

犬歯
アーチ状
脊椎
歯列はU字状。
骨盤
せまい。
後肢
短い。
こぶしを地面につけた二足歩行（ナックルウォーク）

猿人（アウストラロピテクス）

犬歯
退化している。
S字状
脊椎
歯列は放物線を描く。
骨盤
広い。
後肢
長い。
土踏まずがある。

▲ 図63-5 類人猿（ゴリラ）と猿人（アウストラロピテクス）の骨格の違い

5 約240万年前には**ホモ・ハビリス**，180万年前には**ホモ・エレクトス**が出現します。これらは現生人類と同じ**ホモ属（ヒト属）**に属します。これらはまとめて**原人**とよばれます。原人は，アフリカから出た最初の人類で，アフリカで出現した原人がアフリカを出て，東南アジアなどに進出し，ジャワ

第**5**章 生物の系統

原人や北京原人となります。原人では猿人よりも腕が短く，後肢が長くなり，また脳の容積も大きくなりました。猿人は森とサバンナの両方の環境で生活していたと考えられていますが，原人はサバンナに適応し，より完全な直立二足歩行が確立しました。また，石器や火を使用していた証拠も見られます。

6 約60万年前には**ホモ・ハイデルベルゲンシス**，30万年前には**ホモ・ネアンデルターレンシス（ネアンデルタール人）** が出現します。これらはまとめて**旧人**と呼ばれます。

最初，ドイツのネアンデル谷（谷のことをドイツ語でTal「タール」という）から発掘されたことから，こう呼ばれる。

7 旧人は，原人よりもさらに脳の容積も大きくなり複雑な道具も使用していたようです。特にネアンデルタール人は，現生人類とほとんど変わらない脳容積をもち，死者を埋葬したり，衣服をつくったり，食料の加工や保存技術ももち，洞窟画を残すなども行っていたと考えられています。

8 ネアンデルタール人はおもにヨーロッパで生活していましたが，**約3万年前に絶滅**したと考えられています。現生人類であるホモ・サピエンスは約20万年前にアフリカで出現し，約10万年前にアフリカから出ました。ヨーロッパの方へ進出したのが約4〜5万年前なので，ネアンデルタール人と現生人類は同じ場所で共存していたと考えられます。さらに両者の間で交配が行われていたこともわかっています。

現生人類のゲノムの中にはネアンデルタール人由来のDNAが1〜4％含まれている。化石からネアンデルタール人のDNA解析に成功したスバンテ・ペーボは2022年にノーベル生理学・医学賞を受賞。

9 約20万年前に，ようやく**ホモ・サピエンス（新人）** がアフリカで出現します。
　ホモ・サピエンスでは，**眼窩上隆起**が小さくなり，顎も小さくなって，おとがいをもつなどの特徴があります。

眼窩は，眼球がおさまるくぼみのこと。眼の上，まゆのあたりにあるでっぱりが眼窩上隆起で，硬いものをかむときの力を受け止め，頭骨を強固にする役割がある。硬いものをかまなくなった結果，眼窩上隆起も退化していく。

下あごの先端を「おとがい（頤）」という。歯列が短縮した結果，下あごの先端が取り残された形でおとがいが形成される。

10 ホモ・サピエンスはアフリカから全世界に広がりました。化石人類である**クロマニヨン人**や**上洞人**も，現代人と同じホモ・サピエンスの一種です。

南フランスのクロマニヨン洞窟で発見された。ラスコーやアルタミラの洞窟壁画を残している。

北京郊外の周口店の洞窟で発見された。北京原人とはまったくの別種。

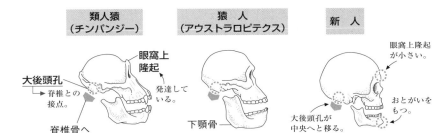

▲ 図 63-6 類人猿・猿人・新人の頭骨の比較

現代人のルーツ

原人から現代人への進化に関しては２つの説があった。１つは**多地域進化説**（**多地域並行進化仮説**），もう１つは**単一起源説**（**単一進化説**）である。

多地域進化説とは，アフリカで出現した原人がその後世界の各地域に進出して，それぞれ独自に進化して各地域の現代人になったという説である。

それに対して，単一起源説とは，アフリカに残った原人がアフリカで進化し，新人となってからアフリカを出て各地に進出し，現在のさまざまな人種になったという説である。この説に従うと，北京原人はアジア人の祖先ではないし，ネアンデルタール人もヨーロッパ人の祖先ではないことになる。近年行われたミトコンドリアDNAの解析結果は，単一起源説を裏付ける結果となった。

ミトコンドリアのDNAは，母親だけから遺伝するので母系の系統を調べることができる。1987年に，**アラン・ウィルソン**らは，世界各国147人のミトコンドリアDNAを分析し，その系統関係を推定した。その結果，現代人の祖先は，約20万年前にアフリカに住んでいたただ１人の女性にたどりついた。この女性は，**ミトコンドリア・イブ**と名づけられた。

生物学における人種

いまだに人類の社会の中には人種差別などさまざまな差別が残っている。白人や黒人，黄色人種などという言葉も残っている。しかし，生物学的には現生人類はすべてたった１つの同じ種であり，しかも種内の違いは非常に少なく，他の生物たとえばチンパンジーなどとくらべても遺伝的に均質な集団であることがわかっている。無知が故の偏見や差別などがない社会を築いていくためにも，次世代を担う皆さんは，正しい生物学の知識を身につけなければならない。

11　直立二足歩行を行うには，頭部を真下から支える必要があります。そのため，**大後頭孔の位置が斜めから中央へと変化しました**（⇨p.401の図63-6）。また，**脊椎がS字状に湾曲する**ことで，頭を支えるクッションの役目をし，歩くときの上体のバランスが取れるようになったと考えられます（⇨p.399の図63-5）。さらに，上半身をしっかり支えるために，**骨盤の幅が広くなりました**。

　　重い頭部をしっかり支えることができるようになったことで，**大脳の発達**も促されたと考えられます。また，直立二足歩行を行うようになったことで，後肢（足）は歩くためのものとなり，足の親指は他の指と対向しなくなりました。そして，足の裏に**土踏まずが形成**され，歩行に伴う衝撃がやわらげられるようになりました。

12　また，前肢（腕）はからだを支える役目から開放されて短くなり，自由になった前肢（手）で，**道具を使用**するようになりました。これが，さらに大脳の発達を促したと考えられます。

　　道具を使って食物の調理を行うようになると，それまでより硬いものをかまなくなります。その結果，**咀嚼筋や眼窩上隆起，犬歯が退化し，あごも小さくなり，やがておとがいが形成**されるようになります。おとがいをもつのは新人だけです（⇨p.401の図63-6）。

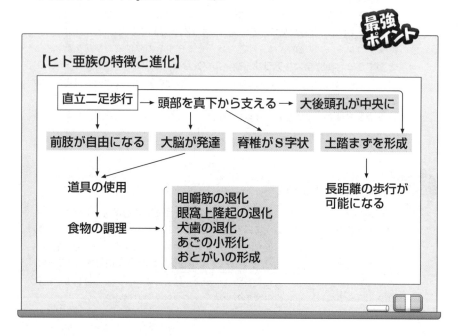

【ヒト亜族の特徴と進化】

最強
ポイント

直立二足歩行 → 頭部を真下から支える → 大後頭孔が中央に

前肢が自由になる　大脳が発達　脊椎がS字状　土踏まずを形成

道具の使用

食物の調理 → 咀嚼筋の退化
眼窩上隆起の退化
犬歯の退化
あごの小形化
おとがいの形成

長距離の歩行が
可能になる

第6章

生命現象と物質

細胞骨格・細胞接着

重要度
★★★

たくさんのタンパク質が登場しますが，頭の中を整理しましょう。

1 細胞骨格とモータータンパク質

1 細胞質基質(**サイトゾル**)にあり，細胞に一定の形態を与えている繊維状の微細な構造を**細胞骨格**といいます。

2 細胞骨格には，**アクチンフィラメント**，**中間径フィラメント**，**微小管**の3種類があります。順に見ていきましょう。

7nm ── アクチン

▲ 図64-1 アクチンフィラメント

3 アクチンフィラメントは，**アクチン**という球状のタンパク質が結合して生じた直径7nm程度の細胞骨格です。

4 アクチンフィラメントは，アクチンが付加されたり解離されたりして伸長したり短縮したりします。アクチンがおもに付加する側を**＋端**(**プラス端**)，解離する側を**−端**(**マイナス端**)といいます。

5 アクチンフィラメントは**モータータンパク質**の一種である**ミオシン**とともに，**細胞質流動**(原形質流動)や**筋収縮**，動物細胞の**細胞質分裂**，**アメーバ運動**などに関与します。また**細胞接着**(⇨p.407)にも関与します。

6 モータータンパク質はATPのエネルギーを利用して立体構造が変化し，運動や移動に関与するタンパク質です。ミオシンは，アクチンフィラメントの−端から＋端に向かって移動します。

7 細胞骨格の中で中間の太さ(直径8〜12nm)なのが文字通り**中間径フィラメント**です。中間径フィラメントを構

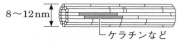

8〜12nm

ケラチンなど

▲ 図64-2 中間径フィラメント

成するタンパク質にはいろいろな種類がありますが，いずれも比較的丈夫な繊維状のタンパク質で，最も代表的なものは**ケラチン**というタンパク質です。

8 中間径フィラメントは，細胞膜や核膜の内側に分布し，細胞や核の形を保持する役割をもちます。また**細胞接着**にも関与します。

9 微小管は，**αチューブリンとβチューブリン**という2種類の球状タンパク質からなる管状の細胞骨格で，直径25nm前後です。

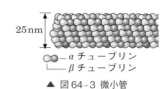

25nm

○—αチューブリン
└──βチューブリン

▲ 図64-3 微小管

10 βチューブリンがある側を**＋端(プラス端)**，αチューブリンがある側を**一端(マイナス端)**といい，おもに**＋端にチューブリンが付加**し，**一端からはチューブリンが解離**し，伸長・短縮が行われます。

11 微小管の上を移動する**モータータンパク質**に，**ダイニンとキネシン**があります。ダイニンは微小管の＋端から一端へ，キネシンは一端から＋端に向かって移動します。

12 このダイニンやキネシンに，細胞内の物質や小胞，細胞小器官などを結合させておくことで，これらを輸送することができます。

　ちょうどレール(微小管)の上を電車(モータータンパク質)が移動して荷物(細胞小器官など)が運ばれる感じですね。

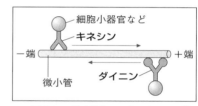

細胞小器官など
キネシン
一端　　　　　　　　　＋端
微小管　　　ダイニン

▲ 図64-4 微小管とモータータンパク質

13 動物細胞では，核の近くにある中心体を起点に微小管が細胞の周辺に向かって放射状に分布しています。**中心体側が一端，周辺のほうが＋端**になります。

14 また神経細胞では，軸索内に微小管が分布し，**細胞体側に一端，軸索末端側に＋端**があります。たとえば**シナプス小胞**などは**キネシン**によって軸索末端のほうへ輸送されます。

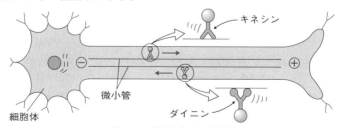

キネシン
微小管
細胞体
ダイニン

▲ 図64-5 神経細胞内の物質輸送

第**6**章 生命現象と物質

移動した後のダイニンとキネシンは？

　　－端へダイニンが移動し，＋端にキネシンが移動すると，やがてそれぞれ端っこで渋滞してしまいそうだが，－端にまで移動したダイニンは，キネシンによって＋端に戻される。一方，＋端にまで移動したキネシンは，微小管から離れ分解されてしまう。－端のある核が存在する近くではタンパク質合成が盛んなので，そこでまた新しいキネシンが合成されると考えられている。

⓯　細胞小器官などの輸送以外にも細胞分裂時の**染色体の移動**や**鞭毛・繊毛運動**にも微小管とモータータンパク質が関与します。

9＋2構造

① 　右図は，真核生物の鞭毛や繊毛の断面図である。1つ1つの◎が微小管の断面を示す。このように微小管が2本で1セットとなり(二連微小管という)，これが9セット存在する。さらに，中心付近には2本の微小管もある。モータータンパク質としてダイニンが結合する(キネシンはこの場合関与しない)。

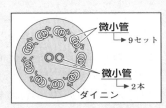

▲ 図64-6 鞭毛や繊毛の構造

② 　このような構造を**9＋2構造**と呼ぶが，これは真核生物のすべての鞭毛・繊毛に共通している。やはりすべての真核生物が共通の祖先から進化したからなのだろう。

鞭毛・繊毛運動

　　図64-7は，鞭毛・繊毛の微小管とダイニンのようすを示したものである。

　　ダイニンが変形して微小管の上を－端方向へと移動しようとするが，この場合はダイニンが一方の微小管に固定されているので，もう一方の微小管が動かされてしまう。このとき微小管が固定されていなければ，微小管がずれて⒜のようになるが，実際には微小管が固定されているため，微小管がずれるのではなく，⒝のように微小管が屈曲するように変形し，それによって鞭毛・繊毛運動が起こる。

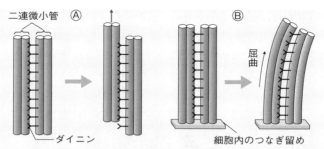

二連微小管　Ⓐ　　　　　　　　Ⓑ

屈曲

ダイニン　　　　　　　細胞内のつなぎ留め

▲ 図64-7　鞭毛・繊毛の微小管とダイニンのようす

細胞骨格	構成タンパク質	モータータンパク質	働　き
アクチンフィラメント	アクチン	ミオシン	細胞質流動，筋収縮，細胞質分裂，アメーバ運動
中間径フィラメント	ケラチン	（なし）	細胞や核の形の保持
微小管	チューブリン	ダイニン，キネシン	鞭毛・繊毛運動，染色体の移動，細胞小器官の輸送

2 細胞接着

1　細胞と細胞の間の結合や，細胞と細胞外物質との結合を**細胞接着**といいます。

2　細胞と細胞の間の結合には3種類があります。

　1つ目の結合は，**上皮組織**の細胞間で見られる結合で，**密着結合**（みっちゃくけつごう）といいます。これは文字通り細胞どうしを密着させる結合で，膜を貫通する**クローディン**という接着タンパク質によって結合し，水などの低分子物質であっても通さないほど密着した結合です。

3　2つ目の結合は**固定結合**（こていけつごう）といいます。これに関与するタンパク質は**カドヘリン**で，カドヘリンが細胞内の連絡タンパク質を介して**細胞骨格**と結合して行われる結合です。

4 固定結合は，関与する細胞骨格の種類によってさらに2種類に分けられます。

1つは，細胞骨格が**アクチンフィラメント**である場合の固定結合で，これを**接着結合**といいます。もう1つは，細胞骨格が**中間径フィラメント**である場合の固定結合で，これを**デスモソーム**といいます。

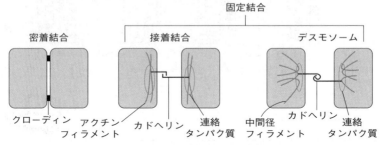

▲ 図64-8 密着結合と固定結合

5 固定結合に関与するカドヘリンには多くの種類があり，それぞれ同じ種類のカドヘリンどうしのみが結合することができるという特徴があります。これにより同じ種類の細胞どうしのみが結合し，種類が異なると結合しないので，**細胞選別**(⇨p.58)を行うことができます。

6 また，カドヘリンの構造を安定化させるためにはCa^{2+}が必要であるという特徴もあります。そのためCa^{2+}を除くと，固定結合が弱まり，細胞どうしがバラバラになってしまいます。

7 3つ目の結合は中空のタンパク質による結合で**ギャップ結合**といいます。**コネキシン**というタンパク質が6つ集合した複合体(これを**コネクソン**といいます)がギャップ結合を形成します。細胞膜を透過しにくい物質であってもここを通って隣の細胞に移動することができます。たとえば心筋の筋繊維(筋細胞)の間にはギャップ結合があり，ここを通ってCa^{2+}などが速やかに移動します。このため心筋の筋繊維は同調して収縮することができます。

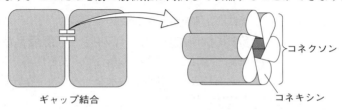

▲ 図64-9 ギャップ結合

8 細胞接着ではありませんが，植物細胞の場合は隣り合う細胞どうしがつながる連絡路が細胞壁に存在していることがあり，これを**原形質連絡**といい

ます。この連絡路内には隣接する細胞の滑面小胞体の一部も連絡しています。
この原形質連絡により細胞間で効率よく物質の交換が行えるのです。ちょう
ど動物細胞の場合のギャップ結合に似ていますね。

9　植物細胞において，細胞膜の外側にある細胞壁や細胞間隙を**アポプラスト**
（apoplast）といいます。それに対して，細胞膜の内側を**シンプラスト**
（symplast）といいます。シンプラストは原形質連絡によって連絡されていま
す。植物では，このように，アポプラストを通る経路とシンプラストを通る
経路の2種類の経路をもつことになります。

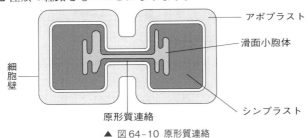

▲ 図64-10　原形質連絡

3　細胞と細胞外物質の結合

1　次は細胞と細胞外物質との結合を見てみましょう。細胞外には**細胞外基
質**（細胞外マトリックス）と呼ばれる構造があります。細胞外基質は，おもに
多糖類（ヒアルロン酸など）とタンパク質からなる糖タンパク質で満たされて
います。

2　細胞外基質で最も多いタンパク質は**コラーゲン**です。コラーゲンは細胞
から分泌された**プロテオグリカン**という糖タンパク質からなる網目構造に埋
め込まれた形で存在します。

3　細胞外基質には**フィブロネクチン**という糖タンパク質もあります。フィブ
ロネクチンは，**インテグリン**というタンパク質と結合します。インテグリ
ンは，細胞内で連絡タンパク質を介して細胞骨格である**アクチンフィラメ
ント**とつながっています（図64-11左）。

4　上皮組織と結合組織の間にはおもにコラーゲンからなる**基底層**があり，上
皮細胞はこの基底層と結合しています。この場合も細胞膜に組み込まれた**イ
ンテグリン**と基底層とが結合しますが，インテグリンは細胞内では連絡タ
ンパク質を介して細胞骨格の**中間径フィラメント**とつながっています。こ
のような結合は**ヘミデスモソーム**といいます（図64-11右）。

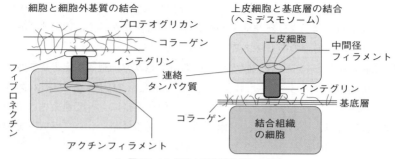

細胞と細胞外基質の結合

プロテオグリカン

コラーゲン

インテグリン

フィブロネクチン

連絡タンパク質

アクチンフィラメント

上皮細胞と基底層の結合
（ヘミデスモソーム）

上皮細胞

中間径
フィラメント

インテグリン

基底層

コラーゲン

結合組織
の細胞

▲ 図 64-11 細胞と細胞外物質との結合

がん細胞の転移と細胞接着

　がんが発生し，その部分を切除して完治したと思っていても，がんが別の場所に転移していた，というような話をよく聞く。このがんの転移には今学習した**細胞接着**が関与している。がん細胞では**カドヘリン**の発現やカドヘリンと細胞骨格との連絡タンパク質（**カテニン**）の発現，**インテグリン**の発現などが低下していることが多い。またがん化した細胞から分泌される酵素により細胞外基質に含まれる物質，たとえば**フィブロネクチン**の分解が行われることもあるようである。それらにより，細胞と細胞外基質の結合や細胞どうしの結合が切れ，がん細胞が細胞外基質内を移動し（この過程を浸潤という），やがて血管内やリンパ管内へと侵入して，血液やリンパ液とともに別の場所にがん細胞が転移してしまうのである。

【細胞接着】

① 細胞と細胞の間の結合

名　称		接着タンパク質	関与する細胞骨格
密着結合		クローディン	なし
固定結合	接着結合	カドヘリン	アクチンフィラメント
	デスモソーム	カドヘリン	中間径フィラメント
ギャップ結合		コネクソン	なし

② 細胞と細胞外物質との結合

名　称	接着タンパク質	関与する細胞骨格
	インテグリン	アクチンフィラメント
ヘミデスモソーム	インテグリン	中間径フィラメント

第65講 代　謝

重要度
★★★

生物は，細胞内で物質を分解したり合成したりしています。
このような変化を「代謝」といいます。

1 代謝とエネルギーの出入り

1 代謝は，物質を分解する反応と物質を合成する反応とに大きく分けること
ができます。**分解する反応を異化**，**合成する反応を同化**といいます。

2 異化は，複雑な有機物を低分子の有機物や無機物に分解する反応で，一般
にエネルギーを放出する反応を伴います。これを**発エネルギー反応**といい
ます。

逆に，同化は，低分子物質から複雑な有機物を合成する反応で，一般にエ
ネルギーを吸収する反応を伴います。これを**吸エネルギー反応**といいます。

このようなエネルギーの出入りや変換を**エネルギー代謝**といいます。

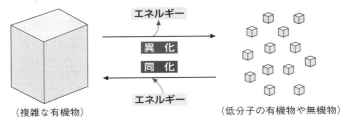

▲ 図65-1 代謝とエネルギー代謝

3 生体内のエネルギー代謝では，エネルギーの仲立ちをする物質として**ATP**
（**アデノシン三リン酸**）が使われます。ATPは，**アデニンとリボース**が結
合して生じた**アデノシン**に，**リン酸が3分子結合**した構造をしています。
一方，アデノシンにリン酸が2分子結合したものを**アデノシン二リン酸**
（**ADP**），アデノシンにリン酸が1分子だけ結合したものを**アデノシン一**
リン酸（AMP）といいます。

　　　　　　　　　　　　　　　　　　　└→ 「アデニル酸」ともいう。

411

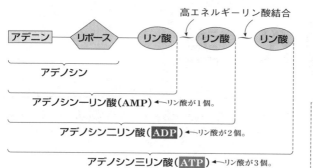

▲ 図65-2 ATPの構造

アデノシン3リン酸
と書かないように！
Tはトリ（3）の意味。
Dはジ（2）
Mはモノ（1）

4 ATPのリン酸どうしの結合は，通常よりもたくさんエネルギーが蓄えられてある結合で，**高エネルギーリン酸結合**といいます。したがって，ATPがADPとリン酸に分解されると，多量のエネルギーが放出され，そのエネルギーがいろいろな生命活動に利用されます。

逆に，エネルギーを使って，ADPとリン酸を結合させてATPを合成します。

5 エネルギーは目に見えないのでイメージしにくいですが，ちょうど下の図のような感じで理解しておけばいいでしょう。つまり，ADPとリン酸とを結合させるのには労力（エネルギー）を使います。その結果生じたATPには，エネルギーが蓄えられたことになります。逆に，ATPを分解すると，蓄えてあったエネルギーが放出され，それによって何かの仕事ができるのです。

6 ATPの分解には水が必要となる(加水分解)ので，次のような反応式になります。

$$ATP + H_2O \rightleftharpoons ADP + H_3PO_4$$

7 ATPの分解で生じたエネルギーを使って行われる生体反応には，次のような反応があります。
- 1 物質の合成
- 2 運動(筋肉運動，鞭毛・繊毛運動)
- 3 能動輸送
- 4 発光(ホタル)
- 5 発電(デンキウナギ)

8 このような，生物が利用するエネルギーは，もともとは太陽の光エネルギーです。この光エネルギーを有機物がもつ化学エネルギーに変換するのが，植物が行う光合成ですね。でも，光合成でも，光エネルギーを使って，まずATPが合成されるのです。

9 このように，ATPはいろいろな反応に伴うエネルギーの仲介役としての役割があり，人間の社会にたとえるとお金のようなものなので，ATPは**エネルギー通貨**だ，といわれます。

10 以上をまとめて図示すると，次のようになります。

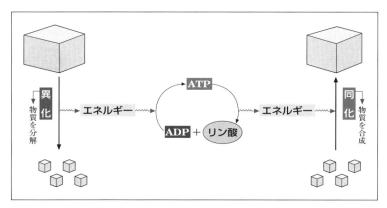

▲ 図65-3 代謝とエネルギーの流れ

413

ATPの構造と高エネルギーリン酸結合

ATPの構造式は，次のようになっている。

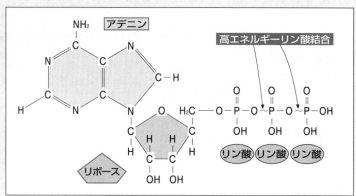

▲ 図65-4 ATP（アデノシン三リン酸）の構造

　厳密には，隣り合ったリン酸基のＰとＯの間の結合が**高エネルギー結合**になっている。ふつうのリン酸結合では12.5kJ/mol程度のエネルギーしか蓄えられていないが，**高エネルギーリン酸結合**では29〜63kJ/molものエネルギーが蓄えられている。

　ふつうは，ATPから1分子のリン酸がとれて**ADP**となるが，もう1分子リン酸がとれて**AMP**になる場合もある。また，塩基の部分がアデニン以外の塩基である場合もあり，たとえば，塩基がグアニンであればグアノシン三リン酸（GTP）で，実際にはこのような物質を使って行われる反応もある。

　また，AMPのリン酸基とリボースが環状になったものを**環状AMP（cAMP）**という。ホルモンが受容体に結合したとき，細胞への情報伝達として働き，リン酸化酵素などの活性化を促す（⇨p.190）。

① **同化**＝合成する反応＝吸エネルギー反応
② **異化**＝分解する反応＝発エネルギー反応
③ **ATP**＝アデノシン三リン酸
④ **ATP分解（合成）の反応式**

　　$ATP + H_2O \rightleftharpoons ADP + H_3PO_4$

2　代謝の種類

1　代謝には異化と同化があります。異化は，細胞内で有機物を分解してエネルギーを取り出し，ATPを合成する反応です。**酸素を使って行う呼吸**や**酸素を使わずに行う発酵**があります。

2　逆に，同化は合成の反応ですが，何を合成するかによって大きく2種類があります。

　1つは，**二酸化炭素CO_2を取り込んで有機物(炭水化物)を合成する反応**で<ruby>炭酸同化<rt>たんさんどうか</rt></ruby>といいます。

　もう1つはアミノ酸などの有機窒素化合物を合成する反応で<ruby>窒素同化<rt>ちっそどうか</rt></ruby>といいます。

3　炭酸同化には，さらに次の2種類があります。1つは光エネルギーを使って炭酸同化を行う反応で**光合成**，もう1つは無機物の酸化で生じた化学エネルギーを使って炭酸同化を行う反応で<ruby>化学合成<rt>かがくごうせい</rt></ruby>(⇨p.487)といいます。

　光合成にも，ふつうの植物の行う光合成(⇨第72 〜 75講)と細菌が行う光合成(⇨第76講)の2種類があります。

　種々の反応のしくみは，これから順に学習しましょう！

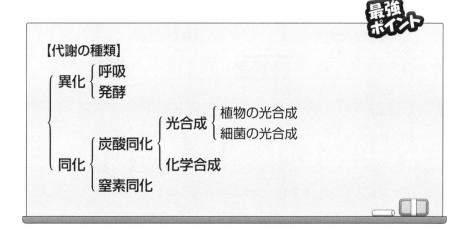

【代謝の種類】

- 異化
  - 呼吸
  - 発酵
- 同化
  - 炭酸同化
    - 光合成
      - 植物の光合成
      - 細菌の光合成
    - 化学合成
  - 窒素同化

第66講 酵素の特性

重要度
★★★

第65講で挙げたいろいろな代謝の反応には，すべて酵素が関与します。酵素の特徴について見ていきます。

1 酵素とは？

1 たとえば，デンプンを試験管の中で分解しようと思ったら，塩酸を加え，さらに煮沸し，何時間も時間をかけなければ分解できません。

2 このように，通常の化学反応では，煮沸するなどしてエネルギーを与え，反応しやすい状態にしてやらないと，反応は開始されないのです。このとき必要なエネルギーを**活性化エネルギー**といいます。

3 そのようなデンプンの分解も，体内では，37℃前後の常温で，しかも何時間もかけずに行われます。それは**酵素**が働いているからです。酵素が関与する場合でも活性化エネルギーは必要ですが，その**必要な活性化エネルギーを低下させてくれるのが酵素**なのです。

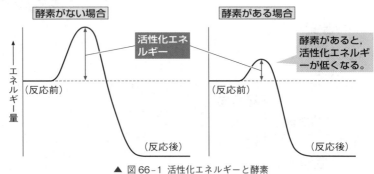

▲ 図66-1 活性化エネルギーと酵素

4 このように，活性化エネルギーを低下させ，反応を促進する物質を**触媒**といいます。先ほどのデンプンを分解させるときに加えた塩酸も触媒の働きをします。

416

5 　触媒には，反応を促進する働きがありますが，**自分自身は変化しません。**酵素も，反応を促進しますが，**酵素自身は変化しないので，消費されたりはしません。**酵素は生体でつくられて触媒として働く物質なので，**生体触媒**といいます。

6 　過酸化水素(かさんかすいそ)は，そのままではほとんど反応が起こりませんが，**酸化マンガン(IV)(二酸化マンガン)**を加えると，急激に**水と酸素に分解されます。**これは，酸化マンガン(IV)が触媒として働いたからです。この酸化マンガン(IV)と同様に，過酸化水素を水と酸素に分解する反応を促進するのが**カタラーゼ**という酵素です。どちらの場合も，過酸化水素は水と酸素に変化しますが，酸化マンガン(IV)やカタラーゼは変化しません。

過酸化水素 ⟶ 水 ＋ 酸素
酸化マンガン(IV)

過酸化水素 ⟶ 水 ＋ 酸素
カタラーゼ

① **触媒**とは，自分自身は変化せず，反応を促進する物質。
② 触媒は**活性化エネルギーを低下させる**ことで反応を促進する。
③ **酵素**は**生体触媒**。

2 　酵素の特性

1 　酵素がふつうの触媒(**無機触媒**という)と大きく異なるのは，**主成分がタンパク質である**ということです。もちろん，**タンパク質は高温で変性してしまう**ので**酵素も高温では働きを失ってしまいます。**そのため，酵素には最もよく働くときの温度，すなわち**最適温度**が存在します。それに対し，無機触媒による反応では，温度が高くなればなるほど反応速度は上昇します。それをグラフにすると，次のようになります。

2 一般に，**酒素の最適温度は35～40℃付近で，60℃を超えると酵素の主成分であるタンパク質が変性し，酵素は働きを失います**（失活という）。

▶ 図66-2 触媒の反応速度と温度の関係

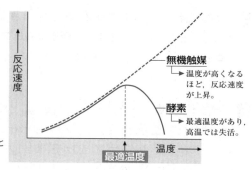

無機触媒
▶ 温度が高くなるほど，反応速度が上昇。

酵素
▶ 最適温度があり，高温では失活。

反応速度

温度

最適温度

酵素の最適温度と生物種

ふつうの酵素の最適温度は35～40℃だが，たとえば温泉などの高温のもとで生活している耐熱性の細菌などには，90℃くらいでも変性せず，最適温度が70℃以上といった酵素も存在する。

また，酵素ではないが，1990年代をピークに世界中で問題になったBSE（牛海綿状脳症。狂牛病とも呼ばれた）の原因といわれる**プリオン**というタンパク質は，非常に熱に安定で，そのため，感染した動物の組織は加熱処理をしても病原性が失われない。

3 また，タンパク質は酸やアルカリによっても変性するので，酵素の働きも酸やアルカリの影響を受けます。最も酵素がよく働くときのpHを**最適pH**といいます。

4 一般に，酵素は中性付近（pH7前後）でよく働きます。たとえば唾液に含まれる酵素である**アミラーゼの最適pHは7**です。でも，胃液に含まれる**ペプシンという酵素の最適pHは2**で，強酸性でよく働きます。すい液に含まれる**トリプシンという酵素の最適pHは8**で，弱アルカリ性でよく働きます。また，同じアミラーゼでも，植物の種子などに含まれるアミラーゼの最適pHは6です。このように，最適pHは酵素によって異なります。

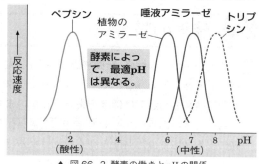

ペプシン　植物のアミラーゼ　唾液アミラーゼ　トリプシン

酵素によって，最適pHは異なる。

反応速度

2（酸性）　4　6　7（中性）　8　pH

▲ 図66-3 酵素の働きとpHの関係

5　もう1つ，酵素の大きな特徴は，**働きかける相手が酵素によって決まって
いる**ということです。たとえば，先ほどのカタラーゼは過酸化水素に働いて
水と酸素にすることはできますが，それ以外の物質に働きかけることはでき
ません。また，アミラーゼはデンプンを分解する酵素ですが，タンパク質は
分解できません。

　　酵素が働きかける相手のことを**基質**，基質が変化して生じた物質を**生成
物**といいます。酵素の種類によって基質の種類が決まっているので，これを
基質特異性といいます。

6　酵素は，次のような過程で基質を生成物に変化させます。まず，酵素と基
質が結合し，**酵素−基質複合体**を形成します。その結果，反応が起こり，
基質が生成物に変化します。でも，**酵素は変化していないので，また次の基
質と反応します。**

酵素　　　基質　　　　　酵素-基質複合体　　　　　　　　　生成物
　　活性部位　　　　　　　　　　 酵素と基質が
　　　　　　　　　　　　　　　　 結合したもの

（酵素は，何回でも基質と反応する）

▲ 図66–4 酵素の働き方

7　このとき基質と結合する部位を**活性部位**といいます。つまり，酵素の活
性部位と結合できる物質だけが酵素の作用を受けることになります。だから，
酵素の種類によって基質の種類も決まってしまうのです。

触媒作用をもつRNA — リボザイム

　　教科書で学習する酵素はすべて主成分がタンパク質だが，核酸の一種である
RNAのなかに，触媒作用をもつRNAが発見され(1981年)，**リボザイム**と命名さ
れた。

　　遺伝子の本体であるDNAを設計図にして酵素タンパク質が合成されるが，そ
のタンパク質合成にも酵素が必要なので，ちょうどニワトリが先か卵が先かと同
じ堂々巡りの問題があった。しかし，このリボザイムの発見によって，大昔は，
触媒作用をもつRNAの働きによってRNAからRNAがつくり出される世界
(RNAワールド)があったと考えられるようになった(⇨p.245)。

【酵素の特性】
① 酵素の主成分は**タンパク質**である。
  ⇨それゆえ，**最適温度，最適pH**が存在する(高温やpHの大きな変動によってタンパク質が変性し，酵素は**失活**する)。
② **基質特異性**がある。

---

3 酵素の成分

1 酵素の主成分はタンパク質ですが，タンパク質以外の低分子有機物を必要とする酵素もあります(必要としない酵素もあります)。このような低分子有機物を**補酵素**といいます。たとえば，$\underline{NAD^+}$という物質は，乳酸脱水素酵素に結合している代表的な補酵素です。

> 「ニコチンアミド ア デニン ジヌクレオチ ド」の略。

2 補酵素を必要とするとき，酵素本体のタンパク質部分を**アポ酵素**といい，アポ酵素と補酵素を合わせたものを**ホロ酵素**といいます。補酵素はタンパク質の本体部分であるアポ酵素と弱く結合しているので，容易に解離することができるという特徴があります。

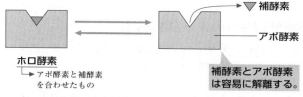

▲ 図66-5 ホロ酵素とアポ酵素

3 アポ酵素単独でも，補酵素単独でも酵素活性はありません。また，補酵素がアポ酵素の部分から解離すると，酵素活性はなくなります。しかし，再び結合すると，酵素活性は回復します。

4 このような補酵素の存在は，次のような実験によってわかりました。

〔補酵素の存在を確かめる実験〕

酵母をすりつぶして酵素(これを**チマーゼ**という)を抽出し，セロハンの袋に入れて水に浸します。すると，タンパク質部分(アポ酵素)と補酵素が解離し，**低分子の補酵素はセロハンの袋の外のビーカー内(A)に出る**が，タンパク質部分はセロハンの袋内(B)に残ります。

> チマーゼは単独の酵素ではなくアルコール発酵(⇨p.438)に働く十数種類の酵素からなる酵素系。

このように，セロハン膜などを使って高分子物質と低分子物質に分ける方法を**透析**といいます。

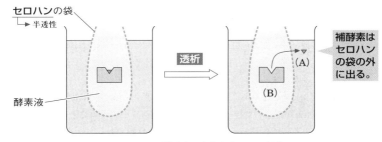

▲ 図66-6 補酵素の存在を確かめる実験

タンパク質は煮沸によって変性しますが，**補酵素は熱に安定なので煮沸しても変性しません。** したがって，実験の結果は次のようになります。

- (A)のみ──→酵素活性なし
- (B)のみ──→酵素活性なし
- (A) + (B)──→酵素活性回復
- 煮沸した(A) + (B)──→酵素活性回復
- (A) + 煮沸した(B)──→酵素活性なし

5 タンパク質以外の低分子物質がタンパク質部分と強く結合している場合もあり，このような物質は**補欠分子族(団)**といいます。補欠分子族は容易にタンパク質部分とは解離できませんが，無理に解離させると，タンパク質が変性し，**再び結合させて酵素活性を回復させることができなくなります。**

6 補酵素や補欠分子族など，酵素に含まれるタンパク質以外の低分子物質を合わせて**補助因子**といいます。

いろいろな補助因子の成分

　酵素には，タンパク質以外の成分をもつ酵素が多いが，タンパク質のみででき
ている酵素もある。たとえば，リゾチーム（細菌の細胞壁を分解する酵素，卵白
やヒトの唾液などに含まれている。風邪薬のCMでもよく耳にする）という酵素
は，タンパク質のみからなる。

　補酵素の多くは，ビタミンB群から合成されることが多く，**NAD$^+$**にはニコチ
ン酸というビタミンB群の一種を含む。他にも，**NADP$^+$**という補酵素もニコチ
ン酸を含む。また，ピルビン酸脱炭酸酵素は，ビタミンB$_1$からつくられるTPP（チ
アミン二リン酸）という補酵素をもつ。

　コハク酸脱水素酵素に含まれる**FAD**という物質は，アポ酵素と容易に解離で
きず，補欠分子族の一種であるが，補酵素の一種として扱う教科書もある。これ
はビタミンB$_2$を含む。

　補酵素や補欠分子族の成分として金属イオンを含む場合もある。たとえば，カ
タラーゼには鉄イオン，ATPアーゼにはマグネシウムイオン，炭酸脱水酵素に
は亜鉛イオンが含まれる。

　最近，テレビのCMでよく耳にする「コエンザイム」は，補酵素のこと（「エンザ
イム」enzymeが酵素の意味）で，コエンザイムQ$_{10}$という補酵素は，ミトコンド
リアに含まれる電子伝達系に関与する酵素の補酵素である（⇨p.444 CoQ）。もと
もとは体内でつくられる物質だが，年齢とともに不足気味になる。

【酵素の成分】
① 主成分は**タンパク質**である。
② タンパク質以外の低分子物質（補酵素や補欠分子族などの**補助
　因子**）を必要とする酵素もある。
③ 補助因子 { **補酵素**…タンパク質部分（アポ酵素）と容易に解離
　　　　　　　　　　できる。
　　　　　　 補欠分子族…タンパク質部分と容易に解離できない。

第**67**講 酵素の種類

重要度
★ ★

酵素には基質特異性があるので，酵素は非常にたくさんの種類があることになります。

1 酵素の種類

1 酵素は，働きのうえから大きく**加水分解酵素，酸化還元酵素，除去酵素，転移酵素**などに分けられます。

2 まずは，**加水分解酵素**から見ていきましょう。

文字通り，水を加えて何かを分解する働きをもった酵素が加水分解酵素です。消化に関係する消化酵素はすべて加水分解酵素のなかまです。

おもな加水分解酵素を次に示します。＊は重要度で多いほど重要です。

（酵素名）	（働き）
＊＊＊アミラーゼ	デンプン ⟶ マルトース
＊＊　マルターゼ	マルトース ⟶ グルコース
＊　　スクラーゼ	スクロース ⟶ グルコース＋フルクトース
＊　　ラクターゼ	ラクトース ⟶ グルコース＋ガラクトース
＊＊＊ペプシン	タンパク質 ⟶ ペプトン(ポリペプチド)
＊＊＊トリプシン	タンパク質(ペプトン) ⟶ ポリペプチド
＊　　キモトリプシン	タンパク質(ペプトン) ⟶ ポリペプチド
＊　　ペプチダーゼ	ポリペプチド ⟶ アミノ酸
＊＊　リパーゼ	脂肪 ⟶ 脂肪酸＋モノグリセリド
＊　　エンテロキナーゼ	トリプシノーゲン ⟶ トリプシン
＊＊　ペクチナーゼ	ペクチンを分解。
＊＊　セルラーゼ	セルロースを分解。
＊＊＊ATPアーゼ	ATP ⟶ ADP＋リン酸
＊　　ウレアーゼ	尿素 ⟶ 二酸化炭素＋アンモニア

グリセリンに脂肪酸が1つ結合したもの。

第**6**章 生命現象と物質

423

	(酵素名)	（働き）	
＊	アルギナーゼ	アルギニン ─→ オルニチン＋尿素	尿素回路で働く。⇨p.394
＊	トロンビン	フィブリノーゲン ─→ フィブリン	
＊	DNAヌクレアーゼ	DNA ─→ ヌクレオチド	血液凝固に関与。
＊	RNAヌクレアーゼ	RNA ─→ ヌクレオチド	
＊＊＊	制限酵素	DNAを特定の塩基配列部分で切断（⇨p.572）。	

3 次は，**酸化還元酵素**です。これも，文字通り，酸化や還元の反応を促進する酵素です。**酸素と結合させる反応・水素を取る反応・電子を取る反応が酸化，酸素を取る反応・水素と結合させる反応・電子を加える反応が還元**の反応です。

	（酵素名）	（働き）	
＊＊＊	脱水素酵素	有機酸から水素を奪う。	「デヒドロゲナーゼ」ともいう。呼吸に関与。
	（例：コハク酸脱水素酵素）	コハク酸 ─→ フマル酸＋水素	
＊＊＊	カタラーゼ	過酸化水素 ─→ 水＋酸素	
＊＊	オキシダーゼ	水素＋酸素 ─→ 水	呼吸に関与。
＊	ニトロゲナーゼ	窒素＋水素 ─→ アンモニア	窒素固定に関与。
＊	ルシフェラーゼ	ルシフェリン＋酸素 ─→ 酸化ルシフェリン	ホタルが発光するときに，この反応が起こる。
＊＊	硝酸還元酵素	硝酸 ─→ 亜硝酸＋酸素	
＊＊	亜硝酸還元酵素	亜硝酸＋水 ─→ アンモニア＋酸素	窒素同化に関与。⇨p.800

　脱水素酵素は，奪った水素を必ず，水素を預かってくれる水素受容体に預けます。実際に水素受容体として働くのは，脱水素酵素の補酵素です。脱水素酵素にもいろいろな種類があり，たとえば乳酸脱水素酵素は，乳酸から水素を奪い，奪った水素を自らの補酵素であるNAD^+に預けます。その結果，NAD^+はNADHとなります。

4 次は**除去酵素**（除去付加酵素，脱離酵素）です。

	（酵素名）	（働き）	
＊＊＊	脱炭酸酵素	有機酸から二酸化炭素を発生	「デカルボキシラーゼ」ともいう。呼吸に関与。
＊	炭酸脱水酵素	炭酸 ─→ 二酸化炭素＋水	「カーボニックアンヒドラーゼ」ともいう。赤血球に含まれる。⇨p.166

5 転移酵素には，次のようなものがあります。

（酵素名）	（働き）	
＊＊ アミノ基転移酵素	アミノ酸がもつアミノ基を有機酸に移す。	「トランスアミナーゼ」ともいう。窒素同化に関与。
＊＊ クレアチンキナーゼ	クレアチンリン酸のリン酸をADPに移す。	筋収縮に関与。
＊ アデニル酸キナーゼ	ADPのリン酸を他のADPに移す。	筋収縮に関与。
＊ ホスホフルクトキナーゼ	フルクトースリン酸のリン酸を移す。	呼吸に関与。

6 その他の酵素として，次のようなものがあります。

（酵素名）	（働き）	
＊＊＊DNAポリメラーゼ	DNAを鋳型にしてDNAを複製する。	
＊＊＊RNAポリメラーゼ	DNAを鋳型にしてRNAを合成する。	
＊＊＊DNAリガーゼ	DNAの切断端どうしを結合させる。	
＊＊＊逆転写酵素	RNAを鋳型にしてDNAを合成する。	
＊ アミノアシルtRNA合成酵素	アミノ酸とtRNAを結合させる。	「アミノ酸活性化酵素」ともいう。
＊ グルタミン合成酵素	グルタミン酸とアンモニアからグルタミンを合成。	窒素同化に関与。
＊ グルタミン酸合成酵素	グルタミンとケトグルタル酸からグルタミン酸を合成。	窒素同化に関与。

① 酵素の種類

　加水分解酵素…消化酵素，**ATP**アーゼなど
　酸化還元酵素…脱水素酵素，カタラーゼなど
　除去酵素，転移酵素など

②　酸化＝＋酸素，－水素，－電子　（＋：結合させる）
　　還元＝－酸素，＋水素，＋電子　（－：取る）

2 基質と生成物の関係

1 一定量の基質，たとえば過酸化水素に酵素カタラーゼを作用させ，時間とともに生成物である酸素の量を測定したとしましょう。すると，最初は時間とともに酸素は増加しますが，やがて，ある一定時間経過するとそれ以上生成物量は増加しなくなります。これをグラフにすると，次のようなグラフになります。

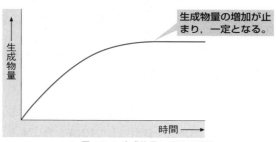

▲ 図67-1 生成物量と時間の関係

2 最終的に生成物量が一定になるのはなぜでしょう。時間とともに基質，この場合過酸化水素はどんどん消費されていきます。やがて，**基質が消費されつくしてしまえば，それ以上生成物が増えなくなる**のは当然ですね。

したがって，生成物量が一定になったとき，たとえば酵素を追加しても生成物は増加しませんが，**基質を追加すれば生成物は再び増加し始めます**。

酵素の可逆反応・不可逆反応と生成物の量

一般に，酵素が促進する反応は可逆反応である。たとえば，**コハク酸脱水素酵素**は，コハク酸から水素を奪いフマル酸にし，奪った水素はFADに預けてFAD H_2が生じる。逆に，フマル酸にFAD H_2の水素を結合させてコハク酸にすることもできる。

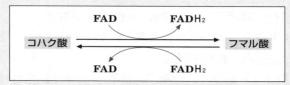

▲ 図67-2 コハク酸の脱水素反応(可逆反応)

最初にコハク酸を与えると，右向きの反応が起こって，生成物であるフマル酸が増加する。しかし，可逆反応なので，フマル酸が増えてくると左向きの反応も

起こり，最終的には右向きの反応と左向きの反応がつりあったとき，すなわち平衡状態に達すると，それ以上生成物も増加しなくなるわけである。したがって，最終的に生成物が増加しなくなるのは基質がすべて消費されたからではなく，**右向きと左向きの反応がつりあって平衡状態になったから**ということになる。

　ただ，反応の種類によってはほとんど不可逆にしか反応が起こらない場合もある。たとえば，先ほどの**カタラーゼ**の場合，過酸化水素を水と酸素に分解するが，水と酸素が過酸化水素に戻ることはない。また，**消化酵素**の反応もほとんど不可逆で，たとえば，アミラーゼはデンプンをマルトースに分解するが，マルトースがデンプンになることはほとんどない。このような酵素を使った場合は，最終的に基質はすべて消費されるまで反応が起こり，**基質がすべて消費されてしまったところで生成物の量も一定となる。**

3　では，温度を変えて行うとどうなるでしょう。たとえば，トリプシンによって生じる生成物(ポリペプチド)量を調べる実験を，20℃，40℃，60℃で行ったとすると，次のようなグラフになります。

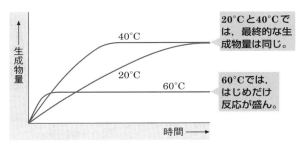

▲ 図67-3 温度を変えたときの生成物量と時間の関係

4　トリプシンの最適温度は35〜40℃なので，20℃よりも40℃のほうが反応速度が高く，それだけ速く基質が消費されます。でも，最初に与えた基質の量は同じなので，最終的な生成物量は同じになります。

　では，温度が60℃の場合はどうでしょう。**60℃くらいの高温になると酵素タンパク質が変性し，働きを失う**のでしたね。でも，60℃に変えたからといってすぐにすべての酵素タンパク質が一瞬で変性してしまうわけではありません。変性し，失活するまでには少し時間がかかります。したがって完全に失活するまでは反応も起こります。しかも温度が高いぶん，反応速度も高くなるのです。でも，やがて失活してしまうと，基質はまだまだ残っているにもかかわらず生成物は増えなくなります。

5 では，pHを変えるとどうなるでしょう。トリプシンを使って，pH7とpH8で実験すると，次のようなグラフになるはずです。

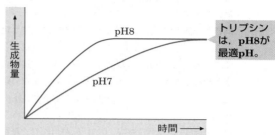

▶ 図67-4 pHを変えたときの生成物量と時間の関係

6 トリプシンの最適pHは8なので，pH7よりもpH8のときのほうが反応速度も高く，それだけ速く基質が消費されます。もし，これが唾液アミラーゼであれば，逆になりますね。唾液アミラーゼの最適pHは7ですから。

7 では，トリプシン濃度を2倍にするとどうなるでしょう。酵素濃度が2倍であれば，約半分の時間で基質が消費されるので，次のようになります。

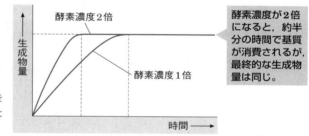

▶ 図67-5 酵素濃度を変えたときの生成物量と時間の関係

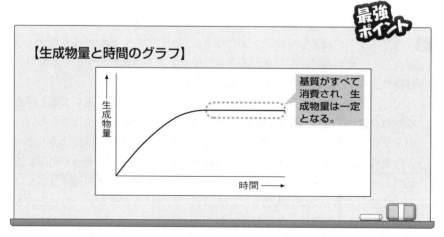

【生成物量と時間のグラフ】

第68講 酵素の反応速度

重要度
★★★

酵素の反応速度のグラフ，さらに，酵素作用の阻害についてマスターしましょう。

1 基質濃度と反応速度の関係

1 基質濃度を変化させ，単位時間での生成物量，すなわち反応速度を測定したとしましょう。

2 基質濃度が低いときは，酵素と基質が出会うチャンスも少ないので，ある一定時間での生成物量も多くありません。つまり，反応速度は低いはずです。基質濃度が高くなれば，酵素と基質が出会うチャンスも増え，反応速度は上がります。

酵素と基質が出会うと，酵素と基質が結合して**酵素-基質複合体**をつくりましたね。もちろん，触媒反応が終わると複合体ではなくなり，次の基質と結合すれば再び複合体を形成するわけです。つまり，酵素が基質と出会えず複合体を形成できない時間が長ければ反応速度は低く，触媒反応が終了してもすぐに次の基質と出会って複合体を形成できるようになれば反応速度は高いということになります。したがって，**反応速度は酵素-基質複合体の濃度に比例する**といえます。

3 しかし，ある一定の基質濃度を超えると，反応速度はそれ以上上昇せず，一定となります。これは，すべての酵素が常に酵素-基質複合体を形成している状態になったためです。つまり，これ以上基質を増やしても酵素-基質複合体の濃度が増加しなくなったからともいえますね。

4 基質濃度と反応速度の関係をグラフにすると，次のページの図68-1のようになります。

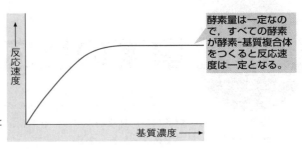

酵素量は一定なので，すべての酵素が酵素-基質複合体をつくると反応速度は一定となる。

反応速度

基質濃度

▶ 図68-1 基質濃度と
反応速度の関係

酵素濃度が一定の酵素反応で，基質濃度がある値以上になると反応速度が上昇しなくなるのはなぜか。35字以内で述べよ。

ポイント　「すべての酵素」「常に」「酵素-基質複合体」の3つを必ず入れる。

模範解答例　すべての酵素が常に酵素-基質複合体を形成する状態になるから。（30字）

酵素と基質の親和性

　酵素をE, 基質をS, 生成物をPとすると酵素の反応は次のように示される。ESは**酵素-基質複合体**を示す。

$$E + S \longrightarrow ES \longrightarrow E + P$$

このとき$ES \longrightarrow E + P$の速度が同じであっても，ESの形成しやすさ（これを**酵素と基質の親和性**という）が異なると，反応速度のグラフも変わってくる。右のグラフではAのほうがESを形成しやすく，その結果，より低い基質濃度でもESを形成することができる（親和性が高い）ことを示す。このような親和性は，最大速度の$\frac{1}{2}$に達するときの基質濃度で比較することができる。この最大速度の$\frac{1}{2}$のときの基質濃度を**Km**という記号で表す。

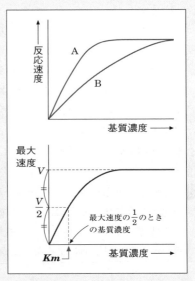

▲ 図68-2 酵素と基質の親和性と反応速度
のグラフの関係

酵素の反応速度の式

一般に，酵素の反応速度(v)は，次のような式で表すことができる。

（V；最大速度，$[S]$；基質濃度，Km；最大速度の$\dfrac{1}{2}$のときの基質濃度）

$$v = \frac{V \cdot [S]}{Km + [S]}$$

この式の両辺の逆数をとると，

$$\frac{1}{v} = \frac{Km + [S]}{V \cdot [S]}$$

$$\frac{1}{v} = \frac{Km}{V} \times \frac{1}{[S]} + \frac{1}{V}$$

となる。これは，縦軸$\dfrac{1}{v}$，横軸

$\dfrac{1}{[S]}$，傾き$\dfrac{Km}{V}$，切片$\dfrac{1}{V}$の直線の

グラフを示す。

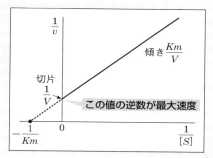

▲ 図68-3 基質濃度$[S]$と酵素の反応速度vの逆数のグラフ

　このグラフで，$[S]$が無限大(∞)のとき，すなわち$\dfrac{1}{[S]} \to 0$のときの$\dfrac{1}{v}$の値を読めば，その逆数が最大速度になる。このように，このグラフを使えば，最大速度を正確に求めることができる。また横軸の切片$\left(\dfrac{1}{v} = 0\right)$が$-\dfrac{1}{Km}$を示す。

第 **6** 章　生命現象と物質

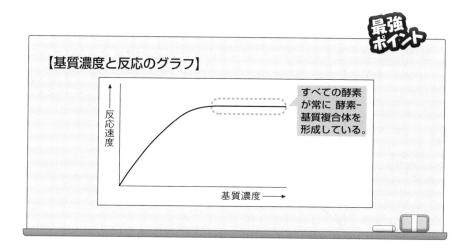

【基質濃度と反応のグラフ】

すべての酵素が常に 酵素-基質複合体を形成している。

2 酵素の阻害作用

1 基質と類似した構造をもつ物質(阻害物質)が，酵素の活性部位と結合し，酵素作用を阻害することがあります。

2 この場合，この類似物質はちょうど椅子取りゲームのように酵素の活性部位をめぐって基質と競争するので，このような阻害を**競争的阻害**あるいは**拮抗阻害**といい，酵素作用を阻害した物質を**競争的阻害剤**あるいは**拮抗阻害剤**といいます。

たとえば，コハク酸脱水素酵素の基質はもちろんコハク酸ですが，コハク酸によく似たマロン酸はコハク酸脱水素酵素の競争的阻害剤となります。

3 基質の濃度が低いときは，酵素が競争的阻害剤と出会うチャンスが多いので酵素作用は大きく阻害されますが，基質濃度が高くなると，酵素が阻害剤と出会うチャンスが少なくなり，あまり酵素作用は阻害されなくなります。最終的に，基質濃度が非常に高ければ，阻害剤と出会うチャンスがほとんどなくなるため，最大速度は阻害剤を添加していても無添加の場合と同じになります。このように，**競争的阻害では最大速度には影響しない**のが特徴です。

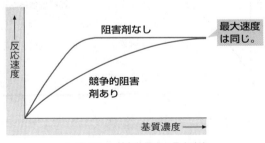

▲ 図68-4 競争的阻害と最大速度

4 一方，阻害剤が酵素の活性部位以外と結合し，酵素反応を阻害する場合も
あります。このような阻害は，**非競争的阻害**あるいは**非拮抗阻害**といい
ます。

5 非競争的阻害の場合は，最大速度も低下させてしまうのが特徴です。

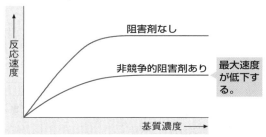

▲ 図68-5 非競争的阻害と最大速度

競争的阻害と非競争的阻害での最大速度の違い

競争的阻害の場合，逆数のグラフをかくと次のようになる（図68-6の右）。つ
まり，最大速度 V は無添加の場合と変わらず，Km（⇨p.431）の値は大きくなる
ので，傾き $\dfrac{Km}{V}$ の値も大きくなる。

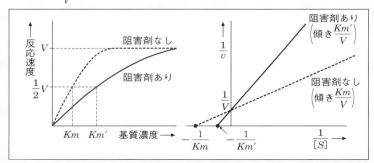

▲ 図68-6 競争的阻害における阻害剤の有無と Km

一方，非競争的阻害の場合，逆数のグラフをかくと次のようになる（図68-7の
右）。つまり，最大速度 V は低下するので，切片 $\dfrac{1}{V}$ は大きくなり，Km の値は変

わらないので，傾き $\dfrac{Km}{V'}$ の値は大きくなる。

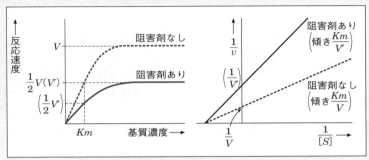

▲ 図68-7　非競争的阻害における阻害剤の有無と Km

① **競争的阻害**…阻害剤が，酵素の活性部位と結合する。最大速度には影響を与えない。

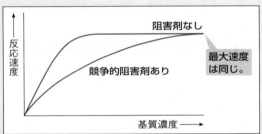

② **非競争的阻害**…阻害剤が，酵素の活性部位以外と結合する。基質濃度が低いときの反応速度も最大速度も低下させる。

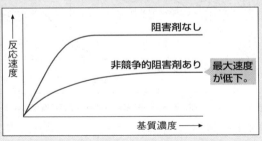

3 アロステリック酵素

1 今まで反応速度を調べてきた酵素は三次構造までしかもたない単純な酵素でした。しかし，活性部位以外に結合部位をもち，しかも複雑な四次構造をもつ酵素も存在します。このときの活性部位以外の結合部位を**アロステリック部位**といい，このような酵素を**アロステリック酵素**といいます。

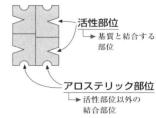

▲ 図68-8 アロステリック酵素

2 一般に，アロステリック酵素の反応速度のグラフは，今まで学習してきたような単純な双曲線ではなく，**S字形の曲線を描く**のが特徴です。

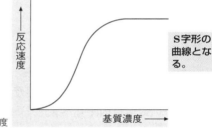

▶ 図68-9 アロステリック酵素の反応速度

3 さらに，アロステリック部位に種々の物質が結合することで，酵素活性が変化します。アロステリック部位に，ある物質が結合すると，酵素反応が低下することが多いですが，逆に，酵素反応が上昇する場合もあります。たとえば，ホスホフルクトキナーゼは，アロステリック酵素の一種ですが，ATPがアロステリック部位に結合すると酵素反応は低下し，ADPがアロステリック部位に結合すると酵素反応が上昇します。

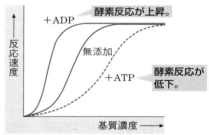

▲ 図68-10 アロステリック酵素による酵素活性の変化

4 ホスホフルクトキナーゼは呼吸に関与する酵素ですが，この酵素によって呼吸の反応が進めば，ADPからATPが生成されるので，ATP濃度が上がります。すると，そのATPによってホスホフルクトキナーゼの活性が低下する

ので，それ以上無駄に基質を消費してATPを生成しないようになります。逆に，ADPの濃度が上昇しているときはATPが不足しているときで，このようなときに，ADPによってホスホフルクトキナーゼの活性が上昇すれば，呼吸が活発になってATPの生産が促進されることになります。

5 このように，アロステリック酵素は，反応の結果生じた生成物によって活性が調節されることが多く，これによって生成物の濃度を一定に保つことができます。このような，最終的な結果が原因に働いて調節する，というしくみをフィードバック調節といいます。この場合は，ATPやADP濃度の変化によって，ホスホフルクトキナーゼの活性が調節されたわけです。

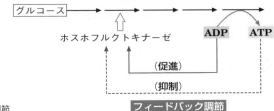

▶ 図68-11 フィードバック調節

生体内の反応にアロステリック酵素が関与する利点について，60字以内で述べよ。

ポイント 「生成物により活性調節」，「過剰な生成物の蓄積」「無駄な基質の消費を防ぐ」の3つを入るようにする。

模範解答例 生成物によって活性が調節されるので，過剰な生成物の蓄積や無駄な基質の消費を防ぎ，生成物を一定濃度に保つことができる。(58字)

① **アロステリック酵素**…アロステリック部位をもつ酵素。
　⇨酵素の反応速度のグラフは**S字形**の曲線になる。
② 生成物によって酵素の活性が調節される（フィードバック調節）。
　⇨これにより，過剰な**生成物の蓄積，無駄な基質の消費を防ぐ**ことができる。

第69講 異化のしくみ①
（発酵と呼吸）

重要度
★★★

細胞内で有機物を分解し，エネルギーを取り出す「異化」について，その種類としくみを見てみましょう。

1 発 酵

1 有機物を分解し，エネルギーを取り出す反応を**異化**といいましたね。異化には，酸素を使って**有機物を完全に無機物にまで分解する呼吸**と，酸素を使わず**有機物を完全に無機物にまでは分解できない発酵**があります。

　まずは，発酵について見ていきましょう。代表的な発酵には，**乳酸発酵**<ruby>乳酸発酵<rt>にゅうさんはっこう</rt></ruby>と**アルコール発酵**があります。「発酵」は，微生物が行う，有機物を完全に無機物にまで分解できない反応で，人間に有益なものという意味で使われてきた言葉です。

> 人間に無益で，悪臭を放つ物質を生じる反応は「腐敗」と呼ばれて区別された。

2 **乳酸発酵**は，**乳酸菌**が行います。乳酸菌は，グルコースを取り込むと，細胞内で最終的に**乳酸**にまで分解し，そのとき生じるエネルギーによってATPを生成します。もちろん，生成したATPを使って生命活動を行います。

3 乳酸発酵においては，まず，**1分子のグルコースが2分子のピルビン酸**に分解され，この間に**2分子のATP**が生成され，脱水素酵素の働きで水素原子がはずれます。さらに水素イオンと電子は補酵素であるNAD^+と結合し，$NADH + H^+$となります。さらに，ピルビン酸はこの$NADH + H^+$の水素と結合して乳酸になります。結果的に，**1分子のグルコースから2分子の乳酸が生じ，2分子のATPが生成されることになります。**

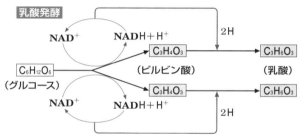

▶ 図69-1 乳酸発酵のしくみ

4 これらの反応は，すべて**細胞質基質**(サイトゾル)で行われます。反応式でまとめると，次のようになります。

$$C_6H_{12}O_6 \longrightarrow 2C_3H_6O_3$$

5 乳酸菌は，このような発酵しか行うことができず，酸素を用いた呼吸は行えません。

6 乳酸発酵と同様の反応が**動物の筋肉中**でも行われますが，このときは乳酸発酵とは呼ばず，**解糖**といいます。筋肉の細胞は呼吸も行えますが，**酸素が不足した状態では解糖を行います**。

7 **酵母**が行うのが**アルコール発酵**です。**1 分子のグルコースが 2 分子のピルビン酸**になり，この間に 2 分子の ATP が生成されるところまでは乳酸発酵と同じです。このピルビン酸に脱炭酸酵素が働いて**二酸化炭素が発生**し，ピルビン酸はアセトアルデヒドに変化します。アセトアルデヒドは $NADH+H^+$ の水素と結合して**エタノール**となります。

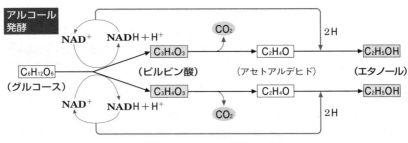

▲ 図 69-2 アルコール発酵のしくみ

8 アルコール発酵と同様の反応は，発芽しかけの種子などでも行われます。酵母も発芽しかけの種子も，**酸素がない状態ではアルコール発酵しかできませんが，酸素があれば呼吸も行えます**。

9 アルコール発酵の反応はすべて**細胞質基質**で行われます。反応式でまとめると，次のようになります。

$$C_6H_{12}O_6 \longrightarrow 2CO_2 + 2C_2H_5OH$$

解糖系

　乳酸発酵でもアルコール発酵でも，グルコースからピルビン酸までは共通の反応で，**解糖系**という(解糖と混同しないように)。解糖系をもう少しくわしく見てみると，次のようになる。

　厳密には1分子のグルコースは，まず2分子のATPのエネルギーをもらって活性化し，**フルクトースビスリン酸（フルクトース二リン酸）** になる。次に，フルクトースビスリン酸は分解されて**グリセルアルデヒドリン酸**となり，これが脱水素されて**PGA（ホスホグリセリン酸）** となるとともに2分子のATPが生じる。さらに，リン酸が2分子のADPに転移されてATPとなり，ピルビン酸ができるまでに4分子のATPが生成される。

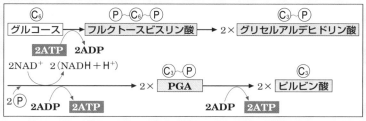

▲ 図69-3　解糖系（詳細）

　全体としては，2分子のATPを使い，4分子のATPを生成するので，差し引き**2分子のATPが生成**されたことになる。

> **発酵**…酸素を使わずに有機物を分解して**ATP**を生成する反応。完全に無機物までは分解できない。**細胞質基質**で行われる。
> ① **乳酸発酵**…**乳酸菌**が行う（筋肉中で行われた場合は**解糖**という）。
> 　⇨**1分子のグルコースが2分子の乳酸**に分解される。**2分子のATP生成**。
> ② **アルコール発酵**…**酵母**が行う。
> 　⇨**1分子のグルコースが2分子の二酸化炭素と2分子のエタノール**に分解される。**2分子のATP生成**。

2　呼　吸

1　酸素を使って有機物を完全に無機物にまで分解する反応が**呼吸**です。

2　呼吸は，大きく3段階の反応からなります。第1段階は**解糖系**で，1分子のグルコースが2分子のピルビン酸になります。ここまでは発酵とまったく

共通の反応で**酸素を必要とせず，細胞質基質で行われます。**

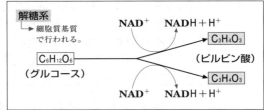

▶ 図 69-4 解糖系

3 解糖系だけを反応式で示すと，次のようになります。

$$C_6H_{12}O_6 + 2NAD^+ \longrightarrow 2C_3H_4O_3 + 2(NADH+H^+)$$

4 生じたピルビン酸は**ミトコンドリア**に取り込まれ，第2段階の反応に入ります。ミトコンドリアの**マトリックス**の部分で，ピルビン酸は**クエン酸回路**という反応で消費され，1分子のピルビン酸あたり，3分子の二酸化炭素と5分子の水素に分解されます。このとき1分子の水素はFADに，4分子の水素はNAD$^+$に預けられます。また，この間に3分子の水が使われ，1分子のATPが生成されます。

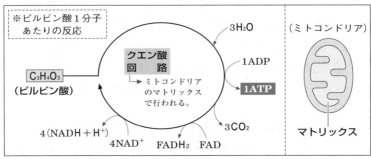

▲ 図 69-5 クエン酸回路での反応（略図）

5 クエン酸回路だけを反応式で示すと次のとおりです。

$$C_3H_4O_3 + 3H_2O + FAD + 4NAD^+ \longrightarrow 3CO_2 + FADH_2 + 4(NADH+H^+)$$

6 1分子のグルコースからは2分子のピルビン酸が生じるので，6分子の水が使われ，10分子（20原子）の水素がFADとNAD$^+$に預けられて，**6分子の二酸化炭素，2分子のATP**が生じることになります。1分子のグルコースから生じたピルビン酸（2分子）で示すと，次のようになります。

$$2C_3H_4O_3 + 6H_2O + 2FAD + 8NAD^+ \longrightarrow 6CO_2 + 2FADH_2 + 8(NADH+H^+)$$

クエン酸回路での反応のようす

クエン酸回路をくわしく見ると，次のようになる。

① まず，1分子の**ピルビン酸**は脱炭酸・脱水素されて1分子の**アセチルCoA**となる。

② 次に，1分子のアセチルCoAは1分子の**オキサロ酢酸**と反応して1分子の**クエン酸**となる。このとき，1分子の水が使われる。

③ 1分子のクエン酸は，脱炭酸・脱水素されて1分子のα-**ケトグルタル酸**になる。

④ 1分子のケトグルタル酸も，脱炭酸・脱水素されて1分子の**コハク酸**になる。この間に1分子の水が使われ，ATPが1分子生成される。

⑤ 1分子のコハク酸は，脱水素されて1分子の**フマル酸**になる。

⑥ 1分子のフマル酸と1分子の水が反応して1分子の**リンゴ酸**が生じる。

⑦ 1分子のリンゴ酸は脱水素されて1分子の**オキサロ酢酸**となり，これが次のアセチルCoAと反応して回路が形成される。

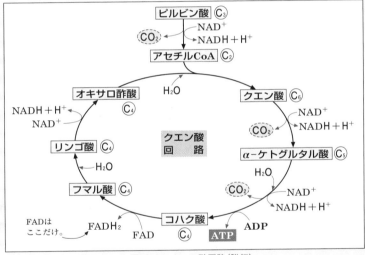

▲ 図69-6 クエン酸回路（詳細）

脱水素はすべて脱水素酵素，脱炭酸はすべて脱炭酸酵素の働きによる。コハク酸から脱水素されて生じた水素はFADに預けられるが，それ以外で生じた水素はNAD⁺に預けられる。

7 グルコース1分子から解糖系で生じた2分子の水素とクエン酸回路で生じた10分子の水素の合計12分子（24原子）の水素が**ミトコンドリアの内膜**<ruby>内膜<rt>ないまく</rt></ruby>で行われる第3段階の反応に使われます。第3段階では，これらの水素，さらに水素に含まれる電子を利用し，グルコース1分子あたり最大**34分子**の

第**6**章 生命現象と物質

441

ATP（実際には26〜28分子）が生成されます。最終的に，水素は6分子の酸素と結合して12分子の水になります。この反応を**電子伝達系**といいます。

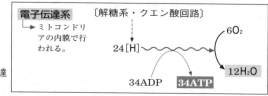

▶ 図69-7 電子伝達系での反応

8 電子伝達系だけを反応式にすると，次のようになります。

$$10(NADH + H^+) + 2FADH_2 + 6O_2 \longrightarrow 12H_2O + 10NAD^+ + 2FAD$$

9 以上の呼吸全体をまとめて反応式にすると，次のようになります。

$$C_6H_{12}O_6 + 6H_2O + 6O_2 \longrightarrow 6CO_2 + 12H_2O$$

呼吸の各段階と酸素の有無

電子伝達系は酸素を直接使って行われる反応なので，酸素がない状態では停止する。**クエン酸回路**は直接酸素を使う反応ではないが，酸素がない状態では停止してしまう。**解糖系**は，酸素がない状態でも停止しない。

電子伝達系が停止すると，NADHあるいはFADH$_2$の水素が使われなくなり，**NAD$^+$やFAD**に戻れなくなる。脱水素酵素はNAD$^+$やFADなどの補酵素を必要とする酵素なので，これらの脱水素酵素が働かなくなり，クエン酸回路も停止するのである。では，解糖系は酸素がなくても停止しないのはなぜだろう。解糖系で生じたNADHは，酸素がない状態ではピルビン酸やアセトアルデヒドの還元に消費される。そのため，再び**NAD$^+$に戻ることができ，解糖系の脱水素酵素は酸素がない状態でも働き続けることができるのである。

呼吸＝解糖系＋クエン酸回路＋電子伝達系

① **解糖系**…細胞質基質で行われる。2ATP生成。酸素なしでも行われる。

② **クエン酸回路**…ミトコンドリアのマトリックスで行われる。2ATP生成。直接酸素は使わないが，酸素がないと停止する。

③ **電子伝達系**…ミトコンドリアの内膜で行われる。最大34ATP生成。直接酸素を使う反応。酸素がないと停止する。

第70講 異化のしくみ②
(電子伝達系でのATP生成)

重要度
★★★

電子伝達系でのATP生成のしくみについて，もう少しくわしく学習しましょう。

1 化学浸透圧(化学浸透)説　1961年 ミッチェル提唱

1 電子伝達系に入った水素は，さらに水素イオンと電子に分かれ，このうちの電子がミトコンドリア内膜に埋め込まれてある種々の物質に次々に受け渡され，これらの物質が順に酸化還元を繰り返します。

2 この電子の流れによって生じたエネルギーにより，ミトコンドリアのマトリックスにあるH⁺がミトコンドリアの外膜と内膜の間(膜間)にある間隙に輸送されます。その結果，**外膜と内膜の間隙(膜間腔)のH⁺濃度が上昇し，マトリックスとの間に濃度勾配が生じます**。これはATPのエネルギーは使いませんが，濃度勾配に逆らった輸送なので能動輸送の一種です。

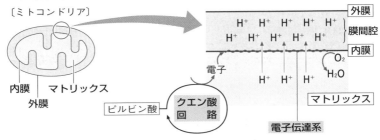

▲ 図70-1 ミトコンドリア内でのH⁺の輸送

3 間隙からマトリックスへH⁺が濃度勾配に従って移動する(すなわち受動輸送)力を利用して，ATP合成酵素がATPを生成します。

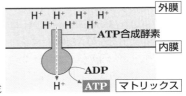

▶ 図70-2 ミトコンドリアでのATPの生成

443

4 ちょうど，水をくみ上げて，その水が流れ落ちるのを利用して水車を回して仕事をするような感じです。つまり，水をくみ上げる（H$^+$の輸送）のにエネルギーを使っておいて，水が流れ落ちる（H$^+$の流入）のを利用して仕事（ATP生成）を行うのです。

電子の伝達とATPの生成

電子伝達系での電子の伝達，およびATP生成を少しくわしく見てみよう。

脱水素酵素の働きで生じたNADHはミトコンドリアの内膜に運ばれ，Hから生じた電子が内膜中のタンパク質複合体に含まれるFMN（フラビンモノヌクレオチド）という物質に渡される。次に，電子はFeS（鉄と硫黄が結合した物質）からCoQ（補酵素Q）に，さらに，膜タンパク質の1つ**シトクロム**に含まれる鉄のイオンを酸化還元しながら順次渡され，内膜内を移動していく。この電子の流れのエネルギーを使って，マトリックス内のH$^+$が膜間腔に輸送される（NADH 1分子あたり約9個のH$^+$が，FADH$_2$ 1分子あたり6個のH$^+$が輸送される）。これらのH$^+$がATP合成酵素の粒子内を濃度勾配に従って流入すると，ADPからATPが生成される。流れてきた電子は最終的にはシトクロムオキシダーゼの働きで酸素と結合して水になる。

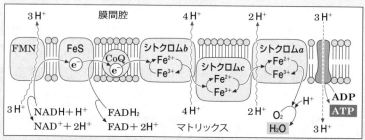

▲ 図70-3 電子伝達系における電子の流れとATP生成

このとき，3個のH$^+$の流入で1分子のATPが生成されるので，NADH 1分子からは3分子のATP，FADH$_2$ 1分子からは2分子のATPが生成される計算になる。グルコース1分子あたり，解糖系およびクエン酸回路で生じたNADHは全部で10分子，FADH$_2$は2分子なので，これらが電子伝達系で使われると最大34分子のATPが生成されることになる。ただしこれは理論値で，実際には26〜28分子のATP程度しか生成されない。このようなしくみでのATPの生成を**酸化的リン酸化**という。

【電子伝達系でのATP生成（酸化的リン酸化）】
① マトリックスから膜間腔へH⁺を能動輸送で運ぶ。
② 膜間腔からマトリックスへのH⁺流入時のエネルギーにより，
ATP生成。

2 リン酸転移によるATP生成

1　これまで見たのは，電子伝達系でのATP生成でした。呼吸ではこれ以外に，解糖系やクエン酸回路でもATPが生成されていましたね。これらはまた別のしくみによって生成されます。

2　もともとATPがたくさんのエネルギーを蓄えることができるのは，**高**エ**ネルギーリン酸結合**をもっているからでしたね。

3　同様に，ATPでなくても高エネルギーリン酸結合をもっている物質があれば，そこからリン酸をADPに転移させることで，ATPが生成されるわけです。

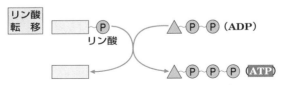

▲ 図 70-4 リン酸転移による ATP の生成

解糖系やクエン酸回路でのATP生成は，この**リン酸転移**により行われます。このようなATP合成を**基質レベルのリン酸化**といいます。

4　解糖系・クエン酸回路以外にも，リン酸転移によってATPを生成する反応があります。脊椎動物の骨格筋には**クレアチンリン酸**という高エネルギーリン酸化合物が多量に含まれています。このクレアチンリン酸のもつリン酸を**クレアチンキナーゼ**という酵素の働きでADPに転移すると，ク レアチンリン酸はクレアチンに，ADPはATPになります。

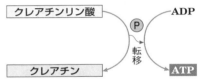

▲ 図 70-5 骨格筋中での ATP の生成

解糖系・クエン酸回路での**ATP生成＝基質レベルのリン酸化**

3 ATP転換率

1 ある有機物から生じたエネルギーの何％がATP生成に用いられたかを表す値を**ATP転換率（エネルギー効率，エネルギー転換率）**といいます。

2 グルコース1molを完全に酸化分解すると，2870kJのエネルギーが放出されます。一方，グルコース1molからは呼吸によって最大38molのATPが生成されましたね。

> 1mol（モル）は粒子6.02×10^{23}個。その質量は原子量（分子量）にgの単位をつけたものに等しいので1molのグルコースは180g。

3 ATP 1molの生成には約31kJのエネルギーが使われます。このときのATP転換率は次のように求められます。

> J（ジュール）…エネルギーの単位。1 J = 0.239cal （1cal = 4.184J）

> 実際には，29〜38kJ

$$\frac{31\text{kJ/mol} \times 38\text{mol}}{2870\text{kJ}} \times 100 ≒ 41\%$$

となります。

4 このように，約4割のエネルギーはATP生成に使われ，残り6割は熱エネルギーとして放出されてしまいます。恒温動物では，この熱エネルギーを体温維持に利用しています。

① **ATP転換率＝**$\dfrac{\textbf{ATP生成に用いられたエネルギー}}{\textbf{有機物の分解で生じたエネルギー}}\textbf{×100}$

② **ATPに変換されなかったエネルギーは，熱エネルギーとして放出される。**

第**71**講 呼吸の実験

重要度
★ ★

ツンベルク管を使った脱水素酵素の実験および呼吸商の実験
をマスターしましょう。

1 ツンベルク管を使った実験

1 右の図のような器具を**ツンベルク
管**といいます。このツンベルク管を
使った**脱水素酵素**の実験を紹介しま
しょう。

〔脱水素酵素の働きを調べる実験〕

1 脱水素酵素を多く含んでいるもの,
たとえばニワトリの胸の筋肉をすり
つぶしてろ過したものを酵素液とし
て, ツンベルク管の主室に入れます。

2 脱水素酵素の基質となる**コハク
酸**を含んだ物質としてコハク酸ナ
トリウム溶液を副室に入れます。さ
らに, **メチレンブルー**という**青
色**の物質も副室に入れます。

3 真空ポンプ(アスピレーター)につ
ないで, 管の中の空気を抜き取ります。

4 副室をまわして, 孔をふさぎます。
次に管を倒して, 副室の液を主室の
液と混ぜます。

5 その結果, **最初は青色だった液の
色が次第に無色に変化**します。

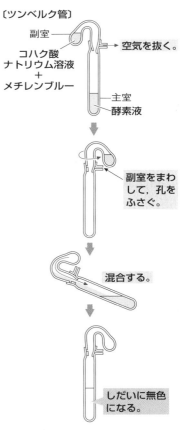

〔ツンベルク管〕

副室

コハク酸
ナトリウム溶液
＋
メチレンブルー

→ 空気を抜く。

主室
酵素液

副室をまわ
して, 孔を
ふさぐ。

混合する。

しだいに無色
になる。

▲ 図 71-1 脱水素酵素の実験

第**6**章 生命現象と物質

447

2 このとき，どのような反応が起こったのかを見てみましょう。

　酵素液に含まれている脱水素酵素，厳密には**コハク酸脱水素酵素**の働きで，**コハク酸から水素が奪われます**。奪われた水素はFADに預けられ，$FADH_2$となります。さらに，メチレンブルー(Mb)は水素と結合しやすい物質であるため，$FADH_2$の水素を奪い取り，MbH_2(**還元型メチレンブルー**)となります。もともと**Mbは青色**ですが，**MbH_2は無色**の物質なので，MbがMbH_2に変化するにつれて，管内の液も青色から無色に変化することになります。図示すると，次のようになります。

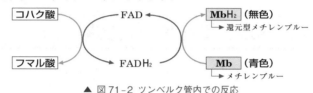

▲ 図71-2 ツンベルク管内での反応

　したがって，青色が無色になるのにかかる時間を測定してやれば，脱水素酵素の反応速度を調べることができます。

3 実験終了後，副室をまわして孔を開けて空気を入れると，無色だった液が再び青色に戻ります。これは，**還元されていたメチレンブルーが，空気中の酸素によって酸化され，青色のメチレンブルーに戻ったから**です。

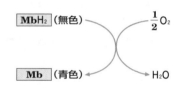

▲ 図71-3 還元型メチレンブルーの酸化

4 このように，**管の中に空気があると，還元型メチレンブルーがすぐに酸化型メチレンブルーに戻ってしまい，無色に変化しなくなってしまいます**。そのため，反応させる前にあらかじめ真空ポンプで管の中の空気をぬく必要があるのです。

5 コハク酸脱水素酵素は，呼吸の**クエン酸回路**に関与する酵素です。実際の細胞内でもコハク酸脱水素酵素はコハク酸から水素を奪い，FADに預けます。実際の細胞では$FADH_2$の水素は電子伝達系に使われ，最終的には酸素と結合して水になります。このツンベルク管での実験で，青色のメチレンブルーが水素を預かって無色になり，空気を入れたあと，再び青色になるまでの反応は，ちょうどクエン酸回路でコハク酸から水素が奪われ，最終的に電子伝達系で水ができるまでの反応を再現したといえます。

定番論述対策⑫ ツンベルク管を使ったコハク酸脱水素酵素の実験で，あらかじめ管の中の空気を抜くのはなぜか。40字以内で述べよ。

ポイント　「酸素」・「メチレンブルー」・「還元」・「酸化」の4つを入れる。

模範解答例　還元型メチレンブルーが空気中の酸素によって酸化されないようにするため。(35字)

【ツンベルク管を使った脱水素酵素の実験】
① **コハク酸**が基質，酵素は**コハク酸脱水素酵素**。
② 青色の**メチレンブルー(Mb)** が還元されると，無色の**還元型メチレンブルー(MbH_2)** になる。
③ あらかじめ**空気を抜く**のは，MbH_2が酸素によって**酸化される**のを防ぐため。

2　呼　吸　商

1　呼吸で吸収した酸素の体積と放出した二酸化炭素の体積比を**呼吸商**(**RQ**；Respiratory Quotient)といい，次のような式で求めることができます。

$$呼吸商 = \frac{放出した二酸化炭素の体積}{吸収した酸素の体積}$$

＊質量比ではなく，**体積比**であることに注意!!

2　呼吸商の値は，その呼吸に使われた呼吸基質によって異なる値となります。グルコースのような炭水化物を呼吸に用いた場合の呼吸商は**1.0**，タンパク質(アミノ酸)の場合は**0.8**，脂肪の場合は**0.7**となります。

3 気体の体積は反応式におけるモル数に比例するので，反応式の係数から求めることもできます。

① 炭水化物（グルコース）の場合

$$C_6H_{12}O_6 + \underline{6}O_2 + 6H_2O \longrightarrow \underline{6}CO_2 + 12H_2O$$
（グルコース）

$$\therefore \quad 呼吸商 = \frac{6}{6} = 1.0$$

② 脂肪（脂肪酸の一種のパルミチン酸の場合）

$$C_{16}H_{32}O_2 + \underline{23}O_2 \longrightarrow \underline{16}CO_2 + 16H_2O$$
（パルミチン酸）

$$\therefore \quad 呼吸商 = \frac{16}{23} \fallingdotseq 0.7$$

> 脂肪酸やアミノ酸は，含まれるCやHにくらべてOの割合が少ない。そのため，多くのO_2を必要とする。その結果，呼吸商の値が1.0よりも小さくなる。

③ タンパク質（アミノ酸の一種のバリンの場合）

$$C_5H_{11}O_2N + \underline{6}O_2 \longrightarrow \underline{5}CO_2 + 4H_2O + NH_3$$
（バリン）

$$\therefore \quad 呼吸商 = \frac{5}{6} \fallingdotseq 0.8$$

4 逆に，呼吸商の値から，呼吸基質を調べることができます。たとえば，イネやコムギのように，おもにデンプンを蓄えている種子では，発芽のときに蓄えてあるデンプンを呼吸基質として利用します。そのような種子の呼吸商は1.0に近い値となります。

アブラナやゴマ，トウゴマのように，おもに脂肪を蓄えている種子では，呼吸商は0.7に近い値になります。マメ科の種子にはタンパク質が多く，呼吸商も0.8に近い値になります。

> アブラナからはナタネ油，ゴマからはゴマ油，トウゴマからはヒマシ油が精製される。いずれも，被子植物の双子葉類。

■ **考えてみよう！** 呼吸商が0.8になれば，呼吸基質がタンパク質だと断定できるでしょうか？

5 複数の呼吸基質が使われた場合，たとえば炭水化物とタンパク質の両方が使われたような場合，呼吸商の値が1.0と0.8の間の値になってしまいます。また，炭水化物と脂肪が使われて，呼吸商が0.8になってしまうこともあります。したがって，タンパク質のみを呼吸基質に使えば呼吸商は0.8になりますが，呼吸商が0.8だからといって呼吸基質が必ずしもタンパク質だとは断定できません。

脂肪・タンパク質を使った呼吸のしくみ

脂肪やタンパク質は，どのように呼吸に使われるのかを見てみよう。

脂肪は，脂肪酸とグリセリンに分解される。脂肪酸は端から順に炭素を2つもった部分が切り離され，アセチルCoAが多数生じる（この反応を**β酸化**という）。たとえば，パルミチン酸にはCが16個あるのでパルミチン酸1分子からアセチルCoAが8分子生じることになる。生じたアセチルCoAはクエン酸回路で消費される。一方，グリセリンはリン酸化されてPGA（ホスホグリセリン酸）となり，解糖系（⇨p.439）の反応に使われる。このような反応によって，脂肪の場合は炭水化物の場合よりも非常に多くのATPが生成される。

タンパク質は，まずアミノ酸に分解される。このアミノ酸からアミノ基が取られ，有機酸が生じる（これを**脱アミノ反応**という）。たとえば，アラニンが脱アミノ作用を受けるとピルビン酸に，グルタミン酸が脱アミノ作用を受けるとα-ケトグルタル酸になり，アスパラギン酸が脱アミノ作用を受けるとオキサロ酢酸になる。このようにして生じた有機酸は，やはりクエン酸回路で消費されることになる。

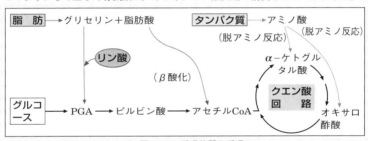

▲ 図71-4 呼吸基質と呼吸

これらの反応は可逆的なので，グルコースの分解で生じた有機酸をもとにして，脂肪やアミノ酸を生成することもできる。

① 呼吸商 ＝ $\dfrac{\text{放出した二酸化炭素の体積}}{\text{吸収した酸素の体積}}$

② （呼吸基質）（呼吸商）
炭水化物……1.0
タンパク質…0.8
脂　肪………0.7

3 呼吸商を調べる実験

1 呼吸商を調べるには，次のような装置を使って実験します。

フラスコに呼吸の盛んな生物（たとえば発芽しかけの種子）を入れ，ビーカーに水酸化ナトリウム溶液あるいは蒸留水を入れた装置を2つ用意します。それぞれにゴム栓をして，細い管をつなぎ，細い管の1か所に着色液で印をつけます。

> 二酸化炭素を吸収する働きがある。水酸化カリウム溶液を用いることも多い。

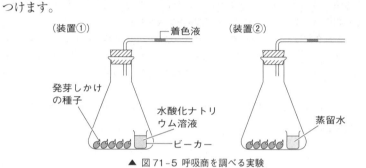

▲ 図71-5 呼吸商を調べる実験

呼吸により，フラスコ内の気体の体積が変化すれば，着色液が左または右に移動します。

2 水酸化ナトリウム溶液の入った装置①では，種子が放出した二酸化炭素が水酸化ナトリウム溶液に吸収されてしまうため，**種子が吸収した酸素のぶんだけフラスコ内の体積が減少**し，そのぶんだけ着色液が左へ動きます。このときの移動距離を[A]とします。

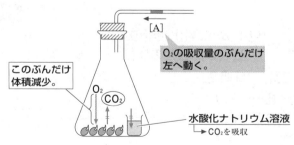

▲ 図71-6 呼吸による気体の体積の変化①

3 　一方，水酸化ナトリウム溶液が入っていない装置②では，**種子が吸収した酸素と放出した二酸化炭素の差のぶんだけ体積が変化**し，そのぶんだけ着色液が移動します。吸収する酸素のほうが多ければ着色液は左へ，放出する二酸化炭素のほうが多ければ着色液は右へ移動します。この移動距離を[B]とします(左に動いたら＋[B]，右に動いたら−[B]とすることにします)。

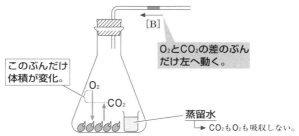

▲ 図71−7 呼吸による気体の体積の変化②

4 　[A]と[B]から，右図のようにして二酸化炭素放出量(体積)が求められます。すなわち，[A]−[B]の値が二酸化炭素放出量(体積)となります。

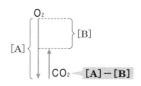

5 　したがって，これらを使うと呼吸商が求められます。

$$呼吸商 = \frac{二酸化炭素放出量}{酸素吸収量} = \frac{[A]-[B]}{[A]}$$

最強ポイント

水酸化ナトリウム溶液を入れた装置 ⇨ 酸素吸収量を測定。
蒸留水を入れた装置 ⇨ 酸素吸収量と二酸化炭素放出量の差を測定。

植物の光合成の
しくみ

第**72**講

重要度
★★★

炭酸同化には光合成と化学合成があります。まずは光合成，
それもふつうの植物の光合成を見ていきます。

1 光合成色素

1 光合成に必要な光エネルギーを吸収する色素を**光合成色素**あるいは**同化色素**といいます。光合成色素は，**クロロフィル・カロテノイド・フィコビリン**の3種類に分類されます。

2 クロロフィルには**クロロフィルa・クロロフィルb・クロロフィルc**やバクテリオクロロフィルなどの種類があります。カロテノイドには**カロテン**とキサントフィル（フコキサンチン，ルテインなど）が，フィコビリンには**フィコシアニン**とフィコエリトリンがあります。

<u>ふつうの植物（コケ植物・シダ植物・種子植物）は，クロロフィルaとb，カロテンとキサントフィルをもちます。</u>

> 他の光合成色素をもつ生物については，第57講で学習する。

3 <u>クロロフィルaやbは下の図のような構造をしており，中にMg（マグネシウム）を含んでいるのが特徴です。</u>

> ふつうの植物では，クロロフィルaとbが，ほぼ3：1の割合で含まれている。

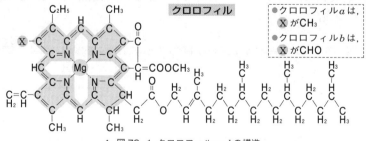

> ● クロロフィルaは，
>   Ⓧ がCH₃
> ● クロロフィルbは，
>   Ⓧ がCHO

▲ 図72-1 クロロフィルa・bの構造

4　光合成色素によって，どの波長の光をどれくらい吸収するかを示したグラフを**吸収曲線（吸収スペクトル）**といいます。また，どの波長の光によって，どれくらい光合成が行われるかを示したグラフを**作用曲線（作用スペクトル）**といいます。クロロフィル*a*と*b*の吸収曲線と光合成の作用曲線を示したものが次の図です。

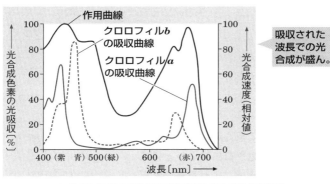

▲ 図72-2 光合成色素の吸収曲線と光合成の作用曲線

5　上のグラフから，クロロフィル*a*や*b*は主に**赤色光**と**青紫色光**を吸収しやすいこと，光合成もおもに赤色光と青紫色光によって行われることがわかります。つまり，**吸収された赤色光や青紫色光が主に光合成に利用されている**ということになります。

6　緑葉が緑色に見えるのは，緑葉に含まれるクロロフィルが赤色光や青紫色光をおもに吸収し，逆に，緑色光などはあまり吸収せずに反射したり透過したりしているからです。

▲ 図72-3 緑葉が緑色に見えるわけ

① ふつうの植物の光合成色素…**クロロフィル*a*・*b***，**カロテノイド（カロテン・キサントフィル）**
② クロロフィルには，Mgが含まれる。
③ クロロフィルはおもに**赤色光**と**青紫色光**を吸収し，光合成に利用している。

2 光合成のしくみ ～チラコイドでの反応～

1 まずは，葉緑体の構造の復習です。

葉緑体

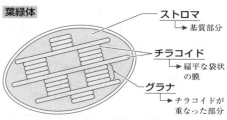

▶ 図72-4 葉緑体の構造

2 葉緑体のチラコイドには，クロロフィル a やクロロフィル b，カロテン，キサントフィルなどの光合成色素が，タンパク質と結合して複合体を形成して埋め込まれています。このうち，最もメインとして働くのは**クロロフィル a です。

3 光エネルギーは，これらの色素に吸収されますが，**最終的にはクロロフィル a にエネルギーが集約されます**。これを**光捕集反応**といい，ちょうど，種々の色素がアンテナのように幅広く光エネルギーを集め，そのエネルギーを中心に集めるような感じです。この反応の中心となって働くところを**反応中心**といいます。

反応中心

クロロフィルa

4 クロロフィル a にエネルギーが集約されると，そのエネルギーによってクロロフィル a が活性化し，エネルギーをたくさんもった電子(e^-)が放出される反応が起こります(これを**光化学反応**といいます)。

電子の励起とエネルギー

　クロロフィルが活性化してエネルギーをたくさんもった電子が放出…，とはいったいどのような現象なのだろうか。

　物質を構成する原子に存在する電子は，エネルギーを吸収することによって，1つ外側の電子軌道に移る。これを**励起状態**にあるという。逆に，通常の電子軌道にある状態を**基底状態**という。つまり，**エネルギーによって基底状態から励起状態になる**ことが活性化したということになる。この励起した電子は非常に不安定で，原子の外へ飛び出してしまう。したがって，飛び出した電子はエネルギーをもった状態であるといえる。

---

5 光化学反応には，**光化学系 Ⅰ** と **光化学系 Ⅱ** という2種類があります。

「Ⅰ」・「Ⅱ」といっても，反応の順番ではなく，先に解明されたほうが「Ⅰ」というだけ。

6 　光化学系Ⅱで，電子を放出してしまったクロロフィル a は，水を分解して
その中の電子を奪い
ます。その結果，**水
の分解によって酸素
が発生**し，気孔から
体外に放出されます。

7 　もうひとつの光化学反応である光化学系Ⅰでも，クロロフィル a から，エ
ネルギーをたくさんもった電子(e^-)が放出されます。この電子は水素イオン
とともに $NADP^+$ に
預けられ，NADPH
$+H^+$ となります。
一方，電子が飛び出
した光化学系Ⅰのク

ロロフィル a は，光化学系Ⅱで放出された電子を自分のほうへ引き付けよう
とします。この力によって，電子は**電子伝達系**の中を移動し，光化学系Ⅱ
から光化学系Ⅰのクロロフィル a に渡されます。

　もちろん，この電子伝達系により，ATPが生成されます。光合成での電子
伝達系によるATP生成を**光リン酸化**といいます。

8 　光合成における電子伝達系でのATP生成のしくみも，呼吸での電子伝達系
の場合とほぼ同様です。

　つまり，チラコイド膜に埋め込まれた種々の電子受容体の中を電子が流れ
たときのエネルギーを利用して，ストロマからチラコイド膜内腔に H^+ が運ば
れます。そのため，チラコイド膜内腔の H^+ 濃度が上昇し，ストロマとの間に
H^+ の濃度勾配が生じます。次に，この濃度勾配によって，H^+ がチラコイド膜
内腔からストロマに移動する力によってATP合成酵素がATPを生成します。

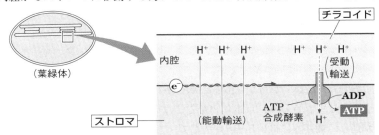

▲ 図 72-5 チラコイドでのATPの生成

第**6**章

生命現象と物質

【葉緑体のチラコイドでの反応】

① 反応中心にある**クロロフィルa**に光エネルギーが集約される。

② **光化学系Ⅱ**により水が分解され，**酸素が発生**する。

③ **光化学系Ⅰ**により，**NADP$^+$からNADPHを生成**する。

④ **電子伝達系**により，**ATPを生成**（＝光リン酸化）する。

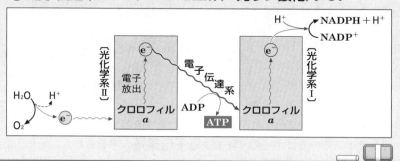

3 光合成のしくみ ～ストロマでの反応～

1 チラコイドでの反応で生じた**NADPH**と**ATP**，さらに，気孔から取り込んだ**二酸化炭素**を利用して，炭水化物が合成される反応が**ストロマ**で行われます。

2 まずは，吸収した二酸化炭素1分子が**炭素を5つもつリブロースビスリン酸（RuBP）1分子**と反応し，炭素を3つもつ**ホスホグリセリン酸（PGA）2分子**に変化します。

> Cの数が5＋1
> →3×2

この反応を触媒するのは**ルビスコ**（RuBPカルボキシラーゼ/オキシゲナーゼRubisCO）という酵素です。

3 このPGAはATPからリン酸基を転移され，NADPH＋H$^+$の水素と反応し，水が生じます。さらに，炭水化物を生じた後，ATPのエネルギーを使って反応が進み，最終的に再びRuBPが生じて，また次の二酸化炭素と反応します。

以上を模式的に示すと，次の図のようになります。

この回路反応を**カルビン回路**といいます。結果的に，二酸化炭素と水素を反応させているわけで，二酸化炭素の還元反応が行われていることになりますね。

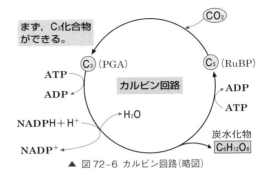
▲ 図72-6 カルビン回路(略図)

4 光合成全体の反応を反応式でまとめると，次のようになります。

$$12H_2O + 6CO_2 \longrightarrow 6O_2 + 6H_2O + C_6H_{12}O_6$$

カルビン回路をもう少しくわしく見てみよう。

① ルビスコにより二酸化炭素1分子とリブロースビスリン酸1分子が反応する。その結果，PGAが2分子生じる。1分子の炭水化物の合成には6分子の二酸化炭素が使われるので，生じるPGAは12分子ということになる。

② 12分子のPGAは，12分子のATPのリン酸と12分子のNADPH＋H⁺の水素を受け取り，12分子の**グリセルアルデヒドリン酸**(GAP)という別のC₃化合物になり，6分子の水が生じる。

③ 12分子のグリセルアルデヒドリン酸のうちの2分子が回路から離れ，いくつかの中間物質を経て**フルクトースビスリン酸**(C₆化合物)となり，さらに，C₆H₁₂O₆で示される炭水化物となる。

④ 残りの10分子のグリセルアルデヒドリン酸は，何種類もの中間物質を経て，さらに，6分子のATPのリン酸を得て，再び6分子の**リブロースビスリン酸**となる。

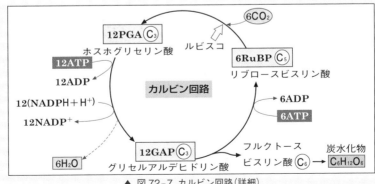
▲ 図72-7 カルビン回路(詳細)

第**6**章
生命現象と物質

459

光阻害

　植物が行う光合成は，要約すると「チラコイドで行われる反応によって水が分解されNADPHという還元力が生じ，これをストロマで行われるカルビン回路によって消費し，二酸化炭素を固定する」という反応である。しかし，一般に前半の反応にくらべると後半の二酸化炭素固定反応速度は小さく，どうしても還元力が過剰になってしまう。この**過剰な還元力は有害な活性酸素の生成を引き起こし，強い光がかえって光合成を低下させてしまう**。これを光阻害という。

　乾燥による気孔閉鎖や低温によって二酸化炭素固定反応速度が低下すると，強光下でなくても同様に還元力が過剰になる。

　カロテノイド(カロテンやキサントフィル)は従来補助的な色素として働くと考えられてきたが，余分に吸収した光エネルギーを熱エネルギーに変換したりして，過剰な還元力による活性酸素の生成を抑制する働きがあることがわかってきている。

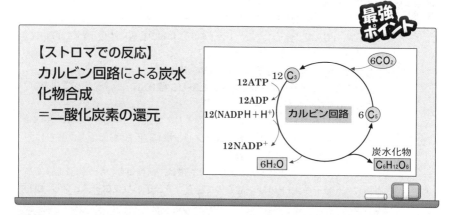

4　酸化的リン酸化と光リン酸化の比較

1　酸化的リン酸化と光リン酸化を比較して模式図で示すと次のようになります。

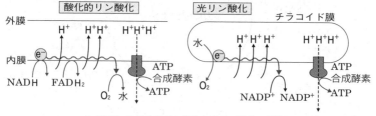

▲ 図72-8　酸化的リン酸化と光リン酸化の模式図

2　電子伝達で生じたエネルギーを用いて，酸化的リン酸化ではマトリックスから膜間腔へとH$^+$を輸送しますが，光リン酸化ではH$^+$をストロマからチラコイド内へ輸送します。

3　電子伝達系へ電子を供給する物質（電子供与体）が酸化的リン酸化ではNADHあるいはFADH$_2$ですが，光リン酸化では水です。電子伝達系で最終的に電子を受け取る物質（電子受容体）は，酸化的リン酸化では酸素ですが，光リン酸化ではNADP$^+$です。

4　最終的にATP合成酵素の中をH$^+$が濃度勾配に従って移動し，ATPが合成される点は共通します。

5　ATP合成酵素は図72-9のように，膜に埋め込まれたαの部分，心棒のようなβの部分，球状のγの部分からなります。H$^+$がαの部分を移動するとβの部分が回転し，γの部分でATPが合成されます。

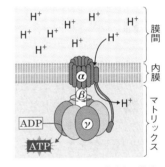

▲ 図72-9 ATP合成酵素の構造

6　すなわちH$^+$が拡散するエネルギーが回転の運動エネルギーとなり，これがATPの化学エネルギーに変換されるのです。コイルの中で磁石を回転させると発電できる（中学校理科「電流と磁界」で学習していますよ！）ような感じですね。

【酸化的リン酸化と光リン酸化の違い】

	酸化的リン酸化	光リン酸化
電子伝達に伴うH$^+$の移動方向	マトリックス→膜間腔	ストロマ→チラコイド内
電子供与体	NADH，FADH$_2$	水
電子受容体	酸素	NADP$^+$

光合成の実験

重要度
★

光合成のしくみは，多くの科学者の実験によって明らかにされてきました。その歴史を見てみましょう。

1 光合成色素の分離実験

1 混合物を，固定された物質の中あるいは表面を移動させることでそれぞれの成分を分離する方法を**クロマトグラフィー**といいます。

2 ろ紙を用いる**ペーパークロマトグラフィー**やガラスやプラスチックにシリカゲルの粉末を薄く塗った板（TLC プレート）を用いる**薄層クロマトグラフィー**があります [Thin-Layer Chromatography の頭文字。] が，最近はほとんど薄層クロマトグラフィーが用いられます。

3 薄層クロマトグラフィーを用いた光合成色素の分離実験は次のような手順で行われます。

1. 葉をよくすりつぶし，ジエチルエーテルを加えて色素を抽出する。
2. TLC プレートの端から 2cm 程度のところに鉛筆で線を引き，線上に原点をとる。
3. ガラス細管で色素抽出液を原点のところにできるだけ小さくつける。
4. 原点側のプレートの端を展開液（例エーテル：アセトン＝ 7：3 混合液）に浸す。
5. 色素が十分分離したら展開液から取り出し，展開液が移動した先端（溶媒前線）および各色素の輪郭と中心に印をつける。
6. 次の式によってRf値を計算する。

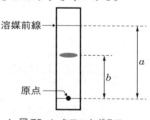

▲ 図 73-1 クロマトグラフィー

$$\text{Rf値} = \frac{\text{原点から各色素の中心までの距離}}{\text{原点から溶媒前線までの距離}} = \frac{b}{a}$$

4 それぞれの成分によって TLC プレートへの吸着度が異なり移動速度に差が生じるので，これによりそれぞれの色素を分離させることができるのです。

5　またこれらの操作で印をつけるときには必ず鉛筆を用います。サインペンやボールペンを用いると，それらの色素まで分離されてしまうからです（鉛筆の芯は炭素の粉なので溶けて移動したりしません）。

6　たとえば，展開液としてエーテル：アセトン＝7：3混合液を用い，20℃で実験すると次のように各色素が分離されます（数値を覚えないといけないわけではありません！）。

色素	カロテン	クロロフィルa	クロロフィルb	キサントフィル類
Rf値	0.98	0.80	0.71	0.49 〜 0.65
色	橙	青緑	黄緑	黄

キサントフィルの仲間には，ルテイン，ビオラキサンチン，ネオキサンチン，フコキサンチンなどがある。

7　用いるプレートの種類，展開液の種類，温度によってこれらの値は異なりますが，同じ条件であればRf値は色素の種類によって一定になります。

たとえば，ろ紙を用いたペーパークロマトグラフィーでは，カロテン(0.90)，キサントフィル類(0.7 〜 0.8)，クロロフィルa (0.55)，クロロフィルb (0.45)のようになる。

2 古典的な光合成の実験 （17世紀〜19世紀）

1 1648年；ファン・ヘルモントの実験

植木鉢に乾燥した土90.7kgを入れ，重さ2.3kgのヤナギの苗を植え，5年間水だけで育てたところ，ヤナギは76.8kgとなり，74.5kgも増加しました。しかし，土は57g減少しただけでした。

このことからヘルモントは，「**植物のからだは水からつくられる**」と考えました。

2 1772年；プリーストリーの実験

密閉したガラス容器内でろうそくを燃やし，そこにネズミを入れておくと，やがてろうそくの火は消え，ネズミは死んでしまいます。しかし，植物（ハッカ）の枝を一緒に入れておくと，ろうそくが長く燃え続け，ネズミも長く生きることができました。

このことからプリーストリーは，「**植物にはまわりの空気をきれいにする働きがある**」と考えました。

3 1788年；セネビエの実験

二酸化炭素を含む水中に水草を入れて光を当てると気泡が発生しましたが，二酸化炭素を含まない水では気泡が発生しませんでした。このことからセネビエは，「**酸素を発生するには二酸化炭素が必要である**」ということを発見しました。

4 1804年；ソシュールの実験

密閉した容器に植物を入れて光を当てておくと，容器内の二酸化炭素が減少し，植物体の重量が増加しました。さらに，減少した二酸化炭素量よりも増加した植物体の重さのほうがはるかに大きいことから，ソシュールは，「**植物のからだは水と二酸化炭素からつくられる**」と考えました。

5 1862年；ザックスの実験

植物の葉の一部を光が当たらないように覆っておくと，光が当たったところでのみデンプンがつくられていました。このことからザックスは，「**植物は，光によってデンプンをつくっている**」ことを明らかにしました。

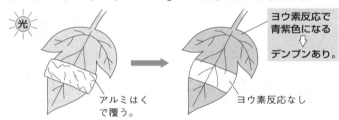

光

アルミはくで覆う。

ヨウ素反応で青紫色になる
⇩
デンプンあり。

ヨウ素反応なし

▲ 図73-2 ザックスの実験

6 1882年；エンゲルマンの実験

アオミドロの葉緑体の部分に光を当てると，好気性細菌が葉緑体周囲に集まったことから，「**葉緑体から酸素が発生している**」ことがわかりました。また，このとき，赤色光と緑色光を照射すると赤色光に好気性細菌が集まることや，プリズムで分けた光を照射すると赤色や青紫色の部分に好気性細菌が集まることから，「**特定の波長の光が有効である**」ことが明らかになりました。

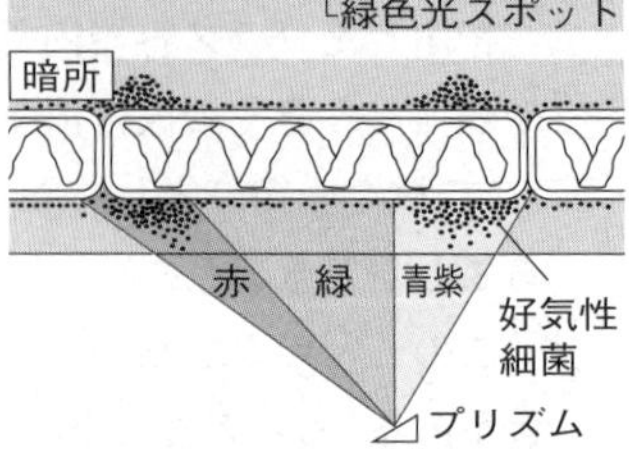

▶ 図73-3 エンゲルマンの実験

暗所　白色光スポット
葉緑体

暗所　赤色光スポット
緑色光スポット

暗所

赤　　緑　　青紫
好気性細菌
プリズム

19世紀までの実験で，光合成について次のことが明らかにされた。
「植物は，光(赤色や青紫色)と水と二酸化炭素を使って，酸素を発生し，デンプンを合成する」

$$水 + 二酸化炭素 \xrightarrow{(光)} 酸素 + デンプン$$

3 光合成のしくみに関する実験 (20世紀)

1 1939年；ヒルの実験

ハコベの葉をすりつぶして得た葉緑体を含む絞り汁を容器に入れ，空気を抜いて，シュウ酸鉄(Ⅲ)を加え，光を照射すると，酸素が発生しました。しかし，シュウ酸鉄(Ⅲ)を加えない場合は酸素が発生しませんでした。シュウ酸鉄(Ⅲ)は還元されやすい物質なので，**「光合成で酸素が発生するためには還元されやすい物質の存在が必要」**なことがわかりました。

ここでは，水の分解で生じた電子によってFe^{3+}が還元されてFe^{2+}となり，シュウ酸鉄(Ⅲ)がシュウ酸鉄(Ⅱ)に変化しています。

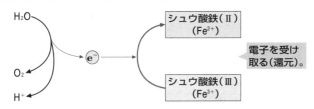

▲ 図73-4 ヒルの実験におけるシュウ酸鉄(Ⅲ)の還元

このように，**電子を受け取る物質(電子受容体)がないと，光が照射されても水は分解されない**のです。実際の反応では，最終的には$NADP^+$が電子を受け取っています。この反応を**ヒル反応**といいます。

ヒルの実験でシュウ酸鉄(Ⅲ)を加える理由

葉緑体中には，もともと$NADP^+$があるはずである。では，なぜ，ヒルの実験で，シュウ酸鉄(Ⅲ)を加えないと酸素が発生しないのだろうか。

この実験では，あらかじめ空気を抜いている。つまり，二酸化炭素もなくなっているのである。二酸化炭素がなければカルビン回路は進行しない。そのため，$NADPH+H^+$のHを消費する反応も行われない。すると，NADPHはNADP$^+$に戻れないので，NADP$^+$が供給されないことになる。したがって，**もともと葉緑体にあった電子受容体である$NADP^+$がないため，シュウ酸鉄(Ⅲ)を加えないと，水が分解されないのである。**

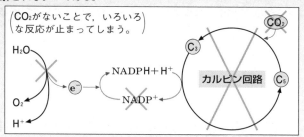

▲ 図73-5 シュウ酸鉄(Ⅲ)を加える理由

2 1941年；ルーベンの実験

酸素の同位体(^{18}O)をもつ水($H_2^{18}O$)とふつうの酸素(^{16}O)をもつ二酸化炭素($C^{16}O_2$)をクロレラに与えて光合成を行わせると，発生する酸素の中に$^{18}O_2$が見いだされました。しかし，$H_2^{16}O$と$C^{18}O_2$を使って実験しても$^{18}O_2$は発生しませんでした。このことから，**「光合成で発生する酸素は二酸化炭素ではなく，水に由来する」**ことが明らかになりました。

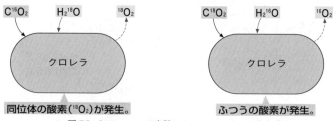

▲ 図73-6 ルーベンの実験におけるクロレラの光合成

3 1949年；ベンソンの実験

二酸化炭素がない条件で光を照射しておいた植物を，暗黒下で二酸化炭素のある条件に移すと，しばらくの間だけ二酸化炭素が吸収されます。

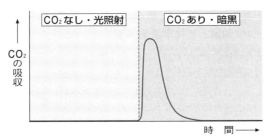

▲ 図 73-7 ベンソンの実験

　暗黒下でもしばらくの間二酸化炭素が吸収されるのは，光照射で生じた ATP や NADPH が消費されるまではカルビン回路が進行するからです。

　このような実験から，「光合成では，まず光を必要とする反応が起こり，それによって生じた物質を使って二酸化炭素を吸収する反応が起こる」こと，「二酸化炭素を吸収する反応には光を必要としないこと」などがわかりました。

第6章　生命現象と物質

4 1956年；エマーソンの実験

　クロレラに種々の波長の光を照射して光合成速度を測定すると，680nm（赤色光）より波長が長い光では，クロロフィル a に光が吸収されているにもかかわらず，光合成速度が低下します（この現象を**レッドドロップ**といいます）。このときより短波長の赤色光（650nm）を同時に照射すると，このような低下は起こらなくなります（これを**エマーソン効果**といいます）。

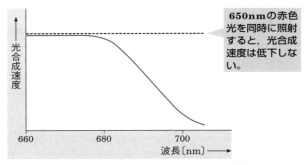

▲ 図 73-8 レッドドロップとエマーソン効果

　このことから，「光化学反応では，2つの異なる反応過程が連続して起こる」ことがわかりました。

エマーソン効果と光化学系Ⅱ・Ⅰ

2つの光化学反応のいずれの反応にも短波長の赤色光(650nm)が関与し，1つの光化学反応は長波長の赤色光も用いる反応であると考えると，エマーソン効果が説明できる。長波長の赤色光単独では光化学反応が十分進行しないが，短波長と長波長の赤色光を両方照射すれば2つの光化学反応が進行し，光合成も活発に行われる。

これらの研究がもとになり，長波長の赤色光を利用する**光化学系Ⅰ**と，おもに短波長の赤色光を利用する**光化学系Ⅱ**の存在が解明された。

5 1957年；カルビンの実験

[1] 放射性同位元素の炭素(^{14}C)を含む二酸化炭素($^{14}CO_2$)を一定時間クロレラに取り込ませ，熱したアルコールに浸して光合成反応を停止させます。こうして，光合成を行わせた時間ごとに^{14}Cを取り込んでいる物質を二次元電気泳動法を用いて調べました。その結果，光合成を行わせる時間が短時間(1～5秒)であれば，^{14}CはおもにPGA(ホスホグリセリン酸)に取り込まれていました。

このことから，「吸収した二酸化炭素から最初に生じる物質はPGAである」ということがわかりました。

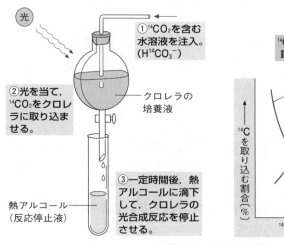

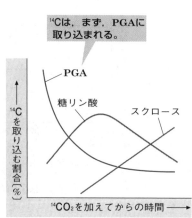

▲ 図73-9 カルビンの実験

468

② また，$^{14}CO_2$を取り込ませて光合成を行わせておき，急に光照射を停止すると，PGAが一時的に増加し，**RuBP**(リブロースビスリン酸)が減少します。このことから，光照射で生じた物質を用いてPGAからRuBPへの反応が進行することがわかります(PGAが増加したのは，RuBP→PGAの反応はすぐには止まらない一方でPGA→RuBPの反応がストップし，PGAがたまったため)。さらに，二酸化炭素を急に欠乏させると，PGAが減少し，RuBPが一時的に増加します。このことから，吸収した二酸化炭素を使ってRuBPからPGAへの反応が進行することがわかります。

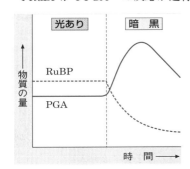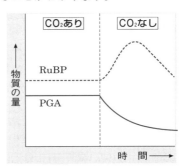

▲ 図73-10 カルビン回路の解明

このような実験の積み重ねによって，**カルビン回路**が解明されたのです。

① **ヒルの実験**…水を分解して酸素を発生させるのには，**電子受容体**の存在が必要。
② **ルーベンの実験**…発生する**酸素**は，二酸化炭素ではなく**水に由来**する。
③ **ベンソンの実験**…**光を必要とする反応の後で光を必要としない反応が起こる。**
④ **エマーソンの実験**…光化学反応には2つの過程がある。
⑤ **カルビンの実験**…二酸化炭素から最初に生じる物質は**PGA**。
　　⇨**カルビン回路の解明**

第**74**講 光合成のグラフ

重要度
★★★

光合成に影響を与える環境要因と光合成速度の関係を表す
グラフについて学びましょう。

1 限定要因

1 光合成は，光化学反応，水の分解とNADPHの生成，光リン酸化反応（ATP
生成），カルビン回路の４つの反応から成り立っていましたね。それぞれがど
のような影響を受けるのか見てみましょう。

2 光化学反応は，もちろん**光の強さ**の影響を受けます。光化学反応で光を吸
収しておけば，後の反応は，直接は光の強さの影響を受けません。
残りの反応はすべて酵素が関与する酵素反応なので，**温度**の影響を受けま
す。さらに，カルビン回路では二酸化炭素を使うため，**二酸化炭素濃度**の影
響も受けるはずですね。

3 このように，光合成は，光の強さ・温度・二酸化炭素濃度という３つの要
因の影響を受けるわけですが，そのうちの**最も悪い**条件によって**光合成速度
は決められてしまいます。**たとえば，最適な温度で二酸化炭素濃度が十分あっ
ても，光が０では光合成は行われません。この場合は，光の強さが最も悪い
要因なので，光の強さによって光合成速度が決められてしまったわけです。
このように，光合成速度を決める（限定する）要因を**限定要因**といいます。

4 では，このとき，光合成速度を上昇させようと思ったら，どの要因をよい
条件に変えてやればいいのでしょう。先ほどの例では光が０だったわけです
から，当然光の強さをもっとよい条件にしてやれば光合成が活発に行われる
はずです。でも，光を０のままにしておいて，いくら二酸化炭素濃度を増や
しても，光合成速度は上昇しません。このように，**限定要因となっている要
因（この場合は光）をよい条件に変えたときのみ光合成速度は上昇**し，限定要
因以外の条件をさらによくしても光合成速度は変化しません。

470

5 ちょうど，次の図のような形の桶があったとして，この桶に入る水の量と同じように考えればいいですね。2種類の高さの枠があっても，**桶に入る水の量を決めるのは低いほうの枠**です（これが限定要因）。この低い枠を高くしてやると，桶に入る水の量が増加しますが，もともと低くなかった枠をそれ以上高くしても，桶に入る水の量は変わりません。

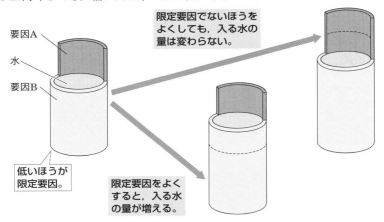

要因A

水

要因B

限定要因でないほうをよくしても，入る水の量は変わらない。

低いほうが限定要因。

限定要因をよくすると，入る水の量が増える。

▲ 図74-1 光合成速度と限定要因のモデル

逆にいうと，**ある条件をよい条件に変えてみて，その結果，水の量が増加すれば，今変化させた条件が限定要因だったとわかります。**

6 これを光合成のグラフで考えてみましょう。

光の強さを変えて光合成速度を測定すると，右のようなグラフになります。

右のグラフでは，光の強さが5000ルクスになるまでは，光の強さを強くするにつれて光合成速度も上昇しています。つまり，**0～5000ルクスまでは光の強さが限定要因**だった

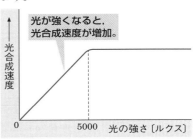

光が強くなると，光合成速度が増加。

光合成速度

光の強さ〔ルクス〕

▲ 図74-2 光の強さと光合成曲線

ということになりますね。一方，5000ルクス以上では，これ以上光を強くしても光合成速度が上昇しません。ということは，もう光の強さが限定要因ではなくなったということです。すなわち，**光の強さ以外（温度か二酸化炭素濃度）が限定要因**であるということになります。

第**6**章 生命現象と物質

7 図74-2のグラフが，二酸化炭素は十分で，温度が15℃のときのグラフだとしましょう。では，温度だけをもっといい条件である20℃に変えるとどのようなグラフになるでしょう。下の左図ではなく右図のようになります。

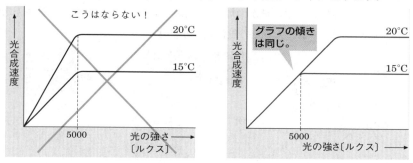

▲ 図74-3 温度と光合成曲線

8 15℃のときは5000ルクスまでは光の強さが限定要因だったわけですから，**限定要因以外である温度を20℃に変えても光合成速度は変化しません。**つまり，5000ルクスまではグラフの傾きは同じです。したがって，上の左図のようにはならないのです。

9 同様に，横軸に二酸化炭素濃度をとった場合，温度をとった場合のグラフは次の図①・図②のようになります。

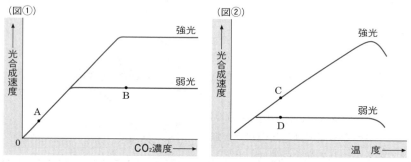

▲ 図74-4 CO$_2$濃度・温度と光合成速度

　図①のA点では，二酸化炭素濃度が増加すると光合成速度が増加しているので**二酸化炭素濃度が限定要因**，B点では二酸化炭素濃度が増加しても光合成速度は変わらず光の強さが強くなると光合成速度が増加しているので**光の強さが限定要因**です。同様に，図②のC点では**温度が限定要因**，D点では**光の強さが限定要因**です。

① 光合成の各反応段階に影響を与える要因

反応段階	要　因
光化学反応	**光の強さ**
水の分解→NADPH の生成	**温　度**
光リン酸化反応（ATP生成）	
カルビン回路	**温度・二酸化炭素濃度**

② 光の強さ・温度・二酸化炭素濃度のうちの**最も悪い要因**が**限定要因**となる。

③ **限定要因となっている要因**をよい条件に変えた場合のみ光合成速度が上昇（限定要因以外をよい条件に変えても光合成速度は上昇しない）。

2 見かけの光合成速度

1 　一定面積の葉を図74-5のような容器に入れます。容器に入れる空気の二酸化炭素量と容器から出る空気の二酸化炭素量の差を調べ，葉が吸収あるいは放出した二酸化炭素量を測定します。

> 放出あるいは吸収した酸素量で測定することもある。

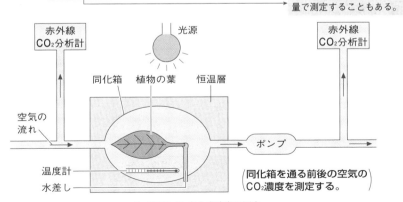

▲ 図74-5 光合成速度の測定

2 照射する光の強さを変化させ，測定された値をグラフにすると，次のようなグラフになります。

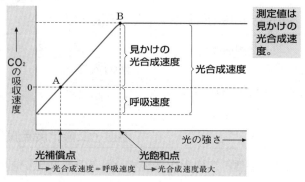

▲ 図74-6 光-光合成曲線

3 ただし，**光合成を行っているときも行っていないときも呼吸は行っています**。したがって，このような装置で測定できるのは，光合成で吸収した二酸化炭素と呼吸で放出した二酸化炭素の差です。

つまり，このようにして測定した値は本当の光合成速度を表しているわけではないので，これを**見かけの光合成速度**といいます。

4 図74-6のA点では，**光合成速度と呼吸速度が同じ値で，見かけの光合成速度が0**になっています。このときの光の強さを**光補償点**といいます。

また，B点以上では，**光の強さをこれ以上強くしても光合成速度は上昇しなくなっています**。このような状態を**光飽和**の状態といい，光飽和の状態に達したときの光の強さを**光飽和点**といいます。

5 横軸に二酸化炭素濃度をとって見かけの光合成速度のグラフを描く場合もあります。この場合も次のようになります。

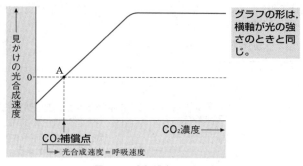

▲ 図74-7 CO_2濃度と光合成曲線

6　このときのA点は，光合成速度と呼吸速度が等しく，見かけの光合成速度が0になっており，このときの二酸化炭素濃度を**CO₂補償点**といいます。

7　実際の光合成速度は，この測定値(見かけの光合成速度)に呼吸速度を足すことで求めることができます。

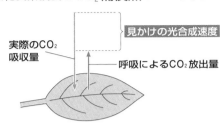

光合成速度＝見かけの光合成
速度＋呼吸速度

8　光の強さや二酸化炭素濃度が変化しても呼吸速度は変化しませんが，**温度が変化すると呼吸速度も変化します**。それは，呼吸の反応が酵素反応だからです。たとえば，温度を10℃から20℃にすると，呼吸速度は上昇します。

9　したがって，温度が10℃の場合と20℃の場合の見かけの光合成速度のグラフを比較すると，次のようになります。

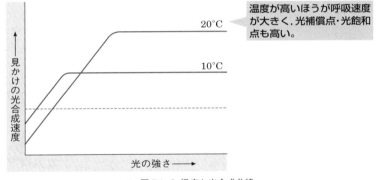

温度が高いほうが呼吸速度が大きく，光補償点・光飽和点も高い。

▲ 図74-8 温度と光合成曲線

10　照度の高い日向(ひなた)でよく生育する植物を**陽生植物**，照度の低い日陰でよく生育する植物を**陰生植物**といいます。同様に，同じ植物体のなかでも，光がよく当たるところについている葉は**陽葉**，日陰についている葉は**陰葉**といいます。

漢字に注意！　「陽性」や「陰性」ではない!!

11　陽葉と陰葉をくらべると，**陽葉のほうが光補償点が高く，光飽和点も高く，光飽和における光合成速度も大きく，呼吸速度も大きい**のが特徴です。また，**陽葉では柵状組織が特によく発達しており**，そのため葉は陰葉にくらべて厚くなっています。逆に**陰葉では葉面積が広く**，弱光を効率よく吸収するのに適した構造になっています(⇨P.476図74-9)。

第**6**章　生命現象と物質

475

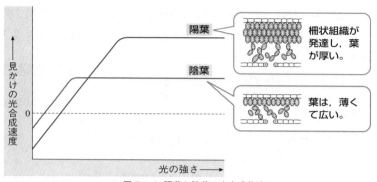

▲ 図74-9 陽葉と陰葉の光合成曲線

 ⑬ 光補償点を，次の用語を必ず使って40字以内で説明せよ。
〔用語〕 見かけの光合成速度，呼吸速度

ポイント 用語の説明では，最後の締めが大切。光補償点とは「…という点」
ではなく，「…というときの光の強さ」のこと。必ず，「光の強さ」
あるいは「照度」で締めくくる。もし「CO_2補償点は？」と問われ
たら，「…というときの二酸化炭素濃度」で締めくくる。

模範解答例 光合成速度と呼吸速度が等しく，見かけの光合成速度が0のと
きの光の強さ。(35字)

① 測定値は，(真の)光合成速度から呼吸速度を差し引いた値
　⇨見かけの光合成速度
② 測定値(見かけの光合成速度)＋呼吸速度＝(真の)光合成速度
③ 光補償点…光合成速度と呼吸速度が等しく，見かけの光合
成速度が0のときの光の強さ。
④

	光補償点	光飽和点	呼吸速度	葉の特徴
陽葉	高 い	高 い	大きい	柵状組織が発達し，厚い
陰葉	低 い	低 い	小さい	薄く，広い

476

定番計算
例題 **6**

光合成の計算

　右図は，A，B2種類の植物について，光の強さとCO_2吸収速度の関係を調べたものである。ただし，光合成産物も呼吸基質もグルコースとし，原子量はC：12，H：1，O：16とし，解答は小数第1位まで答えよ。

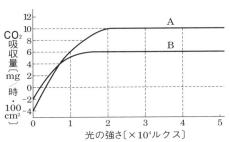

(1)　光飽和におけるAの光合成速度は，Bの光合成速度の何倍か。

(2)　1×10^4ルクスの光を2時間照射したとき，Aの植物の$200\,cm^2$の葉で合成されるグルコース量を求めよ。

(3)　Aの植物の葉$100\,cm^2$に，3×10^4ルクスの光を12時間照射し，その後12時間暗所に置いた。24時間後の乾燥重量はどう変化したか。

解説 (1)　「光合成速度は？」と問われたら，**見かけの光合成速度ではなく，(真の)光合成速度を答えます**。光飽和におけるAの見かけの光合成速度は10，呼吸速度は光が0のところを読んで4，よって，Aの(真の)光合成速度は，10 + 4 = 14。同様に，光飽和におけるBの光合成速度は，6 + 2 = 8。よって，

$$\frac{14}{8} = 1.75 \text{〔倍〕}$$

(2)　問われているのは「合成」されるグルコース量なので，**実際に光合成によって合成されたグルコース量，すなわち(真の)光合成速度**です。よって，吸収する二酸化炭素量についても，本当に吸収した二酸化炭素量を，まず求めます。

　1×10^4ルクスの光を照射したときのAの見かけの光合成速度は6，呼吸速度は4なので，6 + 4 = 10〔mg〕。これは，1時間あたり$100\,cm^2$での値なので，2時間で$200\,cm^2$では，$10 \times 2 \times 2 = 40$〔mg〕。この$CO_2$が光合成によってグルコース($C_6H_{12}O_6$)になります。光合成の反応式より，6モルの$CO_2$($6 \times 44$)から1モルの$C_6H_{12}O_6$(180)が合成されるので，40mgからだと，

$$\frac{40 \times 180}{6 \times 44} = 27.27 \text{〔mg〕}$$

(3) 乾燥重量の変化量とは，光合成と呼吸によって，差し引き蓄積した グルコース量のことです。差し引きの値なので，見かけの光合成 速度を答えます。

3×10^4 ルクスの光を12時間照射したときのAの見かけの光合成 量は，$10 \times 12 = 120$〔mg〕。12時間暗所に置いたときの呼吸量は， $4 \times 12 = 48$〔mg〕。よって，24時間で差し引き吸収されたCO_2量は，

$120 - 48 = 72$〔mg〕

このCO_2が，結果的に蓄積するグルコースになるので，

$$\frac{72 \times 180}{6 \times 44} = 49.09 \text{〔mg〕}$$

問われているのは「乾燥重量はどう変化したか」なので，増加した のか減少したのかも答えること。これだけグルコースが蓄積したの だから，もちろん乾燥重量は増加したことになります。

答 (1) 1.8倍 (2) 27.3 mg (3) 49.1 mg 増加

① 「光合成速度は？」と問われたら
　　　　　　　⇨ (真の)光合成速度を答える。
② 「合成量は？」と問われたら ⇨ (真の)光合成量を答える。
③ 「増加量は？」と問われたら ⇨ 見かけの光合成量を答える。
④ 「乾燥重量の増減量は？」と問われたら
　　　　　　　⇨ 見かけの光合成速度をグルコー
　　　　　　　　 ス量で答える。

第75講 C₄植物とCAM植物

重要度
★★★

今まで学習してきた植物とは少し異なる反応を行う光合成植物を見てみましょう。

1 C₄植物

1 　今まで学習してきた植物では，二酸化炭素を吸収して最初に生成される物質は**PGA**（ホスホグリセリン酸）で，それは**炭素を3つもつ化合物**でした。ところが，**二酸化炭素から最初に生成される物質が炭素を4つもつ化合物**であるという植物もあるのです。このような植物を**C₄植物**と呼びます。

　一方，今まで学習してきたような光合成を行う植物を**C₃植物**といいます。

2 　C₄植物の光合成の反応を見てみましょう。

　気孔から取り込まれた二酸化炭素は，C₃植物であれば，炭素を5つもつ**RuBP**（リブロースビスリン酸）と反応するのでしたね。ところが，C₄植物の場合は，**吸収された二酸化炭素は，まず炭素を3つもつ化合物と反応します**。その結果，炭素を4つもつ化合物（**オキサロ酢酸**）が生じるのです。

> ホスホエノールピルビン酸

　ここまでの反応を**葉肉細胞**で行います。

3 　次に，生じた炭素4つの化合物（オキサロ酢酸）は，同じ炭素4つの化合物（リンゴ酸）となり，**葉肉細胞から維管束鞘細胞へと移行**します。そして，維管束鞘細胞で炭素4つの

> 維管束のまわりにある細胞。

化合物から再び炭素3つの化合物（ピルビン酸）に戻り，このとき二酸化炭素が生じます。生じた二酸化炭素は，C₃植物と同じくカルビン回路中に取り込まれ，RuBPと反応してPGAとなります。

　このあとは，C₃植物とまったく同じカルビン回路が行われることになります。

第**6**章　生命現象と物質

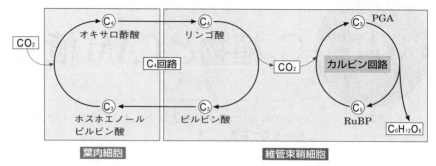

▲ 図75-1 C₄植物の光合成のしくみ

4 最終的には維管束鞘細胞でカルビン回路により炭水化物を生成するため、C₃植物とは異なり、**C₄植物では維管束鞘細胞にも葉緑体が存在します。**

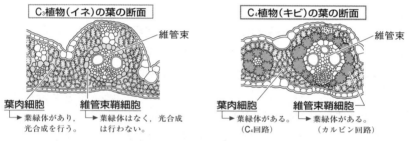

▲ 図75-2 C₃植物とC₄植物の葉の断面

5 最初に二酸化炭素とC₃化合物からC₄化合物が生じ、再びC₃化合物に戻る反応を**C₄回路**といいます。このようなC₄回路をもつことは、どのような意義があるのでしょう?

6 実は、地球上の二酸化炭素濃度は約0.04%程度で、植物にとっては非常に不足気味の濃度なのです。言いかえると、一般の植物(C₃植物)にとっては二酸化炭素濃度が限定要因となって、光合成速度は抑えられている状態なのです。しかし、C₄回路をもつことによって、外界の二酸化炭素をいったんC₄回路によってどんどん取り込み、二酸化炭素を濃縮することができます。このようにして濃縮した二酸化炭素を使ってカルビン回路を進めることができるので、**C₄植物では二酸化炭素濃度が限定要因とならず、C₃植物にくらべて非常に高い光合成速度を示すことができる**という特徴をもっているのです。

7 これ以外にも、光飽和点がC₃植物よりも高く、また、**光合成の最適温度がC₃植物よりも高い**という特徴もあります。

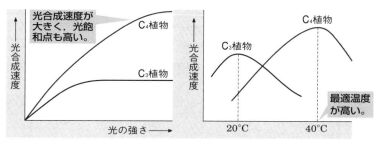

▲ 図75-3　C₃植物とC₄植物の違い（光飽和点と最適温度）

8　このようなC₄植物の代表例としては，**サトウキビ**や**トウモロコシ**があります。

これ以外にも，ススキ・メヒシバ・アワ・ヒエ・チガヤ・ハゲイトウ・マツバボタンなどがC₄植物として知られている。

C₄植物の光合成効率が高い理由

　C₄回路では，二酸化炭素はまず**ホスホエノールピルビン酸**（PEP）という物質と反応してオキサロ酢酸（C₄）となるが，このときに働く酵素（**PEPカルボキシラーゼ**）は，ルビスコにくらべると，非常に二酸化炭素との親和性が高い酵素，つまり，**わずかな二酸化炭素であっても効率よく反応することのできる酵素**なのである。そのため，二酸化炭素濃度が低い大気中からでも効率よく二酸化炭素を取り込み，二酸化炭素を濃縮することができるわけである。

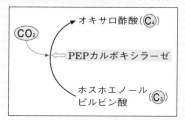

▲ 図75-4　C₄回路でのCO₂の取り込み

　C₄植物がC₃植物よりも光合成速度が大きくなるには，もう１つ理由がある。一般に，光が非常に強くなると，かえって光合成速度が低下してしまう**強光阻害**という現象が起こる。これに関連した現象に，**光呼吸**という反応がある。光呼吸とは，RuBPが二酸化炭素とではなく酸素と結合してしまい，ホスホグリコール酸とPGA（ホスホグリセリン酸）になり，ホスホグリコール酸はその後二酸化炭素を放出し，NADPHとATPを消費してPGAに戻るという反応である。

　結果的に，酸素が消費されて二酸化炭素が放出されるので「呼吸」という名称で呼ばれるが，本当の呼吸のように有機物を分解してATPを生成しているわけではない。むしろ，炭酸同化で取り込むべき二酸化炭素を放出し，大切なATPを消費してしまうという反応なので，この光呼吸が起こってしまうと炭酸固定の能

第**6**章　生命現象と物質

481

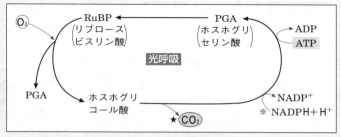

▲ 図75-5 光呼吸のしくみ

率が低下してしまうことになる。一方で，光呼吸を行うことで強光下で生じた余分なNADPHを消費（図の※）し，過剰な還元力（NADPH）の蓄積を防ぐことで活性酸素の発生を抑え，葉緑体の損傷を防ぐ効果があるとも考えられる。また乾燥下で，完全に気孔が閉じて外界からのCO_2供給がなくなった場合でも光呼吸で生じたCO_2（図の★）をカルビン回路に回すことで，炭酸同化を続けることができるという意義も考えられる。しかし光呼吸の意義に関しては学者間でも意見が分かれ，正確なところはまだまだ不明なようである。

　強光下で，葉肉内の二酸化炭素濃度が低下するとRuBPが酸素と反応しやすくなり，この光呼吸が活発に行われるようになってしまう。したがって，C_3植物では強光下で光合成が活発に行われるようになると同時に光呼吸も活発に行われるようになるため，強光阻害が起こってしまう。しかし，C_4植物ではC_4回路によって二酸化炭素を濃縮し，二酸化炭素をカルビン回路に供給できるため，RuBPは酸素とはほとんど反応せず，光呼吸もほとんど行われない。そのため，強光下での光合成速度がC_3植物よりも大きくなる。

【C_4植物】
① CO_2から最初に生じる物質がC_4化合物である植物。
② C_4植物の光合成…CO_2を取り込んで濃縮する反応（C_4回路）
　　⇨炭水化物（$C_6H_{12}O_6$）を合成する反応（カルビン回路）
③ C_4回路は葉肉細胞で，カルビン回路は維管束鞘細胞で行う。
④ CO_2濃度が限定要因とならないので，強光下での光合成速度が非常に大きい。例 トウモロコシ・サトウキビ

2 CAM 植物

1 サボテン・パイナップル・ベンケイソウなどでは，C₄植物の光合成とはまたさらに違った反応が見られます。反応そのものはC₄植物とほぼ同様なのですが，**二酸化炭素を取り込んでC₄化合物をつくる反応は夜間に行い**，最終的に**カルビン回路によって炭水化物($C_6H_{12}O_6$)をつくる反応は昼間行う**のです。

2　もう少しくわしく見てみると，夜間に気孔を開いて二酸化炭素を吸収し，吸収した二酸化炭素とC₃化合物が反応して生じたオキサロ酢酸(C₄化合物)はさらに**リンゴ酸**(これもC₄化合物)となり，液胞中に蓄えられます。これらの植物は，昼間には気孔を閉じて二酸化炭素の吸収を行いませんが，夜間に蓄えてあったリンゴ酸からCO_2を取り出し，これを使ってカルビン回路が行われるのです。

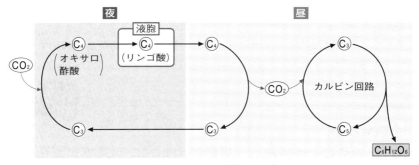

▲ 図 75-6 CAM植物の光合成

3　このような反応はベンケイソウを用いた研究から発見されたので，これをベンケイソウ型有機酸代謝(Crassulacean Acid Metabolism)と呼び，このような反応を行う植物を**CAM植物**といいます。

4　CAM植物の場合，二酸化炭素からC₄化合物を生成する反応も，カルビン回路も，行われる場所は**葉肉細胞**です。C₄植物では，二酸化炭素を取り込む反応と炭水化物を合成する反応とを場所を変えて行う(前者を葉肉細胞，後者を維管束鞘細胞で行う)のに対し，CAM植物では時間を変えて行う(前者は夜間，後者は昼間に行う)のです。

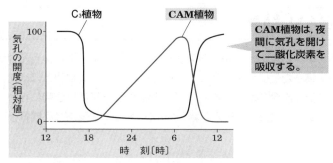

▲ 図75-7 C_3植物とCAM植物の時刻による気孔の開度の変化

5 このような反応を行う利点は何でしょう？

　CAM植物は，サボテンのように**非常に乾燥しやすい場所で生育する植物**というのが特徴です。非常に乾燥する場所では，昼間に気孔を開けると，蒸散によって体内の水分が急激に奪われてしまいます。そこで，比較的湿度の上がる夜間に気孔を開けて二酸化炭素を吸収しておき，昼間は気孔を閉じた状態で，夜間に蓄えた二酸化炭素によって炭水化物を合成しているのです。これによって，蒸散による水分損失を防ぎ，乾燥地帯での生育に適応することができるわけです。

【CAM植物】
① 夜間にCO_2を吸収し，昼間にカルビン回路で炭水化物($C_6H_{12}O_6$)を合成する植物。
② **CAM**植物の光合成
　CO_2を吸収して液胞中に**リンゴ酸**の形で蓄える(**夜間**)⇨リンゴ酸から生じたCO_2でカルビン回路を行う(**昼間**)。
③ **CAM**植物の光合成は，すべて**葉肉細胞**で行われる。
　例 サボテン・パイナップル・ベンケイソウ(どれも，乾燥地の植物)

第**76**講 細菌の炭酸同化

重要度
★★

一般に細菌は従属栄養生物ですが，光合成を行う独立栄養の細菌もいます。細菌の光合成を見てみましょう。

1 細菌の光合成

1 温泉などが湧き出ている水の中には，光合成を行える細菌(**光合成細菌**)が生息しています。たとえば，<u>紅色硫黄細菌</u>や<u>緑色硫黄細菌</u>といった細菌です。

> これ以外にも，紅色非硫黄細菌や緑色非硫黄細菌と呼ばれるものもいる。これらの細菌は硫化水素ではなく，水素や乳酸などから水素(電子)を得ているので，酸素も硫黄も生じない。

2 これらの細菌は，<u>バクテリオクロロフィル</u>という光合成色素で光を吸収して光合成を行います。

> シアノバクテリアはクロロフィルaをもち，酸素を発生する光合成を行う。ここではシアノバクテリア以外の光合成細菌について学習する。

3 二酸化炭素から炭水化物を合成するためには水素(電子)が必要ですが，これらの生物は，その水素(電子)を硫化水素の中の水素から得ています。つまり，**硫化水素を光エネルギーで分解し，生じた水素で二酸化炭素を還元して炭水化物($C_6H_{12}O_6$)を合成します。**

　植物では水を分解するので酸素が発生しますが，紅色硫黄細菌や緑色硫黄細菌では硫化水素を分解するので酸素は発生せず，**硫黄**が生じます。

4 光合成細菌の光合成を反応式で示すと，次のようになります。

$$12H_2S + 6CO_2 \longrightarrow 12S + 6H_2O + C_6H_{12}O_6$$

定番論述
対策14

植物の光合成と光合成細菌の光合成の違いについて100字以内で説明せよ。

ポイント　最も重要な違いは，水素源(電子源)が，水か，硫化水素かということ。

模範解答例 植物の光合成では，二酸化炭素の還元に必要な電子源が水であるため水の分解によって酸素が発生するが，光合成細菌の光合成では，電子源が硫化水素であるため硫化水素の分解によって硫黄が生じる。(91字)

5 　細菌は原核生物なので，葉緑体はありません。でも，**チラコイド様^(よう)の膜**があり，ここで光を吸収したり硫化水素を分解したり，ATPをつくったりといった反応を行います。カルビン回路は，**細胞質基質**で行われます。

6 　シアノバクテリアも細菌ですが，植物と同じように水を分解して酸素を発生する光合成を行います。

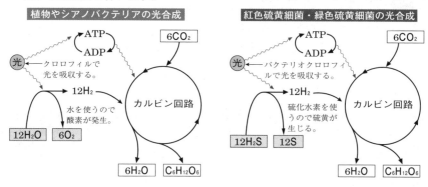

▲ 図76-1 植物の光合成と光合成細菌の光合成

最強ポイント

【植物・シアノバクテリアと光合成細菌の光合成の違い】		
	植物・シアノバクテリア	紅色硫黄細菌・緑色硫黄細菌
エネルギー源	光	光
使う物質	水・二酸化炭素	硫化水素・二酸化炭素
生じる物質	酸素・水・炭水化物	硫黄・水・炭水化物
光合成色素	クロロフィル	バクテリオクロロフィル

2　化学合成

1　植物も光合成細菌も，エネルギー源としては光を利用します（だから光合成といいます）。ところが，光エネルギーを使わないで炭酸同化を行う生物も存在します。

2　でも，炭酸同化にはエネルギーが必要です。そのエネルギーを太陽からもらってくるのではなく，自らつくり出しているのです。**具体的には無機物を酸化し，そのとき生じる化学エネルギーを使って炭酸同化を行います。**このような炭酸同化を**化学合成**といいます。

　　簡単に言えば，光合成ではエネルギーは太陽からもらってきてそのエネルギーで炭水化物を合成しますが，化学合成では，自家発電して，自分でつくったエネルギーで炭水化物をつくるのです。光を利用しないので，光合成色素ももっていません。

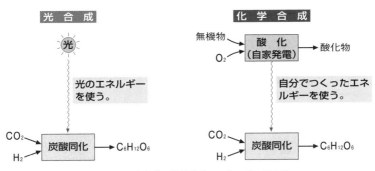

▲ 図76-2 光合成と化学合成のエネルギー源の違い

3　たとえば，**亜硝酸菌**はアンモニウムイオン（NH_4^+）を酸化して，そのとき生じる化学エネルギーを使って炭酸同化を行います。**硝酸菌**は亜硝酸イオン（NO_2^-）を酸化して，そのとき生じる化学エネルギーを使って炭酸同化を行います。**硫黄細菌**は硫化水素（H_2S）を酸化して，そのとき生じる化学エネルギーを使って炭酸同化を行います。

　　このように，化学合成を行う細菌を<u>化学合成細菌</u>といいます。

> これら以外にも，鉄細菌（二価の鉄を酸化してエネルギーを得る），水素細菌（水素を酸化してエネルギーを得る），一酸化炭素細菌（一酸化炭素を酸化してエネルギーを得る）などもいる。

第6章　生命現象と物質

487

4 これらの細菌が行う無機物酸化の部分の反応式は，次のようになります。

亜硝酸菌：$2NH_4^+ + 3O_2 \longrightarrow 2NO_2^- + 2H_2O + 4H^+$

硝酸菌　：$2NO_2^- + O_2 \longrightarrow 2NO_3^-$

硫黄細菌：$2H_2S + O_2 \longrightarrow 2S + 2H_2O$

5 亜硝酸菌と硝酸菌をまとめて**硝化菌**（硝化細菌）といい，これらの細菌によって，NH_4^+から最終的にNO_3^-が生じる反応を**硝化**といいます。

6 硫黄細菌とp.485で登場した紅色硫黄細菌や緑色硫黄細菌とを混同しないようにしましょう。**硫黄細菌は化学合成を行う細菌，紅色硫黄細菌や緑色硫黄細菌は光合成を行う細菌**です。どちらも硫化水素を使いますが，硫黄細菌はエネルギーを生じさせるための無機物として利用します。紅色硫黄細菌や緑色硫黄細菌は二酸化炭素の還元に必要な電子源として利用します。

深海底での生産者

　1977年，太陽光がまったく届かない深海底で，大量の生物が生息していることが発見された。この深海底では，もちろん光合成はできない。では，いったい何がこの場所での生態系の生産者なのだろう。

　調査の結果，この深海底では，岩石の割れ目から**硫化水素**を含む熱水が噴出しており，この硫化水素を酸化して生じたエネルギーで**化学合成**を行う**硫黄細菌**がこれらの生態系を支えていることがわかった。通常の生態系の生産者は植物であるが，ここでは化学合成細菌が生産者なのである。原始の地球で，最初の生物が現れたのも，このような深海の**熱水噴出孔**だったのではないかと考えられている（⇨p.245）。

【炭酸同化の種類】

光合成
（エネルギー源が光）……
- 電子源が**水**…植物，シアノバクテリア
- 電子源が**硫化水素**
    - 紅色硫黄細菌
    - 緑色硫黄細菌

化学合成（エネルギー源は無機物の酸化で生じる**化学エネルギー**）……
- 亜硝酸菌，硝酸菌，
- 硫黄細菌

遺伝情報の発現と発生

第 **77** 講 動物の配偶子形成

重要度
★★★

動物の配偶子，すなわち卵や精子の形成のしくみとその違いについて見てみましょう。

1 精子形成

1 発生の比較的初期の段階で，体細胞とは別に，将来生殖細胞に分化する細胞が生じます。その細胞を，**始原生殖細胞（2n）**といいます。

雄の場合，この始原生殖細胞は，精巣に分化する部分（生殖隆起）に移動してきます。そして，やがて精巣が生じ，この中で始原生殖細胞は体細胞分裂を繰り返し，多数の**精原細胞（2n）**が生じます。

2 精原細胞は成長し，**一次精母細胞（2n）**となります。この一次精母細胞が減数分裂の第一分裂によって核相 n の**二次精母細胞**になり，減数分裂の第二分裂によって核相 n の**精細胞**になります。結果的に，**1個の一次精母細胞からは同じ大きさの4個の精細胞が生じます。**

3 生じた精細胞は，細胞質の大部分を捨て去り，鞭毛を形成して**精子**に変形（変態）します。こうして，小形で運動性のある精子が完成します。

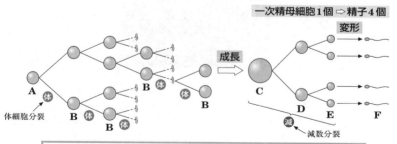

A；始原生殖細胞（2n）　B；精原細胞（2n）　C；一次精母細胞（2n）
D；二次精母細胞（n）　E；精細胞（n）　F；精子（n）

▲ 図 77-1 精子の形成過程

4　完成した精子は，**頭部・中片部・尾部**からなり，頭部には**先体**と呼ばれる
構造と核，頭部と中片部のさかい目あたりには**中心体**があり，中片部に**ミ
トコンドリア**が含まれています。尾部は鞭毛からなり，この鞭毛を使って
精子が移動します。

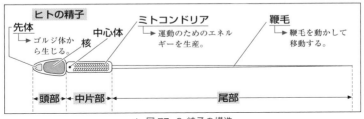

▲ 図77-2 精子の構造

セルトリ細胞

　哺乳類の精子形成は精巣内にある精細管で
行われる。

　精細管の周辺部から中心部側に向かって精
原細胞→一次精母細胞→二次精母細胞→精細
胞となり，最終的に精子が生じる。これらの
形成過程には，**セルトリ細胞**という大形の細
胞が関与しており，セルトリ細胞からさまざ
まな物質の供給を受けて精子形成の過程が進
行する。

　また，生じた二次精母細胞や精細胞は互い

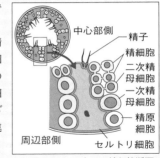

▲ 図77-3 マウスの精細管断面

に細胞質がつながっており，それぞれの細胞間で物質のやり取りが行われる。

精細胞から精子への変形のしくみ

　精細胞から精子への変形をもう少しくわしく見てみよう。

　精細胞にあるゴルジ体にいくつかの小胞が生じ，これらが集まって**先体胞**とい
う小胞が生じ，これが核の表面に付着して**先体**を形成する。また，2つある**中心
小体（中心粒）**の1つが起点となり，鞭毛の中軸となる糸（**軸糸**という）が伸び，**鞭
毛**が形成される。軸糸を構成するのは微小管で，モータータンパク質としてダイ
ニンが関与する。

　先体胞にはいろいろな物質が含まれていて，受精の際に働く。

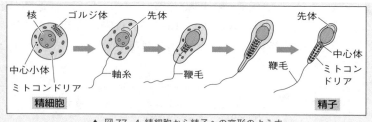

▲ 図77-4 精細胞から精子への変形のようす

① 精子の形成過程（精巣内で行われる）
　精原細胞($2n$)→一次精母細胞($2n$)→二次精母細胞(n)→精細胞(n)→精子(n)
② 1個の一次精母細胞から4個の精子が生じる。

2 卵 形 成

1　雌の場合，生じた**始原生殖細胞($2n$)**が，将来卵巣に分化する部分(生殖隆起)に移動してきます。やがて卵巣が生じると，始原生殖細胞は卵巣内で体細胞分裂を繰り返し，多数の**卵原細胞($2n$)**が生じます。

2　卵原細胞は大きく成長し，**一次卵母細胞($2n$)**となります。この成長の間に，発生に必要な卵黄を蓄えます。

3　この一次卵母細胞が減数分裂の第一分裂を行うのですが，これが**極端に大きさの異なる不均等な分裂**で，一次卵母細胞とほぼ同じ大きさの大きな**二次卵母細胞(n)**と小さな細胞に分裂します。この小さいほうの細胞を**第一極体(n)**といいます。

4　二次卵母細胞は減数分裂の第二分裂を行いますが，これも極端な不等分裂で，大きな**卵(n)**と小さな細胞に分裂します(これを，極体が「放出される」と表現します)。第二分裂で生じた小さいほうの細胞を，**第二極体(n)**といいます。

5 したがって，卵形成では，精子形成の場合とは異なり，**1個の一次卵母細胞からは1個の卵しか生じない**ことになります。

6 また，極体が生じる部分を**動物極**といいます。逆にいうと，極体は必ず動物極に生じます。動物極の反対側を**植物極**といいます。

一次卵母細胞1個 ⇨ 卵1個

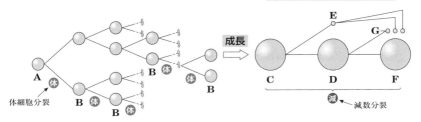

A；始原生殖細胞(2n)　B；卵原細胞(2n)　C；一次卵母細胞(2n)
D；二次卵母細胞(n)　E；第一極体(n)　F；卵(n)　G；第二極体(n)

▲ 図77-5 卵の形成過程

一次卵母細胞

卵原細胞から一次卵母細胞への成長をもう少しくわしく見てみよう。

一次卵母細胞に成長するときには，**mRNA**(⇨p.50)の合成や，多数の核小体(⇨p.23)が生じて**rRNA**(⇨p.50)の合成が盛んに行われる。さらに，タンパク質や脂質合成も盛んになり，それらの生成物から卵黄顆粒が形成されて蓄えられる。

卵母細胞が成長するのには，別の補助細胞が必要である。**ろ胞細胞**や昆虫類では**哺育細胞**(⇨p.545)という細胞が関与する。

また，ヒトの場合，一次卵母細胞は減数分裂第一分裂の前期でいったん減数分裂の進行を停止する。したがって，一次卵母細胞はすでにDNA合成も完了していることになる。

一次卵母細胞の減数分裂の再開

一次卵母細胞で停止している減数分裂を再開させるしくみは，動物によって多少異なる。

カエルなどでは，**脳下垂体前葉**から分泌される生殖腺刺激ホルモンにより，卵巣で一次卵母細胞を囲む**ろ胞細胞**が刺激され，ろ胞細胞からの**ろ胞ホルモン**の分泌を促す。ろ胞ホルモンが一次卵母細胞に作用すると，一次卵母細胞の細胞内に**成熟促進因子**(MPF；Maturation-promoting factor)がつくられ，これによって減数分裂が再開する。

第**7**章 遺伝情報の発現と発生

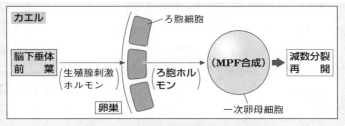

▲ 図77-6 カエルでの成熟促進因子（MPF）の合成

ヒトデでは，**放射神経**という神経分泌細胞からタンパク質性のホルモンが分泌され，これがろ胞細胞に作用する。その結果，ろ胞細胞から**1−メチルアデニン**という物質が分泌され，これが一次卵母細胞の細胞膜に作用する（したがって，1−メチルアデニンを細胞内に注入しても作用は現れない）。そして，1−メチルアデニンの作用で，細胞内にMPFがつくられて減数分裂が再開する。

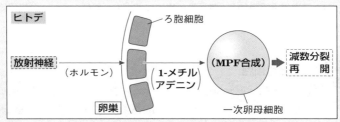

▲ 図77-7 ヒトデでの成熟促進因子（MPF）の合成

第一極体の分裂

第一極体は，減数分裂の第二分裂を行わない場合も多い。第二分裂を行った場合は，さらに小さな2つの細胞に分裂するが，これは第二極体とはいわない（単に，**極体**としかいわない）。第一極体も第二極体も，受精には関与せず，やがて**退化・消失**する。

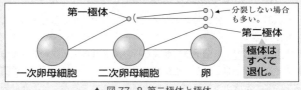

▲ 図77-8 第二極体と極体

ヒトの卵形成と排卵数

ヒトでは，胎児期にすでに卵原細胞の増殖は完了しており，出生時に約200万個の卵原細胞があるといわれる。しかし，大部分は一次卵母細胞には成熟せずに退化し，思春期で約20万個になる。そして，最終的に排卵される卵は，一生の間にたった400個程度である。

精子形成と卵形成における両者の違いを100字以内で述べよ。

ポイント 「1個の母細胞から4個生じるか1個しか生じないか」「大きさの等しい均等分裂か不等分裂か」の2点について書く。

模範解答例 精子形成では1個の一次精母細胞から均等分裂により同じ大きさの4個の精細胞が生じ，それが変形して精子となるが，卵形成では1個の一次卵母細胞から不等分裂により小さな極体と1個の卵が生じる。(92字)

① 卵形成の過程

卵原細胞($2n$)→一次卵母細胞($2n$)→二次卵母細胞(n)→卵(n)

第一極体(n)　第二極体(n)

② 精子形成と卵形成の違い

	分　裂	1個の母細胞から生じる数	変　形
精子形成	均等分裂	4 個	する
卵 形 成	不等分裂	1 個	しない

③ 精子と卵の違い

	大きさ	運動性
精　子	小さい	あり
卵	大きい	なし

第7章 遺伝情報の発現と発生

第78講 動物の受精

卵は，精子と受精して受精卵となります。受精におけるさまざまな現象を見てみましょう。

1 ウニの受精

1 ウニでは，**減数分裂が完了した卵に精子が進入**し，受精が行われます。

ウニの卵では細胞膜の外側に**卵黄膜**があり，さらに外側に**ゼリー層**があります。精子がゼリー層に到達すると，精子の頭部にある**先体**が壊れ，**タンパク質分解酵素**などが放出されます。さらに，精子の頭部の細胞質で，**アクチンフィラメント**の束が形成され，精子の細胞膜を押し出すようにして糸状の突起(これを**先体突起**といいます)が出現します。これらの一連の反応を**先体反応**といいます。

2 先体突起が卵の細胞膜に接すると，精子の細胞膜と卵の細胞膜が融合し，精子の内容物が卵内に進入します。

 バインディンと受容体

精子の先体突起には**バインディン**というタンパク質があり，これが卵の卵黄膜にある**受容体**と結合することで，精子と卵の細胞膜の融合が起こる。このバインディンと受容体の結合には**種特異性**があるので，これにより他種との受精を防ぐことができる。

▶ 図78-1 先体突起のつくり

アクチン
フィラメント

バインディン

 精子のミトコンドリア

一般に，受精の際に精子がもつ核はもちろん，中心体やミトコンドリアも卵内

に入る。卵内には卵自身の中心体がなく，精子がもち込んだ中心体が受け継がれることになる。一方ミトコンドリアは，卵に入ったのち**オートファジー（自食作用）**（⇨p.31）によって分解されてしまう。したがって精子のミトコンドリアがもつDNAは子には伝えられず，子がもつミトコンドリアDNAはすべて卵由来ということになる。このミトコンドリアDNAの由来を調べることで母方の祖先を調べることができる（⇨p.401ミトコンドリア・イブ）。

3　卵内に取り込まれた精子の中心体から**星状体**が形成されると，精子の核（**精核**）は星状体を先頭にして卵の核（**卵核**）に接近し，やがて核どうしが融合して受精卵が完成します。

4　ウニの場合，卵に進入できる精子は1個だけです。このように1個の精子以外の進入を防ぐ現象を**多精拒否**といい，ウニでは次の2段階によって多精拒否が行われます。

5　通常は卵の内側のほうが負（−70mV）の電位ですが，最初の精子が受容体に結合すると，**Na^+チャネル**が開き，**Na^+が卵内に流入して，細胞内が正（＋10mV）に変化**します（これを**受精電位**といいます）。これにより精子が受容体に結合できなくなるので，他の精子の進入が阻まれます（第1段階）。

6　この電位変化はそれほど長く続かず，約1分くらいで再び細胞内が負の電位に戻ってしまいます。そこで，この膜電位が戻った以降の多精拒否を行うのが**受精膜**の形成です（第2段階）。

　したがって，受精膜の形成は，細胞内が負の電位に戻ってしまう前に完成します。

7　卵の細胞膜の内側には**表層粒**という小胞があります。先体突起と細胞膜が結合すると卵の細胞質の**Ca^{2+}濃度が上昇**し，それにより表層粒から内容物が**エキソサイトーシス**によって放出されます。すると，卵黄膜が細胞膜から離れてもち上がり，この2つの膜の間には海水が流入します。さらに表層粒から放出された物質によって卵黄膜が硬化します。この硬化した卵黄膜が**受精膜**となります。すなわち受精膜という新しい膜が突然出現するのではなく，**もともとあった卵黄膜が硬化して受精膜となる**のです。

　生じた受精膜は他の精子の進入を防ぐだけではなく，初期の発生における胚を保護する役割もあります（ウニでは胞胚期まで受精膜が残ります）。

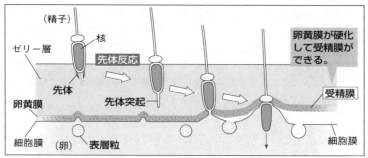

▲ 図78-2 先体反応と受精膜の形成

8 このようにウニではまず膜電位の変化による素早い反応，少し遅れて行われる受精膜形成という2段階の多精拒否が行われます。

卵黄膜と卵膜

卵黄膜は「膜」という名称がついているが，リン脂質を主成分とした**生体膜ではない**。

卵の周囲にある，細胞膜（これは生体膜）以外の膜状構造を総称して**卵膜**という。卵黄膜も卵膜の一種だが，それ以外にも鳥類の卵白（白身の部分）や卵殻（いわゆる卵の殻），卵殻膜（ゆで卵にしたとき殻と白身の間にある薄い膜）なども卵膜の一種である。

受精に伴うCa^{2+}濃度の上昇

ウニでは，精子の**バインディン**が卵の卵黄膜の受容体に結合すると，種々の酵素が活性化し，その結果，小胞体の膜にある**カルシウムチャネルが開口**する。すると小胞体からCa^{2+}が放出され，細胞質のCa^{2+}濃度が上昇する。すなわち，細胞外からCa^{2+}を取り込むことで細胞質のCa^{2+}が上昇するのではなく，細胞内の小胞体から放出されたCa^{2+}によって細胞質のCa^{2+}濃度が上昇するのである。

単精と多精

ウニやカエルや哺乳類は，1個の精子のみが卵に進入する。これを**単精**といい，複数の精子が進入する**多精**を防ぐしくみをもっている。しかし，動物によっては多精を行う動物も存在する。たとえば鳥類では数十個の精子が卵に進入することが知られている。しかし，複数の精子が卵に進入しても，最終的に卵核と融合するのは1個の精子の核（精核）のみである。

　では，1個以外の精子の進入は無意味なのだろうか。実験的に1個の精子のみを進入させると正常に発生せず，複数の精子が進入した場合にのみ正常発生する。このことから，鳥類の卵の発生には精子がもつ核以外の物質が一定量必要で，1個の精子だけではその量が満たされないのではないかと考えられている。このように精子が卵に進入するという現象と，核どうしが融合して受精卵が生じるという現象は区別して考える必要がある。

① ウニでは，**減数分裂が完了した卵と精子が受精する。**
② ウニでは，最初の精子が進入すると，**細胞膜の電位変化と受精膜形成**によって，他の精子の進入を防ぐ。

2 カエルの受精

1　ウニでは減数分裂が完了した卵と精子が受精しましたが，多くの動物では，**減数分裂が完了する前に精子が進入**します。たとえば，カエルやイモリ，ヒトでは，**減数分裂第二分裂中期**でいったん減数分裂が停止しており，その状態で排卵されます。そして，第二分裂中期の**二次卵母細胞へ精子が進入**します。

2　精子が進入することで減数分裂第二分裂が再開され，第二分裂が完了して第二極体と卵となります。その後，精核と卵核が合体して受精が完了します。精子が進入するのは第二分裂中期ですが，**核どうしが合体するのは減数分裂が完了してからです。**

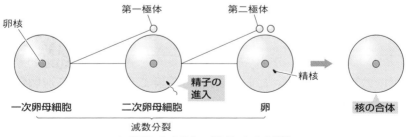

▲ 図78-3 カエル・イモリ・ヒトの受精

精子が進入する時期

ここまで説明したように，どの時期の細胞に精子が進入するかは，動物の種類によって異なる。**ウニでは減数分裂が完了した卵**に，**両生類や哺乳類では減数分裂第二分裂中期（二次卵母細胞）に，ヒトや貝・昆虫類では減数分裂第一分裂中期（一次卵母細胞）**に精子が進入する。しかし，いずれにしても，核どうしが合体するのは卵の減数分裂が完了してからになる。すべてを覚えておかないといけないわけではないが，動物によって異なることは知っておこう。

哺乳類の受精と多精拒否

哺乳類の未受精卵の周囲は厚い**透明帯**(とうめいたい)（ウニの卵膜に相当）に包まれていて，さらに外側はろ胞細胞という細胞が密につまった**卵丘**(らんきゅう)に囲まれている。

透明帯には，ZP1，ZP2，ZP3と呼ばれる糖タンパク質が網目状構造をつくって存在している。精子が卵丘を通過すると先体反応が起こり，透明帯に含まれるZP2と結合し，透明帯を通過する。透明帯を通過すると，精子は卵表面に対して横付けするように位置し，やがて精子の膜と卵の細胞膜とが融合する。膜の融合が始まると，卵の細胞膜の内側にある**表層粒が崩壊する**。すると，表層粒から放出された物質によって透明帯が硬化し，他の精子の通過を阻止する。また，透明帯に存在するZP2が分解して精子と結合できなくなり，他の精子の透明帯通過が阻止される。哺乳類の場合は受精電位のような膜電位の変化やウニで見られるような受精膜形成は起こらず**透明帯の変化**によって多精拒否が行われる。

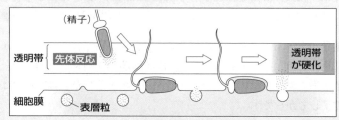

▲ 図78-4 表層粒の崩壊と透明帯の変化

① カエル・イモリ・ヒトでは減数分裂第二分裂中期の**二次卵母細胞**に精子が進入する。⇨精子進入後，**第二極体**が生じる。
② 核どうしが合体するのは，**減数分裂完了後**。

卵　割

重要度
★ ★

受精が完了して生じた受精卵は，体細胞分裂を始めます。
この分裂の特徴を見てみましょう。

1 卵割の特徴

1 受精卵から始まる初期の体細胞分裂を特に**卵割**（らんかつ）といい，卵割によって生じた娘細胞を**割球**（かっきゅう）といいます。

2 ふつうの体細胞分裂では，分裂で生じた娘細胞は間期の間にもとの母細胞と同じ大きさに成長し，それから次の分裂が行われます。ところが卵割では，**生じた娘細胞（割球）は成長せずに次の分裂が行われる**のです。その結果，分裂に伴い細胞の大きさは小さくなっていきます。
これは，もともと卵が体細胞にくらべて非常に大きいため，ふつうの体細胞の大きさになるまで卵割を行っているといえます。

ふつう，動物の体細胞は50 μm前後（マイクロメートル）だが，たとえば，ヒトの卵は140 μm，カエルの卵では3mm（3000 μm）もある。

ふつうの体細胞分裂　　　　　　　　　　　**卵割**　　　どんどん小さくなる。

娘細胞はもとと同じ大きさに成長する。　　　割球は成長せずに分裂を続ける。

▲ 図 79-1 ふつうの体細胞分裂と卵割の違い

3 卵割では，間期の間に割球が成長しないので，ふつうの体細胞分裂にくらべると**間期の長さは非常に短い**のも特徴です。

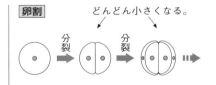

間期のうちのG_1期やG_2期がほとんどない。DNAを合成するS期はある。

4 卵割の場合のDNA量の変化をグラフにすると，次のようになります。

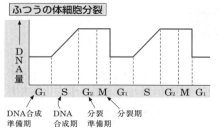

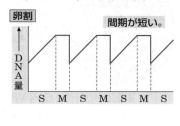

▲ 図79-2 ふつうの体細胞分裂と卵割でのDNA量の変化の違い

5 また，**発生の初期には各割球がほぼ同時に分裂を開始します。**そのため，細胞数の変化をグラフにすると，次の図79-3の右のような階段状のグラフになります。このような分裂を**同調分裂**といいます。

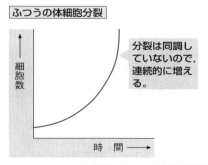

分裂は同調していないので，連続的に増える。

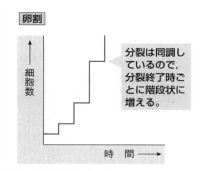

分裂は同調しているので，分裂終了時ごとに階段状に増える。

▲ 図79-3 ふつうの体細胞分裂と卵割での細胞数の変化の違い

発生初期のRNA合成

　ふつうの体細胞分裂では，間期の間にRNAの合成も行われる。しかし，卵割の場合は，卵割が始まるずっと以前（卵が形成される前，それも減数分裂が起こる前）に細胞分裂に使われる**RNAはあらかじめ合成して蓄えてある。**そのため，卵割では新たにRNAを合成する必要がない。そのぶん，間期の長さが短いことになる。しかし，この蓄えられていたRNAは**胞胚期**くらいにはなくなってしまうので，胞胚期を過ぎると新しいRNA合成が行われ，胞胚期以降の発生が進行する（ちょうど，春休みに1学期の予習を終わらせておけば，1学期は毎回予習しなくても済むが，2学期からは毎回予習をしなければいけない…，といった感じ）。

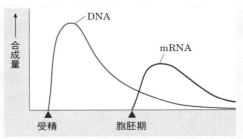

▲ 図 79-4 発生における DNA・mRNA の合成量

 RNA分解のしくみ

　一般にmRNAは寿命が短く，合成されてもすぐにRNA分解酵素によって分解されてしまう。しかし，胞胚までの発生に必要なmRNAは非常に寿命が長いRNAといえる。このようなmRNAの維持には次のような現象が関係している。

　転写されて生じたRNAの5′末端側に**キャップ**，3′末端側に**ポリＡテール**（ポリＡ尾部）という構造が付加される。キャップはメチル化したグアノシン（グアニン＋リボース）と3つのリン酸からなる構造，ポリＡテールは，アデノシン一リン酸（AMP）が70～250個結合した構造である。このような構造が付加されているRNAは，RNA分解酵素の作用を受けず，分解されにくい。

【卵割の特徴】
① 生じた娘細胞（割球）は，**成長せずに次の分裂を開始する。**
② 間期が**短い**（**DNA**複製は行われる）。
③ 発生の初期の体細胞分裂であり，**同調分裂**する。

第**7**章 遺伝情報の発現と発生

2 卵割様式の種類

1 卵割の様式は，卵黄の量と分布状態によって異なります。卵黄は発生に必要な栄養分ですが，粘性が高いため，細胞質分裂のときには邪魔になり，**卵黄の多い部分では細胞質分裂が起こりにくくなる**からです。では，順に見ていきましょう。

2 ウニやヒトなどの卵は，**卵黄の量が少なく，卵内に均等に分布**しています。このような卵を**等黄卵**といいます。等黄卵では，2細胞期，4細胞期，8細胞期になっても，各割球の大きさが等しくなるような卵割が行われます。これを**等割**といいます。

> 哺乳類や，ウニ・ヒトデのような棘皮動物，ホヤ・ナメクジウオのような原索動物の卵は等黄卵である。

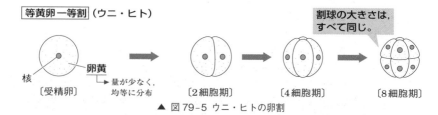

等黄卵─等割 (ウニ・ヒト)

割球の大きさは，すべて同じ。

核　卵黄─→量が少なく，均等に分布　〔受精卵〕　〔2細胞期〕　〔4細胞期〕　〔8細胞期〕

▲ 図79-5 ウニ・ヒトの卵割

3 カエルやイモリの卵は，**比較的卵黄の量が多く，植物極側に偏って分布**しています。このような卵を**端黄卵**といいます。カエルやイモリの卵の場合は，2細胞期，4細胞期までは割球の大きさは同じですが，8細胞期になるとき，卵黄の多い植物極をさけて，赤道面よりも動物極側で分裂するため動物極側の割球はやや小さく，植物極側の割球はやや大きくなります。このような卵割を**不等割**といいます。

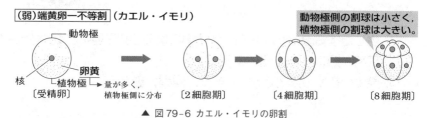

(弱)端黄卵─不等割 (カエル・イモリ)

動物極側の割球は小さく，植物極側の割球は大きい。

動物極　卵黄　核　植物極─→量が多く，植物極側に分布　〔受精卵〕　〔2細胞期〕　〔4細胞期〕　〔8細胞期〕

▲ 図79-6 カエル・イモリの卵割

4 等割も不等割も，卵全体が分裂するので，これらの卵割を**全割**といいます。

5 鳥類や爬虫類・魚類の卵は，非常に卵黄の量が多く，植物極側に偏って分布し，卵黄の少ない部分は動物極側のほんの一部分のみです。これも**端黄卵**といいますが，カエルやイモリの卵を**弱端黄卵**，鳥類・爬虫類・魚類の卵を**強端黄卵**と呼んで区別する場合もあります。

> カエル・イモリ・サンショウウオのような両生類の卵は弱端黄卵。

6 強端黄卵の場合は，動物極側のほんの一部分だけ（ここを**胚盤**という）が分裂を行うので，このような卵割を**盤割**といいます。

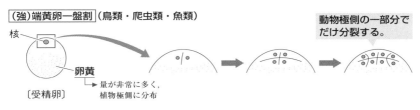

[(強)端黄卵─盤割]（鳥類・爬虫類・魚類）

> 動物極側の一部分でだけ分裂する。

核

卵黄
└→ 量が非常に多く，植物極側に分布

〔受精卵〕

▲ 図 79-7 鳥類・爬虫類・魚類の卵割

7 昆虫類や甲殻類の卵は，卵の中心部分に卵黄が多く分布しています。このような卵を**心黄卵**といいます。心黄卵では，最初のころは核だけの分裂が繰り返されます。やがて，生じた核が卵の表面近くに移動し，ここで細胞質分裂が行われます。このような卵割を**表割**といいます。

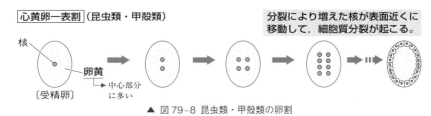

[心黄卵─表割]（昆虫類・甲殻類）

> 分裂により増えた核が表面近くに移動して，細胞質分裂が起こる。

核

卵黄
└→ 中心部分に多い

〔受精卵〕

▲ 図 79-8 昆虫類・甲殻類の卵割

8 盤割も表割も，卵全体ではなく一部分でだけ分裂するので，このような卵割は**部分割**といいます。

第 **7** 章 遺伝情報の発現と発生

放射卵割とらせん卵割

これまで述べたような卵割の分け方とは別に，割球の配列パターンによって分ける分け方もある。

ウニやカエルなど多くの新口動物の卵割では，第一卵割も第二卵割も動物極と植物極を通り，互いに直交し，第三卵割は赤道面に平行に前の2つの卵割面に直交して行われる（これを**放射卵割**という）。ところが，動物極・植物極の軸に垂直にならずやや斜めに傾いた方向に卵割する様式があり，これを**らせん卵割**という。頭足類（イカやタコ）以外の軟体動物（貝類）や環形動物など旧口動物の多くはこのらせん卵割を行う（⇨ p.368）。

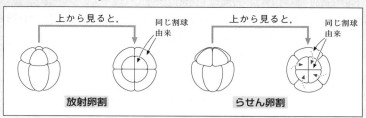

▲ 図79-9 放射卵割とらせん卵割

【卵の種類と卵割様式のまとめ】

卵の種類	卵割様式		例
等黄卵	全割		哺乳類，棘皮動物，原索動物
(弱)端黄卵			両生類
(強)端黄卵	部分割	盤割	鳥類，爬虫類，魚類
心黄卵		表割	昆虫類，甲殻類

第80講 ウニの発生

重要度
★★

ウニの受精卵から成体になるまでの変化を見てみましょう。

1 受精卵から胞胚期まで

1 ウニの受精卵から始まる**第一卵割は，動物極と植物極を結ぶ面で行われ，2細胞期**となります。この方向の分裂を**経割**といいます。第二卵割も第一卵割面に直交する方向に経割し，**4細胞期**となります。第三卵割は**赤道面に平行に分裂**しますが，この方向の分裂を**緯割**といいます。これで**8細胞期**となります。ここまでは**同じ大きさに分裂する等割**です。

8細胞期を過ぎると，胚の内部に空所が生じるようになります。この空所を**卵割腔**といいます。

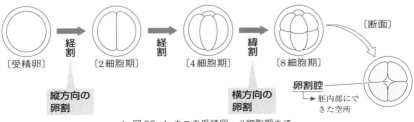

▲ 図80-1 ウニの受精卵〜8細胞期まで

2 第四卵割は，**動物極側（動物半球）については経割で等割**ですが，**植物極側（植物半球）では緯割で不等割**が行われます。その結果，大・中・小の3種類の大きさの割球からなる**16細胞期**となります。

▲ 図80-2 ウニの第四卵割と16細胞期

3 卵割が進むと，割球の大きさも小さくなり，桑の実のような状態の**桑実胚期**になります。さらに卵割が進むと，**外側が1層の細胞からなる**ボールのような状態の**胞胚期**となります。胞胚期になると，卵割腔の空所も大きく発達します。この時期の空所は**胞胚腔**と呼ばれるようになります。胞胚期になると，周囲に繊毛が生じてきます。

4 また，胞胚期までは胚の周囲には受精膜が残っていますが，胞胚期の後期になると，**受精膜を破って胞胚期の胚が出てきます**。このような現象を**ふ化**といいます。さらに，胞胚期の後期には，植物極側から，細胞が胞胚腔の内部に遊離し始めます。

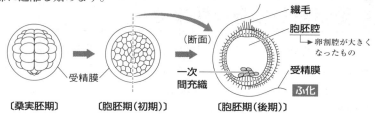

〔桑実胚期〕 〔胞胚期（初期）〕 〔胞胚期（後期）〕

受精膜 ／ 一次間充織 ／ 繊毛 ／ 胞胚腔 → 卵割腔が大きくなったもの ／ 受精膜 ／ ふ化 ／ （断面）

▲ 図80-3 ウニの桑実胚期～胞胚期まで

【ウニの初期発生の特徴】
① （経割）→（経割）→（緯割）で8細胞期になる。
② 第四卵割では，**動物半球は経割で等割，植物半球は緯割で不等割**を行い，16細胞期になる。
③ **胞胚期にふ化する。**

2 胞胚期から幼生期まで

1 植物極側から細胞が内部に陥入し始め，新たな入り口が生じます。この入り口を**原口**といい，陥入によって生じた空所を**原腸**といいます。そして，原口や原腸が生じた時期を**原腸胚期**といいます。

胞胚期に植物極側から遊離した細胞は**一次間充織**と呼ばれ，やがて**骨片**に分化します。一方，原腸の先端からも細胞が遊離しますが，これは**二次間**

508

充織と呼ばれ，やがて**筋肉**や**生殖腺**に分化します。

　原腸胚後期で外層を取りまく細胞層が**外胚葉**，原腸壁となる細胞が**内胚葉**，一次間充織や二次間充織が**中胚葉**になります。このようにして，**原腸胚期に三胚葉が分化**します。

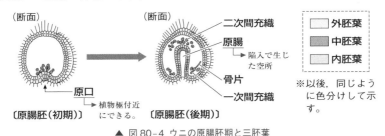

▲ 図 80-4 ウニの原腸胚期と三胚葉

2　原腸の先端が外層と接したところに**口**ができ，**原口は肛門**に，**原腸は消化管**になります。全体の形がちょうどプリズムのような形になり，**プリズム幼生**と呼ばれるようになります。

　さらに，外胚葉が腕を伸ばし，**プルテウス幼生**になります。幼生になると，自らの口で餌を食べ，自立生活ができるようになります。このプルテウス幼生がさらに変態して成体になります。

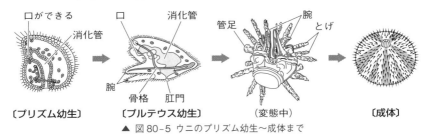

▲ 図 80-5 ウニのプリズム幼生～成体まで

【ウニの胞胚期～成体までの発生の特徴】
① 胞胚→原腸胚→プリズム幼生→プルテウス幼生→成体
② 原腸胚期で三胚葉が分化する。
③ **原口**はやがて**肛門**になる。

ウニとの違いに注意しながら，カエルやイモリのような両生類の発生を見てみましょう。

1 受精卵から原腸胚期まで

1 両生類の受精卵（らん）から始まる第一卵割，第二卵割はどちらもウニと同様に**経割**で，**4細胞期**になります。第三卵割も**緯割**するのはウニと同じですが，両生類の卵は，端黄卵で，植物極側に卵黄が多いので，**赤道面よりも動物極に近い側で緯割して8細胞期**となります。その結果，動物極側の割球は植物極側の割球よりも小さくなります。

第四卵割は動物極側も植物極側も経割して16細胞期となります。そして，8細胞期を過ぎると，胚の内部に**卵割腔**（こう）が生じるようになるのもウニと同じです。

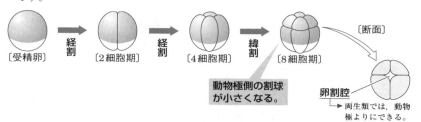

▲ 図81-1 両生類の受精卵〜8細胞期まで

2 さらに卵割が進み，**桑実胚期**（そうじつはい）を経て**胞胚期**（ほうはい）になります。胞胚期の内部には，卵割腔が発達してできた**胞胚腔**（ほうはいこう）という空所があります。

胞胚を切断した断面図（図81-2）を見ると，ウニとの違いがよくわかります。つまり，ウニの胞胚は外側が1層の細胞で囲まれていましたが，**両生類の胞胚は多層の細胞でできています**。また，胞胚腔も断面では円形ではなく半円形に近い形です。

> 両生類では植物極側の細胞が動物極側の細胞にくらべて大きいため，植物極側には空所が生じないことによる。

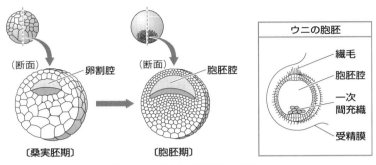

▲ 図 81-2 両生類の桑実胚期〜胞胚期まで

3　胞胚期を過ぎると，**赤道面よりもやや植物極に近い側に原口が生じ始め**，**原腸胚期**となります。そして，**原口**から細胞が内部に陥入して**原腸**が発達します。それに伴い，胞胚腔は徐々に狭められていきます。

　　最初，原口は外側から見ると，ひらがなの「へ」のように見えますが，やがて両側からも陥入し半円形に，最終的には下側からも陥入し，原口が円形となります。この部分は卵黄を豊富に含む細胞からなり，ちょうどワインなどのコルクの栓のように見えるので**卵黄栓**といいます。この時期が**原腸胚後期**です。

> プラグを差し込んでいるように見えるので，「卵黄プラグ」ともいう。

4　原口側には，将来**肛門**ができます。原腸胚後期になると，外側を取りまく細胞層が**外胚葉**になり，原腸の背側の壁が**中胚葉**に，原腸の下側の壁が**内胚葉**になります。

> ウニも両生類も原口は肛門側になる。このような動物を「新口動物」という（⇨ p.368）。

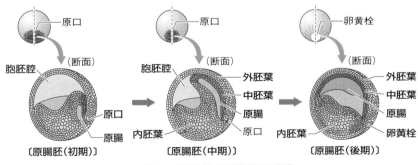

▲ 図 81-3 両生類の原腸胚期と三胚葉

第**7**章　遺伝情報の発現と発生

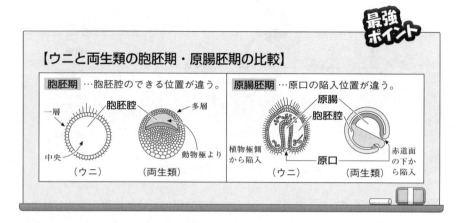

【ウニと両生類の胞胚期・原腸胚期の比較】

胞胚期 …胞胚腔のできる位置が違う。

一層　胞胚腔　多層

中央　動物極より

（ウニ）　（両生類）

原腸胚期 …原口の陥入位置が違う。

原腸　胞胚腔

植物極側　原口　赤道面の下から陥入
から陥入

（ウニ）　（両生類）

2 神経胚期から尾芽胚期まで

1 　先ほどの原腸胚期の断面図は，からだの正中面での断面図，すなわち縦断面です。これを横断面にしてみましょう。横断面とは，胴体の輪切りです。

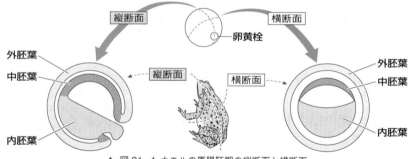

縦断面　　　　　　横断面

卵黄栓

外胚葉　　　縦断面　横断面　　　外胚葉

中胚葉　　　　　　　　　　　中胚葉

内胚葉　　　　　　　　　　　内胚葉

▲ 図81-4 カエルの原腸胚期の縦断面と横断面

2 　ここからは，この横断面の図で見ていきます。

　原腸胚期が終了すると，外胚葉が背側に向かって移動し，両側が盛り上がります。背側にこのような盛り上がりが生じると**神経胚期**になります。このとき，平たくなった部分を**神経板**，その両側の盛り上がりを**神経褶**といいます（⇨図81-5）。

　中胚葉は腹側に向かって伸び，一部がちぎれます。背側に残った切れ端が**脊索**になる部分です。残りはさらに腹側に伸びながら外側へと広がって，内部に新しい空所をつくります。

内胚葉は背側へと丸まっていきます。

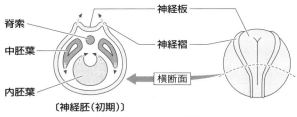

▲ 図81-5 カエルの神経胚初期

3　神経胚期には，さらに背側の外胚葉が盛り上がり，神経板は溝のようになります。これを**神経溝**といいます。やがて，神経褶の両側がくっつき，神経板だった部分は丸まって管状になり**神経管**と呼ばれるようになります。そして，**神経堤細胞**(⇨p.515)も生じます。

中胚葉は，さらに腹側に伸び，もう一度ちぎれて切れ端をつくり，さらに伸びて腹側で左右が合わさります。

内胚葉は，丸まって管状の空所をつくります。

このようにして，**神経胚後期**となります。

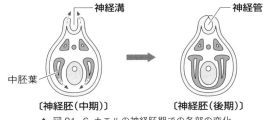

▲ 図81-6 カエルの神経胚期での各部の変化

4　神経胚期を過ぎると，胚は前後に伸び，尾の原基が生じ始めます。この時期を**尾芽胚期**といいます。尾芽胚期の横断面および縦断面は次の図81-7のとおりです。

神経胚後期あるいは尾芽胚期で，外側を取りまく細胞層を**表皮**，神経板だった部分が丸まって管状になった部分を**神経管**といいます。中胚葉は背側から順に，**脊索，体節，腎節，側板**という4つの部分に分化します。内胚葉は丸まって**腸管**を形成します。また，中胚葉に囲まれた隙間が，体壁と内臓の間の隙間になる部分で，これを**体腔**といいます。

5　尾芽胚期を過ぎるとふ化し，**幼生(オタマジャクシ)** になり，さらに，**変態**して成体になります。

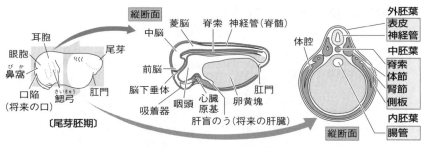

▲ 図81-7 カエルの尾芽胚期

尾芽胚期の各部の横断面のようす

尾芽胚期の横断面のようすは，切断する場所によって異なる。

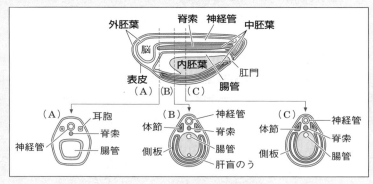

▲ 図81-8 尾芽胚期各部の横断面図

【両生類の原腸胚期～成体までの発生の特徴】

① 肛門は原口側にできる。

② 原腸胚期→神経胚期→尾芽胚期→幼生→成体

③
- 外胚葉→表皮・神経管・神経堤細胞
- 中胚葉→脊索・体節・腎節・側板
- 内胚葉→腸管

第**82**講 両生類の器官形成

重要度
★★

神経胚期に形成された神経管, 体節や側板といったさまざまな部分から, どのような器官が形成されるのだろう。

1 外胚葉から生じる器官

1 原腸胚後期に**外胚葉**だった部分は, 尾芽胚期には**表皮**と**神経管**および神経堤細胞に分化しました。

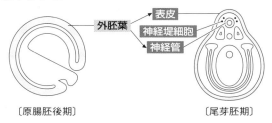

[原腸胚後期]　　　　　　　　[尾芽胚期]

▲ 図82-1 外胚葉に由来する尾芽胚の部位

2 まず, 表皮からは**皮膚の表皮**が生じます。さらに, そこから付随して, **羽毛, 毛, 汗腺, 爪, 爬虫類の鱗**なども生じます。

> 皮膚は, 大きく表皮と真皮からなる。このうちの表皮は外胚葉の表皮から生じる。真皮は中胚葉から生じる。

　また, 眼の**角膜**や**水晶体**(⇨p.532「イモリの眼の形成」参照), 耳の**外耳**や**内耳**も表皮から生じます。

> 同じ鱗でも, 魚類の鱗は真皮で, 中胚葉起源。

> 中耳は内胚葉起源。

3 一方, 神経管の前方は**脳胞**という膨らみになり, 後方は**脊髄**になります。

　脳胞は前から順に, **前脳・中脳・菱脳**という3つに分かれ, さらに前脳からは**大脳**や**間脳**, および**脳下垂体後葉**が生じ, 菱脳からは**小脳**や**延髄**が生じます。前脳の一部からは**眼の網膜**も生じます(⇨p.526「イモリの眼の形成」参照)。

　また, 運動神経も生じます。

> 表皮ではE型カドヘリン, 神経管ではN型カドヘリンが発現する(⇨p.58)。神経堤細胞はどちらも発現せず表皮や神経管から離れる。

4 さらに外胚葉からは, 表皮と神経管の境目から**神経堤細胞(神経冠細胞)**

515

という細胞群も生じます。

神経堤細胞は胚の内部を移動して，感覚神経や自律神経の節後神経（⇨p.174），シュワン細胞，皮膚の色素細胞，副腎髄質，頭部の骨，眼の角膜などを形成します。

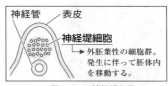

▲ 図82-2 神経堤細胞

【外胚葉から分化するおもな器官ベスト10】
表　皮⇨皮膚の表皮，眼の角膜・水晶体
神経管⇨脳，脊髄，眼の網膜
神経堤細胞⇨感覚神経，自律神経，色素細胞，副腎髄質

2 中胚葉から生じる器官

1 原腸胚後期に**中胚葉**だった部分は，尾芽胚期には**脊索，体節，腎節，側板**の4つの部分に分化しました。

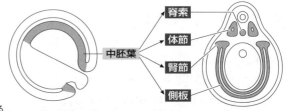

▶ 図82-3 中胚葉に由来する
尾芽胚の部位　　　　　　〔原腸胚後期〕　　　　　〔尾芽胚期〕

2　脊索は，尾芽胚期まではからだを支持する働きをしますが，やがて**脊索自身は退化・消失**します（それ以後は脊椎（背骨）がからだを支える働きをするようになります）。

> 脊索を生じるのは頭索動物，尾索動物と脊椎動物だけ。頭索動物のナメクジウオおよび脊椎動物の無顎類では一生残って機能する。尾索動物のホヤおよび脊椎動物（無顎類を除く）では，成体になる前に退化する。

3　体節からは，**脊椎骨（背骨）**や肋骨などの骨，**軟骨，骨格筋，皮膚の真皮**（厳密には背側の皮膚の真皮）などが生じます。

4 　腎節からは**腎臓**や**輸尿管**, **輸精管**, **生殖腺髄質**などが生じます。

5 　側板からは**心臓**, **血管**, **血球**のような循環系に関与するものが形成され
ます。また, **平滑筋**, **腸間膜**, **腹膜**, **副腎皮質**, **輸卵管**, **生殖腺皮質**, **腱**,
魚類の鱗なども生じます。

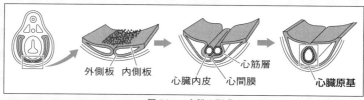

体内で, 腸をつるして定着させている膜のことで,
腸への血管やリンパ管, 神経が分布している。

腹腔や胃や腸などの内臓の表
面を取りまく薄い膜のこと。

心臓の形成

　心臓は, 左右の側板が合わさった所に, 次の図のようにして, 心臓のもとにな
る原基が形成され, つくられていく。

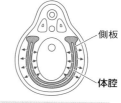

外側板　内側板

心臓内皮　心間膜

心筋層

心臓原基

▲ 図82–4　心臓の形成

6 　側板の外側は, やがてその外側にある外胚
葉の表皮と接着します。また, 側板の内側は,
やがてその内側にある内胚葉と接着します。
その結果, 側板に囲まれていた隙間の部分が,
最終的に体壁と内臓の間の隙間(これを**体腔**
という)になります。

側板

体腔

側板に囲まれていた隙間
が体腔になる。

▲ 図82–5　体腔の形成

中胚葉に囲まれた部分に生じる体
腔を「真体腔」という(⇨ p.369)。

【中胚葉から生じるおもな器官ベスト10】
　脊索 ⇨ 退化・消失
　体節 ⇨ 脊椎骨, 骨格筋, 真皮
　腎節 ⇨ 腎臓, 輸尿管
　側板 ⇨ 心臓, 血管, 血球, 平滑筋, 腸間膜

3　内胚葉から生じる器官

1　原腸胚後期に**内胚葉**だった部分は，尾芽胚期には**腸管**の周囲に存在します。

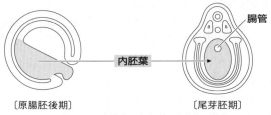

［原腸胚後期］　　　　　　　　　［尾芽胚期］

▲ 図82-6　内胚葉に由来する尾芽胚の部位

2　内胚葉からは，**食道，胃や腸などの消化管上皮（内壁）**や**肝臓，胆のう，すい臓**などが生じます。また，**肺，えら，気管**などの呼吸系も生じます。これ以外にも，**甲状腺，副甲状腺，胸腺，耳の中耳や耳管**も内胚葉から生じます。

3　内胚葉からも多くの器官が分化して複雑ですが，**消化管とそこから突出した袋状のもの**が，**さまざまな器官に分化する**わけで，おおざっぱには次の図のように示すことができます。

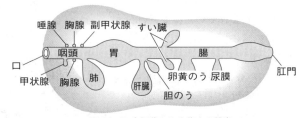

▲ 図82-7　内胚葉から分化する器官

【内胚葉から生じるおもな器官ベスト5】
内胚葉 ⇨ 消化管上皮，肝臓，すい臓，肺，甲状腺

4 複数の胚葉起源をもつ器官

1 これまで見てきたように，それぞれの胚葉からいろいろな器官が分化しますが，１種類の胚葉だけで１つの器官が形成されるとは限りません。

2 たとえば，皮膚という器官は，**外胚葉から生じた表皮**（上皮組織）**と中胚葉から生じた真皮**（結合組織）の両方から形成されます。

3 同様に，胃や腸も，**内壁**（上皮組織）**は内胚葉**から，**筋肉**（平滑筋）**は中胚葉**（側板）から，外表面を覆う**腹膜は中胚葉**（側板）から生じます。

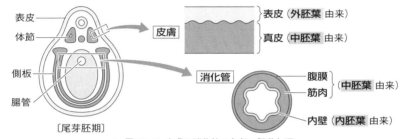

表皮
体節
側板
腸管
〔尾芽胚期〕

皮膚
表皮（**外胚葉** 由来）
真皮（**中胚葉** 由来）

消化管
腹膜
筋肉 （**中胚葉** 由来）
内壁（**内胚葉** 由来）

▲ 図82-8 皮膚や消化管の各部の胚葉起源

体軸幹細胞

　ウニや両生類を用いた研究から，ここまで学習してきたように外胚葉，中胚葉，内胚葉の３つの胚葉が生じ，それぞれの胚葉から種々の組織が分化すると考えられてきた。しかし，近年マウスを用いた研究から，外胚葉由来の胴部の神経系と中胚葉由来の骨や筋肉が，共通の**体軸幹細胞**という細胞から生じるということがわかってきた（2011年大阪大学の近藤寿人教授）。この体軸幹細胞で*Sox2*という遺伝子が働くと神経系，*Tbx6*という遺伝子が働くと骨や筋肉が生じると考えられている。

{ 表皮（外胚葉由来）＋真皮（中胚葉由来）→皮膚
{ 内壁（内胚葉由来）＋平滑筋（中胚葉由来）＋腹膜（中胚葉由来）
　　→胃，腸

第**7**章 遺伝情報の発現と発生

第83講 両生類の発生と遺伝子発現

重要度
★★★

第81講・第82講で学習した両生類の発生や器官形成と遺伝子発現の関係を見てみましょう。

1 前後軸と背腹軸

1 動物のからだには**前と後**(頭側とその反対側)，**背側と腹側**，**右側と左側**という**3方向の軸**が(**体軸**といいます)あります。これをそれぞれ**前後軸**(頭尾軸)，**背腹軸**，**左右軸**といいます。

2 両生類の卵では，**動物極**(極体が放出される側)と**植物極**とを結ぶ軸(卵軸といいます)が，**将来の前後軸(頭尾軸)とほぼ一致**しています。すなわち卵が形成された段階ですでに前後軸は決定しているといえます。

3 精子が進入すると，卵の表層部分が内部の細胞質に対して約**30°回転**します。これを**表層回転**といいます。表層回転の結果，精子進入点の反対側の赤道部(**帯域**といいます)に，周囲とは少し色の濃さが異なる領域が生じます。この領域を**灰色三日月環**といいます。

4 この**灰色三日月環**が生じた側が，**将来の背側**になります。すなわちこれで背腹軸が決定したといえます。前後軸と背腹軸が決まれば自動的に左右軸も決定します。

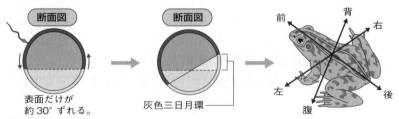

▲ 図83-1 灰色三日月環の形成と体軸

5 受精卵の植物極付近には**ディシェベルド**というタンパク質が局在していて，これが表層回転に伴って将来の背側に移動します。この移動には細胞骨格である**微小管**とその上を移動するモータータンパク質の**キネシン**が関与します。

> 紫外線照射を行うと微小管形成が阻害され，ディシェベルドの移動が起こらなくなり，背側構造が形成されなくなる。

6 未受精卵には，**βカテニンのmRNA**が未受精卵全体に均一に分布しています。受精後，これが翻訳されて生じたタンパク質(**βカテニン**)も受精卵全体に均一に分布します。βカテニンは分解酵素によって分解されていくのですが，ディシェベルドはこの分解を抑制します。その結果，ディシェベルドが分布する将来の背側ではβカテニンが残り，将来の**背側から腹側にかけてβカテニンの濃度勾配**が生じます。

7 やがて卵割が進むと，βカテニンを多く含む細胞とそうでない細胞が生じます。βカテニンを含む細胞では，βカテニンが**細胞質から核内に移動**して，**調節タンパク質**として働き，背側の形成に関与するさまざまな遺伝子の発現を調節します。その結果，やがて背側の構造が形成されるようになるのです。

> 背側決定因子としてノギンやコーディンなどがあり，これらの遺伝子発現が促される。

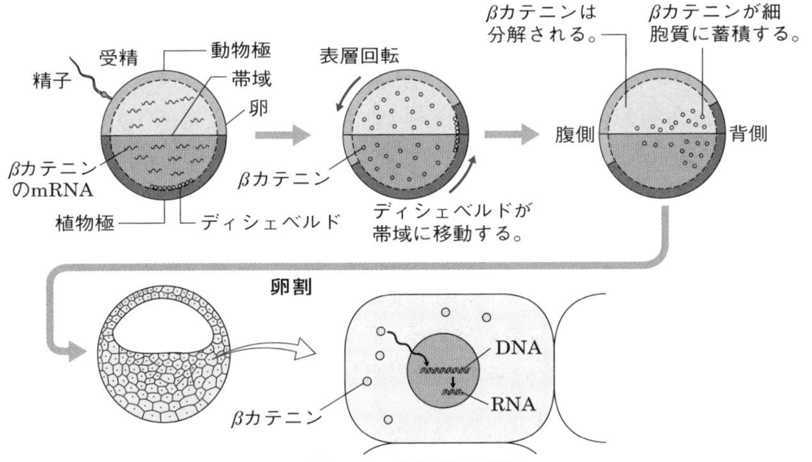

▲ 図83-2 表層回転と卵割

8 タンパク質であるディシェベルドやβカテニンのmRNAは受精前から卵に存在しています。このように受精前から卵に蓄積し，そのあとの発生に影響

を与えるmRNAあるいはタンパク質を**母性因子**といい，母性因子を支配する遺伝子を**母性効果遺伝子**といいます。

① 卵が形成された時点で前後軸は決定している。
② 精子が進入すると**表層回転**が起こり，**灰色三日月環**が生じる。
　⇨灰色三日月環が生じた側が将来の背側になる。
　⇨**背腹軸**が決定する。
③ 表層回転に伴って灰色三日月環側に移動したディシェベルドが
　βカテニンの分解を抑制する
　⇨将来の背側から腹側にかけてβカテニンの濃度勾配が形成される。
④ **母性因子**…受精前に卵に蓄積している**mRNA**や**タンパク質**
　母性効果遺伝子…母性因子を支配する遺伝子

2 内胚葉と外胚葉の分化と中胚葉誘導

1　両生類の発生ではまず外胚葉と内胚葉の分化が決定します。両生類の未受精卵の植物極側には**VegT遺伝子**（これも母性効果遺伝子）から生じたmRNA（これも母性因子）が分布しています。受精後，このmRNAが翻訳され**VegTタンパク質**が生じますが，もともとmRNAが植物極側に分布していたので，生じたVegTタンパク質も植物極側には多く分布します。

2　やがて卵割が進みますが，このVegTタンパク質が内胚葉の分化に必要な遺伝子の発現を促す調節タンパク質なので，VegTタンパク質を多く含む割球が内胚葉に，そうでない割球は外胚葉に分化します。

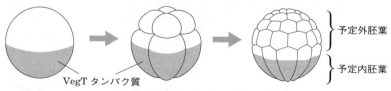

VegT タンパク質

▲ 図83-3 VegTタンパク質の偏り

522

3 やがて胞胚期になると，βカテニンおよびVegTタンパク質の働きで**ノー
ダル遺伝子**の発現が促されるようになります。ノーダル遺伝子から生じた
ノーダルタンパク質は細胞外に分泌されるタンパク質です。

4 内胚葉の細胞から分泌されたノーダルタンパク質を受容した細胞では，中
胚葉に分化するのに必要な遺伝子が発現するため，やがて中胚葉に分化して
いくのです。すなわち予定内胚葉に接している予定外胚葉の領域(帯域)が中
胚葉へと分化することになります。

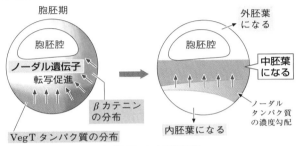

▲ 図83-4 中胚葉誘導

5 このように，ある領域が，接する他の領域の分化の方向を決定する現象を
誘導といい，誘導の作用をもつ部域を**形成体(オーガナイザー)**といいま
す。

6 **5**で挙げた現象では，予定内胚葉域が形成体となり，接する予定外胚葉域
の一部を中胚葉に誘導したことになります。これを**中胚葉誘導**といいます。

7 **βカテニンは将来の背側に多く，VegTタンパク質は植物半球に多く分布し
ている**ので，その両方が多く分布している側でノーダル遺伝子の発現が促さ
れ，その結果，**ノーダルタンパク質の濃度勾配**が生じます。

8 中胚葉誘導において，ノーダルタンパク質の濃度が高いと背側の中胚葉(予
定脊索域)に，濃度が低いと腹側の中胚葉(予定側板域)が，中間の濃度では予
定体節域が誘導されます。すなわち，周囲の部分との濃度の違いにより，ど
の位置にどのような構造を生じさせるかが決まります。このように，位置を
認識するための情報を**位置情報**といいます。この場合は，ノーダルタンパ
ク質の濃度勾配が位置情報となり，どの部位にどのような中胚葉性の構造を
形成するかが決まるのです。

第**7**章 遺伝情報の発現と発生

① **誘導**…特定の部域が他の部域の分化の方向を決定すること。

② **形成体(オーガナイザー)** …誘導の作用をもつ特定の部域。

③ **βカテニン**と**VegTタンパク質**により**ノーダル遺伝子の発現**が促される。⇨生じた**ノーダルタンパク質**が接する胚域を中胚葉に分化させる。=**中胚葉誘導**

④ **ノーダルタンパク質**の濃度が高いほうから順に，予定脊索域，予定体節域，予定側板域が誘導される。

⑤ **位置情報**…位置を認識するための情報。

3 神経誘導

1 胞胚期が終わり原腸胚期になると，外胚葉は神経に分化するか表皮に分化するかが決定されるようになります。ノーダルタンパク質の濃度が高い側では予定脊索域が誘導されました。この予定脊索域(初期原腸胚で，原口の少し背側にあるので，これを**原口背唇**(げんこうはいしん)といいます)が**形成体**となり，**外胚葉を神経に誘導**します。これは次のようなしくみで起こります。

2 本来外胚葉は神経に分化する性質をもっています。胚の全域に分布する**BMP**という物質が，外胚葉の細胞にある受容体に結合すると，外胚葉の神経への分化が抑制され，表皮が分化するようになります。

>
> Bone Morphogenetic Protein の略。もともとは骨形成因子として発見されたためこのように呼ばれるが，そのあと，骨形成以外にもさまざまな働きがあることがわかってきた。

3 ところが予定脊索域から分泌された**ノギン**や**コーディン**というタンパク質がBMPと結合し，BMPが受容体に結合するのを阻害します。その結果，BMPと結合しなかった外胚葉の細胞は神経に分化するようになるのです。

4 この場合は原口背唇が外胚葉を神経へと誘導したので，これを**神経誘導**といいます(図83-5右図)。

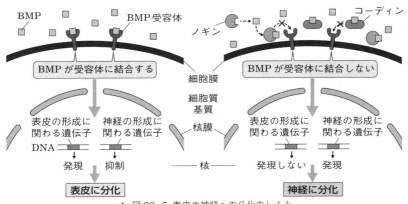

▲ 図 83-5　表皮や神経への分化のしくみ

5　さらに陥入が進むと，予定脊索域(中胚葉)の細胞群は予定神経域(外胚葉)を裏打ちするようになります。この予定脊索域の位置によって分泌される物質の種類や濃度の違いにより前方からは脳が，後方からは脊髄が誘導されます。

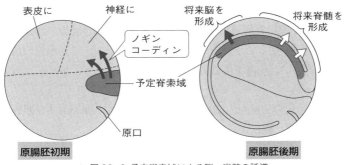

▲ 図 83-6　予定脊索域による脳・脊髄の誘導

① 外胚葉の細胞の受容体に**BMP**が結合

$\left\{\begin{array}{l}\text{すると　⇨ 外胚葉は表皮に分化}\\\text{しないと ⇨ 外胚葉は神経に分化}\end{array}\right.$

② 予定脊索域(原口背唇)から分泌された**ノギン**や**コーディン**は**BMP**と結合し，**BMP**の受容体への結合を阻害 ⇨ 外胚葉は神経に分化 = **神経誘導**

第 **7** 章　遺伝情報の発現と発生

第84講 さまざまな誘導

第83講で，中胚葉誘導，神経誘導を学習しました。それ以外にも発生過程ではさまざまな誘導が見られます。

1 眼の形成

1 これまで見てきたように，まずは予定内胚葉が中胚葉を誘導し，その結果生じた予定脊索域(せきさく)が神経を誘導します。このように，誘導が次から次へと連鎖的に起こって，複雑な器官が形成されるのです。ここでは，その最も典型的な例として，イモリの眼の形成を見ていきます。

2 予定脊索域(原口背唇)によって誘導されて生じた神経管の前方は，尾芽胚(びがはい)期になると，脳胞(のうほう)という膨らみになります。そして，この脳胞の両側の一部がさらに膨らんで眼胞(がんほう)が生じます。

3 さらに，眼胞の先端がくぼんで眼杯(がんぱい)となります。眼胞および眼杯が新しい形成体となって，表皮から水晶体(すいしょうたい)を誘導します。

4 生じた水晶体がまた新しい形成体となって，表皮から角膜(かくまく)を誘導します。

5 一方，眼杯自身は網膜(もうまく)に分化します。

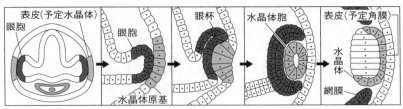

▲ 図84-1 誘導の連鎖によるイモリの眼の形成

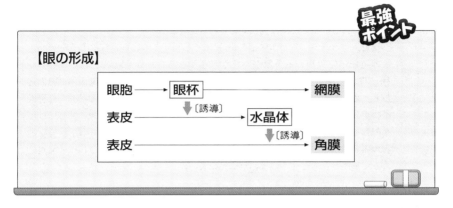

眼の形成のくわしいしくみ

眼の形成をくわしく見るとなかなか複雑である。

生じた眼胞が表皮から**水晶体原基**(やがて水晶体を形成するもとになる構造,**水晶体プラコード**という)を誘導する。生じた水晶体原基が形成体となり,眼胞から眼杯を誘導する。そして生じた眼杯が形成体となり,水晶体原基を**水晶体胞**という袋状の構造に誘導する。この水晶体胞が形成体となって眼杯を網膜に,表皮を角膜に誘導する。

また,角膜の形成には,表皮だけでなく神経堤細胞も関与する。

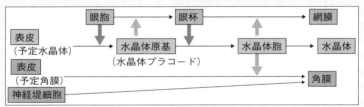

*Pax6*遺伝子の発現と眼の形成

哺乳類の眼の形成において,まず最初に発現する重要な遺伝子として*Pax6*という遺伝子がある。この遺伝子が発現することで,さまざまな調節遺伝子が連鎖的に次から次へと発現して眼が形成されるようになる。一連の反応の上位で働く,いわば親玉のような働きがあるのでこのような遺伝子を**マスター遺伝子**という。*Pax6*遺伝子が欠損すると眼は形成されなくなる。逆に本来は眼が形成される場所とは異なる部位であっても*Pax6*遺伝子を強制的に発現させるとその部位に眼が形成される！　それだけではなく,たとえばマウスの*Pax6*遺伝子をショウジョ

ウバエの肢に組み込んで発現させると，ショウジョウバエの肢に眼が形成される!! ただし，生じた眼は昆虫で見られる複眼である。

　また，ショウジョウバエには*Pax6*遺伝子と相同と考えられる遺伝子(*eyeless*；この遺伝子が欠損すると眼が形成されなくなることから命名された)があり，*Pax6*遺伝子が欠損し眼が形成されないカエルのゲノムに*eyeless*遺伝子を組み込むと，カエルの眼が形成される。これは，これらの祖先遺伝子は節足動物と脊椎動物が分岐するよりも以前から存在しており，それが機能する領域に関しては塩基配列も類似して保存されているため，同様の機能を示すと考えられる。脊椎動物の眼と昆虫の眼は構造がまったく異なるにもかかわらず，同じ遺伝子の発現によって形成されるというのは非常に興味深い。

 誘導する側と誘導される側

　イモリの眼胞を切除してしまうと，その部分には水晶体も角膜も網膜も形成されない。一方，眼胞を頭部の表皮の裏側に移植すると，その部分の表皮が誘導されて水晶体になり，移植した部分に眼が形成される。

　では，眼胞を頭部以外の，たとえば腹部の表皮の裏側に移植するとどうなるだろう。この場合，表皮は水晶体には誘導されない。

　つまり誘導という現象は，誘導する側だけでなく，**誘導を受ける側がその誘導作用に応答する能力をもっていなければ現れない**のである。頭部の表皮には眼杯からの誘導作用に応答する能力があるが，頭部以外の表皮にはそのような能力がないため，いくら眼杯から誘導されても水晶体には分化しないのである。

2 ウニの発生で見られる誘導

1 　ウニでは，16細胞期になると動物極側に中割球8個，植物極側に大割球4個，小割球4個が生じるのは学習しましたね(⇨p.507)。

2 　これらの3種類の割球の発生運命を調べてみると，中割球からは表層の細胞群(外胚葉)が，大割球からは表層と原腸壁および二次間充織(外胚葉と内胚葉，中胚葉)が，小割球からは一次間充織(後に骨片に分化；中胚葉)が生じることがわかりました。

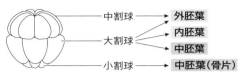

〔16細胞期〕

▲ 図84-2 ウニの16細胞期胚の各割球からの分化

3 16細胞期に小割球を取り出し，他の16細胞期胚の動物極側に移植すると，移植された小割球は予定通り骨片になり，接する中割球の一部から原腸が生じます。

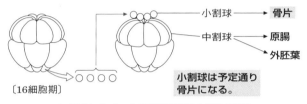

〔16細胞期〕

小割球は予定通り骨片になる。

▲ 図84-3 ウニの16細胞期胚の小割球の移植

4 このことから，ウニでは，16細胞期の段階で，**小割球は骨片に分化する運命がすでに決定している**こと，さらに，**接する割球に働いて原腸を誘導する**ことがわかります。

ウニでは，**小割球**が接する割球を**原腸形成**に誘導する。

3 ニワトリの皮膚で見られる誘導

1 ニワトリの皮膚は，外胚葉性の表皮と中胚葉性の真皮とからなっていて，背中や腹部の皮膚は羽毛を形成し，肢(あし)の皮膚は鱗(うろこ)を形成します。

2 ニワトリの胚の背中と肢の皮膚を，表皮と真皮に分け，それを交換して培養します。すると，背中の真皮と肢の表皮の組み合わせでは羽毛が，肢の真皮と背中の表皮の組み合わせでは鱗が形成されます。

第 **7** 章 遺伝情報の発現と発生

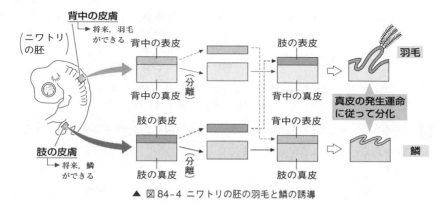

▲ 図84-4 ニワトリの胚の羽毛と鱗の誘導

つまり，羽毛になるか鱗になるかを決定しているのは，**中胚葉性の真皮**であることがわかります。

最強ポイント

ニワトリの皮膚では，**中胚葉性の真皮**による誘導によって，羽毛が生じるか，鱗が生じるかが決定する。

発生のしくみを調べた古典的な実験

発生のしくみを調べるために行われた，いろいろな実験を見てみましょう。

1 原基分布図の作成

1 **フォークト**(1888 〜 1941年；ドイツ)は，イモリの**胞胚期**の胚表面の各部を，生体に無害な色素で染色し，それぞれの部分が何に分化するかを調べました(1926年)。このような実験方法を**局所生体染色法**といいます。

> 中性赤，ナイル青などが代表的。いずれも生体に無害で，他の部分に拡散しない特徴をもつ。

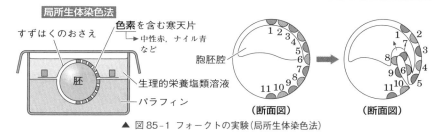

▲ 図85-1 フォークトの実験(局所生体染色法)

2 このような実験の結果，描かれたのが，次の図のような**原基分布図(予定運命図)**です。

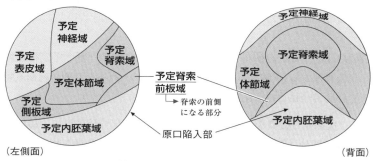

▲ 図85-2 イモリの胞胚の原基分布図

3 第83講の中胚葉誘導(⇨p.523)で学習したように，予定内胚葉の細胞に生じたノーダルタンパク質の濃度の違いにより背側から順に予定脊索域，予定体節域，予定側板域が誘導され，同じく第83講の神経誘導(⇨p.524)で学習したように，予定脊索域(原口背唇)に近い側の外胚葉が予定神経になるというのはとても納得できますね。

2 原腸胚の交換移植実験

1 **シュペーマン**(1869 ～ 1941年)は，体色の異なる2種類のイモリ(クシイモリとスジイモリ)を使って，次のような移植実験を行いました(1921年)。

2 〔**実験1**〕 イモリの**初期原腸胚**の，予定表皮域の一部と予定神経域の一部を交換移植する。

（**結果**） 移植された予定表皮の部分は神経に，移植された予定神経の部分は表皮に分化した。すなわち，**発生運命を変更して，移植先の運命に従って分化した**ということである。

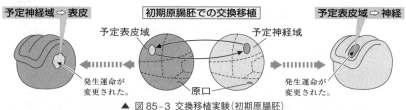

▲ 図85-3 交換移植実験(初期原腸胚)

➡️ということは，イモリの**初期原腸胚**では，**表皮や神経の運命はまだ決まっていなかった**ということになります。

3 〔**実験2**〕 イモリの**初期神経胚**の，予定表皮域の一部と予定神経域の一部を交換移植する(実験の方法は実験1と同じで，行った時期が初期原腸胚ではなく初期神経胚という違いがあるだけ)。

（**結果**） 実験1とは異なり，移植した予定表皮の部分は表皮に，移植した予定神経の部分は神経に分化した。すなわち，**予定が変更されず，もとの発生運命通りに分化した**わけである。

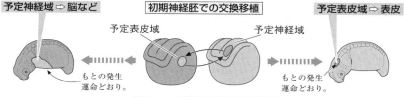

予定神経域 ⇨ 脳など　　初期神経胚での交換移植　　予定表皮域 ⇨ 表皮

予定表皮域　　　　予定神経域

もとの発生
運命どおり。

もとの発生
運命どおり。

▲ 図85-4 交換移植実験（初期神経胚）

➡ということは，初期神経胚ではすでに**運命が決定していた**ことになります。

4 〔実験3〕　イモリの後期原腸胚の，予定表皮域の一部と予定神経域の一部
を交換移植する。

（結果）　今度は，移植片がもとの発生運命に従って分化する場合と移植先の
運命に従って分化する場合の2通りの結果になり，移植先の運命に従う場
合であっても通常よりも時間がかかったりした。

➡ということから，後期原腸胚では，**少し運命が決まりつつあるものの，
まだ完全には決まっていなかった**ということになります。

① **原基分布図**…**フォークト**が，イモリの胞胚期の胚表面に，**局
所生体染色法**を用いて作成した。

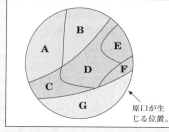

A; 予定表皮域　　E; 予定脊索域

B; 予定神経域　　F; 予定脊索前板域

C; 予定側板域　　G; 予定内胚葉域

D; 予定体節域

原口が生
じる位置。

② **シュペーマンの交換移植実験**（イモリの胚の予定表皮域と予定
神経域の交換移植）

　　⎰ **原腸胚初期**では移植先の運命に従って分化…運命は**未決定**。
　　⎱ **神経胚初期**では移植片自身の運命に従って分化…運命は**決
定済み**。

⇨外胚葉の発生運命は，**原腸胚初期～神経胚初期**の間に決定する。

3 原口背唇部の移植実験

1 **シュペーマン**と**マンゴルド**は，イモリの原腸胚初期に，原口よりも背側（動物極側）に位置する部分（**原口背唇部**または**原口背唇**）を他の初期原腸胚の予定表皮域に移植しました。

その結果，移植片は，本来の発生運命に従って，おもに**脊索**になり，移植片を中心に第二の胚（**二次胚**）が形成されました（1924年）。

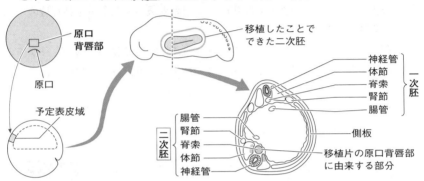

▲ 図 85-5 原口背唇部の移植実験と二次胚の形成

2 これは，予定表皮や予定神経の部分は原腸胚初期にはまだ発生運命は未決定であったのに対し，同じ原腸胚初期でも**原口背唇部は運命がすでに決まっていた**ことを示します。そして，**移植片である原口背唇部の細胞が，接する予定表皮の外胚葉に働きかけて神経管を形成させた**のです。

3 これらの一連の実験により，原口背唇部が形成体として，外胚葉を神経に誘導する働きをもつことがわかりました。

最強ポイント

① **原口背唇部**（予定脊索域）は，原腸胚初期でも運命が決定している。

② 原腸胚期に**原口背唇部**から誘導された外胚葉の部域は**神経**に，誘導されなかった外胚葉の部域は**表皮**に分化するよう運命が決定する。

4 中胚葉誘導を調べる実験

1 原腸胚初期でも予定脊索域は運命が決まっていました。では，予定脊索の
ような中胚葉の運命は，どのようにして決められるのでしょうか？

これについて，**ニューコープ**は次のような実験をしました。

〔ニューコープの実験〕

サンショウウオの胞胚中期に，動物極側の予定外胚葉域(これを**アニマル
キャップ**と呼ぶ)と植物極側の予定内胚葉域を取り出して別々に培養した。
その結果，予定外胚葉域は表皮に分化した。

次に，予定外胚葉域と予定内胚葉域を接着させて培養すると，予定外胚葉
域から表皮以外に，心臓や血球，筋肉，脊索などの中胚葉組織が分化した。

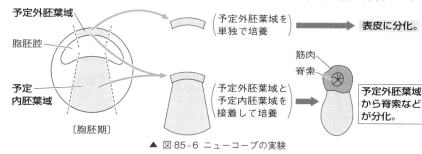

▲ 図85-6 ニューコープの実験

2 さらに，同じ予定内胚葉域でも，腹側および背側の予定内胚葉域と予定外
胚葉域を接着させて培養すると，**腹側の予定内胚葉域(A)** と接着させた場合
は，予定外胚葉域から**心臓や血球**などが分化し，**背側の予定内胚葉域(B)** と
接着させた場合は，予定外胚葉域から**脊索**がおもに分化します。

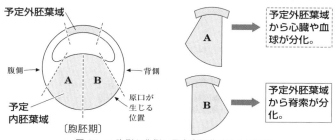

▲ 図85-7 腹側と背側の予定内胚葉域による誘導

つまり，同じ予定内胚葉域でも，腹側と背側とでは誘導するものが異なる
のです。

3 これらの結果も，第83講で学習したノーダルタンパク質による中胚葉誘導のしくみから納得できますね。

【ニューコープの実験】

胞胚期に，
  予定外胚葉域のみ培養→**表皮のみ分化**
  予定外胚葉域＋予定内胚葉域を培養
    →予定外胚葉域から**中胚葉組織**が分化

⇨**予定内胚葉域**が，接する動物極側を**中胚葉**に誘導する。

5 核移植実験

1 ガードンは，アフリカツメガエルを用いて次のような実験を行いました。

2012年に山中伸弥とともにノーベル生理学・医学賞受賞。

〔実験〕

アフリカツメガエルの未受精卵から核を除き，そこへいろいろな発生段階の核を移植した。たとえば，胞胚期の予定内胚葉の細胞の核，原腸胚期の内胚葉の細胞の核，尾芽胚期や，幼生の小腸上皮細胞の核など。

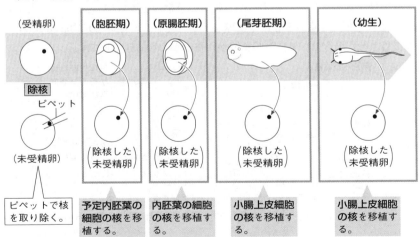

▲ 図85-8 アフリカツメガエルの核移植実験

（結果）　核を移植された未受精卵は発生を開始し，一部は完全な幼生になった。ということは，**細胞分裂が行われても，生じた各細胞には受精卵と同じだけの遺伝子がすべて残っている**ことになる。特に，幼生の小腸の上皮細胞の核からでも完全な幼生が生じたということは，小腸上皮細胞のように分化した細胞にも小腸の遺伝子だけでなく，眼の遺伝子も脳の遺伝子も含まれているということがわかる。

2　このようにして生じた幼生は，**すべて核提供個体と同じ遺伝子をもっている**ことになります。このように遺伝的にまったく等しい生物を**クローン生物**といいます。もともと，分裂や出芽，栄養生殖で生じた個体どうしはクローン生物ですが，この場合は，核移植によって人工的につくり出されたクローン生物ということになります。

3　ただ，どの時期の核を移植するかで，完全な成体にまで発生できる割合が異なります。図85-9のグラフのように，**発生段階が進んだ核であるほど完全な成体にまで発生できる割合は少なくなります。**これは，発生が進むと，遺伝子の発現が制約されるようになるということを示しています。逆にいえば，遺伝子の発現が制約されているような核であっても，未受精卵に移植することで発現の制約が解除されるのですが，**発生が進むと制約の解除が困難になる**ともいえます。

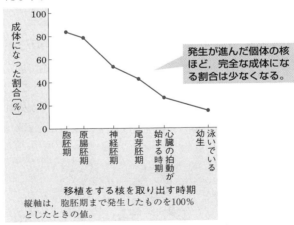

▲ 図 85-9 発生段階と遺伝子の制約

4 このように，1つの個体の体細胞は，どの細胞も同じ遺伝子をもっています。でも，**発生が進むにつれて，細胞の種類によって特定の遺伝子だけが発現するようになり，他の遺伝子の発現は制約されるようになります。**じつは，これが分化という現象なのです。つまり，ある特定の遺伝子だけが発現し，それによって特定の物質が生成され，細胞は形態や働きの異なる細胞に分かれていく，すなわち分化していくのです。

　細胞の種類によって特定の遺伝子が発現することを**選択的遺伝子発現**といいます。

5 これは，次のようにたとえることができます。

　からだのあらゆる部分の設計図を納めた本があるとします。その本の中には，脳の設計図のページや小腸の設計図のページなどがあります。もともと受精卵の核に，この設計図の本があるのですが，分化した細胞の核にも同じ本があります。ただ，細胞の種類によって，その本のうちのどのページが開くかが異なるのです。脳の細胞では脳のページが，小腸の細胞では小腸のページが開いているのです。

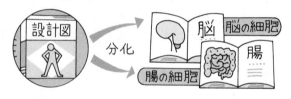

6 そして，発生が進むにつれて，必要のないページは固く閉じられていきます。最初は軽くクリップで，次にテープを貼り，最後は接着剤で固定されていくといった感じです。これが遺伝子の発現が制約されるということになります。だから，発生の初期の細胞の核であれば，簡単にクリップが外れて全ページを開くことができるのに，発生が進むとなかなか接着剤をはがせないので，制約の解除が困難になるのです。

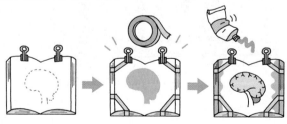

未受精卵の核の働きをなくす方法

　ピペットを使って未受精卵から核を除く以外にも，**紫外線を照射して核の働き
を失わせる**という方法もある。これは核に含まれる核酸が，紫外線によって働き
を失ってしまうからである。ただ，この方法を使った場合，紫外線照射によって
本当に未受精卵の核が不活性化されているかどうかが，見た目では判別できない。
そこで，たとえば次のような方法を用いる。

　核の中には核小体があるが，この核小体を2個もつ野生型と核小体を1個しか
もたない変異型を用意する。核小体を2個もつ野生型の個体から未受精卵を採取
し，紫外線照射する。そして紫外線照射した未受精卵に，核小体を1個しかもた
ない変異型の幼生の小腸上皮細胞の核を移植する。

　核移植を受けた卵から生じた幼生が，**核小体を1個しかもたなければ，移植し
た核が発生して幼生になった**，すなわち未受精卵の核は確かに不活性化している
といえる。

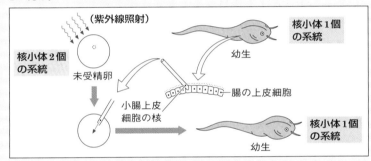

　もう1つの方法に，**体色の違いを利用する方法**もある。アフリカツメガエルは，
野生型(黒色)に対してアルビノ(白色)の変異型がある。野生型の未受精卵に紫外
線を照射し，ここへアルビノの幼生の小腸上皮細胞の核を移植する。ここから発
生した幼生が**アルビノであれば，移植した核が発生した**ことがわかる。

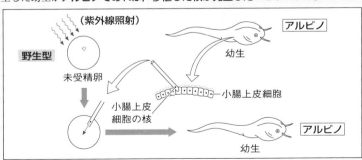

① 核を除いたアフリカツメガエルの未受精卵に，さまざまな段階
　の細胞の核を移植すると，一部は完全な幼生に発生する。
② 遺伝的にまったく等しい生物＝**クローン生物**

6　クローンヒツジ

1　アフリカツメガエルと同様の実験が
哺乳類において行われ，誕生したのが
クローンヒツジ「ドリー」です。
ウィルムットや**キャンベル**らに
よって行われた，この実験の内容は次
のとおりです。

「ドリー」という名は，実験に乳腺の細胞
を使ったことから，アメリカのドリー・パー
トンという胸の大きな歌手の名前にちなん
でつけられた。ちなみに，核移植は277個
の細胞で行われ，そのうちの29個が胚ま
で発生し，結果的に1匹のドリーが誕生
した。成功率は$\frac{1}{277}$でしかない。

〔**クローンヒツジの実験**〕

　まず，あるヒツジ（Aとする）の乳腺から細胞を取り出して培養する。次に，
別のヒツジ（B）から未受精卵を取り出して核を除く。そして，先に培養した
乳腺の細胞の核をこの除核した未受精卵に移植し，これを，また別のヒツジ
（C）の子宮に入れて発生させる。その結果誕生したのがドリーである。

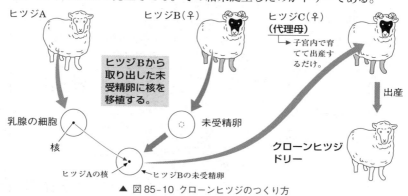

▲ 図85-10　クローンヒツジのつくり方

2　誕生したドリーは，A〜Cのいずれの核遺伝子をもっているのでしょう？
そうです。ヒツジAの核遺伝子をもっているはずです。すなわち，ドリーは

ヒツジAのクローンです。もちろん, 乳腺
の細胞の核からでも完全なヒツジが誕生し
たのは, **分化した細胞の核にも発生に必要
なすべての遺伝子が含まれている**からです。

> 厳密には, ヒツジBの未受精卵の細胞質に含まれるミトコンドリア遺伝子をもっているので, 核遺伝子はヒツジAのクローンだが, ミトコンドリア遺伝子はヒツジBのものである。

細胞周期と遺伝子制約の解除

ドリーを誕生させる実験で乳腺の細胞を培養したが, 動物細胞の培養には, ふ
つう血清が必要である(血清中に, 増殖に必要な因子などが含まれているから)。

ところが, この実験では血清の濃度を下げて(通常の$\frac{1}{20}$の濃度に下げて)培養
した。もともと増殖中の細胞は, いろいろな細胞周期の時期の細胞が混ざってい
るわけだが, 低濃度の血清中で培養すると, 細胞は, 増殖因子が少ない状態, す
なわち飢餓状態におかれる。その結果, 細胞周期から外れた**休止期**と呼ばれる時
期(G_0期という)になってしまい, これによって, **遺伝子の制約が解除される。**さ
らに, 乳腺の細胞の核を, 除核した未受精卵に移植する際, 実際には核だけを移
植したのではなく, 培養した乳腺の細胞と未受精卵を電気刺激によって融合させ
るという方法を用いた。これによって, 核を物理的に傷つける危険がなく, また,
この電気が受精の際と同様の刺激になって発生が開始されるようになる。

アフリカツメガエルなどの場合は, 核を未受精卵に移植するだけで制約が解除
されたが, 哺乳類では核を未受精卵に移植しただけでは制約が解除されないので,
このような操作が必要なのである。

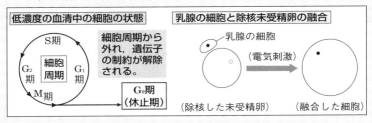

ドリーの死因

ドリーは, 1996年7月5日に誕生し, 2003年2月14日に6歳の若さで死亡した
(通常, ヒツジの寿命は10〜12歳程度)。若いのに関節炎を起こしていたことも
わかり, もともとドリーは6歳のヒツジの乳腺の細胞からつくられたので, うま
れながらにして6歳に老化していたのではないか, とも考えられている。しかし,
最終的な死因は, ふつうのヒツジにもよくある肺腺腫という病気で, クローン技
術とは関係ないともいわれている。

【アフリカツメガエルの核移植実験
およびクローンヒツジの実験の結論】
① 分化した細胞の核にも，受精卵と同じような，**発生に必要な
すべての遺伝子**が含まれている。
② 発生が進むと特定の遺伝子のみが発現し，**他の遺伝子の発現
が制約される**ようになる。

7 パ フ

1 ユスリカやショウジョウバエのような双翅目（そうしもく）の昆虫の唾腺（だせん）の細胞には，ふつうの染色体の100〜150倍の大きさの特殊な巨大染色体（**唾腺染色体**）が観察されます。このことは，第50講で学習しましたね。

この唾腺染色体には，**DNAが高密度に分布した横縞（よこじま）が観察され，この部分が遺伝子の存在する場所**と考えられています。また，この横縞には，ところどころに膨（ふく）らんだ部分があり，この部分を**パフ**といいます。

2 唾腺染色体に放射性のウリジンを与えると，このパフの部分にだけ取り込まれます。このことから，**パフの部分では DNA の二重らせんがほどけ，転写（てんしゃ）**が行われていることがわかります。つまり，パフの部分は遺伝子発現が活性化している部分なのです。

> 「ウラシル＋リボース」
> で，RNA合成の材料と
> して使われる。

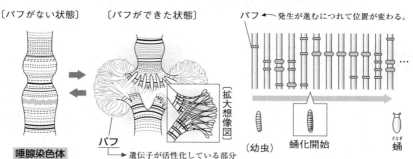

〔パフがない状態〕　〔パフができた状態〕

唾腺染色体

パフ
→ 遺伝子が活性化している部分

〔拡大想像図〕

パフ ← 発生が進むにつれて位置が変わる。

（幼虫）　蛹化開始　蛹（さなぎ）

▲ 図85-11 ショウジョウバエの幼虫の蛹化（ようか）開始前後でのパフの変化

3　図85-11からわかるように，発生段階によってパフの位置が変化します。仮に，蛹化を促進する**エクジソン**というホルモンを蛹化前の幼虫に与えると，蛹化のときに現れる位置にパフが生じるようになります。

4　また，他の器官(腸やマルピーギ管)でも同様の巨大染色体が観察されますが，パフが形成される位置は異なります。これは，**発生の段階や器官によってそれぞれ特定の遺伝子が活性化され，各細胞に独自の形質が発現していく**ことを示しています。これを**選択的遺伝子発現**といいます(⇨p.538)。

5　遺伝子のなかには細胞の生存に必要な遺伝子，たとえばATP合成に関与する遺伝子のように，どの細胞でも常に発現している遺伝子もあります。このように常に遺伝子が発現することを**構成的発現**といい，構成的発現している遺伝子を**ハウスキーピング遺伝子**といいます。

それに対し，ここで扱われた遺伝子のように，遺伝子の発現が調節されていることを**調節的発現**といいます。

6　エクジソンはステロイド系(⇨p.184)のホルモンで，細胞膜を通過して細胞内に入ると，エクジソンと特異的に結合する受容体タンパク質と結合して，これを活性化します。そして結合した状態で核内に入り，調節タンパク質としてDNAの特定の領域に結合し，蛹化に必要な遺伝子の転写を促進します。

①　パフ…だ腺染色体(巨大染色体)に見られるふくらみ。**DNA**の転写が行われている。
②　**ハウスキーピング遺伝子**…常に発現している遺伝子。
③　**選択的遺伝子発現**…発生の段階や器官によって特定の遺伝子が発現。

第 **7** 章　遺伝情報の発現と発生

第86講 ショウジョウバエの発生と遺伝子発現

重要度
★★★

両生類とはからだのつくりが大きく異なる昆虫類では，どのような発生過程を経るのでしょう。

1 ショウジョウバエの発生

1 ショウジョウバエのような昆虫類の卵は**心黄卵**（しんおうらん）で，卵割は**表割**（ひょうかつ）でした（⇨ p.505）。

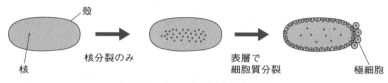

殻

核

核分裂のみ

表層で
細胞質分裂

極細胞

▲ 図86-1 ショウジョウバエの卵割

2 すなわち，最初は**核分裂のみ**が進行します。そして13回の核分裂が完了すると，表層に移動した核の周囲に細胞膜が形成されて細胞質分裂が起こり，その結果，中央部には卵黄を含んだ多核の細胞が1個残ることになります。これがショウジョウバエの**胞胚**にあたります。

3 さらに発生が進むと，**14の体節**が形成され，生じた幼虫は**脱皮**（だっぴ）を繰り返しながら成長し，やがて**蛹**（さなぎ）を経て成虫へと発生します。

2 ショウジョウバエの前後軸の決定

1 ショウジョウバエにも前後軸，背腹軸，左右軸という3つの体軸があります。このうちの前後軸は，次のようにして決定されます。

2　まず母親の卵巣内で，卵原細胞が 4回の体細胞分裂を行い16個の細胞になります。16個のうちの15個の細胞は**哺育細胞**という細胞になり，1個の細胞のみが卵母細胞になります。

> このときの細胞質分裂は不完全で，16個の細胞は互いに細胞質連絡（原形質連絡）によってつながっている。そのため，それぞれの哺育細胞でつくられた物質が卵母細胞に移動することができる。

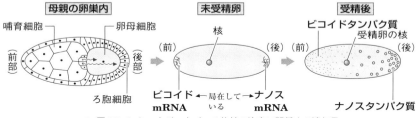

▲ 図86-2　ショウジョウバエの体軸の決定に関係する遺伝子

3　哺育細胞で生じたさまざまな物質が卵母細胞へと供給されますが，その中に**ビコイドmRNA**や**ナノスmRNA**があります（これらは**母性因子**です）。

4　これらはいずれも保育細胞がもつ**ビコイド**および**ナノス**という遺伝子（これらは**母性効果遺伝子**です）から転写されて生じたものです。卵母細胞に輸送されたビコイドmRNAは卵母細胞の前端部に，ナノスmRNAは卵母細胞の後端部に局在するようになります。

> この輸送には微小管とダイニンおよびキネシンが関与する。

5　卵母細胞は減数分裂を行い卵が生じますが，この卵にも，前端部にはビコイドmRNA，後端部にはナノスmRNAが局在しています。

6　やがて受精後，それぞれのmRNAは翻訳され，**ビコイドタンパク質**，**ナノスタンパク質**が生じ，これらが拡散して卵内で濃度勾配を形成します。

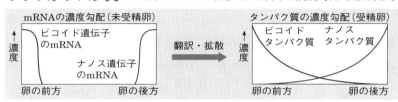

▲ 図86-3　前後軸形成に関与する物質の分布

第**7**章　遺伝情報の発現と発生

7 このとき，生じたタンパク質が拡散できるのは，ショウジョウバエの初期発生では**核分裂のみ**が行われ，細胞質分裂が行われていないからです。

8 最終的にビコイドタンパク質の濃度が高いほうが将来の前（頭部）側に，ビコイドタンパク質が少なく，ナノスタンパク質の濃度が高いほうが後（尾部）側になります。すなわちこれらの物質の濃度勾配が位置情報となり，前後軸が形成されるのです。

> 背腹軸の形成にはこれらとはまた別の母性効果遺伝子（*Dorsal*）が関与する。

遺伝の練習 14 | 母性効果遺伝子の前後軸の形成

正常ビコイド遺伝子を*B*，ホモ接合体で正常に頭部が形成されない異常遺伝子を*b*とする。*Bb*の雌と*bb*の雄を受精させて生じた幼虫で，正常に頭部が形成されない幼虫の割合は何％？

解説 *Bb*の雌から生じた卵は*B*と*b*が1：1だが，受精する前に*B*遺伝子が転写されて正常なmRNAが蓄積している。そのため*b*の精子と受精して*Bb*と*bb*の受精卵が生じるが，いずれにも正常なビコイドmRNAが存在するので，いずれの幼虫も正常に頭部が形成される。

答 0％

9 **ハンチバック，コーダル**という遺伝子も受精前に転写される遺伝子で，母性効果遺伝子の一種です。これらの遺伝子から生じた母性因子であるmRNAは，卵全体に分布するようになります。

受精後，これら母性効果遺伝子のmRNAが翻訳されるのですが，**ビコイドタンパク質はコーダルmRNAの翻訳を阻害し，ナノスタンパク質はハンチバックmRNAの翻訳を阻害します**。その結果，ハンチバックタンパク質は前方，コーダルタンパク質は後方に分布するようになります。これらのタンパク質が転写を調節するタンパク質として働き，頭部形成あるいは腹部形成に関与する遺伝子を次々と活性化していくのです。

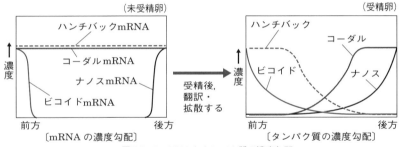

▲ 図86-4 mRNAとタンパク質の濃度勾配

極細胞

p.544の図86-1に「**極細胞**」という名称が書いてある。この細胞は将来**始原生殖細胞**になる細胞で，最終的には卵あるいは精子になる細胞である。この極細胞の形成にも母性効果遺伝子および母性因子が関与している。卵母細胞の後端に生殖細胞形成を支配する物質が局在し，**極細胞細胞質**という特殊な細胞質領域が形成される。卵割が進み，この極細胞細胞質を含む細胞が極細胞となる。

10 これらの母性効果遺伝子の次に働くのが**分節遺伝子**です。これにより体節の位置が決定されます。まず最初に働く分節遺伝子が**ギャップ遺伝子群**で，これにより胚の大まかな領域が区画されます。

11 次に働くのが**ペアルール遺伝子群**で，これにより7本の帯状のパターンがつくられます。

12 さらに**セグメントポラリティー遺伝子群**が発現し，14本の帯状のパターンが形成され，14の体節の位置が決定します。

ギャップ遺伝子　　　　　ペアルール遺伝子　　　セグメントポラリティー遺伝子

前後軸に沿って発現　　　帯状に7本発現　　　　帯状に14本発現

▲ 図86-5 分節遺伝子の働き

13 さらに，体節を分化させる遺伝子が発現します。体節は，前後軸に沿って，繰り返される節状の構造のことで，各体節にそれぞれ決まった器官が形成されます。たとえば，ショウジョウバエでは，頭部には触角，胸部の3つの体節それぞれに1対ずつの脚（あし），胸部の第2体節には1対の翅（はね）がそれぞれ形成されます。このような体節の分化を決定する調節遺伝子群を**ホメオティック遺伝子群**といいます。

14 ショウジョウバエでは，第3染色体に8種類のホメオティック遺伝子が**連鎖**しています。頭部・前胸部・中胸部の構造を指定するホメオティック遺伝子群を**アンテナペディア複合体**，後胸部・腹部・尾部の構造を指定する遺伝子群を**バイソラックス複合体**といいます。

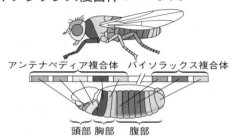

▲ 図86-6 ショウジョウバエのホメオティック遺伝子群とその発現領域

15 活性化した分節遺伝子産物の位置情報により，種々のホメオティック遺伝子が体軸に沿って発現します。そして，ホメオティック遺伝子の産物は，触角，脚，翅などを形成する遺伝子の調節タンパク質として働き，それぞれの器官が形成されます。

　それぞれの器官形成には多くの遺伝子が関与しますが，それらを制御する調節遺伝子により，他の遺伝子の発現が連鎖的に引き起こされ，器官が形成されます。

16　ホメオティック遺伝子に突然変異(⇨p.320)が生じると，本来とは異なる場所の器官が生じるといった突然変異(これを**ホメオティック突然変異**といいます)が生じます。

　たとえば，ショウジョウバエでは，通常は第2体節からのみ翅が形成されるので2枚しか翅が形成されませんが，**ウルトラバイソラックス突然変異体**では，第3体節が第2体節に変異しているため，両方の体節から翅が形成され，4枚の翅が形成されてしまいます。

　また，**アンテナペディア突然変異体**では，本来触角が形成される体節に脚が形成されてしまいます(図86-7)。

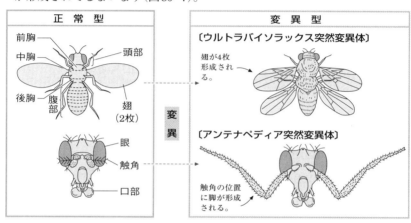

▲ 図86-7 ホメオティック突然変異の例

17　これらのホメオティック遺伝子群から生じるタンパク質には60個のアミノ酸からなる共通性の高い領域があり，これを**ホメオドメイン**といいます。また，ホメオドメインを指定する180塩基対の塩基配列を**ホメオボックス**といいます。

18　不思議なことに，ショウジョウバエにあるホメオティック遺伝子群は，ほとんどの動物にも類似する遺伝子群が存在し，前後軸に沿った形態形成に中心的な役割をもち，ホメオボックスを共通してもちます。そこでこれらを総称して***Hox*遺伝子群**といいます。

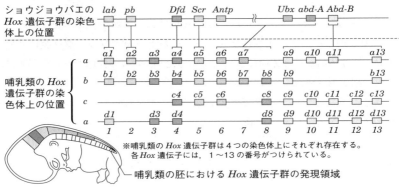

ショウジョウバエの胚（受精から約10時間後）における
Hox 遺伝子群（ホメオティック遺伝子群）の発現領域

ショウジョウバエの
Hox 遺伝子群の染色
体上の位置

	lab	*pb*		*Dfd*	*Scr*	*Antp*		*Ubx*	*abd-A*	*Abd-B*

哺乳類の *Hox*
遺伝子群の染
色体上の位置

a　*a1* *a2* *a3* *a4* *a5* *a6* *a7* *a9* *a10* *a11* *a13*
b　*b1* *b2* *b3* *b4* *b5* *b6* *b7* *b8* *b9* *b13*
c　*c4* *c5* *c6* *c8* *c9* *c10* *c11* *c12* *c13*
a　*d1* *d3* *d4* *d8* *d9* *d10* *d11* *d12* *d13*
　　1　2　3　4　5　6　7　8　9　10　11　12　13

※哺乳類の *Hox* 遺伝子群は4つの染色体上にそれぞれ存在する。
各 *Hox* 遺伝子には，1〜13の番号がつけられている。

哺乳類の胚における *Hox* 遺伝子群の発現領域

▲ 図86-8 ショウジョウバエと哺乳類の *Hox* 遺伝子群の比較

哺乳類の体節構造

　ショウジョウバエでは体節構造ははっきりしていてわかりやすいが，哺乳類の場合は，外見上は体節構造は見られない。しかし哺乳類の**脊椎骨**は，頭側から**頸椎**，**胸椎**，**腰椎**，**仙椎**，**尾椎**という異なる形態をもつ骨からなる。これらが体節構造に相当し，これらの形成に***Hox*遺伝子群**が関与している。

　たとえば，胸椎では *Hox8* 遺伝子と *Hox9* 遺伝子が発現し，胸椎には肋骨が形成され，腰椎では *Hox9* 遺伝子と *Hox10* 遺伝子が発現し，肋骨は形成されない。もし *Hox10* 遺伝子が欠損すると，腰椎が形成される領域が胸椎のような形態になり，肋骨のような骨が形成されてしまう。

大仏殿のホメオティック突然変異

　奈良の大仏殿の大仏様(盧舎那大仏)の足元の装飾のなかに，青銅製の2匹の蝶がある。その蝶の肢は，なんと6本ではなく，8本なのである。(写真：大森撮影)

　ホメオティック遺伝子について研究し，ホメオボックスの命名者でもあるスイスのワルター・ゲーリング博士が奈良を訪れてこの蝶を見たとき，「これはホメオティック突然変異だ！　ホメオティック突然変異の発見者は日本人だ」と叫んだとか。そして自身の著書『ホメオボックス・ストーリー』の中でそのエピソードを紹介し，本の表紙にこの蝶の写真を載せて紹介している。実際，第一腹部体節を特徴づける遺伝子が不活性化することで胸部体節に転換し，8本肢になる。もし奈良に行く機会があれば，是非大仏様の足元にも注目してほしい。

第**7**章　遺伝情報の発現と発生

① ショウジョウバエの形態形成に関与する遺伝子群の発現順序

| 母性効果遺伝子
(ビコイド，ナノスなど) | → | 分節遺伝子
(ギャップ→ペアルール
→セグメントポラリティー) |

→ **ホメオティック遺伝子**

② ホメオドメイン…ホメオティック遺伝子群から生じるアミノ酸配列
　ホメオボックス…ホメオドメインを指定する塩基配列

第87講 指の形態形成

重要度
★★

何気なく見ている指ですが，なぜ親指と人差し指が間違って逆に形成されないのでしょうか。そのしくみを学習しましょう。

1 位置情報

1 特定の部域から分泌される拡散性の物質が，その部域からの距離によって濃度勾配をつくります。各細胞が，この濃度勾配を情報として読み取って，特定の部域からの位置を知ることができるのです。これを**位置情報**といいました（⇨p.523）。位置情報を担っている物質を総称して**モルフォゲン（形態形成物質）**といいます。

2 たとえば，ニワトリの前肢（翼）の正常発生では，後方から順に第3指，第2指，第1指の3本の指が形成されます。その発生過程で，肢芽後部にある極性化活性帯（ZPA）と呼ばれる部分から何らか

> Zone of Polarizing Activity の略語。

のモルフォゲンが分泌されて濃度勾配をつくり，この物質の特定の濃度の位置に，濃度が高いほうから順に第3指，第2指，第1指が形成されるのです。

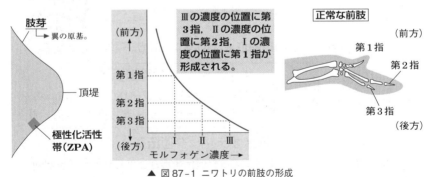

▲ 図87-1 ニワトリの前肢の形成

3 つまり，このような物質の濃度勾配によって各細胞の特定の遺伝子が発現し，それぞれの位置で特定の細胞に分化して，形態形成が進行するのです。

4 では，図87-2左のように，他のZPAを肢芽前部に移植するとどうなるでしょう。本来のZPAと移植されたZPAの両方からモルフォゲンが分泌されて濃度勾配を形成するため，正常な3本の指に鏡像対称的な3本の指が余分に形成され，計6本の指が生じます。

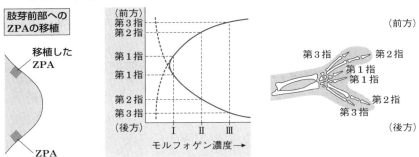

▲ 図87-2 極性化活性帯（ZPA）の肢芽前部への移植

5 さらに，図87-3のように，肢芽の中央部にZPAを移植すると，図のような濃度勾配が形成されるため，後方から順に，第3指，第2指，第2指，第3指，第3指，第2指，第1指が形成されることになります。

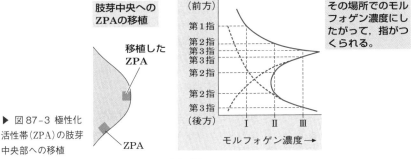

▶ 図87-3 極性化活性帯（ZPA）の肢芽中央部への移植

6 肢芽は，外胚葉性の**頂堤**（ちょうてい）と**進行帯**（しんこうたい）という中胚葉性組織からなり，頂堤からFGFというタンパク質が分泌されて進行帯の細胞の増殖を促します。ZPAの部分でFGFに応答して**ソニックヘッジホッグ**（*Shh*）という遺伝子が発現し，これが位置情報形成に関与することがわかっています。

最強ポイント

特定の部域から分泌される物質の**濃度勾配**を**位置情報**として，特定の構造が形成されるようになる。

第**7**章　遺伝情報の発現と発生

2 アポトーシス

1 ふつう，細胞の死というと，怪我をしたりして傷ついて死んでしまうようなものを想像しますが，そのような死ではなく，特定の細胞に対して死ぬ時期が最初から予定されている**プログラム細胞死**というものがあります。プログラム細胞死の代表的なものが**アポトーシス**です。アポトーシスでは，さまざまな構造は正常なままDNAが断片

> 怪我などが原因で細胞が死ぬ（「壊死する」という）ことを「ネクローシス」という。ネクローシスは事故死のようなもので，細胞膜が破壊されて細胞内の物質を放出し，その物質によってまわりに炎症などを引き起こすことがある。

化し，細胞が縮小・断片化して周囲の細胞に影響を与えずに死んでいきます。

2 指が形成されるときは，最初はグローブのような塊で，次第に指と指の間の部分の細胞がアポトーシスによって死んでいき，正常な指が形成されるのです。すなわち，指は植物の枝や根のように伸びて形づくられるのではなく**アポトーシスによって正常な形が形成される**のです。

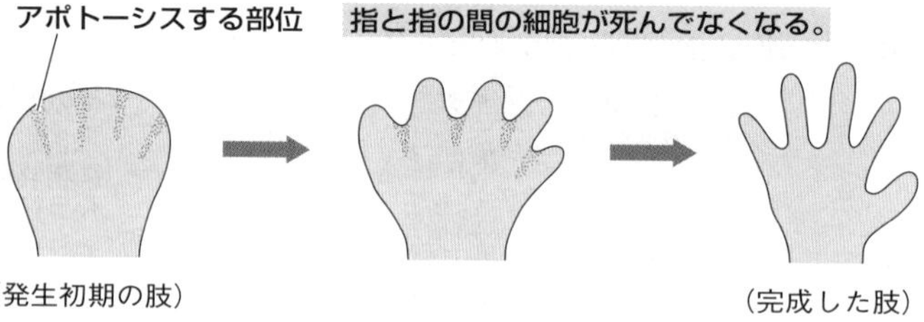

アポトーシスする部位　　指と指の間の細胞が死んでなくなる。

（発生初期の肢）　　　　　　　　　　　　　　　（完成した肢）

▲ 図87-4 アポトーシスによる指の形成

3 アヒルの後肢には，指と指の間に水かきがありますが，ニワトリの後肢には水かきがありません。すなわち，ニワトリでは水かき部分の細胞がアポトーシスによって死んでしまい，水かきがなくなるのに，アヒルではアポトーシスが起こらないため，水かきが残っているのです。

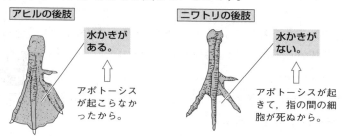

アヒルの後肢　　　　　　　　　　ニワトリの後肢

水かきがある。　　　　　　　　　水かきがない。

アポトーシスが起こらなかったから。　　　　アポトーシスが起きて，指の間の細胞が死ぬから。

▲ 図87-5 アヒルとニワトリの後肢の比較

4 アポトーシスは，これ以外にも，たとえばカエルが幼生（オタマジャクシ）から成体に変態するときの尾の細胞でも見られます。

5 変態の時期になると，オタマジャクシの甲状腺から**チロキシン**が分泌され，これによってアポトーシスを引き起こす遺伝子にスイッチが入るのです。やはり最終的には，さまざまな物質によって特定の遺伝子の発現が起こるという点では，ニワトリの前肢（翼）の形成（⇨p.552）のときと同じですね。

細胞系譜

受精卵から成体になるまでに，各細胞が辿る運命を**細胞系譜**という。*Caenorhabditis elegans*（C.エレガンス）は，土壌中に生息する体長約1mmの**センチュウ**の一種（⇨p.379）だが，からだが透明なので発生過程が観察しやすく，からだを構成する細胞が959個しかないので，すべての細胞の細胞系譜がわかっている。発生過程でつくり出される細胞は全部で1090個あり，そのうちの131個は発生過程で死んでいく。これもプログラム細胞死で，アポトーシスによる。

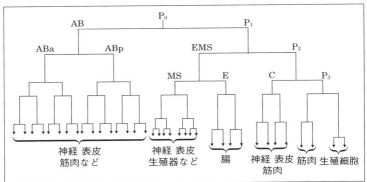

① **アポトーシス**…プログラム細胞死で見られる細胞死で，**DNA**の断片化→細胞の縮小・断片化により周囲に影響を与えずに細胞が消失する。

② 正常な形態形成が行われるには**アポトーシス**が必要。
例 指の形成，両生類の変態における**尾の消失**

第**88**講 再 生

重要度
★

一度切れたトカゲの尻尾（しっぽ）がまたはえてくるなどの再生も不思議な現象ですね。再生のしくみを探ってみましょう。

1 プラナリアの再生

1 プラナリア（ウズムシ）はきれいな川の上流に見られる生物ですが，非常に再生能力が高く，2つに切断するとそれぞれの切断片から1個の個体が再生して2匹になります。4つに切断すると4匹が再生し，8つに切断すれば8匹が再生してくるのです。

> 扁形動物に属する。ウズムシの名は体表の繊毛を使って移動する際に体表に渦が見られることに由来。

2 もともと，プラナリアの体内には未分化な細胞（幹細胞（かん））が多数存在しています。からだが切断されると，この未分化な細胞が傷口に集まってきて分裂し，未分化な細胞からなる再生芽（さいせいが）を形成します。

3 この再生芽の細胞がやがて分化して，失われた部分が補われるように再生します。

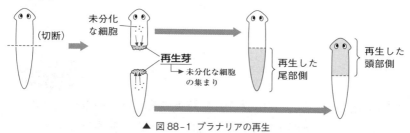

▲ 図88-1 プラナリアの再生

4 もともとプラナリアには，頭部から尾部にかけて一定の方向性があり（これを極性がある（きょくせい）という），これに従って何が再生されるかが決まります。

5 そのため，プラナリアを3つに切断すると，その真ん中の切断片から，もともと頭があったほうには頭部が，もともと尾があったほうには尾部が再生

556

します。ただ，余りにも断片が小さすぎると，極性の差がほとんどないため，両方の切り口から頭部が再生する場合もあります。

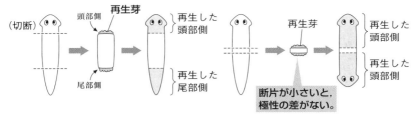

▲ 図 88-2 プラナリアを 3 つに切断したときの再生のようす

【プラナリアの再生】
① 体内の未分化な細胞が傷口に集まって分裂し，**再生芽**を形成。
② **極性**に従って，再生芽が何に**分化**するかが決定する。

第**7**章 遺伝情報の発現と発生

2 イモリの肢の再生

1 イモリの肢を切断すると，**切り口にある分化していた細胞が未分化な細胞に戻ります**（これを**脱分化**といいます）。そして，脱分化して未分化な状態に戻った細胞が分裂して**再生芽**が形成されます。再生芽の細胞は，やがて再分化して，前肢を切断した場所では前肢が，後肢を切断した場所では後肢が再生します。

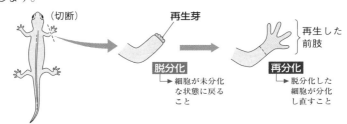

▲ 図 88-3 イモリの肢の再生

2 ここで，前肢に生じた再生芽を後肢の切り口に移植するとどうなるでしょう。もともと前肢に生じた再生芽であっても，後肢の切り口に移植されると，その場所の影響を受け，後肢に再生します。

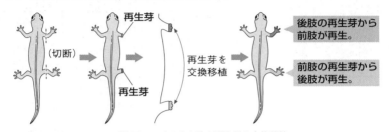

▲ 図 88-4 イモリの肢の再生芽の交換移植

【イモリの肢の再生】
① 分化していた細胞が**脱分化**し，これが分裂して**再生芽**を形成する。
② 再生芽は，その**場所**に影響されて再分化する。

3 イモリの眼の再生

1 イモリの眼の水晶体を取り除くと，**虹彩の上縁の細胞**が色素顆粒を放出し，未分化な細胞へと**脱分化**します。さらに，未分化な細胞が分裂・増殖して再生芽を形成します。この再生芽がやがて水晶体へと再分化し，水晶体が再生します。

> このとき放出された色素顆粒はマクロファージが取り込んで処理する。

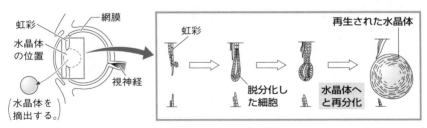

▲ 図 88-5 イモリの眼の再生

2　これも，「分化した細胞にもすべての遺伝子が含まれている」から起こる現
象ですね。虹彩（<ruby>虹彩<rt>こうさい</rt></ruby>）に分化した細胞の中にも，水晶体の遺伝子がちゃんと含まれ
ているわけです。

3　この場合，水晶体への再分化は何によって決定するのでしょう。再生芽（<ruby>再生<rt>さいせい</rt></ruby>芽<rt>が</rt>）と
網膜の間にガラスの切片を挿入しておくと，水晶体は再生しなくなります。
でも，再生芽と網膜の間に寒天片を挿入すると，水晶体が再生します。

ガラスの切片を入れたとき	寒天片を入れたとき

再生芽　網膜

（水晶体は，
再生しない。）

ガラスの切片

寒天片　　　　再生した水晶体

▲ 図88-6　水晶体の再生の実験

4　この実験から，**再生芽が水晶体に再分化するように働きかけるのは網膜**で，
この網膜からガラスは通過できないが寒天は通過できるような物質（水溶性の
物質）が出され，再分化が促されると考えられます。

① **イモリの眼の水晶体の再生**では，**虹彩の細胞が脱分化**して分
　裂・増殖し，**再生芽**を形成する。
② **再生芽**は，**網膜からの働きかけ**によって水晶体へと再分化する。

4　ゴキブリの脚の再生

1　「ゴキブリ」と聞くと，逃げ出したくなる人も多いでしょうが，いろいろな
実験に用いられます。このゴキブリの脚の再生を見ていきます。

2　ゴキブリは，蛹（<ruby>蛹<rt>さなぎ</rt></ruby>）の時期がなく大
きな変態をせず，幼虫の形から脱
皮を繰り返して大きく成長して成
虫になる昆虫です。
　ゴキブリの脚（<ruby>脚<rt>あし</rt></ruby>）を切断すると，た

> チョウ（蝶）やガ（蛾）・カ（蚊）・ハエ（蠅）などのよ
> うに，幼虫→蛹→成虫と変態するものは「完全変
> 態」という。これに対し，幼虫→成虫と，蛹の時
> 期がなく，幼虫が脱皮を繰り返して成虫の形にな
> る場合を「不完全変態」という。ゴキブリやシロア
> リ・トンボ・カゲロウ・セミなどは不完全変態。

だ傷口が治るだけですが，やがて脱皮して次に現れた脚はちゃんと再生しています。また，ゴキブリの脚には剛毛が先端に向かう一定の方向にはえています。

3 2匹のゴキブリの脚を図88-7のように切断し，それらを3と8が接するようにつなぎ合わせると，3と8との間をうめるように，4〜7の部分が再生します。

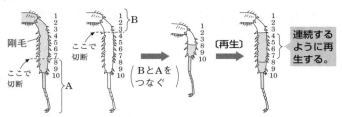

▲ 図88-7 ゴキブリの脚の再生

4 では，次の図のように，7と4が接するようにつなぎ合わせるとどうなるでしょう。この場合は，7と4の間をうめるように，6，5の部分が再生します。ただし，剛毛のつき方を見ればわかるように，**再生した部分は方向が逆転しています。**これは，**脚の各細胞は部分によって異なる位置情報をもち，その位置情報の連続性を回復するように再生が行われる**からです。

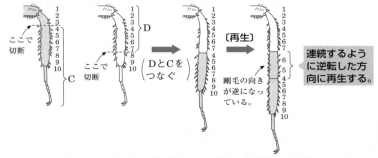

▲ 図88-8 ゴキブリの脚の再生による逆転と位置情報の連続性

【ゴキブリの脚の再生】
① 失われた部分をうめるように再生する。
② 脚の位置情報の連続性が回復するように再生が行われる。

哺乳類の発生

重要度
★ ★

ウニ，カエルなどいろいろな生物の発生を見てきましたが，
次は哺乳類の発生です（鳥類も「＋α」で少し）。

1 哺乳類の受精と発生

1 卵巣から<u>排卵された卵</u>は，輸卵管（卵管）へと送り込まれます。一方，子宮に入ってきた精子は輸卵管を泳ぎ，**卵管膨大部**で卵と出会い，ここで受精します。受精卵は卵割を繰り返しながら，輸卵管の中を子宮へと運ばれていきます。受精後4日目には桑実胚期，5日目には**胚盤胞期**という時期に達します。そして，6〜8日目には子宮内膜に**着床**します。

> 哺乳類では，排卵された卵は，減数分裂第二分裂中期の段階（二次卵母細胞）の卵である。

> ウニやカエルでは，胞胚期に相当する時期。

第**7**章　遺伝情報の発現と発生

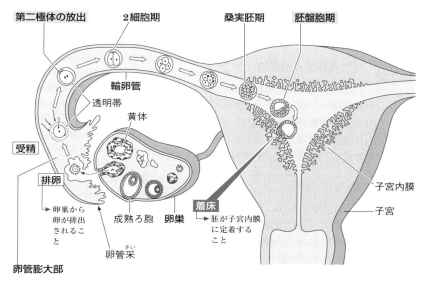

▲ 図89-1 哺乳類の受精と着床

第二極体の放出　　2細胞期　　桑実胚期　　胚盤胞期

輸卵管

透明帯

黄体

受精

排卵
→卵巣から卵が排出されること

成熟ろ胞　**卵巣**

卵管采

卵管膨大部

着床
→胚が子宮内膜に定着すること

子宮内膜

子宮

2 胚盤胞は，**内部細胞塊**と**栄養膜**からなり，このうちの**内部細胞塊の一部**から胎児が生じます。また，栄養膜はやがて**胎盤**（⇨p.564）を形成します。

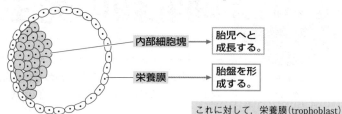

▲ 図 89-2 胚盤胞の構造

> これに対して，栄養膜（trophoblast）をもとに作製された細胞を「TS細胞」（Trophoblastic Stem Cell）という。TS細胞は胎盤には分化できるが，胚の細胞には分化できない。

3 この胚盤胞期の胚から内部細胞塊を取り出し，人工的に培養して得られたのが**ES細胞**（胚性幹細胞）です。ES細胞は，からだのあらゆる細胞（胎盤以外）に分化する能力をもち，再生医療において注目されています。

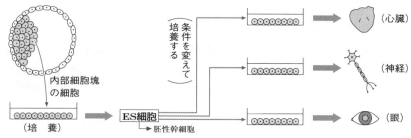

▲ 図 89-3 ES細胞の培養と器官形成

体性幹細胞と臍帯血

　ES細胞とは，Embryonic（胚性）Stem Cell（幹細胞）の略である。**幹細胞**とは，自ら増殖し，さらに種々の細胞へ分化する能力をもった細胞のことで，ES細胞は文字通り**「胚」性の幹細胞**だが，成体にも幹細胞は存在する。たとえば，骨髄中には**造血幹細胞**があり，あらゆる血球に分化することができる。それ以外にも**神経幹細胞，肝臓幹細胞，皮膚幹細胞，生殖幹細胞**などがある。これらは**体性幹細胞**と呼ばれる。これらを用いた再生医療も研究されている。

　近年注目されているのは，へその緒に残っている血液（**臍帯血**という）の利用である。臍帯血の中には，造血幹細胞をはじめとする複数の幹細胞が含まれていて，血球，心筋，肝臓，腎臓，神経細胞などに分化する能力がある。赤ちゃんがうまれたときにこの臍帯血を取り出して冷凍保存しておき，その赤ちゃんが成長した後，もし白血病などになった場合，その臍帯血の幹細胞を移植すれば，本人のものであるため拒絶反応も起こらず，また，倫理的にも問題はないと考えられる。

562

【哺乳類の受精と発生】
① 受精する場所は**卵管膨大部**。
② **胚盤胞期**に子宮内膜に**着床**。
③ 胚盤胞期の**内部細胞塊**から胎児が生じる。
④ 胚盤胞期の**内部細胞塊**から得られた細胞が**ES細胞**。

2 胚　膜

1 　ヒトに限らず，哺乳類および鳥類，爬虫類は，胚を乾燥や衝撃から守るために**胚膜**という構造を形成します。

2 　胚膜は，一番外側に形成される**しょう膜**，胚に最も近い**羊膜**，老廃物を蓄える袋の**尿のう**，栄養分を蓄える袋の**卵黄のう**からなります。

→ 外胚葉と中胚葉の細胞から形成される。

→ 外胚葉と中胚葉の細胞から形成される。内部は羊水という液体で満たされている。

→ 内胚葉と中胚葉の細胞から形成される。

3 　しょう膜の一部と尿のうの膜（尿膜）が合わさって**しょう尿膜**となり，哺乳類では，ここから**胎盤**が形成されます。胎盤は，胎児と母体の間でのガス交換などに働きます。

→ 内胚葉と中胚葉の細胞から形成される。鳥類や爬虫類では，多量の卵黄が蓄えられている。哺乳類では栄養分は母体から供給されるので，卵黄のうは小さく退化していて，機能しない。

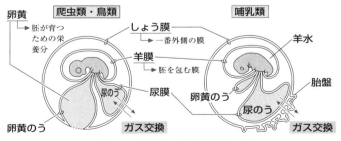

▲ 図89-4 爬虫類・鳥類と哺乳類の胚膜

胎盤の構造

胎盤は，下の図89-5のような構造をしている。つまり，母体側の動脈と静脈が**柔毛間腔**という隙間に向かって開口しており，その柔毛間腔には胎児側の毛細血管が張り出している。つまり，**胎児の血管と母体の血管が直接つながっているわけではない。**

母体の動脈の末端から柔毛間腔に向かって，まるで噴水のように動脈血が吹き出され，柔毛間腔は母体の血液で満たされている。そして，この血液から酸素や栄養分が胎児の毛細血管に取り込まれる。逆に，胎児からは二酸化炭素や老廃物が母体の血液へと移動する。これら以外にも，**アルコールや，ある種の抗体なども母体から胎児へと移行する。**だから，妊娠中には飲酒を控える必要があるのである。薬などの成分も胎盤を通して胎児に移行することがあるので，妊娠中に薬を飲む場合は注意が必要である。

ちなみに，胎児と胎盤をつないでいるのがへその緒（**臍帯**）である。

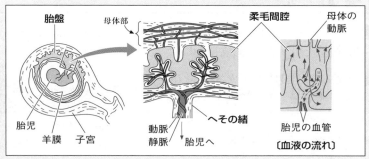

▲ 図89-5 胎盤の構造

鳥類の発生

卵巣から排卵された卵は輸卵管で受精する。鳥類の卵は強端黄卵なので，盤割が行われる。卵割を繰り返して輸卵管の中を運ばれる過程で**卵白**が付け加えられ，さらに**卵殻**が形成され，胞胚期まで発生が進んだあたりで産卵される。この時期には盤割で生じた細胞層が**胚盤葉上層**と**胚盤葉下層**という2層に分かれ，その間に胞胚腔が生じている。

卵白はほとんどが水分だが，糖鎖をもつタンパク質やリゾチーム（⇨p.422）が含まれており，抗菌作用をもつ。**カラザ**は，抗菌作用の強い卵白の中心に胚と卵黄を位置させるハンモックのようなもので，胚と卵黄を微生物から守ったり，外部の衝撃から守ったりする役割がある。

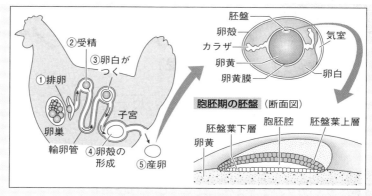

▲ 図89-6 鳥類の卵の形成・初期発生（産卵まで）

　原腸胚期に相当する原条期になると，胚盤葉上層の一部が**原条**と呼ばれる部分から陥入し，三胚葉が分化する。原条の先端は**ヘンゼン結節**（Hensen's node）と呼ばれ，これが両生類の原口背唇部に相当する。

　神経胚に相当する頭褶胚期になると，神経管や脊索，体節，側板が形成される。

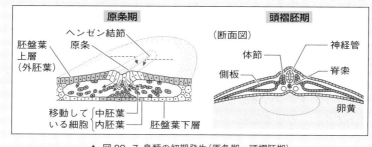

▲ 図89-7 鳥類の初期発生（原条期・頭褶胚期）

① **胚膜を形成する動物**…爬虫類，鳥類，哺乳類
② 胚膜の役割…胚を**乾燥や衝撃から守る**。
③ 胚膜＝**しょう膜＋羊膜＋尿のう＋卵黄のう**
④ **しょう膜＋尿のう＝しょう尿膜** ⇨ 胎盤形成（哺乳類のみ）

第**7**章　遺伝情報の発現と発生

第90講 バイオテクノロジー①
（細胞工学）

重要度
★★

生物を利用した技術をバイオテクノロジーといいます。まずは細胞を用いた技術を見てみましょう。

1 植物の組織培養とその応用

1 多細胞生物から組織の一部を取り出して生かし続ける技術を**組織培養**をいいます。根の組織の一部を，糖・無機塩類・植物ホルモン（オーキシンとサイトカイニン⇨第106講参照）を含んだ培地で培養すると，**分化していた細胞が脱分化して未分化な状態に戻り**，さらに分裂を繰り返して未分化な細胞の塊が生じます。このような未分化な細胞集団を**カルス**といいます。これをさらに**適当な条件で培養すると，再分化して完全な植物体になります**。

2 このとき，たとえばタバコを使った例では，次のように，ホルモン濃度に応じて何が再分化するかが異なります。一般に，**オーキシンの濃度を高くしてサイトカイニンの濃度を低くすると根が，オーキシンの濃度を低くしてサイトカイニンの濃度を高くすると茎や葉が分化します**。

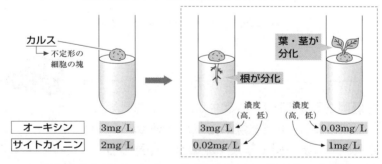

▲ 図90-1 オーキシン・サイトカイニンの濃度と器官の分化（タバコの例）

3 この組織培養の技術を使って，植物の**茎頂分裂組織**を無菌的に培養すると，ウイルスに感染していない植物（これを**ウイルスフリー**といいます）を大量に得ることができます。このような組織培養を特に**茎頂培養**といいます。

4　異種間で交雑を行うと，受精して胚までは形成されても，それ以降の発生が停止し，植物体には生育しない場合が多いです。そこで，異種間の交雑で生じた胚を取り出して培養すると，通常では得られない異種間の**雑種植物**を得ることができます。このような組織培養を特に**胚培養**といいます。

　たとえば，ハクサイとキャベツ（カンラン）をかけ合わせ，胚培養してつくり出した異種間雑種を**ハクラン**といいます。

5　葯を培養すると，葯に含まれる花粉が脱分化して増殖し，再分化して植物体になります。これを**葯培養**あるいは**花粉培養**といいます。**葯培養で生じた植物体は半数体（核相がn）**です。

　この植物が幼植物のときに<u>コルヒチン</u>で処理すると，染色体数が倍加し，二倍体が生じます。このような方法で生じた二倍体は，**すべての遺伝子がホモ接合となった純系**です。

> ユリ科のイヌサフランの鱗茎に含まれる物質で，細胞分裂時の紡錘糸形成を阻害し，染色体数を倍加させる働きがある。

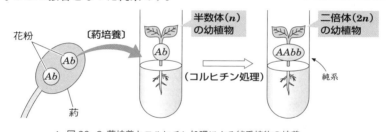

▲ 図 90-2　葯培養とコルヒチン処理による純系植物の培養

植物の**組織培養**…糖・無機塩類・オーキシン・サイトカイニンを含む培地で植物の組織の一部を培養すること。
　⇨**脱分化→分裂→再分化**して完全な植物体が形成される。
① **茎頂培養**…茎頂分裂組織を培養。**ウイルスフリー**の植物体が形成できる。
② **胚培養**…異種間の交雑で生じた胚を培養。自然では生じない**異種間雑種**が形成できる。
③ **葯培養**…葯の中の**花粉**を培養。生じた幼植物を**コルヒチン処理**すると，完全な**純系の二倍体**が形成できる。

第**7**章　遺伝情報の発現と発生

2 細胞融合

1 2つの細胞どうしを1つの細胞に融合することを**細胞融合**といいます。細胞融合により，これまでにない生物をつくることができます。

〔植物を使った細胞融合の手順と例〕

【手順1】 植物の組織片を**ペクチナーゼ**で処理し，さらに**セルラーゼ**で処理して，細胞壁をもたない裸の細胞をつくる。このような細胞壁をもたない細胞を**プロトプラスト**という。

> 細胞壁どうしを接着させている多糖類がペクチンで，ペクチンを分解する酵素がペクチナーゼ。ペクチナーゼにより，細胞どうしを解離させる。

【手順2】 2種のプロトプラストを，**ポリエチレングリコール**(PEG)という薬品を含む培養液に浸して細胞融合させる。

> 細胞壁の主成分であるセルロースを分解する酵素。

【手順3】 融合させた細胞を培養して植物体を形成させる。

(例) ジャガイモとトマトの細胞融合で生じた植物→ポマト
ハクサイとキャベツ(カンラン)→バイオハクラン
オレンジとカラタチ→オレタチ
ヒエとイネ→ヒネ

2 動物細胞の場合は，**センダイウイルス**に感染させることで，細胞融合を行うことができます。

> 東北大学で発見され，仙台市にちなんで「センダイウイルス」と名づけられた。

たとえば，B細胞から分化した抗体産生細胞は，1種類の抗体を産生しますが，増殖はしません。そこで，抗体産生細胞と，盛んな増殖能力をもつがん細胞を融合させると，1種類の抗体を産生し，かつ増殖する雑種細胞(**ハイブリドーマ**という)をつくることができます。

3 1種類のハイブリドーマからは1種類の抗体のみが大量に得られます。このようにしてつくられた抗体を**モノクローナル抗体**といいます。

〔 植物の細胞融合…ペクチナーゼ，セルラーゼで処理して作成したプロトプラストをポリエチレングリコールで処理。
動物の細胞融合…センダイウイルスに感染させる。

3　キメラ

1　通常は1個の個体は1個の受精卵から生じるので，1個体の細胞はすべて同じ遺伝子型の細胞でできています。それに対して，体内に遺伝子型の異なる細胞が混在している状態またはその個体を**キメラ**（chimera）といいます。

> もともとはギリシャ神話に出てくるキマイラという動物の名前に由来する。キマイラは，からだの前はライオン，胴はヤギ，後ろはヘビからなるというもちろん架空の動物である。

2　たとえば，黒毛純系マウス（遺伝子型 BB とする）から生じたES細胞（⇨p.562）を白毛純系マウス（遺伝子型 bb とする）の**胚盤胞**に移植すると，BB の細胞と bb の細胞の両方が混ざった個体（キメラ）が生じます。

3　黒毛純系マウスと白毛純系マウスを交配して生じる**雑種**は，1つの細胞内に B と b の遺伝子をもちますが，キメラの場合はある細胞は BB，別の細胞が bb で，遺伝子型の異なる細胞が混在しています。雑種の場合の体色は**顕性**の表現型である黒毛になりますが，キメラの場合はある場所は BB で黒毛，ある場所は bb で白毛となるので，黒毛と白毛のまだらになります。

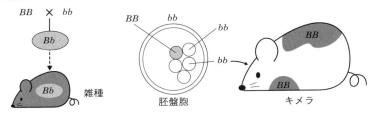

▲ 図90-3　雑種とキメラの違い

4　このようにして生じたキメラであっても，生殖母細胞は BB あるいは bb なので，生じる配偶子も B あるいは b になります。したがってキメラどうしを交配しても，生まれてくる次世代の子は黒毛か白毛かのいずれかで，キメラは生まれません。

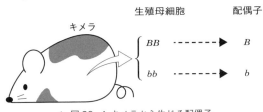

▲ 図90-4　キメラから生じる配偶子

異なる種間のキメラ

　黒毛マウスと白毛マウスから生じたキメラは同じマウスどうしのキメラだが，種間キメラの作製にも成功している。たとえば，ヤギ（Goat）とヒツジ（Sheep）の初期胚を混合して作製されたキメラ（1984年；英）がある。GoatとSheepの両方の特徴をもつということでギープ（Geep）と名付けられた。

　さらに次のような種間キメラも作製されている。すい臓が正常に形成できないラットの胚盤胞に，正常にすい臓が形成できるマウスのES細胞を注入し，これを発生させることで，マウスのすい臓をもつラット（種間キメラ）を誕生させることに成功している。こうして生じたキメラ個体のすい臓のランゲルハンス島を，インスリン生産が正常に行えない糖尿病のマウスに移植すると，糖尿病マウスの体内で十分量のインスリンが生産され，糖尿病が治ったのだ。もちろん倫理的な問題はあるが，同様の手法を用いればヒトの臓器をもつブタを作製しそれを臓器移植に用いるということも可能になっている。

植物のキメラ

　植物では接ぎ木がよく行われる。たとえばキュウリの地上部をカボチャの地下部と接ぎ木するという栽培方法が多く用いられている。この場合は，地上部はキュウリの細胞，地下部はカボチャの細胞からなる個体になるのでこれもキメラ（種間キメラ）といえる。

4　ES細胞とiPS細胞

1　受精卵は，その個体を構成するすべての種類の細胞に分化し，完全な個体を形成することができます。このような能力は**全能性**といいます。それに対し，p.562で学習した**ES細胞**は，すべての種類には分化できません（胎盤などには分化できません）が，多くの種類のさまざまな細胞へ分化する能力をもちます。これを**多能性**（多分化能）といいます。

2　ES細胞は，まだ完全に分化する前の胚盤胞の**内部細胞塊**からつくられた細胞でしたが，分化した細胞でも，特定の調節遺伝子を発現させてやれば，再び多能性をもつようになるのではないか，という発想のもと，体細胞に，

ES細胞で発現している特定の調節遺伝子を導入して作製した幹細胞を**iPS細胞（人工多能性幹細胞）**(Induced Pluripotent Stem Cell)といいます。

> 京都大学の山中伸弥により作製された。山中教授は2012年，ガードンとともにノーベル医学・生理学賞を受賞。

3 マウスの皮膚細胞に多能性に関与する調節遺伝子である*Oct3/4*, *Sox2*, *Klf4*, *c-Myc*を導入させることで初めてiPS細胞の作製に成功しました（のちに*c-Myc*は不要であることが判明）。さらに2007年にはヒトのiPS細胞も作製されました。iPS細胞もES細胞と同じく，未分化な細胞ですが，培養条件によってさまざまな細胞に分化することができる多能性をもつ細胞です。

4 胚になる細胞を用いたES細胞の場合は，倫理上の問題も大きかったのですが，このiPS細胞は皮膚細胞のような体細胞を用いるので，倫理上の問題も避けることができます。

5 iPS細胞からさまざまな組織や器官を再生させることに成功しています。現在，iPS細胞からの網膜細胞，軟骨細胞，心筋細胞，神経細胞などの作製に成功し，一部では患者さんへの移植治験も行われています。また拒絶反応のリスクが小さくなるよう遺伝子改変したiPS細胞の作製も行われています。今後もiPS細胞を用いた**再生医療**への大きな期待が高まっています。

第**7**章　遺伝情報の発現と発生

① **キメラ**…異なる遺伝子型の細胞が混在する個体。
② **ES細胞**（胚性幹細胞）…胚盤胞の内部細胞塊から作製した多能性の細胞。
③ **iPS細胞**（人工多能性幹細胞）…体細胞に特定の調節遺伝子を導入して作製した多能性の細胞。

第**91**講 バイオテクノロジー②
（遺伝子工学）

重要度
★★★

近年は遺伝子を操作するバイオテクノロジーがさかんに行われています。これら最先端の技術を見ていきましょう。

1 遺伝子組換え

1 　細菌が，外来のDNAを分解し，バクテリオファージなどの感染を防ぐためにもっている酵素を**制限酵素**といいます。制限酵素にはさまざまな種類があり，**それぞれ特定の塩基配列を認識して，切断します。**

多くの制限酵素が認識する塩基配列の部分は，回文配列をしています。

> 「たけやぶやけた」のように，左から読んでも右から読んでも同じになる文を「回文」という。制限酵素が認識する塩基配列も，2本鎖で同じ塩基配列になっている。

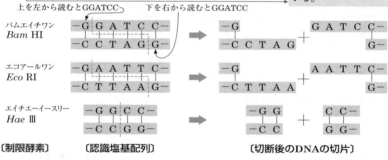

▲ 図91-1 制限酵素によるDNAの切断の例

2 　DNA断片どうしをつなぎ合わせる酵素を**DNAリガーゼ**といいます。

3 　遺伝子としてRNAをもち，宿主細胞に感染すると逆転写してDNAをつくり，これを宿主DNAに組み込んで増殖するウイルスを**レトロウイルス**といいます。また，RNAからDNAをつくる酵素を**逆転写酵素**といいます。

4 　これらの酵素（制限酵素，DNAリガーゼ）を用いて**遺伝子組換え**が行われます。ヒト成長ホルモン遺伝子を大腸菌に組み込む場合は，次のようにして行われます。

〔**大腸菌へのヒト成長ホルモン遺伝子の取り込み**〕(⇨図91-2)

【**手順1**】　大腸菌には，本体のDNAとは別に小さな環状DNAがあり，これを**プラスミド**という。このプラスミドを取り出し，制限酵素を使って一部を切断する。

【**手順2**】　ヒト成長ホルモン遺伝子の部分を同じ制限酵素で切り出す。

【**手順3**】　手順1でつくったプラスミドと手順2のDNA断片を混合し，切断端どうしの塩基対を形成させ，さらにDNAリガーゼで連結させる。

【**手順4**】　組換えたプラスミドを大腸菌に注入して，大腸菌を培養する。

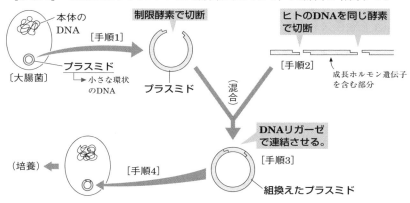

▲ 図91-2 人工的な遺伝子組換えの方法

5　手順1で使ったプラスミドのように，目的とする遺伝子を細胞内に運ぶものを**ベクター**といいます。プラスミド以外にも，レトロウイルスなどもベクターとして用いられます。

遺伝子の組み込みと逆転写

　大腸菌へのヒト成長ホルモン遺伝子の組み込みの場合，実際には，手順2でヒト成長ホルモン遺伝子をそのまま使うのではなく，ヒト成長ホルモン遺伝子から転写されて生じたmRNAを，逆転写酵素によって逆転写させ，mRNAに相補的なDNA鎖をつくる。これを**相補的DNA**(cDNA；complementary DNAともいう)という。この相補的DNAを鋳型にして，DNAポリメラーゼによって複製させた2本鎖DNAをつくり，これを制限酵素で切断して切り出す。

　このようにするのは，大腸菌のような原核生物にはイントロンがなく，そのため，スプライシングのしくみがないので，ヒト成長ホルモン遺伝子をそのまま使うと，イントロンの部分まで翻訳されてしまい，目的とするタンパク質が合成されないからである。

6 植物への遺伝子導入では，**アグロバクテリウム**という土壌細菌がよく用いられます。アグロバクテリウムがもつ**プラスミド**にはT-DNAという領域があります。この領域は植物細胞の染色体DNAに組み込まれる領域で，ここに目的とする遺伝子を組み込んでおくことで，安定して目的の遺伝子を植物細胞に組み込むことができます。

7 植物に外来遺伝子を導入した例として，昆虫に食べられにくくしたトウモロコシや除草剤耐性遺伝子を組み込むことで除草剤を散布しても枯れないダイズなどがあります。このように遺伝子を人工的に操作して作製した作物を**遺伝子組換え作物**（**GMO**：Genetically Modified Organism）といいます。

8 このような手法で，多細胞生物に別の生物の遺伝子を組み込んだ生物を**トランスジェニック生物**といいます。

たとえば，ラットの成長ホルモンの遺伝子を組み込んだマウスがつくられました。このマウスは，通常の約2倍の大きさになり，**スーパーマウス**といいます。また，オワンクラゲの緑色蛍光タンパク質（**GFP**）の遺伝子を組み込んだ個体はタバコなどさまざまな動植物でつくられています。

9 また，特定の遺伝子を欠損させることを**ノックアウト**といいます。特定の遺伝子を欠損させてどのような症状が現れるかを調べることで，その遺伝子の本来の働きを明らかにすることができます。

10 遺伝子のDNAではなく，生じたmRNAを分解したり翻訳を阻害することで遺伝子の発現量を減少させることは**ノックダウン**といいます（⇨p.141 RNA干渉）。ノックアウトと混同しないようにしましょう。

【遺伝子組換えに用いるもの】
制限酵素…DNAを特定の塩基配列で**切断**する酵素。
DNAリガーゼ…DNA断片を**つなぎ合わせる**酵素。
ベクター…遺伝子を運ぶもの。**プラスミド**やレトロウイルスなどが用いられる。

2　PCR法

1　特定の遺伝子を増幅させることを**遺伝子クローニング**といいます。

2　従来は，特定の遺伝子を大腸菌などに組み込んで，大腸菌の増殖によって，その遺伝子も増幅させるという方法が用いられていました。

3　しかし，より短時間で，より大量に特定の塩基配列を増幅させる技術が開発されました。それが，**PCR法（ポリメラーゼ連鎖反応法）** と呼ばれる方法です。この方法は，次のようにして行われます。　→ Polymerase Chain Reactionの略。

　① まず，DNAを95℃で処理します。すると，2本の鎖が1本鎖にほどけます（**変性**）。

　② 次に，**プライマー（DNAプライマー）** を与え，温度を55℃に下げ，増幅させたい部分の両端にプライマーを結合させます（**アニーリング**）。　→ 細胞内でDNA複製の際につくられるのはRNAのプライマーだが，PCR法ではDNAのプライマーを用いる。

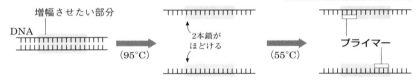

　③ 72℃程度の温度で**DNAポリメラーゼ**を働かせ，DNAを複製させます（**伸長**）。　→ このような高温でも変性しにくい特殊なDNAポリメラーゼを用いる。高温で作用させるので，非常に速く反応が進む。

　④ 生じた2本鎖DNAを再び95℃で1本鎖にほどき，同様の操作を繰り返します。

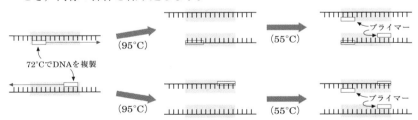

4　PCR法により，2〜3時間で約20回の複製を行わせることができます。その結果，2〜3時間で，必要とする特定の遺伝子を$2^{20} ≒ 100$万倍に増幅させることができるのです。

第**7**章　遺伝情報の発現と発生

新型コロナウイルスとPCR法

新型コロナウイルス(SARS-CoV-2)の感染の有無を調べるためにPCR法が行われる。しかし,コロナウイルスはRNAウイルスなので,まずコロナウイルスのRNAから逆転写酵素によってcDNA(相補的DNA)を合成し,これをもとにPCR法を行う必要がある。このようなPCR法をRT-PCR法(RTはReverse Transcriptionの略)という。

PCR法…特定の塩基配列を,人為的に短時間で大量に増幅させる方法。⇨〔95℃で1本鎖にほどく→55℃でプライマーを結合させる→72℃でDNAポリメラーゼで複製する〕を繰り返す。

---

3 電気泳動法

1 帯電した物質を,電流が流れる溶液の中で分離する方法を**電気泳動法**といいます。

2 ヌクレオチドを構成しているリン酸部分はH⁺を放出して酸性になり,**負の電荷をもっています**。これによってDNAも負の電荷をもっています。そのためDNAを含む溶液の両端に+極と−極をつないで電流を流すと,DNAは+極に向かって移動(泳動)します。

3 アガロース(寒天)ゲルやポリアクリルアミドゲルで小さな溝(ウェル)をあけた厚さ数mmのシートをつくって泳動用の緩衝液に浸し,ウェルの中にDNAの溶液を流し込んで電圧をかけると,DNAはゲルの中を移動します。このとき,長い

> 多少酸や塩基を加えてもpHが一定に保たれる溶液で,電気を通す。

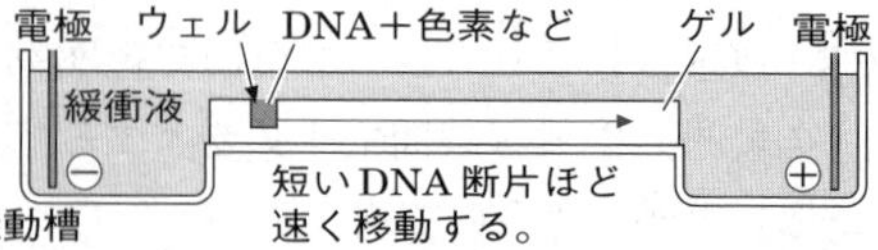

DNAの断片はゲルを構成する繊維にひっかかりやすいため移動が遅くなります。つまり,ウェルから**+極側へ大きく移動したものほど短いDNA断片**といえます。

▶ 図91-3 電気泳動法　泳動槽

電極　ウェル　DNA+色素など　　　ゲル　電極
緩衝液
短いDNA断片ほど速く移動する。

4　PCR法で増やしたDNAを制限酵素で切断すると，いくつかの長さの断片からなるDNAの溶液ができます。この溶液を電気泳動にかければ，＋極に近いほうから順に短い<u>DNA断片を分けること</u>ができます。

> 分離されたDNAは，DNA染色液でゲルを染色すると断片の長さに応じた位置に帯（バンド）として現れる。

5　このような電気泳動法と制限酵素を用いて，次のような実験が行えます。たとえば10kbp（10000塩基対）のDNAの断片があり，この断片の塩基配列のうち*Eco*RⅠという制限酵素が認識する場所が図91-4の①のようだったとします。このとき10kbpの断片を*Eco*RⅠを用いて切断して電気泳動にかけたときの結果は，図中Aのようになります。*Bam*HⅠという制限酵素が認識する場所が②のようだったとすると，*Bam*HⅠで切断して電気泳動にかけたときの結果は図中Bのようになります。

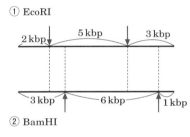

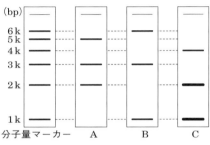

▲ 図91-4 制限酵素で切断したDNA断片の電気泳動

6　では，このDNA断片を2つの酵素の両方で処理した溶液を電気泳動にかけるとどうなるでしょう。

　図①（または②）の左から2kbp，3kbp，7kbp，9kbpの4か所で切断されるため，1kbp，2kbp，4kbpの3種類の断片が生じます。さらに1kbpと2kbpの断片は4kbpの断片の2倍の量（数）生じることになります。これを電気泳動にかけると図中Cのようになります。帯が太いのは量が多いことを示します。こういった実験をもとにそれぞれの制限酵素が認識する部位を推定することができます。

7　この電気泳動法は犯罪捜査でも利用されます。個人間のDNAの塩基配列の違いは，一塩基多型（⇨p.324）のほか，決まった塩基配列が繰り返し現れる**反復配列**（**マイクロサテライト**といいます）の反復回数の違いもあります。反復配列部分をPCR法で増幅し，電気泳動にかけると，反復回数すなわち

第**7**章　遺伝情報の発現と発生

DNA断片の長さによって個人間で異なる位置に帯が描かれるため，このDNAの<u>反復配列パターンを調べることで個人を特定する</u>ことができます。この方法を**DNA型鑑定**といいます。

8 また，DNA型鑑定は血縁鑑定でも用いられています。このとき，同一人物でも父親由来のDNAと母親由来のDNAの2つをもつことが重要な要素となります。

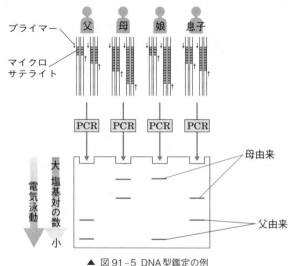

▲ 図91-5 DNA型鑑定の例

【電気泳動法】
① ＋極に向かって，**短いDNA断片ほど速く**（遠くへ）移動する。
② 同じ**DNA領域を制限酵素で切断**し，電気泳動の分離パターンで2つの試料が同一人物かどうか，血縁関係にあるかを識別できる。

第92講 バイオテクノロジー③（サンガー法・ゲノム編集）

重要度
★★★

塩基配列の決定方法および近年話題のゲノム編集について
学習しましょう。

1 サンガー法

1 DNAの塩基配列を決定することを**DNAシーケンシング**（DNA sequencing）といいます。従来よく用いられてきたDNAシーケンシングの方法の1つがサンガーによって開発された**サンガー法（ジデオキシ法）**です。

> イギリスの生化学者。1958年にインスリンの構造の研究によりノーベル化学賞を受賞。1980年にDNAの塩基配列の決定法の発明によりノーベル化学賞を受賞。

2 まず塩基配列を調べたいDNAの1本鎖（仮にATGTCとします）を鋳型にして，相補的な鎖を合成させ（DNAを複製させ）ます。DNAの複製なので，**DNAポリメラーゼ，プライマー**（⇨p.94），そしてDNAの材料となる**4種類のヌクレオチド**（正確にはデオキシリボヌクレオシド三リン酸⇨p.580）を与えます。

> ヌクレオシド（糖＋塩基）にリン酸が3つ結合したもの＝ヌクレオチド（糖＋塩基＋リン酸）にリン酸が2つ結合したもの。

3 このとき，糖がデオキシリボースではなく**ジデオキシリボース**をもった4種類の特殊なヌクレオチド（ジデオキシリボヌクレオシド三リン酸。以下，A，T，G，Cに□をつけて示す）も加えておきます。このジデオキシリボヌクレオシド三リン酸には，たとえば A は赤，T は緑，G は黄，C は青といった**蛍光色素で標識を付けておきます**。

4 複製が行われる際にこの特殊なヌクレオチドが取り込まれると，そこでDNA複製がストップしてしまいます。たとえばATGTCを鋳型にしてTACまで複製し，次のAのときに A を取り込むと次のGは結合できず，複製は A までで終わってしまいます。もとのDNA分子ごとにさまざまな箇所で複製が止まり，いろいろな長さまで合成されたDNA鎖が生じます。

ATGTC ATGTC
TAC A TAC C

5 これらを電気泳動にかけます。それぞれの断片には蛍光色素の標識があるので，その蛍光の色を見れば，一番後ろ(3′末端)にある塩基がわかります。

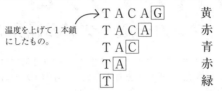

温度を上げて1本鎖にしたもの。

→T A C A G	黄
T A C A	赤
T A C	青
T A	赤
T	緑

6 この蛍光の色を＋極に近いところから順に読み取って塩基と対応させます。この場合は＋極に近い側から緑・赤・青・赤・黄と並ぶので，TACAGと読み取れます。これは複製された側の塩基配列なので，これと相補的な塩基ATGTCが，目的とする，調べたかった塩基配列です。

ジデオキシリボヌクレオシド三リン酸

　DNAの合成では，実際にはリン酸が3つ結合したヌクレオチド(デオキシリボヌクレオシド三リン酸)が材料となり，そこからリン酸が2つとれる際に生じるエネルギーを用いてヌクレオチド鎖を伸ばしていく。DNAを構成する通常のヌクレオチドでは，デオキシリボースは3′の位置のCにOHが結合している(リボースから1つ2′の位置で酸素がとれている)が，サンガー法で加える特殊なヌクレオチドは，3′の位置のCにOHではなくHが結合している(リボースから2か所で酸素がとれている)。このような糖を**ジデオキシリボース**という。

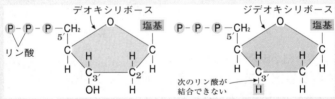

▲ 図92-1 デオキシリボースとジデオキシリボースのヌクレオシド三リン酸

　3′に次のリン酸が結合してヌクレオチド鎖が伸長するので，この位置にOHがないと，次のリン酸が結合できず，ヌクレオチドの伸長が停止するのである。

サンガー法…DNA合成を止める特殊なヌクレオチドを混ぜてDNA合成を行い，塩基配列を解読する。

7　サンガー法では500塩基程度の配列しか解析できません。そこで，より長い塩基配列を解析したい場合は，まずそのDNAを500塩基程度の断片に切断し，それぞれのDNA断片の塩基配列をサンガー法で解析します。

8　次にそれらの断片の情報をもとに，コンピューターを用いて，DNA断片がつながっていた順番を推定し，全体の塩基配列を解析します。これを**ショットガン法**といいます。

?

　　　　　　　　　⇩　断片化してそれぞれの断片の塩基配列を決定する

AGGCTTAGGCCCCG　　　TTTTCCCGGATATAC

TCATCTAGGT　　　CCCGTATAATTTT　　　ATACGGGCATAAA

　　　　　　　　　⇩　DNA断片の並び順を推定

TCATCTAGGCTTAGGCCCCGTATAATTTTCCCGATATACGGGCATAAA

▲ 図92-2 ショットガン法

9　塩基配列の解析に用いる装置を**シーケンサー**といいます。現在では，より高速に塩基配列を解析する**次世代シーケンサー**（NGS：Next Generation Sequencer）が開発されています（さらにその次の第三世代シーケンサーも開発されています！）。

10　土壌中や海水中，腸内などには膨大な種類の微生物が含まれています。これらの微生物のゲノムの塩基配列をまとめて解析することを**メタゲノム解析**といいます。

11　従来はそれらの微生物を単離して培養し，それをもとに解析する必要があったのですが，単独では培養できない微生物も多いので，なかなか解析ができない状態でした。しかしメタゲノム解析により，微生物を培養できなくても塩基配列を調べ，その塩基配列からどのような微生物がどのくらい生息しているか，またどのような遺伝子をもつかを一気に調べることができます。また，今まで知られていなかった未知の微生物を発見することにもつながります。実際この方法で多くの新種の微生物が発見されています。

第**7**章　遺伝情報の発現と発生

2 遺伝子発現の解析

1 DNAから生じたmRNAの種類や量を調べることで，細胞内でどの遺伝子がどの程度発現しているかを解析することができます。

2 その方法の1つが**DNAマイクロアレイ解析**です。

    1 チップにさまざまな種類の1本鎖DNAを接着させておく。

    2 細胞からmRNAを抽出し，逆転写させてcDNAを作製する。

    3 作製したcDNAに蛍光標識する。

    4 cDNAをチップに与え，相補的な1本鎖DNAに結合させる。

    5 蛍光を観察するとどのようなmRNAが存在するか，すなわちどの遺伝子が発現しているかを解析することができる。

3 ある生物がもつ全RNAあるいはある組織や細胞に含まれる全RNAの塩基配列を決定する方法を**RNAシーケンシング（RNAseq）解析**といいます。

4 mRNAを抽出して，逆転写させてcDNAを作製します（ここまではDNAマイクロアレイ解析と同じ）。次にcDNAの塩基配列を次世代シーケンサーによって読み取ります。

5 それぞれのcDNAの塩基配列がどの遺伝子に対応しているかを調べることで，どの遺伝子から生じたmRNAがどの程度含まれていたか，すなわち各遺伝子の転写量が推定できます。

3 ゲノム編集

1 ゲノムの特定の領域を認識して切断することで，任意の塩基配列を排除したり，挿入・置換する技術を**ゲノム編集**といいます。近年開発されたゲノム編集の技術の1つに，**CRISPR-Cas 9**（クリスパーキャスナイン）という方法があります。これは次のようにして行われます。

    1 標的とする遺伝子の一部に相補的な配列（約20塩基）をもつRNA（これを**ガイドRNA**という）とCas 9 というDNA分解酵素を導入する。

    2 ガイドRNAが標的遺伝子（目的とするDNA）に結合し，Cas 9 が標的遺伝子を切断する。

③ 切断部位が修復されるが，Cas9は繰り返し働くため，その間，一定の頻度で欠失や挿入が起こり，やがて標的遺伝子の機能が損なわれる。⇨遺伝子ノックアウト

④ 切断部位に外来遺伝子を挿入することもできる。⇨遺伝子ノックイン

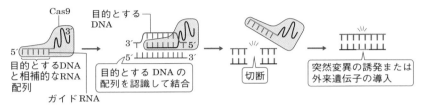

▲ 図92-3 ゲノム編集の原理

2 制限酵素を用いてDNAを切断する方法では，目的以外の箇所も切断してしまう可能性も高く，目的とする遺伝子組換えの成功率は非常に低かったのですが，CRISPR-Cas9ではガイドRNAを用いるので，標的遺伝子(目的とするDNA)に対してより確実に操作することができます。

3 この手法を用いれば，変異遺伝子を正常遺伝子に置き換える遺伝子治療も可能になると期待されています。

CRISPR-Cas9の研究の歴史

① 1987年，大阪大学(当時)の**石野良純**が，大腸菌のDNAの中にTCCCGCやGCGGGAのような繰り返し配列があることを発見した。

② 2002年，オランダの研究チームがこの繰り返し配列を**CRISPR**(Clustered Regularly Interspaced Short Palindromic Repeat)と命名した。

③ 2005年，デンマークのロドルフ・バランジャーは，このCRISPRに挟まれた部分の塩基配列(スペーサーという)が，細菌が過去に感染したウイルスDNAの一部と一致することを解明した。

④ さらにその後の，**エマニュエル・シャルパンティエ**(フランス)と**ジェニファー・ダウドナ**(アメリカ)による研究で次のようなしくみが解明された。細菌は感染したウイルスのDNA断片をCRISPR間に取り込んでおき，再度同じウイルスが侵入すると，CRISPR間のDNA(スペーサー)が転写されてガイドRNAが生じる。ガイドRNAがウイルスDNAと相補的に結合すると，**Cas9**によって，ウイルスDNAが切断される。(Cas：CRISPR Associated)

⑤ このように**CRISPRとCas9**を用いたしくみは，本来は，細菌やアーキアが

ウイルスから身を守るための一種の**適応免疫**によるものなのである。

⑥　このしくみを応用し，シャルパンティエとダウドナは，人工的に作製したガイドRNAとCas9を用いてゲノム編集に成功（2013年）。これらの業績により，**シャルパンティエ**と**ダウドナ**は2020年ノーベル化学賞を受賞した。

4　以上見てきた細胞や遺伝子を扱うさまざまな技術は，病気の治療法の発展や農作物の作製の進歩など有益な面がある一方，生命観や倫理観に変化をもたらしたり，生態系を乱すといった危険性もはらんでいます。

5　たとえば遺伝子診断を行ってある病気になるリスクがあることがわかった場合，その病気の発症を予防することができるという利点もありますが，それによる不当な差別や人権侵害を受ける危険性もあります。個人の遺伝情報を知る権利と同時に知らないでいる権利，また究極の個人情報である遺伝情報の保護・管理をどのようにするかといったことも早急に考えていく必要があると思います。

6　生態系への影響の観点から，遺伝子組換え生物の作製や使用については，**カルタヘナ法**により規制措置が取られています。

「遺伝子組換え生物等の使用等の規制による生物の多様性の確保に関する法律」の通称。1999年コロンビアのカルタヘナで行われた国際会議で生物多様性に関する条約のバイオセーフティーに関する議定書が採択されたことにより制定された。

第 **8** 章

動物の環境応答

ニューロンと膜電位

神経を構成する単位もやっぱり細胞です。まずは，神経の細胞であるニューロンについて見ていきましょう。

1 ニューロン

1 　神経を構成する神経細胞を**ニューロン**といい，一般に，次の図93-1のような構造をしています。ふつうの細胞とちがって，核を含む**細胞体**，細かく枝分かれをした多数の突起である**樹状突起**，1本の長い**軸索**をもつのがニューロンです。

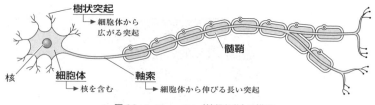

▲ 図93-1 ニューロン（神経細胞）の構造

2 　軸索の周囲には，**シュワン細胞**でできた**神経鞘**が巻きついています。軸索と神経鞘を合わせたものを**神経繊維**といいます。

> 中枢神経ではオリゴデンドロサイトという細胞からなる。

> 軸索そのものを神経繊維と呼ぶこともある。

3 　このシュワン細胞の細胞膜が伸びて軸索に何重にも巻きついている場合があります。このようにして形成された部分を**髄鞘**といいます。

> 髄鞘の部分はミエリンという脂質が主成分となっているので，髄鞘を「ミエリン鞘」ともいう。

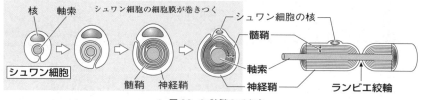

▲ 図93-2 髄鞘のでき方

4 　軸索の周囲にシュワン細胞があっても，何重にも巻きつかず，髄鞘を形成していない場合もあります。髄鞘を形成している神経繊維を**有髄神経繊維**，髄鞘を形成していない神経繊維を**無髄神経繊維**といいます。**有髄神経繊維は脊椎動物にしか存在しません**。無脊椎動物の神経繊維は，すべて無髄神経繊維です。

> 脊椎動物の神経がすべて有髄神経繊維というわけではない。脊椎動物の神経でも，たとえば交感神経の神経繊維は無髄神経繊維である。

5 　また，有髄神経繊維であっても，軸索がむき出しになっている部分もあり，ここを**ランビエ絞輪**といいます。

6 　ニューロンにもいろいろな種類があり，次のようなニューロンも存在します。

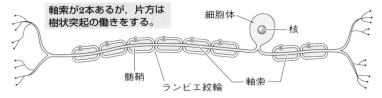

軸索が2本あるが，片方は樹状突起の働きをする。　細胞体　核　髄鞘　ランビエ絞輪　軸索

▲ 図 93-3 感覚ニューロン（感覚神経細胞）の構造

最強ポイント

① ニューロン＝**細胞体＋樹状突起＋軸索**
② **軸索＋神経鞘＝神経繊維**
③ 有髄神経繊維…**シュワン細胞の細胞膜が軸索に何重にも巻きつき，髄鞘を形成している神経繊維**⇨**脊椎動物**のみがもつ。

第**8**章 動物の環境応答

2 膜 電 位

1 　膜電位に関与する膜タンパク質として次の4種類があります（それぞれ図93-4〜93-7の**A〜D**に対応します）。

$\boxed{1}$ 　**Na⁺ポンプ**：ATPのエネルギーを用いてNa⁺を細胞外に，K⁺を細胞内に輸送するポンプ（**A**）

$\boxed{2}$ 　**電位依存性Na⁺チャネル**：刺激によって開閉するNa⁺チャネル（**B**）

$\boxed{3}$ 　**電位依存性K⁺チャネル**：刺激によって開閉するK⁺チャネル（**C**）

④ **電位非依存性（リーク）K⁺チャネル**：常に開きっぱなしのK⁺チャネル（**D**）

2 ニューロンの細胞膜では常にNa⁺ポンプ（**A**）が働いており，ATPのエネルギーを使ってNa⁺を**細胞外**に，K⁺を**細胞内**に**輸送**しています。その結果，細胞内にはNa⁺が少なくK⁺が多く，細胞外にはNa⁺が多くK⁺が少ないという**濃度勾配**が生じています。

3 刺激を受けていない状態では，電位依存性K⁺チャネル（**C**）および電位依存性Na⁺チャネル（**B**）は閉じていますが，**電位非依存性K⁺チャネル（D）だけは開いています**。そのため，この電位非依存性K⁺チャネルを通ってK⁺が濃度勾配に従って細胞内から**細胞外に流出**します。その結果，細胞外が正（＋），細胞内が負（－）という電位が生じます（図93-7のa）。これを**静止電位**といいます。

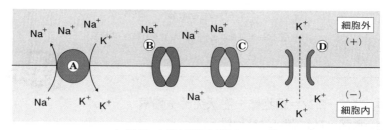

▲ 図93-4 静止電位時の膜タンパク質

4 細胞膜が一定以上の大きさの刺激を受けると，**電位依存性Na⁺チャネル（B）が一時的に開きます**。するとこれを通って細胞外のNa⁺が濃度勾配に従って細胞内に流入し，その結果，細胞内外の電位が逆転し，細胞内が正（＋），細胞外が負（－）となります（図93-7のb）。このような状態になることを**興奮**とよびます。

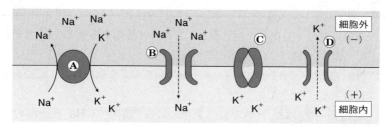

▲ 図93-5 活動電位の発生時の膜タンパク質①

5 　ところが電位依存性Na⁺チャネル（**B**）が開いているのはほんの一瞬で，すぐに閉じてしまいますが，少し遅れて今度は，**電位依存性K⁺チャネル（C）**が開くようになります。するとここを通って細胞内のK⁺が細胞外に流出するので，再び細胞外が正（＋），細胞内が負（−）に戻ります（図93−7のc）。この一連の電位変化を**活動電位**といいます。

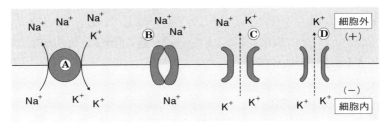

▲ 図93-6 活動電位発生時の膜タンパク質②

6 　やがて電位依存性K⁺チャネル（**C**）も閉じ，静止状態に戻りますが，電位依存性K⁺チャネルが閉じるまでは，静止状態のときよりも多くのK⁺が流出しているので，膜電位も静止状態よりもさらに負になっています（図93−7のd）。電位依存性K⁺チャネルが閉じれば，通常の静止電位の大きさに戻ります（図93−7のa′）。

7 　細胞外に基準電極を置き，細胞内の電位変化を測定すると，図93−7のようになります。

　通常静止電位は，細胞内が約−70mVで，興奮時には細胞内が約＋40mVになります。活動電位は，静止状態からの電位変化なので，活動電位の最大値は40mVではなく，約110mVということになります。

　このときのNa⁺ポンプの機能の有無あるいはチャネルの開閉を次ページの表に示しました。Na⁺ポンプは静止状態でも興奮状態でも常に機能しています。

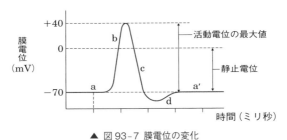

▲ 図93-7 膜電位の変化

第**8**章　動物の環境応答

	a	b	c	d	a′
Na⁺ポンプ(**A**)	機能	機能	機能	機能	機能
電位非依存性K⁺チャネル(**D**)	開	開	開	開	開
電位依存性K⁺チャネル(**C**)	閉	閉	開	開	閉
電位依存性Na⁺チャネル(**B**)	閉	開	閉	閉	閉

8 　細胞内の膜電位が負になっていることを**分極**しているといいます。一方，膜電位が正の方向に変化することを**脱分極**，膜電位がより負の方向に移動することを**過分極**といいます。

膜電位の大きさ

　K⁺が濃度勾配に従って細胞外に流出することで細胞外が正となる静止電位が生じる。では，どんどんK⁺が流出して最終的に濃度勾配がなくなってしまうのかというと，決してそのようにはならない。K⁺が細胞外に流出して少しでも細胞外が正（細胞内が負）になると，正の電荷をもったK⁺はプラスとプラスで反発しあう（K⁺と細胞内の負が引きつけ合う）ので，K⁺は流出しにくくなる。やがてK⁺が濃度勾配に従って流出しようとする力と細胞外のプラス（細胞内のマイナス）の力がつり合ったところ（細胞内が－60～－70mV）でK⁺の流出は止まる。このときの電位を**平衡電位**という。K⁺の平衡電位は－60～－70mVで，実際の静止電位もおおよそこのくらいの大きさになる。

　逆に，細胞内外のK⁺の濃度勾配が大きいと，流出しようとする力も大きくなるので，より多くのK⁺が流出し，平衡電位は大きくなり，より大きな静止電位（よりマイナス）が生じることになる。実際，人工的に細胞外のK⁺濃度を上昇させ，細胞内外のK⁺の濃度勾配を小さくさせると，静止電位の大きさは小さくなる。また細胞内外のK⁺の濃度勾配がないようにすると，流出しようとするK⁺もなくなり，静止電位は0となってしまう。細胞外のK⁺をさらに高くすると，通常とは逆に細胞内にK⁺が流入し，細胞内が正となる静止電位が生じるようになる。

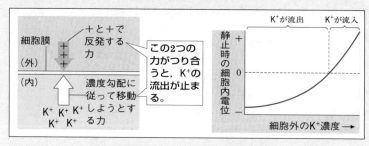

▲ 図93-8 細胞外のK⁺濃度と静止電位の変化

　同様に，活動電位の最大の大きさはNa^+の濃度勾配による。Na^+が流入して細胞内が正になると細胞内のプラスとNa^+のプラスが反発するので，Na^+は流入しにくくなる。人工的に細胞外のNa^+濃度をより高くして実験すると，活動電位の最大値（興奮時の細胞内の電位の最大値）は大きくなる。

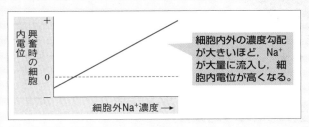

▲ 図93-9　細胞外のNa^+濃度と細胞内電位の変化

① **静止電位**…電位非依存性K^+チャネルを通ってK^+が細胞外に流出することで生じる。
　　⇨ **細胞外が正，細胞内が負（分極）**
② **興奮**…電位依存性Na^+チャネルが開き，Na^+が流入することで細胞内が正，細胞外が負となる状態。
③ **活動電位**…電位依存性Na^+チャネルおよび電位依存性K^+チャネルによって生じる一連の電位変化。
④ **脱分極**…細胞内の膜電位が正の方向に変化すること。
⑤ **過分極**…細胞内の膜電位が負の方向に変化すること。

第94講 興奮の伝導

重要度
★★★

第93講で学習した「興奮」は，どのようにニューロンを伝わっていくのでしょう。くわしく見てみましょう。

1 全か無かの法則

1 1本の軸索（じくさく）に与える刺激の強さを変えて活動電位の大きさがどのように変わるか調べてみると，刺激が弱い場合は活動電位はまったく生じません。刺激の強さが一定の強さになると初めて活動電位が生じます。でも，それ以上刺激の強さを強くしても，活動電位の大きさは大きくなりません。

2 活動電位を生じさせるのに必要な最低限度の刺激の強さを閾値（いきち）といいます。つまり，**刺激の強さが閾値未満では活動電位は生じず，閾値以上では一定の大きさの活動電位が生じる**のです。これを**全か無（む）かの法則**といいます。刺激の強さと生じる活動電位の大きさ，すなわち興奮の大きさについてグラフにしたものが右の図です。

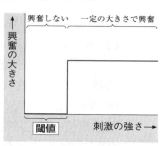

▲ 図94-1 興奮の大きさと閾値

3 細胞外を基準にして，細胞内の電位のグラフで興奮のようすを表すと，下のようになります（刺激の強さは，刺激Ⅰ＜刺激Ⅱ＜刺激Ⅲ）。最初の小さな変化は活動電位ではなく，電気刺激そのものによる変化で，この変化がある一定の値（閾値）以上になると活動電位が生じます。

▶ 図94-2 電気刺激と活動電位の発生

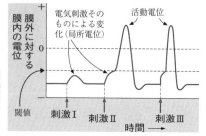

4　刺激の強さで活動電位の大きさが変わらないとなると，どうやって刺激の強さを伝えることができるのでしょうか。それには，2つの方法を用いています。

1つは，**刺激の強さが強くなると，発生する活動電位の頻度が多くなる**のです。つまり，ニューロンは，刺激の強弱を活動電位の大きさではなく，活動電位の頻度に変換して伝えているのです。

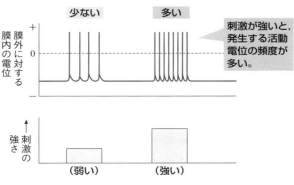

▲ 図 94-3　刺激の強さと活動電位の頻度

5　もう1つは，**活動電位が生じる細胞の数が変化する**ことです。神経には，閾値の異なる多数のニューロンが含まれています。刺激がそれほど強くないときは興奮するニューロンの数も少ないのですが，刺激が強くなると興奮するニューロンの数が増えるため，全体としては大きな興奮を伝えることができるのです。

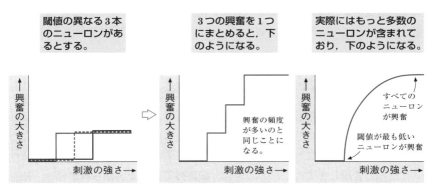

▲ 図 94-4　刺激の強さと興奮の大きさ（閾値の異なる複数のニューロンが興奮する場合）

第**8**章　動物の環境応答

ニューロンは全か無かの法則が成り立つといわれるが，神経に与える刺激を強くすると，反応も大きくなった。これはなぜか。80字以内で説明せよ。

ポイント　「閾値が異なる」，「多数のニューロン」，「興奮するニューロンの数が増える」という3つの語を必ず入れること。

模範解答例　1本のニューロンについては全か無かの法則が成り立つが，神経には閾値の異なる多数のニューロンが含まれており，刺激を強くすると興奮するニューロンの数が増えるから。(79字)

全か無かの法則…閾値未満では活動電位が生じず，閾値以上では**一定の大きさの活動電位が生じる**こと。⇨**1本のニューロン**では，全か無かの法則が成り立つ。

【刺激の強弱の伝え方】
① 1本のニューロンでは，活動電位が生じる**頻度**が変わる。
② 神経全体では，活動電位を生じる**細胞の数**が変わる。
　⇨神経には閾値の異なる多数のニューロンが含まれるため，刺激が強くなると興奮するニューロンの数も増え，全体としては大きな反応を示す。

2　興奮の伝導

1　軸索の1か所に刺激を与え，興奮が生じると，その両側の隣接した静止部との間に電位差が生じることになります。その結果，隣接部との間に微弱な電流が流れます。これを**活動電流**といいます。一般に，電流は＋から－へ流れると表現しますので，この場合，**細胞外では静止部から興奮部へ，細胞内では興奮部から静止部へ**活動電流が流れることになります。

2 すると，活動電流によって隣接した静止部が興奮し，そこで活動電位を生じます。さらに，その隣接した静止部との間に活動電流が流れ，また隣接部が興奮する……というようにして，興奮している部分が次から次へと伝わっていくことになります。

　このような興奮の伝え方を**興奮の伝導**といいます。

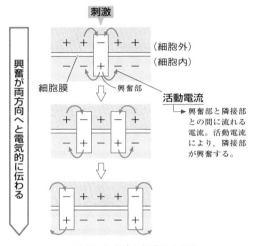

▲ 図94-5 興奮の伝導のようす

 興奮の伝導と不応期

　興奮していた部分が静止状態に戻って，新しい興奮部とこの静止部との間に再び活電流が流れると，せっかく静止状態に戻った部分がまた興奮してしまい，興奮が逆流してしまうことになる。

　しかし，実際には，静止状態に戻った直後は，新しい刺激を受容できない状態にあるので，再び興奮することはない。新しい刺激を受容できない時間帯を**不応期**という。厳密には，刺激によっていったん開閉したNa^+チャネルは，しばらくの間は開くことができないので，新しい刺激を受容できないことになるのである。

3 伝導のようすは，次のようにして測定します。

　基準の電極と測定の電極の両方を細胞膜表面に置き，基準電極(□)から見た測定電極(↓)の電位の差をグラフにします(図94-6)。

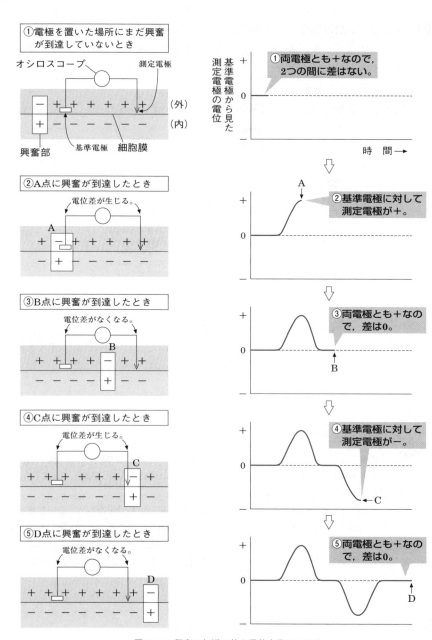

▲ 図94-6 興奮の伝導に伴う電位変化のようす

4　基準電極と測定電極の位置を逆にすると，グラフは次のようになります。電極はそのままで，興奮が図の右側からやってくる場合も同じになります。

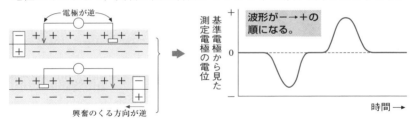

5　このような興奮の伝導は，**温度が高いほうが**，また，**軸索の太さが太いほうが速く伝わります**。これは電気抵抗が小さくなるからです。

　　また，髄鞘をもつ**有髄神経繊維**では，**無髄神経繊維**にくらべて**伝導速度が大きくなります**。これは，髄鞘の部分は電気を通さない絶縁体なので，興奮が，髄鞘のないランビエ絞輪からランビエ絞輪へと伝わるからです。このような伝導を**跳躍伝導**といいます。

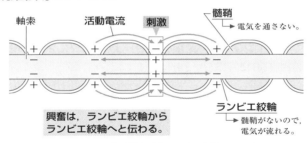

▲ 図94-7　有髄神経繊維での跳躍伝導のようす

① **興奮の伝導**…1本のニューロン内の隣接する興奮部と静止部との間で**活動電流**が流れて興奮が伝わること。

② **跳躍伝導**…**有髄神経繊維**において行われる。**伝導速度が大きい**。⇐髄鞘が電気を通さないため，興奮が**ランビエ絞輪からランビエ絞輪へと伝わる**。

③ 伝導速度は {**温度が高い**／**軸索が太い**／**髄鞘がある**} ほうが大きい。

興奮の伝達

重要度
★ ★ ★

今度は，ニューロンとニューロンまたは筋肉との間での興奮の伝わり方を学習しましょう。

----

1 シナプスと伝達

1 ニューロンと他のニューロンや効果器との接続部を**シナプス**といいます。シナプスのうち，特にニューロンと筋肉の接続部は**神経筋接合部**といいます。

2 シナプスを挟んで，情報を伝える側の細胞を**シナプス前細胞**，情報を受け取る側の細胞を**シナプス後細胞**といいます。また，**神経筋接合部**において筋肉側の細胞膜は特に**終板**と呼ばれます。

3 軸索の末端（**神経終末**）まで興奮が伝導すると，神経終末にある**電位依存性Ca^{2+}チャネル**が開き，Ca^{2+}が細胞内に流入します。細胞質のCa^{2+}濃度が上昇すると，シナプス前細胞の神経終末にある**シナプス小胞**という小胞がシナプス前細胞の細胞膜と融合し，シナプス小胞の内部に蓄えられていた**神経伝達物質**という化学物質が**シナプス間隙**に放出，すなわちエキソサイトーシス（⇨p.30）されます。

4 神経伝達物質はシナプス後細胞の細胞膜にある受容体に結合します。この場合の受容体の正体はイオンチャネルで，これを**伝達物質（リガンド）依存性イオンチャネル**といいます。神経伝達物質が伝達物質依存性イオンチャネルに結合すると，チャネルが開き特定のイオン（たとえばNa^+）が流入し，興奮が伝えられます。このように，シナプスにおいて化学物質により興奮が伝えられることを興奮の**伝達**といいます。

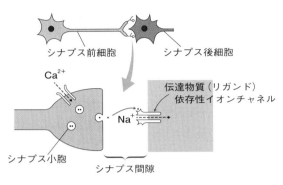

▲ 図95-1　興奮の伝達のようす

5　神経伝達物質として，**運動神経**や**副交感神経**では**アセチルコリン**，**交感神経**では**ノルアドレナリン**が放出されます。中枢神経の場合は，**γ-アミノ酪酸（GABA）**，**セロトニン**，**グルタミン酸**，ドーパミン，グリシン，エンドルフィンなど多くの種類があります。

6　軸索の途中で生じた興奮は**両側に伝導**しますが，伝達の方向は，シナプス前細胞の軸索の末端（神経終末）からシナプス後細胞への一方向にのみ行われます。

定番論述対策 17

シナプスにおける興奮の伝達はシナプス前細胞からシナプス後細胞への一方向にのみ行われる。これはどのようなしくみによるか。70字以内で説明せよ。

ポイント　シナプス小胞，受容体（あるいは伝達物質依存性チャネル）という語を入れること。

模範解答例　興奮の伝達に必要なシナプス小胞がシナプス前細胞の軸索末端にのみ存在し，神経伝達物質を受容する受容体はシナプス後細胞にのみ存在するから。(67字)

第**8**章　動物の環境応答

7 　放出された神経伝達物質は速やかに，分解酵素によって分解（たとえば，アセチルコリンの場合はアセチルコリンエステラーゼという酵素によって分解）されたり，エンドサイトーシスによりシナプス前細胞の細胞膜から神経終末に取り込まれてシナプス間隙から除かれます。すぐに取り除かないと，いつまでも興奮を伝えっぱなしになってしまったり，次の情報を受け取れなくなったりしてしまいますね。速やかに取り除くことで，すぐに次の伝達に対応できるようになるのです。

化学兵器の一種であるサリンは，アセチルコリンエステラーゼの働きを阻害する。1995年東京で起こった地下鉄サリン事件でこのサリンが使われ，被害者には呼吸困難などの他，縮瞳（瞳孔が過度に縮小する）が見られた。瞳孔縮小は副交感神経から放出されるアセチルコリンの作用による。

神経伝達物質の一種であるドーパミンは，快楽の感情などに関わるが，過剰になると幻覚や妄想などを引き起こすと考えられている。麻薬の一種のコカインは，神経伝達物質であるドーパミンのシナプス前細胞への取り込みを阻害する。そのため過剰な快楽の感情とともに強い幻覚や妄想を引き起こしてしまう。麻薬は危険であるから使用してはならない！

2 　シナプスにおける情報の統合

1 　神経伝達物質が伝達物質依存性イオンチャネルに結合しチャネルが開いてNa^+が流入した場合は，細胞内の膜電位に**脱分極**（正の方向への変化）が起こります。この電位変化を**興奮性シナプス後電位（EPSP）**といい，このような電位を生じるシナプスを**興奮性シナプス**といいます。また，このような電位変化を生じさせるシナプス前細胞を**興奮性ニューロン**といいます。

Excitatory Postsynaptic Potential の略。

2 　興奮性シナプス後電位を生じる神経伝達物質には，**アセチルコリン**や**ノルアドレナリン**，グルタミン酸などがあります。

3 　一方，チャネルが開いた結果，Cl^-が流入する場合もあります。Cl^-が流入すると細胞内の膜電位は**過分極**（負の方向への変化）が起こります。この電位変化を**抑制性シナプス後電位（IPSP）**といい，このような電位を生じるシナプスを**抑制性シナプス**といいます。また，このような電位変化を生じさせるシナプス前細胞を**抑制性ニューロン**といいます。

Inhibitory Postsynaptic Potential の略。

4　抑制性シナプス後電位を生じる神経伝達物質には，γ-アミノ酪酸（**GABA**）やグリシンなどがあります。

5　1つのニューロンには，多くのニューロンが接続してシナプスを形成しています。

シナプスには興奮性シナプスや抑制性シナプスがあり，それらによる電位変化の総和によって，シナプス後細胞に活動電位が生じるかどうかが決まります。シナプス後細胞において，活動電位が最初に発生するのは**軸索小丘**(じくさくしょうきゅう)という部分で，ここに電位変化の総和の情報が伝えられます。

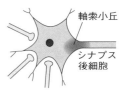

▲ 図95-2　軸索小丘

6　一般に，単一の興奮性シナプスによるシナプス後電位のみでは閾値に達せず，活動電位は生じません。複数の興奮性シナプスによるシナプス後電位が加算されてはじめて閾値に達して，活動電位が発生します。

7　このとき，複数の興奮性シナプスが同時に働いてシナプス後電位が加算される場合(**空間的加重**(くうかんてきかじゅう)といいます)と，短時間の連続刺激によりシナプス後電位が加算される場合(**時間的加重**(じかんてきかじゅう)といいます)とがあります。

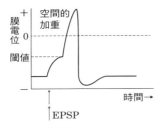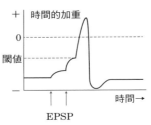

▲ 図95-3　興奮性シナプス後電位(EPSP)の空間的加重と時間的加重

8　このようにシナプス後電位は活動電位とは異なり，**全か無かの法則には従いません**。複数の刺激によりシナプス後電位は加算されて大きくなり，その値が一定の大きさ(閾値)を超えると，軸索小丘に活動電位が発生するのです。生じた活動電位の大きさはもちろん全か無かの法則に従います。

9 一方，抑制性シナプスがあるとシナプス後電位はより負の方向に変化（**過分極**）するので，興奮性シナプスがあっても，シナプス後電位は閾値を超えにくくなり，活動電位が発生しにくくなります。

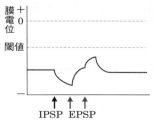

▲ 図 95-4 シナプス後電位（IPSP と EPSP）の時間的加重

10 このようにして，多くのシナプスにおける情報が統合されて，活動電位の発生の有無が決定するのです。

 電気シナプス

　一般にシナプスにおいては，神経伝達物質という化学物質によって興奮が伝達される。それに対して，細胞間がギャップ結合（⇨ p.408）によってつながっており，隣接するニューロンに直接，活動電流が流れることで興奮を伝えるようなシナプスもある。これを**電気シナプス**という。これに対し，化学物質によって興奮を伝えるシナプスは化学シナプスという。ふつう大学入試で問われるシナプスは化学シナプスのことと考えてよい。

・**興奮の伝達**…神経伝達物質による興奮の伝え方
　（神経終末にあるシナプス小胞から**神経伝達物質**が放出され，これが**伝達物質依存性イオンチャネル**に結合することで**興奮を伝える**。）
・**興奮性シナプス後電位（EPSP）**
　　…Na^+ の流入により起こる脱分極
　　興奮性の神経伝達物質の代表例：**グルタミン酸**など
・**抑制性シナプス後電位（IPSP）**
　　…Cl^- の流入により起こる過分極
　　抑制性の神経伝達物質の代表例：**γ-アミノ酪酸（GABA）**
・シナプス後電位の総和により，活動電位の発生の有無が決まる。

第96講 さまざまな刺激と受容器

ヒトの五感は，視覚・聴覚・嗅覚・味覚・触覚です。まずはこれら全般について見てみましょう。

1 受容器と効果器

1 さまざまな刺激を受容する器官が**受容器**（じゅようき）です。眼や耳，鼻，舌，皮膚などが受容器です。

2 受容器からの刺激に対応して実際に反応する筋肉や内分泌腺などを**効果器**（作動体）といいます。

3 この受容器と効果器を結び付けているのが**神経系**ということになります。

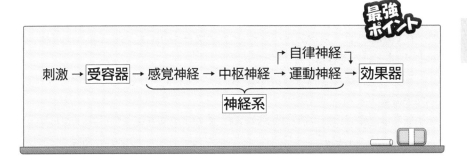

最強ポイント

刺激 → 受容器 → 感覚神経 → 中枢神経 → 運動神経 → 効果器
　　　　　　　　　　　　　　　　　↑ 自律神経 ↑
　　　　　　　　　　神経系

2 適刺激と受容器

1 それぞれの受容器には受容できる刺激と受容できない刺激があります。たとえば眼は光を受容することはできますが，音を受容することはできません（当たり前！）。

2 このようにそれぞれの受容器が受容することができる刺激を**適刺激**（てきしげき）といいます。

第**8**章　動物の環境応答

たとえば，眼の適刺激は光ですが，ヒトでは波長が約380nm〜760nmの光が適刺激(可視光)ということになります(⇨p.612)。また，耳のうずまき管では，振動数が約20〜20000Hzの音を適刺激として受容します(⇨p.620)。

3 感覚細胞が適刺激を受容すると，刺激の強さに応じた膜電位の変化が起こります。この膜電位を**受容器電位**といいます。これはシナプス後電位と同じで，全か無かの法則には従いません。

4 感覚細胞で生じた受容器電位がシナプスを介して感覚ニューロンに伝わり，感覚ニューロンに活動電位を発生させます。

5 感覚ニューロン自身が感覚細胞となっている場合もあります(痛覚を感知する痛点，嗅覚を感知する嗅細胞など)。この場合も刺激の強さに応じた受容器電位が生じ，これが閾値に達すると活動電位が生じます。

3 皮膚，鼻，舌，筋肉

1 皮膚には，接触による圧力を適刺激とする**圧点(触点)**，高い温度を適刺激とする**温点**，低い温度を適刺激とする**冷点**，強い圧力や熱，化学物質などを適刺激とし，痛覚を生じる**痛点**などの**感覚点**があります。

　圧点の本体は，皮膚の浅い所では**マイスナー小体**，深い所では**パチーニ小体**という受容器です。

　温点の本体は**ルフィーニ小体**，冷点の本体は**クラウゼ小体**と呼ばれる受容器です。

　痛点は，感覚神経の神経繊維の末端がそのまま受容器となっています。

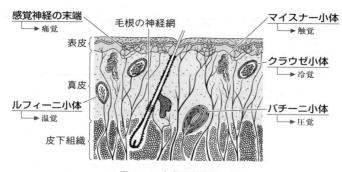

▲ 図96-1 皮膚の感覚点と感覚

温度の刺激や圧力の刺激を受容する受容体

一般に受容体は，さまざまな物質と結合して情報を受容するが，温度を適刺激として受容する温度受容体も存在する。温度受容体にも多くの種類があるが，いずれも温度感受性イオンチャネルで，受容する温度の範囲が異なっている。たとえばTRPV1という温度受容体は，42℃以上の高温に反応してイオンチャネルが開き，おもにNa^+が流入して過分極を起こす。この情報が脳に伝わると「熱い！」と感じるのである。実はこのTRPV1は唐辛子の成分であるカプサイシンやニンニクの辛み成分のアリシン，ショウガの辛み成分のジンゲロンにも反応する。トウガラシやニンニク，ショウガを食べると熱いと感じるのも納得できる。逆にTRPM8は，26℃以下の低温でイオンチャネルが開く温度受容体だが，ミントの成分のメントールにも反応する。ミントを食べると冷涼感を感じるのはこのためである。

また，圧力を受容する触覚受容体もある。PIEZO1やPIEZO2という受容体は，圧力がかかって細胞膜がへこんだときにイオンチャネルが開くというものである。

温度受容体を発見したデヴィッド・ジュリアスと触覚受容体を発見したアーデム・パタプティアンはともに2021年ノーベル医学・生理学賞を受賞した。

2 鼻腔上部の**嗅上皮**にある**嗅細胞**は，空気中の化学物質を適刺激として受容し，**嗅覚**を生じます。

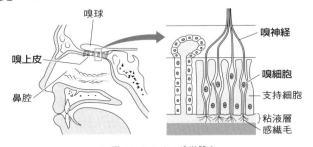

▲ 図96-2 ヒトの嗅覚器官

嗅覚受容体

嗅覚受容体は，嗅細胞の繊毛の細胞膜に存在する。ヒトの嗅覚受容体は約400種類あるが，1つの嗅細胞にはそれぞれ1種類だけまたは多くても数種類のみが発現している。一方，匂い物質は複数種類の嗅覚受容体に結合することができる。

ある匂い物質（α）は嗅覚受容体のAとBに，別の匂い物質（β）は嗅覚受容体のBとCに結合するといったように。そしてこれらの嗅細胞の反応の組み合わせによって匂いの違いを識別している。そのため嗅覚受容体は約400種類だが，約10000種類の匂いをかぎ分けることができる。

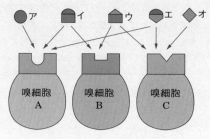

▲ 図96-3 嗅覚受容体

　嗅覚受容体はヒトは約400種だが，イヌは811種，マウスは1130種，アフリカゾウはなんと1948種の嗅覚受容体をもつといわれる。

　嗅覚受容体はGタンパク質共役型の受容体で（⇨ p.190），匂い物質が受容体に結合するとcAMPが生じ，これによって陽イオンチャネルが開き，おもにCa^{2+}が流入し脱分極する。これによりCl^-チャネル（クロライドチャネル）が活性化してCl^-が流出しさらに脱分極が起こる。膜電位が閾値を超えると嗅細胞の活動電位が発生する。

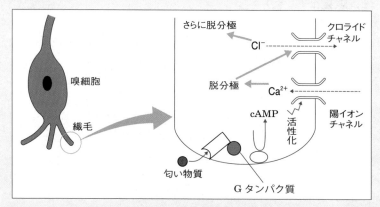

▲ 図96-4 匂い物質の受容で嗅細胞が興奮するしくみ

　これらの嗅覚受容体の発見と嗅覚システムの解明により2004年リンダ・バックとリチャード・アクセルはノーベル医学・生理学賞を受賞した。

3 舌には，多数の**味覚芽**(**味蕾**)という味覚器があり，この中にある**味細胞**が液体中の化学物質を適刺激として受容し，**味覚**を生じます。

　味覚には，甘味・苦味・酸味・塩味・うま味の5つがあります。

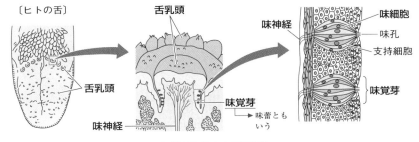

▲ 図96-5 ヒトの味覚器

4 　筋肉の伸長を適刺激として受容するのが**筋紡錘**で，腱の伸展を適刺激として受容するのが**腱紡錘**です。これらの受容器は，姿勢保持や運動の調節に働きます。

　平衡受容器や筋紡錘・腱紡錘のように，からだの外部からではなく，からだの内部で起きた刺激を受容する受容器を**自己受容器**といいます。

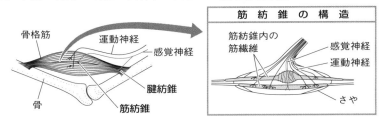

▲ 図96-6 ヒトの筋紡錘

いろいろな動物の受容器

　からだの傾きに関する感覚(**平衡感覚**)を受容する器官はヒトの場合耳の中にある(⇨ p.622)が，**貝類の足**や**甲殻類の第一触角の付け根**には，**平衡胞**という**平衡感覚を知覚する器官**がある。平衡胞には，感覚毛をもった感覚細胞があり，袋状の内部にある平衡石(平衡砂)の動きでからだの傾きを感知する。平衡胞は，ヒトの前庭とよく似ている。

　バッタやセミの腹部，コオロギやキリギリスの肢などには**鼓膜器**という**聴覚器**があり，**力の触角の基部**には**ジョンストン器官**という聴覚器がある。また，**魚類**

は，側線（側線器）という触覚器をもち，水圧の強弱により水流の強さや方向を感知する。

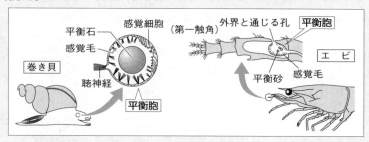

▲ 図96-7 巻き貝とエビの平衡胞

【ヒトの受容器と感覚】

	受容器	受容細胞	適刺激	感　覚
眼	網　膜	視細胞	可視光線	視　覚
耳	うずまき管	聴細胞	可聴音	聴　覚
鼻	嗅上皮	嗅細胞	空気中の化学物質	嗅　覚
舌	味覚芽	味細胞	液体中の化学物質	味　覚
皮膚	圧点（触点）	マイスナー小体 パチーニ小体	接触による圧力	触　覚 ・圧　覚
	温　点	ルフィーニ小体	高い温度	温　覚
	冷　点	クラウゼ小体	低い温度	冷　覚
	痛　点	感覚ニューロン	強い圧力，熱，化学物質	痛　覚

重要度
★★★

受容器の中で最もくわしく学習するのは眼です。働きやそのしくみについて学習しましょう。

1 眼の構造と視細胞

1 次の図は，ヒトの眼の水平断面を頭側(真上)から見た模式図です。

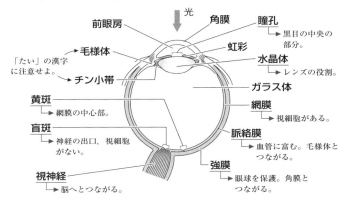

光

前眼房　　角膜　　瞳孔
→ 黒目の中央の部分。

→ 毛様体　　　虹彩
「たい」の漢字に注意せよ。

水晶体
→ レンズの役割。

→ チン小帯

ガラス体

黄斑
→ 網膜の中心部。

網膜
→ 視細胞がある。

盲斑
→ 神経の出口，視細胞がない。

脈絡膜
→ 血管に富む。毛様体とつながる。

視神経
→ 脳へとつながる。

強膜
→ 眼球を保護。角膜とつながる。

▲ 図97-1 ヒトの眼の水平断面図

2 眼で受容した光の情報を脳へ伝える神経が視神経で，視神経の先に脳があります。ということは，上の図97-1は右眼の断面ということになります。左眼であれば，視神経が右側に接続します。

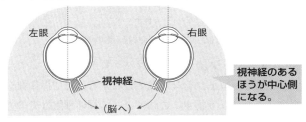

左眼　　　　　　　　　右眼

視神経

(脳へ)

視神経のあるほうが中心側になる。

▲ 図97-2 ヒトの眼における視神経と脳の位置関係

第**8**章 動物の環境応答

609

3 角膜→前眼房→水晶体→ガラス体を通った光は，網膜に達します。次の図は，網膜の一部の模式図です。網膜の奥のほうに，光を受容する2種類の視細胞があり，ここで受容された情報が連絡神経→視神経へと伝達されます。

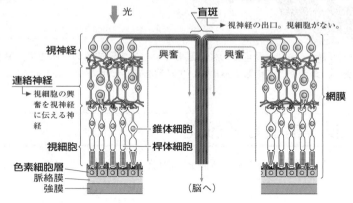

▲ 図97-3 ヒトの網膜の構造と興奮の伝達経路

4 この視神経は網膜の表面を通り，やがて集まり，束となって網膜を貫いて脳へと接続しています。したがって，視神経の出口であるこの場所には光を受容する視細胞が存在しないので，光を受容することができません。そこで，ここを盲斑といいます。

5 光を受容する視細胞には，錐体細胞と桿体細胞という2種類があります。先端がとがった円錐形をしているほうが錐体細胞，先端がとがっていないほうが桿体細胞です。

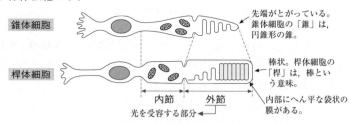

▲ 図97-4 ヒトの眼の視細胞の種類

6 桿体細胞にはロドプシンというタンパク質が含まれていて，これが光を吸収します。そして，ロドプシンが光を吸収することで桿体細胞が光という情報を受容することになります。これによって桿体細胞は光の強弱，すなわち明暗を区別することができます。

ロドプシン

ロドプシンは，ビタミンAの一種である**レチナール**という物質と**オプシン**というタンパク質が結合した物質である。光を吸収すると，レチナール（シス型）の構造が変化してオプシンが活性化する。これによって桿体細胞が刺激を受容する。構造が変化したレチナール（トランス型）はオプシンから解離してしまう。

再びロドプシンを再合成するには構造が変化していないレチナール（シス型）が必要となる。したがって，ビタミンAの摂取が不足するとロドプシンの再合成が行われにくくなり，薄暗くなるとものが見えにくくなる**夜盲症**（鳥目）になる。

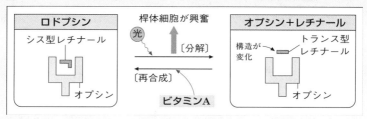

▲ 図97-5 光の吸収に伴うロドプシンの分解と再合成

桿体細胞の興奮

通常，ニューロンが興奮する際には，Na^+が流入することで細胞内が負から正に変化する（**脱分極**）。ところがロドプシンにより桿体細胞が刺激を受容するしくみはこれとは異なっている。暗所ではもともと桿体細胞の細胞膜にあるNa^+チャネルが開いていてNa^+が流入しており，細胞内が正になっている。ロドプシンが光を吸収するとNa^+チャネルが閉じ，膜電位は－側に変化する。これにより桿体細胞は光の情報を感知したことになる。

さらにいうと，ロドプシンは**Gタンパク質共役型受容体**（⇨p.190）の一種で，ロドプシンが光を受容すると，GDPがGTPに置き換わり，**PDE**（ホスホジエステラーゼ）という**cGMP**（**環状GMP**）**分解酵素**を活性化する。この酵素の働きにより細胞内のcGMP濃度が低下する。ここで登場するNa^+チャネルは**cGMP依存性のチャネル**で，cGMP濃度が低下すると閉鎖する。このcGMP依存性Na^+チャネルは実はCa^{2+}も通過させるので，チャネルが閉鎖すると細胞内のCa^{2+}濃度も低下する。その結果，Ca^{2+}によって抑制されていた酵素（グアニル酸シクラーゼ）が活性化し，cGMP生成が促進される。cGMP濃度が上昇するとcGMP依存性Na^+チャネルが再び開き，光が当たる前の状態に戻る。

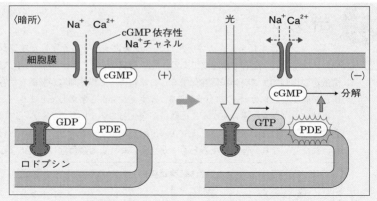

▲ 図97-6 光の受容によるロドプシンの活性化

7 　**錐体細胞**には，3種類の細胞があります。
それぞれ，560 nm付近の波長を吸収しやすい
タンパク質をもつ細胞（**赤錐体細胞**），530 nm
付近の波長を吸収しやすいタンパク質をもつ
細胞（**緑錐体細胞**），420 nm付近の波長を吸収

> 錐体細胞には「フォトプシン」という物質が含まれている。ロドプシンもフォトプシンもオプシンとレチナールが結合した物質だが，オプシンの構造の違いによって区別される。いずれも，外節の部分に含まれている。

しやすいタンパク質をもつ細胞（**青錐体細胞**）の3種類です。これら3種類の
細胞の，波長と吸光度を示したものが次のグラフです。

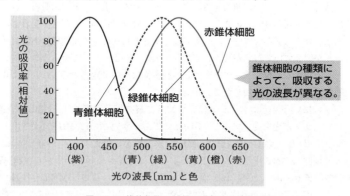

▲ 図97-7 錐体細胞の種類と吸収する波長の違い

8 これら3種類の錐体細胞がどれくらいの割合で反応するかによって，色を識別します。たとえば，緑錐体細胞と赤錐体細胞がおおよそ3：7の割合で反応すると，大脳ではこれを橙色と認識するといった具合です。

9 もちろん，それぞれの反応の大きさの程度によって，明暗も識別されます。つまり，錐体細胞は**色彩の識別と明暗の識別**の両方に働きます。ただし，**錐体細胞は，おもに，明るい場所，すなわち強光下で働く細胞で，弱光下ではほとんど働きません**。そのため，薄暗くなると色が判断できなくなるのです。
　逆に，**桿体細胞は，おもに弱光下で働きます**。

10 また，**錐体細胞は網膜の中央部に集中して存在します**。この部分を**黄斑**といいます。一方，**桿体細胞は黄斑の周辺部に分布しています**。視細胞の分布のようすを表したのが次のグラフです。

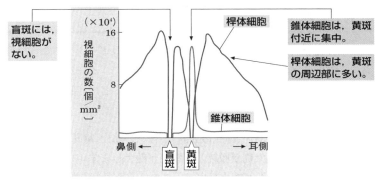

▲ 図97-8 ヒトの眼（右眼）における視細胞の分布のようす

弱い光の星を見るとき，その星を凝視すると，かえって見えにくくなる。これはなぜか。

ポイント　「黄斑」「錐体細胞」「桿体細胞」の3つがキーワード。凝視するときには黄斑に像を結ぶ。

模範解答例　凝視すると黄斑に像を結ぶが，黄斑には強光下で働く錐体細胞が集中して分布しており，弱光下で働く桿体細胞が存在しないから。

① 盲斑…視神経が束となって網膜を貫き出て行く出口。視細胞が存在しないので，光を受容できない。

② 視細胞の種類

桿体細胞	弱光下で，明暗の区別に働く	黄斑の周辺部に分布
錐体細胞	強光下で，明暗と色彩の区別に働く	黄斑に集中

＊桿体細胞に含まれる色素タンパク質は**ロドプシン**。

2 明暗調節

1 　眼に入る光の量を調節するのが**虹彩**です。虹彩はドーナツのような形をしており，中央に穴が開いています。この穴が**瞳孔**で，ここを光が通って入ってきます。虹彩は，中央の穴の大きさを調節することで，**眼に入る光の量を調節**します。

2 　虹彩には，放射状の筋肉（**瞳孔散大筋**）と輪状の筋肉（**瞳孔括約筋**）とがあります。暗所では**瞳孔散大筋が収縮**し，**瞳孔が散大**します。一方，明所では**瞳孔括約筋が収縮**し，**瞳孔が縮小**します。このような反射を**瞳孔反射**といい，瞳孔反射の中枢は**中脳**にあります。

　交感神経は瞳孔散大筋を，副交感神経は瞳孔括約筋を収縮させるので，明るさに関係なく，交感神経が働くと瞳孔が散大（拡大）し，副交感神経が働くと瞳孔が縮小することになります（⇨p.174）参照。

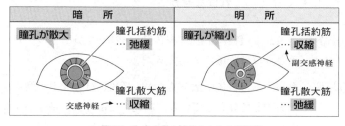

▲ 図 97-9 光の量と瞳孔の大きさの調節

3　暗い場所から急に明るい場所に行くと，最初はとてもまぶしく感じますが，やがて慣れて，同じ明るさなのにまぶしく感じなくなります。このような現象を**明順応**といいます。

　まず，急に大量の光を吸収したことで**ロドプシンが急激に分解されて，桿体細胞が過度に興奮**し，はじめのうちはまぶしく感じますが，やがて，ロドプシンの量が減少して視細胞の感度が低下(閾値が上昇)することで，まぶしく感じなくなるのです。

4　逆に，明るい場所から急に薄暗い場所に行くと，最初はよく見えませんが，しばらくすると，同じ暗さなのに見えるようになってきますね。このような現象を**暗順応**といいます。

　はじめのうちは，明るい場所でロドプシンが分解されて減少していたため桿体細胞が反応することができず，よく見えないのですが，やがて，減少していた**ロドプシンが再合成**され，ロドプシンの量が増えて視細胞の感度が上昇(閾値が低下)することで，薄暗くても見えるようになるのです。

5　明るい場所から急に暗い場所に移動したとき(暗順応)の錐体細胞と桿体細胞の閾値の変化をグラフにしたものが，次の図97 - 10です。

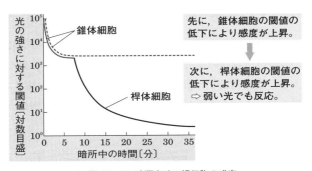

▲ 図97-10　暗順応時の視細胞の感度

　上のグラフのように，暗順応の場合，**まず，錐体細胞の閾値の低下により感度が上昇し，次に桿体細胞の閾値の低下により感度が上昇します**。そのため，弱い光に反応できるようになるのに時間がかかるのです。

　ビタミンAが不足し，ロドプシンの再合成が行えず桿体細胞が正常に働かなくなった夜盲症のヒトで実験すると，上の図の赤点線のようになります。

① 瞳孔反射…中枢は**中脳**。

{
交感神経によって**瞳孔散大筋収縮**→**瞳孔散大**
副交感神経によって**瞳孔括約筋収縮**→**瞳孔縮小**
}

② 明順応と暗順応

{
明順応…ロドプシンが分解されてロドプシンの量が減少し，視細胞の感度が低下して，明るい場所でもまぶしく感じなくなる現象。
暗順応…ロドプシンの再合成によりロドプシンの量が増え，視細胞の感度が上昇して，暗い場所でも物が見えてくる現象。
}

3 遠近調節

1 哺乳類では，**水晶体の厚さを変化させて遠近調節を行います**。

2 近い所の物を見ようとすると，まず，毛様体の筋肉である**毛様筋が収縮**します。この毛様筋は輪状の筋肉なので，毛様筋が収縮すると輪が小さくなります。すると，**水晶体を引っ張っていたチン小帯がゆるみます**。その結果，**水晶体が厚くなり，焦点距離が短くなる**ため近い所に焦点が合うようになります。

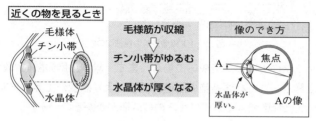

▲ 図97-11 近くの物を見るときの調節

3 逆に，遠くを見ようとすると，**毛様筋が弛緩**し，毛様体の輪が広がります。

すると，チン小帯が水晶体を引っ張るため水晶体が薄くなり，焦点距離が長くなるため，遠くに焦点が合うようになります。

| 遠くの物を見るとき |

毛様体
チン小帯
水晶体

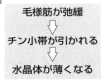

毛様筋が弛緩
⇩
チン小帯が引かれる
⇩
水晶体が薄くなる

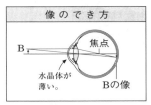

像のでき方

B
焦点
水晶体が薄い。
Bの像

▲ 図97-12 遠くの物を見るときの調節

+α
パワー
アップ

近視と遠視の違い

　眼球の奥行きが長かったり，水晶体の屈折率が大きかったりするために，**網膜よりも手前（ガラス体側）に像を結んでしまうのが近視**で，この場合は**凹レンズ**によって矯正する。逆に，眼球の奥行きが短かったり，水晶体の屈折率が小さかったりするために，**網膜よりも奥に像を結んでしまうのが遠視**で，この場合は**凸レンズ**によって矯正する。

　また，水晶体の弾力性が低下し，近い所の物を見るときも水晶体が厚くならないのが老眼で，近い所の物が，遠視と同じく網膜よりも奥に像を結ぶ。

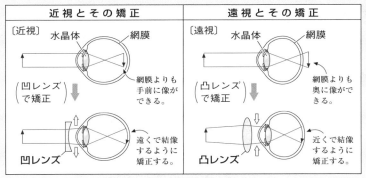

近視とその矯正	遠視とその矯正
〔近視〕 水晶体　網膜	〔遠視〕 水晶体　網膜
(凹レンズ で矯正)	(凸レンズ で矯正)
網膜よりも手前に像ができる。	網膜よりも奥に像ができる。
凹レンズ	凸レンズ
遠くで結像するように矯正する。	近くで結像するように矯正する。

▲ 図97-13 近視と遠視のしくみ

最強
ポイント

【近い所に焦点を合わせる場合の調節】（遠い場合は逆）
毛様体の毛様筋が収縮→チン小帯がゆるむ→水晶体が厚くなる

第**98**講 耳

重要度
★★

音が耳に伝わり，認識されるまでにも複雑なしくみがあります。また，耳には音を受容する以外の働きもあります。

1 耳の構造と音が伝わるしくみ

1 ヒトの耳は**外耳**，**中耳**，**内耳**の3つの部分からなります。耳殻から鼓膜までが外耳で，鼓膜よりも内部に中耳と内耳があります。

2 中耳には**耳小骨**という小さな骨を収めた**鼓室**という空間があり，これは**エウスタキオ管（ユースタキー管，耳管）**によって鼻や咽頭（のど）の奥とつながっています。エウスタキオ管には鼓膜内外，すなわち**外耳と鼓室の気圧を等しくする**働きがあります。

3 内耳には，**うずまき管**，**前庭**，**半規管**と呼ばれる器官がありますが，これらはすべて骨が迷路のように複雑に入り組んだ構造をしており，**骨迷路**と呼ばれます。骨迷路の内部には入り組んだ膜があり，これを**膜迷路**といいます。

4 このような耳の構造を図示したものが，次の図98-1です。

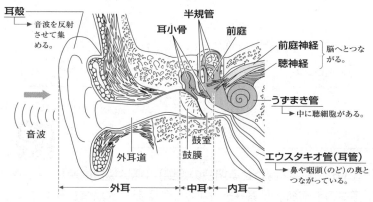

▲ 図98-1 ヒトの耳の構造

音が伝わるしくみについて，見ていきましょう。

5 まず，音は耳殻で集められ，外耳道を通って**鼓膜**に達します。ここで，音，すなわち空気の振動（音波）が**鼓膜の振動**に変わります。

鼓膜の振動は中耳にある小さな３つの骨である**耳小骨**の振動に変わります。耳小骨は，鼓膜に近いほうから**つち骨，きぬた骨，あぶみ骨**と呼ばれ，それぞれ関節でつながっています。この耳小骨によって**振動が増幅され**，内耳に伝えられます。

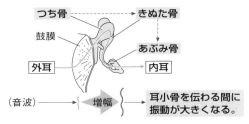

▲ 図98-2 耳小骨での振動の増幅

6 内耳にあるうずまき管の入り口には，**卵円窓（前庭窓）**という薄い膜の部分があり，ここと耳小骨のあぶみ骨が連接しています。ですから，あぶみ骨に伝わってきた振動は，内耳の卵円窓へと伝わります。

うずまき管の内部は３層になっており，上が**前庭階**，下が**鼓室階**，その間にあるのが**うずまき細管**です。うずまき管の内部は，すべてリンパ液で満たされています。

> 膜迷路の内部のリンパ液を「内リンパ」，骨迷路の内部で膜迷路の外のリンパ液を「外リンパ」という。前庭階や鼓室階のリンパ液は外リンパ，うずまき細管のリンパ液は内リンパ。

うずまき細管と鼓室階の間には**基底膜**という膜があり，その上には**感覚細胞（聴細胞）**と**おおい膜**があります。聴細胞とおおい膜を合わせて**コルチ器**といいます。

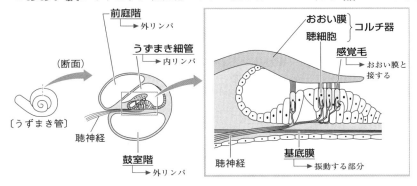

▲ 図98-3 うずまき管内部の構造

7 耳小骨の振動が卵円窓を振動させると，うずまき管内部のリンパ液が振動します。この振動によって**基底膜が振動**すると，聴細胞にある感覚毛がおおい膜に押されます。これによって聴細胞が興奮し，この興奮が聴神経によって大脳の聴覚中枢に伝えられます。

　リンパ液の振動は前庭階，鼓室階と伝わり，最終的には**正円窓**という膜を振動させ，振動は中耳のほうに抜けていきます。つまり，振動がはね返ったりしないようになっているのです。

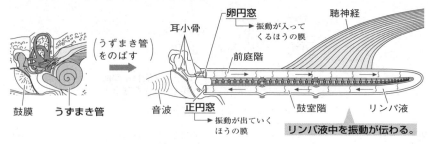

▲ 図98-4 うずまき管内での振動の伝わり方

8 　うずまき管の中にある基底膜は，うずまき管の入り口に近いほうの幅が細く，うずまき管の奥（先端に近いほう）のほうの幅が広くなっています。そして，波長の短い**高音域の音は，うずまき管の入り口のほうの基底膜を振動させ**，その部分の聴細胞を興奮させます。また，**波長の長い低音域の音は，うずまき管の奥のほうの基底膜を振動させ**，その部分の聴細胞を興奮させることになります。このようにして，どの部分の聴細胞が興奮したかによって音の高低が認識されるのです。

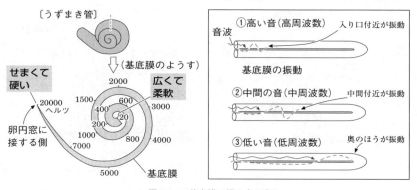

▲ 図98-5 基底膜の幅と音の高さ

高音を感知する聴細胞の特徴

　高音は波長が短い，つまり単位時間での振動数が多い音である。そのような音を受容するためには，感覚毛がおおい膜によって押されて変形してもすぐにもとに戻るだけの弾力性に富んでいる必要がある。実際，**高音域を感知する聴細胞の感覚毛のほうが低音域を感知する聴細胞の感覚毛よりも短くて太い**という特徴がある。しかし，そのような感覚毛の弾力性は年齢とともに衰えてくる。その結果，年を取るにつれて，高音域の音を感知しにくくなってくるのである。

　それを利用したのが**モスキート音**（mosquito：蚊のこと）と呼ばれるもので，17kHz（キロヘルツ）という高音域の音をスピーカーから流すと，20代後半以降の大人にはほとんど聞こえないが（もちろん個人差はある），若者には聞こえ，耳障りになるので，公園やコンビニエンスストアの前などでたむろする若者を排除する効果がある。逆に，これを携帯電話の着信音に使うと，大人には聞こえないので，授業中に携帯電話が着信してもばれないという悪用もできる。

ヒト以外の動物の可視範囲（かし）と可聴範囲（かちょう）

　ヒトは，波長が380nm～760nm（ナノメートル）の光しか感知することができず，これより波長が短い紫外線や波長が長い赤外線は見ることができない。

　しかし，**ミツバチ**や**モンシロチョウ**などでは感知できる波長域がヒトよりも短いほうにずれている。つまり，**紫外線が感知できる**かわりに赤色は感知できないのである。モンシロチョウの翅（はね）は，ヒトが見ても雄と雌の区別はつかないが，紫外線を感知するフィルムを使うと，雄の翅は黒く，雌の翅は明るく写る。おそらくモンシロチョウには雄の翅と雌の翅は違って見えるのであろう。

　一方，**マムシ**などでは，**赤外線を感知**する器官（**ピット**という）をもっている。赤外線は実は熱線で，体温が高ければ赤外線も多く発生している。マムシは暗闇（くらやみ）であってもこの赤外線，すなわち熱を感知して，ネズミなど体温が高い恒温動物を攻撃できるのである。だから，マムシがいるような草むらに入っていくときは，長靴などを履き，赤外線が感知されないようにする必要がある。

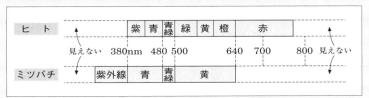

▲ 図98-6 ヒトとミツバチの可視範囲

第**8**章　動物の環境応答

また，ヒトは20〜20000 Hz(ヘルツ)の音しか感知できないが，**コウモリやイルカ**はヒトには感知できない**超音波を感知できる**。これらの動物では，超音波を発して反射音を捕らえ，障害物や獲物の位置を知ることができる。

① 音の情報が伝わる経路
　耳殻で集音→外耳道→**鼓膜の振動**→**耳小骨**(つち骨→きぬた骨→あぶみ骨)の振動→**卵円窓の振動**→うずまき管内の**リンパ液**の振動→**基底膜の振動**→聴細胞の感覚毛が**おおい膜**に押される→**聴細胞が興奮**→**聴神経**によって大脳の聴覚中枢へ
② うずまき管の**入り口**に近いほうで**高音域**を感知。
③ **エウスタキオ管**で，鼓膜内外の**気圧を調節**。

2　音の感知以外の耳の働き

1 内耳(ないじ)にある**半規管(はんきかん)**や**前庭(ぜんてい)**は**平衡受容器**(平衡感覚器，平衡器)で，これらの内部にも**リンパ液**が入っています。

半規管内や前庭内のリンパ液は内リンパになる。

半規管は，次の図98-7のような構造をしており，内部の感覚細胞(有毛細胞)に**クプラ**というゼラチンでできた帽子のようなものが乗っています。身体が動き始めると半規管も動きますが，内部のリンパ液はすぐには動かないので，クプラはからだの動きとは逆方向にたなびきます。すると，これが感覚細胞を刺激し，からだが動き出したことが感知されます。

このようにして，**からだの動きの方向やその速さ，回転感覚**などを受容するのが**半規管(はんきかん)**です。

半規管は互いに直交した方向に3つあります。これによって，3次元のどちらの方向にからだが動いてもその動きを感知できます。

2 　前庭の**卵形のう**，**球形のう**の部分には，下の図98-7に示したような構造があります。つまり，感覚毛をもった感覚細胞の上にゼリー状の物質があり，その上に**平衡石（耳石）**と呼ばれる固形物が乗っています。からだが傾くと平衡石が動き，それによって感覚毛が曲がります。この刺激によって，**からだの傾き**，**重力方向**を感知します。

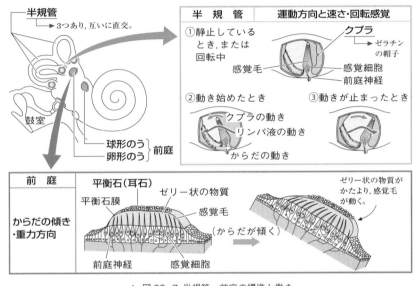

▲ 図 98-7 半規管・前庭の構造と働き

第**8**章 動物の環境応答

【耳の働き】
① **うずまき管**…**音**の受容
② **半規管**…**からだの動き方向や速さ**，**回転感覚**の受容
③ **前庭**…**からだの傾き**，**重力方向**の受容

第99講 神経経路

重要度
★★★

末梢神経と中枢神経は，どのようにして連絡しているのでしょうか。その例をいくつか見てみましょう。

1 脊髄反射（膝蓋腱反射）

1 大脳を経由しないで無意識で起こる反応を**反射**といい，反射を起こさせる興奮の伝達経路を**反射弓**といいます。同じ反射でも，瞳孔反射のように中脳が中枢となる反射，消化液分泌の反射のように延髄が中枢となる反射，そして，脊髄が中枢となる反射（**脊髄反射**）などがあります。

2 ひざ頭の下をたたくと，ひざ下の足が跳ね上がります。このような反射を，特に**膝蓋腱反射**といいます。膝蓋腱反射の中枢となるのは**脊髄**です。

3 脊髄は，下の図99-1のような構造をしています。脊髄には**背根（後根）**と**腹根（前根）**という神経の通路があり，**背根には感覚神経**が，**腹根には運動神経**が通っています。

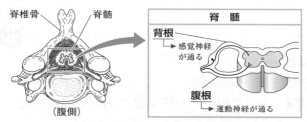

脊椎骨　脊髄

脊　髄

背根
→感覚神経
が通る

腹根
→運動神経が通る

（腹側）

▲ 図99-1 ヒトの脊髄の構造

4 ひざ頭の下には**膝蓋腱**という腱があり，これをたたくと太ももの筋肉（伸筋）が少し伸張します。筋肉が伸張することで筋肉中にある**筋紡錘**という受容器が興奮します。

この筋紡錘のように，受容器自身の状態を刺激として感知する受容器を「自己受容器」（⇨p.607）という。自己受容器には，筋紡錘以外にも，腱の伸びを感知する腱紡錘がある。

624

5 筋紡錘の興奮は，背根を通る感覚神経によって伝えられます。感覚神経は背根から脊髄髄質(灰白質)に入り，運動神経とシナプスを形成します。運動神経は腹根を通り，太ももの筋肉(伸筋)に接続しています。

6 伸筋筋紡錘で生じた興奮は，感覚神経→運動神経→伸筋へと伝えられ，伸筋を収縮させます。その結果，足が上がるのです。

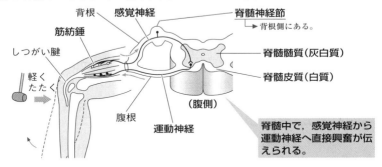

▲ 図99-2 膝蓋腱反射のしくみ

7 ところが，足が上がると太ももにある屈筋が伸ばされるので，今度は屈筋にある筋紡錘が興奮します。その興奮が感覚神経→脊髄→運動神経と伝わります。

これにより屈筋が収縮すると足が曲がり，今度は伸筋の筋紡錘が興奮して伸筋が収縮して……ということが繰り返されてしまいます！

8 実際にはそんなことは起こりませんね。それには第95講で学習した**抑制性ニューロン**が関係しています。

9 伸筋の筋紡錘の興奮が感覚神経により脊髄に伝わると，その情報は伸筋につながる運動神経だけではなく，別の**介在神経**にも伝えられます。この介在神経が実は抑制性ニューロンで，これと接続している運動神経の興奮を抑制してくれます。この運動神経は屈筋とつながっており，その結果，屈筋の収縮が抑制されるのです。

> 感覚神経と運動神経の間にある神経を介在神経という。伸筋につながる感覚神経から伸筋の運動神経へは介在神経を介さない。筋紡錘のような自己受容器(⇨p.607)から始まる反射の場合は介在神経を介さないが，一般には感覚神経と運動神経の間には介在神経を介する。

第**8**章 動物の環境応答

625

2 脊髄反射（屈筋反射）

1 脊髄が中枢となる反射の代表例として，膝蓋腱反射以外に，**屈筋反射**が
あります。たとえば，熱いものに手が触れると，思わずその手を引っ込める
というものです。

2 熱いものに手が触れると，皮膚の受容器が興奮します。この興奮が感覚神
経によって伝えられ，脊髄髄質（灰白質）に入ります。ここまでは，先ほどの
膝蓋腱反射と同じです。膝蓋腱反射の場合は，感覚神経が直接運動神経に興
奮を伝達しましたが，**屈筋反射の場合は，感覚神経の興奮は介在神経に伝達
されます**。この介在神経は興奮性ニューロンで，運動神経に興奮を伝達し，
運動神経が腕の筋肉を収縮させ，手が曲がるのです。

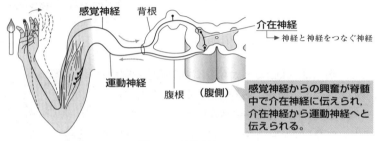

▲ 図 99-3 屈筋反射のしくみ

3 この場合も，感覚神経からの情報が介在神経（**興奮性ニューロン**）を介して
屈筋の運動神経にも伝わりますが，同時に別の介在神経（こちらは**抑制性
ニューロン**）にも伝えられます。

4 この抑制性の介在神経によって伸筋につながる運動神経の興奮が抑制され
るので，腕を曲げた後で思わず腕を伸ばしてしまうことはないのです。

① 反射…**大脳を経由せずに行われる無意識な反応。**
② 反射弓…反射を起こさせる興奮の伝達経路。
③ **膝蓋腱反射**
　　受容器（筋紡錘）→感覚神経→運動神経→効果器（筋肉）
④ **屈筋反射**
　　受容器→感覚神経→**介在神経**→運動神経→効果器（筋肉）

3 随意運動の経路

1　今度は，何かに触れたり，針を刺したりしたとき，触覚や痛覚が大脳で生じるまでの経路を見てみましょう。

2　受容器から感覚神経を経由して脊髄髄質（灰白質）に興奮が伝わるところまでは反射の場合と同じです。そこで，この感覚神経は次の感覚神経に興奮を伝達します。次の感覚神経は，脊髄皮質（白質），延髄を通って上昇し，間脳の視床で，さらに次の感覚神経に興奮を伝達します。そして，次の感覚神経は大脳皮質（灰白質）にある感覚野に興奮を伝達し，ここで触覚や痛覚が生じます。

3　このとき，**触覚（圧覚）の情報を伝える感覚神経は延髄の部分で，痛覚や温度覚の情報を伝える感覚神経は脊髄の部分で交叉し，左右が逆転します。**

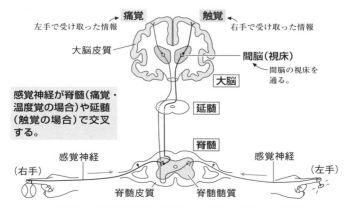

▲ 図 99-4 随意運動の際の受容器から大脳への興奮の伝達経路

第**8**章　動物の環境応答

その結果，左半身で受容した情報は大脳の右半球へ，右半身で受容した情報は大脳の左半球へと伝わります。

4 大脳皮質の感覚野へ伝わった情報は連合野に送られ処理されます。その結果は運動野に伝えられ，ここから運動神経が筋肉へと情報を伝えます。

5 運動神経が脊髄皮質（白質）を通って下降し，最終的には，脊髄髄質（灰白質）で次の運動神経に興奮を伝達します。そして，その運動神経は，腹根を通って筋肉に情報を伝えます。このように，**感覚神経や運動神経が脊髄を上下するときは，脊髄皮質（白質）を通ります。また，脊髄髄質（灰白質）では次の神経とのシナプスが形成**されます。

6 運動神経は，延髄の部分で左右が逆転します。よって，大脳右半球からの情報は左半身へ，大脳左半球からの情報は右半身へ伝えられることになります。

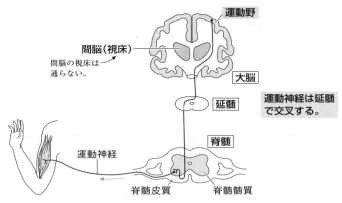

▲ 図99-5 随意運動の際の大脳から筋肉への興奮の伝達経路

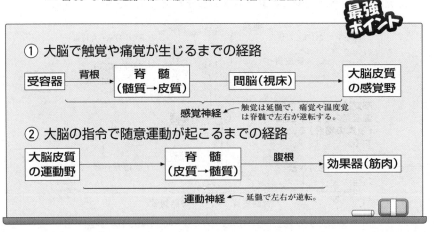

① 大脳で触覚や痛覚が生じるまでの経路

受容器 —背根→ 脊髄（髄質→皮質） ——→ 間脳（視床） ——→ 大脳皮質の感覚野

感覚神経 ←触覚は延髄で，痛覚や温度覚は脊髄で左右が逆転する。

② 大脳の指令で随意運動が起こるまでの経路

大脳皮質の運動野 ——→ 脊髄（皮質→髄質） —腹根→ 効果器（筋肉）

運動神経 ←延髄で左右が逆転。

4 視覚情報の伝達経路

1 　網膜の視細胞で受容された情報は，連絡神経を経て視神経に伝わるのでしたね。視神経は盲斑を通って眼球から出て，最終的には大脳の視覚中枢（視覚野）に達します。この視神経のつながり方を見てみましょう。

2 　右眼の右側（耳側）で受容された情報は，視神経によって右の大脳に伝えられます。しかし，右眼の左側（鼻側）で受容された情報は，視神経によって左の大脳に伝えられます。

　　同様に，左眼の左側（耳側）の情報は左の大脳に，左眼の右側（鼻側）の情報は右の大脳に伝えられるのです。

　　これらのようすを図示したものが次の図です。

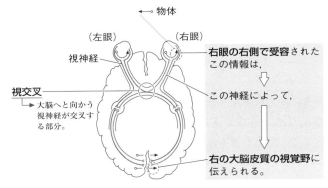

▲ 図99-6　眼から大脳への情報の伝わり方

3 　このように，視神経の一部は途中で交叉することになりますが，交叉する部分を**視交叉**といいます。

4 　では，網膜に映った像のどの部分が大脳のどの部分に伝えられるのかを見てみましょう。

　　眼で見て，見える範囲を**視野**といいます。水晶体を通すと，像は上下左右が逆になって網膜に結像します。したがって，視野の右側にある物体の像は，眼の左側の網膜に，視野の左側にある物体は，眼の右側の網膜に映ります。

　　仮に，眼の前に○━━▶のような模様をかいた物体を置いたとすると，それぞれの網膜には，次の図99-7のように結像します。

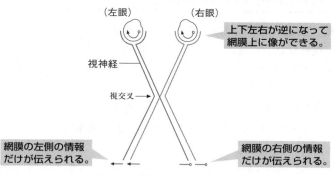

▲ 図99-7 視交叉と物の認識のしくみ

5 それぞれの視神経によって大脳に情報が伝えられると，図99-7のように，視野の右側の物体の像は左の大脳へ，視野の左側の物体の像は右の大脳へ伝えられることになります。そして，これらの情報が大脳の連合野に送られて統合され，○—→という形だと認識されるのです。

6 このとき，同じ←が左へ2度，同じ○—が右へ2度送られていることになります。でも，右眼と左眼で見ているものにはわずかにずれがあり，それによって，物体までの距離や物体の立体視が可能となるのです。片眼で見ると，距離感がつかめないのはこのためです。

■ **考えてみよう！** 右図の⊗の部分が損傷を受けたとすると，どのようになるでしょうか？

7 ⊗が損傷を受けて情報を伝えられなくなると，左眼の左側で受容した情報および右眼の左側で受容した情報（図の←）が脳に伝えられなくなります。

8 ←は，もともと視野の右側（右視野）にあります。よって⊗を損傷すると，右視野が消失してしまうことになります。

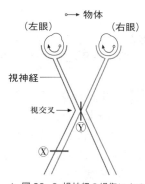

▲ 図99-8 視神経の損傷による物の見え方

■ **考えてみよう！** では，図99-8のⓨの部分が損傷を受けるとどのようになるでしょうか？

9 ⓨが損傷を受けると，左眼の右側で受容した情報と右眼の左側で受容した情報が脳に伝えられなくなります。

10 でも左眼の左側で受容した情報(←)と右眼の右側で受容した情報(━○)が脳に伝わるので，全体の形は正常通り見えるはずです。ただ，同じ情報が2度伝わるからこそ立体視が可能となり距離感もつかめるのでしたね。よってこの場合は全体の形は見えるけど，立体感がなくなり距離感がつかめなくなります。

① 視神経の一部は**交叉**して，左右逆の大脳へ情報を伝える。
② 視野の**右側**の物体の像は**左**の大脳へ，**左側**の物体の像は**右**の大脳へ伝えられる。
③ 同じ物体を両眼で見るから，**立体視**ができる。

5 眼球運動の反射

1 頭部が左に回転したとします。すると回転方向を耳の**半規管**が感知します。

2 眼球には眼球を外側に動かす筋肉(外側直筋)と内側に動かす筋肉(内側直筋)があります。半規管からの情報が中脳の中枢で処理され，興奮性ニューロンによって右眼の外側直筋と左眼の内側直筋に伝わり，これらを収縮させるので，右眼も左眼も頭部の回転とは逆に右側に動きます。
（実際に頭を左へ動かしてみてください。反射的に眼は右へ動きます！）

3 頭部を左回転させたとき，半規管からの情報が，右眼の内側直筋および左眼の外側直筋につながる神経に対して，抑制性ニューロンが興奮を抑制する

第**8**章 動物の環境応答

ため，スムーズに眼は右側にだけ動くのです。ここでも抑制性ニューロンが
活躍していますね。

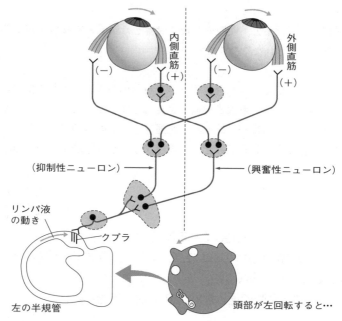

▲ 図99-9 頭部を左回転させたときの興奮の伝達経路

① 回転方向を感知するのは耳の**半規管**。
② 頭部を回転（例えば左回転）すると，眼球は**逆方向**（右方向）に
　動く。
③ 眼球が右側に動くときは，眼球を左側に動かす筋肉は**抑制性**
　ニューロンによって抑制されている。

第100講 筋肉①

重要度
★★★

刺激に対して最終的に応答を起こす器官を効果器といい,
筋肉が代表例です。まずは筋肉について見ましょう。

1 筋肉の構造と収縮

1 筋肉は,骨格に付着してその運動を行う**骨格筋**,心臓を構成する**心筋**,
心臓以外の内臓を構成する**内臓筋**の3種類に大別されます。

2 大脳の支配を受け,意志によって収縮させることができる筋肉を**随意筋**と
いいます。**骨格筋は随意筋**です。一方,意志によって収縮させることができ
ない筋肉を**不随意筋**といい,**心筋も内臓筋も不随意筋**です。
　また,骨格筋と心筋には横じま模様があるので**横紋筋**といいます。心臓以
外の内臓筋には横じま模様がなく,**平滑筋**といいます。

3 筋肉を構成する細胞(筋細胞)を**筋繊維**と
いいます。**骨格筋の筋繊維は多核細胞ですが,
心筋や平滑筋の筋繊維は単核細胞です。**

> 細胞は枝分かれし,隣の細胞と接着
> している。そのため,心筋全体が1
> つの網のような構造になっている。

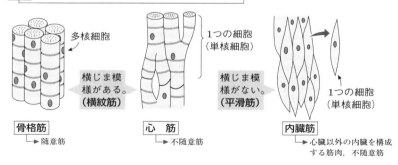

骨格筋
　└→随意筋

心筋
　└→不随意筋

内臓筋
　└→心臓以外の内臓を構成
　　　する筋肉,不随意筋

多核細胞

1つの細胞
(単核細胞)

横じま模
様がある。
(横紋筋)

横じま模
様がない。
(平滑筋)

1つの細胞
(単核細胞)

▲ 図100-1 筋肉の種類とそれぞれの筋繊維

4 筋繊維には,核やミトコンドリアなどの細胞小器官以外に,**筋小胞体**と
呼ばれる筋肉特有の小胞体があります。

5 また，筋繊維の中には，**筋原繊維**（きんげんせんい）という細い繊維状の構造が多数含まれています。筋原繊維は，**アクチン**というタンパク質を主成分とする**アクチンフィラメント**と，**ミオシン**というタンパク質からなる**ミオシンフィラメント**からできています。

筋原繊維は**Z膜**という網目状のタンパク質複合体でしきられており，アクチンフィラメントはその一端がZ膜と付着しています。Z膜からZ膜までの構造を**筋節（サルコメア）**といいます。

ドイツ語のZwischen（隔てる）の略。

ミオシンフィラメントが並ぶ部分は暗く見えるので**暗帯**といいます。逆に，ミオシンフィラメントを含まない部分は明るく見えるので**明帯**といいます。

「A帯（anisotropic band）」ともいう。

「I帯（isotropic band）」ともいう。

また，暗帯には，ミオシンフィラメントとアクチンフィラメントが重なる部分と，ミオシンフィラメントのみからなる部分があります。暗帯の中央部はミオシンフィラメントのみからなる部分で，暗帯の中ではやや明るく見え，ここを**H帯**といいます。

ヘンゼン（Hensen）が観察したことによって命名（1868年）。

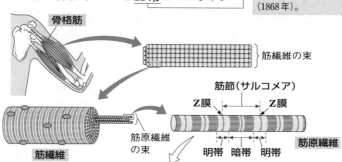

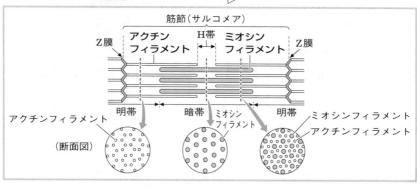

▲ 図100-2 筋繊維と筋原繊維の構造

6 アクチンフィラメントは，粒状のアクチンタンパク質以外にも，**トロポニン**というタンパク質(実際には複数からなる**トロポニン複合体**)や，繊維状の**トロポミオシン**と呼ばれるタンパク質が結合して構成されています。

一方，ミオシンフィラメントを構成するミオシンタンパク質の分子は，2つの頭部と細長い尾部からなり，これが多数結合してミオシンフィラメントを構成しています。**ミオシン分子の頭部の部分は，ATPを分解する酵素(ATPアーゼ)の働きをもっており**，これによってATPが分解され，生じたエネルギーで頭部が動きます。

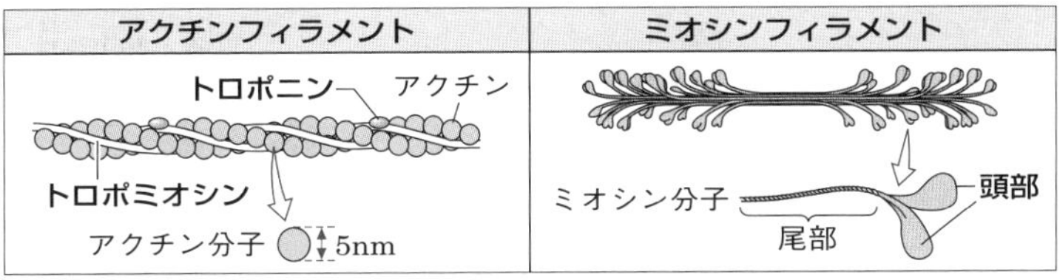

アクチンフィラメント	ミオシンフィラメント
トロポニン　アクチン トロポミオシン アクチン分子 ◯ 5nm	ミオシン分子 尾部　頭部

▲ 図100-3 アクチンフィラメントとミオシンフィラメントの構造

【筋肉の種類】

骨格筋	多核細胞	随意筋	横紋筋
心　筋	単核細胞	不随意筋	
心臓以外の**内臓筋**			平滑筋

筋繊維…筋肉を構成する細胞。

筋原繊維…筋繊維中に含まれる構造。**ミオシンフィラメントとアクチンフィラメント**からなる。

筋節(サルコメア)…**Z膜からZ膜**までの構造。

暗帯…筋原繊維中で，**ミオシンフィラメントを含む**部分。暗く見える。

明帯…筋原繊維中で，**ミオシンフィラメントを含まない**部分。明るく見える。

H帯…暗帯のなかで，**ミオシンフィラメントのみ**からなる部分。暗帯のなかでは，やや明るく見える。

第**8**章 動物の環境応答

2 筋収縮のしくみ

1 運動神経の軸索末端まで興奮が伝導すると，シナプス小胞から**アセチルコリン**が放出されます。アセチルコリンが筋繊維の細胞膜表面にある受容体と結合すると，Na^+が流入し，活動電位が生じます。

　筋繊維の細胞膜は，一部が内部にくびれ込んでいます。ここを**T管**といいます。筋繊維に生じた興奮は，このT管によって，最終的に**筋小胞体**に伝えられます。

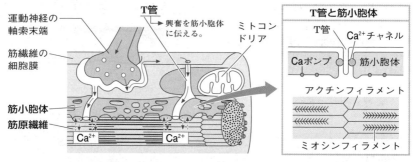

▲ 図100-4 運動神経の軸索末端から筋繊維への興奮の伝わり方

2 筋小胞体が刺激を受けると，筋小胞体の膜にあるCa^{2+}チャネルが開き，筋小胞体内に蓄えられていたCa^{2+}**が細胞質中に放出されます**（これは濃度勾配に従う受動輸送です）。

3 Ca^{2+}がないときは**トロポミオシン**が，アクチンフィラメントとミオシン頭部の結合を阻害しています（図100-5左図）が，放出されたCa^{2+}がアクチンフィラメントのトロポニンに結合すると，トロポミオシンの位置がずれ，その結果，アクチンのミオシン結合部位が露出してアクチンフィラメントとミオシン頭部との結合が可能になります（図100-5右図）。

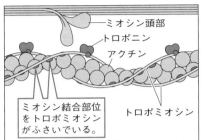
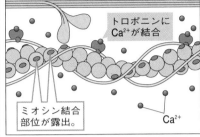

▲ 図100-5　Ca^{2+}による筋収縮のコントロール

4　ミオシン頭部がアクチンフィラメントをたぐり寄せるように動くことで筋収縮が行われます。これは次のような過程で行われます(p.638の図100-6)。

① ミオシン頭部とアクチンが結合する前は，ミオシン頭部にADPとリン酸が結合した状態にある。

② トロポミオシンによる抑制が解除される(図100-5右図)。

③ ミオシン頭部がアクチンに結合する。

④ ミオシン頭部にあったADPとリン酸がミオシン頭部から解離する。

⑤ ミオシン頭部が屈曲してアクチンフィラメントをたぐり寄せる。

⑥ ミオシン頭部にATPが結合し，ミオシン頭部がアクチンから離れる。

⑦ ミオシン頭部がもつATPアーゼによってATPが分解され，そのエネルギーによりミオシンの立体構造が変化し，ミオシン頭部が次の結合部位に移動する(③に戻る)。

第**8**章　動物の環境応答

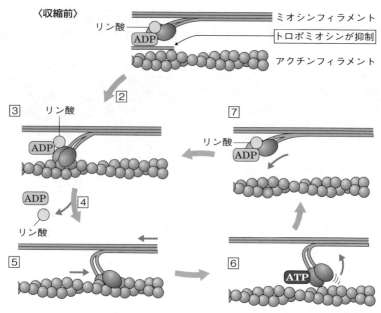

▲ 図100-6 筋収縮のしくみ

5 顕微鏡で観察すると，筋収縮の前後で**明帯の幅は変化しますが，暗帯の幅は変化しません**。これは，ミオシンフィラメントやアクチンフィラメント自身の長さが変化するのではなく，ミオシンフィラメントの間にアクチンフィラメントが滑り込んで筋収縮するからです。

これは，**ハクスリー**によって，「**滑り説**」として提唱されました(1954年)。

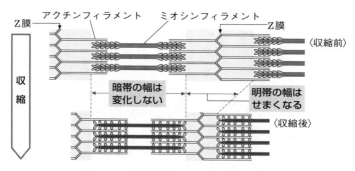

▲ 図100-7 筋収縮前後での明帯・暗帯の幅の変化

6 　運動神経からの刺激がなくなると，Ca^{2+}は筋小胞体の膜の能動輸送（Ca^{2+}ポンプ）によって，筋小胞体内に回収されます。

 平滑筋の筋収縮

　これまで見てきたのは，骨格筋のような横紋筋についてだが，平滑筋の収縮のしくみもほぼ同様である。

　平滑筋にも，アクチンフィラメントやミオシンフィラメントがあるが，横紋筋のように規則正しく配列しておらず，そのため，横じま模様にならない。

① **筋小胞体**からCa^{2+}が放出されるのは受動輸送
② Ca^{2+}が結合するのは**トロポニン**
③ **ミオシン頭部**と**アクチン**の結合を阻害しているのは**トロポミオシン**
④ 筋収縮のしくみ

　　ミオシン頭部がアクチンと結合 ←
　　　　↓
　　ADPとリン酸が解離
　　　　↓
　　ミオシン頭部がアクチンフィラメントをたぐり寄せる
　　　　↓
　　ATPが結合してミオシン頭部がアクチンから離れる
　　　　↓
　　ATPが分解され，ミオシン頭部が次の結合部位に移動 ─
⑤ 筋収縮しても幅が変わらないのは**暗帯**

第**8**章　動物の環境応答

筋肉②

筋収縮でよく出題される3種類の計算問題もマスターしましょう。

1 筋収縮のエネルギー源

1 筋収縮の直接のエネルギー源は**ATP**ですが，筋肉中に存在するATPの量はそれほど多くありません。では，どうするのかというと，ATPは消費されてもすぐに再合成されるのです。

2 筋肉中には**クレアチンリン酸**という物質が蓄えられており，クレアチンリン酸のリン酸がADPに転移されることで速やかにATPが再合成されます。このとき関与する酵素を**クレアチンキナーゼ**といいます。

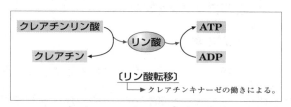

▲ 図101-1 筋肉中でのATPの再合成

3 クレアチンリン酸の消費で生じた**クレアチン**は，グリコーゲンの分解で生じたATPからのリン酸転移によって**クレアチンリン酸に再合成されます**。

4 酸素の供給が十分あるときは，グリコーゲンはグルコースに分解された後，**呼吸**によって二酸化炭素と水にまで分解されます。酸素の供給が不十分な場合は，グリコーゲンはグルコースに分解された後，**解糖**によって分解され，**乳酸**が生じます。

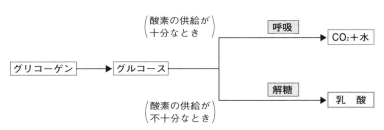

▲ 図 101-2 酸素の供給とグリコーゲンの分解

ADPのリン酸によるATPの再合成

　ATPの再合成には，これら以外にも，ADPのリン酸が別のADPに転移することでATPを再合成するという方法もある。この場合，リン酸を奪われたADPはAMPになり，リン酸が転移されたADPはATPになる。この反応に関与する酵素は，**アデニル酸キナーゼ**という。

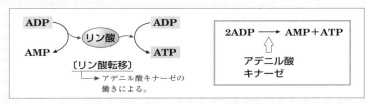

▲ 図 101-3 アデニル酸キナーゼによるATPの再合成

筋収縮に伴うATP消費量の計算

　嫌気条件下で解糖系の阻害剤であるモノヨード酢酸とクレアチンキナーゼの阻害剤である2,4-ジニトロフルオロベンゼンで処理した筋肉を収縮させると，下の表のようになった。この値は1回の筋収縮に伴う筋肉1gあたりの各物質の含有量を収縮前後で示したものであり，単位はμmolである。

(1)　1回の筋収縮で消費されたATPは何μmolか。

(2)　表の(X)に当てはまる数値を答えよ。

　ただし，AMPの増加はアデニル酸キナーゼの働きによるものである。

　表　1回の筋収縮に伴うリン酸化合物の含有量の変化

	ATP	ADP	AMP
収縮前	1.24	0.65	0.10
収縮後	0.80	(X)	0.24

第**8**章　動物の環境応答

解説 (1) 通常であれば筋収縮でATPが消費されてもすぐに**クレアチンキナーゼ**の働きでATPが再合成されるので，ATP量が減少しません。しかし，そのクレアチンキナーゼの反応を阻害し，解糖系も阻害し，嫌気条件下なのでクエン酸回路や電子伝達系も停止しています。そのためATP量が減少したのです。ところが，AMPが$0.24\,\mu\mathrm{mol} - 0.10\,\mu\mathrm{mol} = 0.14\,\mu\mathrm{mol}$増加しています。これは＋$\alpha$パワーアップで学習した**アデニル酸キナーゼ**の働きによるもので，このとき，次のような反応が行われたことになります。

$$\mathrm{ATP} \;+\; \mathrm{H_2O} \;\longrightarrow\; \mathrm{ADP} \;+\; \underset{\text{リン酸}}{\mathrm{H_3PO_4}} \quad\cdots\cdots\text{①}$$
$$2\mathrm{ADP} \;\longrightarrow\; \mathrm{AMP} \;+\; \mathrm{ATP} \quad\cdots\cdots\text{②}$$

②の反応によってAMPが$0.14\,\mu\mathrm{mol}$生成されたので，ATPも$0.14\,\mu\mathrm{mol}$生成されているはずです。にもかかわらずATPが$1.24\,\mu\mathrm{mol} - 0.80\,\mu\mathrm{mol} = 0.44\,\mu\mathrm{mol}$減少したので，実際に消費されたATPは$0.14\,\mu\mathrm{mol} + 0.44\,\mu\mathrm{mol} = 0.58\,\mu\mathrm{mol}$だったとわかります。なお，$0.58\,\mu\mathrm{mol}$消費されたけど$0.14\,\mu\mathrm{mol}$生成したので，差し引き$0.58\,\mu\mathrm{mol} - 0.14\,\mu\mathrm{mol} = 0.44\,\mu\mathrm{mol}$減ったということになります。

(2) ②によってAMPが$0.14\,\mu\mathrm{mol}$生成されたので，②によってADPは$2 \times 0.14\,\mu\mathrm{mol} = 0.28\,\mu\mathrm{mol}$消費されたはずです。一方①によってATPが$0.58\,\mu\mathrm{mol}$使われたので，①で生じたADPも$0.58\,\mu\mathrm{mol}$です。$0.58\,\mu\mathrm{mol}$生じて$0.28\,\mu\mathrm{mol}$使われたので，$0.58\,\mu\mathrm{mol} - 0.28\,\mu\mathrm{mol} = 0.30\,\mu\mathrm{mol}$増加したことになります。収縮前のADPは$0.65\,\mu\mathrm{mol}$だったので，収縮後は$0.65\,\mu\mathrm{mol} + 0.30\,\mu\mathrm{mol} = 0.95\,\mu\mathrm{mol}$になっていると考えられますね。 **答** (1) $0.58\,\mu\mathrm{mol}$ (2) 0.95

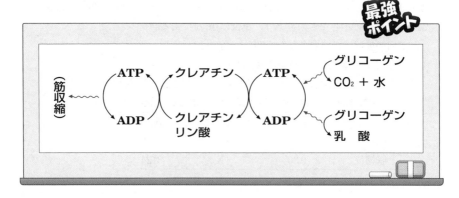

最強ポイント

2　張力の測定

1　筋肉が収縮するときの力を張力といいます。

2　ミオシン頭部が屈曲してアクチンフィラメントをたぐり寄せるので，ミオシンフィラメントとアクチンフィラメントの**重なりが大きいほど，張力は大きくなります**。

3　張力と筋節の長さの関係をグラフにすると次のようになります。

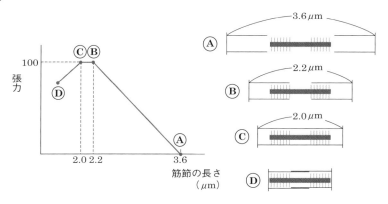

▲ 図 101-4 筋節の長さと張力

4　張力が0になるのは，ミオシン頭部とアクチンフィラメントの重なりが0のときです（図101-4Ⓐ）。

5　ミオシンフィラメントの中央部にはミオシン頭部がないので，ミオシン頭部のすべてがアクチンフィラメントと重なったときに張力が最大になります（図101-4Ⓑ）。

6　アクチンフィラメントどうしがぶつかるまでは張力が最大のまま（図101-4Ⓒ）ですが，さらに筋節の長さが短くなると，アクチンフィラメントどうしが重なるようになり，張力は逆に低下します（図101-4Ⓓ）。

アクチンフィラメントとミオシンフィラメントの長さ

図101-4のグラフを見て，次の問いに答えよ。ただし，Z膜の幅は無視できるものとする。

(1)　アクチンフィラメント1本の長さを求めよ。

(2)　ミオシンフィラメント1本の長さを求めよ。

643

解説 (1) 図101-4のⒸはアクチンフィラメントどうしがぶつかった状態，すなわちアクチンフィラメント 2 本分の長さを示します。よって 1 本は$2.0\,\mu\mathrm{m} \div 2 = 1.0\,\mu\mathrm{m}$となります。

(2) 図101-4のⒶは，アクチンフィラメント 2 本とミオシンフィラメント 1 本の長さを示します。よってミオシンフィラメント 1 本の長さは$3.6\,\mu\mathrm{m} - (1.0\,\mu\mathrm{m} \times 2) = 1.6\,\mu\mathrm{m}$となります。

答 (1) $1.0\,\mu\mathrm{m}$　(2) $1.6\,\mu\mathrm{m}$

3 筋収縮の記録

1 筋肉に神経がつながった状態で取り出したものを**神経筋標本**といいます。この神経筋標本を次の図101-5のような装置に取り付け，筋収縮のようすを記録します。このように運動を曲線として記録する装置を**キモグラフ**といい，ドラムの回転を速くして速く短い運動を記録する装置を**ミオグラフ**といいます。

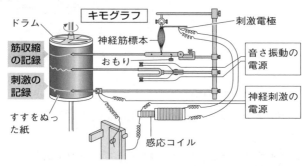

▲ 図 101-5 キモグラフによる筋収縮の記録

2 神経に瞬間的な刺激を 1 回だけ与えて筋収縮させ，ミオグラフで記録すると右の図101-6のようになります。このような収縮を**単収縮**といい，単収縮のようすを示した曲線を**単収縮曲線**といいます。また，刺激を与えてから筋収縮が始まるまでの時間を**潜伏期**，

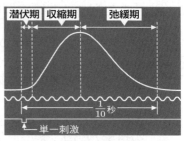

▲ 図 101-6 単収縮曲線

筋収縮が始まってから収縮のピークに達するまでを**収縮期**，収縮のピークからもとに戻るまでを**弛緩期**といいます。

3 潜伏期には，**神経を刺激してから軸索末端まで興奮が伝導する時間，神経筋接合部における伝達に必要な時間，筋肉に興奮が伝達されてから収縮するまでの時間**の3種類の時間が含まれています。

4 神経に与える刺激の頻度を変え，キモグラフによって筋収縮のようすを記録すると，下の図101-7のようになります。

5 1回の刺激による収縮が単収縮でしたね。断続的な刺激（1秒間に5回程度）による収縮を**不完全強縮**，1秒間に10回以上の高頻度の断続的な刺激による収縮を**完全強縮**といいます。

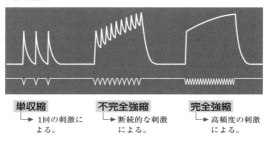

単収縮
→ 1回の刺激による。

不完全強縮
→ 断続的な刺激による。

完全強縮
→ 高頻度の刺激による。

▲ 図101-7 刺激の頻度と収縮パターン

定番計算例題⑨ 興奮の伝導速度と伝達に要する時間

> 神経筋接合部から8cm離れた点（A点）を刺激すると7ミリ秒後に，2cm離れた点（B点）を刺激すると5.5ミリ秒後に筋肉が収縮を始めた。また，直接筋肉に電気刺激すると，3ミリ秒後に収縮が始まった。
> (1) この神経における興奮の伝導速度〔m／秒〕を求めよ。
> (2) 神経筋接合部における伝達に要する時間を求めよ。

解説 (1) 8cm離れたA点を刺激して7ミリ秒後に収縮したからといって，伝導速度は $\dfrac{8\,\mathrm{cm}}{7\,ミリ秒}$ では求められません。なぜなら，神経を刺激してから収縮が始まるまでの時間（7ミリ秒）には，次の3種類の時間が含まれているからです。つまり，
「神経を興奮が伝導する時間」と
「神経筋接合部での伝達時間（xミリ秒とします）」と

「筋肉に興奮が伝達されてから収縮するまでの時間（Tミリ秒とします）」の3種類です。

A点を刺激した場合は，

  8cm間の伝導時間＋xミリ秒＋Tミリ秒＝7ミリ秒…………①

B点を刺激した場合は，

  2cm間の伝導時間＋xミリ秒＋Tミリ秒＝5.5ミリ秒 ………②

①－②で，$(8-2)$cm間の伝導時間＝$(7-5.5)$ミリ秒

よって，

$$伝導速度＝\frac{(8-2)\text{cm}}{(7-5.5)\text{ミリ秒}}＝4\text{cm}/\text{ミリ秒}$$
$$＝40\text{m}/\text{秒}$$

このように，伝導速度は，$\dfrac{2点間の距離}{反応時間の差}$で求めることができます。

(2) A点，B点どちらのデータからでも求めることができますが，たとえば，A点を刺激して収縮するまでの時間（ミリ秒）は，

$$7\text{ミリ秒}＝\frac{8\text{cm}}{4\text{cm}/\text{ミリ秒}}＋x\text{ミリ秒}＋T\text{ミリ秒}$$

と表すことができます。

  ここで，Tミリ秒は，実験より3ミリ秒とわかるので，

  xミリ秒＝7ミリ秒－2ミリ秒－3ミリ秒
  ＝2ミリ秒

答 (1) 40m/秒　　(2) 2ミリ秒

① 筋収縮のようす…ミオグラフやキモグラフで記録する。

 ｛単収縮…瞬間的な1回の刺激によって起こる収縮。
 ｛強　縮…断続的な刺激によって起こる収縮。

  ｛不完全強縮（1秒間に5回程度）
  ｛完全強縮（1秒間に10回以上）

② 伝導速度＝$\dfrac{2点間の距離}{反応時間の差}$

第102講 さまざまな動物の受容器と効果器

重要度
★

ヒト以外の動物がもつ受容器や効果器も見てみましょう。

1 種々の生物の視覚器

1 ミドリムシの鞭毛の近くには，**感光点**や**眼点**という部分があります。感光点が光を受容しますが，眼点には光をさえぎる働きがあります。この2つの組み合わせにより，眼点によって光がさえぎられれば眼点の方向に光源があるというように，光の方向を判断することができ，ミドリムシは光のある方向へと動いていきます（**正の光走性**）。

　このように，ミドリムシは**明暗と光の方向を感じる**ことができます。

原生生物界，ミドリムシ門に属する単細胞生物。葉緑体をもち光合成を行うが，細胞壁はなく，鞭毛によって運動する。

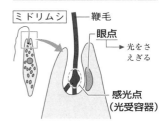

▲ 図102-1 ミドリムシの視覚器

2 プラナリアの眼は，**視細胞**が集まっている部分と**色素細胞**が並ぶ部分からなります。色素細胞層には光をさえぎる働きがあり，先ほどの眼点と感光点の関係と同じようにして，プラナリアも光の方向を判断することができます。像を結んだりはできないので，形をとらえることはできません。このようなプラナリアの眼を**杯状眼**といいます。

　プラナリアも，**明暗と光の方向を感じる**ことができます。

動物界，扁形動物門。口はあるが肛門をもたない。かご形神経系，原腎管をもつ。

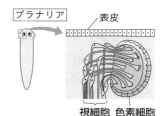

▲ 図102-2 プラナリアの杯状眼

第**8**章 動物の環境応答

3 ミミズには眼がありませんが，ミミズの表皮には光を受容する**視細胞**が存在します。1つ1つの視細胞は光の有無しか判別できませんが，そのような視細胞が体表全体に分布しているので，からだ全体としては光の方向が判断でき，ミミズは暗いほうへと動いていきます（**負の光走性**）。

ミミズも，明暗と光の方向を感じることができます。

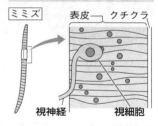

動物界，環形動物門の貧毛綱。はしご形神経系，腎管（体節器），閉鎖血管系をもつ。

▲ 図102-3 ミミズの視細胞

4 オウムガイの眼は，視細胞が並んで**網膜**を形成しているので像を結び，**形をとらえること**ができます（形態視）。水晶体はありませんが，ちょうど針穴写真機と同じ原理で結像することができるのです。このような眼を**穴眼（ピンホール眼）**といいます。

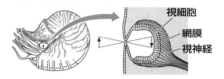

動物界，軟体動物門の頭足綱。中生代に栄えたアンモナイトに似ており，生きている化石といわれる。

▲ 図102-4 オウムガイの穴眼

5 イカやタコの眼は，ヒトの眼と同様に，**水晶体も網膜もあり，ピントの調節も行うことができます**（形態視）。このように，結像ができてピントの調節も行える眼を**カメラ眼**といいます。

同じカメラ眼でも，ヒトのカメラ眼とイカ・タコのカメラ眼には，いくつか違うところがあります。たとえば，ヒトでは**水晶体の厚みを変えて**ピントの調節を行いますが，イカやタコでは，水晶体を前後させることで**水晶体と網膜の距離を変えて**，ピントの調節を行います。

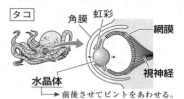

動物界，軟体動物門の頭足綱。神経節神経系，閉鎖血管系をもつ。

▲ 図102-5 タコのカメラ眼

ヒトとイカ・タコのカメラ眼

ヒトのカメラ眼とイカ・タコのカメラ眼では，さらにいくつかの違いがある。たとえば，ヒトでは**神経管由来の眼杯から網膜が生じる**が，イカやタコでは**表皮の一部が陥没して網膜を形成**する。また，ヒトの眼では網膜の表面に視神経があるので，視神経が網膜を貫く出口として盲斑が必要だが，イカやタコでは網膜の奥に視神経があり，そのまま脳へとつながるため，視神経の出口としての盲斑が存在しない。

6　昆虫の**複眼**は，小さな**個眼**がたくさん集まって構成されたものです。個眼は焦点距離を変えることはできませんが，個眼で結像した部分像をまとめて**複眼全体で形をとらえることができます**（形態視）。トンボでは，1つの複眼に約2万個の個眼が集まっています。

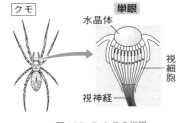

▲ 図102-6 昆虫類の複眼

7　クモなどでは，個眼によく似た**単眼**をもちます。これは複眼と違い，形をとらえることはできません。**明暗と光の方向のみを感知**します。

▲ 図102-7 クモの単眼

【いろいろな動物の視覚器】

生　物	視　覚　器	働　き
ミドリムシ	眼点と感光点	明暗と光の方向
プラナリア	杯状眼	明暗と光の方向
ミミズ	視細胞が表皮に散在	1つ1つの視細胞は明暗のみ
オウムガイ	穴　眼	形態視
イカ・タコ	カメラ眼	形態視
昆　虫	複　眼	形態視
ク　モ	単　眼	明暗と光の方向

2 筋肉以外の効果器

1 効果器は第101講で扱った筋肉だけではありません。分泌腺なども効果器です。また，筋肉以外で運動に関与するものとして，**鞭毛**や**繊毛**があります。一般に，数が少なく長いものは鞭毛と呼び，ミドリムシや精子は鞭毛により運動します。数が多い場合は繊毛と呼び，ゾウリムシは繊毛による運動をします。また，輸卵管や気管の内壁上皮には繊毛があり，卵を運搬したり，気管に入った異物を排除したりします。

2 運動に関係しない効果器としては，**発光器官**や**発電器官**などがあります。ホタルでは，腹部にある発光器官で発光して異性との交信を行います。発光に必要なエネルギーは発光物質（**ルシフェリン**）を酸化して得ますが，その際の酸素は，気管の末端から発光細胞に供給される構造になっています。

3 シビレエイなどがもつ発電器官には，えらにある筋組織が変化した**発電板**という構造が多数重なっています。平常時は細胞外が＋，細胞内が－の静止電位ですが，神経から興奮が伝わると，**神経が分布する側のみ膜電位が逆転し，**

ちょうど電池が直列につながったようになって電流が流れます。

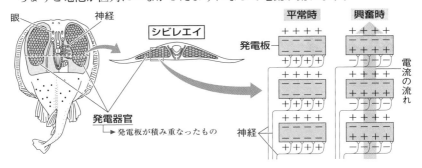

▲ 図 102-8 シビレエイの発電器官と発電のしくみ

【筋肉以外の効果器】
① **鞭毛**(ミドリムシ，精子)，**繊毛**(ゾウリムシ，輸卵管・気管の
　　内壁上皮細胞)
② **発光器官**(ホタル，ウミホタル，ホタルイカ)
③ **発電器官**(シビレエイ，デンキウナギ)

第8章　動物の環境応答

第103講 生得的行動

重要度
★★

動物の行動には，生得的行動と，学習による行動があります。まずは生得的行動を見てみましょう。

1 走性・反射・固定的動作パターン

1 刺激に対して一定方向へ移動運動することを**走性**といいます。**刺激の方向に向かう場合は正の走性，刺激から遠ざかる場合は負の走性といいます。**

次に，代表的な走性を示します。

刺 激	走 性	正の走性の例	負の走性の例
光	光走性	ミドリムシ，ガ	ミミズ，プラナリア
水 流	流れ走性	メダカ，サケ(産卵期)	サケ(成長期)
化学物質	化学走性	ゾウリムシ(弱酸)	ゾウリムシ(強酸)
重 力	重力走性	ミミズ	ゾウリムシ，マイマイ
電 流	電気走性	ミミズ，ヒトデ	ゾウリムシ

電気走性の場合は，＋極へ向かう場合を「正の電気走性」，－極へ向かう場合を「負の電気走性」という。

メダカの保留走性

メダカを入れた水槽の周囲に縦じま模様の円筒を置き，これをゆっくり回転させると，メダカは回転と同じ向きに泳ぐようになる。これは，自分は実際には動いていなくても，背景が動いたため，流れによって流されたと誤解し，自らの位置を保とうとするためと考えられる。

これを**保留走性**という。

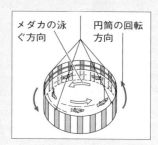

▲ 図103-1 保留走性の実験

2　刺激に対して，**大脳とは無関係に**，神経系の比較的単純な経路により無意識的に起こる反応が**反射**です。これも生得的行動の一種です。

3　**ある刺激に対して起こる特定の決まった行動を固定的動作パターン**といいます。

> かつては「本能行動」と呼ばれていた。

　　この行動が実際に発現するには，成長の程度やホルモンなどの体内の生理的な条件と，外部の刺激が必要です。特定の行動を引き起こす刺激を**鍵刺激**といいます。

> 「信号刺激（サイン刺激）」ともいう。

4　セグロカモメの雛は，親鳥のくちばしにある赤い斑点をつついてえさをねだるという行動を行います。親鳥の頭部の模型をつくり，雛がつついてえさをねだる行動を行う割合を調べると，次の図103-2のようになります。

　　この実験から，斑点の色としては赤色に対して最も強くつつく行動が引き起こされることがわかります。また，黄色のくちばしに対してコントラストの強い黒や青でもつつく行動は引き起こされますが，最も強く行動を引き起こすのは赤い斑点です。この場合は**赤い斑点が鍵刺激**になっています。

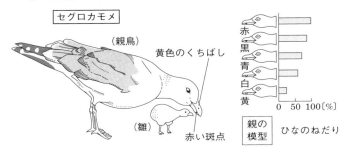

▲ 図103-2　セグロカモメの雛のつつきの実験

5　イトヨの雄は，繁殖期になると腹部が赤くなり，巣をつくって縄張りをもつようになります。

> 脊索動物門，硬骨魚綱，トゲウオ目に属する淡水魚。

この縄張りに腹部の赤い他の雄が侵入すると，

> 「婚姻色」という。

それに対して攻撃行動を行います。このとき，形がそっくりの模型を近づけても，その模型の腹部が赤くなければ攻撃しませんが，形が似ていなくても下半分を赤く塗った模型に対しては攻撃します。このことから，イトヨの攻撃行動を引き起こす刺激，すなわち鍵刺激は腹部の赤色だとわかります（**ティンバーゲンの実験**：1948年）。

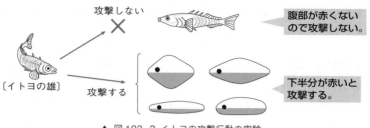

攻撃しない

腹部が赤くないので攻撃しない。

〔イトヨの雄〕 攻撃する

下半分が赤いと攻撃する。

▲ 図103-3 イトヨの攻撃行動の実験

6 イトヨの雄は，お腹の中に卵を抱き腹部が膨らんだ雌に対しては**ジグザグダンス**という求愛の行動をとります。この場合の鍵刺激は，**丸く膨らんだ腹部**です。このジグザグダンスに対して，雌はからだをそらして応じます。

　すると，雄は雌を巣に誘導し，雌は雄についていきます。雄が巣の入り口を示すと，雌は巣に入ります。そして，雄は，巣に入った雌の尾の付け根を口先でつついて産卵を促します。雌は産卵すると巣から出て行きますが，そこへ雄が入り，卵に精子をかけます。

　このように，最初の鍵刺激で引き起こされた行動が次の行動の鍵刺激となって，一連の行動が連鎖的に引き起こされるのです。これを**定型的運動パターン**といいます。

　イトヨのこの一連の求愛行動も**ティンバーゲン**によって明らかにされました（1951年）。

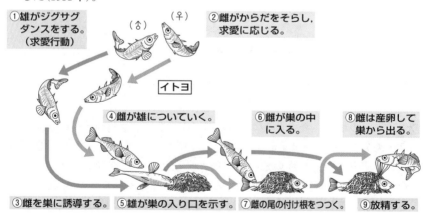

①雄がジグサグダンスをする。（求愛行動）

（♂）　（♀）

②雌がからだをそらし，求愛に応じる。

イトヨ

④雄が雄についていく。

⑥雌が巣の中に入る。

⑧雌は産卵して巣から出る。

③雌を巣に誘導する。　⑤雄が巣の入り口を示す。　⑦雌の尾の付け根をつつく。　⑨放精する。

▲ 図103-4 イトヨの求愛行動

7 このような行動の連鎖（**定型的運動パターン**）は，ショウジョウバエの求愛行動でも見られます。

1　まず雄が雌を見つけると，雌に対してからだの向きを一定にする。

2　次に雄が前脚で雌の腹部に触れ，体表の性フェロモンから相手が雌であ
ることを確認する。

3　雌であることが確認できると，片方の翅を震わせて翅音（はおと）を出して雌を追
尾する。

4　雌は逃げるが，翅音が気に入ると徐々に動きを止める。

5　雄は雌の尾部をなめる。

6　さらに雄は腹部を曲げて雌の背に乗ろうとする。

7　雌が交尾を受け入れると交尾が成立する。

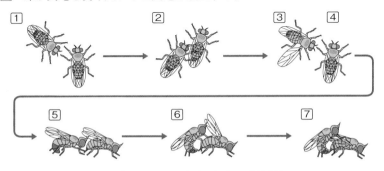

▲ 図103-5　ショウジョウバエの求愛行動

2　定位・日周性

1　メンフクロウは，暗闇の中でも獲物の位置を正確に特定することができま
す。これは，**左右の耳に到達する音の時間差の情報**と，**左右の耳で感知する
音の強度の差の情報**を分析することで，獲物の方角や高さを突き止めること
ができるからです。このように環境中の何かの刺激を
目印にして特定の方向を定めることを**定位**（ていい）といいます。

> 走性のような刺激に
> 対する単純な反応も
> 定位に含まれる。

2　コウモリやイルカは，ヒトには聞こえない超音波を発して，物体に当たっ
て跳ね返ってきた反響音（エコー）を受容することで，夜間や濁った水の中で
あっても障害物を避けたり，獲物の位置を感知することができます。このよ
うな能力・定位行動を**反響定位（エコーロケーション）**といいます。

3 コウモリの一種であるキクガシラコウモリの
鳴き声は，周波数が一定のCF音の後，周波数
が時間とともに低くなるFM音で構成されてい
ます（図103-6）。

→ constant frequency sound

→ frequency modulated sound

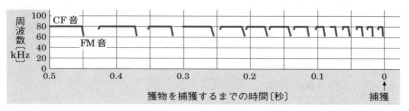

▲ 図103-6 キクガシラコウモリの鳴き声のソナグラム

4 右のグラフは，1回の鳴き声につ
いてそのCF音とFM音，そしてそ
れぞれの反響音を示したものです。

ソナグラムは，時間を横軸，周波数を縦軸，
音の強さを線の太さで表したもの。

鳴き声が当たった対象物が遠くに
あるほど，**FM音とその反響音の時
間のずれが大きくなる**ので，これに
より**対象物との距離**がわかります。

また，動きながら発する音は，周
波数が変化して聞こえるドップラー
効果によって，反響音のほうの周波
数が高くなる（自分に近づいてくる

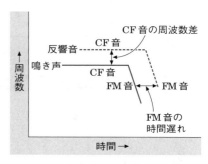

▲ 図103-7 鳴き声と反響音のソナグラム

ときの救急車のサイレンの音は高く，遠ざかっていく救急車のサイレンの音
は低く聞こえますよね）ので，**CF音とその反響音の周波数の違い**により，**対
象物との相対速度**を感知することができるのです。

5 ホシムクドリは渡りの時期になると，一定方向を向いて羽ばたく「渡りの興
奮」という行動を示します。このとき，鏡を用いて太陽の光を90°ずらすと，
向く方向も同様に90°ずれてしまいます。

このことから，ホシムクドリは動く太陽の位置を基準に一定の方角に定位
していることがわかり，このようなしくみを**太陽コンパス**といいます。

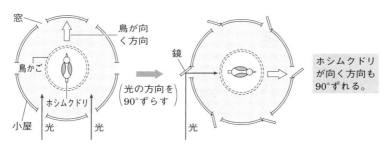

▲ 図103-8 ホシムクドリの渡りの興奮と太陽コンパス

6 生物が一昼夜を周期とした行動や反応を示すことを**日周性**といいます。

たとえば，ムササビは夜行性の動物で，日没後に活動するという日周性を示します。明暗周期をなくし，暗黒下でムササビの活動を記録すると，下の図103-9のように，日周性は保たれますが，少しずつ活動開始時刻が早まっていきます。

明暗周期がなくても日周性が保たれるのは，自律的に時間を測定するしくみをもっているからです。このようなしくみを**生物時計（体内時計）**といいます。また，少しずつ活動開始時刻が早まったのは，**この場合の生物時計による1日が24時間よりも少し短いからです。**

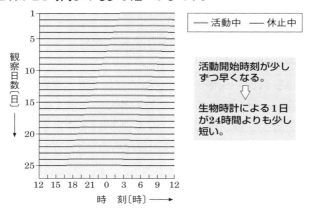

▲ 図103-9 暗黒下でのムササビの活動

7 このように，外部の周期的刺激から遮断された条件で示すおおよそ24時間のリズムを**概日リズム**といいます。 ┐「サーカディアンリズム」ともいう。 通常は生物時計によって現れる概日リズムを，外界の周期的刺激によって24時間に修正することで，外界の周期に合った日周性を現しています。

第**8**章 動物の環境応答

657

概日リズムの制御

　鳥類では，脳にある**松果体**を摘出すると概日リズムが現れなくなることから，松果体が概日リズムを制御していると考えられる。

　哺乳類では，視床下部にある**視交叉上核**という部分に生物時計があり，これが松果体を制御しているといわれている。ヒトのもつ体内時計は約25時間の長さで，朝に日光を浴びることで1日の長さである24時間に同調させている。朝きちんと起きて朝日を浴びるのは，1日のリズムを保つために大切なのである。

【生得的行動】

① **走性**…刺激に対して**一定方向へ移動運動**すること。

② **反射**…刺激に対して**大脳とは無関係**に，神経系の比較的単純な経路によって無意識的に起こる反応。

③ **固定的動作パターン**…ある刺激に対して起こる**走性**や**反射**が組み合わさって起こる一連の行動。

【生得的行動に関する重要用語】

① **鍵刺激**…特定の生得的行動を引き起こす刺激。

② **反響定位（エコーロケーション）**

③ **太陽コンパス**…太陽の位置を基準にして方向を定めるしくみ。

④ **日周性**…一昼夜を周期とした行動や反応を示すこと。

⑤ **生物時計**…生物が固有にもっている時間を測定するしくみ。

⑥ **概日リズム**…外部の周期的刺激から遮断された条件で示すおおよそ24時間のリズム。

習得的行動

今まさに皆さんが行っているのが学習ですね。学習というのはどのように成立するのでしょうか。

1 習得的行動—学習による行動

1 生まれてから後の**経験や訓練**によって**新しい行動を習得する**ことを**学習**といい, 学習によって変化した行動を**習得的行動**といいます。

2 アヒルやガチョウなどの雛は, **ふ化後初めて見た動くものを親とみなしてついて歩く**という後追い行動を行います。後追い行動そのものは生得的な行動ですが, **初めて見た動くものを親と認識するのは学習**です。

これは, 生後のごく早いある特定の時期(**臨界期**)に行われ, **一度成立すると変更ができない**という特殊な学習で, **刷込み**といいます。 刷込みは, **ローレンツ**によって提唱されました(1935年)。

> 「インプリンティング」ともいう。

サケは, 海で成長後, 産卵のために自分が生まれた母川に戻ってきますが, これは, ふ化後, 川の水の匂いを覚えていたためで, これも刷込みによると考えられています。

3 何度も同じ刺激を繰り返すと, **その刺激に対する感受性が低下します**(図104-1)。この現象を**慣れ**といいます。

たとえば, アメフラシの水管を刺激すると, えらを引き込める反射(えら引っ込め反射)を行いますが, 繰り返し刺激すると, 慣れにより引き込め反射は低下します。慣れが生じた段階で, 別の部位を刺激し, 再び水管を刺激すると引き込め反射も回復します(図104-1)。この現象を**脱慣れ**といいます。これにより, 引き込め反射が低下したのは, 筋肉の疲労によるものではないといえます。

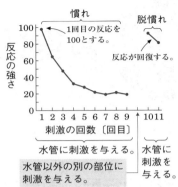

▲ 図 104-1 アメフラシのからだのつくりと引き込め反射の慣れ・脱慣れ

4 さらに他の部位(たとえば尾部)への刺激を強くすると,水管への刺激が弱くても敏感にえら引っ込め反射が生じるようになります。これを**鋭敏化**といいます。これは,他の部位からの刺激を伝える介在神経が,**水管からの感覚神経の神経終末とシナプスを形成し,反応を増強させる**からです。

5 介在ニューロンからは**セロトニン**という神経伝達物質が放出され,これが水管の感覚ニューロンの軸索末端(神経終末)にある受容体に結合します。この受容体は**Gタンパク質共役型**(⇨p.190)で,セロトニンが結合すると**cAMP**(⇨p.414)が生成され,これによってK^+チャネルが不活性化し,K^+の流出が抑制されます。

6 ニューロンは,K^+が流出することで活動電位から静止電位に戻るのでしたね(⇨p.588)。このため,**K^+の流出が抑制されると,活動電位の持続時間が長くなります**。

7 軸索末端にはCa^{2+}チャネルがあり,興奮によってCa^{2+}チャネルが開き,Ca^{2+}が流入することで,神経伝達物質の放出が起こるのでした(⇨p.598)。神経終末での活動電位の持続時間が長くなると,神経伝達物質の放出量も増加し,えらにつながる運動ニューロンの興奮の頻度が上昇し,えらの筋肉の収縮も強くなるのです。

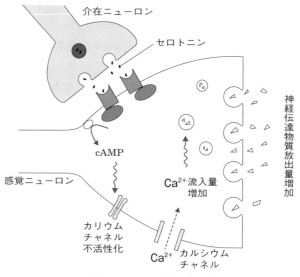

▲ 図104-2 鋭敏化の成立のしくみ

8 慣れの場合は，放出される神経伝達物質の量が減少し，シナプスにおける伝達効率が低下していたわけです。

9 このように，シナプスでの伝達効率が変化することを**シナプス可塑性**といいます。

　さらに介在ニューロンからの刺激が繰り返されると，水管からの感覚ニューロンの軸索末端の分岐が増加し，シナプスの数が増えていきます。このような現象が長期の記憶につながるのです。

　やはり記憶を定着させるためには「繰り返し」学習することが大切なのですねっ!!

10 イヌに食物を与えると唾液が出ます。これは，**延髄による反射**です。食物を与える直前にベルの音を聞かせることを繰り返すと，やがてベルの音だけで唾液が出るようになります。これは，1904年に**パブロフ**によって発見されました。

反射を起こさせる刺激を**無条件刺激**（この場合は食物），反射とは直接関係のない刺激を**条件刺激**（この場合はベルの音）といいます。このように，無条件刺激と条件刺激を結び付けて行う学習を**古典的条件づけ**といいます。

11 レバーを押すと餌が出るという装置を取りつけた箱にネズミを入れます。最初は偶然レバーを押して餌を得ますが，次第に自発的にレバーを押すようになります。逆にレバーを押した直後に電気ショックを与えるようにすると，レバーを押す行動は減少します。このように，自発的な行動によって自身の行動と報酬あるいは罰を結びつけて学習することを**オペラント条件づけ**といいます。

↳ operate（操作する）

12 古典的条件づけもオペラント条件づけも，2種類の異なる刺激を結びつけてその関連性を学習したわけで，このような学習を**連合学習**といいます。

13 過去の経験をもとに，**未経験なことに対しても先を見通して目的に合った適切な新しい行動をとる能力を知能**といい，知能による行動を**知能行動（洞察学習）**といいます。

海馬におけるシナプス可塑性

海馬（⇨ p.169）でもシナプス可塑性が見られる。海馬にあるニューロンでは神経伝達物質として**グルタミン酸**が放出される。シナプス後細胞の樹状突起には**スパイン**と呼ばれる突起があり，ここに2種類のグルタミン酸受容体（**AMPA受容体とNMDA受容体**）がある。刺激が弱くグルタミン酸の放出量が少ないときは，NMDA受容体はMg^{2+}によってブロックされており，AMPA受容体によってNa^+が流入し脱分極が起こる。刺激が強くなり大きな脱分極が起こると，NMDA受容体のMg^{2+}のブロックが外れ，NMDA受容体によってCa^{2+}が流入するようになる。流入したCa^{2+}が**セカンドメッセンジャー**として働き，スパインを大きくし，AMPA受容体の発現量を増加させて，伝達効率を上昇させる。これにより記憶が長期保存される。

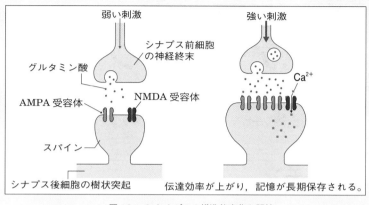

弱い刺激

強い刺激

グルタミン酸

シナプス前細胞
の神経終末

Ca^{2+}

AMPA 受容体

NMDA 受容体

スパイン

シナプス後細胞の樹状突起

伝達効率が上がり，記憶が長期保存される。

▲ 図 104-3 シナプスの構造的変化と記憶

【習得的行動】学習による行動

① **学習行動**…生まれてから後の**経験や訓練**によって習得した行動。

　　刷込み…臨界期にのみ成立する学習。

　　慣れ…シナプス可塑性による反応の低下。

　連合学習　古典的条件づけ

　　　　　　　オペラント条件づけ

② **知能行動（洞察学習）**…過去の経験をもとに，**未経験**なことに
　対しても**先を見通して**行う目的に合った適切な行動。

第**8**章　動物の環境応答

個体間のコミュニケーション

重要度
★ ★

同種の個体間では，音（鳴き声，言語）や光以外にも情報伝達の手段をもっている場合があります。

1 フェロモン

1 動物が体外に分泌し，同種の他個体に作用して特有の応答を引き起こす物質を**フェロモン**といいます。

2 カイコガの雌は，腹部にある分泌腺からフェロモンを分泌します。雄はこれを触角で受容すると，翅（はね）を激しく羽ばたかせながら（**婚礼ダンス**（こんれい）という）雌に接近します。

このように，**異性を誘引**するフェロモンを**性フェロモン**といいます。

婚礼ダンスの役割

婚礼ダンスのときに雄が翅を激しく羽ばたかせるのは，フェロモンを触角のほうへ集め，フェロモンの来る方向を知るためである。2つの触角に平等にフェロモンが受容できる方向に雌がおり，その方向へとからだを動かしながら，雌のほうへ接近していく。

3 集団を維持するために多数の個体を集めるフェロモンを**集合フェロモン**といいます。ゴキブリの糞（ふん）には，この集合フェロモンが含まれています。

ゴキブリは集団でいるほうが成長が速く，ゴキブリの集合フェロモンは**発育の調節**に関係しているといわれています。

4 **目的地までの経路を教える**のが**道しるべフェロモン**です。餌（えさ）を見つけたアリは，腹部の先端から道しるべフェロモンを地面に放出しながら巣へ帰ります。すると，そのフェロモンを触角で受容しながら通ってきた道をたどり，他の個体が餌場（えさば）へと向かいます。シロアリも移動に道しるべフェロモンを用いることが知られています。

5　ミツバチやアブラムシは，侵入者が来たことを仲間に知らせる**警報フェロモン**を放出します。

6　また，ミツバチの女王バチやシロアリの女王アリは，他の**雌個体の卵巣の発達を妨げる**フェロモンを放出します。これを**階級分化フェロモン**といいます。

> 「女王物質」とも呼ばれる。これにより，女王のみが産卵でき，女王としての地位が維持できる。

フェロモン…動物が体外に分泌し，同種の他個体に作用する物質。

フェロモンの種類	生物例
性フェロモン	カイコガ
集合フェロモン	ゴキブリ
道しるべフェロモン	アリ，シロアリ
警報フェロモン	ミツバチ，アブラムシ
階級分化フェロモン	ミツバチ，シロアリ

2　8の字ダンス

1　餌場を発見したミツバチの働きバチは，巣に帰るとしり振りダンスを踊って仲間に餌場の位置を伝えます。

2　**餌場が近いとき**は右の図105-1のような**円形ダンス**を踊ります。

3　**餌場が遠いとき**（80m以上離れているとき）は**8の字ダンス**を踊ります（図105-2）。

　8の字ダンスの**直進部分の方向が餌場のある方向を**示します。ただ，巣の中では直接餌場の方向を示せないので，太陽を基準に，太陽とのなす角度で餌場の方向を教えます。このとき，**重力と反対方向を太陽の方向とみなして**ダンスを踊ります。

円形ダンス　←餌場が近いとき

▲ 図105-1　円形ダンス

4 たとえば，巣箱から見て東の方向に餌場があり，太陽が真南にあるとすると，餌場の方向は太陽から左90°の方向になります。巣の中では重力と反対方向，すなわち真上を太陽の方向とみなすので，ミツバチは，真上から左90°の方向に直進しながら8の字ダンスを踊ります。

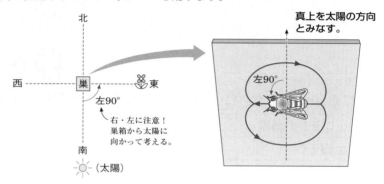

▲ 図105-2 ミツバチの8の字ダンスと餌場の方向

5 このとき，ダンスを踊る速さが餌場までの距離も示し，**餌場まで比較的近い場合はダンスを踊る速さが速くなります。**

6 餌場を見つけた個体が8の字ダンスをするとき，他の個体はダンスを踊っている個体に触角で触れながら踊り手の後を追い，餌場の方向，距離，そして，からだについている花の香りを受容するのです。

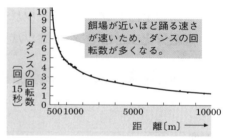

▲ 図105-3 8の字ダンスの回転数と餌場までの距離

【ミツバチのダンス】

① **円形ダンス**…餌場が**近い**場合。

② **8の字ダンス**…餌場が**遠い（80m以上離れている）**場合。

⇨重力の反対方向とダンスの直線方向がなす角度が，**太陽と餌場のなす角度**に等しい。ダンスの速さが**速い**と餌場までの距離が**短い**ことを示す。

第9章

植物の成長と環境応答

第106講 植物の一生と植物ホルモン・光受容体

重要度
★★

動物のホルモンは第28・29講で学習しましたね。実は植物にも「ホルモン」があります。

1 植物ホルモン

1 植物では環境変化の情報を，受容した細胞から応答する細胞へ伝える方法として，神経系をもたないので，もっぱら**低分子の有機化合物**が用いられます。植物が情報を伝達する手段として用いられるこのような低分子有機化合物を総称して**植物ホルモン**といいます。

2 動物のホルモンは特定の内分泌腺から分泌されましたが，植物にはそのような特定の内分泌腺はなく，刺激を受容したさまざまな細胞で合成されて分泌されます。また，動物のホルモンは血液によって運ばれましたが，植物ホルモンはもちろん血液によって運ばれるわけではありません。では，植物ホルモンはどのようにして輸送されるのでしょう。

3 植物ホルモンの輸送は，次の2通りに分けることができます。

1 隣接する細胞間の輸送
2 遠く離れた細胞への輸送

4 植物の多くの細胞どうしは，**原形質連絡**(⇨p.408)によって連絡しています。植物ホルモンもこの原形質連絡を通って隣接する細胞へ輸送されます(図106-1の**Ⓐ**，シンプラスト⇨p.409)。

5 また，植物細胞がもつ**細胞壁**どうしは密着して連続しており，この細胞壁内を通って輸送されたりもします(図106-1の**Ⓑ**，アポプラスト⇨p.409)。

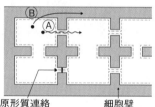

▶ 図106-1 細胞壁と原形質連絡　原形質連絡　　　細胞壁

6　遠く離れた細胞への輸送は，**維管束**(⇨p.85第12講)を用いた輸送です。**道管**を通って輸送される植物ホルモンや，**師管**を通って輸送される植物ホルモンもあります。

7　植物ホルモンにも多くの種類がありますが，おもなものに**オーキシン，ジベレリン，アブシシン酸，エチレン**などがあります。

8　上に挙げたホルモンのなかでエチレンは気体のホルモンです。そのため，植物体外にも放出され，他個体に働きかけることもできます。

9　オーキシンは細胞成長や果実の発達，落葉・落果の抑制などに働きます。ジベレリンは伸長成長の促進や果実の成長，発芽促進などに働きます。アブシシン酸は発芽抑制や気孔の閉鎖に，エチレンは肥大成長の促進や果実の成熟，落葉・落果の促進に働きます。

10　実際にはこれら以外にもサイトカイニン，ブラシノステロイド，システミン，ジャスモン酸，ファイトアレキシン，ストリゴラクトンなどの植物ホルモンもあります。

11　一度に挙げられてもチンプンカンプンですよね。でも大丈夫！これから後の講で順に1つ1つ学習していきましょう。

12　植物が外界からの環境変化を感知すると，植物ホルモンが合成されます。これが輸送されてそれぞれの植物ホルモンの受容体をもつ細胞が受容すると，おもに遺伝子発現が調節され，特定の反応を示すことで環境に応答します。

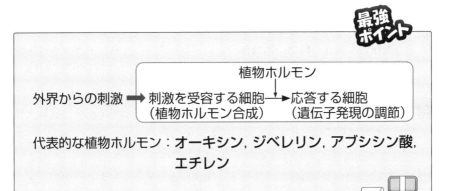

最強ポイント

外界からの刺激 ➡ 刺激を受容する細胞 ➡ 応答する細胞
　　　　　　　　（植物ホルモン合成）　　（遺伝子発現の調節）
　　　　　　　　　　　　　↑植物ホルモン

代表的な植物ホルモン：**オーキシン，ジベレリン，アブシシン酸，エチレン**

第**9**章　植物の成長と環境応答

2 光受容体

1 光を吸収して植物に一定の作用を及ぼすタンパク質を**光受容体**といいます。

2 植物の光受容体には赤色光および遠赤色光を吸収する**フィトクロム**，青色光を吸収する**フォトトロピン**，同じく青色光を吸収する**クリプトクロム**があります。

3 いずれも特定の波長の光を吸収するとタンパク質の構造が変化し，これによって特定の光に対応する反応が生じます。

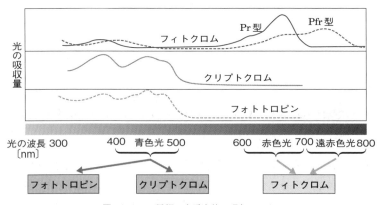

▲ 図 106-2 3種類の光受容体の吸収スペクトル

4 フィトクロムは光発芽種子の発芽や花芽形成に関与します。フォトトロピンは光屈性や気孔の開口，葉緑体の定位運動に関与，クリプトクロムは胚軸の成長抑制に関与します。

5 これも植物ホルモンと同じく，順に学習していきますので，今は登場人物の紹介程度に見てもらっておくだけで大丈夫ですよ。

6 植物はその一生を通じて，関与する光受容体や植物ホルモンの種類を変えながら，環境の変化に対応しています。これらを順に学習していきましょう！

| 発芽 | → | 成長 | → | 花芽形成 | → | 落葉，種子の休眠 |

関与する植物ホルモン

ジベレリン アブシシン酸	オーキシン ジベレリン エチレン	フロリゲン	オーキシン エチレン アブシシン酸

関与する光受容体

フィトクロム	フィトクロム フォトトロピン クリプトクロム	フィトクロム クリプトクロム	フィトクロム

おもな植物ホルモンと光受容体

① おもな植物ホルモンと働き

植物ホルモン	働き
オーキシン	細胞成長促進，果実の発達，落葉・落果の抑制
ジベレリン	伸長成長促進，果実の発達，発芽促進
アブシシン酸	発芽抑制，気孔の閉鎖
エチレン	肥大成長促進，果実の成熟，落葉・落果の促進

② 光受容体と受容する光，関与する現象

光受容体	受容する光	関与する現象
フィトクロム	赤色，遠赤色光	光発芽種子の発芽，花芽形成
フォトトロピン	青色	光屈性，気孔の開口，葉緑体の定位運動
クリプトクロム	青色	胚軸成長抑制

第**9**章　植物の成長と環境応答

第 **107** 講 種子の発芽

重要度
★★★

発芽って，種子から芽が出るだけの現象？　いえいえ，発芽だけでもさまざまなしくみが備わっています。

1 発芽の過程

1 種子が形成されても，普通はすぐに発芽するわけではありません。まず形成された種子は，水分量を減少させて乾燥状態になり，さらにいったん**休眠**状態にはいります。

2 休眠状態とは，発芽に適切な条件(**適温，水，酸素**など)が整っても，発芽しない状態のことです。文字通り眠っている(それも熟睡している)感じですね。

3 この休眠状態を維持し，発芽を抑制する作用をもつ植物ホルモンが**アブシシン酸**です。逆に休眠を打破し，発芽を促す作用をもつ植物ホルモンが**ジベレリン**です。

> イネの馬鹿苗病(イネの苗が異常に伸びる病気)を起こさせる原因となるカビ(馬鹿苗病菌)から発見された。

4 アブシシン酸の量が減少し，ジベレリン合成が促されてジベレリンの量が増加することで，休眠が打破され，発芽できる状態になります。

5 種子を水につけて，時間を追って種子の重さを測定すると，次のようになります(図107-1)。

1 まず，最初に物理的な吸水が起こり，重くなります。

2 いったん吸水が止まり，重さが変化しなくなりますが，この間に貯蔵物質を分解する酵素合成など，発芽の準備が行われます。

3 幼根が種皮を破り，発芽の過程が始まります。種皮が破れたことで再び吸水が盛んになり，重くなっていきます。

➡種皮が破れると，内部に酸素が供給されやすくなり，細胞の呼吸が活発に行われるようになります。

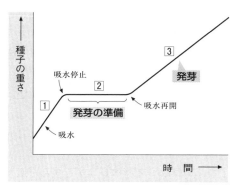

▲ 図107-1 種子の発芽と種子の重さ

6 **5**の②に書いた貯蔵物質を分解する酵素合成の具体的な例として，イネやムギなどで見られる**アミラーゼ合成**があります。

7 イネやムギの種子は，下の図107-2のような構造をしています。胚や胚乳および胚乳の外側には，**糊粉層**と呼ばれる部分があります。

8 アミラーゼ合成の誘導のしくみは次のようになっています。

  ① 種子が吸水すると，**胚**から**ジベレリン**が分泌されます。

  ② これが**糊粉層**の細胞の，**アミラーゼ遺伝子**を活性化します。

  ③ アミラーゼ遺伝子が転写，翻訳され，**アミラーゼ**が合成されます。

  ④ 合成されたアミラーゼは，糊粉層から**胚乳**へ分泌されます。

  ⑤ アミラーゼは，胚乳中の**デンプンを分解**します。

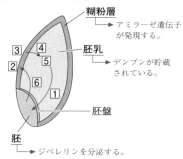

▲ 図107-2 イネの種子とアミラーゼ合成

  ⑥ デンプンの分解によって生じた糖は**胚盤**を通して胚に取り込まれ，呼吸基質や新しい細胞の材料として利用され，発芽が行われるようになります。

9 このような，ジベレリンによるアミラーゼ合成の誘導は，次のような実験から解明されました。

〔アミラーゼ合成の誘導を調べる実験〕（図107-3）

  ① オオムギの種子を2つに切断し，胚のあるほう（胚つき半種子）と胚のないほう（胚なし半種子）に分ける。

第**9**章　植物の成長と環境応答

673

②　胚つき半種子を，デンプンを含んだ寒天培地に置いておくと，胚乳とその周辺のデンプンが分解される。

➡胚から分泌されたジベレリンによって，**アミラーゼ合成が誘導された**からです。

③　胚なし半種子を，デンプンを含んだ寒天培地に置いておいても，デンプンの分解は見られない。

➡胚がないとジベレリンが分泌されず，アミラーゼ合成も起こらないからです。

④　胚なし半種子を，デンプンとジベレリンを含んだ寒天培地に置いておくと，胚乳とその周辺のデンプンが分解される。

➡胚がなくてもジベレリンがあればアミラーゼ合成が誘導されるからです。

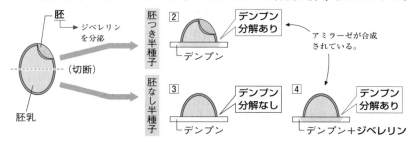

▲ 図107-3　ジベレリンによるアミラーゼ合成の誘導を調べる実験

+α パワーアップ　ジベレリンによる遺伝子発現の調節

①　ジベレリンがないときは，**DELLA**というタンパク質が，ジベレリン応答遺伝子の転写調節領域に結合する調節タンパク質と結合している。そのため，調節タンパク質は転写調節領域に結合できず，ジベレリン応答遺伝子の転写は抑制されている。

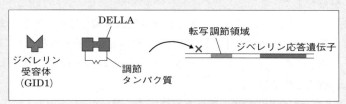

▲ 図107-4　ジベレリン応答遺伝子の転写の抑制

② ジベレリンがジベレリン受容体(GID1)に結合すると，この複合体がDELLAタンパク質と結合し，DELLAタンパク質の分解を誘導する（この分解は，ユビキチン・プロテアソーム系によって行われる⇨p.31）。DELLAタンパク質が分解されると，調節タンパク質が転写調節領域に結合し，ジベレリン応答遺伝子の転写が促され，ジベレリンの作用が現れる。

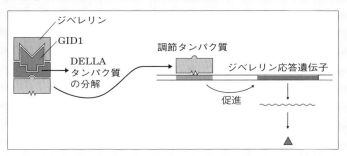

▲ 図107-5 ジベレリン応答遺伝子の転写の促進

最強ポイント

【発芽の過程】

① 吸水

② 発芽の準備（例 ジベレリン分泌→アミラーゼ合成誘導→
　デンプン分解）

③ 幼根が種皮を破る

2 光発芽種子

1　種子の発芽に必要な条件は，**水・適温・酸素**です。しかし，これらの条件以外に，**光**が関与する種子もあります。

　発芽に光を必要とする種子を**光発芽種子**といいます。レタス・タバコなどは光発芽種子です。逆に，光がないほうが発芽しやすい種子もあり，これを**暗発芽種子**といいます。カボチャ・ケイトウなどは暗発芽種子です。

レタス・タバコ以外にも，マツヨイグサ・シロイヌナズナ・ヤドリギ・シソ・セロリ・ゴボウ・イチジクなども光発芽種子である。

カボチャ・ケイトウ以外にも，タマネギ・スイカなども暗発芽種子である。光の作用に関わらず発芽する種子を暗発芽種子と呼ぶこともある。

第**9**章　植物の成長と環境応答

675

2 光発芽種子は，光がないと休眠が打破されない種子だといえます。

3 レタスの種子の発芽に最も有効な光の波長を調べると，**赤色光**（660nm付近の波長の光）であることがわかりました。

4 レタスの種子を暗黒条件に置いておくと発芽しませんが，赤色光を短時間照射すると，発芽できるようになります。

ところが，赤色光を照射した直後に**遠赤色光**（730nm付近の波長）を照射すると，**赤色光の効果が打ち消され，発芽しなくなります**。

赤色光と遠赤色光を交互に照射すると，**一番最後に照射した光によって発芽の有無が決まります**。

光処理	発芽率〔%〕
R	70
R → FR	6
R → FR → R	74
R → FR → R → FR	6
R → FR → R → FR → R	76
R → FR → R → FR → R → FR	7
R → FR → R → FR → R → FR → R	81
R → FR → R → FR → R → FR → R → FR	7

R：赤色光
（red）
FR：遠赤色光
（far red）

▲ 表107-1 レタスの種子の発芽と光条件

5 このような現象には，**フィトクロム**と呼ばれる色素タンパク質が関与しています。フィトクロムには，赤色光を吸収しやすい**赤色光吸収型**（P_R**型**）と，遠赤色光を吸収しやすい**遠赤色光吸収型**（P_{FR}**型**）があり，P_R**型は不活性型**で，P_{FR}**型が活性型**です。これらは相互に可逆的に変換します。

つまり，赤色光を照射するとP_R型が赤色光を吸収し，その結果P_R型は活性型であるP_{FR}型に変換します。遠赤色光を照射するとP_{FR}型が遠赤色光を吸収し，その結果P_{FR}型はP_R型に戻ってしまいます（図107-6）。

6 また，暗黒条件でも，**ジベレリン**を与えれば発芽します。

以上のことから，次のように考えることができます。

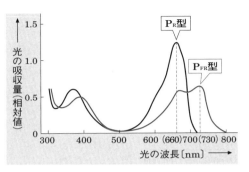
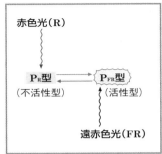

▲ 図107-6 フィトクロムの型と吸収する光の波長

7　つまり，赤色光が照射されると，P_R型のフィトクロムが赤色光を吸収してP_{FR}型に変換します。もともとP_R型のフィトクロムは，細胞質内に存在するのですが，赤色光を受容してP_{FR}型になると核内に移動します。核内に移動したP_{FR}は調節タンパク質とともに基本転写因子と結合し，遺伝子発現を促します。その結果，**ジベレリン合成が促され，休眠が打破されます**。ところが，赤色光照射の直後に遠赤色光を照射すると，P_{FR}型がジベレリン合成を促す前に，不活性型のP_R型に戻ってしまうので，赤色光の効果が打ち消されたことになるのです。

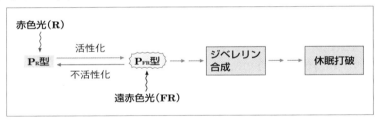

▲ 図107-7 光条件と発芽のしくみ

8　一般に，光発芽種子は小さい種子であることが多く，それだけ栄養分の貯蔵量も少ないのが特徴です。そのような種子が地中深い所で発芽してしまうと，地表面に達する前に貯蔵栄養分がなくなってしまう危険性があります。発芽に光を必要とするのは，光が当たる程度の浅い場所で発芽するための適応なのでしょうね。

9　また，太陽光は，葉を透過すると赤色光などは葉に吸収されるので，植物が繁茂している下の地面には赤色光はほとんど届きませんが，遠赤色光は比較的届きます（図107-8）。赤色光で発芽が促され，遠赤色光がその効果を打ち消すことで，他の植物が繁茂している場所で発芽しないよう調節されてい

第**9**章　植物の成長と環境応答

るのです。

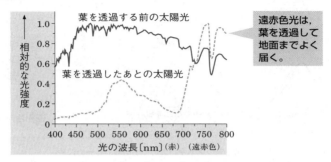

▲ 図107-8 葉を透過する前後の太陽光の光強度と光の波長の関係

10 　発芽には適温が必要でしたが，その温度は種子によって異なります。たとえば，コムギは20〜25℃，イネは30〜35℃が発芽に適した温度です。

　ところが，適温に保っても発芽しない種子もあります。このような種子は，**いったん5℃前後の低温のもとで1か月〜数か月すごしたあとで適温にすると発芽します。**

11 　このように，いったん低温を感じることが必要な種子を**低温要求種子**といいます。低温要求種子は，温帯北部から亜寒帯などの比較的冬の寒さが厳しい地域で生育する植物の種子に多く見られます。これは，低温を経験しないで発芽してしまうと，冬がくる前に発芽してしまうことになり，発芽して生じた幼植物が厳しい冬の寒さに耐えられず枯死してしまうのを防ぐための適応だと考えられます。

12 　このような低温要求種子に低温処理をすると**アブシシン酸**の減少とジベレリン濃度の増加が見られます。また，低温要求種子にジベレリンを与えると，低温を経験しなくても発芽するようになります。

【光発芽種子（例レタス・タバコ）と光条件】
① **赤色光**照射で発芽，**遠赤色光**はその効果を打ち消す。
② 光を吸収するのは**フィトクロム**。

第**108**講 植物の運動と光屈性の実験

重要度
★ ★

植物も茎が曲がったり，花弁が開いたり，葉が閉じたりといった運動を行います。植物の運動を見てみましょう。

1 屈性と傾性

1 　刺激の来る方向に対して一定方向に屈曲する性質を**屈性**（くっせい）といいます。屈性にはいろいろな種類がありますが，どれも，**成長を伴う成長運動によって起こります**。

　屈性は，屈曲する方向によって，**刺激源のほうへ向かって屈曲**する場合は**正の屈性**（せい），**刺激源から遠ざかるように屈曲**する場合は**負の屈性**（ふ）といいます。

2 　たとえば，暗所で植物体を水平にすると，茎は上に向かって，根は下に向かって伸びます。

　これは，**重力が刺激**となり，茎ではその重力源（地球の中心）から遠ざかるように屈曲したので**負の重力屈性**，根は重力源のほうへ向かうように屈曲したので**正の重力屈性**を示したといえます。

3 　植物に横から光を当てると，茎は光のほうへ，根は光から遠ざかるほうへ屈曲します。つまり，**茎は正の光屈性**（ひかり），**根は負の光屈性**を示します。

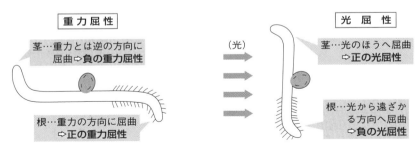

重力屈性

茎…重力とは逆の方向に
屈曲➡**負の重力屈性**

根…重力の方向に屈曲
➡**正の重力屈性**

（光）

光屈性

茎…光のほうへ屈曲
➡**正の光屈性**

根…光から遠ざか
る方向へ屈曲
➡**負の光屈性**

▲ 図108-1 植物の重力屈性と光屈性

第**9**章 植物の成長と環境応答

4 アサガオのつるは支柱に巻きつきますが，これは，茎が支柱に接触すると，**接触した側よりも接触しない側での成長が促進されるため**です。つまり，接触という刺激源のほうへ向かって屈曲したことになるので，この場合，**正の接触屈性**を示したといえます。

5 花粉管は助細胞から分泌される化学物質のほうへ向かって伸びていきます（⇨p.726）。これは，**正の化学屈性**だといえます。

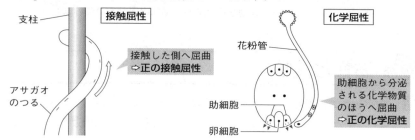

支柱　　**接触屈性**

接触した側へ屈曲
⇨正の接触屈性

アサガオ
のつる

化学屈性

花粉管

助細胞から分泌
される化学物質
のほうへ屈曲
⇨正の化学屈性

助細胞

卵細胞

▲ 図108-2 植物の接触屈性と化学屈性

6 刺激の来る方向とは無関係に，一定方向に運動する性質を**傾性**といいます。

7 屈性はすべて成長運動によりますが，傾性の場合は，**成長運動**の場合と膨圧の変化によって起こる**膨圧運動**の場合があります。

8 チューリップの花は，温度が高くなると開き，温度が下がると閉じるという運動を行います。これは，**温度が高くなると，花弁の内側がよく成長し，温度が下がると，花弁の外側がよく成長する**からです。この運動は温度が刺激ですが，刺激の方向とは無関係に，温度が上がれば花が開くという一定方向に運動するので，温度屈性ではなく**温度傾性**といいます。

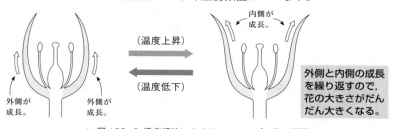

（温度上昇）

内側が
成長。

外側が
成長。

外側が
成長。

（温度低下）

外側と内側の成長
を繰り返すので，
花の大きさがだん
だん大きくなる。

▲ 図108-3 温度傾性によるチューリップの花の開閉

9 オジギソウの葉に触れると，葉は折りたたまれて下にたれます。これは，接触が刺激となっていますが，上から触っても下から触っても，触ると葉は下にたれるので，接触屈性ではなく**接触傾性**だといえます。

　花の開閉運動は成長を伴う成長運動によりましたが，<u>オジギソウの葉の開閉運動</u>は，葉柄の付け根にある**葉枕**^{ようちん}を構成する細胞の膨圧が可逆的に変化することで起こります。つまり，葉に触ると葉枕の細胞の膨圧が低下し葉が下にたれますが，接触刺激がなくなると膨圧が再び上昇して葉がもち上がるのです。

> オジギソウの葉の開閉運動は，昼間開き，夜閉じるというように，１日の変化に伴っても見られる。この場合は，接触刺激とは関係なく，体内時計によって開閉運動が行われる。このような運動は「就眠運動」と呼ばれる。

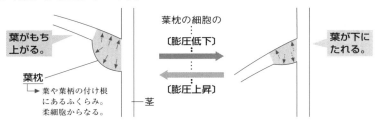

▲ 図108-4 接触傾性によるオジギソウの葉の開閉運動

❿　このように，可逆的な膨圧の変化によって起こる運動を**膨圧運動**^{ぼうあつ}といいます。

最強ポイント

$\left\{\begin{array}{l}\textbf{屈性}\cdots刺激の方向に対して\textbf{一定方向に屈曲}する性質。\\ \textbf{傾性}\cdots刺激の方向に対して\textbf{無関係に一定方向に運動}する性質。\end{array}\right.$

【屈性の種類】

刺　激	屈性の種類	例
光	**光 屈 性**	茎（正），根（負）
重　力	**重力屈性**	根（正），茎（負）
接　触	**接触屈性**	アサガオのつる（正）
化学物質	**化学屈性**	花粉管（正）

【傾性の種類】

刺　激	傾性の種類	例
温　度	**温度傾性**	チューリップの花弁の開閉運動
接　触	**接触傾性**	オジギソウの葉の開閉運動

第**9**章　植物の成長と環境応答

2 光屈性の研究

1 植物の茎は，光の方向に屈曲する正の光屈性（ひかりくっせい）を示します。この正の光屈性について，多くの学者によるさまざまな実験が行われました。

2 光屈性の実験には，幼葉鞘（ようようしょう）がよく用いられます。幼葉鞘とは，イネ科植物において，種子から最初に出てくる筒状の器官で，第一葉を包んでいるものです。幼葉鞘は，光に対して敏感に光屈性を示します。

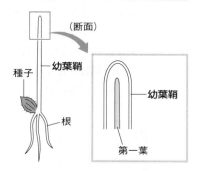

▲ 図108-5 イネの幼葉鞘

3 進化論でも有名な**ダーウィン**とその息子は，クサヨシ（カナリアソウ）の幼葉鞘を用いて，次のような実験を行いました（1880年）。

（実験1） 幼葉鞘の先端を切除し，光を照射する。➡屈曲しない（ほとんど成長もしない）。

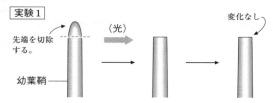

➡幼葉鞘の先端を切除すると屈曲しないこの実験から，「**光屈性には，先端が何か重要な役割をしているらしい…**」ということがわかります。でも，屈曲しない（ほとんど成長しない）のは，切除したときの傷が原因など，いろいろなことが考えられるので，光を感知する部分が幼葉鞘の先端だとは，まだいえません。

（実験2） 先端に不透明なキャップをかぶせて光を照射する。➡屈曲しない。

（実験3） 先端に透明なキャップをかぶせて光を照射する。➡屈曲する。

＊実験3は，キャップをかぶせた接触刺激や重さが原因ではないことを確かめる実験2の対照実験。

（実験4） 先端以外を砂に埋めて光が当たらないようにし，光を照射する。➡屈曲する。

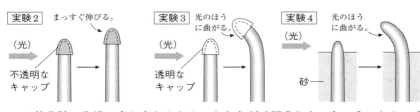

➡幼葉鞘の先端に光が当たらなかったときだけ屈曲しないというこれらの実験結果から，**光を感知するのは幼葉鞘の先端**だとわかります。また，屈曲する部分は先端よりも下方なので，**先端で感知された情報が下方に伝えられて屈曲する**と，ダーウィン親子は考えました。

4 **ボイセン・イエンセン**は，マカラスムギの幼葉鞘を用いて，次のような実験を行いました(1910 ～ 1913年)。

（実験5） 先端を切り取り，雲母片をはさんでのせ，光を照射する。➡屈曲しない。

> 雲母という岩石の薄い切片で，水溶性物質などを通さない。

（実験6） 先端を切り取り，ゼラチン片をはさんでのせ，光を照射する。➡屈曲する。

> 動物の骨や腱などの結合組織の主成分であるコラーゲンに熱を加えて抽出したもので，水溶性物質を通す。ゼリーやグミなどの材料として用いられている物質である。

➡ゼラチン片をはさんだほうでだけ屈曲したことから，先端で感知された情報は，**水溶性物質によって下方に伝えられる**ことがわかります。

（実験7） 雲母片を光と反対側に差し込み，光を照射する。➡屈曲しない。

（実験8） 雲母片を光の来る側に差し込み，光を照射する。➡屈曲する。

（実験9） 雲母片を先端から光の来る方向に垂直に差し込み，光を照射する。
　　➡屈曲しない。

（実験10） 雲母片を先端から光の来る方向に平行に差し込み，光を照射する。
　　➡屈曲する。

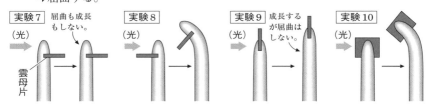

第**9**章　植物の成長と環境応答

➡雲母片によって光の反対側への物質の移動を妨げたり（実験9），下方への物質の移動を妨げたりする（実験7）と屈曲しないことから，光の情報を伝える物質は，**先端にあり，これが光と反対方向に移動し，光の当たらない側を下方に移動する**と考えられます。

5 **パール**は，マカラスムギの幼葉鞘の先端を切り，暗黒中で片側にずらして置くという実験を行いました（1919年）。

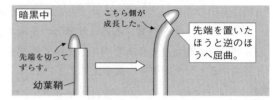

暗黒中
こちら側が成長した。
先端を切ってずらす。
幼葉鞘
先端を置いたほうと逆のほうへ屈曲。

➡幼葉鞘の先端を置いたほうと逆のほうに屈曲した。

➡先端でつくられ，下方に移動した物質は**成長を促進する物質**で，これが不均一になることで屈曲が起こると考えられます。

6 **ウェント**は，マカラスムギの幼葉鞘を使って，次の実験を行いました（1928年）。

（実験11） 暗黒中で先端だけを寒天片にのせておき，その寒天片を，先端を切除した幼葉鞘の片側にずらしてのせ，光は照射しない。

> テングサ（紅藻類）の粘液質を凍結乾燥させてつくったもので，おもに多糖類からなる。

➡寒天片をのせていないほうへと屈曲する。

（実験12） 先端だけを2個の寒天片にのせて光を照射する。その寒天片をそれぞれ先端を切除した幼葉鞘にのせ，光は照射しない。➡光と反対側の寒天片をのせたほうがよく成長し，屈曲する。

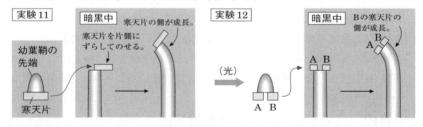

実験11
幼葉鞘の先端
寒天片
暗黒中
寒天片の側が成長。
寒天片を片側にずらしてのせる。

実験12
（光）
A B
暗黒中
Bの寒天片の側が成長。
A B
A B

➡幼葉鞘の先端でつくられた成長促進物質は，**先端で光と反対方向に移動し，光の当たらない側を通って下方に移動する**と考えられます。

7 ウェントは，この成長促進物質の濃度によって幼葉鞘の屈曲度が違うことを利用して，成長促進物質の濃度を推定する方法を考案しました。これを**アベナ屈曲テスト**といいます。

> マカラスムギの学名が*Avena sativa* L.で，アベナを用いてその屈曲を調べる実験ということで，このような名前で呼ばれる。

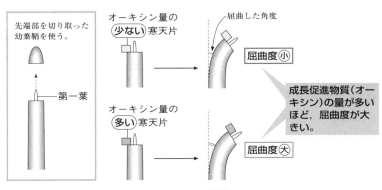

▲ 図108-6 アベナ屈曲テスト

8 このように，化学物質が生物に及ぼす影響を調べる方法を**生物検定法**（バイオアッセイ）といいます。

9 ウェントは，寒天片中から成長促進物質を取り出すことにも成功しました（1928年）。これが，後に**ケーグル**らによって**オーキシン**と名づけられることになる植物ホルモンです。

 光屈性のしくみに関するもう1つの説

ウェントの実験では，先端でつくられた成長促進物質が光と反対側に片寄ることで光屈性が起こることを示している。しかし，精密な機器で測定したところ，光側と陰側とでオーキシンの濃度にはほとんど差がなかったという研究結果もある。そのため，光が当たると光側で成長を抑制する物質（オーキシン活性を阻害する物質）がつくられるという説（**ブルインスマ・長谷川説**）もあった。

【光屈性の研究】
ダーウィン親子…光刺激を感知するのは**幼葉鞘の先端**。
ボイセン・イエンセン…情報を下方に伝えるのは**水溶性物質**。
パール…先端でつくられた物質は**成長促進物質**。
ウェント…先端でつくられた物質は**先端で光と反対方向に移動**
し，陰側を通って下方に移動する。

第**9**章 植物の成長と環境応答

植物の成長の調節

重要度
★★★

植物が成長する過程で関与する植物ホルモンについて見てみましょう。

1 細胞の伸長と植物ホルモン

1 植物の成長には大きく次の2種類があります。
[1] **伸長成長**（しんちょうせいちょう）：縦方向への成長（背丈が伸びる）
[2] **肥大成長**（ひだいせいちょう）：横方向への成長（太くなる）

2 伸長成長にも肥大成長にも関与するのが植物ホルモンの**オーキシン**です。

> 天然のオーキシンはインドール酢酸（IAA）という物質。人工的に合成されたオーキシンとしてナフタレン酢酸や2,4-Dなどがある。

3 植物が成長するには細胞が大きくなる必要があります。でも植物細胞には丈夫な細胞壁があるので，細胞壁が硬いままでは植物細胞も大きくなることはできません。

4 植物細胞の細胞壁の主成分は**セルロース**ですが，そのセルロース繊維の間を多糖類（ペクチン）がつなげている構造になっています。

5 オーキシンの作用により，この多糖類を切断する酵素が働き，多糖類が切断されます。すると，セルロース繊維とセルロース繊維の間が伸びやすくなるので，細胞壁がゆるみます。

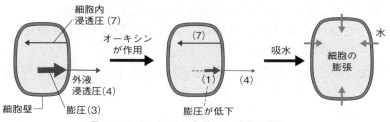

▲ 図109-1 オーキシンの作用による細胞の膨張

6 細胞壁がゆるむと，**膨圧**(水を押し出そうとする力)が弱まり，細胞内に水が入ってきて，細胞は膨張することになります。図109-1の例では，(左)細胞内浸透圧が7・細胞外浸透圧が4（細胞内が高張）で膨圧が3発生➡(中)オーキシンの働きで細胞壁がゆるみ膨圧が低下して1となり，7−4−1＝2の吸水力が発生➡(右)細胞内に水が入るとなります。

7 伸長成長(縦方向の成長)にはオーキシン以外に**ジベレリン**，肥大成長(横方向の成長)にはオーキシン以外に**エチレン**が関与します。

8 図109-2(a)のように，ジベレリンが作用すると，セルロース繊維(せんい)が水平方向に合成されます。そのうえでオーキシンが作用すると，セルロース繊維とセルロース繊維の間が伸びやすくなり，その結果，細胞は縦方向に成長する(伸長成長)ようになります。

9 一方，図109-2(b)のように，エチレンが作用するとセルロース繊維が垂直方向に合成され，そのうえでオーキシンが作用すると，セルロース繊維とセルロース繊維の間が伸びやすくなり，その結果，細胞は横方向に成長する(肥大成長)ようになります。

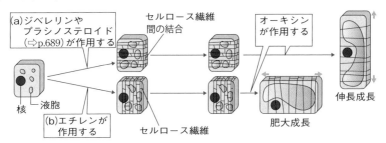

▲ 図109-2 植物ホルモンによる伸長成長と肥大成長

オーキシンにより細胞壁がゆるむしくみ

　細胞壁には，細胞壁の主成分であるセルロースの繊維間をつないでいるペクチンなどの多糖類(**マトリックス多糖類**という)があり，これが分解されると細胞壁はゆるむ。オーキシンは細胞膜のH^+ポンプを活性化し，細胞内からH^+を細胞壁のほうへ排出させ，これによって細胞壁が酸性化する。細胞壁に含まれるマトリックス多糖類分解酵素(エクスパンシン)の最適pHは酸性側にあり，細胞壁が酸性化すると，これらの酵素が活性化してマトリックス多糖類が分解され，細胞壁がゆるむと考えられている(**酸成長説**)。

▲ 図 109-3 細胞壁がゆるむしくみ

 オーキシンによる遺伝子発現調節

① オーキシンがないときは，AUX/IAA というタンパク質が，オーキシン応答遺伝子の転写調節領域に結合している調節タンパク質と結合し，調節タンパク質の働きを抑制している。そのため，オーキシン応答遺伝子の転写は抑制されている。

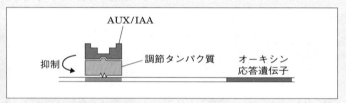

▲ 図 109-4 オーキシンがないときの転写の抑制のしくみ

② オーキシンが受容体（TIR1）と結合すると，その複合体が AUX/IAA と結合し，AUX/IAA の分解を誘導する（この分解はユビキチン・プロテアソーム系による⇨p.31）。AUX/IAA が分解されると，調節タンパク質の働きによりオーキシン応答遺伝子の転写が促され，オーキシンの作用が現れる。

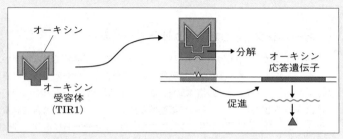

▲ 図 109-5 オーキシンがあるときの転写の促進のしくみ

ブラシノステロイド

　若い茎の伸長成長には，**ブラシノステロイド**という植物ホルモンも関与する。名前の通りステロイド系(脂質)のホルモンである。

　ジベレリンと同様にセルロース繊維を水平方向に整列させることで縦方向の伸長成長を促す。通常暗所で種子から発芽したばかりの芽生えは**胚軸**(⇨p.728)がひょろ長く(いわゆるもやしの状態に)成長する。これは土の中で発芽した芽生えが素早く土の上に出て光合成を行うのに適している。また芽生えの先端はかぎ状に屈曲し(**フック**という)，子葉も開かない状態であるが，これは子葉や茎頂分裂組織を保護しながら土の中を成長していくのに適している。ブラシノステロイドを合成できない変異体では，芽生えの胚軸が太くて短

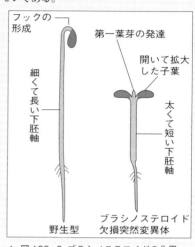

▲ 図109-6 ブラシノステロイドの作用

くなり，先端はフックを形成しなくなり，子葉も開いて(展開という)しまう。

　フックの形成や子葉の展開にはエチレンも関与している。エチレンの作用でフックが形成され，子葉の展開は抑制されている。芽生えが土の上に出て光を感知する(**フィトクロム**および**クリプトクロム**が関与)とエチレンの生成が抑制され，フックが解除されて子葉が展開するようになる。

2 オーキシンの極性移動

1　オーキシンはおもに茎の先端や幼葉鞘(⇨p.682)でつくられて，**伸長部**(茎や根で，最もよく伸長する部位)に移動し，伸長部で作用を現します。

2　植物体におけるオーキシンの移動は次のようになります。

　[1]　茎の先端でつくられたオーキシンの一部は，茎の外側(おもに皮層)を通って茎の伸長部へ移動します。

　[2]　茎の先端でつくられたオーキシンの[1]以外は，

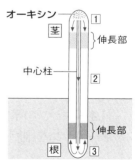

▲ 図109-7 オーキシンの移動

689

茎の中心部分(中心柱)を通って根の先端にある根冠へ運ばれます。

③　根冠まで達したオーキシンは，そこで折り返し，根の外側(おもに皮層)を通って根の伸長部へ運ばれます。

3　このように，一定の方向性があることを極性（きょくせい）といい，極性を伴った移動を**極性移動**といいます。オーキシンは極性移動します。

4　このオーキシンの極性移動には2種類の輸送タンパク質が関与します。

　1つは**AUX1**というタンパク質で，この輸送タンパク質により細胞内へオーキシンが移動します。もう1つは**PIN**というタンパク質で，この輸送タンパク質は細胞外へオーキシンを輸送するタンパク質です。

5　実は，オーキシンはAUX1を通っても細胞内に移動しますが，AUX1を通らなくても細胞内に移動することができます。一方，細胞外に輸送するときは必ずPINタンパク質が必要になります。すなわちオーキシンの極性移動の方向を決めているのはPINタンパク質なのです。

6　茎の先端と伸長部の間の皮層の細胞では，PINタンパク質が下側(重力側)の細胞膜に存在します。そのため茎の先端から伸長部の方向にのみオーキシンは移動し，伸長部から茎の先端へは移動しません。

7　一方，根の先端と根の伸長部の間の表皮や皮層の細胞では上側(重力の反対側)の細胞膜にPINタンパク質が存在するので，根の表皮や皮層では先端から上側にある伸長部へと移動するのです。

8　茎では下側に，根の表皮や皮層では上側に移動する…というと混乱しそうですが，もともと種子のあった側(根元)を**基部**といいます。なので茎の先端から見ると下が基部，根の先端から見ると上が基部です。オーキシンが表皮や皮層を通って移動するときはおもに茎や根の**先端から基部方向**に移動するのです。

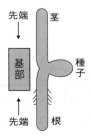

▶ 図109-8 茎と根の先端と基部の関係

【オーキシンの極性移動】
オーキシンを**細胞外**に輸送する**PINタンパク質**の働きによる。

3 重力屈性とオーキシン

1　植物体を横倒し（水平方向）に保つと，やがて茎は上（重力の反対側）に，根は下（重力方向）に屈曲して伸長するようになります。

2　この場合は，茎は刺激源である重力源（地球の中心）から遠ざかったので**負の重力屈性**，根は重力源のほうに向かっているので**正の重力屈性**を示します。

3　植物体を水平方向に保つと，茎の先端や根冠では，PINタンパク質が重力側の細胞膜に分布するようになります。そのため水平方向に保たれた植物体では，オーキシンは次のように移動することになります。

　　① まず茎の先端部で重力方向に移動し，外側を通って伸長部へ移動します。

　　② また一部は，中心柱を通って（この中心柱を通るときは重力方向にはあまり移動しない），根に達します。

　　③ 根冠内では重力方向に移動し，外側を通って根の伸長部へ移動します。

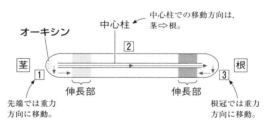

▲ 図 109-9 植物体を水平にしたときのオーキシンの移動

4　その結果，茎の伸長部でも根の伸長部でも重力側のほうがオーキシン濃度が高くなることになります。

5　にもかかわらず，茎と根で屈曲する方向が異なるのはなぜでしょう。
　　実は，**オーキシンに対する感受性が器官によって異なる**からなのです。

6　p.692の図109-10は，オーキシン濃度と茎および根の感受性の違いを示したものです。
　　すなわち，**オーキシンが成長促進に作用する濃度が根では非常に低く，オーキシン濃度が高すぎると，かえって成長抑制に作用する**のです。

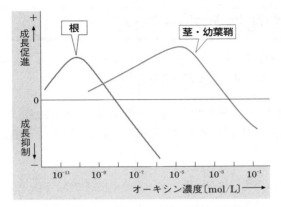

▲ 図109-10 オーキシンに対する各器官の感受性

7 したがって植物体を水平に保った結果，茎でも根でも重力側の伸長部のオーキシン濃度が高くなりますが，その濃度が茎では成長促進に作用し，根では成長抑制に作用するのです。

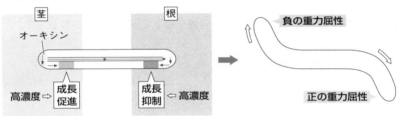

▲ 図109-11 重力屈性が起こるしくみ

■**考えてみよう！** 重力屈性において，植物はどのようにして重力方向を感知しているのでしょうか？

8 根の根冠にある**コルメラ細胞（平衡細胞）**や茎の内皮細胞には，**アミロプラスト**という細胞小器官があります。このアミロプラスト内にはデンプン粒があり，この重みによって，アミロプラストが重力方向によって細胞内での位置を変えます。このアミロプラストの動きによって重力方向が感知されるのです。

+α パワーアップ オーキシンの極性移動とPINタンパク質

　細胞膜にあるH⁺ポンプにより細胞内から細胞外（細胞壁中）にH⁺が放出され，その結果，細胞壁中が弱酸性（pH5.5前後）になる。オーキシンはpH5付近では約

692

半数がイオン化し負の電荷をもつが，半数は
イオン化せず中性分子として存在する。細胞
内はpH7の中性に保たれておりほとんどが
イオン化し，負の電荷をもつ状態で存在する。
図109-12のように，イオン化していないオー
キシン(▲)は細胞膜を容易に透過し細胞内に
入ることができるが，細胞内のイオン化した
オーキシン(▲⁻)は細胞膜を透過できない。
オーキシンを排出する側の細胞膜には，**PIN
タンパク質**が局在し，細胞内のオーキシンは
このPINタンパク質によって細胞外に排出
される。また，細胞外のオーキシンは**AUX1
タンパク質**によっても細胞内に取り込まれる。

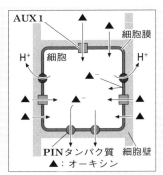

▲ 図109-12 細胞膜を通じての
オーキシンの輸送

　PINタンパク質にはPIN1からPIN8まで
8種類が存在し，それぞれが異なる組織で発
現することで，オーキシンの極性移動に関与
している。図109-13のように，茎や根の**中
心柱**の細胞ではPIN1が細胞膜の下側に局在
することで，重力に関係なく，茎の先端から
根にオーキシンが輸送されることになる。さ
らに根の中心柱の先端側の細胞にあるPIN4
によりオーキシンは根冠に輸送され，根冠の
細胞でPIN3により方向を変え，表皮および
皮層の細胞の上方(基部方向)の細胞膜にある
PIN2によって根の伸長部へと輸送される。

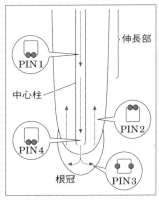

▲ 図109-13 根におけるオーキシ
ンの輸送

　図109-14のように，植物体を水平に保つ
と，**コルメラ細胞**内のアミロプラストが重力方向に動き，これによりPIN3が細
胞膜の重力側に局在するようになる。そのためオーキシンが重力方向に輸送され
ることになる。

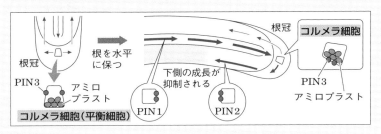

▲ 図109-14 根の正の重力屈性のしくみ

茎は負の重力屈性，根は正の重力屈性を示す。
オーキシンの感受性が根と茎とで異なることが原因。
⇨オーキシン濃度が高すぎると**成長抑制**。

4 光屈性とオーキシン

1 茎の先端に光が当たると，茎は光のほうへ屈曲して成長します。すなわち**正の光屈性**を示します。

2 このとき，光を感知するのは**フォトトロピン**という青色光を受容する光受容体です。

3 フォトトロピンが青色光を受容すると，茎の先端で**PIN**タンパク質が**光と反対側の細胞膜に分布**するようになります。その結果，オーキシンが光と反対側に輸送されるようになります。このオーキシンが先端から伸長部に移動してその部分の成長を促進するため，正の光屈性が起こります。

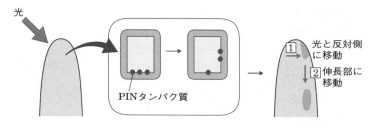

▲ 図109-15 茎の正の光屈性のしくみ

・茎は正の光屈性を示す。

・光屈性において光(青色光)を感知するのは**フォトトロピン**。

・光を感知すると**PIN**タンパク質が光と反対側の細胞膜に分布するようになり，オーキシンは光と反対側に輸送される。

5 頂芽優勢・落葉とオーキシン

1　茎の先端にある芽を頂芽，葉柄の基部にある芽を側芽といいます。**頂芽が存在しているときは，側芽の成長は抑制されます。**このような現象を頂芽優勢といいます。

　頂芽を切除すると，側芽が成長を開始しますが，頂芽を切除してその切り口にオーキシンを与えると側芽は成長しません。このことから，頂芽優勢にオーキシンが関与していることがわかります。

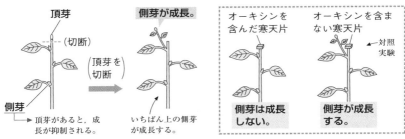

▲ 図 109-16 頂芽優勢とオーキシンの関係

2　この頂芽優勢の現象によって，側芽の不必要な伸長を抑制し，頂芽に優先的に栄養分を分配して成長を促すことで，より多くの光を受容できる高い位置に葉をつけることができるという利点があるのでしょう。

第**9**章　植物の成長と環境応答

頂芽優勢のくわしいしくみ

厳密には，頂芽優勢はオーキシン単独の作用で起こるのではない。

側芽の成長を促すのは茎で合成され側芽に供給される**サイトカイニン**という植物ホルモンで，頂芽で生成されたオーキシンがサイトカイニンの合成を阻害しているため，頂芽があるときは側芽の成長が抑えられている。頂芽を切除し，オーキシン濃度が低下するとサイトカイニンが合成され，これが側芽の成長を促す。

また，根から供給される**ストリゴラクトン**という植物ホルモンも頂芽優勢に関与している。頂芽から供給されたオーキシンがストリゴラクト

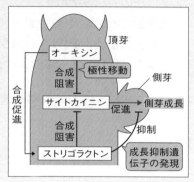

▲ 図109-17 頂芽優勢にかかわる植物ホルモン

ン合成を促し，生じたストリゴラクトンがサイトカイニン合成を阻害したり，直接側芽の成長を抑制する。

アーバスキュラー菌根菌とストリゴラクトン

アーバスキュラー菌根菌（**AM菌**：Arbuscular Mycorrhizal fungi）は，多くの植物と共生する菌類（糸状菌）で，植物の根が届かないような場所に存在する無機塩類（リン酸など）を吸収して植物に供給し，代わりに植物の光合成産物の炭素源を受け取る。植物は根から**ストリゴラクトン**を分泌してAM菌に自らの存在を教え，共生関係を築いている。

上の＋αパワーアップで説明した通り，ストリゴラクトンは側芽の成長を抑制する植物ホルモンとしての働きもあり，頂芽優勢に関与している。頂芽で生成されたオーキシンが，サイトカイニンの合成を抑制するとともにストリゴラクトンの生成を促進し，これにより側芽の成長が抑制される。土壌中の無機塩類が不足すると植物はストリゴラクトンを分泌してAM菌との共生関係を促進するが，同時にストリゴラクトンにより自らの側芽の成長を抑制し，無機塩類不足に適応していることになる。

頂芽優勢の解除

　サクラなどの樹木の枝から細い枝が多数，ちょう
ど箒のように出ていることがあり，日本では「天狗
の巣」，西洋では「魔女の箒」と呼ばれている。

　これは，樹木の枝に**天狗巣病菌**というカビ(子の
う菌)が感染し，カビが生産したサイトカイニンの
作用で頂芽優勢が解除され，側芽成長調節のバラン
スが崩れた結果生じる形態異変だと考えられている。

天狗の巣

〔サクラ〕

3　落葉や落果は，葉や果実の付け根の部分に**離層**と呼ばれる部分が形成され
ることで起こります。離層の部分は細胞が小さくなっており，維管束に含ま
れる繊維組織もなく，セルラーゼが活性化して細胞壁も弱くなっています。
そのため，この離層の部分で容易に切断され，落葉や落果が起こるのです。

　オーキシンは，この離層の形成を抑制し，**落葉や落果を抑制**する働きがあ
ります。

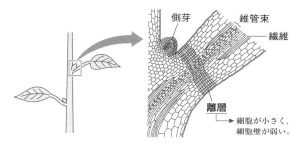

側芽　　　維管束

繊維

離層

→細胞が小さく，
　細胞壁が弱い。

▲ 図109-18 植物の葉の離層

4　逆に，離層形成を促進し，落葉や落果を促進する作用があるのが**エチレ
ン**です。

エチレンによる遺伝子発現の調節

　エチレンの受容体はなんと小胞体の膜に存在する。エチレンが存在しないとき
は，この受容体が活性化しており，これにより調節タンパク質である**EIN3**とい
うタンパク質が分解される(この分解もユビキチン・プロテアソーム系による)。

エチレンが受容体に結合すると，受容体が不活性化し，EIN3タンパク質の分解が抑制され，分解されなくなったEIN3タンパク質の働きでエチレン応答遺伝子の転写が促される。

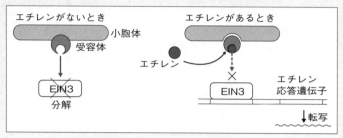

▲ 図 109-19 エチレンによる遺伝子発現の調節

　植物ホルモンによる遺伝子発現は複雑で，それぞれ関与する物質はもちろん異なるが，もともと応答遺伝子の転写が抑制されており，植物ホルモンが受容体に結合することによって結果的にその抑制が解除される(抑制が抑制される)という点で共通しているといえる。

① **頂芽優勢**…頂芽があると側芽の成長が抑制される現象
　　　　⇨頂芽で生成されたオーキシンが関与
② 離層形成を抑制し，落葉・落果を抑制するのは**オーキシン**
　離層形成を促進し，落葉・落果を促進するのは**エチレン**

環境変化に対する応答

重要度
★ ★ ★

乾燥や病原体，低温などさまざまな環境変化に，植物はどのように対応しているのでしょうか。

----

1 植物体内での水の移動

1 植物は，土壌中の水を根の**根毛**から吸収します。根毛は，根の表皮細胞の一部が伸びだしたもので，**根と土壌が接する表面積を広くしています**。

2 ふつう，**土壌中の浸透圧よりも根毛の吸水力のほうが大きいので**，その差に従って，水が根毛内に浸透します。また，吸水力は，**根毛＜皮層＜木部**の順に大きくなっているので，吸収された水は内部のほうへと移動し，道管に入ります。

+α パワーアップ　吸収された水の経路

根毛から吸収された水が皮層を通るときには2通りの経路がある。1つは**細胞内を通って移動する経路**（下の図110-1の経路A，シンプラスト⇨p.409），もう1つは，**細胞壁や細胞間隙を通って移動する経路**（図の経路B，アポプラスト⇨p.409）である。

皮層の最も内側には**内皮**という一層の細胞層があり，この内皮細胞壁には水を通しにくい部分（**カスパリー線**という）がある。そのため，経路Bで移動してきた水も，内皮の部分ではいったん内皮の細胞内に入ることになる。

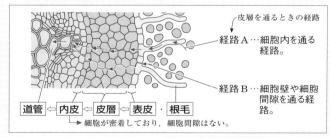

皮層を通るときの経路

経路A…細胞内を通る経路。

経路B…細胞壁や細胞間隙を通る経路。

道管 ← 内皮 ← 皮層 ← 表皮 ・ 根毛
→ 細胞が密着しており，細胞間隙はない。

▲ 図110-1 根での水の吸収と移動

第**9**章　植物の成長と環境応答

699

3 　木部の道管に入った水は，道管内を上昇して葉へと移動し，最終的にはその大部分が**蒸散**によって体外に排出されます。

4 　道管内を水が上昇するしくみは，次のように考えられています。
　一番大きな原動力となっているのは**蒸散**です。蒸散によって葉肉細胞の水が奪われると，**葉肉細胞の吸水力が大きくなり**，葉脈の道管から葉肉細胞へと水が移動することになります。
　また，水分子どうしはひきつけあう力（**凝集力**という）が大きく，**道管内の水はつながっています**。そのため，道管から葉肉細胞へと水が移動すると，根から水が上昇することになるのです。

5 　次の図110-2は，蒸散量と根からの吸水量の１日の変化を示したものです。
　図からもわかるように，明るくなると蒸散が活発になり，少し遅れて吸水も盛んになっています。また，夕方になって蒸散量が減少すると，少し遅れて吸水量も減少しています。
　これは，**根の吸水の原動力が蒸散である**ことを示しています。

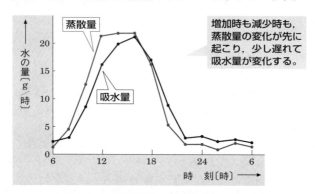

▲ 図110-2 蒸散量と根からの吸水量の１日の変化

6 　また，根では，水が表皮細胞から道管へと移動することで，**道管内の水を押し上げようとします**。この力を**根圧**といいます。この根圧によって水を押し上げることも，水が道管内を上昇する原因の１つです。

> 根圧の力はそれほど大きいものではなく，特に蒸散が盛んに行われているときは，ほとんど根圧の寄与はないと考えられている。やはり，水が上昇する原動力は蒸散だといえる。

　植物体内での水の移動をまとめると，次の図110-3のようになります。

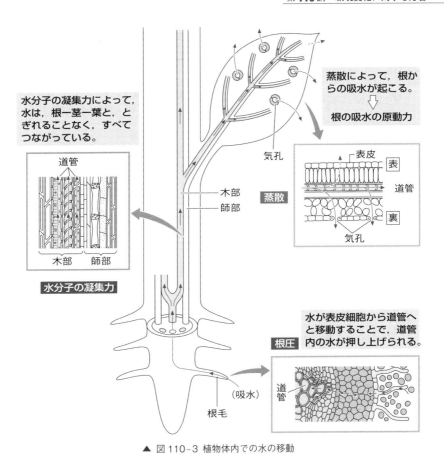

水分子の凝集力によって，水は，根一茎一葉と，とぎれることなく，すべてつながっている。

道管

木部　師部

水分子の凝集力

蒸散によって，根からの吸水が起こる。

⇩

根の吸水の原動力

表皮

表

道管

裏

気孔

蒸散

木部

師部

気孔

水が表皮細胞から道管へと移動することで，道管内の水が押し上げられる。

根圧

道管

（吸水）

根毛

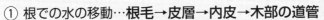

▲ 図110-3 植物体内での水の移動

最強ポイント

① 根での水の移動…**根毛→皮層→内皮→木部の道管**

② 水が道管内を上昇する原因

　a. **蒸散**によって水を引き上げること。

　b. 水分子の**凝集力**が大きいこと。

　c. **根圧**によって水を押し上げようとすること。

③ 水が道管内を上昇する原動力は**蒸散**。

2 気孔の開閉

1 蒸散は，おもに葉の気孔を通して行われます。その気孔は，ふつう葉の裏側に多くあります。

> スイレン(ヒツジグサ)のように，水面に葉を浮かべるような植物では，気孔は葉の表側にのみある。

2 気孔は，向かい合った孔辺細胞にはさまれた隙間です。

孔辺細胞は，右の図110-4のように，**気孔側の細胞壁が厚くなっている**のが特徴です。そのため，吸水して膨圧が上昇すると，細胞壁の薄い外側に向かって膨張し，細胞が湾曲するように変形し，気孔が開きます。

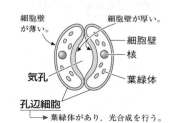

▲ 図110-4 気孔の構造

3 気孔は，一般に，昼間に開いて夜間に閉じます。光が当たると開きますが，中でも青色光が有効で，青色光を吸収する**フォトトロピン**が関与します。

> CAM植物(ベンケイソウ・サボテン・パイナップルなど)のように，昼間気孔を閉じ，夜間に気孔を開ける植物もある(⇨p.483参照)。

また，**アブシシン酸によって気孔は閉じ**ます。

> 光屈性(⇨p.679)にも関与。

さらに，植物体内の水分が不足すると気孔は閉じます。

このように，気孔はいろいろな条件によって開閉するのですが，そのしくみについて見てみましょう。

4 水が十分あり，光が当たっているときには気孔が開きます。このしくみは次の通りです。

[1] まず青色光を孔辺細胞にあるフォトトロピンが受容する。

[2] フォトトロピンの働きで，結果的にカリウムチャネルが開き，K^+が孔辺細胞内に流入する(⇨p.703+αパワーアップ)。

[3] すると孔辺細胞の浸透圧が上昇し，吸水して膨圧が上昇する。

[4] 膨圧の上昇により孔辺細胞が湾曲するように変形するので，気孔が開く。

5 植物体内の水分が不足すると，気孔は閉じます。このしくみは次の通りです。

[1] 植物体内の水分が不足すると，アブシシン酸が合成される。

[2] アブシシン酸の働きで，結果的にK^+が孔辺細胞外に流出する。

[3] 孔辺細胞の浸透圧が低下し，水が孔辺細胞外に出て，膨圧が低下する。

[4] 孔辺細胞がもとの形に戻るので，気孔が閉じる。

▶ 図110-5 気孔の
開閉のしくみ

6 蒸散には，葉から気化熱を奪い，日中の葉面温度の上昇を防ぐ働きもあります。また，気孔を開くことで光合成に必要なCO_2を取り込むこともできます。

7 葉の表皮細胞には**クチクラ層**があり，蒸散を防いでいます。そのため，蒸散はおもに気孔から行われます。ただ，わずかですがクチクラを通した蒸散もあり，これを**クチクラ蒸散**といいます。

8 また，余分に吸収された水は，葉の縁や先端にある**水孔**という穴から液体のままで排出されます。水孔も気孔と同じく，2個の孔辺細胞に囲まれていますが，開閉運動は行わず，常に開いた状態になっています。

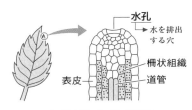

▲ 図110-6 水孔の構造

 気孔開閉におけるK^+の移動のしくみ

気孔が開くときは孔辺細胞にK^+が流入し，気孔が閉じるときはK^+が流出する。このK^+の移動の違いは次のようなしくみによると考えられている。

① 青色光を受容した**フォトトロピン**の働きにより孔辺細胞の細胞膜にあるプロトンポンプ（H^+ポンプ）が活性化する。H^+が細胞外に輸送（能動輸送）されると，細胞内が負に変化（過分極）し，これにより電位依存性カリウムチャネルが開口する。細胞内が負になっているので，K^+は**細胞内に流入する**ことになる。

② **アブシシン酸**の働きでカルシウムチャネルが開き，Ca^{2+}が孔辺細胞内に流入する。

Ca^{2+}の増加により陰イオンチャネルが開き，おもにCl^-が流出する。その結果，細胞内が正に変化（脱分極）する。するとカリウムチャネルが開き，細胞内が正になっているので，K^+は**細胞外に流出する**。

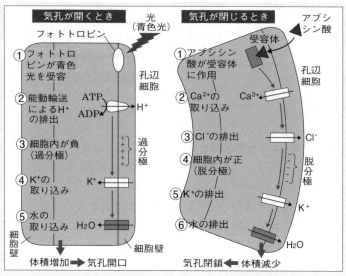

▲ 図110-7 気孔開閉における K^+ の移動のしくみ

パワーアップ アブシシン酸合成のしくみ

　乾燥ストレスによってアブシシン酸が合成されるが，このアブシシン酸が根で合成されて葉に輸送されるか，葉で合成されるのかが長年不明であった。しかし，近年根が乾燥状態を感知すると，根で**CLE25**というペプチドが合成されることが解明された。このペプチドが道管を通って根から葉へと移動すると，葉の細胞膜にある受容体（**BAM**）と結合し，**アブシシン酸合成酵素**をコードする***NCED3***遺伝子の発現を誘導する。生じたアブシシン酸合成酵素によって葉でアブシシン酸が合成される。

【気孔の開閉】
① 青色光をフォトトロピンが受容→K^+が細胞内に流入→浸透圧上昇→吸水→膨圧上昇→孔辺細胞が湾曲するように変形→気孔開口
② 乾燥ストレス→アブシシン酸合成→K^+が細胞外へ流出→浸透圧低下→膨圧低下→もとの形に戻る→気孔閉鎖

3　食害・病原体に対する応答

1　昆虫などに食害を受けると，**システミン**という18個のアミノ酸からなる短いペプチドが生じます。システミンは師管を通って輸送され，細胞膜にある受容体に結合します。すると，**タンパク質分解酵素の阻害物質の合成を促進するジャスモン酸**の合成が誘導されます。

　タンパク質分解酵素の阻害物質を含む植物を食べた昆虫は，タンパク質を分解しにくくなるため，食害を防止することになります。システミンやジャスモン酸も，植物ホルモンの一種です。

2　またジャスモン酸はさらに揮発性の物質に変化し，周辺の植物にも働きかけることができます。ちょうど昆虫による食害を他の植物体にも報告し，危険を知らせていることになります。植物どうしがこんな

ジャスモン酸から合成されるジャスモン酸メチルはジャスミンの香りの主成分。

方法でコミュニケーションをとっているなんてすごいと思いませんか？

3　さっきは，昆虫による食害でしたが，今度は病原体（細菌）が侵入した場合です。病原体が表皮やクチクラ層を突破して侵入し，その構成成分の一部が細胞膜の受容体に結合すると，**ファイトアレキシン**の合成が誘導されます。

4　ファイトアレキシンは体内に侵入してきた病原体の細胞壁に穴をあけたり，増殖を阻害したりする働きがあり，強い抗菌作用を発揮します。

　植物は，動物のような免疫系をもたない代わりに，このような方法によって病原体から身を守っているのですね。

最強ポイント

① **ジャスモン酸**…昆虫による**食害を防止**（タンパク質分解酵素の阻害物質の合成を促進），揮発性の物質で他の植物に情報伝達。
② **ファイトアレキシン**…体内に侵入した細菌に対する抗菌作用。

第**9**章　植物の成長と環境応答

4 低温・強光に対する応答

1 外界の温度が氷点下以下に低下して，細胞内の水が凍結してしまうと生命維持が困難になります。そこで植物では，気温が低下すると細胞内で糖やアミノ酸の合成を促します。溶質の濃度が高くなると，凝固点(液体が固体に変化する温度)が下がる(**凝固点降下**)ので細胞内の水も凍りにくくなります。

2 生体膜は流動性がありましたね。この流動性があることも生命維持には非常に重要なのですが，低温になると生体膜の流動性が低下してしまいます。生体膜の流動性は，生体膜を構成する脂質の性質によって変化します。低温になると流動性を高める脂質の割合を高め，流動性を維持するように対応がなされます。

3 植物は光を使って光合成を行うので，強光下のほうが有利という感じがしますね。でもあまりに強光になると，かえっていろいろな障害が起こる場合があります。これを**強光阻害**といいます。

4 強光阻害にもさまざまな原因がありますが，おもなものは強光によって生じる**活性酸素**によってさまざまな部分が障害を受けることによります。

5 こうした強光阻害を回避するしくみとして，植物は，余分な光を緩和するしくみや生じた活性酸素を除去するしくみなどをもちます。

6 強光阻害を回避するしくみの1つに葉緑体の**光定位運動**があります。

7 弱光下では，細胞内の葉緑体は光に対して垂直方向に整列しています。
　これはより多くの光を利用するという利点がありますね。一方，強光下では，葉緑体が光に対して平行方向に整列するようになります。

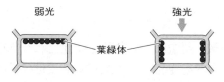

▲ 図110-8 葉緑体の光定位運動

8 このように光の強さによって葉緑体が配置を変えるのが葉緑体の**光定位運動**で，この反応には青色光を吸収する光受容体である**フォトトロピン**が関与します。

重要度
★ ★ ★

決まった季節に花を咲かせる植物は，いったい，どのようにして季節を感知しているのでしょう。

1 光 周 性

1 生物が，日長の長短などの周期的な変化に対して反応する性質を**光周性**といいます。

動物では，昆虫や鳥類などの生殖腺の発達や休眠，鳥のさえずりなどで光周性が見られます。

植物では，休眠・発芽や塊根・塊茎の形成，そして花芽形成などで光周性が見られます。

2 頂芽や側芽は，通常は**葉芽**に分化します。このようにして成長することを**栄養成長**といいます。

環境条件が整うと，頂芽や側芽が**花芽**に分化し，やがて花になります。このような成長を**生殖成長**といいます。

3 植物の花芽形成には次の３タイプがあります。連続した暗期の長さがある一定時間以下になると花芽形成を行う**長日植物**，連続した暗期の長さがある一定時間以上になると花芽形成を行う**短日植物**，そして明期や暗期の長さに関係なく花芽形成を行う**中性植物**です。

4 長日植物や短日植物で花芽形成に必要な最長あるいは最短の暗期の長さを**限界暗期**といいます。つまり，**暗期の長さが限界暗期以下で花芽形成するのが長日植物，限界暗期以上で花芽形成するのが短日植物**だといえます。限界暗期の長さは植物の種類によって異なります。

たとえば，短日植物のアサガオでは8〜9時間，同じ短日植物のコスモスでは11〜12時間，長日植物のダイコンでは13〜14時間，同じ長日植物でもホウレンソウは10〜11時間が限界暗期。いずれにしても，限界暗期の長さは8〜14時間の間くらいである（限界暗期が2時間だとか24時間だとかいう植物は存在しない）。

第**9**章 植物の成長と環境応答

5 　１日の暗期の長さと，開花までの日数を示すと，次の図111-1のようになります。

　ＡとＢは短日植物ですが，Ａの限界暗期は10時間，Ｂの限界暗期は13時間といえます。

　ＣとＤは長日植物で，Ｃの限界暗期は11時間，Ｄの限界暗期は14時間です。また，**中性植物は，暗期の長さに関係なく，開花までの日数は一定です。**

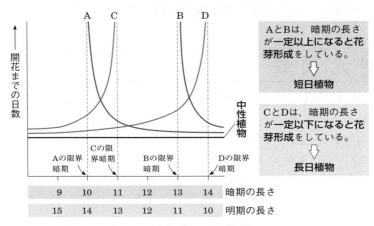

▲ 図111-1　１日の暗期の長さと開花までの日数

6 　それぞれのタイプの代表的な植物を挙げると，次のようになります（園芸植物などで，品種によって野生種と性質が異なることもあります）。

（長日植物）

　アヤメ・ダイコン・アブラナ・ナズナ・ホウレンソウ・コムギ・カーネーション・オオムギ・ヒヨス・レタス・ハクサイ・キャベツ・ヒメジョオン・キンセンカ・ムクゲ・ヤグルマソウなどは長日植物です。

（短日植物）

　オナモミ・アサガオ・タバコ・ダイズ・キク・イネ・コスモス・シソ・アサ・ダリア・イチゴ・サツマイモ・ブタクサ・ベゴニア・アカザ・アオウキクサなどは短日植物です。

（中性植物）

　トマト・トウモロコシ・エンドウ・セイヨウタンポポ・キュウリ・ナス・ソバ・ワタ・ハコベ・ツタ・タマネギ・メロン・ブドウ・シクラメン・オリーブ・パパイアなどは中性植物です。

7　次の図111-2は，日本における，1日の明期および暗期の長さの変化を示したものです。

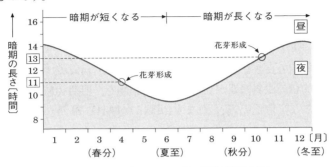

暗期が短くなる　　　暗期が長くなる

昼

花芽形成

夜

花芽形成

▲ 図111-2 日本における1日の明期と暗期の長さ

8　種子が発芽してある程度成長すると，植物は光周期を感じることができるようになります。たとえば，限界暗期が13時間の短日植物であれば10月くらいに花芽形成し，その後開花することになります。このように，一般に**短日植物は秋に開花する植物が多い**です。

9　一方，限界暗期が11時間の長日植物であれば4月くらいに花芽形成し，その後開花するので，一般に**長日植物は春～初夏に開花する植物が多い**です。
　　また，中性植物は，日長変化とは異なる条件(たとえば温度や発芽してからの日数など)によって花芽形成するので，開花の時期も季節とはあまり関係ありません。

① **光周性**…日長(暗期)の周期的な変化に対して反応する性質。

② **長日植物**…連続した暗期が**限界暗期以下**で花芽形成する植物。
　　例 アヤメ・ダイコン・アブラナ・ナズナ・ホウレンソウ・コムギ

③ **短日植物**…連続した暗期が**限界暗期以上**で花芽形成する植物。
　　例 オナモミ・アサガオ・タバコ・ダイズ・キク・イネ

④ **中性植物**…明期や暗期とは異なる条件で花芽形成する植物。
　　例 トマト・トウモロコシ・エンドウ・セイヨウタンポポ・キュウリ・ナス・ソバ

第**9**章　植物の成長と環境応答

2 花芽形成のしくみ

1 このような花芽（かが）形成に，明期ではなく暗期の長さが関係していることは次のような実験によって明らかになりました。

2 明期と暗期の長さを人工的に変えて花芽形成が行われるかどうかを調べます。たとえば，限界暗期が13時間の短日植物を，明期10時間，暗期14時間で栽培すると花芽形成が行われます（実験1 ⇨図111-3）。

3 しかし，暗期開始から7時間後に，ほんの短時間光を照射して暗期を中断する実験を行うと，花芽形成が行われなくなります（実験2）。

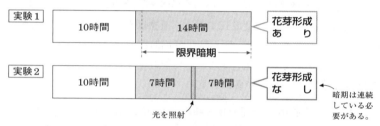

▲ 図111-3 花芽形成と暗期の関係を調べる実験

4 上の2つの実験の場合，明期の長さはどちらも同じ10時間なのに，実験2では花芽形成が行われなくなっています。このことから，花芽形成には明期ではなく暗期が関係していることがわかります。

　また，実験2では光を照射した時間はほんのわずかなので，暗期の合計はほぼ14時間ありますが，花芽形成が行われなかったことから，**連続した暗期の長さが関係している**ことがわかります。このように，短時間光を照射して暗期を中断する操作を**光中断**（ひかりちゅうだん）といいます。

5 それでは，植物体は，光周期をどの部位で感知するのでしょう。それは，次のような実験で確かめられました。

6 短日植物を長日条件で栽培し，1枚の葉に黒い袋をかぶせて短日条件にする（**短日処理**（ちょうじつ）といいます）と，花芽形成が行われます（実験3 ⇨図111-4）。

　しかし，それ以外の，たとえば芽を短日条件にしても花芽形成は行われません（実験4）。

　このような実験から，**光周期を感知するのは葉である**ことがわかります。

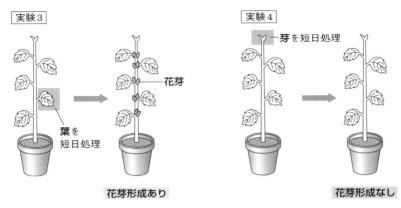

▲ 図 111-4 光周期を感知する部位を調べる実験（オナモミ）

7　次に，2つの短日植物を接ぎ木し，一方の個体の1枚の葉に短日処理を行います。すると，短日処理をしていないもう一方の個体にも花芽形成が行われます（実験5 ⇨ 図111-5）。すなわち，**葉で感知された情報が他の個体にも移動した**のです。

　　また，短日処理をする個体が短日植物で，もう一方が長日植物であっても，両方に花芽形成が行われます。つまり，花芽形成を行わせる物質は，**短日植物でも長日植物でも共通している**らしいということがわかります。

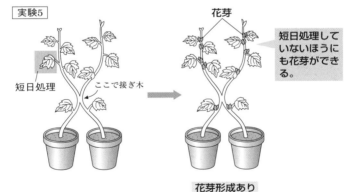

▲ 図 111-5 葉で感知された情報の移動を調べる実験

8　では，植物体のどの部分を通ってその情報が移動したのでしょう。それを調べるために，植物体の一部を**環状除皮**します。環状除皮とは，形成層より外側を輪状にはぎ取ることです。これにより，形成層の外側，すなわち，

師部が切除されてしまいます。

　環状除皮した状態で実験5と同様の実験を行うと、環状除皮した手前では花芽形成が行われるのに、環状除皮した部位より遠い部位では花芽形成が行われません（実験6⇨図111-6）。

　このような実験から、**葉で感知された情報は、師管を通って植物体を移動する**ことがわかります。

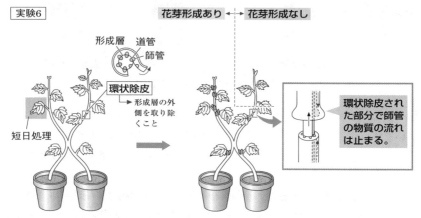

▲ 図111-6 環状除皮による花芽形成を調べる実験

9　以上のような実験から、葉で合成され、師管を移動する物質が花芽形成に関与していると考えられ、その物質は**フロリゲン**と名づけられました。

> 旧ソ連のチャイラヒャンが1937年に命名した。

10　フロリゲンは植物によって少しずつ異なるタンパク質で、それぞれ名称も異なるのですが、シロイヌナズナでは**FTタンパク質**が、イネでは**Hd3aタンパク質**がフロリゲンとして機能します。

> フロリゲンはタンパク質で、「低分子有機化合物を植物ホルモンとする」という定義に当てはまらないため植物ホルモンとしては扱わないが、分子の大きさに関わらず生理活性をもった物質を植物ホルモンとする考え方もあり、その場合はフロリゲンも植物ホルモンとして扱う。

> シロイヌナズナを使った研究からFTタンパク質がフロリゲンの正体であることが解明されたのは2007年である。フロリゲンという名前が1937年に命名されてから実に70年の時を経て、ついに正体が解明されたのだ。

FTタンパク質とHd3aタンパク質

① シロイヌナズナのような長日植物では，葉が長日条件を感知すると**CO遺伝子**の発現が促され，**COタンパク質**が合成される。COタンパク質により葉の**維管束**の師部周辺の細胞で**FT遺伝子**の発現が促進され，**FTタンパク質**が合成される。生じたFTタンパク質は師管を通って茎頂分裂組織の細胞に運ばれ，ここで**FDタンパク質**と結合して複合体を形成する。この複合体が**AP1遺伝子**の発現を促すことで花芽形成が開始される。

② イネのような短日植物では，短日条件を感知した葉の維管束の師部周辺の細胞で**Hd3a遺伝子**の発現が促され，**Hd3aタンパク質**が合成される。生じたHd3aタンパク質は師管を通って茎頂分裂組織の細胞に運ばれ，ここで**GF14cタンパク質**および**OsFD1タンパク質**と結合して複合体を形成する。この複合体が花芽形成遺伝子の発現を促すことで花芽形成が開始される。

11 花芽形成にも，光発芽種子（⇨p.675）で学習した**フィトクロム**が関与しています。

> 実際にはフィトクロムだけでなくクリプトクロムも関与している。

光中断を行う実験において，いろいろな色の光を使って光中断してみると，**光中断に最も効果が高いのは赤色光**だということがわかりました。つまり，たとえば短日植物を使った実験で，赤色光で光中断を行うと花芽形成が行われなくなるということです。

しかし，**赤色光で光中断した直後に遠赤色光を照射すると，赤色光の効果が打ち消され，花芽形成が行われるようになります**。同様に，赤色光と遠赤色光を交互に照射すると，最後に照射した光によって花芽形成の有無が変わります。

これらのことをまとめたのが，次の図111-7です。

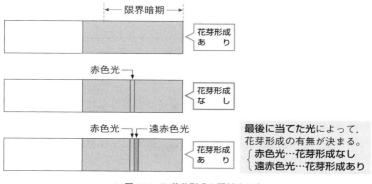

▲ 図111-7 花芽形成と照射する光

第**9**章 植物の成長と環境応答

12　赤色光を照射すると**赤色光吸収型**のフィトクロム（P_R型）が赤色光を吸収し，その結果，**遠赤色光吸収型（P_{FR}型）**に変わります。活性があるのはP_{FR}型で，P_{FR}型の働きにより短日植物の花芽形成は抑制されると考えられます。

　　しかし，赤色光を照射した後すぐに遠赤色光を照射すると，P_{FR}型はP_R型に戻り，花芽形成の抑制が解除されると考えられます。

13　近年，短日植物において光中断を行うと**アンチフロリゲン**と呼ばれる物質が葉でつくられ，これが芽に運ばれてフロリゲンと競争的に花芽形成に関与するタンパク質と結合し，花芽形成を抑制することが発見されました。このように，フロリゲンとアンチフロリゲンの量のバランスによって花芽形成の有無が決定します。

 高緯度地方には短日植物が少ない。これはなぜか。70字以内で説明せよ。

ポイント　高緯度地方の特徴である「温暖な時期が短い」ことと，またそのため，秋に開花しても「結実できない」ことがポイント。

模範解答例　高緯度地方では温暖な時期が短く，早く寒くなるので，おもに秋に開花する短日植物では，開花しても結実できず，子孫を残せないから。（62字）

 植物が，花芽形成に温度ではなく日長変化を手がかりにする利点を100字以内で述べよ。

ポイント　日長変化が「季節変化の情報として安定したもの」であることを書く。

模範解答例　日長変化は，温度よりも安定した季節変化の情報源なので，日長を手がかりにすることにより，それぞれの植物にとって最適な季節にいっせいに開花し，確実に子孫を残すことができる。（84字）

① 光周期は**葉**で感知され，葉で**フロリゲン**がつくられる。これが**師管**を通って芽に移動し，花芽形成を誘導する。

② シロイヌナズナでは**FT**タンパク質，イネでは**Hd3a**タンパク質がフロリゲンとして機能。

③ 花芽形成には，**フィトクロム**も関与している。
　[光中断の効果が最も高いのは**赤色光**。
　　赤色光の効果は**遠赤色光**の照射によって打ち消される。
　　最後に照射した光によって，花芽形成の有無が決まる。

3 　春 化

1　長日植物であるコムギには，春に種子をまく**春まきコムギ**と，秋に種子をまく**秋まきコムギ**があります。

2　秋まきコムギを春にまいても，成長して大きくはなりますが長日条件になっても花芽形成が行われません。これは，**秋まきコムギの花芽形成には光周期だけでなく温度も関係している**からです。

3　つまり，秋まきコムギの場合は，発芽して小さな植物体になったときに，**一定期間低温を感じ**，さらにその後，長日条件になってはじめて花芽形成が行われるのです。

4　したがって，秋まきコムギを春にまいた場合は，小さな植物体を一定期間冷蔵庫に入れるような処理をしてやると，長日条件を感知し，花芽形成を行うようになります。

5　このように，特定の時期に低温を感知することで起こる生理的変化を**春化**（**春化作用**）といいます。

　また，人工的に低温を感知させる処理を行うことを**春化処理（バーナリゼーション）**といいます。

ラテン語の「春」(ver)をもとにつくられた語。

6 秋まきコムギに，低温で処理する代わりにジベレリンを与えると，長日条件を感知して花芽形成を行うようになります。やはり，低温を経験することでジベレリンが合成されるのだと考えられます。p.678の低温要求種子の場合とよく似ていますね。

春化のしくみ

　秋まきコムギにおいて，***FT*遺伝子**に相当するのが***VRN3*遺伝子**である。低温を感知しないときはこの*VRN3*遺伝子の発現が***VRN2*遺伝子**から生じた**VRN2タンパク質**によって抑制されているため，長日条件であっても*VRN3*遺伝子が発現せず，花芽形成も開始されない。低温を感知すると*VRN2*遺伝子の発現が抑制され，VRN2タンパク質による*VRN3*遺伝子の発現抑制が解除され，長日条件により*VRN3*遺伝子が発現するようになり花芽形成が開始される。

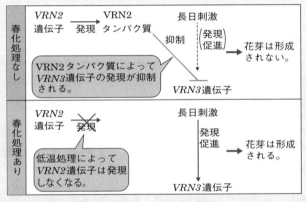

▲ 図111-8 春化処理の有無による遺伝子の発現

① 花芽形成に，光周期だけでなく**温度**が関係する植物もある。
② 　**春化**…特定の時期に**低温**を感知することで起こる生理的変化。
　　春化処理…一定期間人工的に**低温処理**を行うこと。

第112講 花の形態形成

重要度
★ ★ ★

花の構造(めしべ・おしべ・花弁・がく片)がどのようにして形成されるのか見てみましょう。

1 ABCモデル

1 植物の花の形態形成には，*A*，*B*，*C*という3つのクラスに分けられる調節遺伝子が関係しています。

2 本来がく片が生じる一番外側の領域を領域1，以下内側に向かって順番に，花弁，おしべ，めしべが生じる領域を領域2，領域3，領域4とします。正常な花では，領域1では*A*クラス遺伝子のみ，領域2では*A*クラス遺伝子と*B*クラス遺伝子，領域3では*B*クラス遺伝子と*C*クラス遺伝子，領域4では*C*クラス遺伝子のみが発現していることになります。

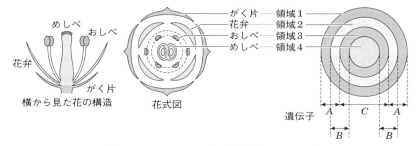

▲ 図112-1 シロイヌナズナの花の構造とABCモデル

3 これら*A*クラス，*B*クラス，*C*クラスの調節遺伝子がそれぞれ異なる働きをして各部位の形成に関わる遺伝子群の働きを制御し，花の形態形成が決まるという考えを**ABCモデル**といいます。

4 これらの遺伝子の働きや相互関係について知るには，その遺伝子を欠く個体にどのような変異が現れるか調べます。

*A*クラス遺伝子欠損型の変異体では，領域1で*A*クラス遺伝子の代わりに

Cクラス遺伝子が発現するようになり，めしべが形成されます。領域2でもAクラス遺伝子の代わりにCクラス遺伝子が発現し，もともとBクラス遺伝子は発現しているので，おしべが形成されることになります。領域3，領域4はもともとAクラス遺伝子は発現していないので影響なく，おしべとめしべが形成され，外側から順に，めしべ，おしべ，おしべ，めしべという不思議な花が形成されます。

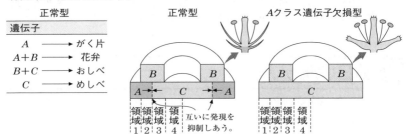

▲ 図112-2 正常型とAクラス遺伝子欠損型の花の構造

5 この場合，Aクラス遺伝子が発現しているとCクラス遺伝子の発現が抑制され，逆にCクラス遺伝子が発現している領域ではAクラス遺伝子の発現が抑制されており，Aクラス遺伝子とCクラス遺伝子の間では，一方の働きが失われると，他方の遺伝子が発現するようになるという関係があるのです。

■ **考えてみよう！** では，**Bクラス遺伝子が変異すると，どのような花が形成されるでしょうか？**

6 領域1ではAクラス遺伝子のみが発現してがく片，領域2もAクラス遺伝子のみが発現するのでがく片，領域3はCクラス遺伝子のみが発現してめしべ，領域4もCクラス遺伝子のみが発現するのでめしべになります。すなわち，外側から順に，がく片・がく片・めしべ・めしべとなり，おしべが形成されないので自家受精できなくなりますね。

7 こういった変異も昆虫の形態形成で学習したホメオティック突然変異（⇨p.549）の一種だということができ，$A 〜 C$クラス遺伝子はホメオティック遺伝子ということもできます。

8 茎頂分裂組織の中央領域には分裂を繰り返す幹細胞がありますが，Cクラス遺伝子が発現することで抑制されるようになります。

　　Cクラス遺伝子が変異すると領域1や領域2では正常型と同じくがく片，

花弁が生じ，領域3では*C*クラス遺伝子の代わりに*A*クラス遺伝子が発現するので花弁が形成されます。また，*C*クラス遺伝子による抑制が行われないため幹細胞の増殖が続き，「がく片，花弁，花弁」のセットが繰り返されるようになります（2次花，3次花）。これがいわゆる八重咲きと呼ばれる花です。

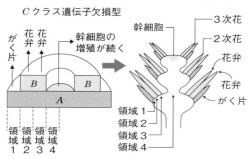

▲図112-3　*C*クラス遺伝子欠損型の花の構造

ABCEモデル

　A〜*C*クラスの遺伝子がすべて変異してしまうとどうなるのだろう。

　A〜*C*クラスの遺伝子がすべて変異してしまうともちろん花の構造は形成されない。では何も生じないのかというとそうではなく，なんと葉のみが形成されるようになる。このことから，もともとは葉になる領域が花へと分化の方向を変えるのだと考えられる。この葉から花への形態形成に関与する遺伝子の1つに**E クラス遺伝子**（***SEP*遺伝子**）という遺伝子がある。この遺伝子の働きにより葉原基が花原基になることができる。したがって，*E*クラス遺伝子が変異しても花は形成されず，葉のみとなる。さらにこの*E*クラス遺伝子の産物が*A*〜*C*クラスの遺伝子の産物と複合体を形成し，これにより花の形態形成が決定する。これを***ABCE*モデル**という。

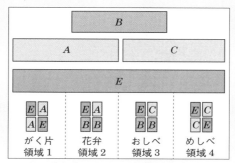

▲　図112-4　ABCEモデル

第 **9** 章　植物の成長と環境応答

$A \sim E$クラスの遺伝子の多くは，**MADSボックス**という共通性の高い塩基配列をもつ。MADSボックスを含む遺伝子を*MADS*ボックス遺伝子という。動物では形態形成に関与する*Hox*遺伝子群にはホメオボックスという共通性の高い塩基配列があった。実は動物にも植物にも*MADS*ボックス遺伝子も*Hox*遺伝子も存在する。動物と植物が分岐したあと，動物では*Hox*遺伝子が，植物では*MADS*ボックス遺伝子が形態形成に関与する遺伝子として用いられるようになったと考えられている。

【ABCモデル】

Aのみ　→　がく片

$A + B$　→　花弁

$B + C$　→　おしべ

Cのみ　→　めしべ

　※AとCは互いに発現を抑制する。

第113講 被子植物の配偶子形成

重要度
★★★

動物では減数分裂によって配偶子が形成されますが，被子植物ではさらに特徴的な変化を伴います。

1 被子植物の雄性配偶子形成

1　おしべの葯の中には，多数の**花粉母細胞**（核相$2n$）があり，これが減数分裂を行って4つの細胞からなる**花粉四分子**（核相n）が生じます。

2　花粉四分子の1つ1つの細胞は**体細胞分裂**を行って2つの細胞になりますが，この分裂は大きさの不均等な分裂で，小さいほうの細胞はもう一方の大きいほうの細胞の中に入り込んだ形になります。

　大きいほうの細胞を**花粉管細胞**といい，その中の核を**花粉管核**（核相n）といいます。また，小さいほうの細胞を**雄原細胞**といい，その中の核を**雄原核**（核相n）といいます。このように，2つの細胞をもったものを**成熟花粉**と呼びます。

3　成熟花粉は葯から放出されて，やがてめしべの先（柱頭）に付着します。この現象を**受粉**といいます。

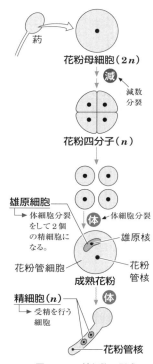

▲ 図113-1　精細胞の形成

4　受粉した成熟花粉は**花粉管**という管をめしべの**中に**伸ばしていきます。この間に，雄原細胞は体細胞分裂を行って2個の**精細胞**（核相n）になります。この精細胞がやがて受精を行う細胞，すなわち**配偶子に相当**します。

第**9**章　植物の成長と環境応答

5 このように，被子植物の雄性配偶子は動物の精子と違って運動性をもたず，かわりに**花粉管の伸長によって運ばれます**。これによって，**外界の水を使わなくても雄性配偶子が運ばれる**ことになり，それだけ陸上生活に適応しているといえます。

■**考えてみよう！** 　花粉母細胞から精細胞まで何回核分裂が行われたでしょうか？

6 花粉母細胞から花粉四分子まで減数分裂が行われますが，その間に**2回の核分裂**が起こっています。その後**1回の体細胞分裂**を行って雄原細胞ができ，雄原細胞が**1回の体細胞分裂**を行って精細胞が生じたので，**合計4回の核分裂**が行われたことになります。

7 ここまでの過程におけるDNA量の変化をグラフにしてみると，次のようになります。

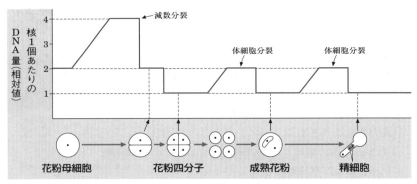

▲ 図113-2　精細胞形成時のDNA量の変化（被子植物）

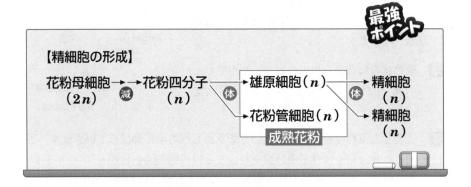

722

2　被子植物の雌性配偶子形成

1　めしべの子房の中には<u>胚珠</u>という入れ物があり，1つの胚珠の中に1個の<u>胚のう母細胞（2n）</u>があります。

> めしべの中にはいくつかの胚珠があるが，1つの胚珠には1個の胚のう母細胞が入っている。

2　胚のう母細胞が減数分裂を行って4個の細胞になりますが，**3個は退化し**，1個だけが発達して**胚のう細胞（n）**となります。

3　胚のう細胞は，さらに**3回の体細胞分裂**（ただし核のみの分裂）を行って8個の核からなる細胞となります。

4　その後，ようやく細胞質分裂が起こり，8個の核のうちの1個は**卵細胞**の核，2個はそれぞれ2個の**助細胞**の核，3個はそれぞれ3個の**反足細胞**の核となります。残りの2個は**中央細胞**の中の2個の**極核**となります。このようにして生じた**7個**の細胞からなるものを**胚のう**といいます。

5　胚のう内の核はいずれも核相はnです。中央細胞も核相nの極核が2個あるだけで，2nではありません。

6　胚のうに含まれる細胞のなかで，**受精して次の新個体になるのは卵細胞**で，これが配偶子です。

■**考えてみよう！**　胚のう母細胞から卵細胞まで何回核分裂が行われたでしょうか？

7　胚のう母細胞から**1回の減数分裂**，すなわち**2回の核分裂**が行われて胚のう細胞が生じます。胚のう細胞が**3回の体細胞分裂**を繰り返して卵細胞が生じるので，**計5回の核分裂**が行われたことになりますね。

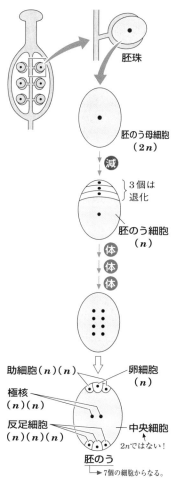

胚珠

胚のう母細胞（2n）

減

3個は退化

胚のう細胞（n）

体　体　体

助細胞（n）（n）　　卵細胞（n）
極核（n）（n）
反足細胞（n）（n）（n）　中央細胞
　　　　　　　　　　2nではない！
胚のう
→7個の細胞からなる。

▲ 図113-3　胚のうの形成

8 胚珠は珠皮で覆われていますが，1か所孔が開いていて，ここを**珠孔**といいます。この珠孔は花粉管が入ってくる入り口ですが，この**珠孔に近い側に卵細胞が生じます**。つまり，珠孔が上にあれば卵細胞も上に，珠孔が下にあれば卵細胞も下に形成されることになります。

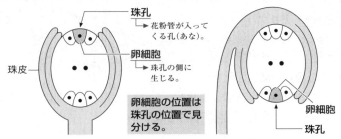

▲ 図113-4 珠孔の位置と卵細胞の位置

9 胚のう母細胞から卵細胞までの過程におけるDNA量の変化は，次のようになります。

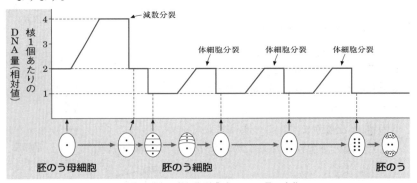

▲ 図113-5 卵細胞形成時のDNA量の変化

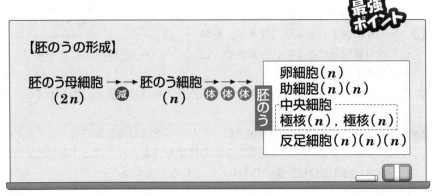

第114講 被子植物の受精と発生

重要度
★ ★ ★

被子植物の受精には，他の生物と異なる特徴があります。その特徴的な受精とその後の発生を見ていきます。

1 被子植物の受精

1 花粉がめしべの柱頭に付く（受粉する）と，**花粉管**が花柱の中を胚珠へと伸びていきます。花粉管の先頭に花粉管核，続いて精細胞があり，花粉管の伸長によって，精細胞が運ばれます。

2 花粉管が珠孔から胚のうへと達すると，花粉管の先端が破れ，2個の精細胞が胚のうへと進入します。そして，**2個の精細胞のうちの1個は卵細胞と受精して受精卵（2n）になり，もう1個の精細胞の核は中央細胞の2個の極核と受精して胚乳核**となります。

核相 n の極核2個と核相 n の精細胞とが受精したのですから，生じた胚乳核の核相は $3n$ ということになります。

> 核相 $3n$ ということは，相同染色体を3本ずつもつことになる。

また，花粉管核や助細胞，反足細胞などは退化し消失します。

3 このように，同時に2か所で行われる受精を**重複受精**といいます。これは**被子植物特有の現象**です。

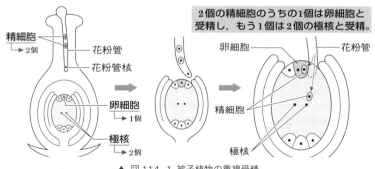

2個の精細胞のうちの1個は卵細胞と受精し，もう1個は2個の極核と受精。

精細胞
→2個
花粉管
花粉管核
卵細胞
→1個
極核
→2個

卵細胞
花粉管
精細胞
極核

▲ 図114-1 被子植物の重複受精

第**9**章　植物の成長と環境応答

花粉管の伸長とエネルギー

　花粉は，まず吸水して膨張し，花粉孔から花粉管の伸長が始まる。花粉管の先端の細胞壁は柔らかく変形しやすいので，**吸水することで膨張して伸長する**。しかし，そのままでは膨張しすぎて破裂してしまうので，古い部分から細胞壁を丈夫にしていく。この作業には，**エネルギー源が必要**である。そのため，図114-2のように，蒸留水中で発芽させた花粉管よりもスクロースなどの糖を添加した培地で発芽させた花粉管のほうがより伸長する。また，吸水しなければ伸長もできないので，濃いスクロース溶液中よりも少し薄いスクロース溶液中のほうが，伸長は促進される。

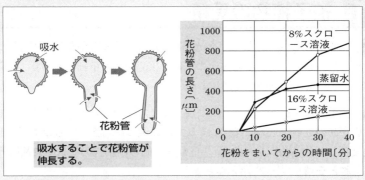

▲ 図114-2 花粉管の伸長

助細胞と胚乳核

① **助細胞の役割**　花粉管が胚のうへと接近する際，**助細胞**が**ルアー**と呼ばれるタンパク質を放出し，それによって花粉管が助細胞のいずれか一方へと誘引される。花粉管は助細胞の1つを破壊して胚のう内へ侵入する。ここから，1つの精細胞は卵細胞へ，他方は中央細胞へと侵入して受精が行われる。文字通り助細胞が受精を助けているわけである。

② **胚乳核の形成**　厳密には，中央細胞にある2つの極核どうしがまず合体して核相$2n$の**中心核**となり，これが精細胞の核と合体して**胚乳核**になる。

自家不和合性

　被子植物の多くは雌雄同株で，同じ花の中におしべとめしべがある（**両性花**という）。同じ花の中で自家受粉すると，他の花からの受粉（**他家受粉**）がなくても

種子が形成されるので，効率的といえる。しかし自家受粉が繰り返されると，遺伝的多様性が失われてしまう。そこで，多くの両性花では，自家受粉を防ぐしくみをもつ。その1つが**自家不和合性**である。このしくみに関与する遺伝子は多くの対立遺伝子（アレル）があり，これらの遺伝子をS_1，S_2，S_3，……とする。自家不和合性では，めしべと同じ遺伝子をもつ花粉の花粉管の伸長が妨げられる。たとえばS_1S_2のめしべに遺伝子型S_1S_2から生じた花粉（S_1およびS_2）が受粉しても花粉管が伸長しないため受精が行われない。一方，遺伝子型S_3S_4から生じた花粉（S_3およびS_4）であれば花粉管が伸長する。すなわち，めしべは，自己と同じ遺伝子をもつ花粉の花粉管の伸長を妨げるのである。この自己・非自己の認識には大きく2通りの方法がある。

　1つはめしべの柱頭には各遺伝子から生じた**SRK**という受容体（この場合はS_1とS_2由来の受容体）があり，花粉には各遺伝子から生じたタンパク質がある。厳密には**減数分裂が行われる前**にこれらのタンパク質がつくられる。そのため花粉母細胞の遺伝子型がS_2S_3であれば生じた花粉には花粉自身の遺伝子型がS_2の花粉にもS_3の花粉にもタンパク質はS_2とS_3の両方のタンパク質が存在することになる。これらのタンパク質がめしべの受容体と結合すると，S_2の花粉もS_3の花粉も花粉管伸長が妨げられる。一方，遺伝子型がS_3S_4から生じた花粉にはS_3タンパク質とS_4タンパク質が存在し，いずれもめしべの受容体と結合しないため花粉管が伸長できることになる。このような自家不和合性は，アブラナ科の植物などで見られ，減数分裂前の**胞子体**の遺伝子型によって花粉管の伸長の有無が決定するので，**胞子体型自家不和合性**と呼ばれる。

　もう1つはバラ科やナス科で見られる自家不和合性で，**配偶体型自家不和合性**と呼ばれる。減数分裂で生じた細胞が体細胞分裂して生じた**配偶体**（この場合は**成熟花粉**）の遺伝子型によって花粉管の伸長の有無が決定する。花粉には花粉管伸長に必要なRNAがあり，めしべのほうから供給されるRNA分解酵素によって分解される。このとき，めしべの遺伝子型がS_1S_2であればS_1とS_2のRNA分解酵素が供給される。花粉の遺伝子型がS_2であればS_2由来のRNAが分解され，花粉管の伸長が妨げられる。遺伝子型がS_3の花粉ではS_3由来のRNAは分解されないため，花粉管が伸長できるのである。

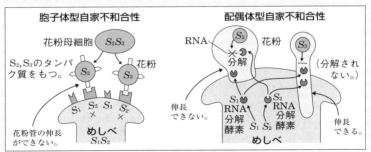

▲ 図114-3 自家不和合性の2つのタイプとそのしくみ

① 被子植物 $\left\{\begin{array}{l}\text{精細胞}(n) + \text{卵細胞}(n) \longrightarrow \text{受精卵}(2n) \\ \text{精細胞}(n) + \text{極核}(n) + \text{極核}(n) \longrightarrow \text{胚乳核}(3n)\end{array}\right.$

② **重複受精**…同時に2か所で行われる受精様式。**被子植物のみ。**

2 被子植物の発生

1 精細胞と卵細胞の受精で生じた受精卵は，まず1回，大きさの不均等な体細胞分裂を行って，大小2個の細胞になります。

2 小さいほうの細胞は体細胞分裂を繰り返して**胚球**になり，さらに**胚**へと成長します。一方，大きいほうの細胞は体細胞分裂を繰り返して**胚柄**となりますが，やがて退化・消失します。

3 胚は，**幼芽・幼根・子葉・胚軸**の4つの部分からなります。幼根からは根が伸び，子葉は発芽して最初に展開する葉になります。その子葉を支える茎になるのが胚軸です。また，子葉のつけ根にある幼芽から本葉が出てきて新しい茎や葉が成長することになります。

4 一方，胚乳核も分裂(核のみの分裂)を繰り返して多核となりますが，ある程度核分裂が進むと，いっきに細胞質分裂が起きて多細胞になります。これが栄養分を蓄えて発達し，**胚乳**となります。胚乳に蓄えた栄養分は，胚が成長するときの栄養源となります。

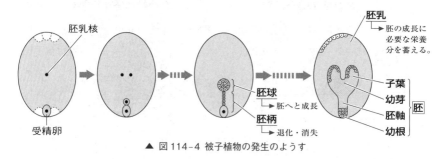

▲ 図114-4 被子植物の発生のようす

5 胚珠を包んでいた珠皮は種子を包む種皮になり，種子が完成します。さらに，子房壁が発達して果皮となり果実が生じます。

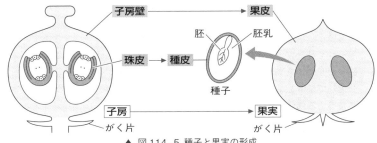

▲ 図114-5 種子と果実の形成

6 被子植物の双子葉類では子葉は2枚ありますが，単子葉類では子葉が1枚しかありません。単子葉類であるイネ科では，幼葉鞘と呼ばれる筒状の器官がこれに相当します。

7 胚乳核が発達して，やがて**栄養分を蓄えた胚乳を形成**する種子を**有胚乳種子**といいます。イネ科(イネ・ムギ・トウモロコシ)やカキノキ科(カキノキ)などの種子は，有胚乳種子です。

それに対し，胚乳核も生じ，途中まで分裂もするのですが，やがて分裂を停止し，**栄養分を子葉に蓄え**，その結果胚乳が発達しない種子もあります。これを**無胚乳種子**といい，マメ科(エンドウ・ダイズ・レンゲソウ・シロツメグサ)，アブラナ科(アブラナ・ナズナ)，ブナ科(クリ，シイ，カシ，ブナ，クヌギ)，バラ科(モモ，サクラ，ウメ，リンゴ，アーモンド)，アサガオ，ヒマワリ，クルミなどの種子は無胚乳種子です。

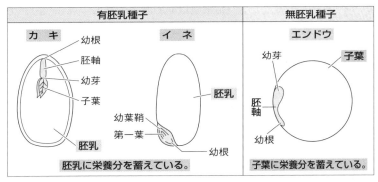

▲ 図114-6 有胚乳種子と無胚乳種子のつくり

第**9**章 植物の成長と環境応答

子房以外の部分から生じる果実

多くの果実は，子房が発達して生じたもので，これを**真果**という。ウメ・カキ・モモ・ブドウなどの果実は真果である。それに対し，子房以外の部分(花床(花托ともいう)など)が肥大成長して生じた果実を**偽果**という。

ナシやリンゴの果実は花床が発達し，子房が発達した部分(俗にいう「しん」の部分がじつは真果)を取り巻いている。オランダイチゴでは，花床の部分だけが発達して果実となり，子房に包まれた部分(やがて果実に成長)はゴマのように付着している部分である(図114-7)。このように，ナシ・リンゴ，オランダイチゴは，いずれも食用にしている部分は子房から生じた部分ではない。

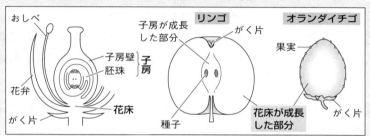

▲ 図114-7 偽果のつくり

重複受精について，次の字数でそれぞれ説明せよ。（100字）（50字）（25字）

（よくある誤答例）

雄原細胞から生じた2つの精細胞が，胚のう細胞が3回分裂して生じた胚のうへと侵入する。1つの精細胞は卵細胞と受精して胚になり，もう1つの精細胞は極核と受精して栄養分を蓄えて核相3nの胚乳になること。

ポイント　定義は「同時に2か所で行われる受精のこと」である。核相が3nになることや，胚乳をつくることを重複受精というのではない。

また，「被子植物特有」の現象であることは必ず書く。

受精の話なので，受精後どうなるかとか，どのようにして配偶子が生じるかなどは無理に書く必要はない。

核相を書く場合は「2n」で1文字，「3n」で1文字と数えてよい。

模範解答例 （100字）

　　2つの精細胞のうちの1つが卵細胞と受精して核相2nの受精卵になる受精と，もう1つの精細胞が中央細胞の2つの極核と受精して核相3nの胚乳核になる受精とが同時に2か所で行われる被子植物特有の受精様式。（96字）

（50字）

　　精細胞と卵細胞の受精と，もう1つの精細胞と2つの極核との受精とが同時に行われる被子植物特有の受精。（49字）

（25字）

　　同時に2か所で行われる被子植物特有の受精様式。（23字）

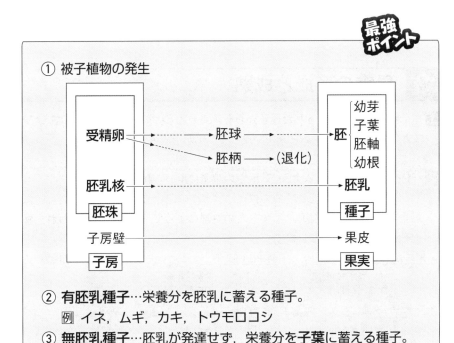

最強ポイント

① 被子植物の発生

② **有胚乳種子**…栄養分を胚乳に蓄える種子。
　　例 イネ，ムギ，カキ，トウモロコシ

③ **無胚乳種子**…胚乳が発達せず，栄養分を**子葉**に蓄える種子。
　　例 マメ科，アブラナ科（アブラナ・ナズナ），ブナ科（クリ），アサガオ

第**9**章 植物の成長と環境応答

根端分裂組織において，幹細胞が分裂を続けることができるのにはどのような しくみがあるのだろうか。根端分裂組織の中には**静止中心**（quiescent center）と 呼ばれる数個の細胞からなる部位がある。静止中心は，分裂組織の一部でありな がらほとんど分裂を行わないという不思議な部位である。静止中心をレーザーで 破壊すると隣接している**コルメラ始原細胞**（**コルメラ細胞**⇨p.692に分化する幹 細胞）の分裂能力がなくなり，コルメラ細胞に分化してしまう。このような実験 から，静止中心は周囲にある幹細胞の分化を抑制し，その結果，幹細胞の分裂能 力を維持していることがわかった。同様の部位は茎頂分裂組織でも見られ，こち らは**形成中心**という。形成中心では**WUS**という転写因子のタンパク質を支配す る遺伝子が，静止中心ではWUSによく似たタンパク質**WOX5**を支配する遺伝子 がそれぞれ発現している。

3 果実の形成と成熟

1 受精によって形成された種子から分泌された**ジベレリンやオーキシン** によって**子房**あるいは**花床**が発達して果実が形成されます。

2 ジベレリンは，**タネナシブドウ**の生産に用いられます。

　1 タネナシブドウをつくるのには，ブドウの開花前（開花予想約10日前）に，
まずジベレリンで処理します。この処理によって，**受精能力が失われ，種
子が形成されなくなります。**

▲ 図114-8 ブドウのジベレリン処理

2 　次に，開花10日後に，2回目のジベレリン処理を行います。これによって，**受粉がなくても子房の成長が促進され**，めでたくタネナシブドウができあがります。

3 　タネナシブドウのように，受精していなくても果実を形成することを**単為結実**（たんいけつじつ）といいます。ジベレリンには，単為結実を促す効果があるのです。

4 　形成された果実は成熟することで柔らかくなり（果肉の軟化），甘みを増し（糖度の上昇），果皮が変色します。この果実の成熟を促すのは果実自身から分泌される**エチレン**です。形成された種子から分泌されたオーキシンの濃度が高くなるとエチレン合成が促され，生じたエチレンがさらにエチレン合成を促すので急激にエチレン生成量が増加し，果実が成熟していきます。

5 　エチレンは，**細胞壁分解酵素**や**デンプン分解酵素**などの遺伝子発現を促します。これらの酵素によって細胞間の接着が弱まって柔らかくなり，糖度が上昇します。

6 　エチレンは気体のホルモンなので，熟した果実と未熟な果実を同じ容器に入れておくと，熟した果実から分泌されたエチレンにより，未熟な果実の成熟が早まります。

オーキシン・ジベレリン ⇨ 果実の成長促進
エチレン ⇨ 果実の成熟促進

第115講 裸子植物の配偶子形成と受精・発生

被子植物と裸子植物では，配偶子形成や受精の様式にも違いがあります。裸子植物について見てみましょう。

1 裸子植物の配偶子形成と受精・発生

1 　胚珠内で，胚のう母細胞が減数分裂して1個の胚のう細胞を形成するまでは被子植物とまったく同じです。

2 　胚のう細胞は**何度も体細胞分裂を繰り返し，多くの細胞からなる胚のうを形成します**（被子植物の場合は胚のう細胞は3回だけ分裂して7個の細胞からなる胚のうを形成しました）。

3 　裸子植物では，胚のうに2個の卵細胞と，すでに胚乳がつくられています。このうちの1つの卵細胞が精細胞と受精して受精卵（$2n$）になり，胚を形成します。一方，胚乳は受精によらず，胚のう細胞の分裂によって生じるのです。したがって，**胚乳の核相は，胚のう細胞と同じくnということになります。**

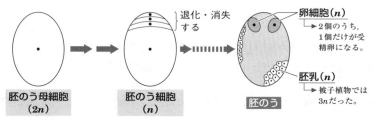

| 胚のう母細胞
（$2n$） | 胚のう細胞
（n） | 胚のう |

卵細胞（n）
▶ 2個のうち，1個だけが受精卵になる。

胚乳（n）
▶ 被子植物では$3n$だった。

退化・消失する

▲ 図115-1　裸子植物の胚のうの形成

4 　まだ卵細胞と精細胞が受精する前なのに，すでに胚乳を形成してしまっています。でもこの後ちゃんと花粉が飛んできて，卵細胞と精細胞が受精して胚が生じるという保証はどこにもありません。せっかく蓄えた栄養分が胚の成長に使われない可能性があるわけです。

　そういう意味では，かなり無駄なことをしていることになりますね。

5　それにくらべると，被子植物は，卵細胞と精細胞が受精して胚が生じるメドが立ったときに胚乳核を生じて，それから栄養分を蓄えだすので，胚乳形成に使ったエネルギーが無駄になる確率は少ないといえます。

6　裸子植物のなかでも，**イチョウとソテツ**だけは雄性配偶子が精細胞ではなく**精子**です。そのため，イチョウとソテツだけは，裸子植物でも受精に水が必要となります。これは，シダ植物の名残を示すもので，そういう点から，イチョウやソテツは生きている化石（⇨ p.267）といわれます。

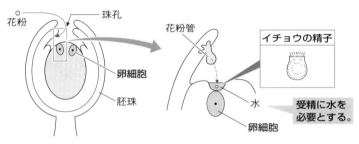

▲ 図115-2 イチョウの受精のようす

7　イチョウ・ソテツ以外の裸子植物（マツやスギ）では，精子ではなく**精細胞**が形成されます。

イチョウとソテツの精子の発見

　種子植物であるイチョウやソテツが精子を形成していることを発見したのは日本人である。イチョウの精子は1896年**平瀬作五郎**によって発見され，ソテツの精子は同じく1896年**池野成一郎**によって発見された。

被子植物の胚乳形成が裸子植物の胚乳形成よりも優れている点について100字以内で述べよ。

ポイント　胚乳を形成するためには，多量のエネルギーを消費しなければいけないことに着目する。

模範解答例 裸子植物では受精前に胚乳を形成するので，受精しなかった場合は胚乳形成に使われたエネルギーは無駄になる。しかし被子植物では受精してから胚乳を形成するので，エネルギー消費の無駄を少なくすることができる。(99字)

ファイトマー

脊椎動物などの動物のからだは遺伝情報によって比較的厳密に構造が決まっており，環境によって，あしが増えたり器官の数や位置が変わったりしない。これに対して，植物では，分裂組織の細胞(幹細胞)が一生を通じて分裂を続け，新しい茎や葉をつくり続けている。そのため植物のからだの地上部は，芽・葉・茎(節と節間)からなる単位が繰り返された構造となる。この単位を**ファイトマー**という。

植物において，ファイトマーの数が増えていくような成長を**栄養成長**，茎頂を花芽に分化させ，生殖器官である花を形成し，種子を形成する過程を**生殖成長**という。

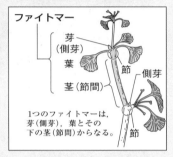

▲ 図115-3 ファイトマー

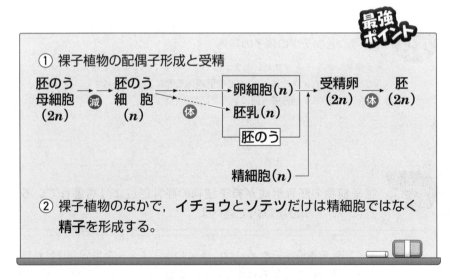

① 裸子植物の配偶子形成と受精

② 裸子植物のなかで，**イチョウとソテツ**だけは精細胞ではなく**精子**を形成する。

生態と環境

植生と植物の生活

重要度
★★

地表を覆うさまざまな植物は物質生産や冬越しなどのために
とる形態によって分類することができます。

1 植生とその調べ方

1 ある場所に植物が生育しているとき，その植物全体を**植生**といいます。

陸上の植生は大きく**森林・草原・荒原**に分けられ，それぞれ気候に応じて
いくつかの種類に分けることができます（⇨第118講）。

2 ある植生を構成する植物のうちで，**背が高く，量も多く，最も地表面を広
く覆っている種**を**優占種**といいます。

ある植生は，優占種によって分類することができます。たとえば，実際に
はいろいろな種類の植物が生えていても，ススキを優占種とする群落はスス
キ群落と呼ばれます。

3 また，**ある植生には出現するが，他の植生にはほとんど出現しないような
種**があれば，それはその植生を特徴付ける種になります。このような種を**標
徴種**といいます。

4 優占種は，<u>**区画法**</u>という方法によって，
次のようにして調べられます。

> 「方形枠法」，「方形区法」，「コ
> ドラート法」とも呼ばれる。

まず，一定面積（たとえば$1\,\mathrm{m}^2$）の方形区を複数設定します。方形区ごとに
生えている植物の種類を調べ，各植物が調査した方形区のうちの何か所に出
現したかを求めます。この値を**頻度**といいます。

次にそれぞれの方形区内で，葉が地表面を覆っている割合を調べます。こ
の割合を**被度**といいます。その植物の葉が方形区の$\frac{3}{4}$以上を占めていたら被
度5，$\frac{1}{2}\sim\frac{3}{4}$なら被度4，$\frac{1}{4}\sim\frac{1}{2}$なら被度3，$\frac{1}{10}\sim\frac{1}{4}$なら被度2，$\frac{1}{100}\sim\frac{1}{10}$
なら被度1，$\frac{1}{100}$未満の場合は被度＋，0の場合は－とします。

さらに，最も被度が高い植物の被度を100％として，各植物の被度％を計算

します。

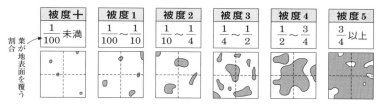

| | 被度十 | 被度1 | 被度2 | 被度3 | 被度4 | 被度5 |

▲ 図116-1 植物の葉が地表面を覆う割合と被度

5 たとえば，ある植生において10個の方形区（Ⅰ～Ⅹ）を設け，各植物の頻度と被度を調査した結果，次の表116-1のようになったとします。

これをもとに，各植物について被度％（最も高い種を100とする）と頻度％を求めます。この平均値を**優占度**と呼び，

優占度が最も高い植物が優占種ということになります。この調査した植生ではシロツメクサが優占種ということになります。

> 高さについても調査する場合がある。その場合は，被度・頻度・高さの3つの平均を計算する。

方　形　区		各方形区における被度									平均被度	被度〔%〕	頻度〔%〕	優占度
	Ⅰ	Ⅱ	Ⅲ	Ⅳ	Ⅴ	Ⅵ	Ⅶ	Ⅷ	Ⅸ	Ⅹ				
シロツメクサ	3	2	5	4	3	3	4	5	2	3	3.4	100	100	100
エノコログサ	1	4	－	2	1	2	1	1	4	－	1.6	47	80	63.5
メ ヒ シ バ	1	1	1	1	1	2	－	1	1	－	0.9	26	80	53.0
タ ン ポ ポ	1	2	1	－	1	－	－	1	－	1	0.7	21	60	40.5

▲ 表116-1 シロツメクサを優占種とする植生における植物の被度と頻度

6 植生の外観上の特徴を**相観**といいます。**相観は，被度が最も大きくて目立つ優占種で決まります。**

① **植生**…ある場所について，その場所で生育する植物全体。
② **優占種**…その植生で，最も**背が高く**，量も**多く**，最も**地表面を広く覆っている種**➾優占種によって植生を分類する。
③ **標徴種**…他の植生には出現せず，**その植生を特徴付ける種。**

第**10**章 生態と環境

2 生産構造図

1 植物は，葉で光合成を行って物質生産を行います。その物質生産という面から見た植生の構造を**生産構造**といいます。物質生産のようすを知るためには，光合成を行う葉のつき方や量を調べる必要があります。

2 そこで，一定面積中の植物を上方から順に一定の幅で層別に刈り取り，各層ごとに光合成を行う器官（葉）と光合成を行わない器官（葉以外）に分け，それらの重さを測定します。このような測定方法を**層別刈取法**といいます。

3 また，刈り取る前に，各高さごとに照度を測定しておき，植生最上部での照度を100％とした相対照度を求めておきます。こうして得られた相対照度および，各高さごとの光合成器官と非光合成器官の重さを示した図を**生産構造図**といいます。

4 多くの草本植物について生産構造図を描いてみると，大きく2つのタイプに分けられます。

1つは，広い葉がほぼ水平につくため，上部の葉で光がさえぎられやすく，そのため下部にはあまり葉がついていないタイプで，これを**広葉型**といいます。ア
カザ・オナモミ・ミゾソバなどはこの広葉型の生産構造図になります。

> アカザ…被子植物双子葉類ヒユ科の一年生草本。
> オナモミ…被子植物双子葉類キク科の一年生草本。典型的な短日植物。
> ミゾソバ…被子植物双子葉類タデ科の一年生草本。

5 もう1つは，細い葉が斜めについているため，比較的下部まで光が届き，下部にも葉が多くついているタイプで，こ

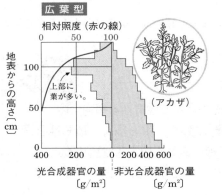

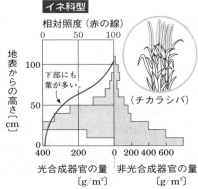

▲ 図116-2 生産構造図の2つのタイプ

れを**イネ科型**といいます。チカラシバ・ススキ・チガヤなどは，このイネ科型の生産構造図になります。

> チカラシバ…被子植物単子葉類イネ科の多年生草本。
> ススキ…被子植物単子葉類イネ科の多年生草本。秋の七草の１つ。
> チガヤ…被子植物単子葉類イネ科の多年生草本。

6　物質生産の面から，もう少しくわしく生産構造図を見てみましょう。

　一定の単位面積の上に，植生の葉面積の合計がどのくらい存在しているかを**葉面積指数**といいます。葉面積指数は次の式で求められます。

$$葉面積指数＝\frac{その面積上の葉面積の合計}{その土地の面積}$$

　簡単にいえば，**ある面積上に葉が何層ついているかを示す値**です。広葉型の場合は，１枚１枚の葉が広くて面積も大きいですが，葉がついている層が上部に限られているため，葉面積指数はあまり大きくありません。一方，イネ科型の場合は，１枚１枚の葉は細いですが，葉がついている層が何層にもあるため，葉面積指数は大きくなります。すなわち，**物質生産という点からはイネ科型の植物のほうが有利**だといえます。

7　また，葉の量が多いだけでなく，**光合成を行わない非光合成器官の量が少ないほうが物質生産には有利**ですね。収入が多いだけでなく，支出が少ないほうがたくさん貯金ができます。そこで，(非光合成器官の量／光合成器官の量)の値を調べてみます。この値が小さいほど物質生産に有利だといえます。**イネ科型は，広葉型にくらべると光合成器官が多く，非光合成器官の割合が少ない**のが特徴です。すなわち，(非光合成器官の量／光合成器官の量)の値は，イネ科型のほうが小さくなります。

葉面積指数の決まり方

　葉が行う光合成量から葉が行う呼吸量を引いた値を**剰余生産量**という。たとえば，葉が４層ある植物があったとする。上部の葉ほど強い光が当たるので，光合成量も多いと考えられる。一方，呼吸量は光の強さに関係ないので一定である。この場合，各層の剰余生産量を求めて合計すると，22になった(⇨図116-3左)。

　もっと葉がたくさんついているとどうなるだろうか。葉が７層ある場合を想定する。葉の層が多くなると，先ほど以上に下部の葉にはあまり光が当たらなくなる。その結果，剰余生産量の合計は先ほどの４層の場合よりも小さくなってしまう(⇨図116-3右)。剰余生産量がマイナスになった葉は，やがては枯死してしまうので，結果的に先ほどと同じ４層になってしまう。

　このようにして，葉面積指数は植生によってほぼ一定の値になるのである。

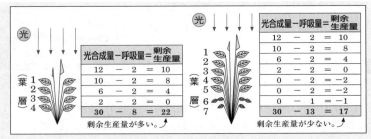

▲ 図116-3 植物の葉層と剰余生産量

+α
パワー
アップ

剰余生産の分配のしかた

葉で生じた剰余生産は植物体の各部に分配されて使われる。

たとえば、ヒマワリについて剰余生産の分配率を調べると、下の図116-4の図1のようになる。つまり、生育の初期には葉、茎に分配し、葉や茎の成長に使われるが、やがて花、種子への分配率が高くなり、次代を担う種子を形成する。**ヒマワリは一年生植物なので、夏には種子への分配が多くなるが、ススキのような多年生植物の場合は、秋になると根など地下部への分配率が高くなる**(図2)。

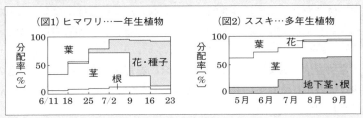

▲ 図116-4 植物の生育時期と剰余生産の分配のようす

【生産構造図の2つのタイプ】

① **広葉型**…広い葉がほぼ**水平**につく。上部の葉で光がさえぎられ、下部の照度は急激に低下。例 **アカザ・オナモミ・ミゾソバ**

② **イネ科型**…細い葉が**斜め**につく。下部まで光が届きやすく、下部にも葉がつきやすい。例 **チカラシバ・ススキ・チガヤ**

3 生 活 形

1　生物の生活様式や生育環境を反映した形態のことを**生活形**せいかつけいといいます。特に，植物は移動できないため生活している環境の影響を強く受けます。似た環境で生育する植物の形態が似ていることが多いのは，このためです。

2　**ラウンケル**(ラウンケア)は，低温や乾燥といった生育に不適当な時期に耐える部分(休眠芽が・抵抗芽)の位置に注目して生活形を分類しました。

□1　休眠芽が**地表から30cm以上**の高さにある植物を**地上植物**ちじょうといいます。ふつうの樹木は地上植物です。

□2　休眠芽が**地表から30cm以下の高さ**にある植物を**地表植物**ちひょうといいます。コケモモ・ハイマツ・シロツメクサなどが地表植物です。

> コケモモ…被子植物双子葉類ツツジ科。高山にはえる低木。
> ハイマツ…裸子植物。高山にはえる低木。地面を這うように広がるマツなのでこの名前がついた。
> シロツメクサ…被子植物双子葉類マメ科の多年生草本。ヨーロッパ原産の外来生物。「クローバー」とも呼ばれる。

□3　休眠芽が**地表に接している**植物を**半地中植物**はんちちゅうといいます。ススキ・タンポポ・オランダイチゴ・マツヨイグサなどが半地中植物です。

> タンポポ…被子植物双子葉類キク科の多年生草本。日本古来のものはカントウタンポポやカンサイタンポポで，セイヨウタンポポはヨーロッパ原産の外来生物。
> オランダイチゴ…被子植物双子葉類バラ科の多年生草本で食用にする。南米原産。走出枝(ほふく茎)で栄養生殖する。
> マツヨイグサ…被子植物双子葉類アカバナ科の二年生草本。チリ原産の外来生物。「宵待ち草」や「月見草」とも呼ばれる。

タンポポやマツヨイグサなどの場合は，節と節の間が極端に短くなった茎から葉が重なり合って出ている状態で冬を越します。このような形態の葉を**ロゼット葉**ようといいます。

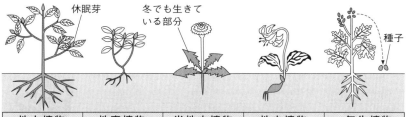

地上植物	地表植物	半地中植物	地中植物	一年生植物
休眠芽が地表から30cm以上の高さにある。	休眠芽が地表から30cm以下の高さにある。	休眠芽が地表に接している。	休眠芽が地中にある。	種子で越冬する。

▲ 図116-5 ラウンケルの生活形による植物の分類

第**10**章 生態と環境

4　休眠芽が**地中にある**植物を**地中植物**といいます。<u>ユリやチューリップが地中植物です。</u>

> 被子植物単子葉類ユリ科の多年生草本。地下に鱗茎を生じる。

5　生育に不適当な時期を**種子で過ごす**植物が**一年生植物**です。<u>エノコログサ・ブタクサ・ヒマワリなどは一年生植物です。</u>

> エノコログサ…被子植物単子葉類イネ科の一年生草本。「ネコジャラシ」とも呼ばれる。
> ブタクサ…被子植物双子葉類キク科の一年生草本。北アメリカからの外来生物。

3　以上を図にしたのが図116-5です。茶色の部分が不適当な時期(冬)でも生き残っている部分，赤色が休眠芽を示します。

生活形スペクトル

各地域における植物の生活形の割合を示したものを**生活形スペクトル**といい，その地域の環境要因を反映する。

冬期の寒さが厳しい地域では地上植物の割合が少なく，**半地中植物の割合が多くなる。**半地中植物は，休眠芽が地表面に接する形で耐え，暖かくなると地下茎などから成長を急速に再開させる。これが寒さの厳しい地域では最も有利だからである。また，寒さだけでなく風なども強く厳しい環境である高山帯(⇨p.761)では，**高木が生育できない**ため，地上植物は存在しない。

一方，乾燥に一番耐えることができるのは種子である。そのため，乾燥しやすい地域では，**一年生植物の割合が高くなる。**

また，気温も雨量も十分にある地域では**地上植物の占める割合が高くなる。**

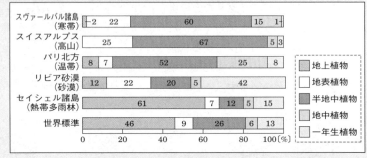

▲ 図116-6　世界各地の生活形スペクトル

ラウンケルの生活形…休眠芽の地表からの高さで分類。
　　休眠芽の高さ…地中植物＜半地中植物＜地表植物＜地上植物

遷　移

今日ススキの草原だった場所も50年後には松林になっているかもしれません。植生は時間とともに変化します。

1　森林の階層構造

1　植生の移り変わりを**遷移**といいます。植物が生育しておらず，**土壌**も形成されていない状態から始まる遷移を**一次遷移**といい，**乾性遷移**と**湿性遷移**とがあります。

また，森林を伐採した跡地や山火事の跡地のような場所から始まる遷移を**二次遷移**といいます。

> 「土壌」とは，単に土という意味ではなく，岩石の風化で生じた土砂および生物の遺体さらには遺体の分解産物などの有機物からなっている。土壌の形成には，細菌や菌類などの微生物以外にミミズ，トビムシ，ダニなども関係している。

2　日本の気候では，遷移が進行していくと，最終的には**森林**が形成されます（⇨p.761）。まずは，その森林のようすを見てみましょう。

3　植生における垂直的な配列状態を**階層構造**といいます。森林では特に階層構造が発達しています。

森林の地上部の階層構造は，**高木層**，**亜高木層**，**低木層**，**草本層**，**地表層**の5層に分けられます。これを**森林の階層構造**といいます（⇨図117-1の左の図）。森林では，それぞれの高さで茂っている葉によって光がさえぎられるため，相対照度の変化は図117-1の右の図のようになります。

> 熱帯多雨林では，高木層のさらに上部に大高木層や巨大高木層といった層が存在することがある。逆に，針葉樹林では2層程度にしか発達しないこともある。また，地下の部分は「地中層」あるいは「根系層」という。

4　高木が葉を茂らせている部分を**樹冠**といい，何本もの高木によって樹冠が連なった部分を**林冠**といいます。一方，森林の内部の地表面近くを**林床**といいます。

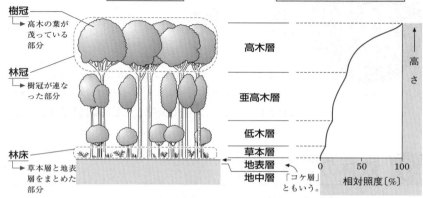

| 森林の階層構造 | 森林内部の相対照度の変化 |

樹冠
└→ 高木の葉が
　茂っている
　部分

林冠
└→ 樹冠が連な
　った部分

林床
└→ 草本層と地表
　層をまとめた
　部分

高木層

亜高木層

低木層
草本層
地表層
地中層　「コケ層」
　　　　ともいう。

高さ

相対照度〔%〕
0　　　50　　　100

▲ 図117-1　森林の階層構造と森林内部の相対照度の変化

5 　発達した植生の地中では**土壌**が形成されてい
ます。その土壌の構造を見ておきましょう。

　土壌の最上層は落葉や落枝が堆積し，それらの
分解が行われている**落葉分解層**，その下にはそ
れらが分解者（⇨p.793）による分解で生じた有機
物（**腐植質・腐植**）に富んだ**腐植土層**（**腐植層**）
があります。さらにその下は岩石が風化した層で，
有機物を含みません。その下には風化される前の
岩石である**母岩**（**母材**）があります。

6 　風化によってできた細かい岩石と腐植がまと

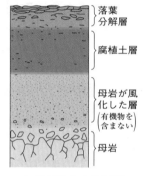

落葉
分解層

腐植土層

母岩が風
化した層
（有機物を
含まない）

母岩

▲ 図117-2　土壌の構造

まって生じた粒状構造を**団粒構造**といいます。団粒構造は隙間が多く通気
性（酸素の供給）に優れているとともに，保水力に富み，土壌侵食の防止にも
役立ちます。植物の根はおもにこの団粒構造の多い腐植土層に広がります。

最強ポイント

① 森林の階層構造…高木層，亜高木層，低木層，草本層，地
　表層，地中層
② 林冠…高木の葉が茂った部分（樹冠）が連なった部分。
③ 林床…森林の内部の地表面近く。
④ 土壌…腐植と風化した岩石からなり，層をなす。

2　乾性遷移

1　火山噴火で生じた溶岩が冷えて固まったような場所から始まるのが**乾性遷移**です。このような状態を**裸地**といいます。

　岩石の風化が進むと，**地衣類**（⇨p.361），さらに**コケ植物**が生えるようになります。このような状態を**荒原**といいます。

2　地衣類の菌糸やコケ植物の仮根がさらに岩石を侵食し，また，これらの遺体が分解されて，次第に**土壌が形成され**ていきます。

すると，成長の早い草本を主とした**草原**が形成されます。特に，冬に地下部が残り春には地下部から成長が始まる**多年生草本**が優占します。

> ススキやイタドリ，セイタカアワダチソウなどが代表例。

3　さらに年月が経ち，土壌の形成が進んで保水力も高まると，光補償点の高い樹木の芽生えも成長し，陽生のウツギなどの低木が優占する**低木林**が形成されます。

　その後，高木が優占する**陽樹林**の状態になります。日本の関東以西あたりではアカマツ・クロマツ・コナラ・クヌギ・ハンノキなどの陽樹林が，中部以北の山岳地帯や北海道では，シラカンバ・ダケカンバなどの陽樹林が形成されます。

> 被子植物双子葉類アジサイ科の落葉低木。

> アカマツ…裸子植物。樹皮が赤褐色で，クロマツよりも内陸部に多く，根元にマツタケが生えることがある。
> クロマツ…裸子植物。樹皮が黒灰色で，海岸などで見かけるのはたいていこのクロマツである。
> コナラ…被子植物双子葉類ブナ科の落葉樹。どんぐりをつける木の一種。まきや木炭として利用される。
> クヌギ…被子植物双子葉類ブナ科の落葉樹。これもどんぐりをつける木。木炭の原料やシイタケ栽培にも利用される。
> ハンノキ…被子植物双子葉類カバノキ科の落葉樹。家具や鉛筆の材料として利用される。根に放線菌の共生（p.789）。

4　陽樹林が形成されると，その林冠によって光がさえぎられるため，林床の照度は低下します。すると，**陽樹の芽生えはそのような照度の低下した林床では生育できなくなります**。一方，光補償点の低い陰樹の芽生えはこのような林床でも生育できます。そのため，陽樹と陰樹が入り交ざった**混交林**となります。

> シラカンバ…被子植物双子葉類カバノキ科の落葉樹。「白樺」のこと。幹皮が白く，紙のようにはがれる。
> ダケカンバ…被子植物双子葉類カバノキ科の落葉樹。樹皮は灰褐色から淡褐色。

5　やがて，最初に生えていた陽樹は寿命などで枯死していくので，陽樹の割合は減少し，陰樹の割合が増加し，最終的には陰樹を中心とした**陰樹林**が形

成されます。

日本では，関東以西でシイ・カシ・クスノキ・ツバキ・タブノキなどの陰樹林が，東北ではブナ，中部以北の山岳地帯ではシラビソ・コメツガ・トウヒ，特に北海道ではエゾマツ・トドマツなどの陰樹林が形成されます。

シイ…被子植物双子葉類ブナ科の常緑樹。スダジイやツブラジイなどがある。どんぐりをつける木の一種。シイタケの原木として利用される。

カシ…被子植物双子葉類ブナ科の常緑樹。アラカシ・シラカシ・ウラジロガシ・ウバメガシなどがある。どんぐりをつける木の一種。いずれも材は堅く，船舶，農具，家具，木炭などの材料となる。ウバメガシの木炭は特に硬質で「備長炭（びんちょうたん）」と呼ばれる。

クスノキ…被子植物双子葉類クスノキ科の常緑樹。防虫剤として用いられていた天然樟脳（しょうのう）の材料。

ツバキ…被子植物双子葉類ツバキ科の常緑樹。種子からツバキ油をとる。

タブノキ…被子植物双子葉類クスノキ科の常緑樹。沿岸地に多くはえる。

被子植物双子葉類ブナ科の落葉樹。建築の材料やパルプなどに利用される。

いずれも裸子植物マツ科の常緑樹。

陰樹と陽樹の名称の付け方

陰樹の葉は光補償点が低い。これは正しいだろうか？　じつは，同じ陰樹であっても，上部の光がよく当たる所には**陽葉**（ようよう）が，下部の光が届きにくい所には**陰葉**（いんよう）がついている。決して，陰樹の葉すべてが陰葉ではない。

では，なぜ陽樹，陰樹という呼び方をするのだろう。それは，幼木（芽生え）のときの性質からつけられた名称なのである。幼木（芽生え）のときに陽生植物の特徴をもつ樹木を**陽樹**，幼木（芽生え）のときに陰生植物の特徴をもつ樹木を**陰樹**というのである。陽樹林から陰樹林へと移り変わるときにもこの「幼木」が生育できるかどうかが重要なポイントとなる。

6 陰樹林が形成されても林床の照度は低いので，**陽樹の幼木は生育できず，陰樹の幼木だけが生育します**。そのため，陰樹林として安定します。このように安定した状態を**極相（クライマックス）**（きょくそう）といい，極相が森林のとき，この森林を**極相林**といいます。

7 遷移の初期に生育する種を**先駆種（パイオニア種）**（せんくしゅ），極相で生育する種を**極相種**といいます。一般に，先駆種は，**乾燥した土壌や無機塩類の少ない土壌にも適応でき，成長は早いですが耐陰性は低く，その種子は小さく分散しやすい**という特徴をもちます。

一方，極相種は，**耐乾性は低く**，**無機塩類の豊富な土壌を必要とし**，**成長は遅いですが耐陰性は高く**，その種子は大きく，**分散力は小さい**という特徴をもちます。

種子の大きさと生き残り戦略

種子が小さければ遠くに散布できるし，また，多くの種子をつくることができる。種子が大きければ遠くに散布できず，形成する種子の数も少なくなる。先駆種の種子が小さいのは，それだけ多くの種子を遠くに散布することで，いち早く新たな裸地に侵入することができるという利点がある。では，極相種の種子が大きいのはどのような意味があるのだろう。

種子が大きければ，それだけ栄養分をたくさん蓄えることができる。種子は，発芽し，葉を展開して自ら光合成を始めるまでは，種子に蓄えてある栄養分を使用する。すなわち，種子が大きければ，それだけ芽生えを大きくしてから葉を展開することができるのである。すでに他の植物が繁茂している中で生育するためには，少しでも上部に葉を展開する必要がある。

逆に，他の植物がまだ繁茂していない場合は，早く葉を展開して光合成を始めるほうがより有利だといえる。そのため，**先駆種の種子は小さく，極相種の種子は大きい**という特徴があるのである。

8 このような遷移はゆっくりと長い年月をかけて進行します。では，どのようにしてこれらの遷移は調査されたのでしょう。

日本で遷移の調査によく使われるのは伊豆大島です。ここでは何度も火山の噴火が起こり，一次遷移が繰り返されています。たとえば，100年前に噴火が起こった場所では裸地から100年後のようす，200年前に噴火が起こった場所では裸地から200年後のようすが観察できるのです。このようにして噴火した年度が異なる地点を調べることで，遷移のようすが調査できます。

9 日本の気候では，植生遷移は最終的に陰樹林を主とした極相林になりますが，極相林が陰生植物のみで構成されているわけではありません。また，極相に達したからといって何も変化しないのではありません。極相林の林冠を構成している高木もやがて寿命で枯れたり，台風などで倒れたりして空間が生じることがあります。このような空間を**ギャップ**といいます。

10 ギャップが小さい場合は，その林床に生育していた陰樹の幼木がそのまま成長するだけですが，大きいギャップが生じると，林床に多くの光が届くようになり，それまで土壌中で休眠していた陽樹の種子や飛来した陽樹の種子が発芽して成長し，そのまま林冠を構成するようになります。このようなギャップにおける樹種の入れ替わりを**ギャップ更新**といいます。

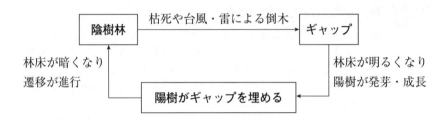

11 このようにして，極相林であってもあちこちでギャップ更新が起こり，陰樹だけでなく陽樹も混ざった部分がモザイク状に存在しています。でも，これによって極相林の樹種の多様性が保たれています。

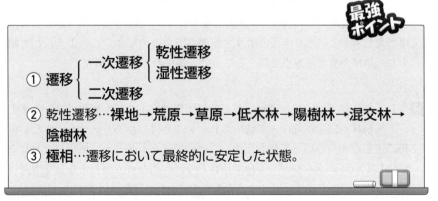

① 遷移 ┤一次遷移 ┤乾性遷移 / 湿性遷移 / 二次遷移

② 乾性遷移…裸地→荒原→草原→低木林→陽樹林→混交林→陰樹林

③ 極相…遷移において最終的に安定した状態。

3 湿性遷移

1 池や湖沼などから始まるのが**湿性遷移**です。

まず，池や湖沼に生育する植物のようすから見てみましょう。

2 ウキクサのように，水面に植物体が浮かんでいるものを**浮水植物**といいます。

また，クロモのように，植物体全体が水中にあるものを**沈水植物**といいます。

ヒツジグサのように，茎などは水中にあり，葉だけが水面に浮かんでいるものを**浮葉植物**，ヨシやガマのように，葉が水面より上に突き出しているものを**抽水植物**といいます（図117-4）。

→ 被子植物単子葉類サトイモ科。

→ 被子植物単子葉類トチカガミ科。金魚鉢に入れる水草としておなじみ。

→ 野生のスイレンのこと。被子植物双子葉類スイレン科。

→ 被子植物単子葉類イネ科。「アシ」ともいう。パスカルが述べた「人間は考える葦である」のアシ。

→ 被子植物単子葉類ガマ科。童謡や神話で，因幡の白兎に大黒様（大国主命）が「ガマの穂綿にくるまれ」といったガマ。

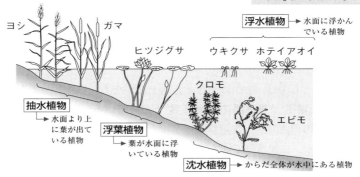

▲ 図117-4 池や湖沼の植物

3 湿性遷移は，次のようにして進みます。

栄養塩類の乏しい状態を**貧栄養湖**といいます。貧栄養湖は栄養塩類が少ないのでプランクトンも少ないですが，透明度は高い湖です。

まず周囲から土砂が入り込み，プランクトンも入り込んで，次第に栄養塩類の豊富な**富栄養湖**となります。富栄養湖は，貧栄養湖にくらべると透明度は低下します。また，**沈水植物**が見られます。

4 さらに，土砂の堆積が進んで浅くなり，**湿原**となります。湿原になると透明度はさらに低下し，沈水植物は生育できなくなります。代わって**浮葉植物**や**抽水植物**が繁茂するようになります。

第10章 生態と環境

5 時間とともに，周囲から陸地化が進み，やがて，湿原から**草原**へと遷移します。

草原以降は，乾性遷移と同様に遷移が進み，極相となります。

湿性遷移…**貧栄養湖→富栄養湖→湿原→草原→**(以後，乾性遷移と同様)

4 二次遷移

1 森林の伐採跡や山火事跡など，植生が不完全に破壊された状態から始まるのが**二次遷移**です。

二次遷移は，一次遷移の途中から始まるようなものですが，**一次遷移にくらべて進行が速い**のが特徴です。

2 その理由としては，1つは，たとえ地上部がなくなったとしても，**土中には種子(埋土種子)や地下部(根や地下茎)が残っている**からです。

もう1つの理由は，一次遷移では土壌を形成するまでに非常に長い年月がかかりますが，**二次遷移ではすでに土壌は形成されている**からです。

+α パワーアップ　極相林と二次遷移

極相といっても，まったく変化がないわけではない。高木の枯死や倒木によって林冠の一部に空白(**ギャップ**)が生じることがある。すると，その部分の林床の照度は高くなるので，陽樹の芽生えが成長できるようになる。その場所の土壌中で休眠していた陽樹の種子や飛来した陽樹の種子が成長して林冠を占めるようになる。このようなギャップ更新(⇨p.750)を経て，やがて陰樹へと移行する。この場合も，土壌があるが，地上部がなくなった場所から始まるので，二次遷移といえる。

このように，極相に達した植生といっても全体がずっと同じ状態にあるわけではなく，部分的に二次遷移を繰り返しながら安定した状態を保っているのである。

一次遷移にくらべて二次遷移の進行が速い理由を2点それぞれ20字以内で説明せよ。

ポイント　「土壌」「埋土種子」がキーワード

模範解答例　(1)　すでに土壌が形成されているため。

　　　　　　　(2)　植物の地下部や埋土種子が残っているため。

① **二次遷移**…植生が不完全に破壊された状態から始まる遷移。

② 二次遷移の進行が速い理由

　⇨ ｛ 埋土種子や地下部が残っていること。

　　　 すでに土壌が形成されていること。

いい土♥

5 フラスコの中での遷移

1 フラスコにペプトン(タンパク質を酵素でアミノ酸や低分子のペプチドに分解したもの)を入れ、そこへ池の水を入れて培養すると、まずペプトンを分解する**細菌**が増殖して水が濁ります。次いで、細菌を食べる繊毛虫(ゾウリムシなど)などの**原生動物**が増殖し、細菌は減少して水の透明度は上がります。

細菌の働きでペプトンが分解されてアンモニウムイオンのような無機塩類が生じ、透明度も上がったことでクロレラのような**緑藻**が増殖し、少し遅れて**シアノバクテリア**が増殖するようになります。

2 さらに、多細胞動物で、細菌や繊毛虫・緑藻などを食べる多細胞動物の**ワムシ**が増殖します。

これらの微生物が増減し、やがてそれらの数も一定となって安定します。すなわち**極相**となるのです。このような生物の移り変わりは、フラスコ内での遷移といえますね。

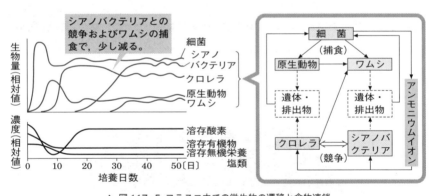

▲ 図117-5 フラスコ内での微生物の遷移と食物連鎖

フラスコ内での遷移…微生物をフラスコ内で培養すると、微生物が増減を繰り返し安定していく。

バイオーム

重要度
★ ★ ★

遷移が進めば最終的には極相に達します。では，どのような場所でどのような植生が生じるのでしょう。

1　世界のバイオーム

1　植生は，**気温**と**降水量**の影響を受けて成立します。そのため，同じような気温と降水量の地域ではよく似た相観(⇨p.739)の植生が見られます。植生は，相観によって**森林，草原，荒原**などに大別され，森林はさらに**熱帯多雨林，照葉樹林，夏緑樹林，針葉樹林**などに分類されます。

　このような植生と，そこに生息する動物などを含めた生物のまとまりを**バイオーム**(**生物群系**)といいます。

2　気温(年平均気温)や降水量(年降水量)とバイオームの関係を図示すると，次のようになります。

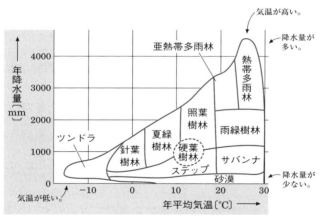

▲ 図 118-1　気温・降水量とバイオームの分布

3　年平均気温が25℃以上で，降水量も2000mm以上の**高温多湿の熱帯地域**(アマゾンやインドネシアなど)では，**熱帯多雨林**が見られます。

第 **10** 章　生態と環境

755

熱帯多雨林では，特に，階層構造（⇨p.745）がよく発達し，構成種も極めて多いのが特徴です。特定の優占種はありませんが，**ヒルギ**や**フタバガキ**などが代表的な樹木です。森林の内部は非常に暗く，**つる植物や着生植物が**多く見られます。また，河口付近や海岸にはヒルギなどが**マングローブ林**を形成しています。

> 被子植物双子葉類ヒルギ科。メヒルギやオヒルギがある。

> 被子植物双子葉類フタバガキ科。ラワン材として利用される。

> 他の植物や岩など，土壌以外に固着生活する植物を「着生植物」という。根や葉から雨水とともに栄養塩類を吸収する。ランの仲間などに多く見られる。

マングローブ林の植物の特徴

　マングローブ林は特定の種の名称ではなく，熱帯や亜熱帯の河口や海岸に生育する植生の総称である。これらの植物は，海底に根を下ろし海水につかっているので，細胞内浸透圧をふつうの植物より数倍も高く保っている。また，干潮時には露出するような根をもち，この根でガス交換を行うことができる。そのため，そのような根は**呼吸根**（こきゅうこん）と呼ばれる。

4 　東南アジアや沖縄などの**亜熱帯の地域に**見られるのが**亜熱帯多雨林**です。

　亜熱帯多雨林は，熱帯多雨林にくらべる**と**つる植物や着生植物が少ないのが特徴です。**ビロウ・ヘゴ・ソテツ・ガジュマル・アコウ**などが優占種となります。

> ビロウ…被子植物単子葉類ヤシ科。単子葉類でありながら常緑の高木となる。
> ヘゴ…シダ植物。木生のシダ。
> ソテツ…裸子植物。雄性配偶子として精子を形成することでも有名。
> ガジュマル・アコウ…いずれも被子植物双子葉類クワ科。

5 　年平均気温は熱帯や亜熱帯と同じくらいですが，**雨期と乾期がある地域で**は**雨緑樹林**（うりょく）が見られます。

　ここでは，乾期に落葉する**チーク**のような落葉樹が優占種となります。

> 被子植物双子葉類シソ科の落葉広葉樹。堅く寸法の狂いが少ないことから家具材として用いられる。

6 　同じく年平均気温は熱帯や亜熱帯と同じくらいですが，**年降水量が200mm～1000mmの地域**では森林は形成されず，**イネ科の草本を主体とした草原**が形成されます。ここを**サバンナ**（熱帯草原）といいます。

　サバンナは草本が主体ですが，**アカシア**などの低木も点在しています。

7　年平均気温が15℃前後の暖温帯(暖帯)で見られるのが照葉樹林です。

　　照葉樹林を構成する樹木は**常緑広葉樹**で，その葉は**クチクラ層**がよく発達していて光沢があることからこの名前がついています。

　　日本では関東以西で見られ，**シイ・カシ・クスノキ・ツバキ・タブノキ**などが優占種となります。

8　年平均気温は照葉樹林が成立する地域とあまり変わりませんが，**地中海沿岸のように，冬に雨が多く夏に乾燥しやすい地域**で見られるのが硬葉樹林です。

オリーブ…被子植物双子葉類モクセイ科。果実は食用にされたり，オリーブ油の原料として知られている。
コルクガシ…被子植物双子葉類ブナ科。名前の通り，樹皮からコルクをとるのに用いられる。

　　硬葉樹林を構成する樹木は，照葉樹林を構成する樹木と同じく常緑でクチクラ層がよく発達した光沢のある葉をもちますが，**やや小形で硬い葉であるのが特徴です。オリーブやコルクガシ**などが優占種となります。

9　**年平均気温が5〜10℃付近の冷温帯(温帯)**で見られるのが夏緑樹林です。

被子植物双子葉類ブナ科の落葉樹。一般に，バイオームを代表する樹種として挙げられるのは陰樹であることが多いが，ミズナラは陽樹。ただし，比較的耐陰性が強いのと，夏緑樹林では他のバイオームにくらべると林床の照度がそれほど低下しないので，ミズナラも極相林を構成することができる。

　　名前の通り，夏は緑色の葉をつけますが，秋になると落葉する**落葉広葉樹**が主体です。

　　日本では，東北や北海道南部で見られ，**ブナやミズナラ**が優占種となります。

10　年平均気温は夏緑樹林が成立する地域とあまり変わりませんが，**年降水量が200mm〜1000mmの地域**に見られるのが**ステップ**です。

もともとステップとは中央アジアの温帯草原のことで，北米大陸の温帯草原はプレーリー，南アメリカのアルゼンチンに見られる温帯草原はパンパと呼ばれる。

11　**年平均気温が0℃前後の亜寒帯**で見られるのが針葉樹林です。

　　名前の通り，広い葉ではなく針のように細くとがった葉をつける**常緑の針葉樹**からなります。

　　日本では，北海道東北部や中部地方の亜高山帯で見られ，中部地方では**シラビソ・コメツガ・トウヒ**，北海道では**エゾマツ・トドマツ**などが優占種となります。また，シベリアでは，**落葉針葉樹であるカラマツを優占種とする**針葉樹林が見られます。

常緑樹と落葉樹の戦略

植物にとって，葉は光合成を行う最も重要な器官のはずである。その大切な器官である葉を秋に落としてしまうと，春にもう一度葉をつくり直さなければいけない。そのような出費を払うのはなぜだろうか。

雨緑樹林や夏緑樹林が成立する地域は，**乾期や冬期という厳しい環境を乗り越える必要がある地域**である。葉には，光合成以外にも蒸散という重要な役割がある。乾期には根から十分な水分が吸収できず，それなのに蒸散を行っていたのでは水分が不足する。また，寒さが厳しい場所では雪が積もる。雪がとけるまでは土中の水分はやはり不足してしまう。したがって，そのような場所では，**乾期や冬期に葉を残しておく利益よりも出費のほうが大きいため，落葉したほうが有利**だといえる。

つまり，不適切な時期を耐えるために，ストレスにも耐えうるような丈夫な常緑の葉をつけるか，あるいは薄くて簡単な葉をつけておき，不適当な時期には捨て，そのぶん，適当な時期になったときに容易につくれるようにするか，のいずれかを選択しているといえる。

それほど**冬期の低温が厳しくない地域**では，低温のストレスに耐えられるだけの丈夫な葉をつくる出費よりも，温暖な季節になってすぐに光合成をして得られる利益のほうが大きいので，**常緑のほうが有利**だといえる。

さらに，**低温の時期が長い地域**では，温暖になってから葉をつくっていたのでは光合成が行える期間があまりにも短くなって利益が少なくなってしまい，1回の夏では出費を回収できないため，**常緑のほうが有利**となる。ただし，広葉ではなく**針葉**をつけるようになる。針葉は，広葉にくらべると蒸散量が少ないので，冬期の乾燥にも耐えることができる。また，雪が葉に積もりにくく，寒冷時にも凍結しにくいといった特徴もある。

しかし，**もっと寒さが厳しくなると**，カラマツのような**落葉の針葉樹**となる。

いずれも，葉を残すか落とすかによって生じる利益と出費によって，どのような戦略をとるかが異なってくるのである。

12 年平均気温が−5℃以下の寒帯で見られるのが**ツンドラ**（寒地荒原）です。地中に永久凍土層をもつ地域で見られます。

> 夏になっても氷点下が続き，溶けない状態の土壌や岩盤の層を「永久凍土層」という。

ツンドラは低温で，微生物による遺体の分解が進まず，栄養塩類が非常に乏しいため高木は生育できず，**地衣類やコケ類が主体**となります。

13 年平均降水量が**200mm以下の地域**で見られるのが砂漠（さばく）です。

1日の温度変化も激しく，**一年生草本や多肉植物**など耐乾性の強い植物が

758

まばらにはえる程度です。

　メキシコなどの砂漠地帯では，**サボテン**が
見られます。

被子植物双子葉類サボテン科に属
する植物の総称。メキシコ原産の
多年生草本。茎が多肉で葉緑体を
もち，とげは葉が変形したもの。
CAM植物として光合成の単元で
も学習した（⇨p.483）。

14　このように，植生は，その環境要因の影響
を強く受けて成立しています。環境要因の違
いによって生じた生物の分布のようすを**生態分布**といいます。図118-2は，
世界におけるバイオームの生態分布を示したものです。

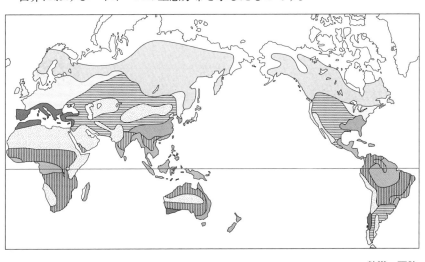

|□ ツンドラ　|□ 針葉樹林　|□ 夏緑樹林　|■ 照葉樹林　|■ 熱帯・亜熱帯多雨林|
|□ 砂　　漠　|▤ 温帯草原　|▦ サバンナ　|▦ 雨緑樹林　|■ 硬葉樹林|

▲ 図118-2 世界のバイオームの生態分布

 暖かさの指数とバイオーム

　降水量が十分な地域では，どのような森林が形成されるかは気温によって決まる。この気温条件を示す指標として，**暖かさの指数**というものがある。

　これは，月の平均気温が5℃以上の月について，月平均気温から5℃を差し引いた値を積算したものである。5℃を引くのは，植物の正常な生育には5℃以上の温度が必要だと考えられているからである。

　降水量が十分な地域における暖かさの指数とバイオームの関係は，次の表118-1のようになる。

暖かさの指数	バイオーム
240以上	熱帯多雨林
180〜240	亜熱帯多雨林
85〜180	照葉樹林
45〜85	夏緑樹林
15〜45	針葉樹林

▲ 表118-1 暖かさの指数とバイオーム(森林)

【森林が成立するおもなバイオームと代表樹種】

バイオーム	代 表 樹 種
熱帯多雨林	ヒルギ・フタバガキ
亜熱帯多雨林	ビロウ・ヘゴ・ソテツ・ガジュマル・アコウ
雨緑樹林	チーク
照葉樹林	シイ・カシ・クスノキ・ツバキ・タブノキ
硬葉樹林	オリーブ・コルクガシ
夏緑樹林	ブナ・ミズナラ
針葉樹林	シラビソ・コメツガ・トウヒ・エゾマツ・トドマツ

2 日本のバイオーム

1 　生態分布には，緯度の違いによる**水平分布**と標高(高度)の違いによる**垂直分布**があります。まずは，日本における水平分布を見てみましょう。

2 　日本においては，降水量はどの地域でも十分あるので，**日本の生態分布では気温の違いが大きな要因となります**。日本のバイオームの水平分布を示したものが次の図118-3です。

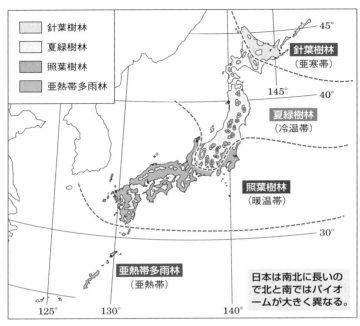

▲ 図118-3 日本のバイオームの水平分布

3　今度は，垂直分布です。一般に，標高が100m上がると，気温は約0.6℃下がります。下の図118-4の左の図は，中部地方の垂直分布を示したものです。

4　中部地方では，海抜700mあたりまでを丘陵帯（低地帯），700m〜1700mを山地帯，1700m〜2500mを亜高山帯，2500m以上を高山帯といいます。

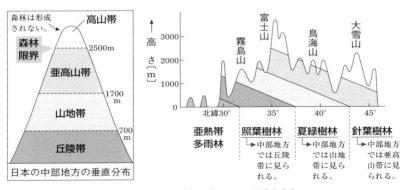

▲ 図118-4 日本のバイオームの垂直分布

5 　中部地方では，**2500mより高い場所では森林は形成されません**。そこで，2500mの高さを**森林限界**といいます。これを越えた高山帯では，<u>ハイマツ・コケモモ</u>などの低木，<u>コマクサ・ミヤマウスユキソウ</u>などの草本がまばらにはえます。このような場所を**高山草原**（**お花畑**）といいます。

　さらに標高が高くなると，**地衣類**やコケ植物を主とした**高山荒原**となります。

6 　中部地方よりも緯度が高い場所では，2500mよりも低い標高で森林限界となります。

7 　森林限界より少し上に，高木が見られなくなるという限界があり，これを**高木限界**といいます。

ハイマツ…裸子植物。幹は地面を這うように広がるのでこの名前がついた。高さは1m程度の常緑の低木。

コケモモ…被子植物双子葉類ツツジ科。高さは15cm程度の常緑の小低木。果実は食用となる。

コマクサ…被子植物双子葉類ケシ科の多年生草本。高さ10cm程度で淡い紅色の可憐な花をつけ，高山植物の女王と呼ばれる貴重な高山植物。花の形が駒（ウマ）の顔に似ていることから，この名前がついた。

ミヤマウスユキソウ…被子植物双子葉類キク科。葉や茎が白っぽく，深山の薄雪草という意味。スイスの国花であるエーデルワイス（ドイツ語で「高貴な白」という意味）の仲間。

最強ポイント

気候帯	中部地方の垂直分布	バイオーム	代　表　樹　種
亜寒帯	亜高山帯	針葉樹林	シラビソ・コメツガ・トウヒ
冷温帯	山　地　帯	夏緑樹林	ブナ・ミズナラ
暖温帯	丘　陵　帯	照葉樹林	シイ・カシ・クスノキ・ツバキ・タブノキ
亜熱帯		亜熱帯多雨林	ビロウ・ヘゴ・ソテツ・ガジュマル

第119講 個体群

同種の生物の集まりについて考えていきましょう。生物の集まりが生殖により大きくなるとき，何が起きるでしょう。

1 成長曲線と密度効果

1 同種の生物の集まりを**個体群**といい，単位面積や単位体積(生活空間)あたりの個体数を**個体群密度**といいます。

生殖によって個体数が増加し，個体群密度が高くなっていきますが，これを**個体群の成長**といい，そのようすを表したグラフを**個体群の成長曲線**といいます。

2 一般に，成長曲線は下の図119-1のように**S字形**のグラフになります。これは，個体群密度が高くなるにつれて，**食べ物の不足，生活空間の不足，排出物の増加による環境の汚染などといった要因によって個体数の増加が抑えられるからです。**このときの個体群密度の上限を**環境収容力**といいます。

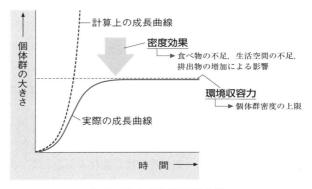

▲ 図119-1 個体群の成長曲線

ロジスティック式

もしも，個体数の増加にまったく制限がなければ，個体数は等比級数的に増加するはずである。

ある時間ΔtにΔNだけ個体数が増えたとすると，個体数の増加速度は$\dfrac{\Delta N}{\Delta t}$で表すことができる。この比は，そのときの個体数$N$の生殖活動に基づくので，$N$に比例するはずである。よって，増加速度は次の式で表される。

$$\dfrac{\Delta N}{\Delta t} = r \cdot N \quad (r \text{ は比例定数}) \quad \cdots\cdots ①$$

しかし，実際には個体群密度が高くなると，増加は抑制される。この抑制の働き（r'）は個体数Nに比例して大きくなるので，次のように表せる。

$$r' = hN \quad (h \text{ は比例定数}) \quad \cdots\cdots ②$$

このため，実際の増加速度は，①の式のrからr'を引いた係数に比例することになり，次のようになる。

$$\dfrac{\Delta N}{\Delta t} = (r - r')N$$

これに②の式を代入すると，

$$\dfrac{\Delta N}{\Delta t} = (r - hN)N = rN - hN^2 \quad \cdots\cdots ③$$

一般に，rはhよりも大きいので，個体数Nが少ないときは増加速度は大きいが，個体数が増えるに従ってhN^2の値が大きくなるので，増加速度は低下することになる。

増加速度が0になるのは$r - hN = 0$のときで，このときの個体数が上限値なので，その上限値をKで示すと，

$$r - hK = 0 \quad \therefore \quad h = \dfrac{r}{K} \quad \cdots\cdots ④$$

④を③の式に代入すると，

$$\dfrac{\Delta N}{\Delta t} = \left\{ r - \left(\dfrac{r}{K}\right) \cdot N \right\} N = r\left(1 - \dfrac{N}{K}\right)N$$

よって，

$$\dfrac{\Delta N}{\Delta t} = \dfrac{rN(K - N)}{K} \quad \cdots\cdots ⑤$$

となる。⑤の式がS字形曲線を示す一般式で，このような式を**ロジスティック式**という。

3 　個体群密度が高くなると，出生率の低下や死亡率の増加など，いろいろな影響が現れます。このように，個体群密度が変化することで，何らかの影響が及ぼされることを**密度効果**といいます。

4 　たとえば，個体群密度の変化によって，個体の形態まで変化してしまう場合もあります。

　　トノサマバッタやサバクトビバッタ(これらをワタリバッタといいます)で
は，幼虫のときの密度が高いと，翅が長く，後肢が短く，集合性があり，移
動能力の大きな個体になります。このようなタイプを群生相といいます。

　一方，幼虫のときの密度が低いと，翅が短く，後肢が長く，単独生活を行い，
移動能力の低い個体になります。このようなタイプを孤独相といいます。

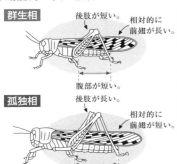

項　目	群生相	孤独相
産　卵　数	少ない	多　い
卵の大きさ	大きい	小さい
幼虫の活動	活　発	不活発
前翅の相対的な長さ	長　い	短　い
後肢の長さ	短　い	長　い
腹部の長さ	短　い	長　い
体　色	黒・褐色	緑・褐色
集合性	強　い	な　い
移動能力	大きい	小さい
脂肪含有量	多　い	少ない

▲ 図119-2　トノサマバッタの孤独相と群生相

5　このように，個体群密度の変化によって，形態や行動など，形質がまとまっ
て変化する現象を相変異といいます。

6　密度効果は植物にも見られます。植物の種子を，密度を変えて蒔き栽培し
ます。すると，密度を高くした場合，最初は個体数が多いので全体の総重量
は低密度の場合よりも大きくなります。しかし，密度が高いと，光や栄養塩
類などをめぐる競争が激しくなり，個々の個体の成長は悪く，枯死する個体
も多くなります。そのため，最終的には，**どの密度であっても全体の総重量
はほぼ同じになってしまいます。**これを最終収量一定の法則といいます。

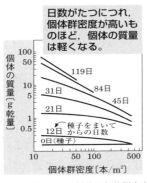
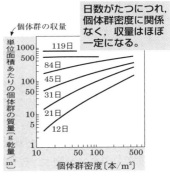

▲ 図119-3　植物の個体群密度と収量の関係

① **成長曲線**…S字形になる。
　⇨個体数の増加を抑える要因
　　{ 食べ物の不足
　　　生活空間の不足
　　　排出物などによる汚染

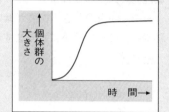

② **密度効果**…個体群密度の変化に
　よって及ぼされる影響のこと。
③ **相変異**…個体群密度の変化によって，いろいろな形質がまとまって変化する現象。例 ワタリバッタの群生相と孤独相

2 個体群の大きさの測定

1 個体群における各個体の分布のしかたはさまざまです。たとえば，下の図119-4の図1のようにランダムに分布している場合(**ランダム分布**)もあれば，図2のようにほぼ均一に分布する場合(**一様分布**)や，図3のように1か所に集まって分布する場合(**集中分布**)もあります。

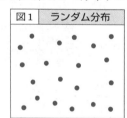

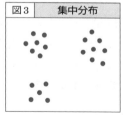

▲ 図119-4 個体群内での個体の分布のしかた

2 個体群の大きさは，その個体群を構成する個体数によって測定されますが，移動能力の高い動物と，移動能力の低い動物や植物とでは，測定のしかたが違います。まず，移動能力の高い動物の場合を見てみましょう。

次のような方法で個体数を推定することができます。

1　わなをしかけ，複数の個体(m匹)を捕獲し，標識をつける。

2　標識した個体をもとの集団へ戻す。

3　数日後に再びわなをしかけ，複数の個体(N匹)を捕獲し，そのうちで標識が付いている個体の数(n匹)を数える。

3　個体群に，各個体がランダムにあるいは一様に分布していれば，個体群全体の個体数(M匹)とm，N，nの間には次のような関係が成り立つはずです。

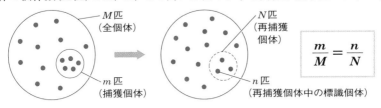

▲ 図119-5 個体群の個体数と捕獲(再捕獲)個体数の関係

このようにして個体群の大きさを推定する方法を**標識再捕法**といいます。

4　この方法によって個体数を推定するためには，標識した個体がもとの集団内でランダムに混ざり合っていなければいけません。そのため，**移動能力が低い動物**，たとえば**固着生活するような動物には適応できません。**

5　さらに，標識個体と非標識個体とで，**捕獲率に差がないこと，調査している集団と他の集団との間で移出・移入がないこと，1回目の捕獲時と2回目の捕獲時とで個体数に変動がないこと**，といった前提条件が必要になります。

6　移動能力の低い動物やもともと移動能力のない植物などの場合は，次のような方法で個体数を推定します。

1　その生物の生息域を一定の広さの区画に区切る。

2　いくつかの区画内の個体数を調べる。

3　その平均値に区画の数をかける。

このような調査方法を**区画法**といいます($\Rightarrow$p.738)。

7　標識再捕法では，他の集団との間で移出・移入がないというのが前提条件でした。しかし，実際の個体群ではある程度は独立していても，移出・移入が見られる個体群が複数モザイク状に分布している場合があります。これらの集合を**メタ個体群**といいます。

第**10**章
生態と環境

8 このような場合は，各個体群の個体数が大きく変動したとしても，他の個体群との間での移出・移入によって，メタ個体群全体としては大きく変動せずに安定します。

9 たとえば，あるメタ個体群にA，B，Cの個体群があったとします（図119-6①）。各個体群の個体数は大きく変動し，個体群Cは絶滅しました（図②）。しかし，メタ個体群全体としては比較的安定しています（図③）。

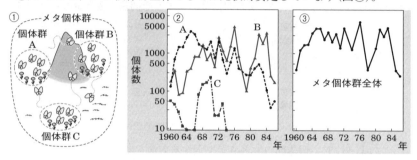

▲ 図119-6 個体群とメタ個体群の個体数の変動

【標識再捕法】

$$\frac{1回目に捕獲した数}{全個体数} = \frac{2回目の捕獲での標識個体の数}{2回目に捕獲した数}$$

3 生命表と生存曲線

1 生まれた卵や子の，成長に伴う死亡数や生存数を示した表を**生命表**といいます。

2 生命表をもとに，その生存数を表したグラフを**生存曲線**といいます。次の図119-7は，ガの一種であるアメリカシロヒトリの生命表とその生存曲線を示したものです。生存曲線のグラフ中には死亡要因も示しました。

発育段階	はじめの生存数	期間内の死亡数	期間内の死亡率〔%〕
卵	4287	134	3.1
ふ化幼虫	4153	746	18.0
一齢幼虫	3407	1197	35.1
二齢幼虫	2210	333	15.1
三齢幼虫	1877	463	24.7
四齢幼虫	1414	1373	97.1
七齢幼虫	41	29	70.7
前　　蛹	12	3	25.0
蛹	9	2	22.2
羽化成虫	7	7	100.0

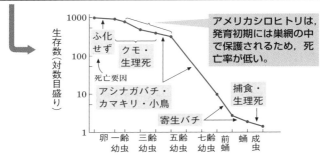

▲ 図119-7 アメリカシロヒトリの生命表と生存曲線

3　アメリカシロヒトリは，若齢幼虫までは，巣網の中で保護されて集団生活を行うため，死亡率は低くなります。

　そして，老齢幼虫の時期になると，蛹になる場所を探しに巣網から出てくるため，鳥など天敵に捕食されやすくなり，死亡率が高くなります。

4　ふつう，生存曲線は出生数を1000個体に換算し，縦軸は対数目盛りでとります。さらに，いろいろな生物について比較するため，横軸を相対年齢で示すと，それぞれの生物の産卵(子)数，親の保護の程度などによって，生物の生存曲線は大きく次の3タイプに分けることができます(⇨図119-8)。

5　**晩死型**は，産卵(子)数が少なく，親が子を保護するため初期の死亡率が低いのが特徴で，**ヒトや大形の哺乳類**は晩死型になります。生理的寿命(理想的な条件下での寿命)と実際の平均寿命の差が一番小さいタイプです。

6　**早死型**は，産卵数が非常に多く，親がほとんど卵や子を保護しないため，初期の死亡率が高いのが特徴で，**カキなどの水生無脊椎動物やイワシなどの魚類**は早死型になります。

第**10**章
生態と環境

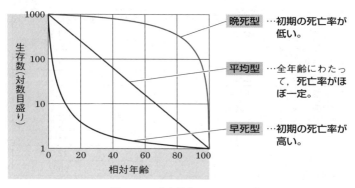

▲ 図119-8 生存曲線の3つのタイプ

7 平均型は，産卵数や親による保護が晩死型と早死型の中間型で，初期の死亡率と中期，後期の死亡率がほとんど変わりません。つまり，**死亡率がほぼ一定（死亡数が一定なのではありませんよ！）であるのが特徴**です。鳥類や爬虫類およびヒドラは平均型になります。

8 ヒドラは刺胞動物で，無性生殖としては出芽で増えます（⇨p.272）。生じた幼体は母体に付着しており，やがて母体から離れて独立してから次の出芽までの間に捕食などで死亡する確率はほぼ一定になるため平均型となります。

9 一般に，昆虫は早死型になることが多いのですが，**ミツバチは晩死型に近く**なります。ミツバチは社会性昆虫（⇨p.775）で，卵や幼虫の時期は巣の中で働きバチによって保護されているからです。

10 個体群の発育段階ごとの個体数を示したものを**齢構成**といい，これを図示したものを**年齢ピラミッド**といいます。

11 年齢ピラミッドは，大きく次の3つのタイプに分けられます。
　　幼若型（ピラミッド型）は，将来生殖可能な齢になる世代（幼若層）の個体数が，現在の生殖可能な世代（生殖層）の個体数よりも多いので，**今後，個体群全体の個体数が増加する**ことが予想されます。
　　安定型（つりがね型）は，現在の生殖可能な齢の個体数と将来生殖可能な齢になる個体数があまり変わらないので，**今後も個体群全体の個体数はあまり変化せず，安定している**ことを示しています。

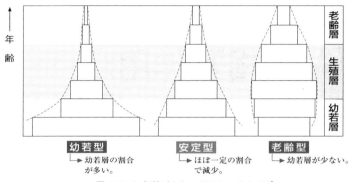

▲ 図119-9 年齢ピラミッドの3つのタイプ

老齢型（老化型・つぼ型）は，将来生殖可能な齢になる個体数が現在よ
りも少ないので，**今後個体群全体の個体数が減少する**ことが予想されます。
現在の日本の人口の齢構成は老齢型になっています。

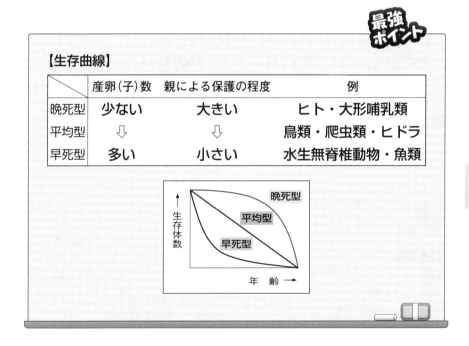

最強ポイント

【生存曲線】

	産卵(子)数	親による保護の程度	例
晩死型	少ない	大きい	ヒト・大形哺乳類
平均型	⇩	⇩	鳥類・爬虫類・ヒドラ
早死型	多い	小さい	水生無脊椎動物・魚類

第10章　生態と環境

第120講 個体群内の相互作用

重要度
★ ★ ★

同種の生物が集まって生活する際には，利点と同時に生じる問題点を回避する工夫が見られます。

1 群 れ

1 同一個体群の中，すなわち同種の生物の間にどのような関係があるかを見てみましょう。

　同種の動物が集まって，統一的な行動をとる場合があります。このような集団を**群れ**といいます。

2 群れをつくることによって，**外敵に対する警戒や防衛能力を向上させる**ことができます。また，**食べ物の発見や捕食の効率を上げる**という効果もあります。さらに，**求愛や交尾，育児といった繁殖行動も容易になる**という利点があります。

3 下の図120-1左のグラフは，ハトの群れの大きさと，タカがハトを攻撃して成功した割合を示したものです。これからわかるように，群れが大きくなるほど，タカの攻撃の成功率は低下しています。

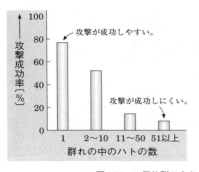
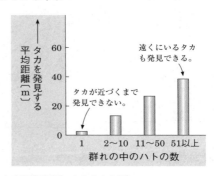

▲ 図120-1 個体群の大きさと攻撃成功率(ハトとタカの例)

4　このようになるのは，群れが大きくなるとそれだけ早く外敵を発見することができるようになるからです。図120-1の右の図は，タカがどれくらい近づいたときにハトが逃げ出したかをハトの群れの大きさごとに示したものです。群れが大きいと，遠くにいるタカに対しても反応するようになることがわかります。

5　このように，群れが大きくなることによる利点がいくつかあります。しかし，群れが大きくなると，**個体群内での争いが増える**といった不利益も生じてきます。

6　群れを大きくすると，より早く外敵を発見することもでき，それだけ1匹あたりの警戒に要する時間は短くなります。しかし，群れを大きくすると群れの中の争いの時間は長くなります。警戒のための時間や争いに費やす時間を除いた時間が，餌（えさ）をとるのに使える時間です。結果的に，この採餌（さいじ）時間が最も長くなるときの群れの大きさが最適の大きさということになります。

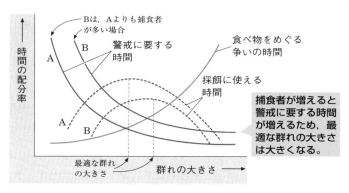

▲ 図120-2 群れA，Bの大きさと警戒・争い・採餌に要する時間

【群れをつくる利点】
① 外敵に対する**警戒や防衛**を容易にすることができる。
② **食べ物の確保**を容易にすることができる。
③ **繁殖活動**を容易にすることができる。

第**10**章　生態と環境

2 種内競争を減らすしくみ

1 群れの中では，どうしても争い，すなわち**種内競争**が起こります。そのような争いを少なくするための方法の1つが**順位制**です。

たとえば，数羽のニワトリを一緒にすると，最初はお互いつつきあって，争いが起こります。しかし，やがて優位・劣位の序列，すなわち順位ができてきます。順位ができると，順位の高い個体が優先的に食べ物を確保し，交尾も優先的に行うようになります。劣位の個体は無用な争いを避け，序列に従って行動するようになります。このようなしくみを**順位制**といいます。順位制は，鳥類だけでなく，哺乳類などでも見られます。

2 順位制における順位の高い個体が，群れを率先して導くような行動をとる場合があります。このような個体を**リーダー**といい，このようなしくみを**リーダー制**といいます。

シカの群れでは，順位の高い個体がリーダーとなって天敵に対して群れを率いて逃げたり，採食場所へ群れを率いて行くといった行動が見られます。

3 ニホンザルやオオカミなどでも順位制が見られます。一般に，順位の高い個体は多くの交配相手を得ることができます。ゾウアザラシなどでは，順位の高い雄が数十頭の雌と**ハレム**という集団をつくり，ハレムをもつ雄が多くの子孫を残すことになります。このようなつがいの関係を**一夫多妻**といいます。

4 ネコ科の動物は単独行動をすることが多いのですが，ライオンは群れで生活します。これは，ライオンが生活するサバンナではブチハイエナが似た生態的地位（⇨p.779）を占めているので，それに対抗して獲物を得るためには群れのほうが都合がよいからではないかと考えられています。ライオンの群れは，血縁関係にある複数の雌と血縁関係のない1頭の雄からなり，ライオンがつくるこのような群れを**プライド**といいます。群れで生まれた赤ちゃんライオンには本当の母親以外の雌も授乳をし，群れ全体で子育てをします。このように，親以外の個体も協力して子育てに関与する繁殖様式を**共同繁殖**といいます。成長した雄はやがて群れから離れますが，雌は群れに残り，母と娘を中心とした母系の血縁関係をもつ集団で群れは構成されます。

成長した雄が群れから離れ，他のプライドで子孫をつくることで，近親交配を避けることができます。

5　鳥類は一夫一婦であることが多いのですが，鳥類の約3.2%程度は共同繁殖を行うことが知られています。エナガという鳥は5組ほどのつがいが1つのグループをつくっており，雛が孵らなかったり，天敵に雛が食べられてしまったような仲間が子育てに参加する共同繁殖を行います。このような個体を**ヘルパー**といいます。ヘルパーは世話をしている雛の血縁者であることが多いのですが，そうでない場合もあります。

6　ミツバチやシロアリなどでは，原則的に血縁関係にある同種の個体が密に集合して**コロニー**と呼ばれる集団を形成して生活しています。この集団では，生殖を行う個体は少数で，大多数の個体は同じ母親（女王）から生まれた子たちで，生殖を行わない**ワーカー**として子育て，巣作り，採餌，防衛などを行います。このように明確な分業（**カースト分化，カースト制**）が見られる血縁集団を形成・維持して生活する昆虫を**社会性昆虫**といいます。

7　たとえばミツバチでは，女王バチと雄バチ以外は，生殖は行わない働きバチ（ワーカー）で，文字通り，子育ても巣作りも採餌も防衛も，すべて行います（⇨p.274）。

　ヤマトシロアリでは，生殖を行うのは女王アリと王アリで，巣作りと採餌を行う働きアリ，防衛を行う兵アリがいます。また女王アリや王アリが死んだ場合や，集団の一部が分断されて女王アリや王アリがいない状態になると置換生殖虫（補充生殖虫）が生じ，これが新しい女王アリや王アリになります。また，ニンフと呼ばれる老齢幼虫は，やがて翅をもった有翅虫となり，ペアをつくって元の巣から旅立ち，新しい巣をつくってそこで女王アリと王アリになる場合もあります。

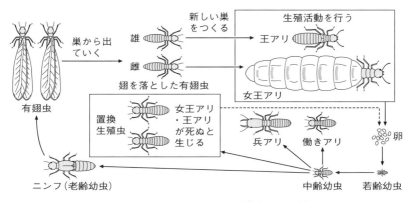

▲ 図120-3 ヤマトシロアリの分業（カースト制）

8 社会性昆虫では視覚や触覚，あるいは**フェロモン**(⇨p.664)などを用いた個体間のコミュニケーション手段が発達しています。

血縁度と包括適応度

個体間で共通の祖先に由来する特定の遺伝子をともにもつ確率を**血縁度**という。母親の遺伝子型を$A1A2$，父親の遺伝子型を$A3A4$とすると，この両親から生まれる子は，母親から$A1$あるいは$A2$を$\frac{1}{2}$の確率で，父親から$A3$あるいは$A4$を$\frac{1}{2}$の確率で受け継ぐ。たとえば$\underline{A1A3}$のような子が生じると，この子と母親は$A1$だけが共通しているので血縁度は$\frac{1}{2}$となる。同様に父親との血縁度も$\frac{1}{2}$である。

次にこの子の兄弟姉妹について考えよう。

$A1$が先ほどの子に伝わる確率が$\frac{1}{2}$，母親から同じ$A1$を弟妹がもらう確率も$\frac{1}{2}$なので，兄弟姉妹で母親由来の遺伝子が一致する確率は$\frac{1}{2} \times \frac{1}{2} = \frac{1}{4}$となる。

同様に父親由来の遺伝子が兄弟姉妹で一致する確率も$\frac{1}{4}$である。

したがって，兄弟姉妹で両親の特定の遺伝子をともにもつ確率は$\frac{1}{4} + \frac{1}{4} = \frac{1}{2}$となり，血縁度も$\frac{1}{2}$となる。

個体が自らの子をどれだけ残せたかを表す指標を**適応度**といい，ある個体が一生の間に産む子のうちで繁殖可能な年齢になるまで成長した数で表す。

先ほど見たヘルパーやワーカーなどは，自らの子は残していないので，適応度としてはゼロとなる。このように他の個体のために働くような行動を**利他行動**という。一見，利他行動は生存に不利なように感じるが，そのような利他行動が行われるしくみをハミルトンは次のように説明した(**血縁選択説**：1964年)。

先ほどの下線部の個体($A1A3$)が配偶者($A5A6$とする)との間に$A1A5$という子をつくった場合，その子との血縁度は$\frac{1}{2}$である。しかし，$A1A3$がヘルパーとして同じ血縁度$\frac{1}{2}$である兄弟姉妹($A1A4$とする)の世話をして兄弟姉妹を増やせば，結果として自らの遺伝子をもつ個体を増やすことにつながる。

このように，直接の子でなくても，自らと共通した遺伝子をもつ子の数まで考慮した適応度を**包括適応度**という。

ヘルパーや，社会性昆虫における生殖能力をもたないワーカーの存在は，このような包括適応度を考慮すると説明することができる。

ミツバチの血縁度

先ほど見た血縁度は2倍体(核相2n)の生物の場合である。

p.274で学習したように，ミツバチの雌は2倍体(核相2n)だが，雄は1倍体(核相n)であった。その場合の血縁度を調べてみよう。

$A1A2$の女王バチと$A3$の雄バチから生じた働きバチ(雌バチ)は，雄バチからは必ず$A3$をもらい，女王バチからは$A1$あるいは$A2$をもらう。この働きバチと姉妹である働きバチや次代の女王バチ(雌バチ)も，その半分の遺伝子は女王バチから$\frac{1}{2}$の確率で働きバチと同じ遺伝子をもらうので，$\frac{1}{2} \times \frac{1}{2} = \frac{1}{4}$。残りの半分は働きバチと同じ$A3$を必ず雄バチからもらうので，$\frac{1}{2} \times 1 = \frac{1}{2}$。よって働きバチとその姉妹の血縁度は$\frac{1}{4} + \frac{1}{2} = \frac{3}{4}$となる。もし働きバチが自らの子を産めばその子との血縁度は$\frac{1}{2}$であった。

つまり，働きバチは自分の子を産むよりも自分の姉妹を育てたほうが，自らの遺伝子を多く子孫に伝えることになる。1倍体の雄が生じるミツバチで利他行動が進化したのは，このように説明することができる。

9 一定の生活空間を占有し，そこへ侵入する個体を排除する行動が見られる場合があります。この占有した空間を**縄張り(テリトリー)**といいます。

たとえば，アユは川底の石に付着する藻などを食べる淡水魚ですが，この餌を確保するために縄張りをつくります。縄張りがないと，つねに餌をめぐって競争しなければいけませんが，縄張りをもっていると，縄張り内の餌を独り占めできます。ただ，縄張りをもてば，その縄張りを守るために侵入者を追い払ったり見回ったりという労力も必要となります。つまり，縄張りをもつことによる不利益もあるのです。

10 次ページの図120-4は，異なる個体群密度において縄張りをつくるアユ(**縄張りアユ**という)と縄張りをつくらないアユ(**群れアユ**という)の割合を調査した結果をグラフにしたものです。

11 個体群密度が非常に高いと，それだけ侵入者も多くなるため餌を食べる時間が少なくなり，縄張りをもつことによる利益よりも不利益が上回ってしまいます。そのため，縄張りをつくらず，多くのアユが群れた状態になります。

また，あまりにも個体群密度が低ければ，縄張りをわざわざつくらなくても採食に困らないので，縄張りをもつことによる利点が乏しくなり，この場合も，群れアユのほうが多くなります。

このように、縄張りをもつことによる利益が不利益を上回るような状況の場合に縄張りをつくろうとします。

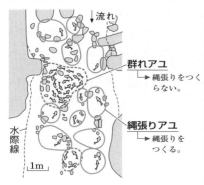

〔個体群密度と縄張り〕

密度	0.3匹/m²	0.9匹/m²	5.5匹/m²
群れアユ	→62%	→55%	95%
体長〔cm〕	5 15 25 35	5 15 25 35	5 15 25 35
縄張りアユ	38%	45%	5%→
体長〔cm〕	5 15 25 35	5 15 25 35	5 15 25 35

▲ 図120-4 アユの個体群密度と縄張りの形成

12 　縄張りの大きさについても同様です。大きな縄張りをもてば、それだけ多くの利益が得られます。でも、縄張りが大きくなると、縄張りを守るための労力も大きくなります。また、縄張りを大きくして得られる利益にも限界があります。それは餌を食べる量に限界があるからです。それらの関係を模式的に示したものが右のグラフです。利益と不利益の差が最大になるところが最適の縄張りの大きさといえます。

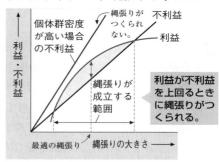

利益が不利益を上回るときに縄張りがつくられる。

▲ 図120-5 縄張りの大きさと利益・不利益

13 　アユの場合は餌を確保するための縄張りでしたが、鳥類などのように、配偶者や卵や子の保護のための縄張りをもつ場合もあります。

「採食縄張り」という。

「繁殖縄張り」という。

【種内競争を減らすしくみ】
① 順位制　　② リーダー制　　③ 共同繁殖　　④ 縄張り

異種個体群の関係

種類が違う生物どうしにもいろいろな関係があります。奪い合いや弱肉強食だけでなく，助け合ったりもします。

1 種間競争

1 生物は，他の種類の生物といろいろな関係を保ちながら生きています。異なる種の個体群の集まりを**生物群集**といい，どのような場所で生活しているか，何を食べるか，また誰に食べられるかといった生態系における位置や役割を**生態的地位(ニッチ)**といいます。

> → 西洋建築で彫刻や花などを飾れるようにした「壁の凹み」(niche) が語源。

2 種類の違う個体群の間でも，生息場所や食べ物の種類といった生活要求が同じ，つまり生態的地位が同じである場合は，限られた資源(生息場所や食べ物)をめぐって**競争**が起こります。これは**種間競争**です。

3 たとえば，ゾウリムシとヒメゾウリムシ(同じゾウリムシの仲間ですが種が違います)をそれぞれ別の容器で培養すると，第119講で学習したような成長曲線を描いて増殖します。ところが，これら2種類を同じ容器で培養すると，

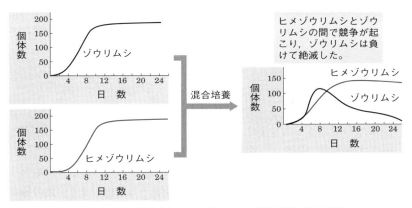

▲ 図121-1 ゾウリムシ・ヒメゾウリムシの単独培養と混合培養

ゾウリムシのほうが絶滅してしまいます。これは，ゾウリムシが，少し小形で増殖率の高いヒメゾウリムシとの餌をめぐる競争に負けてしまったからです。これを**競争的排除**といいます。

4 同じゾウリムシの仲間でも，細胞内に緑藻類のクロレラが共生（細胞内共生）しているミドリゾウリムシという種がいます。ミドリゾウリムシはクロレラに二酸化炭素などを供給し，クロレラは光合成で生じた産物をミドリゾウリムシに供給し，相利共生（⇨p.789）を行っています。このミドリゾウリムシとゾウリムシを同じ容器で培養しても，餌をめぐる競争が起こらないため，両者は共存します。

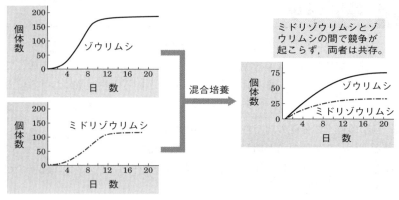

▲ 図121-2 ゾウリムシ・ミドリゾウリムシの単独培養と混合培養

5 このように，生態的地位が異なれば種間競争は起こりませんが，生態的地位が重複するほど激しい種間競争が起こります。人間の社会でも同じですね。だいたい客層が決まっている町のお蕎麦屋さんの隣にお蕎麦屋さんができると，きっとお客さんをめぐって激しく争いますが，お蕎麦屋さんの隣に本屋さんができても仲良くできるはずです。

6 種間競争は，植物の間でも見られます。
　たとえば，食用の蕎麦の原料となるソバとヤエナリを混植すると，ソバは単植の場合とあまり変わりがありませんが，ヤエナリの生育は単植の場合よりも著しく抑えられます（図121-3）。これは，ソバは上方に葉をつけるのに対し，ヤエナリはソバより低い位置に葉をつけることに原因があります。つまり，**他の種よりもより上方に葉を茂らせたほうが光をめぐる競争には有利**なのです。

> 被子植物双子葉類タデ科の一年生草本。高さ60cm～100cm。

> 種子を食用とする被子植物双子葉類マメ科の一年生草本。インド原産の外来生物。

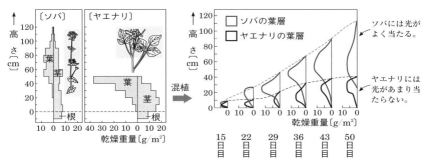

▲ 図 121-3 ソバ・ヤエナリの単独栽培と混合栽培

7　クローバーとも呼ばれるシロツメクサと
カモガヤを窒素肥料の乏しい土地で混植す
ると，シロツメクサが優占するようになり
ます。これは，シロツメクサの根に共生し
ている根粒菌が窒素固定(⇨p.803)を行う
ことができるからです。しかし，窒素肥料

> 被子植物双子葉類マメ科の一年生あ
> るいは多年生草本。ヨーロッパ原産
> の外来生物。

> 「オーチャードグラス」とも呼ばれ
> る被子植物単子葉類イネ科の多年生
> 草本。地中海〜西アジア原産の外来
> 生物。高さ50cm〜150cm。

を施した土地で混植すると，背が高いカモガヤが優占するようになります。

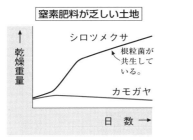
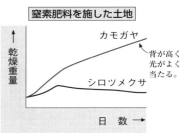

▲ 図 121-4 シロツメクサとカモガヤの混合栽培

8　生態的地位が近いと激しい種間競争が起こり，ゾウリムシとヒメゾウリム
シで見られるような競争的排除が起こるのでした。しかし自然界では似たよ
うな生活様式をもった多くの種であってもちゃんと共存していることも多い
はずです。これはどのようなしくみによるのでしょうか。

9　ある種が単独で生活している場合の生態的地位を**基本ニッチ**
(fundamental niche)といいます。たとえば，ガラパゴス諸島に生息するフィ
ンチという鳥類のくちばしの大きさを調べます。くちばしの大きさによって
食べる種子の大きさも異なるので，くちばしの大きさが食べる種子の大きさ

を反映している場合があります。このような，食べ物などの資源の利用のしかたを示したグラフを**資源利用曲線**といいます。あるフィンチAと別のフィンチBが別々の島に生息している場合，両種のくちばしの大きさの分布は次のようになります。どちらもほぼ同じ大きさのくちばしをもち，同じくらいの大きさの種子を食べていることがわかります。

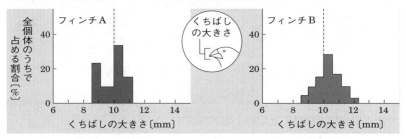

▲ 図121-5 2種類のフィンチのくちばしの大きさの分布（別々の島に生息）

10 この両者が同じ島に生息している場合があり，その島での両種のくちばしの大きさの分布は次のようになります。単独で生息している場合とは明らかに両種のくちばしの大きさが異なります。すなわち食べている種子の大きさも異なることがわかります。

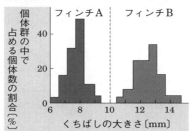

▶ 図121-6 2種類のフィンチのくちばしの大きさの分布（同じ島に生息）

11 これは同じ大きさの種子をめぐって種間競争が起こり，その結果食べる種子の大きさが重複しないように両種で分かれ，くちばしの大きさも変化したと考えられます。このように種間競争の結果，新たにできあがった生態的地位を**実現ニッチ**（realized niche）といいます。また，競争の結果，形質に変化が生じるという現象を**形質置換**といいます。

⑫　このような現象はいろいろな生物間でも見られます。

　　たとえば，イワナとヤマメはどちらも川に棲む魚類ですが，イワナはより水温の低い上流側で，ヤマメは下流側で生息することで種間競争が回避できます。このように，**生息場所を少し変えて種間競争を回避すること**を**すみわけ**(棲み分け)といいます。

⑬　同じ花の蜜を吸う昆虫どうしが，花を訪れる時間帯を変える場合があります。これも時間的な棲み分けの一種です。

⑭　ヒメウとカワウはいずれも河口のがけの上に巣をつくり，同じ水域で餌をとる鳥です。しかし，ヒメウは主にイカナゴやニシンを食べるのに対し，カワウはヒラメやエビなどを食べます。これは食べ物の種類を変えて種間競争を回避しているのです。このように，**食べ物の種類を変えて種間競争を回避するしくみ**を**食い分け**といいます。

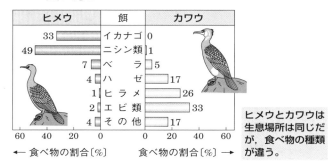

ヒメウ	餌	カワウ
33	イカナゴ	0
49	ニシン類	1
7	ベ　ラ	5
4	ハ　ゼ	17
1	ヒラメ	26
2	エビ類	33
4	その他	17

← 食べ物の割合〔%〕　　食べ物の割合〔%〕→

ヒメウとカワウは生息場所は同じだが，食べ物の種類が違う。

▲ 図 121-7　ヒメウとカワウの食べ物

生態的地位(ニッチ)…生息場所や食う-食われるの関係における生態系での位置や役割のこと。生態的地位が同じであれば，**種間競争**を起こす。

　　{ 基本ニッチ…単独で生活した場合の本来の生態的地位
　　{ 実現ニッチ…他種との競争の結果できあがった生態的地位

第**10**章 生態と環境

1 食う‐食われるの関係において，食うほうを**捕食者**，食われるほうを**被食者**といいます。たとえば，ライオンとシマウマにおいては，ライオンが捕食者，シマウマは被食者ですね。

2 ミズケムシはゾウリムシを捕食します。すなわち，ミズケムシが捕食者，ゾウリムシは被食者です。この両者を使って次のような実験をします。

> 原生動物繊毛虫類。
> 単細胞生物。

　まず，ゾウリムシを増殖させ，そこへミズケムシを入れます。すると，ゾウリムシはミズケムシに食べつくされて絶滅します。しかしミズケムシのほうも食べ物がなくなってしまうので，やがて絶滅します（図121-8の①）。

3 ところが，このときゾウリムシだけが隠れることのできるような場所を提供してやると，ゾウリムシが隠れ場所に逃げてしまい，ミズケムシは食べることができず，ミズケムシのほうだけが絶滅します（図121-8の②）。

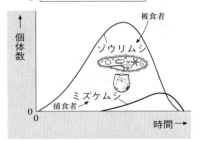

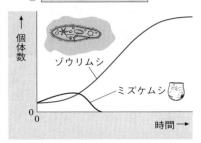

▲ 図121-8 ミズケムシとゾウリムシの混合培養

4 このように，閉鎖された単純な環境では，食う‐食われるの関係にある両者あるいは一方が絶滅してしまいます。

5 しかし，レモンを食べるコウノシロハダニとこれを捕食するカブリダニを使い，被食者だけが通れる通路や被食者の移動を助けるような操作を行った実験をすると，**両者が周期的な変動をしました。**つまり，まず，被食者であるコウノシロハダニが増え，これを食べて，捕食者であるカブリダニが増えます。するとコウノシロハダニが減少し，餌が少なくなるためカブリダニも減少します。捕食者が減少すれば被食者は逆に増え…というサイクルになり，**被食者の増減に少し遅れて捕食者が増減します。**

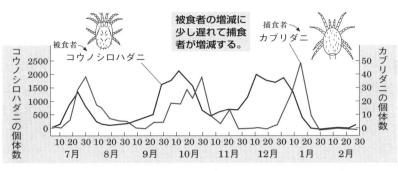

▲ 図 121-9 コウノシロハダニとカブリダニの個体数の周期的な変動

ロトカ・ボルテラ式と捕食者・被食者の個体数の変動

捕食者の個体数(N_1)と被食者の個体数(N_2)には，次のような関係式が成立する。b_1は捕食者の出生率に関する定数，d_1は捕食者1個体あたりの死亡率，b_2は被食者の1個体あたりの出生率，d_2は被食者の死亡率に関する定数であり，下の関係式を**ロトカ・ボルテラ式**という。

$$\frac{dN_1}{dt} = N_1(b_1 N_2 - d_1) \qquad \frac{dN_2}{dt} = N_2(b_2 - d_2 N_1)$$

捕食者(N_1)の増加は被食者(N_2)の増加率に負の効果，被食者(N_2)の増加は捕食者(N_1)の増加率に正の効果をもたらすので，この式から予想される捕食者と被食者の個体数の変動を示すと図121-10の左の図のようになり，縦軸に捕食者の数，横軸に被食者の数をとって示すと右の図のようになる。

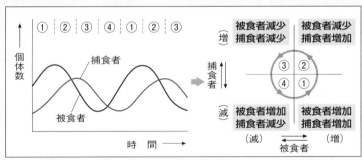

▲ 図 121-10 ロトカ・ボルテラ式による捕食者・被食者の個体数の変動

被食者の増減に少し遅れて**捕食者**が増減する。⇨周期的変動

第**10**章　生態と環境

6 このような捕食・被食や種間競争の関係は，直接関係している2種類以外の生物にも影響されます。このような影響を**間接効果**（かんせつこうか）といいます。

7 たとえば，A種がB種を捕食し，B種はC種を捕食するとします。このときA種が増加すると，B種は減少し，結果的にC種の増加につながります。ここでは直接C種とは関係のないA種の増減がC種に影響を及ぼしたといえます。

増加する。 減少する。
A種 ← B種 ← C種 増加する。

8 次に，A種がB種とC種を捕食し，B種とC種がともにD種を捕食するとします。4種のうちB種とC種は種間競争の関係にあります。このときB種がC種に対する競争に強かったとしても，A種がB種を多く捕食するとC種のほうが増加します。

B種とC種の競争にA種が影響を及ぼしていることになります。

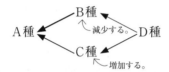

B種
A種 ← 減少する。 D種
C種
増加する。

9 もう少し具体的な例で見てみましょう。
アメリカのある太平洋側の岩礁潮間帯（がんしょうちょうかんたい）で行われた実験です。

> 潮が満ちたときの海岸線と引いたときの海岸線との間の帯状の範囲。

この岩礁潮間帯には，図121-11のようなさまざまな種の生物が存在し，ヒトデはいろいろな種の動物を捕食しますが，なかでもフジツボとムラサキイガイをおもに捕食（太い線で示してあります）します。フジツボ，ムラサキイガイはイボニシにも捕食されますが，イボニシはおもにフジツボを捕食します。

> ヒトデ…棘皮動物門

> フジツボ…節足動物門甲殻綱

> ムラサキイガイ…軟体動物門二枚貝綱。ムール貝と呼ばれて食用にもするが，「侵略的外来種ワースト100」の1つでもある。

> イボニシ…軟体動物門腹足綱の巻き貝

フジツボやムラサキイガイ，カメノテは固着性の動物で，おもに水中のプランクトンを捕食します。固着性動物のなかで個体数が最も多いのはフジツボでした。ヒザラガイとカサガイは移動性で，岩礁に生えている藻類を摂食します。

> カメノテ…節足動物門甲殻綱

> ヒザラガイ…軟体動物門多板綱
> カサガイ…軟体動物門腹足綱

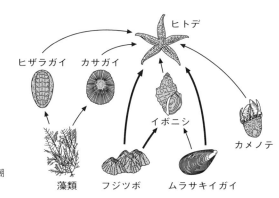

▶ 図121-11 ある岩礁潮
間帯における生態系

10　この調査区から**ヒトデだけを人為的に継続的に除去する**という実験を行い
ました。すると，まず，ヒトデに捕食されなくなったフジツボが増加しまし
たが，増加したフジツボはイボニシに捕食されて減少し，その結果ムラサキ
イガイが増加して岩礁のほとんどを覆いつくしてしまうという結果になりま
した。そのため藻類は定着できなくなり激減し，藻類を摂食していたヒザラ
ガイやカサガイも生存できなくなりました。

11　この結果は，競争力の強いフジツボやムラサキイガイをヒトデが捕食して
いることによって，カメノテやヒザラガイ，カサガイ，藻類など多様な種が
共存できるようになっていたと考えられます。

12　この岩礁潮間帯におけるヒトデのように，食物網(⇨p.793)の上位にあって
個体数は少ないが生態系(⇨p.792)のバランスを維持す
るために重要な役割を果たしている生物種を**キース
トーン種**といいます。

その場所から除去すると
生息する生物の構成が大
きく変わってしまう。

間接効果…ある生物の存在や増減が直接捕食・被食の関係にない
　生物に影響を与えること。
キーストーン種…食物網の上位にあって個体数は少ないが，その
　場所にすむ生物全体の構成に大きな影響を与える生物。

第**10**章
生態と環境

3 湖の季節変化

1 温帯の比較的深い湖においては，次のような季節変化が見られます。

まず，冬の間は植物プランクトンの増殖に必要な光量・水温が不足しているため，**植物プランクトンの量は少ない**です。一方，**窒素やリンなどの栄養塩類（無機塩類）は豊富に存在**します。

2 春になり光量が増加すると，豊富な栄養塩類を利用して**植物プランクトンは一気に増殖**します。すると，これを捕食する**動物プランクトンも増加**します。その後，栄養塩類が減少するため**植物プランクトンは減少**します。

3 夏の間は，十分な光量・水温があるにもかかわらず，**植物プランクトンはあまり増殖しません**。これは栄養塩類の量が少ないからです。

では，なぜ，夏になっても栄養塩類の量が少ないままなのでしょうか。

4 栄養塩類は主に生物の遺体の分解によって供給されます。生物が死んで湖の底のほうへ沈み，そこで分解者によって分解され，栄養塩類となります。

温かい水が上昇することで対流が起こり水が循環しますが，夏の間は上層部のほうが水温が高いため対流が起こらず，底の栄養塩類が上層部へ供給されないのです。

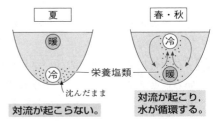

▲ 図 121-12 季節と栄養塩類の循環

5 秋に上層部の水温が下がると対流が起こり，上層部へ栄養塩類が供給されるようになり，**植物プランクトンも増加**します。でも，すぐに光量が低下するため，**植物プランクトンの量は再び減少**します。

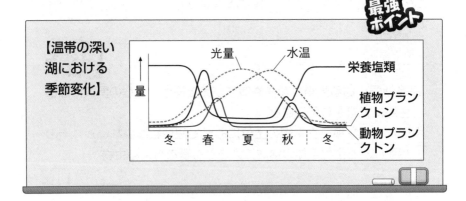

【温帯の深い湖における季節変化】

4 共生と寄生

1　細菌が入り込むことによって植物の根に生じたこぶ(瘤)を**根粒**といいます。

マメ科植物の根に入り込んだ**根粒菌**は根粒
をつくり，その中で窒素固定を行い，生じたア
ンモニウムイオンをマメ科植物に供給します。

> マメ科植物と共生していると
> きにのみ窒素固定(p.803)を
> 行う細菌。

逆に，マメ科植物から光合成産物である炭水化物をもらっています。

　このように，**2種の個体群の両方に利益があるような関係を相利共生**とい
います。

2　**放線菌**という細菌は，**ハンノキ**の根に共生し
て根粒をつくり，窒素固定を行います。

> 被子植物双子葉類の落葉樹。
> 乾性遷移(p.747)で学習する
> 陽樹の代表例。

3　根粒は，細菌との共生でしたが，菌類(カビの
仲間)との共生もあります。

　植物の根に菌類が定着して形成された根の
構造を**菌根**といい，菌根を形成する菌類を
菌根菌といいます。菌根菌は糸状の菌糸を
土壌中に張り巡らせ，植物の根の表面や中に
まで菌糸を入り込ませています。

> 細胞内に樹枝状体(arbuscule)とい
> う養分授受構造を形成するアーバス
> キュラー菌根菌(⇨ p.696)や，根の表
> 皮や皮層の細胞間隙に侵入した菌糸
> が層状に発達する外生菌などがある。

4　これによって菌根菌は土壌中から吸収したリンや窒素などを植物に供給し
ます。一方，植物は，光合成で生じた有機物を菌根菌に供給します。

　このような共生関係は陸上植物の出現に際しても不可欠だったと考えられ
おり，実際に，非常に多くの植物が菌根菌と相利
共生をしています。

> 陸上植物の8～9割は菌根菌
> と相利共生している。

　いわゆるキノコ(担子菌)の多くも実は菌根菌です。たとえば，おなじみの
マツタケはマツと相利共生する菌根菌なのです。

5　アリは**アリマキ**から栄養源となる糖液を
もらい，アリマキの天敵となるテントウム
シからアリマキを保護します。これも相利
共生です。

> 「アブラムシ」とも呼ばれる。節足
> 動物門昆虫綱。単為生殖によって増
> 殖する。

6　**ホンソメワケベラ**という魚は，**クエ**のような大形魚についている寄生虫を
食べます。ホンソメワケベラにとっては餌を供給してもらい，クエにとって
は寄生虫を掃除してもらっていることになります。これも相利共生です。

第**10**章　生態と環境

7 クマノミという魚は，**イソギンチャク**の触手の間に隠
れて身を守ってもらいます。一方，イソギンチャクはク
マノミの食べ残した餌を得ることができます。これも相利共生です。

> 刺胞動物である。

8 **地衣類**は，**藻類**と**菌類**の共同体で，藻類が光
合成産物を菌類に供給し，菌類は水分や無機塩
類などを藻類に供給しています。これも相利共生です。

> ウメノキゴケ・リトマスゴケ・
> サルオガセなどが代表例。

9 **カクレウオ**という魚は，天敵に襲われると**フジナマコ**
の腸内に隠れて身を守ります。この場合，カクレウオに
とってはフジナマコが存在することは利益がありますが，フジナマコにとっ
てカクレウオが存在することは利益はありませんが大きな害もありません。

> 棘皮動物である。

　このように，**一方にだけ利益があり他方には利益も害もない**という関係を
片<ruby>利<rt>へん</rt></ruby>共生といいます。

10 サメのからだに付着する**コバンザメ**という魚
がいます。コバンザメはサメのからだに付着す
ることで，運搬してもらい，また保護されてい
ることにもなります。しかし，サメにとっては
利益も害もありません。これも片利共生です。

> 「コバンイタダキ」とも呼ば
> れる硬骨魚類で，サメの仲間
> ではない。頭部にある小判の
> ような吸盤で，サメのからだ
> に付着する。

11 ヒトの腸内に，**カイチュウやギョウチュウ**，
サナダムシなどが侵入し，ヒトから栄養分を奪
います。カイチュウなどには利益があり，ヒト

> 線形動物である。

> 扁形動物。条虫ともいう。

には害があります。このように，**一方に利益があり，他方には害があるよう**
な関係を**寄生**といい，寄生するほうを**寄生者**，寄生されるほうを<ruby>宿主<rt>しゅくしゅ</rt></ruby>とい
います。

12 植物にも寄生の関係はあります。**ヤドリギ**は**ブナ**や**ミズナラ**などの落葉広
葉樹の枝に，**ナンバンギセル**は**ススキ**の根に寄生します（⇨ p.805）。

13 **ギンリョウソウ**は，葉緑体をもたず光合成を行う能力がなく，樹木などに
共生している菌類に寄生して栄養分を得ています。このような植物を<ruby>腐生<rt>ふ せい</rt></ruby>植
物といいます。

片害作用

アオカビは**ペニシリン**という抗生物質を分泌し，細菌の増殖を抑制する。細菌にとってはアオカビの存在は不利益である。しかし，アオカビにとって細菌が存在することが利益につながるわけではない。もちろん，害にもならない。このように，**一方には害があり，他方には利益も害もない**という関係を**片害作用**という。

セイタカアワダチソウは，根から分泌する化学物質によって他の植物の生育を抑制する。このような作用を**他感作用（アレロパシー）**という。この場合，他の植物にとっては，セイタカアワダチソウの存在は害になる。しかし，セイタカアワダチソウにとって他の植物が存在すること自体は利益にも害にもつながらない。これも片害作用である。

関　係	A種	B種	例
相利共生	＋	＋	マメ科植物と根粒菌 ／ ハンノキと放線菌 ｝植物と細菌 植物と菌根菌（菌類） アリとアリマキ クエとホンソメワケベラ 地衣類（藻類と菌類） イソギンチャクとクマノミ
片利共生	＋	0	カクレウオ（A）とフジナマコ（B） コバンザメ（A）とサメ（B）
寄　生	＋	－	カイチュウ（A）とヒト（B） ヤドリギ（A）とブナ・ミズナラ（B） ナンバンギセル（A）とススキ（B）

※＋は利益，－は害，0は利益も害もないことを示す。

第10章 生態と環境

第**122**講 生態系と物質生産

植物，動物，細菌，菌類，…いろいろな生物が周囲の環境
と密接に関係しながら生態系を構成し生活しています。

---

1 食物連鎖

1 同種の生物の集まりが個体群，個体群の集まりが生物群集でしたね。この**生物群集**とこれを取りまく**非生物的環境**をあわせて**生態系**といいます。

2 光・温度・水・酸素・二酸化炭素・無機塩類などが**非生物的環境**です。これら非生物的環境が生物群集に働きかけることを**作用**といいます。

逆に，生物群集の生命活動の結果，非生物的環境に働きかけることを**環境形成作用**といいます。

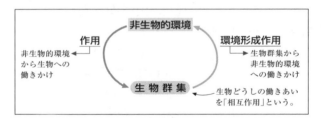

▲ 図 122-1 作用と環境形成作用

3 生物群集を，その栄養のとり方から分けた段階を**栄養段階**といいます。栄養段階は，大きく3種類に分けることができます。

1つは，**自ら無機物から有機物をつくり出すことができる独立栄養生物**で，これを**生産者**といいます。もちろん植物は生産者ですが，光合成細菌や化学合成細菌も生産者です。

これら**生産者がつくり出した有機物に，直接あるいは間接的に依存している生物を消費者**といいます。生産者を摂食する**植物食性動物**(植食性動物，草食動物)を**一次消費者**，一次消費者を捕食する**動物食性動物**(肉食動物)を**二次消費者**，二次消費者を捕食するのは**三次消費者**…となります。

4　このような，捕食・被食関係によるつながりを**食物連鎖**といいます。実際には，生産者も消費者も何種類もの生物が存在し，食物連鎖の関係も複雑に絡み合った網目状になっているはずです。これを**食物網**といいます。

5　また，消費者のなかで**動物や植物の遺体や排出物を無機物にまで分解し，非生物的環境に戻す働き**のある生物を**分解者**といいます。細菌や菌類，原生動物などが分解者として働きます。また，多細胞動物でも，ミミズやトビムシなどは分解者としての働きももちます。

6　森林における生態系の例を見てみましょう。

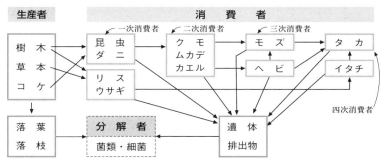

▲ 図 122-2 森林での生態系の例

　腐食連鎖と寄生連鎖

　　森林の生態系では，実際に生きた植物体が食べられる割合は非常にわずかである。大部分は，地表面に落ちた落葉・落枝や動物の遺体などが土壌中のさまざまな分解者によって細かく砕かれ，分解されて利用される。このように，遺体から始まる連鎖を**腐食連鎖**あるいは**腐生連鎖**という。それに対し，生きた生物の捕食・被食による食物連鎖は特に**生食連鎖**という。

　　森林での腐食連鎖の例を示すと，次のようになる。

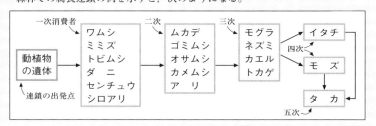

▲ 図 122-3 森林での腐食連鎖の例

また，寄生によってつながった関係は**寄生連鎖**という。動物の体内に寄生虫が宿り，寄生虫の体内に原生動物や細菌が棲みついているといった場合は寄生連鎖になる。

7 湖沼における生態系の例を示すと，次のようになります。

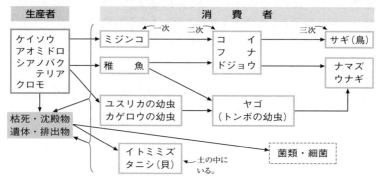

▲ 図122-4 湖沼での生態系の例

+α パワーアップ 深海底の生態系

1977年，東太平洋の水深2600 mの深海底の熱水噴出孔の周囲で，イソギンチャク・カニ・ヒトデや貝類など，大量の生物群が発見された。これらの生物群は，どのようにして有機物を得ているのだろうか。

太陽の光が届かない深海では，植物の代わりに化学合成細菌が生産者として生態系を支えている。ハオリムシ（⇨p.388）やシロウリガイと呼ばれる特殊な動物は，体内に化学合成細菌の一種である**硫黄細菌**（⇨p.487）を共生させており，有機物を得ている。そのしくみは次のとおりである。

硫黄細菌は硫化水素を酸化し，生じるエネルギーで炭酸同化を行う。まず，ハオリムシのえらから吸収された酸素，二酸化炭素，硫化水素がハオリムシの体内に共生している硫黄細菌に供給される。そして逆に，硫黄細菌が化学合成を行って生じた炭水化物をハオリムシやシロウリガイが摂取しているのである。

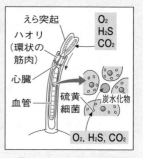

▲ 図122-5 ハオリムシと硫黄細菌

① **生態系**…**生物群集と非生物的環境**をあわせたもの。
② **作用**…**非生物的環境が生物群集に働きかける**こと。
③ **環境形成作用**…**生物群集が非生物的環境に働きかける**こと。
④ **栄養段階**…生物群集を，栄養のとり方によって分けた段階。

⇨ 　　**生産者**…無機物から**有機物を合成**できる独立栄養生物。
　　　消費者…生産者がつくり出した有機物に直接，あるいは
　　　　間接的に依存する生物（一次消費者，二次消費者，…，
　　　　分解者）。
　　　　　　↳遺体や排出物を無機物にまで分解する生物。
⑤ **食物連鎖**…**捕食・被食**関係によるつながり。
⑥ **食物網**…食物連鎖が複雑に絡み合った網目状の関係。

2 生態ピラミッド

1　各栄養段階ごとに，個体数や生物量，生産力などを，生産者→一次消費者→二次消費者…と順に積み重ねていくと，ふつうはピラミッドのような形になります。これを，個体数について描けば**個体数ピラミッド**，生物の量について描けば**生物量ピラミッド**，生産力について描けば**生産力ピラミッド**（生産速度ピラミッド）といい，これらをすべてあわせて**生態ピラミッド**といいます。

2　生産者が植物プランクトンで，一次消費者が動物プランクトン，二次消費者が小形の魚類，三次消費者が大形の魚類であれば，生産者の数が最も多く，一次消費者，二次消費者となるにつれて個体数が少なくなります。そのため，やはり個体数ピラミッドはピラミッド型になります。

　しかし，生産者が樹木で，一次消費者が樹木の葉を食べる小形の昆虫といった場合は，生産者のほうが数が少なく，**一次消費者のほうが数が多くなり**，個体数ピラミッドを描くと逆ピラミッド型になってしまいます。このような関係や寄生連鎖の場合，個体数ピラミッドは**逆ピラミッド型**になります。

3 ある時点で単位面積上に存在している生物体の量を**生物量**あるいは**現存量**といいます。この生物量について描いたものが**生物量ピラミッド**です。生物量は，ふつう，重量で表します。

　個体数ピラミッドが逆ピラミッド型になった，樹木→小形の昆虫のような場合でも，生物量ピラミッドはちゃんとピラミッド型になります。

　ただし，生産者が植物プランクトンの場合は，逆ピラミッド型になる場合があります。それは，**生産者の一世代が消費者の一世代にくらべて非常に短いため**，ある瞬間の時点での生物量が少なくなってしまうためです。

4 一定期間内で生産される有機物量について描いたものが**生産力ピラミッド（生産速度ピラミッド）**です。一定期間内で取り込まれるエネルギー量について描けば**エネルギーピラミッド**となります。

　個体数ピラミッドや生物量ピラミッドが逆ピラミッド型になってしまうような場合であっても，生産力ピラミッドやエネルギーピラミッドはピラミッド型になり，**逆ピラミッド型になることはありません**。つまり，ある瞬間での個体数や生物量がたとえ少なくても，その期間に何世代も増殖し，盛んに光合成を行って，消費者を養うのに十分な有機物合成は行っているのです。

5 この生産力ピラミッドの内訳を調べ，物質の収支を調べてみましょう。生産者が光合成によって合成した有機物量を**総生産量**といいます。

　一方，生産者は生きていくためには呼吸を行い，生じた有機物の一部を分解します。総生産量から呼吸量を引いた値を**純生産量**といいます。

　光合成量から呼吸量を差し引いた量を見かけの光合成量といいましたね。総生産量は光合成量，純生産量は見かけの光合成量と同じことです。

> **純生産量＝総生産量－呼吸量**

6 生じた有機物の一部は，枯葉・枯枝として失われます。これを**枯死量（死亡量）**といいます。

　また，一部は消費者に摂食されて失われます。これが**被食量**です。

　純生産量から枯死量，被食量を引いた値が，ある期間で増加蓄積する有機物量ということになります。この値を**成長量**と呼びます。

> **成長量＝総生産量－呼吸量－枯死量－被食量**

7　たとえば，ある時点での生産者の生物量（現存量）が100 t だったとします。そして，1 年間での成長量が20 t だったとすると，1 年後の現存量は，100 t ＋20 t で120 t となります。森林はこのような蓄積を何十年も何百年も行っているので，膨大な現存量があるのです。

成長量 ＝ 一定期間後の現存量 － 一定期間前の現存量

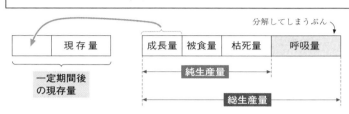

▲ 図 122-6 生産者の生体量

8　消費者は，食べることによって有機物を取り込みます。食べた量を**摂食量**（せっしょく）といいます（食べられる側から見れば被食量のことですね）。

　しかし，食べたものがすべて消化され吸収されるわけではありません。一部は消化されないまま排出されます。この量を**不消化排出量**（ふしょうかはいしゅつ）といいます。要はウンチの量のことです。

　摂食量から不消化排出量を引いた値（食べた量からウンチ量を引いた値）を**同化量**（どうか）と呼びます。

9　この**同化量が生産者の総生産量に相当します。**

　消費者も，呼吸によって一部を分解します。同化量から呼吸量を引いた量を**生産量**（あるいは**純同化量**）といいます。

　さらに，純同化量（生産量）から死亡量（死滅量）と被食量を引いた値が**消費者の成長量**です。

消費者の成長量＝摂食量－不消化排出量－呼吸量－死亡量－被食量
**　　　　　　　＝同化量　　　　　　－呼吸量－死亡量－被食量**

▲ 図 122-7 消費者の現存量

10 このように，各栄養段階の生物が，取り込んだ有機物(エネルギー)の一部は呼吸量として消費してしまうので，次の栄養段階の生物が利用できる有機物(エネルギー)はどうしても減ってしまいます。そのため，**栄養段階はせいぜい5〜6段階までしか存在できません。**

　各栄養段階でのエネルギー効率はおよそ**10%程度**だといわれます。つまり，生産者のもつエネルギーの10%だけが一次消費者の利用できるエネルギーで，さらにその10%が二次消費者，さらにその10%が三次消費者の利用できるエネルギーなのです。したがって，高次消費者になればなるほど利用可能なエネルギーが少なくなるため，六次消費者や七次消費者は存在できないのです。

11 分解者は，生産者の枯死量や消費者の死亡量および不消化排出量をもらうことになります。これらは，分解者の呼吸で分解されます。

　分解者の死亡量は再び分解者にわたされることになるので，生産者や消費者の枯死量，死亡量，不消化排出量から分解者の呼吸量を引いたものが分解者の成長量にあたります。

＋α パワーアップ　生物群集全体の成長量と群集の純生産量

　いま，生産者と一次消費者，分解者だけからなる単純な生態系(二次消費者はいないことにする)について，生物群集全体の成長量を考えてみよう。

　　生物群集全体の成長量(X) ＝生産者の成長量＋消費者の成長量
　　　　　　　　　　　　　　　　＋分解者の成長量

ここで，

　　生産者の成長量＝総生産量(A)－呼吸量($B1$)－枯死量($C1$)－被食量(D)
　　消費者の成長量＝摂食量(D)－不消化排出量(E)－呼吸量($B2$)－死亡量($C2$)
　　分解者の成長量＝($C1 + C2 + E$)－呼吸量($B3$)

なので，これらを代入すると，

$$X = (A - B1 - C1 - D) + (D - E - B2 - C2) + (C1 + C2 + E) - (B3)$$
$$= A - B1 - B2 - B3$$

となる。すなわち，

　　生物群集全体の成長量＝総生産量－(生産者の呼吸量＋消費者の呼吸量
　　　　　　　　　　　　　　　　　＋分解者の呼吸量)
　　　　　　　　　　　　＝総生産量－生物群集全体の呼吸量

となる。

　（総生産量−生産者の呼吸量）を純生産量というのに対し，（総生産量−生物群集全体の呼吸量）のことを**生物群集の純生産量**という。

　生物群集全体の成長量は，生物群集の純生産量と同じことなのである。

① **生態ピラミッド**…各栄養段階の個体数や生物量，生産力などを低次栄養段階から順に積み重ねたもの。**個体数ピラミッド**，**生物量ピラミッド**，**生産力ピラミッド**などがある。

{ 個体数ピラミッド・生物量ピラミッド…**逆ピラミッド型**になる場合がある。

生産力ピラミッド…必ず**ピラミッド型**になる。

② 生産力ピラミッドの内訳（物質収支）

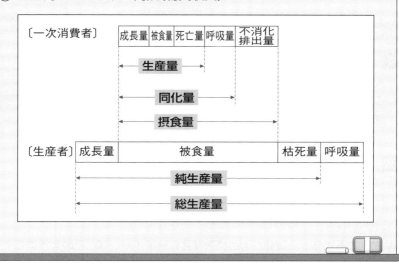

窒素同化

植物は独立栄養なので，自分でアミノ酸を合成し，タンパク質をつくります。そのしくみを見てみましょう。

1 窒素同化のしくみ

1 われわれ動物は，肉を食べて，そのタンパク質中のアミノ酸を吸収して，自らのタンパク質を合成します。ふつうの植物は肉は食べません。しかし，植物体もタンパク質を合成します。

　外界から窒素を含む物質を取り込み，生物体を構成する窒素化合物を合成することを**窒素同化**といいます。

2 植物は，根からおもに硝酸をイオンの形で窒素化合物を吸収します。NO_3^-（**硝酸イオン**）は細胞内でNO_2^-（**亜硝酸イオン**），さらにNH_4^+（**アンモニウムイオン**）に還元されます。このようにして生じたNH_4^+は，**有機酸と反応してアミノ酸になります**。NH_4^+を吸収し，そのまま有機酸と反応する場合もありますが，おもにはNO_3^-を吸収します。

3 アミノ酸は，多数の**ペプチド結合**をして**タンパク質**となります。また，アミノ酸は，**核酸やATP，クロロフィルなどの材料**としても使われます。

　アミノ酸やタンパク質，核酸，ATP，クロロフィルは，すべて窒素を含む有機物なので，**有機窒素化合物**と呼ばれます。

■**考えてみよう！** 植物がおもに取り込む硝酸イオンは，どのようにして生じるのでしょうか。

4 生物の遺体・枯死体中のタンパク質は，土壌中の細菌（腐敗細菌）によって分解されてNH_4^+が生じます。NH_4^+は土壌中の**亜硝酸菌**によって酸化されてNO_2^-に，さらに**硝酸菌**によって酸化されてNO_3^-になります。もちろん，これらの細菌は，第76講で学習した化学合成細菌で，無機物の酸化を行い，生じるエネルギーで炭酸同化を行っているのですが，結果として亜硝酸イオンや硝酸イオンが生じます。

5　以上をまとめると，次の図のようになります。

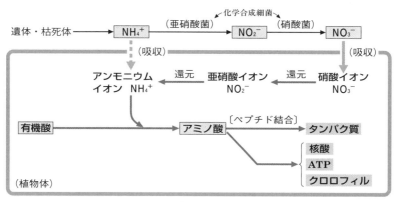

▲ 図 123-1　窒素同化のしくみ（略図）

6　窒素同化の反応をもう少しくわしく見てみましょう。

　根からNO_3^-を吸収してNH_4^+に還元すると，生じたNH_4^+は，まず**グルタミン酸**と反応して**グルタミン**になります。この反応には，ATPのエネルギーが必要で，**グルタミン合成酵素**が関与します。

　生じたグルタミンとα－**ケトグルタル酸**（クエン酸回路に登場した有機酸の一種）とが反応し，グルタミンはグルタミン酸に，α－ケトグルタル酸もグルタミン酸になります。この反応には，**グルタミン酸合成酵素**が関与します。

　生じたグルタミン酸に含まれるアミノ基が種々の有機酸に移されて，種々のアミノ酸が生じます。このときには，**アミノ基転移酵素（トランスアミナーゼ）**が働きます。

▲ 図 123-2　窒素同化のしくみ（詳細）

第 **10** 章　生態と環境

アミノ基の転移

アミノ酸は**アミノ基**(-NH₂)と**カルボキシ基**(-COOH)をもっているが，有機酸にはカルボキシ基しかない。したがって，アミノ酸がもっているアミノ基を有機酸に**転移**することで，有機酸をアミノ酸にすることができる。逆に，アミノ酸からアミノ基を取ってしまえば(これを**脱アミノ**という)有機酸になる。

たとえば，グルタミン酸のアミノ基がピルビン酸($CH_3COCOOH$；有機酸)に転移されると，ピルビン酸はアラニン(アミノ酸)になる。また，オキサロ酢酸($HOOC-CH_2-CO-COOH$；有機酸)にアミノ基が転移されると，オキサロ酢酸はアスパラギン酸(アミノ酸)になる(グルタミン酸やアラニン，アスパラギン酸の構造式は⇨p.41)。

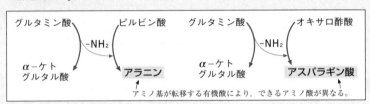

▲ 図 123-3 アミノ基転移によるアミノ酸の合成

植物の窒素同化…硝酸イオンを還元して生じた**アンモニウムイオン**と**有機酸**を反応させて**アミノ酸**を合成。

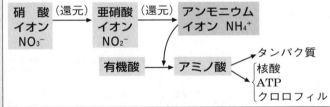

802

2　窒素固定

1　空気中の約 8 割(78 %)は窒素ガス(N_2)ですが，この窒素をふつうの生物は利用することができません。しかし，一部の生物は，この空気中の窒素ガス(遊離の窒素といいます)を還元してアンモニウムイオン(NH_4^+)にし，窒素同化に利用することができるのです。

このように，遊離の窒素をアンモニウムイオンに還元することを**窒素固定**といいます。

> このときに働く酵素を「ニトロゲナーゼ」という(⇨p.424)。

2　窒素固定を行う生物(窒素固定生物)の代表例として，**根粒菌・アゾトバクター・クロストリジウム・ネンジュモ**などが挙げられます。

3　**根粒菌**はマメ科植物の根に共生する細菌で，マメ科植物と共生している場合のみ窒素固定を行うことができます。

根粒菌は，窒素固定で生じたNH_4^+の一部をマメ科植物に供給します。逆に，マメ科植物は炭水化物を根粒菌に供給します。

> このように，お互いに利益のある関係を「相利共生」という(⇨p.789)。根粒菌はマメ科植物と共生している場合にのみ窒素固定を行う。共生していない場合は，NH_4^+などの無機窒素化合物を取り込んで生きている。

4　アゾトバクターやクロストリジウムは単独で窒素固定が行える細菌です。

アゾトバクターは通気のよい土壌に生息し，**呼吸を行う好気性**の細菌で，**クロストリジウム**は通気の悪い酸素の乏しい土壌に生息し，**発酵を行う嫌気性**の細菌です。

ネンジュモ(イシクラゲなど)も単独で窒素固定が行えます。ネンジュモはシアノバクテリアの仲間で光合成も行えます。

窒素固定を行う細菌

上に挙げた以外にも，**放線菌・紅色硫黄細菌・緑色硫黄細菌・アナベナ**なども窒素固定が行える。放線菌はハンノキの根に共生する細菌，紅色硫黄細菌・緑色硫黄細菌は光合成細菌，アナベナはネンジュモと同じくシアノバクテリアの一種である(同じシアノバクテリアの仲間でも，ユレモなどは窒素固定できない)。

第 **10** 章　生態と環境

窒素固定に関係する酵素

　窒素を還元してアンモニウムイオンにする酵素を**ニトロゲナーゼ**という。ニトロゲナーゼは酸素によって失活してしまうので，好気性で窒素固定を行う生物は，酸素からニトロゲナーゼを守るしくみをもっている。たとえば，ネンジュモは**異質細胞（異形細胞**⇨ p.346）という特殊な細胞をもち，ここでのみ窒素固定を行う。また，根粒では，**レグヘモグロビン**という鉄を含むタンパク質が合成され，これが酸素と結合して根粒内の酸素濃度を低下させる。

① **窒素固定**…遊離の窒素 N_2 を NH_4^+ に還元する反応。
② **窒素固定生物ベスト4**
　1. **根粒菌**（マメ科植物の根に共生する細菌）
　2. **アゾトバクター**（好気性細菌）
　3. **クロストリジウム**（嫌気性細菌）
　4. **ネンジュモ**（シアノバクテリアの一種）

3　生物の栄養形式

1　これまで見てきたように，生物は生きていくために必ず炭素源と窒素源の2種類が必要ですが，その炭素源や窒素源をどのような形で取り込むかが生物によって異なります。

2　植物や藻類のような**独立栄養生物**（⇨ p.415）は，**炭素源として二酸化炭素，窒素源としては NO_3^- や NH_4^+ を取り込みます**。つまり，いずれも取り込む物質は**無機物**で，無機物をもとに必要な有機物を自ら合成します。植物や藻類以外にも，光合成細菌や化学合成細菌は独立栄養生物になります。

3　動物や菌類，一般の細菌のような**従属栄養生物**は，必要な物質を生産者が合成した有機物に，直接あるいは間接的に依存しています。

　動物は，炭素源としてデンプンのような炭水化物，窒素源としてはタンパク質を取り込みます。つまり，炭素源も窒素源も**有機物**に依存しています。

　一般の細菌や菌類は，炭素源としては有機物である炭水化物が必要ですが，**窒素源についてはNH_4^+のような無機物を取り込みます**。炭素源については有機物に依存しているので，従属栄養生物に属します。

4　同じ同化でも，CO_2やNH_4^+のような無機物から，グルコースやアミノ酸のような低分子有機物を合成することを**一次同化**といいます。

　これに対して，グルコースやアミノ酸から，自らのからだを構成するデンプンやタンパク質のような高分子有機物を合成することを**二次同化**といいます。

5　つまり，独立栄養生物は一次同化と二次同化を行いますが，動物などの従属栄養生物は一次同化を行うことができず，二次同化だけを行います。

いろいろな栄養形式の植物

　植物は，一般に光合成を行う独立栄養生物であるが，**ナンバンギセル・ヤッコソウ・ギンリョウソウ**といった植物は例外である。これらは植物でありながら**光合成は行わず，他の植物などに寄生して生活する**。つまり，従属栄養生物ということになる。同じ寄生植物でも，**ヤドリギ**は光合成は行うが，寄生した植物から水や無機塩類を吸収する。これを**半寄生**という。

　また，**モウセンゴケ・ハエジゴク・ウツボカズラ**などは**食虫植物**で，昆虫を捕まえてこれを消化し，アミノ酸を吸収して生きているが，通常は光合成も窒素同化も行う独立栄養生物である。ただ，無機窒素源の乏しい環境で生育するため，不足する窒素源を昆虫から摂取しているのである。

① **独立栄養生物**…必要な炭素源を**無機物**で取り込む生物。
　　例　植物，藻類，光合成細菌，化学合成細菌，シアノバクテリア
② **従属栄養生物**…炭素源として**有機物**を必要とする生物。
　　例　動物，一般の細菌，菌類，寄生植物
③　無機物 ―――（**一次同化**）――→ 低分子有機物 ―――（**二次同化**）――→ 高分子有機物

第**10**章　生態と環境

窒素同化によるタンパク質の合成量

植物に硝酸イオン50 g を与えると，その62%が吸収され，吸収した硝酸イオンの80%がタンパク質に取り込まれた。生じたタンパク質の窒素含有率を16%とすると，生じたタンパク質は何 g か，整数で答えよ。ただし，原子量は N：14，O：16とする。

解説 窒素に注目して式を立てよう。

硝酸イオン（NO_3^-）中の窒素の割合は

$$\frac{14}{14 + 16 \times 3} = \frac{14}{62}$$

なので，50 g の硝酸イオンの中の窒素は，

$$50\,g \times \frac{14}{62}$$

このうちの62%が吸収され，さらに，そのうちの80%がタンパク質に取り込まれたので，タンパク質に取り込まれた窒素は，

$$50\,g \times \frac{14}{62} \times 0.62 \times 0.8 \quad \cdots\cdots①$$

一方，生じたタンパク質を $x\,g$ とすると，このタンパク質の中の窒素は，

$$x\,g \times 0.16 \quad \cdots\cdots②$$

①に示した窒素が②の窒素になったので，①＝②とおける。よって，

$$50\,g \times \frac{14}{62} \times 0.62 \times 0.8 = x\,g \times 0.16$$

$$\therefore \quad x = 35$$

 35g

第124講 物質収支と物質循環

重要度
★★

物質収支と遷移やバイオームとの関係，および，生態系の中の炭素や窒素の移動・移り変わりについて見てみましょう。

1 森林の年齢およびバイオームと物質収支

1 森林が幼齢林から老齢林へと変化するにつれて，物質収支がどのように変化するのか見てみましょう。

2 森林の成長とともに葉の量が増加するため，総生産量は増加します。葉の量が増加すれば葉の呼吸量も増加しますが，幼齢林では幹や枝の量はまだそれほど大きくないので，**幹・枝・根の呼吸量は少なく，純生産量は大きくなります**。

やがて，老齢林に近づくと，葉の量は頭打ちになり，総生産量は増加しなくなります。そして，幹・枝・根の占める割合は増加するので，**幹・枝・根の呼吸量は増加し，純生産量は減少していきます**。さらに，枯死量も増加するため，やがては**成長量がほぼ0になっていきます**（森林での被食量は非常に小さく無視できる程度です）。

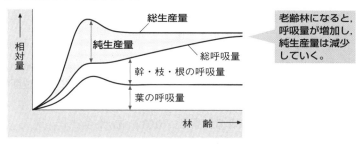

▲ 図124-1 森林の年齢と物質収支

3 成長量がほぼ0ということは，生物量がほとんど増加しなくなるということです。生物量が変化しないということは安定しているということで，すなわち**極相に達した**ということになります。

4 次の表124-1は，さまざまなバイオームについて，その面積，現存量，純生産量を示したものです。

バイオームの種類	面積 10^9ha (10億ha)	現存量(植物) 平均 t/ha	現存量(植物) 総量 10^9t	純生産量 平均 t/ha・年	純生産量 総量 10^9t/年	現存量(動物) 総量 10^6t
熱帯多雨林	1.7	450	765	22.0	37.4	330
雨緑樹林	0.75	350	260	16.0	12.0	90
照葉・硬葉樹林	0.5	350	175	13.0	6.5	50
夏緑樹林	0.7	300	210	12.0	8.4	110
針葉樹林	1.2	200	240	8.0	9.6	57
サバンナ	1.5	40	60	9.0	13.5	180
農耕地	1.4	10	14	6.5	9.1	6
陸地計(その他含む)	14.9	123	1837	7.73	115.0	1005
外 洋	33.2	0.03	1.0	1.25	41.5	800
大陸棚	2.66	0.1	0.27	3.6	9.6	160
海洋計(その他含む)	36.1	0.1	3.9	1.52	55.0	997
地球合計	51.0	36	1841	3.33	170.0	2002

▲ 表124-1 いろいろなバイオームとその物質収支

5 熱帯多雨林は，生産者の量が膨大で，また，1年を通して気温も日照量も十分あるので，**総生産量は非常に大きくなります**。

しかし，**気温が高いということは，それだけ呼吸量も大きいということに**なります。したがって，**単位面積あたりの純生産量はそれほど大きくありません**（22.0 t/ha・年）。ただ，総面積が大きい（1.7×10^9ha）ので，純生産量の総量は，やはりかなり大きな値（37.4×10^9t/年）になります。

6 外洋の純生産量の総量は非常に大きな値（41.5×10^9 t/年）になっています。しかし，これは総面積が桁違いに大きい（33.2×10^9ha）からで，**単位面積あたりの純生産量は陸上生態系にくらべれば非常に小さく**（1.25 t/ha・年）なっています。これは，生物量が非常に少ない（0.03 t/ha）からです。

7 海洋では，外洋より大陸棚の単位面積あたりの純生産量が大きいですね。これは，沿岸付近のほうが河川からの栄養塩類の流入などで富栄養となっているため，外洋にくらべると純生産量が多く（3.6 t/ha・年），単位面積あたりの生物量も多い（0.1 t/ha）からです。

8 また，熱帯多雨林では，高温多湿のため分解者の活動が活発で呼吸量が大きく，**土壌中の有機物はすぐに無機物に分解されてしまいます。**

逆に，針葉樹林では気温が低いため，**土壌中の有機物はなかなか分解されずに残っています。**

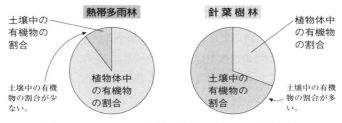

▲ 図124-2 熱帯多雨林と針葉樹林での土壌中の有機物の比較

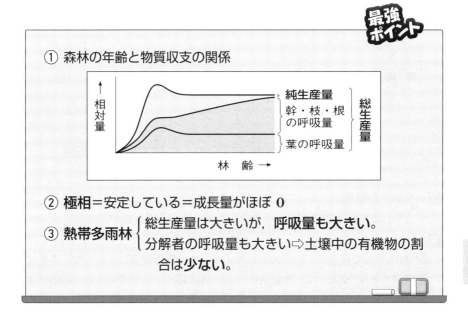

① 森林の年齢と物質収支の関係

② **極相**＝安定している＝成長量がほぼ **0**

③ **熱帯多雨林** { 総生産量は大きいが，**呼吸量も大きい。**
分解者の呼吸量も大きい ⇨ 土壌中の有機物の割合は**少ない。**

2 物質循環

1 炭素は，空気中の**二酸化炭素**として存在し，これを**生産者が光合成によって炭水化物に固定**します。生じた炭水化物を一次消費者が捕食して取り込み，さらに二次消費者，三次消費者へと移ります。これらの炭素は，生産者や消費者の呼吸によって，**再び空気中の二酸化炭素へと戻ります。**

2 さらに，植物や動物の遺体や排出物が分解者によって分解され，やはり分解者の呼吸によって二酸化炭素として放出されます。これらの二酸化炭素が再び生産者に利用されるので，**炭素は生態系を循環する**ことになります。

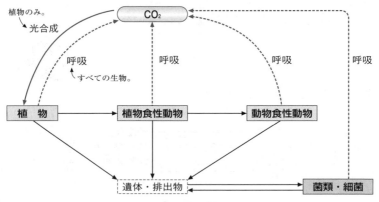

▲ 図124-3 炭素の循環

3 空気中の**窒素 N_2** は，雷（空中放電）などの自然現象によっても生態系に取り込まれますが，**窒素固定**（⇨p.803）によっても固定されます。

4 生物の遺体や排出物などは分解者によって分解され，**アンモニウムイオン（NH_4^+）** となります。アンモニウムイオンは，**亜硝酸菌**によって酸化されて**亜硝酸イオン（NO_2^-）** に，亜硝酸イオンは**硝酸菌**によって酸化されて**硝酸イオン（NO_3^-）** になります。亜硝酸菌や硝酸菌は化学合成細菌でしたね（⇨p.487）。アンモニウムイオンから硝酸イオンまでの一連の作用を**硝化**といいます。

5 このようにして生じた硝酸イオンやアンモニウムイオンは，植物が根から吸収して，窒素同化（⇨p.800）に利用されます。

そして，植物がつくった有機窒素化合物は，摂食されて消費者に移ります。

6 植物や動物の遺体や排出物に含まれる有機窒素化合物は，分解者によって分解されてアンモニウムイオンになり，以下，**4** と同じ経路をたどります。

7　また，硝酸イオンは，脱窒素細菌による作用(脱窒^{だっちっ})によって，再び空気中の窒素になります。

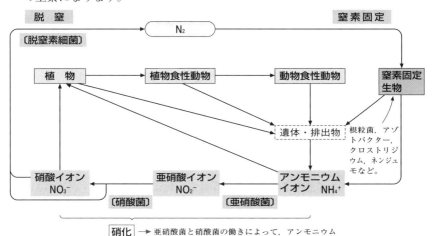

▲ 図124-4 窒素の循環

 脱窒と硝酸呼吸

　脱窒は，脱窒素細菌による特殊な異化反応(硝酸呼吸という)の結果生じる。呼吸では，電子伝達系の最後の電子受容体は酸素であるが，脱窒素細菌では電子受容体が硝酸イオンで，その結果NO_3^-やNO_2^-は還元され，NOを経てN_2となる。

8　このように，炭素や窒素といった物質は生態系を循環します。

　それに対し，エネルギーは循環しません。生産者が取り込んだエネルギーの一部は，呼吸に伴う熱エネルギーという形で失われます。失われた熱エネルギーは他の生物には利用されることなく，宇宙空間に逃げていきます。

① **炭素循環**…CO_2が**光合成**で取り込まれ，**呼吸**で空気中に戻る。

② **窒素循環**…空気中の窒素が**窒素固定**で取り込まれ，**脱窒**で空気中に戻る。

③ 物質は循環するが，**エネルギーは循環しない**。

生物多様性

重要度
★★★

生物多様性がなぜ重要なのかを考えましょう。

1 生物多様性

1 　地球上のさまざまな環境に，多種多様な生物が生きています。このように生物が多様であることを**生物多様性**といい，生物多様性には3つの段階（階層）があります。

1　**遺伝的多様性**
2　**種多様性**
3　**生態系多様性**

2 　私たちヒトが1人1人異なる遺伝情報をもっているように，同じ種に属する生物であっても，個体ごとに遺伝子構成は少しずつ異なっています。この同種内における遺伝情報の多様性を**遺伝的多様性**といいます。遺伝的多様性が大きい個体群は，環境に変化が生じても新たな環境に適応して生存できる個体が存在する可能性が高くなります。

3 　1つの生態系にもじつにさまざまな種類の個体群が含まれています。ある生態系を構成する生物の種の多様性が**種多様性**です。種類が多いだけでなく，個々の種が相対的に占める割合（**優占度**）も重要です。たとえ種類が多くても**特定の種の優占度が偏って高い場合は，種多様性は高くない**ということになります。種多様性の高い生態系は，攪乱を受けても元の状態に戻る力（生態系の**復元力**）があり，安定していると考えられます。

4 　地球上にはさまざまな環境に対応した多様な生態系があります。森林，草原，海洋，湖沼などなど。さらに同じ森林でも熱帯多雨林，照葉樹林，夏緑樹林，針葉樹林など，草原でもサバンナ（熱帯草原）やステップ（温帯草原）などがあります。このようにさまざまな環境に対応した多様な生態系を**生態系多様**

性といいます。ある地域に多様な生態系が存在することは，その地域の種多様性，遺伝的多様性をさらに高めることになります。

5　このような生物多様性は，火山噴火，台風，河川の氾濫（はんらん）といった自然現象，および森林の伐採，道路建設，宅地造成といった人間の活動によって変化することがあります。

　このような，生態系またはその一部を破壊して影響を与える現象を**攪乱**（かくらん）といいます。もちろん大規模な攪乱が生じると生態系のバランスが崩れ，生物多様性が大きく損なわれます。しかし，攪乱が起こらないと種間競争に強い特定の種だけが優占し，かえって生物多様性が低下してしまいます。中規模程度の攪乱が一定の頻度で起こるほうが，特定の種に偏ることなく多くの種がその生態系で共存し，生物多様性を増大させることができると考えられます。このような考えを**中規模攪乱説**といいます。

6　下の図125-1は，オーストラリアのヘロン島のサンゴ礁で調査された，サンゴの種類と生きているサンゴの被度の関係を示したものです。

　サンゴ礁の外側斜面は強い波浪（はろう）によりサンゴ礁が破壊されることが多く，すなわち大規模な攪乱が起こりやすい場所で，そこでのサンゴの被度は小さく，種類数も少なくなっています。内側斜面はそのような波浪の被害が少ない，すなわち攪乱があまり起こらない場所です。サンゴの被度は大きいですが，競争に強い特定の種ばかりで，かえって種数は減少しています。

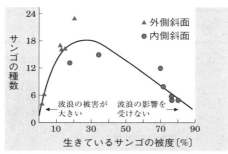

▶ 図 125-1　サンゴ礁における攪乱の規模とサンゴの種数

7　人家の近くにあり人間の生活活動の影響を受けた森林や田畑などの地域一帯を**里山**（さとやま）といいます。里山には雑多な種の樹木からなる**雑木林**（ぞうきばやし）が存在します。雑木林では定期的に樹木を伐採して炭や薪をつくったり落ち葉を集めて肥料にしていたので，林床が明るくなり，極相の陰樹だけでなく陽樹や多く

の草本植物も生育していました。植物の種多様性によって，動物も多様な種が生息できる食草や生活場所を得ることになります。

　これも定期的に人手が入るという中規模の攪乱(かくらん)によって生物多様性が保たれる例です。しかし，近年では燃料や肥料を自給自足しなくなったため適度な伐採が行われず，雑木林の生物多様性は低下しています。

8　極相に達した森林でもギャップが生じることで陰生植物だけでなく陽生植物も生育することができるのでしたね(⇨p.749)。これも中規模な攪乱により生物多様性が維持される例だといえます。

---

① 生物多様性の３つのレベル…**遺伝的多様性・種多様性・生態系多様性**。
② **中規模攪乱説**…攪乱がなくても，大規模な攪乱が多く起こっても，生態系の多様性は低下する。

2　外来生物

1　本来の生息地から異なる場所に**人為的に運び込まれて定着した生物**を**外来生物**(がいらい)といいます。

　そのなかでも特に，既存の生態系や農林水産業などに大きな影響を及ぼす可能性が強い国外由来の外来生物は**侵略的外来種**と呼ばれ，環境省が**特定外来生物**に指定した生物は**外来生物法**によって栽培・飼育や移動が規制されています。

> 「外来種」という呼び方もあるが，同種の生物でも外部からもち込まれて在来の個体群の遺伝的攪乱をもたらす場合もある(⇨p.818)ため，おもに「外来生物」という。

> 外来生物法では人間の移動や物流が盛んになり始めた明治時代以降に海外から導入された生物をおもに対象とする。

2　日本における外来生物の例として次のようなものが挙げられます。

　オオクチバス(ブラックバスの一種)や**ブルーギル**は北アメリカ原産の

淡水魚ですが，非常に幅広い食性と強い繁殖力をもっています。いずれも意図的に日本にもち込まれ放流された外来生物です。

日本における外来生物問題①

オオクチバス　コクチバス，フロリダバスとともに通称ブラックバスと呼ばれることが多い。1925年に芦ノ湖に放流されたのを最初に，釣りの対象魚として放流されたりしてほぼ全国に生息域を広げた。特定外来生物。

ブルーギル　水産庁水産研究所が食用研究対象として飼育して1966年に放流したのがきっかけ。その後，釣りの対象魚として各地に放流されて繁殖した。特定外来生物。

❸　ハブを駆除する目的で**フイリマングース**が沖縄本島(1910年)や奄美大島(1979年)にもち込まれました。ところが，ハブは夜行性なのにフイリマングースは昼行性で，ほとんどハブを捕食することはありませんでした。むしろ固有種のアマミノクロウサギやヤンバルクイナが捕食されて個体数が激減し，フイリマングースが駆除の対象になるという事態となっています。

日本における外来生物問題②

ハブ　爬虫類有鱗目。琉球列島固有種の毒ヘビで，非常に攻撃性が強い。

フイリマングース　哺乳綱ネコ目。毛色は褐色だが黄色っぽい色が混ざっていて斑入りのように見えるのでこの名がある。特定外来生物。

アマミノクロウサギ　哺乳綱ウサギ目。奄美大島と徳之島の固有種。絶滅危惧種。

ヤンバルクイナ　鳥綱ツル目。沖縄島の固有種でほとんど飛ぶことができない代わりに足が発達しており地上生活をしている。絶滅危惧種。

❹　海洋生物の外来生物も多くあります。

大型貨物船は，積み荷が少ないとき，船のバランスをとるために船底に海水を積み込んでいます。この海水を**バラスト水**といいます。このバラスト水には当然その海域のさまざまな生物も含まれています。この船が別の場所に航海し，そこでそのバラスト水を入れ換えると，バラスト水に含まれていた生物も他の地域に運ばれてしまうことになります。このようにして日本にもち込まれた外来生物として，ヨーロッパ原産の<u>ムラサキイガイ</u>や地中海原産の<u>チチュウカイミドリガニ</u>などがあります。

> ムラサキイガイ…p.786でも登場した二枚貝。
> チチュウカイミドリガニ…節足動物門甲殻類。

5 これら以外にもアライグマ・タイワンザル・アフリカツメガエル・ウシガエル・グリーンアノール・カダヤシ・アメリカシロヒトリ・セイヨウオオマルハナバチ・ヒアリ・セアカゴケグモ・アメリカザリガニ，植物では，オオキンケイギク・セイタカアワダチソウ・セイヨウタンポポ・ブタクサ・アレチウリ・ボタンウキクサ・シナダレスズメガヤなどなど，じつに多くの外来生物がいます。

日本における外来生物問題③

アライグマ　北アメリカ原産。哺乳綱食肉目。ペットとして輸入され飼育されていたものが脱走したり意図的に放されたのがきっかけ。

タイワンザル　文字通り台湾原産のサル。特定外来生物。

アフリカツメガエル　南アフリカ原産。後肢の内側の3本の指に爪状の角質層が発達しているため，この名がある。卵が大きく，発生の進行が速いので実験材料としてよく用いられる。

ウシガエル　食用にされることから「食用ガエル」と呼ばれることもある。特定外来生物。さらに，ウシガエルの餌としてアメリカザリガニがもち込まれた。

グリーンアノール　爬虫綱のトカゲの仲間。ペットとしてやトカゲ食の動物の餌用として飼育されていたものが遺棄されたり脱走したりして繁殖。春から夏にかけては毎週1回程度産卵を繰り返すほど繁殖力が強く，小笠原諸島では固有の昆虫の一部を絶滅させたほどである。特定外来生物。

カダヤシ　外見はメダカに似ているがまったく異なる種。タップミノーとも呼ばれる。蚊の幼虫を捕食し「蚊を絶やす」ということで明確な根拠がないまま移入された。特定外来生物。

アメリカシロヒトリ　北アメリカ原産の蛾。サクラ，カキ，リンゴなどの樹木に害を及ぼす。1970〜1980年にかけて大発生し大きな被害が生じたが，近年は大規模な発生は減っている。

セイヨウオオマルハナバチ　ヨーロッパ原産のミツバチの一種。温室トマトの受粉のために導入されたが，その温室から野外に分散した。花粉媒介昆虫ではあるが，舌が短く，花筒が長い花には，横に穴をあけて蜜を集めるため受粉に貢献しない（盗蜜という）。特定外来生物。

ヒアリ　昆虫類アリ科。刺されると激しい痛みと火傷のような水疱が生じることから「火蟻」という。毒に対してアナフィラキシーショックを起こす危険性がある。特定外来生物。

セアカゴケグモ　オーストラリア原産の毒グモ。1995年に大阪府で初めて発見された。交尾後，雄を雌が食べてしまうため雌が後家（widow）になるという意味でこの名がある。特定外来生物。

アメリカザリガニ　節足動物門甲殻類。ウシガエルの餌としてもち込まれたもの

が逃げ出して繁殖した。水生小動物を捕食するほか水草の被害も大きい。2023年に条件付特定外来生物に指定された。輸入や販売，野外への放出は禁止だが，ペットとして個人で飼育するのはOK（手続き不要）。

オオキンケイギク　双子葉類キク科の多年生草本。コスモスに似た綺麗な花を咲かせるので，観賞用に導入され緑化に利用されたが，非常に繁殖力が強く，一旦定着すると他の植物の生育場所を奪い，周囲の環境を一変させてしまう。安易な緑化の危険性を教えてくれる。特定外来生物。

セイタカアワダチソウ　北アメリカが原産。双子葉類キク科の多年生草本。切り花用の観賞植物として導入された。ススキなどと生態的地位が競合する。他感作用（アレロパシー⇨p.791）を有する。

セイヨウタンポポ　ヨーロッパ原産。双子葉類キク科の多年生草本。日本に定着したセイヨウタンポポは3倍体で，単為生殖で種子をつけることができる。

ブタクサ　北アメリカ原産。双子葉類キク科の一年生草本。花粉がアレルゲンとなる。生態系被害防止外来種。

アレチウリ　双子葉類ウリ科の一年生草本。輸入ダイズに種子が混入していて侵入。ツル性で他の植物に絡みついて覆ってしまうため，他の植物を枯死させる。特定外来生物。

ボタンウキクサ　単子葉類サトイモ科の水草（浮水植物⇨p.751）。観賞用として導入されたものが野生化した。非常に繁殖のスピードが速くすぐに水面を覆い尽くし，他の水生植物に大きな影響を与えている。別名ウォーターレタスと呼ばれるが食用にはならない。特定外来生物。

シナダレスズメガヤ　南アフリカ原産。単子葉類イネ科の多年生草本。緑化用としてもち込まれた。非常に種子生産量が多い。

6　逆に，日本から他の国にもち込まれ，外来生物として問題になっている生物もたくさんあります。たとえば，ニホンジカ，ヒトスジシマカ・イタドリ・ススキ・クズ・ワカメなどが他の国の生態系に大きな影響を与えてしまっています。

＋α パワーアップ　日本由来の他国での外来生物

ヒトスジシマカ　東アジア原産の蚊。黒っぽい体色で，背面に白い1本の線状の縞があるのでこの名がある。俗にやぶ蚊と呼ばれる身近な蚊。秋田県や岩手県が北限とされていたが，生息域がさらに北のほうへ広がっている。デング熱などの伝染病を媒介することでも知られる。日本から輸出された古タイヤに付着した卵や幼虫がアメリカなどに移入した。

イタドリ　双子葉類タデ科の多年生草本（⇨p.747）。観賞用として移入されたイギリスではコンクリートやアスファルトを突き破るほどの繁殖力による被害が

第**10**章　生態と環境

問題となっている。

クズ 双子葉類マメ科のつる性の多年生草本。塊根に含まれるデンプンを葛粉（<ruby>葛粉<rt>くずこ</rt></ruby>）として利用し，葛切りや葛餅などの和菓子や料理のとろみ付けに用いられる。

7 新たに開発された都市など，自然の生態系が変化した地域では，競争種や天敵が少ないことが多く，繁殖力の強い外来生物が侵入しやすくなります。こうした外来生物によって固有の在来種が影響を受けます。

8 さらに，在来種と近縁な外来生物（あるいは交流のない離れた地域の個体群からもち込まれた同種の生物）が交雑することにより，固有種としての系統的な独自性が失われるといったことも起こっています。

たとえば，オオサンショウウオは特別天然記念物に指定されている日本の固有種ですが，中国から食用として輸入されて野生化したチュウゴクサンショウウオとの交雑が進み，京都の賀茂川などでは在来種は絶滅したと考えられています。また，日本古来のタンポポ（カントウタンポポやカンサイタンポポ）と外来生物であるセイヨウタンポポとの間で雑種化が進んでいます。

9 このように，本来その種がもっている遺伝的純系が失われることを**遺伝的攪乱**（<ruby>攪乱<rt>かくらん</rt></ruby>）あるいは**遺伝子汚染**といいます。

近年では，このような雑種化以外にも，遺伝子組換え作物の拡散による遺伝的攪乱も危惧されています。

① **外来生物**…本来の生息地から異なる場所に**人為的**に運び込まれて定着した生物。**例** オオクチバス，フイリマングースなど
② **外来生物法**…環境省が既存の生態系や農林水産業などに大きな影響を及ぼすおそれの強い生物を**特定外来生物**に指定，飼育・栽培などを禁止。
③ **遺伝的攪乱（遺伝子汚染）**…近縁種が交雑することで本来その種（または地域の個体群）がもつ遺伝的純系が失われること。

3 生物多様性の低下

1 ある種を構成していた個体がすべて死に，その種が絶えてしまうことを**絶滅**といいます。絶滅はさまざまな原因で起こりますが，人間活動が原因となる場合，次のようなことが考えられます。

2 道路の建設や宅地開発により，生息地が小さく分かれてしまうことがあります。これを生息地の**分断化**といいます。分断化で生じたそれぞれの個体群は，元の個体群よりも個体数が少ない個体群となります。このような個体群を**局所個体群**といいます。

この分断化によって生じた局所個体群どうしの間で個体の行き来ができなくなることを**孤立化**といいます。

3 個体群を構成する個体数が少なくなると，性比の偏りが生じたり，近親交配が増えたりします。**近親交配が増えると，生存に不利な形質を現す遺伝子がホモ接合となり表現型として現れる可能性が高くなります。**その結果，出生率が低下したり死亡率が増加する現象を**近交弱勢**といいます。 対義語は「雑種強勢」。

4 出生率が低下すればさらに個体数が減少し，遺伝的多様性が低下します。遺伝的多様性が低下すれば環境変化などに適応できない可能性が高くなり，さらに個体数が減少して絶滅へと向かっていきます。このように，一度個体数が減少してしまうとさらに個体数が減少し，個体群の絶滅が加速されていきます。このような現象を**絶滅の渦**といいます（⇨p.820，図125-2）。

アリー効果

個体群密度が増加すると，配偶者の確保が容易になったり遺伝的多様性が増し，適応度が増加するという現象を**アリー効果**という。アメリカの生態学者アリー(Allee)が提唱。たとえば，植物が1か所に集中して花を咲かせることによって受粉効率が上昇する，小さな魚が魚群を形成して天敵に対して防御する，などである。

逆に，個体群密度が一定以下になるとアリー効果がなくなり，絶滅へと向かうと考えられる。絶滅の危険性がある動物のために，人工的に飼育した個体を自然界に放す操作が行われたりしているが，放す個体数が少ないとあまり効果がないことになる。

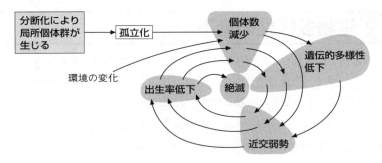

▲ 図125-2 絶滅の渦

5 熱帯多雨林は森林の約半分を占めており，地球上に生息する生物種の約半分の種が分布しているといわれます。この貴重な熱帯多雨林の大規模な伐採や焼畑，ダム建設によって，2000年から2010年の間に，毎年13万km²もの森林が失われました（増加している地域もあるが中国，アメリカなど温帯中心）。

熱帯多雨林は莫大な量の炭素を保持しているので，熱帯多雨林を保護することは，大気中の二酸化炭素増加を抑制する効果もあると考えられます。

6 また，森林は，雨水を保持し，土壌の侵食を防ぐ働きもしています。そのため，森林を伐採すると，土壌から栄養塩類が流出してやせた土地になったり，少しの降雨でも土砂くずれを起こしたりという危険性も高まります。

7 その土地が農業生産性を失った状態になることを**砂漠化**といいます。気候変動による干ばつだけでなく，森林伐採による土壌の流出，不適切な農地化による塩害なども砂漠化を引き起こす原因となっています。

8 こうした大規模な開発や気候の変動などによって，多くの生物が絶滅の危機に瀕しています。それらの**絶滅危惧種**を絶滅の危険度ごとに挙げたリストを**レッドリスト**といい，レッドリストに生態・分布・絶滅の要因などのデータを加え掲載した本を**レッドデータブック**といいます。

日本では，トキ・コウノトリ・イヌワシ・ライチョウ・イリオモテヤマネコ・ヤマネ・オオサンショウウオなどがレッドリストに挙がっています。

絶滅の渦…個体数の減少と**遺伝的多様性の低下・近交弱勢**が相乗的に繰り返され，加速的に個体数が減少していく現象。

第126講 生態系と人間生活

生態系には復元力がありますが，近年の人間の活動は，その力では回復できない変化をもたらしています。

1 水質汚染①（自然浄化）

1 河川や湖沼・海に有機物が流入すると，一時的に水は濁ります。しかし，増加した好気性細菌によって，有機物は無機物まで分解され，再び水質は元の状態に戻ることができます。このような働きを**自然浄化**といいます。

2 河川に有機物が流入した場合の水質変化と，それに伴う生物相の変化を見てみましょう。

　水質変化を示す指標として**BOD**という値が用いられます。BODとは，水中の有機物を好気的な微生物が酸化分解するのに必要とする酸素量のことで，BODの値が大きければ有機物の量が多いことを示します。

> 生物化学的酸素要求量（Biochemical Oxygen Demand）の略。これに対し，水中の有機物を化学的に酸化するのに必要な酸素量はCOD（化学的酸素要求量，Chemical Oxygen Demand）という。

3 有機物の流入により，これを分解する**好気性細菌が増加**し，透明度が低下し，**藻類は減少**します。また，好気性細菌の増殖によって水中の酸素が使われるため，溶存酸素も減少します。

4 有機物が分解されるとアンモニアが生じるので，有機物の減少に伴い，**アンモニウムイオン（NH_4^+）が増加**します。また，細菌を捕食する原生動物やイトミミズ，ユスリカの幼虫のような**底生生物が増加**します。

 底生生物

　水底で生活する生物群のこと。**ベントス**ともいう。イトミミズやユスリカの幼虫などは河川などの代表的な底生生物で，比較的汚れた水でも生活できる。水中を遊泳する生物は**遊泳生物（ネクトン）**，水中を浮遊する生物は**浮遊生物（プランクトン）**という。

5 やがて，下流に行くに従い，**細菌も減少**して透明度も上昇してきます。また，生じたアンモニウムイオンは，亜硝酸菌，硝酸菌によって酸化されて**硝酸イオン(NO_3^-)**になります。硝酸イオンは，植物に吸収されて窒素同化に利用される窒素源でしたね。

6 透明度の上昇および硝酸イオンの増加によって**藻類が増加**し，その光合成によって**溶存酸素も増加**し，もとの水質へと回復します。

7 このように，生態系には自然浄化の働きがありますが，その能力を超えるほど大量の有機物が流入すると，**水中の酸素が欠乏し，好気的な微生物が死滅**してしまいます。すると，嫌気的な不完全な分解しか行われなくなり，有機物が蓄積し，悪臭のある汚染された水になってしまいます。

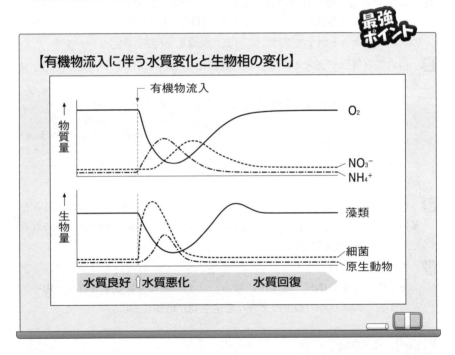

【有機物流入に伴う水質変化と生物相の変化】

2　水質汚染②（富栄養化，生物濃縮）

1　窒素やリンなどの栄養塩類が大量に流入して富栄養化が進行すると，特定の植物プランクトンの異常増殖を引き起こしてしまいます。

2　たとえば，海水の表面が赤褐色になる**赤潮**や湖沼の表面が青緑色になる**水の華**（アオコ）などは，いずれも**植物プランクトンの異常増殖によって生じた現象**です。

> おもに，ツノモ（渦鞭毛藻類）やケイソウ（ケイ藻類）が異常増殖したもの。

> おもに，ミクロキスティスやアナベナ（シアノバクテリア）やミドリムシなどが異常増殖したもの。

3　そのような現象が起こると，増殖したプランクトンが魚類のえらをふさいでしまったり，これらのプランクトンの遺体が分解されるときに大量の酸素が消費されて酸素欠乏を引き起こしたり，あるいはプランクトンが出す有毒物質などによって大量の魚介類が死滅するなどの被害が出ます。

4　また，体内で分解されにくく排出されにくい物質が流入すると，外部の環境や食物に含まれるよりも高い濃度で体内に蓄積されてしまいます。このような現象を**生物濃縮**といいます。

5　生物濃縮の現象は，食物連鎖の過程を通じてさらに進むことになるので，**栄養段階の上位の生物ほど高濃度に蓄積してしまいます。**

　すなわち，「薄めて捨てれば大丈夫」なんていう考えは非常に危険なのです。

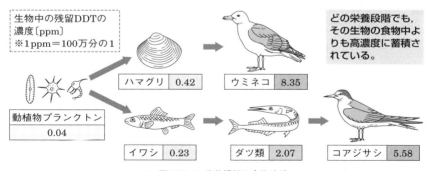

生物中の残留DDTの濃度〔ppm〕
※1ppm＝100万分の1

どの栄養段階でも，その生物の食物中よりも高濃度に蓄積されている。

動植物プランクトン　0.04

ハマグリ　0.42　　ウミネコ　8.35

イワシ　0.23　　ダツ類　2.07　　コアジサシ　5.58

▲ 図126-1　生物濃縮と食物連鎖

6　有機水銀やカドミウムなどの重金属や，DDTなど有機塩素系化合物の生物濃縮は，非常に深刻な問題となっています。

7　人工的な化学物質のなかには，動物体内に取り込まれると，体内にあるホルモンのもともとの働きを乱してしまうような物質があります。このような物質を**内分泌攪乱物質**といいます。

8　内分泌攪乱物質は，ホルモンの受容体と結合し，本来のホルモンと同様の作用を現したり，逆に，本来のホルモンが受容体に結合するのを妨げて，ホルモンの作用を阻害するなどしてしまいます。

9　有機スズ(トリブチルスズなど)やダイオキシン類，DDT，PCBが内分泌攪乱物質として疑われています。

などを含む総称。ベトナム戦争でアメリカ軍が使用した枯葉剤(2,4-Dなど)の
中に混入しており，それが原因と見られる胎児の奇形が多数報告されている。
塩素を含むプラスチックごみの焼却過程でも発生するため，放出を防ぐ対策が
義務づけられている。「内分泌攪乱物質」としても作用するが，それ以前に，非
常に毒性の強い物質で，発がん性もある。

PCB 「ポリ塩化ビフェニル」の略。電気の絶縁油として使用されていた。

10　長さ5mm未満のプラスチックの粒子を**マイクロプラスチック**といいま
す。鳥や魚の消化管に詰まったり，成型時の添加物や表面に付着する汚染物
質の害も指摘されています。代用品の開発や廃棄抑制などが急務です。

① **水質汚染**による現象…NやPの流入→**富栄養化**→特定の植物
プランクトンの異常増殖→海では**赤潮**，湖沼では**水の華**
② **生物濃縮**…生物体内で特定の物質が外部の環境や食物に含ま
れるよりも高濃度で蓄積すること。**分解されにくく排出され
にくい物質**が生物濃縮されやすい。⇨食物連鎖の過程を通じ
て生物濃縮はさらに進む。
③ **内分泌攪乱物質**…ホルモンの働きを乱してしまう化学物質。
例 有機スズ，ダイオキシン，**DDT，PCB**

3　大気汚染

1　自動車の排気ガスや工場排煙に含まれる窒
素酸化物(NO_x)や硫黄酸化物(SO_x)が大気中
の成分と反応し，硝酸や硫酸に変わります。
これらが雨滴に溶け，通常よりも強い酸性を
示す<u>酸性雨</u>となります。霧状の場合は酸性
霧といいます。

→ たとえば，二酸化窒素(NO_2)など。

→ たとえば，二酸化硫黄(SO_2)など。

雨水は二酸化炭素が溶けているの
で，通常でもpH5.6程度の弱酸性
になっている。pH5.6以下の雨を
「酸性雨」という。

2　酸性雨や酸性霧は，コンクリートや大理石でできた建物や文化遺産への被

害，さらには，湖沼や土壌の性質を変化させ，魚や森林へも被害をもたらします。

土壌が酸性化すると，有毒なアルミニウムイオンが溶け出すなどの影響を引き起こす。

3 また，大気中の窒素酸化物は，太陽の強い紫外線（こうかがく）の作用などにより**光化学オキシダント**と呼ばれる，強い酸化力をもった物質に変化します。これは，眼や呼吸器の粘膜を刺激する有害物質です。光化学オキシダントを含む大気を**光化学スモッグ**といいます。

4 冷蔵庫やエアコンの冷媒（れいばい）やスプレーの噴霧剤（ふんむざい）として使われてきた**フロン**は，それ自体は安定で，毒性をもたない物質ですが，上空で紫外線によって分解され，そのとき生じる塩素原子によって**オゾン(O₃)** が分解されていきます。

炭化水素の水素がフッ素あるいはフッ素と塩素に置き換わった有機化合物。

塩素原子 1 個で数万分子のオゾンを破壊する。

5 上空15〜35km付近にはオゾンの多い大気の層（**オゾン層**）があり，**有害な紫外線を吸収してくれる働きがあります。** でも，その大切なオゾン層がフロンなどによって破壊され，オゾンが非常に希薄になった部分が生じるようになりました。この部分を**オゾンホール**といいます。

南半球の冬〜春にあたる8〜9月ごろに発生し，11〜12月ごろに消滅する。

オゾン層の破壊によって地表面に到達する紫外線が強まると，**細胞内のDNAが損傷を受け，突然変異が誘発されます。** その結果，**皮膚がんや白内障の発生率が高まる**といわれています。

6 大気中の二酸化炭素や**メタン・フロン**は，**地球表面から放出される熱エネルギーを吸収し，大気圏外へ熱が逃げるのを防ぐ働きがあります。** これを**温室効果**（おんしつこうか）といい，このような働きのある気体を**温室効果ガス**といいます。

メタンは，水田やウシの消化管内に生息する嫌気性細菌によって発生する。単位質量あたりの温室効果は，二酸化炭素の28倍。

7 近年，この温室効果ガス，特に二酸化炭素濃度が増加し，平均気温は確実に上昇しています。これを**地球温暖化**（ちきゅうおんだんか）といいます。このまま温暖化が進むと，海水の体積が膨張し，氷河や南極大陸の氷床が溶けて海水面が上昇し，海岸近くの都市は水没の危険にさらされます。

また，熱帯でしか生息しなかった蚊（か）などが分布域を拡大させ，伝染病の感染地域を拡大させたり，異常気象によって大雨や干ばつが起こる，という心配もあります。

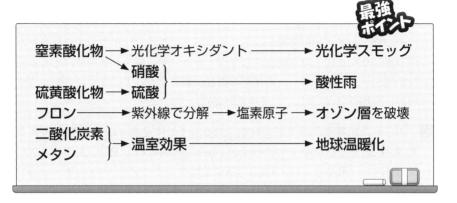

4　生態系サービス

1　我々人類は，多くの貴重な自然を破壊してきましたが，自然からはじつにさまざまな恩恵を受けてきていることを忘れてはいけません。このような自然の恵みを**生態系サービス**といいます。

2　すべてのもとになるサービスが**基盤サービス**です。植物が光合成で酸素を供給してくれたり，微生物によって土壌が形成されたり，栄養塩類が循環したりというのが基盤サービスになります。

3　動物や植物が食料となったり，建築材料や繊維，衣料品，医薬品などといった必需品を供給するのが**供給サービス**です。

4　植物が生育していることで気温の変化が緩和されたり，洪水の発生を防いだり，微生物により水質が浄化されたり病害虫の蔓延を防いだりというのが**調節サービス**です。

5　きれいな花を見て安らいだり，森林浴でリラックスしたり，野外でのレジャー，さらには芸術や宗教にも自然は大きく関わっています。これが**文化的サービス**です。

第**10**章　生態と環境

6 こういった生態系サービスを持続的に得るためにはもちろん生物多様性が不可欠です。

　そこで，人間活動が生態系に与える影響をできるだけ小さくする取り組みが必要になります。大規模な開発を行う場合，その開発が生態系にどのような影響を与えるかを事前に調査することが義務化されています。このような調査を**環境アセスメント**（環境影響評価）といいます。

7 2015年に国連サミットにおいて，2030年までに達成するべき「持続可能な開 発 目 標（Sustainable Development Goals：**SDGs**エスディジーズ）」が 採 択 されました。SDGsには，「飢餓をゼロに」「質の高い教育をみんなに」「ジェンダー平等を実現しよう」など17の大きなゴール（目標）とそれらを達成するための169のターゲット（具体的な小目標），そしてターゲットの達成評価指標が設定されています。このなかで特に「気候変動に具体的な対策を」「海の豊かさを守ろう」「陸の豊かさも守ろう」「安全な水とトイレを世界中に」などは生態系サービスに関連する項目で，生物学と深くかかわっているといえます。

8 プラスチックごみを自然環境に出さない，ごみを減らす，食品ロスを減らす，汚染水を海に流さないなど，私たち1人1人の生活習慣のあり方や心がけ，政治や行政への関心や監視などが，生態系の保全に，そして生物多様性の維持につながっていくのだと思います。

9 正しい生物学の知識をもとに，地球環境を長期的な視野に入れ，生物多様性の重要性を深く理解することが，このかけがえのない地球を守るために必要な人類最大の課題であり義務なのだといえます。大学受験のためだけに終わらず，常に生物学に関心を持ち続けてほしいと願っています。

生態系サービス…我々人類が生態系から受けている恩恵。

供給サービス	調節サービス	文化的サービス
基盤サービス		

大森徹の最強講義もこれで最後です。理解があいまいな部分は2度3度と読み直してみてください。1度目には気が付かなかった新しい発見があるはずです。

　この講義で，生物の得点がアップするのはもちろん，生物が好きになって，生物に興味がわいて，生物のすばらしさを感じ，その生物が生息する環境の大切さを理解していただけたのなら，著者としての最高の喜びです♪

　もしチャンスがあれば「生」の大森徹の講義も受講してみてください！

　最後に私の好きな言葉を書いておきます。

『念じ続ければ必ず夢は叶う』

「続ける」ということがとても大切なのだと思います。ぜひ大きな夢に向かって前進し続けてください！！

索引 | 用語・人物名

830

835

②

846

【著者紹介】

大森　徹（おおもり・とおる）

　生物受験生で知らぬ者はいない超有名人気講師。

　わかりやすくポイントを押さえた解説は天下一品で，生物に悩んでいた数多くの受験生を生物好きに，そして得意にさせる救世主として支持されている。

　新しい物好きで，新しい文房具があるとすぐ買ってしまう文房具オタク。授業にもさまざまな小道具が登場する。趣味はウォーキングと読書（ミステリーが大好き），音楽鑑賞。特に愛娘（香奈）のマリンバ演奏を聴くことが最高の幸せ。

　『無駄なく，無理なく，楽しく学ぶ』がモットーで，この本でも膨大な知識・情報を無理なく学べるよう，随所に工夫がこらしてある。

〈主な著作〉

『大学入試の得点源　生物基礎［要点］』『大学入試の得点源　生物［要点］』『共通テストはこれだけ！生物基礎』『大森徹の最強問題集生物』（いずれも文英堂），『大森徹の入試生物の講義』『基礎問題精講』（旺文社），『理系標準問題集生物』（駿台文庫），『共通テスト生物が1冊でしっかりわかる本』（かんき出版）

大森徹オフィシャルサイト

http://www.toorugoukaku.com/

□ 編集協力　㈱ファイン・プランニング　冬木裕　南昌宏
□ 図版作成　藤立育弘　甲斐美奈子
□ イラスト　よしのぶもとこ

シグマベスト
大森徹の最強講義126講
生物［生物基礎・生物］

本書の内容を無断で複写（コピー）・複製・転載することを禁じます。また，私的使用であっても，第三者に依頼して電子的に複製すること（スキャンやデジタル化等）は，著作権法上，認められていません。

著　者　　大森　徹
発行者　　益井英郎
印刷所　　図書印刷株式会社
発行所　　株式会社文英堂
　　　　　〒601-8121　京都市南区上鳥羽大物町28
　　　　　〒162-0832　東京都新宿区岩戸町17
　　　　　（代表）03-3269-4231